CAMBRIDGE LIBRARY COLLECTION

Books of enduring scholarly value

Mathematical Sciences

From its pre-historic roots in simple counting to the algorithms powering modern desktop computers, from the genius of Archimedes to the genius of Einstein, advances in mathematical understanding and numerical techniques have been directly responsible for creating the modern world as we know it. This series will provide a library of the most influential publications and writers on mathematics in its broadest sense. As such, it will show not only the deep roots from which modern science and technology have grown, but also the astonishing breadth of application of mathematical techniques in the humanities and social sciences, and in everyday life.

Oeuvres complètes

Augustin-Louis, Baron Cauchy (1789-1857) was the pre-eminent French mathematician of the nineteenth century. He began his career as a military engineer during the Napoleonic Wars, but even then was publishing significant mathematical papers, and was persuaded by Lagrange and Laplace to devote himself entirely to mathematics. His greatest contributions are considered to be the Cours d'analyse de l'École Royale Polytechnique (1821), Résumé des leçons sur le calcul infinitésimal (1823) and Leçons sur les applications du calcul infinitésimal à la géométrie (1826-8), and his pioneering work encompassed a huge range of topics, most significantly real analysis, the theory of functions of a complex variable, and theoretical mechanics. Twenty-six volumes of his collected papers were published between 1882 and 1958. The first series (volumes 1–12) consists of papers published by the Académie des Sciences de l'Institut de France; the second series (volumes 13–26) of papers published elsewhere.

Cambridge University Press has long been a pioneer in the reissuing of out-of-print titles from its own backlist, producing digital reprints of books that are still sought after by scholars and students but could not be reprinted economically using traditional technology. The Cambridge Library Collection extends this activity to a wider range of books which are still of importance to researchers and professionals, either for the source material they contain, or as landmarks in the history of their academic discipline.

Drawing from the world-renowned collections in the Cambridge University Library, and guided by the advice of experts in each subject area, Cambridge University Press is using state-of-the-art scanning machines in its own Printing House to capture the content of each book selected for inclusion. The files are processed to give a consistently clear, crisp image, and the books finished to the high quality standard for which the Press is recognised around the world. The latest print-on-demand technology ensures that the books will remain available indefinitely, and that orders for single or multiple copies can quickly be supplied.

The Cambridge Library Collection will bring back to life books of enduring scholarly value across a wide range of disciplines in the humanities and social sciences and in science and technology.

Oeuvres complètes

Series 2

Volume 4

Augustin Louis Cauchy

CAMBRIDGE UNIVERSITY PRESS

Cambridge New York Melbourne Madrid Cape Town Singapore São Paolo Delhi

Published in the United States of America by Cambridge University Press, New York

www.cambridge.org
Information on this title: www.cambridge.org/9781108003162

This edition first published 1899
This digitally printed version 2009

ISBN 978-1-108-00316-2

ŒUVRES

COMPLÈTES

D'AUGUSTIN CAUCHY

ŒUVRES

COMPLÈTES

D'AUGUSTIN CAUCHY

PUBLIÉES SOUS LA DIRECTION SCIENTIFIQUE

DE L'ACADÉMIE DES SCIENCES

ET SOUS LES AUSPICES

DE M. LE MINISTRE DE L'INSTRUCTION PUBLIQUE.

IIe SÉRIE. — TOME IV.

PARIS,

GAUTHIER-VILLARS, IMPRIMEUR-LIBRAIRE

DU BUREAU DES LONGITUDES, DE L'ÉCOLE POLYTECHNIQUE,

Quai des Augustins, 55.

M DCCC XCIX

SECONDE SÉRIE.

I. MÉMOIRES PUBLIÉS DANS DIVERS RECUEILS
AUTRES QUE CEUX DE L'ACADEMIE.

II. — OUVRAGES CLASSIQUES.

III. MÉMOIRES PUBLIÉS EN CORPS D'OUVRAGE.

IV. MÉMOIRES PUBLIÉS SÉPARÉMENT.

II.

OUVRAGES CLASSIQUES.

SOMMAIRE DES MATIÈRES

CONTENUES DANS LE TOME IV.

RÉSUMÉ DES LEÇONS

DONNÉES

A L'ÉCOLE ROYALE POLYTECHNIQUE

SUR

LE CALCUL INFINITÉSIMAL.

Le *Résumé des Leçons données à l'École royale Polytechnique* devait comprendre deux volumes dont le premier seul a été publié par Cauchy. L'indication de « Tome premier » a cependant été conservée dans cette édition, afin d'éviter toute confusion.

RÉSUMÉ DES LEÇONS

DONNÉES

A L'ÉCOLE ROYALE POLYTECHNIQUE,

SUR

LE CALCUL INFINITÉSIMAL;

PAR M. AUGUSTIN-LOUIS CAUCHY,

Ingénieur des Ponts-et-Chaussées, Professeur d'Analyse à l'École royale Polytechnique, Membre de l'Académie des Sciences, Chevalier de la Légion d'honneur.

TOME PREMIER.

A PARIS,

DE L'IMPRIMERIE ROYALE.

Chez DEBURE, frères, Libraires du Roi et de la Bibliothèque du Roi, rue Serpente, n.° 7.

1823.

AVERTISSEMENT.

CET ouvrage, entrepris sur la demande du Conseil d'instruction de l'École royale polytechnique, offre le résumé des Leçons que j'ai données à cette École sur le calcul infinitésimal. Il sera composé de deux volumes correspondans aux deux années qui forment la durée de l'enseignement. Je publie aujourd'hui le premier volume divisé en quarante Leçons, dont les vingt premières comprennent le calcul différentiel, et les vingt dernières une partie du calcul intégral. Les méthodes que j'ai suivies diffèrent à plusieurs égards de celles qui se trouvent exposées dans les ouvrages du même genre. Mon but principal a été de concilier la rigueur, dont je m'étais fait une loi dans mon *Cours d'analyse*, avec la simplicité qui résulte de la considération directe des quantités infiniment petites. Pour cette raison, j'ai cru devoir rejeter les développemens des fonctions en séries infinies, toutes les fois que les séries obtenues ne sont pas convergentes ; et je me suis vu forcé de renvoyer au calcul intégral la formule de TAYLOR, cette formule ne pouvant plus être admise comme générale qu'autant que la série qu'elle renferme se trouve réduite à un nombre fini de termes, et complétée par une intégrale définie. Je n'ignore pas que l'illustre auteur de la *Mécanique analytique* a pris la formule dont il s'agit pour base de sa théorie des *fonctions dérivées*. Mais, malgré tout le respect que commande une si grande autorité, la plupart des géomètres s'accordent maintenant à reconnaître l'incertitude des résultats auxquels on peut être conduit par l'emploi de séries divergentes, et nous ajouterons que, dans plusieurs cas, le théorème de TAYLOR semble fournir le développement d'une fonction en série convergente, quoique la somme de la série diffère essentiellement de la fonction proposée [*voyez* la fin de la 38.e Leçon]. Au reste, ceux qui liront mon ouvrage, se convaincront, je l'espère, que les principes du calcul différentiel, et ses applications les plus importantes, peuvent être facilement exposés, sans l'intervention des séries.

Dans le calcul intégral, il m'a paru nécessaire de démontrer généralement l'existence des *intégrales* ou *fonctions primitives* avant de faire connaître leurs diverses propriétés. Pour y parvenir, il a fallu d'abord établir la notion d'*intégrales prises entre des limites données* ou *intégrales définies*. Ces dernières pouvant être quelquefois infinies ou indéterminées, il était essentiel de rechercher dans quels cas elles conservent une valeur unique et finie. Le moyen le plus simple de résoudre la question est l'emploi des *intégrales définies singulières* qui sont l'objet de la 25.e Leçon. De plus, parmi les valeurs en nombre infini, que l'on peut attribuer à une intégrale indéterminée, il en existe une qui mérite une attention particulière, et que nous avons nommée *valeur principale*. La considération des intégrales définies singulières et celle des valeurs principales des intégrales indéterminées sont très-utiles dans la solution d'une foule de problèmes. On en déduit un grand nombre de formules générales propres à la détermination des intégrales définies, et semblables à celles que j'ai données dans un Mémoire présenté à l'Institut en 1814. On trouvera dans les Leçons 34 et 39 une formule de ce genre appliquée à l'évaluation de plusieurs intégrales définies, dont quelques-unes étaient déjà connues.

RÉSUMÉ DES LEÇONS

DONNÉES

A L'ÉCOLE ROYALE POLYTECHNIQUE

SUR

LE CALCUL INFINITÉSIMAL.

CALCUL DIFFÉRENTIEL.

PREMIÈRE LEÇON.

DES VARIABLES, DE LEURS LIMITES ET DES QUANTITÉS INFINIMENT PETITES.

On nomme quantité *variable* celle que l'on considère comme devant recevoir successivement plusieurs valeurs différentes les unes des autres. On appelle au contraire quantité *constante* toute quantité qui reçoit une valeur fixe et déterminée. Lorsque les valeurs successivement attribuées à une même variable s'approchent indéfiniment d'une valeur fixe, de manière à finir par en différer aussi peu que l'on voudra, cette dernière est appelée la *limite* de toutes les autres. Ainsi, par exemple, la surface du cercle est la limite vers laquelle convergent les surfaces des polygones réguliers inscrits, tandis que le nombre de leurs côtés croît de plus en plus; et le rayon vecteur, mené du centre d'une hyperbole à un point de la courbe qui s'éloigne de plus en plus de ce centre, forme avec l'axe des x un angle qui a pour limite l'angle formé par l'asymptote avec le même axe; .... Nous indiquerons la limite vers laquelle converge une variable donnée par l'abréviation *lim* placée devant cette variable.

Souvent les limites vers lesquelles convergent des expressions variables se présentent sous une forme indéterminée, et néanmoins on peut encore fixer, à l'aide de méthodes particulières, les véritables valeurs de ces mêmes limites. Ainsi, par exemple, les limites dont s'approchent indéfiniment les deux expressions variables

$$\frac{\sin\alpha}{\alpha}, \quad (1+\alpha)^{\frac{1}{\alpha}},$$

tandis que α converge vers zéro, se présentent sous les formes indéterminées $\frac{0}{0}$, $1^{\pm\infty}$; et pourtant ces deux limites ont des valeurs fixes que l'on peut calculer comme il suit.

On a évidemment, pour de très petites valeurs numériques de α,

$$\frac{\sin\alpha}{\sin\alpha} > \frac{\sin\alpha}{\alpha} > \frac{\sin\alpha}{\operatorname{tang}\alpha}.$$

Par conséquent le rapport $\frac{\sin\alpha}{\alpha}$, toujours compris entre les deux quantités $\frac{\sin\alpha}{\sin\alpha} = 1$ et $\frac{\sin\alpha}{\operatorname{tang}\alpha} = \cos\alpha$, dont la première sert de limite à la seconde, aura lui-même l'unité pour limite.

Cherchons maintenant la limite vers laquelle converge l'expression $(1+\alpha)^{\frac{1}{\alpha}}$, tandis que α s'approche indéfiniment de zéro. Si l'on suppose d'abord la quantité α positive et de la forme $\frac{1}{m}$, m désignant un nombre entier variable et susceptible d'un accroissement indéfini, on aura

$$\begin{aligned}(1+\alpha)^{\frac{1}{\alpha}} &= \left(1+\frac{1}{m}\right)^m \\ &= 1+\frac{1}{1}+\frac{1}{1.2}\left(1-\frac{1}{m}\right)+\frac{1}{1.2.3}\left(1-\frac{1}{m}\right)\left(1-\frac{2}{m}\right)+\ldots \\ &\quad +\frac{1}{1.2.3\ldots m}\left(1-\frac{1}{m}\right)\left(1-\frac{2}{m}\right)\cdots\left(1-\frac{m-1}{m}\right).\end{aligned}$$

Comme, dans le second membre de cette dernière formule, les termes qui renferment la quantité m sont tous positifs et croissent en valeurs et en nombre en même temps que cette quantité, il est clair que l'expression $\left(1+\frac{1}{m}\right)^m$ croîtra elle-même avec le nombre entier m, en demeurant toujours comprise entre les deux sommes

$$1+\frac{1}{1}=2$$

et

$$1+\frac{1}{1}+\frac{1}{2}+\frac{1}{2.2}+\frac{1}{2.2.2}+\ldots=1+1+1=3;$$

donc elle s'approchera indéfiniment, pour des valeurs croissantes de m, d'une certaine limite comprise entre 2 et 3. Cette limite est un nombre qui joue un grand rôle dans le Calcul infinitésimal, et qu'on est convenu de désigner par la lettre e. Si l'on prend $m=10000$, on trouvera pour valeur approchée de e, en faisant usage des Tables de logarithmes décimaux,

$$\left(\frac{10001}{10000}\right)^{10000}=2,7183.$$

Cette valeur approchée est exacte à $\frac{1}{10000}$ près, ainsi que nous le verrons plus tard.

Supposons maintenant que α, toujours positif, ne soit plus de la forme $\frac{1}{m}$. Désignons dans cette hypothèse par m et $n=m+1$ les deux nombres entiers immédiatement inférieur et supérieur à $\frac{1}{\alpha}$, en sorte qu'on ait

$$\frac{1}{\alpha}=m+\mu=n-\nu,$$

μ et ν étant des nombres compris entre zéro et l'unité. L'expression $(1+\alpha)^{\frac{1}{\alpha}}$ sera évidemment renfermée entre les deux suivantes

$$\left(1+\frac{1}{m}\right)^{\frac{1}{\alpha}}=\left[\left(1+\frac{1}{m}\right)^m\right]^{1+\frac{\mu}{m}},\qquad \left(1+\frac{1}{n}\right)^{\frac{1}{\alpha}}=\left[\left(1+\frac{1}{n}\right)^n\right]^{1-\frac{\nu}{n}};$$

et, comme, pour des valeurs de α décroissantes à l'infini ou, ce qui revient au même, pour des valeurs toujours croissantes de m et de n, les deux quantités $\left(1+\frac{1}{m}\right)^m$, $\left(1+\frac{1}{n}\right)^n$ convergent l'une et l'autre vers la limite e, tandis que $1+\frac{\mu}{m}$, $1-\frac{\nu}{n}$ s'approchent indéfiniment de la limite 1, il en résulte que chacune des expressions

$$\left(1+\frac{1}{m}\right)^{\frac{1}{\alpha}}, \quad \left(1+\frac{1}{n}\right)^{\frac{1}{\alpha}},$$

et par suite l'expression intermédiaire $(1+\alpha)^{\frac{1}{\alpha}}$ convergeront encore vers la limite e.

Supposons enfin que α devienne une quantité négative. Si l'on fait dans cette hypothèse

$$1+\alpha=\frac{1}{1+\beta},$$

β sera une quantité positive qui convergera elle-même vers zéro, et l'on trouvera

$$(1+\alpha)^{\frac{1}{\alpha}}=(1+\beta)^{\frac{1+\beta}{\beta}}=\left[(1+\beta)^{\frac{1}{\beta}}\right]^{1+\beta},$$

puis, en passant aux limites,

$$\lim(1+\alpha)^{\frac{1}{\alpha}}=e^{\lim(1+\beta)}=e.$$

Lorsque les valeurs numériques successives d'une même variable décroissent indéfiniment de manière à s'abaisser au-dessous de tout nombre donné, cette variable devient ce qu'on nomme un *infiniment petit* ou une quantité infiniment petite. Une variable de cette espèce a zéro pour limite. Telle est la variable α dans les calculs qui précèdent.

Lorsque les valeurs numériques successives d'une même variable croissent de plus en plus, de manière à s'élever au-dessus de tout nombre donné, on dit que cette variable a pour limite l'infini positif indiqué par le signe ∞, s'il s'agit d'une variable positive; et l'infini négatif indiqué par la notation $-\infty$, s'il s'agit d'une variable négative. Tel est le nombre variable m que nous avons employé ci-dessus.

DEUXIÈME LEÇON.

DES FONCTIONS CONTINUES ET DISCONTINUES. REPRÉSENTATION GÉOMÉTRIQUE DES FONCTIONS CONTINUES.

Lorsque des quantités variables sont tellement liées entre elles que, la valeur de l'une d'elles étant donnée, on puisse en conclure les valeurs de toutes les autres, on conçoit d'ordinaire ces diverses quantités exprimées au moyen de l'une d'entre elles, qui prend alors le nom de *variable indépendante;* et les autres quantités, exprimées au moyen de la variable indépendante, sont ce qu'on appelle des *fonctions* de cette variable.

Lorsque des quantités variables sont tellement liées entre elles que, les valeurs de quelques-unes étant données, on puisse en conclure celles de toutes les autres, on conçoit ces diverses quantités exprimées au moyen de plusieurs d'entre elles, qui prennent alors le nom de *variables indépendantes;* et les quantités restantes, exprimées au moyen des variables indépendantes, sont ce qu'on appelle des *fonctions* de ces mêmes variables. Les diverses expressions que fournissent l'Algèbre et la Trigonométrie, lorsqu'elles renferment des variables considérées comme indépendantes, sont autant de fonctions de ces variables. Ainsi, par exemple,

$$\mathrm{L}x, \quad \sin x, \quad \ldots$$

sont des fonctions de la variable x;

$$x+y, \quad x^y, \quad xyz, \quad \ldots$$

des fonctions des variables x et y ou x, y et z, etc.

Lorsque des fonctions d'une ou plusieurs variables se trouvent, comme dans les exemples précédents, immédiatement exprimées au moyen de ces mêmes variables, elles sont nommées *fonctions explicites*. Mais, lorsqu'on donne seulement les relations entre les fonctions et les variables, c'est-à-dire les équations auxquelles ces quantités doivent satisfaire, tant que ces équations ne sont pas résolues algébriquement, les fonctions n'étant pas exprimées immédiatement au moyen des variables sont appelées *fonctions implicites*. Pour les rendre explicites, il suffit de résoudre, lorsque cela se peut, les équations qui les déterminent. Par exemple, y étant une fonction implicite de x déterminée par l'équation

$$\mathrm{L}y = x,$$

si l'on nomme A la base du système de logarithmes que l'on considère, la même fonction, devenue explicite par la résolution de l'équation donnée, sera

$$y = \mathrm{A}^x.$$

Lorsqu'on veut désigner une fonction explicite d'une seule variable x ou de plusieurs variables $x, y, z, \ldots$, sans déterminer la nature de cette fonction, on emploie l'une des notations

$$f(x),\quad \mathrm{F}(x),\quad \varphi(x),\quad \chi(x),\quad \psi(x),\quad \varpi(x),\quad \ldots,$$

$$f(x, y, z, \ldots),\quad \mathrm{F}(x, y, z, \ldots),\quad \varphi(x, y, z, \ldots),\quad \ldots.$$

Souvent, dans le calcul, on se sert de la caractéristique Δ pour indiquer les accroissements simultanés de deux variables qui dépendent l'une de l'autre. Cela posé, si la variable y est exprimée en fonction de la variable x par l'équation

$$y = f(x), \tag{1}$$

Δy, ou l'accroissement de y correspondant à l'accroissement Δx de la variable x, sera déterminé par la formule

$$y + \Delta y = f(x + \Delta x). \tag{2}$$

Plus généralement, si l'on suppose

$$F(x, y) = 0, \tag{3}$$

on aura

$$F(x + \Delta x, y + \Delta y) = 0. \tag{4}$$

Il est bon d'observer que, des équations (1) et (2) réunies, on conclut

$$\Delta y = f(x + \Delta x) - f(x). \tag{5}$$

Soient maintenant h et i deux quantités distinctes, la première finie, la seconde infiniment petite, et $\alpha = \frac{i}{h}$ le rapport infiniment petit de ces deux quantités. Si l'on attribue à Δx la valeur finie h, la valeur de Δy, donnée par l'équation (5), deviendra ce qu'on appelle la *différence finie* de la fonction $f(x)$, et sera ordinairement une quantité finie. Si, au contraire, l'on attribue à Δx une valeur infiniment petite, si l'on fait par exemple

$$\Delta x = i = \alpha h,$$

la valeur de Δy, savoir

$$f(x + i) - f(x) \quad \text{ou} \quad f(x + \alpha h) - f(x),$$

sera ordinairement une quantité infiniment petite. C'est ce que l'on vérifiera aisément à l'égard des fonctions

$$A^x, \quad \sin x, \quad \cos x,$$

auxquelles correspondent les différences

$$A^{x+i} - A^x = (A^i - 1)A^x,$$

$$\sin(x + i) - \sin x = \quad 2 \sin\frac{i}{2} \cos\left(x + \frac{i}{2}\right),$$

$$\cos(x + i) - \cos x = -2 \sin\frac{i}{2} \sin\left(x + \frac{i}{2}\right),$$

dont chacune renferme un facteur $A^i - 1$ ou $\sin\frac{i}{2}$ qui converge indéfiniment avec i vers la limite zéro.

Lorsque, la fonction $f(x)$ admettant une valeur unique et finie pour toutes les valeurs de x comprises entre deux limites données, la différence

$$f(x+i)-f(x)$$

est toujours entre ces limites une quantité infiniment petite, on dit que $f(x)$ est *fonction continue* de la variable x entre les limites dont il s'agit.

On dit encore que la fonction $f(x)$ est, dans le voisinage d'une valeur particulière attribuée à la variable x, fonction continue de cette variable toutes les fois qu'elle est continue entre deux limites, même très rapprochées, qui renferment la valeur en question.

Enfin, lorsqu'une fonction cesse d'être continue dans le voisinage d'une valeur particulière de la variable x, on dit qu'elle devient alors *discontinue*, et qu'il y a pour cette valeur particulière *solution de continuité*. Ainsi, par exemple, il y a solution de continuité dans la fonction $\frac{1}{x}$, pour $x=0$; dans la fonction $\tang x$, pour $x=\pm\frac{(2k+1)\pi}{2}$, k étant un nombre entier quelconque; etc.

D'après ces explications, il sera facile de reconnaître entre quelles limites une fonction donnée de la variable x est continue par rapport à cette variable. (*Voir*, pour de plus amples développements, le Chapitre II de la Ire Partie du *Cours d'Analyse*, publié en 1821) (1).

Concevons à présent que l'on construise la courbe qui a pour équation en coordonnées rectangulaires $y=f(x)$. Si la fonction $f(x)$ est continue entre les limites $x=x_0$, $x=X$, à chaque abscisse x comprise entre ces limites correspondra une seule ordonnée; et de plus, x venant à croître d'une quantité infiniment petite Δx, y croîtra d'une quantité infiniment petite Δy. Par suite, à deux abscisses très rapprochées x, $x+\Delta x$, correspondront deux points très rapprochés l'un de l'autre, puisque leur distance $\sqrt{\Delta x^2+\Delta y^2}$ sera elle-même une quantité infiniment petite. Ces conditions ne peuvent être satisfaites qu'autant que les différents points forment une ligne continue entre les limites $x=x_0$, $x=X$.

(1) *OEuvres de Cauchy*, S. II, T. III.

Exemples. — Construire les courbes représentées par les équations

$$y = x^m, \quad y = \frac{1}{x^m}, \quad y = A^x, \quad y = Lx, \quad y = \sin x,$$

dans lesquelles A désigne une constante positive et m un nombre entier.

Déterminer les formes générales de ces mêmes courbes.

TROISIÈME LEÇON.

DÉRIVÉES DES FONCTIONS D'UNE SEULE VARIABLE.

Lorsque la fonction $y=f(x)$ reste continue entre deux limites données de la variable x, et que l'on assigne à cette variable une valeur comprise entre les deux limites dont il s'agit, un accroissement infiniment petit, attribué à la variable, produit un accroissement infiniment petit de la fonction elle-même. Par conséquent, si l'on pose alors $\Delta x = i$, les deux termes du *rapport aux différences*

$$\frac{\Delta y}{\Delta x} = \frac{f(x+i)-f(x)}{i} \tag{1}$$

seront des quantités infiniment petites. Mais, tandis que ces deux termes s'approcheront indéfiniment et simultanément de la limite zéro, le rapport lui-même pourra converger vers une autre limite, soit positive, soit négative. Cette limite, lorsqu'elle existe, a une valeur déterminée pour chaque valeur particulière de x; mais elle varie avec x. Ainsi, par exemple, si l'on prend $f(x)=x^m$, m désignant un nombre entier, le rapport entre les différences infiniment petites sera

$$\frac{(x+i)^m - x^m}{i} = m x^{m-1} + \frac{m(m-1)}{1.2} x^{m-2} i + \ldots + i^{m-1},$$

et il aura pour limite la quantité mx^{m-1}, c'est-à-dire une nouvelle fonction de la variable x. Il en sera de même en général; seulement la forme de la fonction nouvelle qui servira de limite au rapport $\frac{f(x+i)-f(x)}{i}$ dépendra de la forme de la fonction proposée $y=f(x)$. Pour indiquer cette dépendance, on donne à la nouvelle fonction le nom de *fonction dérivée*, et on la désigne, à l'aide d'un accent, par la notation

$$y' \quad \text{ou} \quad f'(x).$$

Dans la recherche des dérivées des fonctions d'une seule variable x, il est utile de distinguer les fonctions que l'on nomme *simples*, et que l'on considère comme résultant d'une seule opération effectuée sur cette variable, d'avec les fonctions que l'on construit à l'aide de plusieurs opérations et que l'on nomme *composées*. Les fonctions simples que produisent les opérations de l'Algèbre et de la Trigonométrie (*voir* la Ire Partie du *Cours d'Analyse*, Chap. I) peuvent être réduites aux suivantes

$$a+x, \quad a-x, \quad ax, \quad \frac{a}{x}, \quad x^a, \quad \mathrm{A}^x, \quad \mathrm{L}x,$$

$$\sin x, \quad \cos x, \quad \arcsin x, \quad \arccos x,$$

A désignant un nombre constant, $a = \pm \mathrm{A}$ une quantité constante, et la lettre L indiquant un logarithme pris dans le système dont la base est A. Si l'on prend une de ces fonctions simples pour y, il sera facile en général d'obtenir la fonction dérivée y'. On trouvera, par exemple, pour $y = a + x$,

$$\frac{\Delta y}{\Delta x} = \frac{(a+x+i)-(a+x)}{i} = 1, \qquad y' = 1;$$

pour $y = a - x$,

$$\frac{\Delta y}{\Delta x} = \frac{(a-x-i)-(a-x)}{i} = -1, \qquad y' = -1;$$

pour $y = ax$,

$$\frac{\Delta y}{\Delta x} = \frac{a(x+i)-ax}{i} = a, \qquad y' = a;$$

pour $y = \dfrac{a}{x}$,

$$\frac{\Delta y}{\Delta x} = \frac{\dfrac{a}{x+i} - \dfrac{a}{x}}{i} = -\frac{a}{x(x+i)}, \qquad y' = -\frac{a}{x^2};$$

pour $y = \sin x$,

$$\frac{\Delta y}{\Delta x} = \frac{\sin \frac{1}{2} i}{\frac{1}{2} i} \cos(x + \tfrac{1}{2} i), \qquad y' = \cos x = \sin\left(x + \frac{\pi}{2}\right);$$

pour $y = \cos x$,

$$\frac{\Delta y}{\Delta x} = -\frac{\sin \frac{1}{2} i}{\frac{1}{2} i} \sin(x + \tfrac{1}{2} i), \qquad y' = -\sin x = \cos\left(x + \frac{\pi}{2}\right).$$

De plus, en posant $i = \alpha x$, $A^i = 1 + \beta$ et $(1 + \alpha)^a = 1 + \gamma$, on trouvera, pour $y = Lx$,

$$\frac{\Delta y}{\Delta x} = \frac{L(x+i) - Lx}{i} = \frac{L(1+\alpha)}{\alpha x} = \frac{L(1+\alpha)^{\frac{1}{\alpha}}}{x}, \qquad y' = \frac{Le}{x};$$

pour $y = A^x$,

$$\frac{\Delta y}{\Delta x} = \frac{A^{x+i} - A^x}{i} = \frac{A^i - 1}{i} A^x = \frac{A^x}{L(1+\beta)^{\frac{1}{\beta}}}, \qquad y' = \frac{A^x}{Le};$$

pour $y = x^a$,

$$\frac{\Delta y}{\Delta x} = \frac{(x+i)^a - x^a}{i} = \frac{(1+\alpha)^a - 1}{\alpha} x^{a-1} = \frac{L(1+\alpha)^{\frac{1}{\alpha}}}{L(1+\gamma)^{\frac{1}{\gamma}}} a x^{a-1}, \qquad y' = a x^{a-1}.$$

Dans ces dernières formules, la lettre e désigne le nombre $2,718\ldots$ qui sert de limite à l'expression $(1+\alpha)^{\frac{1}{\alpha}}$. Si l'on prend ce nombre pour base d'un système de logarithmes, on obtiendra les logarithmes *népériens* ou *hyperboliques,* que nous indiquerons toujours à l'aide de la lettre l. Cela posé, on aura évidemment

$$le = 1, \qquad Le = \frac{Le}{LA} = \frac{le}{lA} = \frac{1}{lA};$$

et de plus on trouvera, pour $y = lx$,

$$y' = \frac{1}{x};$$

pour $y = e^x$,

$$y' = e^x.$$

Les diverses formules qui précèdent étant établies seulement pour les valeurs de x auxquelles correspondent des valeurs réelles de y, on doit supposer x positive dans celles de ces formules qui se rapportent aux fonctions $\mathrm{L}x$, $\mathrm{l}x$, et même à la fonction x^a, lorsque a désigne une fraction de dénominateur pair ou un nombre irrationnel.

Soit maintenant z une seconde fonction de x, liée à la première $y=f(x)$ par la formule

$$z=\mathrm{F}(y). \tag{2}$$

z ou $\mathrm{F}[f(x)]$ sera ce qu'on appelle une *fonction de fonction* de la variable x; et, si l'on désigne par Δx, Δy, Δz les accroissements infiniment petits et simultanés des trois variables x, y, z, on trouvera

$$\frac{\Delta z}{\Delta x}=\frac{\mathrm{F}(y+\Delta y)-\mathrm{F}(y)}{\Delta x}=\frac{\mathrm{F}(y+\Delta y)-\mathrm{F}(y)}{\Delta y}\,\frac{\Delta y}{\Delta x},$$

puis, en passant aux limites,

$$z'=y'\,\mathrm{F}'(y)=f'(x)\,\mathrm{F}'[f(x)]. \tag{3}$$

Par exemple, si l'on fait $z=ay$ et $y=\mathrm{l}x$, on aura

$$z'=ay'=\frac{a}{x}.$$

A l'aide de la formule (3), on déterminera facilement les dérivées des fonctions simples A^x, x^a, $\arcsin x$, $\arccos x$ en supposant connues celles des fonctions $\mathrm{L}x$, $\sin x$, $\cos x$. On trouvera, en effet, pour $y=\mathrm{A}^x$,

$$\mathrm{L}y=x,\qquad y'\frac{\mathrm{L}e}{y}=1,\qquad y'=\frac{y}{\mathrm{L}e}=\mathrm{A}^x\,\mathrm{l}\mathrm{A};$$

pour $y=x^a$,

$$\mathrm{l}y=a\,\mathrm{l}x,\qquad y'\frac{1}{y}=\frac{a}{x},\qquad y'=a\frac{y}{x}=ax^{a-1};$$

pour $y=\arcsin x$,

$$\sin y=x,\qquad y'\cos y=1,\qquad y'=\frac{1}{\cos y}=\frac{1}{\sqrt{1-x^2}};$$

pour $y = \text{arc}\cos x$,

$$\cos y = x, \qquad y' \times (-\sin y) = 1, \qquad y' = \frac{-1}{\sin y} = \frac{1}{\sqrt{1-x^2}}.$$

De plus, les dérivées des fonctions composées

$$A^y, \quad e^y, \quad \frac{1}{y}$$

étant respectivement, en vertu de la formule (3),

$$y' A^y \, 1A, \quad y' e^y, \quad -\frac{y'}{y^2},$$

les dérivées des suivantes

$$A^{B^x}, \quad e^{e^x}, \qquad \text{séc}\, x = \frac{1}{\cos x}, \qquad \text{coséc}\, x = \frac{1}{\sin x}$$

deviendront

$$A^{B^x} B^x \, 1A \, 1B, \quad e^{e^x} e^x, \quad \frac{\sin x}{\cos^2 x}, \quad -\frac{\cos x}{\sin^2 x}.$$

Nous remarquerons, en finissant, que les dérivées des fonctions composées se déterminent quelquefois aussi facilement que celles des fonctions simples. Ainsi, par exemple, on trouve, pour $y = \text{tang}\, x = \frac{\sin x}{\cos x}$,

$$\frac{\Delta y}{\Delta x} = \frac{1}{i}\left[\frac{\sin(x+i)}{\cos(x+i)} - \frac{\sin x}{\cos x}\right] = \frac{\sin i}{i \cos x \cos(x+i)}, \qquad y' = \frac{1}{\cos^2 x};$$

pour $y = \cot x = \frac{\cos x}{\sin x}$,

$$\frac{\Delta y}{\Delta x} = \frac{1}{i}\left[\frac{\cos(x+i)}{\sin(x+i)} - \frac{\cos x}{\sin x}\right] = -\frac{\sin i}{i \sin x \sin(x+i)}, \qquad y' = -\frac{1}{\sin^2 x};$$

et l'on en conclut, pour $y = \text{arc tang}\, x$,

$$\text{tang}\, y = x, \qquad \frac{y'}{\cos^2 y} = 1, \qquad y' = \cos^2 y = \frac{1}{1+x^2};$$

pour $y = \text{arc}\cot x$,

$$\cot y = x, \qquad \frac{-y'}{\sin^2 y} = 1, \qquad y' = -\sin^2 y = \frac{-1}{1+x^2}.$$

QUATRIÈME LEÇON.

DIFFÉRENTIELLES DES FONCTIONS D'UNE SEULE VARIABLE.

Soient toujours $y = f(x)$ une fonction de la variable indépendante x; i une quantité infiniment petite, et h une quantité finie. Si l'on pose $i = \alpha h$, α sera encore une quantité infiniment petite, et l'on aura identiquement

$$\frac{f(x+i)-f(x)}{i} = \frac{f(x+\alpha h)-f(x)}{\alpha h},$$

d'où l'on conclura

$$\frac{f(x+\alpha h)-f(x)}{\alpha} = \frac{f(x+i)-f(x)}{i}h. \tag{1}$$

La limite vers laquelle converge le premier membre de l'équation (1), tandis que la variable α s'approche indéfiniment de zéro, la quantité h demeurant constante, est ce qu'on appelle la *différentielle* de la fonction $y = f(x)$. On indique cette différentielle par la caractéristique d, ainsi qu'il suit :

$$dy \quad \text{ou} \quad df(x).$$

Il est facile d'obtenir sa valeur lorsqu'on connaît celle de la fonction dérivée y' ou $f'(x)$. En effet, en prenant les limites des deux membres de l'équation (1), on trouvera généralement

$$df(x) = hf'(x). \tag{2}$$

Dans le cas particulier où $f(x) = x$, l'équation (2) se réduit à

$$dx = h. \tag{3}$$

Ainsi la différentielle de la variable indépendante x n'est autre chose que la constante finie h. Cela posé, l'équation (2) deviendra

$$d f(x) = f'(x)\, dx \tag{4}$$

ou, ce qui revient au même,

$$dy = y'\, dx. \tag{5}$$

Il résulte de ces dernières que la dérivée $y' = f'(x)$ d'une fonction quelconque $y = f(x)$ est précisément égale à $\frac{dy}{dx}$, c'est-à-dire au rapport entre la différentielle de la fonction et celle de la variable ou, si l'on veut, au coefficient par lequel il faut multiplier la seconde différentielle pour obtenir la première. C'est pour cette raison qu'on donne quelquefois à la fonction dérivée le nom de *coefficient différentiel.*

Différentier une fonction, c'est trouver sa différentielle. L'opération par laquelle on différentie s'appelle *différentiation.*

En vertu de la formule (4), on obtiendra immédiatement les différentielles des fonctions dont on aura calculé les dérivées. Si l'on applique d'abord cette formule aux fonctions simples, on trouvera

$$d(a+x) = dx, \qquad d(a-x) = -dx, \qquad d(ax) = a\,dx,$$

$$d\frac{a}{x} = -a\frac{dx}{x^2}, \qquad dx^a = a x^{a-1}\,dx;$$

$$d\mathrm{A}^x = \mathrm{A}^x\,\mathrm{lA}\,dx, \qquad de^x = e^x\,dx;$$

$$d\,\mathrm{L}x = \mathrm{L}e\frac{dx}{x}, \qquad d\,\mathrm{l}x = \frac{dx}{x};$$

$$d\sin x = \cos x\,dx = \sin\left(x+\frac{\pi}{2}\right)dx,$$

$$d\cos x = -\sin x\,dx = \cos\left(x+\frac{\pi}{2}\right)dx;$$

$$d\arcsin x = \frac{dx}{\sqrt{1-x^2}}, \qquad d\arccos x = -\frac{dx}{\sqrt{1-x^2}}.$$

On établira de même les équations

$$d\,\text{tang}\,x = \frac{dx}{\cos^2 x}, \qquad d\cot x = -\frac{dx}{\sin^2 x};$$

$$d\,\text{arc tang}\,x = \frac{dx}{1+x^2}, \qquad d\,\text{arc}\cot x = -\frac{dx}{1+x^2};$$

$$d\,\text{séc}\,x = \frac{\sin x\,dx}{\cos^2 x}, \qquad d\,\text{coséc}\,x = -\frac{\cos x\,dx}{\sin^2 x}.$$

Ces diverses équations, ainsi que celles auxquelles nous sommes parvenus dans la Leçon précédente, ne doivent être considérées jusqu'à présent comme démontrées que pour les valeurs de x auxquelles correspondent des valeurs réelles des fonctions dont on cherche les dérivées.

En conséquence, parmi les fonctions simples, celles dont les différentielles peuvent être censées connues pour des valeurs réelles quelconques de la variable x sont les suivantes

$$a+x, \quad a-x, \quad ax, \quad \frac{a}{x}, \quad A^x, \quad e^x, \quad \sin x, \quad \cos x,$$

et la fonction x^a, lorsque la valeur numérique de a se réduit à un nombre entier ou à une fraction de dénominateur impair. Mais on doit supposer la variable x renfermée entre les deux limites -1, $+1$, dans les différentielles trouvées des fonctions simples arc sin$x$, arc cos$x$ et entre les limites $0, \infty$, dans les différentielles des fonctions Lx, lx, et même dans celle de la fonction x^a, toutes les fois que la valeur numérique de a devient une fraction de dénominateur pair ou un nombre irrationnel.

Il est encore essentiel d'observer que, conformément aux conventions établies dans la Ire Partie du *Cours d'Analyse*, nous faisons usage de l'une des notations

$$\text{arc}\sin x, \quad \text{arc}\cos x, \quad \text{arc tang}\,x, \quad \text{arc}\cot x, \quad \text{arc séc}\,x, \quad \text{arc coséc}\,x,$$

pour représenter, non pas un quelconque des arcs dont une certaine ligne trigonométrique est égale à x, mais celui d'entre eux qui a la plus petite valeur numérique ou, si ces arcs sont deux à deux égaux et de signes contraires, celui qui a la plus petite valeur positive; en conséquence, $\operatorname{arc}\sin x$, $\operatorname{arc}\operatorname{tang} x$, $\operatorname{arc}\cot x$, $\operatorname{arc}\operatorname{coséc} x$ sont des arcs compris entre les limites $-\frac{\pi}{2}$, $+\frac{\pi}{2}$, et $\operatorname{arc}\cos x$, $\operatorname{arc}\operatorname{séc} x$ des arcs compris entre les limites o et π.

Lorsqu'on suppose $y = f(x)$ et $\Delta x = i = \alpha h$, l'équation (1), dont le second membre a pour limite dy, peut être présentée sous la forme

$$\frac{\Delta y}{\alpha} = dy + \beta,$$

β désignant une quantité infiniment petite, et l'on en conclut

$$\Delta y = \alpha(dy + \beta). \tag{6}$$

Soit z une seconde fonction de la variable x. On aura de même

$$\Delta z = \alpha(dz + \gamma),$$

γ désignant encore une quantité infiniment petite. On trouvera par suite

$$\frac{\Delta z}{\Delta y} = \frac{dz + \gamma}{dy + \beta},$$

puis, en passant aux limites,

$$\lim \frac{\Delta z}{\Delta y} = \frac{dz}{dy} = \frac{z'\,dx}{y'\,dx} = \frac{z'}{y'}. \tag{7}$$

Ainsi, *le rapport entre les différences infiniment petites de deux fonctions de la variable x a pour limite le rapport de leurs différentielles ou de leurs dérivées.*

Supposons maintenant les fonctions y et z liées par l'équation

$$z = F(y). \tag{8}$$

On en conclura

$$\frac{\Delta z}{\Delta y} = \frac{F(y + \Delta y) - F(y)}{\Delta y},$$

puis, en passant aux limites et ayant égard à la formule (7),

$$\frac{\Delta z}{\Delta y} = \frac{z'}{y'} = F'(y),$$

$$(9) \qquad dz = F'(y)\,dy, \qquad z' = y'\,F'(y).$$

La seconde des équations (9) coïncide avec l'équation (3) de la Leçon précédente. De plus, si l'on écrit dans la première $F(y)$ au lieu de z, on obtiendra la suivante

$$(10) \qquad d\,F(y) = F'(y)\,dy,$$

qui est semblable pour la forme à l'équation (4), et qui sert à différentier une fonction de y, lors même que y n'est pas la variable indépendante.

Exemples :

$$d(a+y) = dy, \qquad d(-y) = -dy, \qquad d(ay) = a\,dy, \qquad de^y = e^y\,dy,$$

$$d\,\mathrm{l}y = \frac{dy}{y}, \qquad d\,\mathrm{l}y^2 = \frac{dy^2}{y^2} = \frac{2\,dy}{y}, \qquad d\tfrac{1}{2}\mathrm{l}y^2 = \frac{dy}{y}, \qquad \ldots,$$

$$d(ax^m) = a\,dx^m = max^{m-1}\,dx, \qquad de^{e^x} = e^{e^x}\,de^x = e^{e^x}e^x\,dx,$$

$$d\,\mathrm{l}\sin x = \frac{d\sin x}{\sin x} = \frac{\cos x\,dx}{\sin x} = \frac{dx}{\mathrm{tang}\,x}, \qquad d\,\mathrm{l}\,\mathrm{tang}\,x = \frac{dx}{\sin x\cos x}, \qquad \ldots.$$

La première de ces formules prouve que *l'addition d'une constante à une fonction n'en altère pas la différentielle ni, par conséquent, la dérivée.*

CINQUIÈME LEÇON.

LA DIFFÉRENTIELLE DE LA SOMME DE PLUSIEURS FONCTIONS EST LA SOMME DE LEURS DIFFÉRENTIELLES. CONSÉQUENCES DE CE PRINCIPE. DIFFÉRENTIELLES DES FONCTIONS IMAGINAIRES.

Dans les Leçons précédentes, nous avons montré comment l'on forme les dérivées et les différentielles des fonctions d'une seule variable. Nous allons ajouter aux recherches que nous avons faites à ce sujet de nouveaux développements.

Soient toujours x la variable indépendante et $\Delta x = \alpha h = \alpha\, dx$ un accroissement infiniment petit attribué à cette variable. Si l'on désigne par $s, u, v, w, \ldots$ plusieurs fonctions de x, et par Δs, Δu, Δv, Δw, ... les accroissements simultanés qu'elles reçoivent, tandis que l'on fait croître x de Δx, les différentielles $ds, du, dv, dw, \ldots$ seront, d'après leurs définitions mêmes, respectivement égales aux limites des rapports

$$\frac{\Delta s}{\alpha},\quad \frac{\Delta u}{\alpha},\quad \frac{\Delta v}{\alpha},\quad \frac{\Delta w}{\alpha},\quad \cdots.$$

Cela posé, concevons d'abord que la fonction s soit la somme de toutes les autres, en sorte qu'on ait

$$s = u + v + w + \ldots. \tag{1}$$

On trouvera successivement

$$\Delta s = \Delta u + \Delta v + \Delta w + \ldots,$$

$$\frac{\Delta s}{\alpha} = \frac{\Delta u}{\alpha} + \frac{\Delta v}{\alpha} + \frac{\Delta w}{\alpha} + \ldots,$$

puis, en passant aux limites,

$$ds = du + dv + dw + \ldots. \tag{2}$$

Lorsqu'on divise par dx les deux membres de cette dernière équation, elle devient

$$s' = u' + v' + w' + \ldots. \tag{3}$$

De la formule (2) ou (3) comparée à l'équation (1), il résulte que *la différentielle ou la dérivée de la somme de plusieurs fonctions est la somme de leurs différentielles ou de leurs dérivées.* De ce principe découlent, comme on va le voir, de nombreuses conséquences.

Premièrement, si l'on désigne par m un nombre entier, et par a, b, c, ..., p, q, r des quantités constantes, on trouvera

$$(4)\quad \left\{\begin{aligned} d(u+v) &= du + dv,\\ d(u-v) &= du - dv,\\ d(au+bv) &= a\,du + b\,dv; \end{aligned}\right.$$

$$d(au + bv + cw + \ldots) = a\,du + b\,dv + c\,dw + \ldots; \tag{5}$$

$$(6)\quad \left\{\begin{aligned} &d(ax^m + bx^{m-1} + cx^{m-2} + \ldots + px^2 + qx + r)\\ &\quad = [max^{m-1} + (m-1)bx^{m-2} + (m-2)cx^{m-3} + \ldots + 2px + q]\,dx. \end{aligned}\right.$$

Le polynôme $ax^m + bx^{m-1} + cx^{m-2} + \ldots + px^2 + qx + r$, dont tous les termes sont proportionnels à des puissances entières de la variable x, est ce qu'on nomme une *fonction entière* de cette variable. Si on le désigne par s, on aura, en vertu de l'équation (6),

$$s' = max^{m-1} + (m-1)bx^{m-2} + (m-2)cx^{m-3} + \ldots + 2px + q.$$

Donc, *pour obtenir la dérivée d'une fonction entière de x, il suffit de multiplier chaque terme par l'exposant de la variable et de diminuer chaque exposant d'une unité.* Il est aisé de voir que cette proposition subsiste dans le cas où la variable devient imaginaire.

Soit maintenant

$$s = uvw\ldots. \tag{7}$$

Comme on aura, en supposant les fonctions u, v, w, ... toutes positives,

$$\mathrm{l}s = \mathrm{l}u + \mathrm{l}v + \mathrm{l}w + \ldots \tag{8}$$

et, dans tous les cas possibles,

$$s^2 = u^2 v^2 w^2 \ldots,$$

$$(9) \qquad \tfrac{1}{2}\,\mathrm{l}\,s^2 = \tfrac{1}{2}\,\mathrm{l}\,u^2 + \tfrac{1}{2}\,\mathrm{l}\,v^2 + \tfrac{1}{2}\,\mathrm{l}\,w^2 + \ldots,$$

l'application du principe énoncé à la formule (8) ou à la formule (9) fournira l'équation

$$(10) \qquad \frac{ds}{s} = \frac{du}{u} + \frac{dv}{v} + \frac{dw}{w} + \ldots,$$

de laquelle on conclura

$$(11) \qquad \begin{cases} d(uvw\ldots) = uvw\ldots\left(\dfrac{du}{u} + \dfrac{dv}{v} + \dfrac{dw}{w} + \ldots\right) \\ \qquad = vw\ldots du + uw\ldots dv + uv\ldots dw + \ldots. \end{cases}$$

Exemples :

$$d(uv) = u\,dv + v\,du, \qquad d(uvw) = vw\,du + uw\,dv + uv\,dw,$$

$$d.x\,\mathrm{l}x = (1 + \mathrm{l}x)\,dx, \qquad d(x^a e^{-x}) = x^a e^{-x}\left(\frac{a}{x} - 1\right), \qquad \ldots.$$

Soit encore

$$(12) \qquad s = \frac{u}{v}.$$

En différentiant $\mathrm{l}s$ ou $\frac{1}{2}\mathrm{l}s^2$, on trouvera

$$(13) \qquad \frac{ds}{s} = \frac{du}{u} - \frac{dv}{v}, \qquad ds = \frac{u}{v}\left(\frac{du}{u} - \frac{dv}{v}\right)$$

et, par suite,

$$(14) \qquad d\,\frac{u}{v} = \frac{v\,du - u\,dv}{v^2}.$$

On arriverait au même résultat, en observant que la différentielle de $\frac{u}{v}$ est équivalente à

$$d\left(u\,\frac{1}{v}\right) = \frac{1}{v}\,du + u\,d\,\frac{1}{v} = \frac{du}{v} - \frac{u\,dv}{v^2}.$$

Exemples :

$$d\,\text{tang}\,x = d\frac{\sin x}{\cos x} = \frac{\cos x\,d\sin x - \sin x\,d\cos x}{\cos^2 x} = \frac{dx}{\cos^2 x},$$

$$d\cot x = -\frac{dx}{\sin^2 x},$$

$$d\frac{a}{x} = -\frac{a\,dx}{x^2}, \qquad d\frac{e^{ax}}{x} = \frac{e^{ax}}{x}\left(a - \frac{1}{x}\right)dx,$$

$$d\frac{\text{l}x}{x} = \frac{1 - \text{l}x}{x^2}dx, \qquad d\frac{b}{a+x} = \frac{-b\,dx}{(a+x)^2}.$$

Si les fonctions u, v se réduisent à des fonctions entières, le rapport $\frac{u}{v}$ deviendra ce qu'on nomme une *fraction rationnelle*. On déterminera facilement sa différentielle à l'aide des formules (6) et (14).

Après avoir formé les différentielles du produit $uvw\ldots$ et du quotient $\frac{u}{v}$, on obtiendra sans peine celles de plusieurs autres expressions telles que u^v, $u^{\frac{1}{v}}$, u^{v^w}, ... En effet, on trouvera pour $s = u^v$,

$$\text{l}s = v\,\text{l}u, \qquad \frac{ds}{s} = v\frac{du}{u} + \text{l}u\,dv, \qquad ds = vu^{v-1}du + u^v\,\text{l}u\,dv;$$

pour $s = u^{\frac{1}{v}}$,

$$\text{l}s = \frac{1}{v}\,\text{l}u, \qquad \frac{ds}{s} = \frac{du}{uv} - \text{l}u\frac{dv}{v^2}, \qquad ds = u^{\frac{1}{v}-1}\frac{du}{v} - u^{\frac{1}{v}}\,\text{l}u\frac{dv}{v^2};$$

pour $s = u^{v^w}$,

$$\text{l}s = v^w\,\text{l}u, \qquad ds = u^{v^w}v^w\left(\frac{du}{u} + \frac{w}{v}\,\text{l}u\,dv + \text{l}u\,\text{l}v\,dw\right);$$

....

Exemples :

$$dx^x = x^x(1 + \text{l}x)\,dx, \qquad dx^{\frac{1}{x}} = \frac{1 - \text{l}x}{x^2}x^{\frac{1}{x}}dx, \qquad dx^{x^x} = \ldots.$$

Nous terminerons cette Leçon en recherchant la différentielle d'une *fonction imaginaire*. On nomme ainsi toute expression qui peut être ramenée à la forme $u + v\sqrt{-1}$, u et v désignant deux fonctions réelles. Cela posé, si l'on appelle *limite* d'une expression imaginaire variable ce que devient cette expression quand on y remplace la partie réelle et le coefficient de $\sqrt{-1}$ par leurs limites respectives, et si, de plus, on étend aux fonctions imaginaires les définitions que nous avons données pour les différences, les différentielles et les dérivées des fonctions réelles, on reconnaîtra que l'équation

$$s = u + v\sqrt{-1}$$

entraîne les suivantes :

$$\Delta s = \Delta u + \Delta v\sqrt{-1}, \qquad \frac{\Delta s}{\Delta x} = \frac{\Delta u}{\Delta x} + \frac{\Delta v}{\Delta x}\sqrt{-1}, \qquad \frac{\Delta s}{\alpha} = \frac{\Delta u}{\alpha} + \frac{\Delta v}{\alpha}\sqrt{-1},$$

$$s' = u' + v'\sqrt{-1}, \qquad ds = du + dv\sqrt{-1}.$$

On aura, en conséquence,

$$(15) \qquad d(u + v\sqrt{-1}) = du + dv\sqrt{-1}.$$

La forme de cette dernière équation est semblable à celle des équations (4).

Si l'on suppose en particulier

$$s = \cos x + \sqrt{-1}\sin x,$$

on trouvera

$$ds = \left[\cos\left(x + \frac{\pi}{2}\right) + \sqrt{-1}\sin\left(x + \frac{\pi}{2}\right)\right] dx = s\sqrt{-1}\,dx.$$

Ajoutons que les formules (4), (5), (6), (11) et (14) subsisteront lors même que les constantes a, b, c, ..., p, q, r ou les fonctions u, v, w, ... comprises dans ces formules deviendront imaginaires.

SIXIÈME LEÇON.

USAGE DES DIFFÉRENTIELLES ET DES FONCTIONS DÉRIVÉES DANS LA SOLUTION DE PLUSIEURS PROBLÈMES. MAXIMA ET MINIMA DES FONCTIONS D'UNE SEULE VARIABLE. VALEURS DES FRACTIONS QUI SE PRÉSENTENT SOUS LA FORME $\frac{0}{0}$.

Après avoir appris à former les dérivées et les différentielles des fonctions d'une seule variable, nous allons indiquer l'usage qu'on peut en faire pour la solution de plusieurs problèmes.

Problème I. — *La fonction $y = f(x)$ étant supposée continue par rapport à x dans le voisinage de la valeur particulière $x = x_0$, on demande si, à partir de cette valeur, la fonction croît ou diminue, tandis que l'on fait croître ou diminuer la variable elle-même.*

Solution. — Soient Δx, Δy les accroissements infiniment petits et simultanés des variables x, y. Le rapport $\frac{\Delta y}{\Delta x}$ aura pour limite $\frac{dy}{dx} = y'$ On doit en conclure que, pour de très petites valeurs numériques de Δx et pour une valeur particulière x_0 de la variable x, le rapport $\frac{\Delta y}{\Delta x}$ sera positif si la valeur correspondante de y' est une quantité positive et finie, négatif si cette valeur de y' est une quantité finie, mais négative. Dans le premier cas, les différences infiniment petites Δx, Δy étant de même signe, la fonction y croîtra ou diminuera, à partir de $x = x_0$, en même temps que la variable x. Dans le second cas, les différences infiniment petites étant de signes contraires, la fonction y croîtra si la variable x diminue, et décroîtra si la variable augmente.

Ces principes étant admis, concevons que la fonction $y = f(x)$ demeure continue entre deux limites données $x = x_0$, $x = X$. Si l'on fait croître la variable x par degrés insensibles depuis la première limite jusqu'à la seconde, la fonction y ira en croissant toutes les fois que sa dérivée étant finie aura une valeur positive, et en décroissant, toutes les fois que cette même dérivée obtiendra une valeur négative. Donc la fonction y ne pourra cesser de croître pour diminuer ou de diminuer pour croître qu'autant que la dérivée y passera du positif au négatif ou réciproquement. Il est essentiel d'observer que, dans ce passage, la fonction dérivée deviendra nulle si elle ne cesse pas d'être continue.

Lorsqu'une valeur particulière de la fonction $f(x)$ surpasse toutes les valeurs voisines, c'est-à-dire toutes celles qu'on obtiendrait en faisant varier x en plus ou en moins d'une quantité très petite, cette valeur particulière de la fonction est ce qu'on appelle un *maximum*.

Lorsqu'une valeur particulière de la fonction $f(x)$ est inférieure à toutes les valeurs voisines, elle prend le nom de *minimum*.

Cela posé, il est clair que, si les deux fonctions $f(x)$, $f'(x)$ sont continues dans le voisinage d'une valeur donnée de la variable x, cette valeur ne pourra produire un maximum ou un minimum de $f(x)$ qu'en faisant évanouir $f'(x)$.

PROBLÈME II. — *Trouver les maxima et minima d'une fonction de la seule variable x.*

Solution. — Soit $f(x)$ la fonction proposée. On cherchera d'abord les valeurs de x, par lesquelles la fonction $f(x)$ cesse d'être continue. A chacune de ces valeurs, s'il en existe, correspondra une valeur de la fonction elle-même qui sera ordinairement ou une quantité infinie, ou un maximum ou un minimum.

On cherchera, en second lieu, les racines de l'équation

$$f'(x) = 0 \tag{1}$$

avec les valeurs de x qui rendent la fonction $f'(x)$ discontinue, et parmi lesquelles on doit placer au premier rang celles que l'on déduit de la formule

$$f'(x) = \pm\infty \quad \text{ou} \quad \frac{1}{f'(x)} = 0. \tag{2}$$

Soit $x = x_0$ une de ces racines ou une de ces valeurs. La valeur correspondante de $f(x)$, savoir $f(x_0)$, sera un maximum si, dans le voisinage de $x = x_0$, la fonction dérivée $f'(x)$ est positive pour $x < x_0$ et négative pour $x > x_0$. Au contraire, $f(x_0)$ sera un minimum si la fonction dérivée $f'(x)$ est négative pour $x < x_0$ et positive pour $x > x_0$. Enfin, si, dans le voisinage de $x = x_0$, la fonction dérivée $f'(x)$ était ou constamment positive ou négative, la quantité $f(x_0)$ ne serait plus ni un maximum ni un minimum.

Exemples. — Les deux fonctions $x^{\frac{1}{2}}$, $\frac{1}{lx}$, qui deviennent discontinues en passant du réel à l'imaginaire, tandis que la variable x diminue en passant par zéro, obtiennent, pour $x = 0$, une valeur nulle, laquelle représente un minimum de la première fonction et un maximum de la seconde.

Les deux fonctions x^2, $x^{\frac{2}{3}}$, dont les dérivées passent du positif au négatif en se réduisant à zéro ou à l'infini pour une valeur nulle de x, ont l'une et l'autre zéro pour valeur minimum. Quant aux deux fonctions x^3, $x^{\frac{1}{3}}$, dont les dérivées deviennent encore nulles ou infinies pour $x = 0$, mais restent positives pour toute autre valeur de x, elles n'admettent ni maximum ni minimum.

La fonction $x^2 + px + q$, dont la dérivée est $2x + p$, obtient, pour $x = -\frac{1}{2}p$, la valeur minimum $q - \frac{1}{4}p^2$, ce qu'on vérifie aisément en mettant la fonction donnée sous la forme $(x + \frac{1}{2}p)^2 + q - \frac{1}{4}p^2$.

La fonction $\frac{A^x}{x}$, dont la dérivée est $\frac{A^x}{x}\left(\frac{1}{Le} - \frac{1}{x}\right)$, obtient, pour $x = Le$, quand A surpasse l'unité, la valeur minimum $\frac{e}{Le}$.

La fonction $\frac{Lx}{x}$, dont la dérivée est $\frac{1}{x^2}(Le - Lx)$, obtient, pour $x = e$, la valeur maximum $\frac{Le}{e}$.

La fonction $x^a e^{-x}$, dont la dérivée est $x^a e^{-x}\left(\frac{a}{x} - 1\right)$, obtient, pour $x = a$, la valeur maximum $a^a e^{-a}$.

PROBLÈME III. — *Déterminer l'inclinaison d'une courbe en un point donné.*

Solution. — Considérons la courbe qui a pour équation en coordonnées rectangulaires $y = f(x)$. Dans cette courbe, la corde menée du point (x, y) [1] au point $(x + \Delta x, y + \Delta y)$ forme, avec l'axe des x prolongé dans le sens des x positives, deux angles, l'un aigu, l'autre obtus, dont le premier mesure l'inclinaison de la corde par rapport à l'axe des x. Si le second point vient à se rapprocher à une distance infiniment petite du premier, la corde se confondra sensiblement avec la tangente menée à la courbe par ce premier point, et l'inclinaison de la corde, par rapport à l'axe des x, deviendra l'inclinaison de la tangente ou ce qu'on nomme l'*inclinaison de la courbe* par rapport au même axe. Cela posé, comme l'inclinaison de la corde aura pour tangente trigonométrique la valeur numérique du rapport $\frac{\Delta y}{\Delta x}$, il est clair que l'inclinaison de la courbe aura pour tangente trigonométrique la valeur numérique de la limite vers laquelle ce rapport converge, c'est-à-dire de la fonction dérivée $y' = \frac{dy}{dx}$.

Si la valeur de y' est nulle ou infinie, la tangente à la courbe sera parallèle ou perpendiculaire à l'axe des x. C'est ordinairement ce qui arrive quand l'ordonnée y devient un maximum ou un minimum.

Exemples :

$$y = x^2, \qquad y = x^3, \qquad y = x^m, \qquad y = x^{\frac{2}{3}},$$
$$y = x^a, \qquad y = \mathrm{A}^x, \qquad y = \sin x, \qquad \ldots.$$

PROBLÈME IV. — *On demande la véritable valeur d'une fraction dont les deux termes sont des fonctions de la variable x, dans le cas où l'on attribue à cette variable une valeur particulière, pour laquelle la fraction se présente sous la forme indéterminée $\frac{0}{0}$.*

Solution. — Soit $s = \frac{z}{y}$ la fraction proposée, y et z désignant deux fonctions de la variable x, et supposons que la valeur particulière

[1] Nous indiquons ici les points à l'aide de leurs coordonnées renfermées entre deux parenthèses, ce que nous ferons toujours par la suite. Souvent aussi, nous indiquerons les courbes ou surfaces courbes par leurs équations.

$x = x_0$ réduise cette fraction à la forme $\frac{0}{0}$, c'est-à-dire qu'elle fasse évanouir y et z. Si l'on représente par Δx, Δy, Δz les accroissements infiniment petits et simultanés des trois variables x, y, z, on aura, pour une valeur quelconque de x,

$$s = \frac{z}{y} = \lim \frac{z + \Delta z}{y + \Delta y}$$

et, pour la valeur particulière $x = x_0$,

$$s = \lim \frac{\Delta z}{\Delta y} = \frac{dz}{dy} = \frac{z'}{y'}. \tag{3}$$

Ainsi la valeur cherchée de la fraction s ou $\frac{z}{y}$ coïncidera généralement avec celle du rapport $\frac{dz}{dy}$ ou $\frac{z'}{y'}$.

Exemples. — On aura, pour $x = 0$,

$$\frac{\sin x}{x} = \frac{\cos x}{1} = 1, \qquad \frac{l(1+x)}{x} = \frac{1}{1+x} = 1;$$

pour $x = 1$,

$$\frac{lx}{x-1} = \frac{1}{x} = 1, \qquad \frac{x-1}{x^n - 1} = \frac{1}{n x^{n-1}} = \frac{1}{n}, \qquad \cdots\cdot$$

SEPTIÈME LEÇON.

VALEURS DE QUELQUES EXPRESSIONS QUI SE PRÉSENTENT SOUS LES FORMES INDÉTERMINÉES $\frac{\infty}{\infty}$, ∞^0, ... RELATION QUI EXISTE ENTRE LE RAPPORT AUX DIFFÉRENCES FINIES ET LA FONCTION DÉRIVÉE.

Nous avons considéré dans la Leçon précédente les fonctions de la variable x, qui, pour une valeur particulière de la variable, se présentent sous la forme indéterminée $\frac{0}{0}$. Il arrive souvent que cette forme se trouve remplacée par l'une des suivantes : $\frac{\infty}{\infty}$, ∞^0, $0 \times \infty$, 0^0, ... Ainsi, lorsque $f(x)$ croît indéfiniment avec x, les valeurs particulières des deux fonctions

$$\frac{f(x)}{x}, \quad [f(x)]^{\frac{1}{x}},$$

pour $x = \infty$, se présentent sous les formes indéterminées $\frac{\infty}{\infty}$, ∞^0. Ces mêmes valeurs peuvent, en général, être facilement calculées à l'aide de deux théorèmes que nous avons établis dans l'*Analyse algébrique* (Chap. III, p. 48 et 53) (¹). Mais nous nous bornerons ici à montrer par quelques exemples comment on peut résoudre les questions dè cette espèce.

Soit proposée d'abord la fonction $\frac{A^x}{x}$, A désignant un nombre supérieur à l'unité, et concevons que l'on cherche la véritable valeur de cette fonction pour $x = \infty$. On observera que, pour des valeurs de x supérieures à $\frac{1}{lA}$, la fonction dérivée étant toujours positive, la fonction donnée sera toujours croissante avec x. D'ailleurs, si l'on repré-

(¹) *Œuvres de Cauchy*, S. II, T. III, p. 54 et 58.

sente par m un nombre entier susceptible d'un accroissement indéfini, l'expression

$$\frac{A^m}{m} = \frac{(1 + A - 1)^m}{m} = \frac{1}{m} + (A - 1) + \frac{m-1}{2}(A-1)^2 + \frac{(m-1)(m-2)}{2.3}(A-1)^3 + \ldots$$

aura évidemment pour limite l'infini positif. On trouvera en conséquence

$$(1) \qquad \lim \frac{A^x}{x} = \infty.$$

Il résulte de cette dernière formule que *l'exponentielle* A^x, *lorsque le nombre* A *surpasse l'unité, finit par croître beaucoup plus rapidement que la variable* x.

Cherchons, en second lieu, la véritable valeur de la fonction $\frac{Lx}{x}$ pour $x = \infty$, la base des logarithmes étant un nombre A supérieur à l'unité. Comme, en faisant $y = Lx$, on trouvera

$$\frac{Lx}{x} = \frac{y}{A^y},$$

et que la fonction $\frac{y}{A^y}$ aura pour limite $\frac{1}{\infty} = 0$, on en conclura

$$(2) \qquad \lim \frac{Lx}{x} = 0.$$

Il en résulte que, *dans un système dont la base est supérieure à l'unité, les logarithmes des nombres croissent beaucoup moins rapidement que les nombres eux-mêmes*.

Cherchons encore la valeur de $x^{\frac{1}{x}}$ pour $x = \infty$. Comme on aura évidemment

$$x^{\frac{1}{x}} = A^{\frac{Lx}{x}},$$

on en tirera

$$(3) \qquad \lim x^{\frac{1}{x}} = A^0 = 1.$$

Lorsqu'on remplace, dans les formules (2) et (3), x par $\frac{1}{x}$, on en conclut que les fonctions $x\,lx$ et x^x convergent respectivement vers les limites o et 1, tandis que l'on fait converger x vers la limite zéro.

Nous allons maintenant faire connaître une relation digne de remarque [1] qui existe entre la dérivée $f'(x)$ d'une fonction quelconque $f(x)$ et le rapport aux différences finies $\frac{f(x+h)-f(x)}{h}$. Si dans ce rapport on attribue à x une valeur particulière x_0, et si l'on fait, en outre, $x_0+h=X$, il prendra la forme $\frac{f(X)-f(x_0)}{X-x_0}$. Cela posé, on établira sans peine la proposition suivante :

Théorème. — *Si, la fonction $f(x)$ étant continue entre les limites $x=x_0$, $x=X$, on désigne par* A *la plus petite, et par* B *la plus grande des valeurs que la fonction dérivée $f'(x)$ reçoit dans cet intervalle, le rapport aux différences finies*

$$\frac{f(X)-f(x_0)}{X-x_0} \tag{4}$$

sera nécessairement compris entre A *et* B.

Démonstration. — Désignons par δ, ε deux nombres très petits, le premier étant choisi de telle sorte que, pour des valeurs numériques de i inférieures à δ, et pour une valeur quelconque de x comprise entre les limites x_0, X, le rapport

$$\frac{f(x+i)-f(x)}{i}$$

reste toujours supérieur à $f(x)-\varepsilon$ et inférieur à $f'(x)+\varepsilon$. Si, entre les limites x_0, X, on interpose $n-1$ valeurs nouvelles de la variable x, savoir

$$x_1,\quad x_2,\quad \ldots,\quad x_{n-1},$$

de manière à diviser la différence $X-x_0$ en éléments

$$x_1-x_0,\quad x_2-x_1,\quad \ldots,\quad X-x_{n-1},$$

[1] On peut consulter sur ce sujet un Mémoire de M. Ampère, inséré dans le XIIIe Cahier du *Journal de l'École Polytechnique*.

qui, étant tous de même signe, aient des valeurs numériques inférieures à δ, les fractions

$$(5) \qquad \frac{f(x_1)-f(x_0)}{x_1-x_0}, \quad \frac{f(x_2)-f(x_1)}{x_2-x_1}, \quad \ldots, \quad \frac{f(X)-f(x_{n-1})}{X-x_{n-1}},$$

se trouvant comprises, la première entre les limites $f'(x_0)-\varepsilon$, $f'(x_0)+\varepsilon$, la seconde entre les limites $f'(x_1)-\varepsilon$, $f'(x_1)+\varepsilon$, ..., seront toutes supérieures à la quantité $A-\varepsilon$, et inférieures à la quantité $B+\varepsilon$. D'ailleurs, les fractions (5) ayant des dénominateurs de même signe, si l'on divise la somme de leurs numérateurs par la somme de leurs dénominateurs, on obtiendra une fraction *moyenne*, c'est-à-dire comprise entre la plus petite et la plus grande de celles que l'on considère (*voir* l'*Analyse algébrique*, Note II, théorème XII). L'expression (4), avec laquelle cette moyenne coïncide, sera donc elle-même renfermée entre les limites $A-\varepsilon$, $B+\varepsilon$, et, comme cette conclusion subsiste quelque petit que soit le nombre ε, on peut affirmer que l'expression (4) sera comprise entre A et B.

Corollaire. — Si la fonction dérivée $f(x)$ est elle-même continue entre les limites $x=x_0$, $x=X$, en passant d'une limite à l'autre, cette fonction variera de manière à rester toujours comprise entre les deux valeurs A et B, et à prendre successivement toutes les valeurs intermédiaires. Donc alors toute quantité moyenne entre A et B sera une valeur de $f'(x)$ correspondante à une valeur de x renfermée entre les limites x_0 et $X=x_0+h$ ou, ce qui revient au même, à une valeur de x de la forme

$$x_0+\theta h = x_0+\theta(X-x_0),$$

θ désignant un nombre inférieur à l'unité. En appliquant cette remarque à l'expression (4), on en conclura qu'il existe entre les limites 0 et 1 une valeur de θ propre à vérifier l'équation

$$\frac{f(X)-f(x_0)}{X-x_0} = f'[x_0+\theta(X-x_0)]$$

ou, ce qui revient au même, la suivante :

$$(6) \qquad \frac{f(x_0+h)-f(x_0)}{h}=f'(x_0+\theta h).$$

Cette dernière formule devant subsister quelle que soit la valeur de x représentée par x_0, pourvu que la fonction $f(x)$ et sa dérivée $f'(x)$ restent continues entre les valeurs extrêmes $x=x_0$, $x=x_0+h$, on aura généralement, sous cette condition,

$$(7) \qquad \frac{f(x+h)-f(x)}{h}=f'(x+\theta h),$$

puis, en écrivant Δx au lieu de h, on en tirera

$$(8) \qquad f(x+\Delta x)-f(x)=f'(x+\theta\,\Delta x)\,\Delta x.$$

Il est essentiel d'observer que, dans les équations (7) et (8), θ désigne toujours un nombre inconnu, mais inférieur à l'unité.

Exemples. — En appliquant la formule (7) aux fonctions x^a, $\mathrm{l}x$, on trouve

$$\frac{(x+h)^a-x^a}{h}=a(x-\theta h)^{a-1}, \qquad \frac{\mathrm{l}(x+h)-\mathrm{l}x}{h}=\frac{1}{x+\theta h}.$$

HUITIÈME LEÇON.

DIFFÉRENTIELLES DES FONCTIONS DE PLUSIEURS VARIABLES. DÉRIVÉES PARTIELLES ET DIFFÉRENTIELLES PARTIELLES.

Soit $u = f(x, y, z, \ldots)$ une fonction de plusieurs variables indépendantes x, y, z, ... Désignons par i une quantité infiniment petite, et par

$$\varphi(x, y, z, \ldots), \quad \chi(x, y, z, \ldots), \quad \psi(x, y, z, \ldots), \quad \ldots$$

les limites vers lesquelles convergent les rapports

$$\frac{f(x+i, y, z, \ldots) - f(x, y, z, \ldots)}{i},$$

$$\frac{f(x, y+i, z, \ldots) - f(x, y, z, \ldots)}{i},$$

$$\frac{f(x, y, z+i, \ldots) - f(x, y, z, \ldots)}{i},$$

$$\ldots\ldots\ldots\ldots\ldots\ldots\ldots\ldots,$$

tandis que i s'approche indéfiniment de zéro; $\varphi(x, y, z, \ldots)$ sera la dérivée que l'on déduit de la fonction $u = f(x, y, z, \ldots)$, en y considérant x comme seule variable ou ce qu'on nomme la *dérivée partielle* de u par rapport à x. De même, $\chi(x, y, z, \ldots)$, $\psi(x, y, z, \ldots)$, ... seront les dérivées partielles de u par rapport aux variables y, z, ...

Cela posé, concevons que l'on attribue aux variables x, y, z, ... des accroissements quelconques Δx, Δy, Δz, ..., et soit Δu l'accroissement correspondant de la fonction u, en sorte qu'on ait

$$(1) \qquad \Delta u = f(x+\Delta x, y+\Delta y, z+\Delta z, \ldots) - f(x, y, z, \ldots).$$

Si l'on assigne à Δx, Δy, Δz, ... des valeurs finies h, k, l, ..., la valeur de Δu, donnée par l'équation (1), deviendra ce qu'on appelle la *différence finie* de la fonction u et sera ordinairement une quantité finie. Si, au contraire, α désignant un rapport infiniment petit, l'on suppose

$$(2) \qquad \Delta x = \alpha h, \qquad \Delta y = \alpha k, \qquad \Delta z = \alpha l, \qquad \ldots,$$

la valeur de Δu, savoir

$$f(x + \alpha h, y + \alpha k, z + \alpha l, \ldots) - f(x, y, z, \ldots)$$

sera ordinairement une quantité infiniment petite; mais alors, en divisant cette valeur par α, on obtiendra la fraction

$$(3) \qquad \frac{\Delta u}{\alpha} = \frac{f(x + \alpha h, y + \alpha k, z + \alpha l, \ldots) - f(x, y, z, \ldots)}{\alpha}$$

qui convergera, en général, vers une limite finie différente de zéro. Cette limite est ce qu'on nomme la *différentielle totale* ou simplement la *différentielle* de la fonction u. On l'indique, à l'aide de la lettre d, en écrivant

$$du \quad \text{ou} \quad d f(x, y, z, \ldots).$$

Ainsi, quel que soit le nombre des variables indépendantes que renferme la fonction u, sa différentielle se trouvera définie par la formule

$$(4) \qquad du = \lim \frac{\Delta u}{\alpha}.$$

Si l'on fait successivement $u = x$, $u = y$, $u = z$, ..., on conclura des équations (2) et (4)

$$(5) \qquad dx = h, \qquad dy = k, \qquad dz = l, \qquad \ldots.$$

Par conséquent, les différentielles des variables indépendantes x, y, z, ... ne sont autre chose que les constantes finies h, k, l, ...

On détermine facilement la différentielle totale de la fonction

$$f(x, y, z, \ldots),$$

lorsqu'on connaît ses dérivées partielles. En effet, si dans cette fonction on fait croître l'une après l'autre les variables x, y, z, ... de quantités quelconques Δx, Δy, Δz, ..., on tirera de la formule (8) de la Leçon précédente une suite d'équations de la forme

$$\begin{aligned}
&f(x + \Delta x, y, z, \ldots) - f(x, y, z, \ldots) \\
&\quad = \Delta x\, \varphi(x + \theta_1 \Delta x, y, z, \ldots), \\
&f(x + \Delta x, y + \Delta y, z, \ldots) - f(x + \Delta x, y, z, \ldots) \\
&\quad = \Delta y\, \chi(x + \Delta x, y + \theta_2 \Delta y, z, \ldots), \\
&f(x + \Delta x, y + \Delta y, z + \Delta z, \ldots) - f(x + \Delta x, y + \Delta y, z, \ldots) \\
&\quad = \Delta z\, \psi(x + \Delta x, y + \Delta y, z + \theta_3 \Delta z, \ldots), \\
&\ldots\ldots\ldots\ldots\ldots\ldots\ldots\ldots\ldots\ldots\ldots\ldots,
\end{aligned}$$

θ_1, θ_2, θ_3, ... désignant des nombres inconnus, mais tous compris entre zéro et l'unité. En ajoutant ces mêmes équations membre à membre, on trouvera

$$(6)\quad \left\{\begin{aligned}
&f(x + \Delta x, y + \Delta y, z + \Delta z, \ldots) - f(x, y, z, \ldots) \\
&\quad = \Delta x\, \varphi(x + \theta_1 \Delta x, y, z, \ldots) + \Delta y\, \chi(x + \Delta x, y + \theta_2 \Delta y, z, \ldots) \\
&\quad\quad + \Delta z\, \psi(x + \Delta x, y + \Delta y, z + \theta_3 \Delta z, \ldots) + \ldots.
\end{aligned}\right.$$

Si, dans cette dernière formule, dont le premier membre peut être remplacé par Δu, on pose $\Delta x = \alpha h$, $\Delta y = \alpha k$, $\Delta z = \alpha l$ et si l'on divise en outre les deux membres par α, on obtiendra la suivante

$$(7)\quad \left\{\begin{aligned}
\frac{\Delta u}{\alpha} &= h\, \varphi(x + \theta_1 \alpha h, y, z, \ldots) + k\, \chi(x + \alpha h, y + \theta_2 \alpha k, z, \ldots) \\
&\quad + l\, \psi(x + \alpha h, y + \alpha k, z + \theta_3 \alpha l, \ldots) + \ldots,
\end{aligned}\right.$$

de laquelle on conclura, en passant aux limites, puis écrivant dx, dy, dz au lieu de h, k, l, ...,

$$(8)\quad du = \varphi(x, y, z, \ldots)\, dx + \chi(x, y, z, \ldots)\, dy + \psi(x, y, z, \ldots)\, dz + \ldots.$$

Exemples :

$$d(x+y+z+\ldots)=dx+dy+dz+\ldots, \qquad d(x-y)=dx-dy,$$
$$d(ax+by+cz+\ldots)=a\,dx+b\,dy+c\,dz+\ldots,$$
$$d(xyz\ldots)=yz\ldots dx+xz\ldots dy+xy\ldots dz+\ldots,$$
$$d(x^a y^b\ldots)=x^a y^b\ldots\left(a\frac{dx}{x}+b\frac{dy}{y}+\ldots\right), \qquad d\frac{x}{y}=\frac{y\,dx-x\,dy}{y^2},$$
$$dx^y=yx^{y-1}\,dx+x^y\,\mathrm{l}x\,dy, \qquad \ldots.$$

Il est essentiel d'observer que, dans la valeur de du donnée par l'équation (8), le terme $\varphi(x,y,z,\ldots)\,dx$ est précisément la différentielle qu'on obtiendrait pour la fonction

$$u=f(x,y,z,\ldots)$$

en considérant dans cette fonction x seule comme une quantité variable et y, z, ... comme des quantités constantes. C'est pour cette raison que le terme dont il s'agit se nomme la *différentielle partielle* de la fonction u par rapport à x. De même, $\chi(x,y,z,\ldots)\,dy$, $\psi(x,y,z,\ldots)\,dz$ sont les différentielles partielles de u par rapport à y, par rapport à z, ... Si l'on indique ces différentielles partielles en plaçant au bas de la lettre d les variables auxquelles elles se rapportent, comme on le voit ici,

$$d_x u, \quad d_y u, \quad d_z u, \quad \ldots,$$

on aura

$$(9)\qquad \begin{cases} \varphi(x,y,z,\ldots)=\dfrac{d_x u}{dx}, \\ \chi(x,y,z,\ldots)=\dfrac{d_y u}{dy}, \\ \psi(x,y,z,\ldots)=\dfrac{d_z u}{dz}, \\ \ldots\ldots\ldots\ldots\ldots\ldots, \end{cases}$$

et l'équation (8) pourra être présentée sous l'une ou l'autre des deux formes

$$(10)\qquad du=d_x u+d_y u+d_z u+\ldots,$$

$$(11)\qquad du=\frac{d_x u}{dx}dx+\frac{d_y u}{dy}dy+\frac{d_z u}{dz}dz+\ldots.$$

Pour abréger, on supprime ordinairement dans les équations (9) les lettres que nous avons placées au bas de la caractéristique d, et l'on représente simplement les dérivées partielles de u, prises relativement à x, y, z, ..., par les notations

$$\frac{du}{dx}, \quad \frac{du}{dy}, \quad \frac{du}{dz}, \quad \ldots. \tag{12}$$

Alors $\frac{du}{dx}$ n'est pas le quotient de du par dx; et, pour exprimer la différentielle partielle de u, prise relativement à x, il faut employer la notation $\frac{du}{dx}dx$, qui n'est point susceptible de réduction, à moins qu'on ne rétablisse la lettre x au bas de la caractéristique d. Lorsqu'on admet ces conventions, la formule (11) se réduit à

$$du = \frac{du}{dx}dx + \frac{du}{dy}dy + \frac{du}{dz}dz + \ldots. \tag{13}$$

Mais, comme il n'est plus permis d'effacer de cette dernière les différentielles dx, dy, dz, ..., rien ne remplace la formule (10).

Les définitions et les formules ci-dessus établies s'étendent sans difficulté au cas où la fonction u devient imaginaire. Ainsi, par exemple, si l'on pose $u = x + y\sqrt{-1}$, les dérivées partielles de u et sa différentielle totale seront respectivement données par les équations

$$\frac{du}{dx} = 1, \qquad \frac{du}{dy} = \sqrt{-1}, \qquad du = dx + \sqrt{-1}\,dy.$$

Nous indiquerons, en finissant, un moyen fort simple de ramener le calcul des différentielles totales à celui des fonctions dérivées. Si dans l'expression $f(x+\alpha h, y+\alpha k, z+\alpha l, \ldots)$, on considère α comme seule variable, et si l'on pose en conséquence

$$f(x+\alpha h, y+\alpha k, z+\alpha l, \ldots) = F(\alpha), \tag{14}$$

on aura, non seulement

$$u = F(0), \tag{15}$$

mais encore

$$\Delta u = F(\alpha) - F(0)$$

et, par suite,

$$du = \lim \frac{F(\alpha) - F(0)}{\alpha} = F'(0). \tag{16}$$

Ainsi, pour former la différentielle totale *du*, il suffira de calculer la valeur particulière que reçoit la fonction dérivée $F'(\alpha)$ pour $\alpha = 0$.

NEUVIÈME LEÇON.

USAGE DES DÉRIVÉES PARTIELLES DANS LA DIFFÉRENTIATION DES FONCTIONS COMPOSÉES. DIFFÉRENTIELLES DES FONCTIONS IMPLICITES.

Soit $s = F(u, v, w, \ldots)$ une fonction quelconque des quantités variables $u, v, w, \ldots$ que nous supposerons être elles-mêmes fonctions des variables indépendantes $x, y, z, \ldots$; s sera une *fonction composée* de ces dernières variables; et, si l'on désigne par Δx, Δy, Δz, ... des accroissements arbitraires simultanément attribués à x, $y, z, \ldots$, les accroissements correspondants Δu, Δv, Δw, ..., Δs des fonctions $u, v, w, \ldots, s$ seront liés entre eux par la formule

$$(1) \qquad \Delta s = F(u + \Delta u, v + \Delta v, w + \Delta w, \ldots) - F(u, v, w, \ldots).$$

Soient d'ailleurs $\Phi(u, v, w, \ldots)$, $X(u, v, w, \ldots)$, $\Psi(u, v, w, \ldots)$, ... les dérivées partielles de la fonction $F(u, v, w, \ldots)$ prises successivement par rapport à $u, v, w, \ldots$. Comme l'équation (6) de la Leçon précédente a lieu pour des valeurs quelconques des variables $x, y, z, \ldots$ et de leurs accroissements $\Delta x, \Delta y, \Delta z, \ldots$, on en conclura, en remplaçant $x, y, z, \ldots$ par $u, v, w, \ldots$, et la fonction f par la fonction F,

$$(2) \quad \left\{ \begin{aligned} & F(u + \Delta u, v + \Delta v, w + \Delta w, \ldots) - F(u, v, w, \ldots) \\ & \quad = \Delta u\, \Phi(u + \theta_1 \Delta u, v, w, \ldots) + \Delta v\, X(u + \Delta u, v + \theta_2 \Delta v, w, \ldots) \\ & \qquad + \Delta w\, \Psi(u + \Delta u, v + \Delta v, w + \theta_3 \Delta w, \ldots) + \ldots. \end{aligned} \right.$$

Dans cette dernière équation, θ_1, θ_2, θ_3, ... désignent toujours des nombres inconnus, mais inférieurs à l'unité. Si maintenant on pose

$$\Delta x = \alpha h = \alpha\, dx, \qquad \Delta y = \alpha k = \alpha\, dy, \qquad \Delta z = \alpha l = \alpha\, dz, \qquad \ldots,$$

et que l'on divise par α les deux membres de l'équation (2), on en tirera

$$(3)\quad \left\{\begin{aligned} \frac{\Delta s}{\alpha} &= \Phi(u+\theta_1\alpha h, v, w, \ldots)\frac{\Delta u}{\alpha}\\ &+ \mathrm{X}(u+\alpha h, v+\theta_2\alpha k, w, \ldots)\frac{\Delta v}{\alpha}\\ &+ \Psi(u+\alpha h, v+\alpha k, w+\theta_3\alpha l, \ldots)\frac{\Delta w}{\alpha}+\ldots,\end{aligned}\right.$$

puis, en faisant converger α vers la limite zéro,

$$(4)\quad ds = \Phi(u, v, w, \ldots)\,du + \mathrm{X}(u, v, w, \ldots)\,dv + \Psi(u, v, w, \ldots)\,dw + \ldots.$$

La valeur de ds fournie par l'équation (4) est semblable à la valeur de du fournie par l'équation (8) de la Leçon précédente. La principale différence consiste en ce que les différentielles dx, dy, dz, ... comprises dans la valeur de du sont des constantes arbitraires, tandis que les différentielles du, dv, dw, ... comprises dans la valeur de ds sont de nouvelles fonctions des variables indépendantes x, y, z, ... combinées d'une certaine manière avec les constantes arbitraires dx, dy, dz, ...

En appliquant la formule (4) à des cas particuliers, on trouvera

$$\begin{gathered} d(u+v+w+\ldots) = du+dv+dw+\ldots,\\ d(u-dv) = du-dv,\\ d(au+bv+cw+\ldots) = a\,du+b\,dv+c\,dw+\ldots,\\ d(uvw\ldots) = vw\ldots du + uw\ldots dv + uv\ldots dw+\ldots,\\ d\frac{v}{u} = \frac{u\,dv - v\,du}{u^2},\\ du^v = vu^{v-1}\,du + v^v\,\mathrm{l}u\,dv+\ldots,\\ \ldots\ldots\ldots\ldots\ldots\ldots \end{gathered}$$

Nous avions déjà obtenu ces équations (*voir* la cinquième Leçon) en supposant u, v, w, ... fonctions d'une seule variable indépendante x, mais on voit qu'elles subsistent quel que soit le nombre des variables indépendantes.

Dans le cas particulier où l'on suppose u fonction de la seule variable x, v fonction de la seule variable y, w fonction de la seule variable z, ..., on peut arriver directement à l'équation (4), en partant de la formule (10) de la Leçon précédente. En effet, en vertu de cette formule, on aura généralement

$$(5) \qquad ds = d_x s + d_y s + d_z s + \ldots.$$

De plus, comme parmi les quantités u, v, w, ... la première est, par hypothèse, la seule qui renferme la variable x, en considérant s comme une fonction de fonction de cette variable et ayant égard à la formule (10) de la quatrième Leçon, on trouvera

$$d_x s = d_x \mathrm{F}(u, v, w, \ldots) = \Phi(u, v, w, \ldots)\, d_x u = \Phi(u, v, w, \ldots)\, du.$$

On trouvera de même

$$d_y s = \mathrm{X}(u, v, w, \ldots)\, dv, \qquad d_z s = \Psi(u, v, w, \ldots)\, dw, \qquad \ldots.$$

Si l'on substitue ces valeurs de $d_x s$, $d_y s$, $d_z s$, ... dans la formule (5), elle coïncidera évidemment avec l'équation (4).

Soit maintenant r une seconde fonction des variables indépendantes x, y, z, ... Si l'on a identiquement, c'est-à-dire pour des valeurs quelconques de ces variables,

$$(6) \qquad s = r,$$

on en conclura

$$(7) \qquad ds = dr.$$

Dans le cas particulier où la fonction r se réduit soit à zéro, soit à une constante c, on trouve

$$dr = 0,$$

et par suite l'équation

$$(8) \qquad s = 0 \quad \text{ou} \quad s = c$$

entraîne la suivante

$$(9) \qquad ds = 0.$$

Les équations (7) et (9) sont du nombre de celles que l'on nomme *équations différentielles.* La seconde peut être présentée sous la forme

$$\Phi(u, v, w, \ldots)\,du + \mathrm{X}(u, v, w, \ldots)\,dv + \Psi(u, v, w, \ldots)\,dw + \ldots = 0, \tag{10}$$

et subsiste dans le cas même où quelques-unes des quantités u, v, w, ... se réduiraient à quelques-unes des variables indépendantes x, y, z, ... Ainsi, par exemple, on trouvera : en supposant $\mathrm{F}(x, v) = 0$,

$$\Phi(x, v)\,dx + \mathrm{X}(x, v)\,dv = 0;$$

en supposant $\mathrm{F}(x, y, w) = 0$,

$$\Phi(x, y, w)\,dx + \mathrm{X}(x, y, w)\,dy + \Psi(x, y, w)\,dw = 0;$$

etc.

Dans ces dernières équations, v est évidemment une fonction implicite de la variable x; w une fonction implicite des variables x, y, ...

De même, si l'on admet que les variables x, y, z, ..., cessant d'être indépendantes, soient liées entre elles par une équation de la forme

$$f(x, y, z, \ldots) = 0, \tag{11}$$

alors, en faisant usage des notations adoptées dans la Leçon précédente, on obtiendra l'équation différentielle

$$\varphi(x, y, z, \ldots)\,dx + \chi(x, y, z, \ldots)\,dy + \psi(x, y, z, \ldots)\,dz + \ldots = 0, \tag{12}$$

au moyen de laquelle on pourra déterminer la différentielle de l'une des variables considérée comme fonction implicite de toutes les autres. Ainsi, par exemple, on trouvera : en supposant $x^2 + y^2 = a^2$,

$$x\,dx + y\,dy = 0, \qquad dy = -\frac{x}{y}\,dx;$$

en supposant $y^2 - x^2 = a^2$,

$$y\,dy - x\,dx = 0, \qquad dy = \frac{x}{y}\,dx;$$

en supposant $x^2 + y^2 + z^2 = a^2$,

$$x\,dx + y\,dy + z\,dz = 0, \qquad dz = -\frac{x}{z}\,dx - \frac{y}{z}\,dy.$$

Comme on aura d'ailleurs, dans le premier cas,

$$y = \pm\sqrt{a^2 - x^2},$$

et dans le second,

$$y = \pm\sqrt{a^2 + x^2},$$

on conclura des formules précédentes

$$(13) \qquad d\sqrt{a^2 - x^2} = -\frac{x\,dx}{\sqrt{a^2 - x^2}}, \qquad d\sqrt{a^2 + x^2} = \frac{x\,dx}{\sqrt{a + x}},$$

ce qu'il est aisé de vérifier directement.

Lorsqu'on désigne par u la fonction $f(x, y, z, \ldots)$, les équations (11) et (12) peuvent s'écrire simplement comme il suit :

$$u = 0, \qquad du = 0.$$

Si les variables x, y, z, ..., au lieu d'être assujetties à une seule équation de la forme $u = 0$, étaient liées entre elles par deux équations de cette espèce, telles que

$$(14) \qquad u = 0, \qquad v = 0,$$

alors on aurait en même temps les deux équations différentielles

$$(15) \qquad du = 0, \qquad dv = 0,$$

à l'aide desquelles on pourrait déterminer les différentielles de deux variables considérées comme fonctions implicites de toutes les autres.

En général, si n variables x, y, z, ... sont liées entre elles par m équations, telles que

$$(16) \qquad u = 0, \qquad v = 0, \qquad w = 0, \qquad \ldots,$$

alors on aura en même temps les m équations différentielles

$$(17) \qquad du = 0, \qquad dv = 0, \qquad dw = 0, \qquad \ldots,$$

à l'aide desquelles on pourra déterminer les différentielles de m variables considérées comme fonctions implicites de toutes les autres.

DIXIÈME LEÇON.

THÉORÈME DES FONCTIONS HOMOGÈNES. MAXIMA ET MINIMA DES FONCTIONS DE PLUSIEURS VARIABLES.

On dit qu'une fonction de plusieurs variables est *homogène* lorsque, en faisant croître ou décroître toutes les variables dans un rapport donné, on obtient pour résultat la valeur primitive de la fonction multipliée par une puissance de ce rapport. L'exposant de cette puissance est le *degré de la fonction* homogène. En conséquence, $f(x, y, z, \ldots)$ sera une fonction de $x, y, z, \ldots$ homogène et du degré a, si, t désignant une nouvelle variable, on a, quel que soit t,

$$f(tx, ty, tz, \ldots) = t^a f(x, y, z). \tag{1}$$

Cela posé, le *théorème des fonctions homogènes* peut s'énoncer comme il suit :

THÉORÈME. — *Si l'on multiplie les dérivées partielles d'une fonction homogène du degré a par les variables auxquelles elles se rapportent, la somme des produits ainsi formés sera équivalente à celui qu'on obtiendrait en multipliant par a la fonction elle-même.*

Démonstration. — Soient $u = f(x, y, z, \ldots)$ la fonction donnée et $\varphi(x, y, z, \ldots)$, $\chi(x, y, z, \ldots)$, $\psi(x, y, z, \ldots)$, ... ses dérivées partielles par rapport à x, à y, à z, etc. Si l'on différentie les deux membres de l'équation (1), en y considérant t seule comme variable, on trouvera

$$\varphi(tx, ty, tz, \ldots)x\,dt + \chi(tx, ty, tz, \ldots)y\,dt + \psi(tx, ty, tz, \ldots)z\,dt + \ldots$$
$$= at^{a-1} f(x, y, z, \ldots)\,dt,$$

puis, en divisant par dt, et posant $t = 1$,

$$(2)\qquad \left\{\begin{aligned} &x\varphi(x, y, z, \ldots) + y\chi(x, y, z, \ldots) + z\psi(x, y, z, \ldots) + \ldots \\ &\quad = af(x, y, z, \ldots), \end{aligned}\right.$$

ou, ce qui revient au même,

$$(3)\qquad x\frac{du}{dx} + y\frac{du}{dy} + z\frac{du}{dz} + \ldots = au.$$

Corollaire. — Pour une fonction homogène d'un degré nul, on aura

$$(4)\qquad x\frac{du}{dx} + y\frac{du}{dy} + z\frac{du}{dz} + \ldots = 0.$$

Exemples. — Appliquer le théorème aux fonctions $Ax^2 + Bxy + Cy^2$ et $L\frac{x}{y}$.

Lorsqu'une fonction réelle de plusieurs variables indépendantes x, y, z, ... atteint une valeur particulière qui surpasse toutes les valeurs voisines, c'est-à-dire toutes celles qu'on obtiendrait en faisant varier x, y, z, ... en plus ou en moins de quantités très petites, cette valeur particulière de la fonction est ce qu'on appelle un *maximum*.

Lorsqu'une valeur particulière d'une fonction réelle de $x, y, z, \ldots$ est inférieure à toutes les valeurs voisines, elle prend le nom de *minimum*.

La recherche des maxima et minima des fonctions de plusieurs variables se ramène facilement à la recherche des maxima et minima des fonctions d'une seule variable. Supposons, en effet, que

$$u = f(x, y, z, \ldots)$$

devienne un maximum pour certaines valeurs particulières attribuées à $x, y, z, \ldots$. On aura, pour ces valeurs particulières, et pour de très petites valeurs numériques de α,

$$(5)\qquad f(x + \alpha h, y + \alpha k, z + \alpha l, \ldots) < f(x, y, z, \ldots),$$

quelles que soient d'ailleurs les constantes finies $h, k, l, \ldots$, pourvu qu'elles aient été choisies de manière que le premier membre de la formule (5) reste réel. Or, si l'on fait, pour abréger,

$$f(x+\alpha h, y+\alpha k, z+\alpha l, \ldots) = \mathrm{F}(\alpha), \tag{6}$$

la formule (5) se trouvera réduite à la suivante :

$$\mathrm{F}(\alpha) < \mathrm{F}(0). \tag{7}$$

Celle-ci devant subsister, quel que soit le signe de α, il en résulte que, si α seule varie, $\mathrm{F}(\alpha)$, considérée comme fonction de cette unique variable, deviendra toujours un maximum pour $\alpha = 0$.

On reconnaîtra de même que, si $f(x, y, z, \ldots)$ devient un minimum pour certaines valeurs particulières attribuées à $x, y, z, \ldots$, la valeur correspondante de $\mathrm{F}(\alpha)$ sera toujours un minimum pour $\alpha = 0$.

Observons maintenant que, si les deux fonctions $\mathrm{F}(\alpha)$, $\mathrm{F}'(\alpha)$ sont l'une et l'autre continues par rapport à α, dans le voisinage de la valeur particulière $\alpha = 0$, cette valeur ne pourra fournir un maximum ou un minimum de la première fonction qu'autant qu'elle fera évanouir la seconde (*voir* la sixième Leçon), c'est-à-dire, qu'autant que l'on aura

$$\mathrm{F}'(0) = 0. \tag{8}$$

D'ailleurs, lorsqu'on écrit $dx, dy, dz, \ldots$ au lieu de $h, k, l, \ldots$, l'équation (8) prend la forme

$$du = 0 \tag{9}$$

(*voir* la huitième Leçon). De plus, comme les fonctions $\mathrm{F}(\alpha)$ et $\mathrm{F}'(\alpha)$ sont ce que deviennent u et du quand on y remplace x par $x = \alpha h$, y par $y + \alpha k$, z par $z + \alpha l$, $\ldots$, il est clair que, si ces deux fonctions sont discontinues par rapport à α, dans le voisinage de la valeur particulière $\alpha = 0$, les deux expressions u et du, considérées comme fonctions des variables $x, y, z, \ldots$ seront discontinues par rapport à ces variables dans le voisinage des valeurs particulières qui leur sont attribuées. En rapprochant ces remarques de ce qui a été dit plus haut, nous devons conclure que les seules valeurs de $x, y, z, \ldots$ propres à fournir des maxima ou des minima de la fonction u sont celles qui rendent les fonctions u et du discontinues, ou bien encore celles qui vérifient l'équation (9), quelles que soient les constantes finies dx, dy, dz, ... Ces principes étant admis, il sera facile de résoudre la question suivante :

Problème. — *Trouver les maxima et minima d'une fonction de plusieurs variables.*

Solution. — Soit $u = f(x, y, z, \ldots)$ la fonction proposée. On cherchera d'abord les valeurs de x, y, z, ... qui rendent la fonction u ou du discontinue, et parmi lesquelles on doit compter celles que l'on déduit de la formule

$$du = \pm \infty. \tag{10}$$

On cherchera, en second lieu, les valeurs de x, y, z, ... qui vérifient l'équation (9), quelles que soient les constantes finies dx, dy, dz, ... Cette équation, pouvant être mise sous la forme

$$\frac{du}{dx}dx + \frac{du}{dy}dy + \frac{du}{dz}dz + \ldots = 0, \tag{11}$$

entraîne évidemment les suivantes

$$\frac{du}{dx} = 0, \qquad \frac{du}{dy} = 0, \qquad \frac{du}{dz} = 0, \qquad \ldots, \tag{12}$$

dont on obtient la première en posant $dx = 1$, $dy = 0$, $dz = 0$, ..., la seconde en posant $dx = 0$, $dy = 1$, $dz = 0$, ... Remarquons en passant que, le nombre des équations (12) étant égal à celui des inconnues x, y, z, ..., on n'en déduira ordinairement pour ces inconnues qu'un nombre limité de valeurs.

Concevons à présent que l'on considère en particulier un des systèmes de valeurs que les précédentes recherches fournissent pour les variables x, y, z, ..., et désignons par x_0, y_0, z_0, ... les valeurs dont il se compose. La valeur correspondante de la fonction $f(x, y, z, \ldots)$, savoir, $f(x_0, y_0, z_0, \ldots)$, sera un maximum, si pour de très petites valeurs numériques de α, et pour des valeurs quelconques de h, k, l, ..., la différence

$$f(x_0 + \alpha h, y_0 + \alpha k, z_0 + \alpha l, \ldots) - f(x_0, y_0, z_0, \ldots) \tag{13}$$

est constamment négative. Au contraire, $f(x_0, y_0, z_0, \ldots)$ sera un minimum, si cette différence est constamment positive. Enfin, si cette différence passe du positif au négatif, tandis que l'on change ou le signe de α, ou les valeurs de $h, k, l, \ldots, f(x_0, y_0, z_0, \ldots)$ ne sera plus ni un maximum, ni un minimum.

Exemple. — La fonction $Ax^2 + Bxy + Cy^2 + Dx + Ey + F$ admet un maximum ou un minimum, lorsqu'on a $B^2 - 4AC < 0$, et n'en admet plus, lorsqu'on a $B^2 - 4AC > 0$.

Nota. — La nature de la fonction u peut être telle, qu'à une infinité de systèmes différents de valeurs attribuées à $x, y, z, \ldots$ correspondent des valeurs de u égales entre elles, mais supérieures ou inférieures à toutes les valeurs voisines, et dont chacune soit en conséquence une sorte de maximum ou de minimum. Lorsque cette circonstance a lieu pour des systèmes dans le voisinage desquels les fonctions u et du restent continues, ces systèmes vérifient certainement les équations (12). Ces équations peuvent donc quelquefois admettre une infinité de solutions. C'est ce qui arrive toujours quand elles se déduisent en partie les unes des autres.

Exemple. — Si l'on prend

$$u = (cy - bz + l)^2 + (az - cx + m)^2 + (bx - ay + n)^2,$$

les équations (12) donneront seulement

$$\frac{cy - bz + l}{a} = \frac{az - cx + m}{b} = \frac{bx - ay + n}{c},$$

et la fonction u admettra une infinité de valeurs égales à

$$\frac{(al + bm + cn)^2}{a^2 + b^2 + c^2},$$

dont chacune pourra être considérée comme un minimum.

ONZIÈME LEÇON.

USAGE DES FACTEURS INDÉTERMINÉS DANS LA RECHERCHE DES MAXIMA ET MINIMA.

Soit

$$u = f(x, y, z, \ldots) \tag{1}$$

une fonction de n variables x, y, z, ... Mais concevons que ces variables, au lieu d'être indépendantes les unes des autres, comme on l'a supposé dans la dixième Leçon, soient liées entre elles par m équations de la forme

$$v = 0, \qquad w = 0, \qquad \ldots. \tag{2}$$

Pour déduire de la méthode que nous avons indiquée les maxima et les minima de la fonction u, il faudrait commencer par éliminer de cette fonction m variables différentes à l'aide des formules (2). Après cette élimination, les variables qui resteraient, au nombre de $n - m$, devraient être considérées comme indépendantes, et il faudrait chercher les systèmes de valeurs de ces variables qui rendraient la fonction u ou la fonction du discontinue ou bien encore ceux qui vérifieraient, quelles que fussent les différentielles de ces mêmes variables, l'équation

$$du = 0. \tag{3}$$

Or la recherche des maxima et minima qui correspondent à l'équation (3) peut être simplifiée par les considérations suivantes.

Si l'on différentie la fonction u, en y conservant toutes les variables données $x, y, z, \ldots$, l'équation (3) se présentera sous la forme

$$\frac{du}{dx}dx + \frac{du}{dy}dy + \frac{du}{dz}dz + \ldots = 0, \tag{4}$$

et renfermera les n différentielles dx, dy, dz, ... Mais il importe d'observer que, parmi ces différentielles, les seules dont on pourra disposer arbitrairement seront celles des $n-m$ variables regardées comme indépendantes. Les autres différentielles se trouveront déterminées en fonction des premières et des variables elles-mêmes par les formules $dv=0$, $dw=0$, ..., qui, lorsqu'on les développe, deviennent respectivement

$$(5)\qquad \begin{cases} \dfrac{dv}{dx}dx+\dfrac{dv}{dy}dy+\dfrac{dv}{dz}dz+\ldots=0,\\ \dfrac{dw}{dx}dx+\dfrac{dw}{dy}dy+\dfrac{dw}{dz}dz+\ldots=0,\\ \ldots\ldots\ldots\ldots\ldots\ldots\ldots\ldots\ldots \end{cases}$$

Cela posé, puisque l'équation (4) doit être vérifiée, quelles que soient les différentielles des variables indépendantes, il est clair que, si l'on élimine de cette équation un nombre m de différentielles à l'aide des formules (5), les coefficients des $n-m$ différentielles restantes devront être séparément égalés à zéro. Or, pour effectuer l'élimination, il suffit d'ajouter à l'équation (4) les formules (5) multipliées par des *facteurs indéterminés*, $-\lambda$, $-\mu$, $-\ldots$, et de choisir ces facteurs de manière à faire disparaître dans l'équation résultante les coefficients de m différentielles successives. Comme d'ailleurs l'équation résultante sera de la forme

$$(6)\qquad \begin{cases} \left(\dfrac{du}{dx}-\lambda\dfrac{dv}{dx}-\mu\dfrac{dw}{dx}-\ldots\right)dx\\ +\left(\dfrac{du}{dy}-\lambda\dfrac{dv}{dy}-\mu\dfrac{dw}{dy}-\ldots\right)dy+\ldots=0, \end{cases}$$

et que, après y avoir fait disparaître les coefficients de m différentielles, il faudra encore égaler à zéro ceux des différentielles restantes, il est permis de conclure que les valeurs de λ, μ, ν, ... tirées de quelques-unes des formules

$$(7)\qquad \frac{du}{dx}-\lambda\frac{dv}{dx}-\mu\frac{dw}{dx}-\ldots=0,\qquad \frac{du}{dy}-\lambda\frac{dv}{dy}-\mu\frac{dw}{dy}-\ldots=0,\qquad \ldots$$

devront satisfaire à toutes les autres. Par conséquent, les valeurs de $x, y, z, \ldots$ propres à vérifier les formules (4) et (5) devront satisfaire aux équations de condition que fournit l'élimination des indéterminées $\lambda, \mu, \nu, \ldots$ entre les formules (7). Le nombre de ces équations de condition sera $n - m$. En les réunissant aux formules (2), on obtiendra en tout n équations, desquelles on déduira pour les variables données $x, y, z, \ldots$ plusieurs systèmes de valeurs, parmi lesquels se trouveront nécessairement ceux qui, sans rendre discontinue l'une des fonctions u et du, fourniront pour la première des maxima ou des minima.

Il est bon de remarquer que les équations de condition produites par l'élimination de λ, μ, ν entre les formules (7) ne seraient altérées en aucune manière, si l'on échangeait dans ces formules la fonction u contre une des fonctions $v, w, \ldots$. Par suite, on arriverait toujours aux mêmes équations de condition, si, au lieu de chercher les maxima et minima de la fonction u, en supposant $v = 0$, $w = 0, \ldots$, on cherchait les maxima et minima de la fonction v, en supposant $u = 0$, $w = 0, \ldots$, ou bien ceux de la fonction w, en supposant $u = 0$, $v = 0, \ldots$. On pourrait même, sans altérer les équations de condition, remplacer les fonctions $u, v, w, \ldots$ par les suivantes : $u - a$, $v - b$, $w - c, \ldots$, $a, b, c, \ldots$ désignant des constantes arbitraires.

Dans le cas particulier où l'on veut obtenir les maxima ou les minima de la fonction u, en supposant $x, y, z, \ldots$ assujetties à une seule équation

$$v = 0, \tag{8}$$

les formules (7) deviennent

$$\frac{du}{dx} - \lambda\frac{dv}{dx} = 0, \qquad \frac{du}{dy} - \lambda\frac{dv}{dy} = 0, \qquad \frac{du}{dz} - \lambda\frac{dv}{dz} = 0, \qquad \ldots, \tag{9}$$

et l'on en conclut, par l'élimination de λ,

$$\frac{\frac{du}{dx}}{\frac{dv}{dx}} = \frac{\frac{du}{dy}}{\frac{dv}{dy}} = \frac{\frac{du}{dz}}{\frac{dv}{dz}} = \ldots. \tag{10}$$

Cette dernière formule équivaut à $n-1$ équations distinctes, lesquelles, réunies à l'équation (8), détermineront les valeurs cherchées de $x, y, z, \ldots$.

Premier exemple. — Supposons que, $a, b, c, \ldots, r$ désignant des quantités constantes et $x, y, z, \ldots$ des variables assujetties à l'équation

$$x^2+y^2+z^2+\ldots=r^2 \quad \text{ou} \quad x^2+y^2+z^2+\ldots-r^2=0,$$

on demande le maximum et le minimum de la fonction

$$u=ax+by+cz+\ldots.$$

Dans cette hypothèse, la formule (10) se trouvant réduite à

$$\frac{a}{x}=\frac{b}{y}=\frac{c}{z}=\ldots, \tag{11}$$

on en conclura (*voir l'Analyse algébrique*, Note II) [1]

$$\frac{ax+by+cz+\ldots}{x^2+y^2+z^2+\ldots}=\pm\frac{\sqrt{a^2+b^2+c^2+\ldots}}{\sqrt{x^2+y^2+z^2+\ldots}}$$

ou

$$\frac{u}{r^2}=\pm\frac{\sqrt{a^2+b^2+c^2+\ldots}}{r}$$

et, par conséquent,

$$u=\pm r\sqrt{a^2+b^2+c^2+\ldots}. \tag{12}$$

Pour s'assurer que les deux valeurs de u données par l'équation (12) sont un maximum et un minimum, il suffit d'observer qu'on aura toujours

$$\left\{\begin{aligned} &(ax+by+cz+\ldots)^2+(bx-ay)^2\\ &\quad+(cx-az)^2+\ldots+(cy-bz)^2+\ldots\\ &\quad=(a^2+b^2+c^2+\ldots)(x^2+y^2+z^2+\ldots)\end{aligned}\right. \tag{13}$$

et, par suite,

$$u^2<(a^2+b^2+c^2+\ldots)r^2,$$

à moins que les valeurs de $x, y, z, \ldots$ ne vérifient la formule (11).

[1] *OEuvres de Cauchy*, S. II, T. III, p. 360.

Deuxième exemple. — Supposons que $a, b, c, \ldots, k$ désignant des quantités constantes, et $x, y, z, \ldots$ des variables assujetties à l'équation

$$ax + by + cz + \ldots = k,$$

on cherche le minimum de la fonction $u = x^2 + y^2 + z^2 + \ldots$. Dans cette hypothèse, on obtiendra encore la formule (11), de laquelle on conclura

$$\frac{k}{u} = \pm \frac{\sqrt{a^2 + b^2 + c^2 + \ldots}}{\sqrt{u}}$$

et, par suite,

$$u = \frac{k^2}{a^2 + b^2 + c^2 + \ldots}. \tag{14}$$

Si les variables $x, y, z, \ldots$ se réduisent à trois et désignent des coordonnées rectangulaires, la valeur de $\sqrt{u}$, donnée par l'équation (14), représentera évidemment la plus courte distance de l'origine à un plan fixe.

Troisième exemple. — Concevons que l'on cherche les demi-axes d'une ellipse ou d'une hyperbole rapportée à son centre et représentée par l'équation

$$Ax^2 + 2Bxy + Cy^2 = K.$$

Chacun de ces demi-axes sera un maximum ou un minimum du rayon vecteur r, mené de l'origine à la courbe et déterminé par la formule

$$r^2 = x^2 + y^2.$$

Cela posé, comme on aura

$$dr = \frac{1}{r}(x\,dx + y\,dy),$$

on ne pourra faire évanouir dr qu'en supposant

$$r = \infty \qquad \text{ou} \qquad x\,dx + y\,dy = 0.$$

La première hypothèse ne peut être admise que pour une hyperbole.

En admettant la seconde, on tirera de la formule (10)

$$\frac{x}{Ax+By} = \frac{y}{Cy+Bx} = \frac{x^2+y^2}{x(Ax+By)+y(Cy+Bx)} = \frac{r^2}{K},$$

$$\frac{K}{r^2} - A = B\frac{y}{x}, \qquad \frac{K}{r^2} - C = B\frac{x}{y},$$

$$(15) \qquad \left(\frac{K}{r^2} - A\right)\left(\frac{K}{r^2} - C\right) = B^2.$$

Observons maintenant qu'à des valeurs réelles de r correspondront toujours des valeurs positives de r^2, et que l'équation (15) fournira, pour r^2, deux valeurs positives, si l'on a $AK > 0$, $AC - B^2 > 0$; une seule, si l'on a $AC - B^2 < 0$. Effectivement, la courbe, étant une ellipse dans le premier cas, aura deux axes réels; tandis que, dans le second cas, elle se changera en hyperbole et n'aura plus qu'un seul axe réel.

DOUZIÈME LEÇON.

DIFFÉRENTIELLES ET DÉRIVÉES DES DIVERS ORDRES POUR LES FONCTIONS D'UNE SEULE VARIABLE. CHANGEMENT DE LA VARIABLE INDÉPENDANTE.

Comme les fonctions d'une seule variable x ont ordinairement pour dérivées d'autres fonctions de cette variable, il est clair que d'une fonction donnée $y=f(x)$ on pourra déduire en général une multitude de fonctions nouvelles dont chacune sera la dérivée de la précédente. Ces fonctions nouvelles sont ce qu'on nomme les *dérivées des divers ordres* de y ou $f(x)$, et on les indique à l'aide des notations

$$y',\quad y'',\quad y''',\quad y^{\text{IV}},\quad y^{\text{V}},\quad \ldots,\quad y^{(n)}$$

ou

$$f'(x),\quad f''(x),\quad f'''(x),\quad f^{\text{IV}}(x),\quad f^{\text{V}}(x),\quad \ldots,\quad f^{(n)}(x).$$

Cela posé, y' ou $f'(x)$ sera la dérivée du premier ordre de la fonction proposée $y=f(x)$; y'' ou $f''(x)$ sera la dérivée du second ordre de y, et en même temps la dérivée du premier ordre de y', ...; enfin $y^{(n)}$ ou $f^{(n)}(x)$ (n désignant un nombre entier quelconque) sera la dérivée de l'ordre n de y, et en même temps la dérivée du premier ordre de $y^{(n-1)}$.

Soit maintenant $dx=h$ la différentielle de la variable x supposée indépendante. On aura, d'après ce qu'on vient de dire,

$$(1)\qquad y'=\frac{dy}{dx},\qquad y''=\frac{dy'}{dx},\qquad y'''=\frac{dy''}{dx},\qquad \ldots,\qquad y^{(n)}=\frac{dy^{(n-1)}}{dx}$$

ou, ce qui revient au même,

$$(2)\qquad dy=y'h,\qquad dy'=y''h,\qquad dy''=y'''h,\qquad \ldots,\qquad dy^{(n)}=y^{(n-1)}h.$$

De plus, comme la différentielle d'une fonction de la variable x est une autre fonction de cette variable, rien n'empêche de différentier y plusieurs fois de suite. On obtiendra de cette manière les *différentielles des divers ordres* de la fonction y, savoir :

$$\begin{aligned} dy &= y' h &&= y' dx, \\ ddy &= h\, dy' = y'' h^2 &&= y'' dx^2, \\ dddy &= h^2 dy'' = y''' h^3 &&= y''' dx^3, \\ &\ldots\ldots\ldots\ldots\ldots\ldots \end{aligned}$$

Pour abréger, on écrit simplement d^2y au lieu de ddy, d^3y au lieu de $dddy$, ...; en sorte que la différentielle du premier ordre est représentée par dy, la différentielle du second ordre par d^2y, celle du troisième ordre par d^3y, ..., et généralement la différentielle de l'ordre n par d^ny. Ces conventions étant admises, on aura évidemment

$$(3) \qquad \left\{ \begin{array}{lll} dy = y' dx, & d^2y = y'' dx^2, & d^3y = y''' dx^3, \\ d^4y = y^{\mathrm{IV}} dx^4, & \ldots\ldots\ldots\ldots, & d^ny = y^{(n)} dx^n \end{array} \right.$$

et, par suite,

$$(4) \qquad \left\{ \begin{array}{lll} y' = \dfrac{dy}{dx}, & y'' = \dfrac{d^2y}{dx^2}, & y''' = \dfrac{d^3y}{dx^3}, \\ y^{\mathrm{IV}} = \dfrac{d^4y}{dx^4}, & \ldots\ldots\ldots, & y^{(n)} = \dfrac{d^ny}{dx^n}. \end{array} \right.$$

Il résulte de la dernière des formules (3) que la dérivée de l'ordre n, savoir $y^{(n)}$, est précisément le coefficient par lequel il faut multiplier la $n^{\text{ième}}$ puissance de la constante $h = dx$ pour obtenir la différentielle de l'ordre n. C'est pour cette raison que $y^{(n)}$ est quelquefois appelée le *coefficient différentiel de l'ordre n*.

Les méthodes par lesquelles on détermine les différentielles et les dérivées du premier ordre pour les fonctions d'une seule variable, servent également à calculer leurs différentielles et leurs dérivées des ordres supérieurs. Les calculs de cette espèce s'effectuent très facilement, ainsi qu'on va le montrer par des exemples.

Soit d'abord $y = \sin x$. Comme, en désignant par a une quantité constante, on a généralement

$$d\sin(x+a) = \cos(x+a)\,d(x+a) = \sin(x+a+\tfrac{1}{2}\pi)\,dx,$$

on en conclura

$$\begin{aligned} d\sin x &= \sin(x+\tfrac{1}{2}\pi)\,dx,\\ d\sin(x+\tfrac{1}{2}\pi) &= \sin(x+\pi)\,dx,\\ d\sin(x+\pi) &= \sin(x+\tfrac{3}{2}\pi)\,dx,\\ &\ldots\ldots\ldots\ldots\ldots\ldots, \end{aligned}$$

et par suite on trouvera pour $y = \sin x$,

$$\begin{aligned} y' &= \sin(x+\tfrac{1}{2}\pi),\\ y'' &= \sin(x+\pi),\\ y''' &= \sin(x+\tfrac{3}{2}\pi),\\ &\ldots\ldots\ldots\ldots,\\ y^{(n)} &= \sin\left(x+\frac{n}{2}\pi\right). \end{aligned}$$

En opérant de même, on trouvera encore pour $y = \cos x$,

$$\begin{aligned} y' &= \cos(x+\tfrac{1}{2}\pi),\\ y'' &= \cos(x+\pi),\\ y''' &= \cos(x+\tfrac{3}{2}\pi),\\ &\ldots\ldots\ldots\ldots,\\ y^{(n)} &= \cos\left(x+\frac{n}{2}\pi\right); \end{aligned}$$

pour $y = A^x$,

$$\begin{aligned} y' &= A^x\,\mathrm{l}A,\\ y'' &= A^x(\mathrm{l}A)^2,\\ y''' &= A^x(\mathrm{l}A)^3,\\ &\ldots\ldots\ldots\ldots,\\ y^{(n)} &= A^x(\mathrm{l}A)^n; \end{aligned}$$

pour $y = x^a$,

$$\begin{aligned} y' &= a x^{a-1},\\ y'' &= a(a-1)x^{a-2},\\ &\ldots\ldots\ldots\ldots,\\ y^{(n)} &= a(a-1)(a-2)\ldots(a-n+1)x^{a-n}. \end{aligned}$$

Il est essentiel d'observer que chacune des expressions $\sin(x+\frac{1}{2}n\pi)$, $\cos(x+\frac{1}{2}n\pi)$ admet seulement quatre valeurs distinctes qui se reproduisent périodiquement et toujours dans le même ordre. Ces quatre valeurs, dont on obtient la première, la seconde, la troisième ou la quatrième, suivant que le nombre entier n, divisé par 4, donne pour reste 0, 1, 2 ou 3, sont respectivement $\sin x$, $\cos x$, $-\sin x$, $-\cos x$ pour l'expression $\sin(x+\frac{1}{2}n\pi)$, et $\cos x$, $-\sin x$, $-\cos x$, $\sin x$ pour l'expression $\cos(x+\frac{1}{2}n\pi)$. De plus, si, dans les fonctions A^x, x^a, on remplace la lettre A par le nombre e qui sert de base aux logarithmes népériens et la quantité a par le nombre n, on reconnaîtra que les dérivées successives de e^x sont toutes égales à e^x, tandis que, pour la fonction x^n, la dérivée de l'ordre n se réduit à la quantité constante $1.2.3\ldots n$, et les suivantes à zéro.

En substituant les différentielles aux dérivées, on tirera des formules que nous venons d'établir

$$
\begin{aligned}
d^n \sin x &= \sin(x+\tfrac{1}{2}n\pi)\,dx^n,\\
d^n \cos x &= \cos(x+\tfrac{1}{2}n\pi)\,dx^n,\\
d^n A^x &= A^x(\mathrm{l}A)^n\,dx^n,\\
d^n e^x &= e^x\,dx^n,\\
d^n(x^a) &= a(a-1)\ldots(a-n+1)x^{a-n}\,dx^n,\\
d^n(x^n) &= 1.2.3\ldots n\,dx^n,\\
d^n \mathrm{l}x &= dx\,d^{n-1}(x^{-1}) = (-1)^{n-1}\frac{1.2.3\ldots(n-1)}{x^n}\,dx^n,\\
&\ldots\ldots\ldots\ldots\ldots\ldots\ldots\ldots\ldots\ldots
\end{aligned}
$$

Considérons encore les deux fonctions $f(x+a)$ et $f(ax)$. On trouvera, pour $y=f(x+a)$,

$$y'=f'(x+a),\quad y''=f''(x+a),\quad \ldots,\quad y^{(n)}=f^{(n)}(x+a),$$
$$d^n y = f^{(n)}(x+a)\,dx^n;$$

pour $y=f(ax)$,

$$y'=a\,f'(ax),\quad y''=a^2 f''(ax),\quad \ldots,\quad y^{(n)}=a^n f^{(n)}(ax),$$
$$d^n y = a^n f^{(n)}(ax)\,dx^n.$$

Exemples :

$$d^n(x+a)^n = 1.2.3\ldots n\, dx^n, \qquad d^n e^{ax} = a^n e^{ax} dx^n, \qquad d^n \sin ax = \ldots.$$

Soient maintenant $y=f(x)$ et z deux fonctions de x liées par l'équation

$$z = F(y). \tag{5}$$

En différentiant cette équation plusieurs fois de suite, on trouvera

$$(6)\quad \left\{\begin{aligned} dz &= F'(y)\,dy,\\ d^2z &= F''(y)\,dy^2 + F'(y)\,d^2y,\\ d^3z &= F'''(y)\,dy^3 + 3\,F''(y)\,dy\,d^2y + F'(y)\,d^3y,\\ &\ldots\ldots\ldots\ldots\ldots\ldots \end{aligned}\right.$$

Exemples :

$$\begin{aligned} d^n(a+y) &= d^n y,\\ d^n(-y) &= -\,d^n y,\\ d^n(ay) &= a\,d^n y,\\ d^n(ax^n) &= 1.2.3\ldots n.a\,dx^n,\\ de^y &= e^y\,dy,\\ d^2e^y &= e^y(dy^2 + d^2y),\\ d^3e^y &= e^y(dy^3 + 3\,dy\,d^2y + d^3y),\\ &\ldots\ldots\ldots\ldots\ldots\ldots \end{aligned}$$

Si la variable x cessait d'être indépendante, l'équation

$$y = f(x), \tag{7}$$

étant différentiée plusieurs fois de suite, donnerait naissance à de nouvelles formules parfaitement semblables aux équations (6), savoir :

$$(8)\quad \left\{\begin{aligned} dy &= f'(x)\,dx,\\ d^2y &= f''(x)\,dx^2 + f'(x)\,d^2x,\\ d^3y &= f'''(x)\,dx^3 + 3\,f''(x)\,dx\,d^2x + f'(x)\,d^3x,\\ &\ldots\ldots\ldots\ldots\ldots\ldots \end{aligned}\right.$$

On tire de celles-ci

$$(9)\quad \begin{cases} f'(x) = \dfrac{dy}{dx}, \\ f''(x) = \dfrac{dx\, d^2y - dy\, d^2x}{dx^3} = \dfrac{1}{dx}\, d\dfrac{dy}{dx}, \\ f'''(x) = \dfrac{dx(dx\, d^3y - dy\, d^3x) - 3\, d^2x(dx\, d^2y - dy\, d^2x)}{dx^5} = \dfrac{1}{dx}\, d\dfrac{dx\, d^2y - dy\, d^2x}{dx^3}, \\ \ldots\ldots\ldots\ldots\ldots\ldots\ldots\ldots\ldots\ldots \end{cases}$$

Pour revenir au cas où x est variable indépendante, il suffirait de supposer la différentielle dx constante, et par suite $d^2x = 0$, $d^3x = 0$, ... Alors les formules (9) deviendraient

$$(10)\qquad f'(x) = \frac{dy}{dx}, \qquad f''(x) = \frac{d^2y}{dx^2}, \qquad f'''(x) = \frac{d^3y}{dx^3}, \qquad \ldots,$$

c'est-à-dire qu'elles se réduiraient aux équations (4). De ces dernières, comparées aux équations (9), il résulte que, si l'on exprime les dérivées successives de $f(x)$ à l'aide des différentielles des variables x et $y = f(x)$, 1° dans le cas où la variable x est supposée indépendante, 2° dans le cas où elle cesse de l'être, la dérivée du premier ordre sera la seule dont l'expression reste la même dans les deux hypothèses. Ajoutons que, pour passer du premier cas au second, il faudra remplacer

$$\frac{d^2y}{dx^2} \quad \text{par} \quad \frac{dx\, d^2y - dy\, d^2x}{dx^3},$$

$$\frac{d^3y}{dx^3} \quad \text{par} \quad \frac{dx(dx\, d^3y - dy\, d^3x) - 3\, d^2x(dx\, d^2y - dy\, d^2x)}{dx^5},$$

$$\ldots\ldots\ldots\ldots\ldots\ldots\ldots\ldots\ldots\ldots$$

C'est par des substitutions de cette nature qu'on peut opérer un *changement de variable indépendante.*

Parmi les fonctions composées d'une seule variable, il en est dont les différentielles successives se présentent sous une forme très simple. Concevons, par exemple, que l'on désigne par u, v, w, ... diverses fonctions de x. En différentiant n fois chacune des fonctions composées

$$u+v,\quad u-v,\quad u+v\sqrt{-1},\quad au+bv+cw+\ldots,$$

on trouvera

$$(11)\qquad \begin{cases} d^n(u+v) = d^n u + d^n v, \\ d^n(u-v) = d^n u - d^n v, \\ d^n\left(u+v\sqrt{-1}\right) = d^n u + d^n v\sqrt{-1}, \end{cases}$$

$$(12)\qquad d^n(au+bv+cw+\ldots) = a\,d^n u + b\,d^n v + c\,d^n w + \ldots.$$

Il suit de la formule (12) que la différentielle $d^n y$ de la fonction entière

$$y = ax^m + bx^{m-1} + cx^{m-2} + \ldots + px^2 + qx + r$$

se réduit, pour $n=m$, à la quantité constante $1.2.3\ldots m.a\,dx^m$, et pour $n>m$, à zéro.

TREIZIÈME LEÇON.

DIFFÉRENTIELLES DES DIVERS ORDRES POUR LES FONCTIONS DE PLUSIEURS VARIABLES.

Soit $u = f(x, y, z, \ldots)$ une fonction de plusieurs variables indépendantes x, y, z, ... Si l'on différentie cette fonction plusieurs fois de suite, soit par rapport à toutes les variables, soit par rapport à l'une d'elles seulement, on obtiendra plusieurs fonctions nouvelles dont chacune sera la dérivée totale ou partielle de la précédente. On pourrait même concevoir que les différentiations successives se rapportent tantôt à une variable, tantôt à une autre. Dans tous les cas, le résultat d'une, de deux, de trois, ... différentiations, successivement effectuées, est ce qu'on appelle une *différentielle totale* ou *partielle*, du premier, du second, du troisième, ... *ordre*. Ainsi, par exemple, en différentiant plusieurs fois de suite par rapport à toutes les variables, on formera les différentielles totales du, ddu, $dddu$, ... que l'on désigne, pour abréger, par les notations du, d^2u, d^3u, ... Au contraire, en différentiant plusieurs fois de suite par rapport à la variable x, on formera les différentielles partielles $d_x u$, $d_x d_x u$, $d_x d_x d_x u$, ... que l'on désigne par les notations $d_x u$, $d_x^2 u$, $d_x^3 u$, ... En général, si n est un nombre entier quelconque, la différentielle totale de l'ordre n sera représentée par $d^n u$, et la différentielle du même ordre relative à une seule des variables x, y, z, ... par $d_x^n u$, d_y^n, $d_z^n u$, ... Si l'on différentiait deux ou plusieurs fois de suite par rapport à deux ou à plusieurs variables, on obtiendrait les différentielles partielles du second ordre ou des ordres supérieurs désignées par les notations $d_x d_y u$, $d_y d_x u$, $d_x d_z u$, ..., $d_x d_y d_z u$, ... Or il est facile de voir que les différentielles de cette espèce conservent les mêmes valeurs quand on intervertit l'ordre suivant lequel les différentiations relatives aux diverses variables doivent être effectuées. On aura, par exemple,

$$(1) \qquad d_x d_y u = d_y d_x u.$$

C'est effectivement ce que l'on peut démontrer comme il suit.

Concevons que l'on indique par la lettre x, placée au bas de la caractéristique Δ, l'accroissement que reçoit une fonction de x, y, z, ... lorsqu'on fait croître x seule d'une quantité infiniment petite $\alpha\, dx$. On trouvera

$$(2) \qquad \Delta_x u = f(x + \alpha\, dx, y, z, \ldots) - f(x, y, z, \ldots), \qquad d_x u = \lim \frac{\Delta_x u}{\alpha},$$

$$(3) \qquad \Delta_x d_y u = d_y(u + \Delta_x u) - d_y u = d_y \Delta_x u$$

et, par suite,

$$\frac{\Delta_x d_y u}{\alpha} = \frac{d_y \Delta_x u}{\alpha} = d_y \frac{\Delta_x u}{\alpha};$$

puis, en faisant converger α vers zéro, et ayant égard à la seconde des formules (2), on obtiendra l'équation (1). On établirait de la même manière les équations identiques $d_x d_z u = d_z d_x u$, $d_y d_z u = d_z d_y u$, ...

Exemple. — Si l'on pose $u = \operatorname{arc\,tang} \frac{x}{y}$, on trouvera

$$d_x u = \frac{y}{x^2 + y^2}\, dx,$$

$$d_y u = \frac{-x}{x^2 + y^2}\, dy,$$

$$d_y d_x u = d_x d_y u = \frac{x^2 - y^2}{(x^2 + y^2)^2}\, dx\, dy.$$

L'équation (1) étant une fois démontrée, il en résulte que, dans une expression de la forme $d_x d_y d_z \ldots u$, il est toujours permis d'échanger entre elles les variables auxquelles se rapportent deux différentiations consécutives. Or il est clair qu'à l'aide d'un ou de plusieurs échanges de cette espèce on pourra intervertir de toutes les manières possibles l'ordre des différentiations. Ainsi, par exemple, pour déduire la différentielle $d_z d_y d_x u$ de la différentielle $d_x d_y d_z u$, il suffira d'amener d'abord par deux échanges consécutifs la lettre x à la place de la lettre z, puis d'échanger ensuite les lettres y et z, afin de ramener la lettre y à la seconde place. On peut donc affirmer qu'une différentielle de la forme $d_x d_y d_z \ldots u$ a une valeur indépendante de l'ordre suivant lequel sont effectuées les différentiations relatives aux diverses variables. Cette proposition subsiste dans le cas même où plusieurs différentiations se rapportent à l'une des variables, comme il arrive pour les différentielles $d_x d_y d_x u$, $d_x d_y d_x d_x u$, ... Lorsque cette circonstance se présente, et que deux ou plusieurs différentiations consécutives sont relatives à la variable x, on écrit, pour abréger, d_x^2 au lieu de $d_x d_x$, d_x^3 au lieu de $d_x d_x d_x$, ... Cela posé, on aura

$$\begin{aligned}
d_x^2 d_y u &= d_x d_y d_x u = d_y d_x^2 u,\\
d_x^3 d_y d_z u &= d_x d_y d_x d_z d_x u = d_y d_x^3 dz\, u = \ldots,\\
d_x^2 d_y^3 u &= d_y^3 d_x^2 u,\\
d_x d_y^2 d_z^3 u &= d_x d_z^3 d_y^2 u = d_y^2 d_x d_z^3 u = \ldots
\end{aligned}$$

et généralement, $l, m, n, \ldots$ étant des nombres entiers quelconques,

$$d_x^l d_y^m d_z^n \ldots u = d_x^l d_z^n d_y^m \ldots u = d_y^m d_x^l d_z^n \ldots u = \ldots. \tag{4}$$

Comme, en différentiant une fonction des variables indépendantes $x, y, z, \ldots$ par rapport à l'une d'elles, on obtient pour résultat une nouvelle fonction de ces variables multipliée par la constante finie dx, ou dy, ou dz, ..., et que, dans la différentiation d'un produit, les facteurs constants passent toujours en dehors de la caractéristique d, il est clair que, si l'on effectue l'une après l'autre, sur la fonction $u = f(x, y, z, \ldots)$, l différentiations relatives à x, m différentiations relatives à y, n différentiations relatives à z, ..., la différentielle qui résultera de ces diverses opérations, savoir, $d_x^l d_y^m d_z^n \ldots u$, sera le produit d'une nouvelle fonction de $x, y, z, \ldots$ par les facteurs dx, dy, dz, ... élevés, le premier à la puissance l, le second à la puissance m, le troisième à la puissance n.... La nouvelle fonction dont il s'agit ici est ce qu'on nomme une *dérivée partielle* de u, de l'*ordre* $l+m+n+\ldots$. Si on la désigne par $\varpi(x, y, z, \ldots)$, on aura

$$(5)\qquad d_x^l\, d_y^m\, d_z^n \ldots u = \varpi(x, y, z, \ldots)\, dx^l\, dy^m\, dz^n \ldots$$

et, par suite,

$$(6)\qquad \varpi(x, y, z, \ldots) = \frac{d_x^l\, d_y^m\, d_z^n \ldots u}{dx^l\, dy^m\, dz^n \ldots}.$$

Il est facile d'exprimer les différentielles totales $d^2 u$, $d^3 u$, ... à l'aide des différentielles partielles de la fonction u ou de ses dérivées partielles. En effet, on tire de la formule (10) (huitième Leçon)

$$\begin{aligned} d^2 u = d\,du &= d_x du + d_y du + d_z du + \ldots \\ &= d_x(d_x u + d_y u + d_z u + \ldots) + d_y(d_x u + d_y u + d_z u + \ldots) \\ &\quad + d_z(d_x u + d_y u + d_z u + \ldots) \end{aligned}$$

et, par suite,

$$(7)\qquad d^2 u = d_x^2 u + d_y^2 u + d_z^2 u + \ldots + 2\, d_x d_y u + 2\, d_x d_z u \ldots + 2\, d_y d_z u + \ldots$$

ou, ce qui revient au même,

$$(8)\qquad \left\{ \begin{aligned} d^2 u = {} & \frac{d_x^2 u}{dx^2} dx^2 + \frac{d_y^2 u}{dy^2} dy^2 + \frac{d_z^2 u}{dz^2} dz^2 + \ldots \\ & + 2 \frac{d_x d_y u}{dx\, dy} dx\, dy + 2 \frac{d_x d_z u}{dx\, dz} dx\, dz \ldots + 2 \frac{d_y d_z u}{dy\, dz} dy\, dz + \ldots . \end{aligned} \right.$$

On obtiendrait avec la même facilité les valeurs de $d^3 u$, $d^4 u$, ...

Exemples :

$$\begin{aligned} d^2(xyz) &= 2(x\, dy\, dz + y\, dz\, dx + z\, dx\, dy), \\ d^3(xyz) &= 6\, dx\, dy\, dz, \\ d^2(x^2 + y^2 + z^2 + \ldots) &= 2(dx^2 + dy^2 + dz^2 + \ldots), \\ d^3(x^3 + y^3 + z^3 + \ldots) &= 6(dx^3 + dy^3 + dz^3 + \ldots), \end{aligned}$$

. . . .

Pour abréger, on supprime ordinairement, dans les équations (6), (8), etc., les lettres que nous avons écrites au bas de la caractéristique d, et l'on remplace le second membre de la formule (6) par la notation

$$\frac{d^{l+m+n+\ldots} u}{dx^l \, dy^m \, dz^n \ldots}. \tag{9}$$

Alors les dérivées partielles du second ordre se trouvent représentées par $\frac{d^2 u}{dx^2}, \frac{d^2 u}{dy^2}, \frac{d^2 u}{dz^2}, \ldots, \frac{d^2 u}{dx\,dy}, \frac{d^2 u}{dx\,dz}, \ldots, \frac{d^2 u}{dy\,dz}, \ldots$, les dérivées partielles du troisième ordre par $\frac{d^3 u}{dx^3}, \frac{d^3 u}{dx^2\,dy}, \frac{d^3 u}{dx\,dy^2}, \ldots$; et la valeur de $d^2 u$ se réduit à

$$\left\{\begin{aligned} d^2 u = {} & \frac{d^2 u}{dx^2} dx^2 + \frac{d^2 u}{dy^2} dy^2 + \frac{d^2 u}{dz^2} dz^2 + \ldots \\ & + 2 \frac{d^2 u}{dx\,dy} dx\,dy + 2 \frac{d^2 u}{dx\,dz} dx\,dz \ldots + 2 \frac{d^2 u}{dy\,dz} dy\,dz + \ldots. \end{aligned}\right. \tag{10}$$

Mais il n'est plus permis d'effacer, dans cette valeur, les différentielles $dx, dy, dz, \ldots$, attendu que $\frac{d^2 u}{dx^2}, \frac{d^2 u}{dx\,dy}, \ldots$ ne désignent pas les quotients qu'on obtiendrait en divisant $d^2 u$ par dx^2, ou par $dx\,dy, \ldots$.

Si, au lieu de la fonction $u = f(x, y, z, \ldots)$, on considérait la suivante

$$s = F(u, v, w, \ldots), \tag{11}$$

les quantités $u, v, w, \ldots$ étant elles-mêmes des fonctions quelconques des variables indépendantes $x, y, z, \ldots$, les valeurs de $d^2 s, d^3 s, \ldots$ se déduiraient sans peine des principes établis dans la neuvième Leçon. Effectivement, en différentiant plusieurs fois la formule (11), on trouverait

$$\left\{\begin{aligned} ds &= \frac{d\,F(u, v, w, \ldots)}{du} du + \frac{d\,F(u, v, w, \ldots)}{dv} dv + \frac{d\,F(u, v, w, \ldots)}{dw} dw + \ldots, \\ d^2 s &= \frac{d^2\,F(u, v, w, \ldots)}{du^2} du^2 + \ldots + 2 \frac{d^2\,F(u, v, w, \ldots)}{du\,dv} du\,dv + \ldots + \frac{d\,F(u, v, w, \ldots)}{du} d^2 u + \ldots, \\ & \ldots\ldots\ldots\ldots\ldots\ldots\ldots\ldots\ldots\ldots \end{aligned}\right. \tag{12}$$

Exemples :

$$d^n(u+v) = d^n u + d^n v,$$

$$d^n(u-v) = d^n u - d^n v,$$

$$d^n(u+v\sqrt{-1}) = d^n u + \sqrt{-1}\, d^n v,$$

$$d^n(au+bv+cw+\ldots) = a\,d^n u + b\,d^n v + c\,d^n w + \ldots.$$

On obtiendrait encore avec la plus grande facilité les différentielles des fonctions implicites de plusieurs variables indépendantes. Il suffirait de différentier une ou plusieurs fois de suite les équations qui détermineraient ces mêmes fonctions, en considérant comme constantes les différentielles des variables indépendantes, et les autres différentielles comme de nouvelles fonctions de ces variables.

QUATORZIÈME LEÇON.

MÉTHODES PROPRES A SIMPLIFIER LA RECHERCHE DES DIFFÉRENTIELLES TOTALES, POUR LES FONCTIONS DE PLUSIEURS VARIABLES INDÉPENDANTES. VALEURS SYMBOLIQUES DE CES DIFFÉRENTIELLES.

Soit toujours $u = f(x, y, z, \ldots)$ une fonction de plusieurs variables indépendantes $x, y, z, \ldots$; et désignons par $\varphi(x, y, z, \ldots)$, $\chi(x, y, z, \ldots)$, $\psi(x, y, z, \ldots)$, ... ses dérivées partielles du premier ordre relatives à x, à y, à z, ... Si l'on fait, comme dans la huitième Leçon,

$$F(\alpha) = f(x + \alpha\, dx, y + \alpha\, dy, z + \alpha\, dz, \ldots), \tag{1}$$

puis que l'on différentie les deux membres de l'équation (1) par rapport à la variable α, on trouvera

$$\left\{\begin{aligned} F'(\alpha) = {} & \varphi(x + \alpha\, dx, y + \alpha\, dy, z + \alpha\, dz, \ldots)\, dx \\ & + \chi(x + \alpha\, dx, y + \alpha\, dy, z + \alpha\, dz, \ldots)\, dy \\ & + \psi(x + \alpha\, dx, y + \alpha\, dy, z + \alpha\, dz, \ldots)\, dz + \ldots. \end{aligned}\right. \tag{2}$$

Si, dans cette dernière formule, on pose $\alpha = 0$, on obtiendra la suivante

$$\left\{\begin{aligned} F'(0) = \varphi(x, y, z, \ldots)\, dx + \chi(x, y, z, \ldots)\, dy & \\ + \psi(x, y, z, \ldots)\, dz + \ldots = du, & \end{aligned}\right. \tag{3}$$

laquelle s'accorde avec l'équation (16) de la huitième Leçon. De plus, il résulte évidemment de la comparaison des équations (1) et (2) qu'en différentiant, par rapport à α, une fonction des quantités variables

$$x + \alpha\, dx, \quad y + \alpha\, dy, \quad z + \alpha\, dz, \quad \ldots, \tag{4}$$

on obtient pour dérivée une autre fonction de ces quantités combinées d'une certaine manière avec les constantes dx, dy, dz, ... De nouvelles différentiations, relatives à la variable α, devant produire de nouvelles fonctions du même genre, nous sommes en droit de conclure que les expressions (4) seront les seules quantités variables renfermées, non seulement dans $F(\alpha)$ et $F'(\alpha)$, mais aussi dans $F''(\alpha)$, $F'''(\alpha)$, ..., et généralement dans $F^{(n)}(\alpha)$, n désignant un nombre entier quelconque. Par suite, les différences

$$F(\alpha)-F(0),\quad F'(\alpha)-F'(0),\quad F''(\alpha)-F''(0),\quad \ldots,\quad F^{(n)}(\alpha)-F^{(n)}(0)$$

seront précisément égales aux accroissements que reçoivent les fonctions de x, y, z, ... représentées par

$$F(0),\quad F'(0),\quad F''(0),\quad \ldots,\quad F^{(n)}(0),$$

lorsqu'on attribue aux variables indépendantes les accroissements infiniment petits $\alpha\,dx$, $\alpha\,dy$, $\alpha\,dz$, ... Cela posé, comme on a $F(0)=u$, on trouvera successivement, en faisant converger α vers la limite zéro,

$$\begin{aligned}
F'(0) &= \lim\frac{F(\alpha)-F(0)}{\alpha} = \lim\frac{\Delta u}{\alpha} = du,\\
F''(0) &= \lim\frac{F'(\alpha)-F'(0)}{\alpha} = \lim\frac{\Delta\,du}{\alpha} = d\,du = d^2u,\\
F'''(0) &= \lim\frac{F''(\alpha)-F''(0)}{\alpha} = \lim\frac{\Delta\,d^2u}{\alpha} = d\,d^2u = d^3u,\\
&\ldots\ldots\ldots\ldots\ldots\ldots\ldots\ldots\ldots\ldots,\\
F^{(n)}(0) &= \lim\frac{F^{(n-1)}(\alpha)-F^{(n-1)}(0)}{\alpha} = \lim\frac{\Delta\,d^{n-1}u}{\alpha} = d\,d^{n-1} = d^n u.
\end{aligned}$$

En résumé, l'on aura

$$(5)\qquad \left\{\begin{aligned} &u=F(0), && du=F'(0), && d^2u=F''(0),\\ &d^3u=F'''(0), && \ldots, && d^nu=F^{(n)}(0).\end{aligned}\right.$$

Ainsi, pour former les différentielles totales du, d^2u, ..., d^nu, il suffira de calculer les valeurs particulières que reçoivent les fonctions dérivées $F'(\alpha)$, $F''(\alpha)$, ..., $F^{(n)}(\alpha)$, dans le cas où la variable α s'évanouit.

Parmi les méthodes propres à simplifier la recherche des différentielles totales, on doit encore distinguer celles qui s'appuient sur la considération des valeurs symboliques de ces différentielles.

En Analyse, on appelle *expression symbolique* ou *symbole* toute combinaison de signes algébriques qui ne signifie rien par elle-même, ou à laquelle on attribue une valeur différente de celle qu'elle doit naturellement avoir. On nomme de même *équations symboliques* toutes celles qui, prises à la lettre et interprétées d'après les conventions généralement établies, sont inexactes ou n'ont pas de sens, mais desquelles on peut déduire des résultats exacts, en modifiant ou altérant, selon des règles fixes, ou ces équations elles-mêmes, ou les symboles qu'elles renferment. Dans le nombre des équations symboliques qu'il est utile de connaître, on doit comprendre les équations imaginaires (*voir* l'*Analyse algébrique*, Chapitre VII) et celles que nous allons établir.

Si l'on désigne par a, b, c, ... des quantités constantes et par l, m, n, ..., p, q, r, ... des nombres entiers, la différentielle totale de l'expression

$$a\,d_x^l\,d_y^m\,d_z^n\ldots u + b\,d_x^p\,d_y^q\,d_z^r\ldots u + \ldots \tag{6}$$

sera donnée par la formule

$$\left\{\begin{aligned}
&d\;(a\,d_x^l\,d_y^m\,d_z^n\ldots u + b\,d_x^p\,d_y^q\,d_z^r\ldots u + \ldots)\\
={}&d_x(a\,d_x^l\,d_y^m\,d_z^n\ldots u + b\,d_x^p\,d_y^q\,d_z^r\ldots u + \ldots)\\
&+d_y(a\,d_x^l\,d_y^m\,d_z^n\ldots u + b\,d_x^p\,d_y^q\,d_z^r\ldots u + \ldots)\\
&+d_z\,(a\,d_x^l\,d_y^m\,d_z^n\ldots u + b\,d_x^p\,d_y^q\,d_z^r\ldots u + \ldots)\ldots\\
={}&a\,d_x^{l+1}\,d_y^m\,d_z^n\ldots u + a\,d_x^l\,d_y^{m+1}\,d_z^n\ldots u + a\,d_x^l\,d_y^m\,d_z^{n+1}\ldots u + \ldots\\
&+b\,d_x^{p+1}\,d_y^q\,d_z^r\ldots u + \ldots.
\end{aligned}\right. \tag{7}$$

De cette formule réunie à l'équation (4) de la treizième Leçon, on déduit immédiatement la proposition suivante :

THÉORÈME. — *Pour obtenir la différentielle totale de l'expression* (6), *il suffit de multiplier par d le produit des deux facteurs*

$$a\,d_x^l\,d_y^m\,d_z^n\ldots + b\,d_x^p\,d_y^q\,d_z^r\ldots + \ldots$$

et u, en supposant $d = d_x + d_y + d_z + \ldots$, et opérant comme si les notations d, d_x, d_y, d_z, ... représentaient de véritables quantités distinctes les unes des autres, de développer le nouveau produit, en écrivant, dans les différents termes, les facteurs a, b, c, ... à la première place, et la lettre u à la dernière, puis de concevoir que, dans chaque terme, les notations d_x, d_y, d_z, ... cessent de représenter des quantités et reprennent leur signification primitive.

Exemples. — En déterminant, à l'aide de ce théorème, la différentielle totale de l'expression

$$d_x u + d_y u + d_z u + \ldots, \tag{8}$$

on obtiendra précisément la valeur de ddu ou de d^2u, que fournit l'équation (7) de la Leçon précédente. En appliquant de nouveau le théorème à cette valeur de d^2u, on obtiendra celle de d^3u, et ainsi de suite.

Nota. — Lorsqu'on ne fait qu'indiquer les multiplications, à l'aide desquelles on peut, d'après le théorème, calculer la différentielle totale de l'expression (6), on obtient, au lieu de l'équation (7), la formule symbolique

$$(9) \quad \left\{ \begin{aligned} & d(a\, d_x^l\, d_y^m\, d_z^n \ldots u + b\, d_x^p\, d_y^q\, d_z^r \ldots u + \ldots) \\ & \quad = (a\, d_x^l\, d_y^m\, d_z^n \ldots + b\, d_x^p\, d_y^q\, d_z^r \ldots + \ldots)(d_x + d_y + d_z + \ldots)\, u. \end{aligned} \right.$$

Comme, dans la formule (9), les notations d_x, d_y, d_z, ... sont employées pour représenter des différentielles, cette formule, prise à la lettre, n'a aucun sens; mais elle redevient exacte, dès qu'on a développé son second membre à l'aide des règles ordinaires de la multiplication algébrique, et en opérant comme si d_x, d_y, d_z, ... étaient de véritables quantités.

Lorsqu'à l'expression (6) on substitue l'expression (8), et que l'on différentie cette dernière plusieurs fois de suite, on obtient par les mêmes procédés les valeurs symboliques des différentielles totales d^2u,

$d^3 u$, ..., savoir

$$(d_x + d_y + d_z + \ldots)(d_x + d_y + d_z + \ldots)u,$$
$$(d_x + d_y + d_z + \ldots)(d_x + d_y + d_z + \ldots)(d_x + d_x + d_z + \ldots)u,$$
$$\ldots\ldots\ldots\ldots\ldots\ldots\ldots\ldots\ldots\ldots\ldots\ldots$$

En joignant à ces valeurs symboliques celle de du, puis écrivant, pour abréger,

$$(d_x + d_y + d_z + \ldots)^2$$

au lieu de

$$(d_x + d_y + d_z + \ldots)(d_x + d_y + d_z + \ldots),$$

et

$$(d_x + d_y + d_z + \ldots)^3$$

au lieu de

$$(d_x + d_y + d_z + \ldots)(d_x + d_y + d_z + \ldots)(d_x + d_y + d_z + \ldots),$$

etc., on formera les équations symboliques

$$(10)\qquad \left\{\begin{array}{l} du = (d_x + d_y + d_z + \ldots)u, \\ d^2 u = (d_x + d_y + d_z + \ldots)^2 u, \\ d^3 u = (d_x + d_y + d_z + \ldots)^3 u, \\ \ldots\ldots\ldots\ldots\ldots\ldots, \end{array}\right.$$

et l'on aura généralement, n désignant un nombre entier quelconque,

$$(11)\qquad d^n u = (d_x + d_y + d_z + \ldots)^n u.$$

Soit maintenant

$$(12)\qquad s = F(u, v, w, \ldots),$$

$u, v, w, \ldots$ étant des fonctions des variables indépendantes x, y, z, ... On trouvera encore

$$(13)\qquad d^n s = (d_x + d_y + d_z + \ldots)^n s.$$

Il est très facile de développer le second membre de cette dernière équation, dans le cas particulier où l'on suppose u fonction de x seule, v fonction de y seule, w fonction de z seule, etc. D'ailleurs, pour passer de ce cas particulier au cas général, il suffira évidemment de remplacer $d_x u$, $d_x^2 u$, $d_x^3 u$, ... par du, $d^2 u$, $d^3 u$, ...; $d_y v$, $d_y^2 v$, ... par dv, $d^2 v$, ...; ..., c'est-à-dire d'effacer les lettres x, y, z, ... placées au bas de la caractéristique d. Donc il sera facile, dans tous les cas, de tirer de la formule (13) la valeur de $d^n s$. Prenons, pour fixer les idées, $s = uv$. En opérant, comme on vient de le dire, on trouvera successivement

$$(14) \qquad d^n(uv) = u\,d_y^n v + \frac{n}{1} d_x u\, d_y^{n-1} v + \frac{n(n-1)}{1.2} d_x^2 u\, d_y^{n-2} v + \ldots + \frac{n}{1} d_y v\, d_x^{n-1} u + v\, d_x^n u,$$

$$(15) \qquad d^n(uv) = u\,d^n v + \frac{n}{1} du\, d^{n-1} v + \frac{n(n-1)}{1.2} d^2 u\, d^{n-2} v + \ldots + \frac{n}{1} dv\, d^{n-1} u + v\, d^n u.$$

La dernière formule subsiste, quelles que soient les valeurs de u, v, en x, y, et dans le cas même où u, v se réduisent à deux fonctions de x.

Exemple :

$$d^n \frac{e^{ax}}{x} = \frac{a^n e^{ax}}{x}\left[1 - \frac{n}{ax} + \frac{n(n-1)}{a^2 x^2} - \frac{n(n-1)(n-2)}{a^3 x^3} + \ldots \pm \frac{n(n-1)\ldots 3.2.1}{a^n x^n}\right] dx^n.$$

QUINZIÈME LEÇON.

RELATIONS QUI EXISTENT ENTRE LES FONCTIONS D'UNE SEULE VARIABLE ET LEURS DÉRIVÉES OU DIFFÉRENTIELLES DES DIVERS ORDRES. USAGE DE CES DIFFÉRENTIELLES DANS LA RECHERCHE DES MAXIMA ET MINIMA.

Supposons que la fonction $f(x)$ s'évanouisse pour la valeur particulière x_0 de la variable x. Concevons de plus que cette même fonction et ses dérivées successives, jusqu'à celle de l'ordre n, soient continues dans le voisinage de la valeur particulière dont il s'agit, et que la continuité subsiste pour chacune d'elles entre les deux limites $x = x_0$, $x = x_0 + h$. L'équation (6) de la septième Leçon donnera

$$f(x_0+h) = f(x_0) + hf'(x_0+\theta h) = hf'(x_0+\theta h),$$

θ désignant un nombre inférieur à l'unité; ou, en d'autres termes,

$$f(x_0+h) = hf'(x_0+h_1), \tag{1}$$

h_1 désignant une quantité de même signe que h, mais d'une valeur numérique moindre. Si les fonctions dérivées $f'(x)$, $f''(x)$, ..., $f^{(n-1)}(x)$ s'évanouissent à leur tour pour $x = x_0$, on trouvera encore

$$\left\{\begin{aligned} f'(x_0+h_1) &= h_1 f''(x_0+h_2), \\ f''(x_0+h_2) &= h_2 f'''(x_0+h_3), \\ &\ldots\ldots\ldots\ldots\ldots\ldots, \\ f^{(n-1)}(x_0+h_{n-1}) &= h_{n-1} f^{(n)}(x_0+h_n), \end{aligned}\right. \tag{2}$$

h_1, h_2, h_3, ..., h_n représentant des quantités qui seront toutes de même signe, mais dont les valeurs numériques décroîtront de plus en plus. Des équations (2) réunies à l'équation (1), on déduira sans peine la suivante

$$f(x_0+h) = hh_1h_2\ldots h_{n-1} f^{(n)}(x_0+h_n), \tag{3}$$

dans laquelle h_n sera une quantité de même signe que h, et le produit $hh_1h_2\ldots h_{n-1}$ une quantité de même signe que h^n. Ajoutons que les deux rapports $\frac{h_n}{h}$, $\frac{hh_1h_2\ldots h_n}{h^n}$ seront des nombres évidemment compris entre les limites 0 et 1, de sorte qu'en désignant par θ et Θ deux nombres de cette espèce, on pourra présenter l'équation (3) sous la forme

$$f(x_0+h)=\Theta h^n f^{(n)}(x_0+\theta h). \tag{4}$$

Si l'on imagine que la quantité h devienne infiniment petite, la formule (4) subsistera toujours, et l'on trouvera, en écrivant i au lieu de h,

$$f(x_0+i)=\Theta i^n f^{(n)}(x_0+\theta i). \tag{5}$$

De plus, comme, pour de très petites valeurs numériques de i, l'expression $f^{(n)}(x_0+\theta i)$ sera très peu différente de $f^{(n)}(x_0)$, on déduira immédiatement de l'équation (5) la proposition que je vais énoncer.

Théorème I. — *Supposons que la fonction $f(x)$ et ses dérivées successives, jusqu'à celle de l'ordre n, étant continues par rapport à x dans le voisinage de la valeur particulière $x=x_0$, s'évanouissent toutes, à l'exception de $f^{(n)}(x)$, pour cette même valeur. Alors, en désignant par i une quantité très peu différente de zéro, et posant $x=x_0+i$, on obtiendra pour $f(x)$ une quantité affectée du même signe que le produit $i^n f^{(n)}(x_0)$.*

Il est aisé de vérifier ce théorème sur la fonction

$$f(x)=(x-x_0)^n\varphi(x).$$

Lorsque la fonction $f(x)$ cesse de s'évanouir pour $x=x_0$, le théorème I peut être remplacé par le suivant :

Théorème II. — *Supposons que les fonctions*

$$f(x),\quad f'(x),\quad f''(x),\quad \ldots,\quad f^{(n)}(x),$$

étant continues par rapport à x dans le voisinage de la valeur particulière $x=x_0$, s'évanouissent toutes, à l'exception de la première $f(x)$ et *de la dernière* $f^{(n)}(x)$, *pour cette valeur. En désignant par* i *une quantité très peu différente de zéro, on obtiendra pour la différence infiniment petite* $f(x_0+i)-f(x_0)$ *une valeur affectée du même signe que le produit* $i^n f^{(n)}(x_0)$.

Démonstration. — Pour déduire le théorème II du théorème I, il suffit de substituer à la fonction $f(x)$ la fonction $f(x)-f(x_0)$, qui a les mêmes dérivées que la première, et qui, de plus, s'évanouit pour $x=x_0$. En vertu de la même substitution, l'équation (5) se trouvera remplacée par la suivante :

$$f(x_0+i)-f(x_0)=\Theta\, i^n f^{(n)}(x_0+\theta i). \tag{6}$$

Si maintenant on écrit x au lieu de x_0, et si l'on pose

$$f(x)=y, \qquad \Delta x=i=\alpha h,$$

l'équation (6) prendra la forme

$$\Delta y=\Theta\,\alpha^n(d^n y+\beta), \tag{7}$$

β désignant, aussi bien que α, une quantité infiniment petite. Toutefois il est essentiel d'observer que la formule (7) subsistera seulement pour la valeur particulière $x=x_0$.

Corollaire. — Les mêmes choses étant admises que dans le théorème II, supposons qu'après avoir assigné à la variable x la valeur x_0 on attribue à cette même variable un accroissement infiniment petit. L'accroissement correspondant de la fonction $f(x)$ sera, si n désigne un nombre pair, une quantité constamment affectée du même signe que la valeur de $f^{(n)}(x)$ ou de $d^n y$, correspondante à $x=x_0$. Si, au contraire, n représente un nombre impair, l'accroissement de la fonction changera de signe avec celui de la variable.

Nous avons fait voir dans la sixième Leçon que les valeurs de x, qui, sans rendre discontinue l'une des fonctions $f(x)$, $f'(x)$, donnaient pour la première des maxima ou des minima, étaient nécessairement des racines de l'équation

$$f'(x)=0. \tag{8}$$

Or, à l'aide de ce qui précède, on pourra décider, en général, si une racine de l'équation (8) produit un maximum ou un minimum de $f(x)$. En effet, soient x_0 cette racine et $f^{(n)}(x)$ la première des dérivées de $f(x)$ qui ne s'évanouisse pas avec $f'(x)$, pour la valeur particulière $x = x_0$. Supposons de plus que, dans le voisinage de cette valeur particulière, les fonctions $f(x)$, $f'(x)$, ..., $f^{(n)}(x)$ soient toutes continues par rapport à x. Il suit évidemment du théorème II que $f(x_0)$ sera un maximum si, n étant un nombre pair, $f^{(n)}(x_0)$ a une valeur négative, et un minimum si, n étant un nombre pair, $f^{(n)}(x)$ a une valeur positive. Si n était un nombre impair, l'accroissement de la fonction changeant de signe avec celui de la variable, $f(x)$ ne serait plus ni un maximum ni un minimum. En observant d'ailleurs que les différentielles $df(x)$, $d^2 f(x)$, ... s'évanouissent toujours avec les fonctions dérivées $f'(x)$, $f''(x)$, ... et que, pour des valeurs paires de n, $d^n f(x) = f^{(n)}(x)\,dx^n$ a le même signe que $f^{(n)}(x)$, on se trouvera naturellement conduit à la proposition suivante :

Théorème III. — *Soit $y = f(x)$ une fonction donnée de la variable x. Pour décider si une racine de l'équation $dy = 0$ produit un maximum ou un minimum de la fonction proposée, il suffira ordinairement de calculer les valeurs de d^2y, d^3y, d^4y, ... correspondantes à cette racine. Si la valeur de d^2y est positive ou négative, la valeur de y sera un minimum dans le premier cas, un maximum dans le second. Si la valeur de d^2y se réduit à zéro, on devra chercher parmi les différentielles d^3y, d^4y, ... la première qui ne s'évanouira pas. Désignons celle-ci par d^ny. Si n est un nombre impair, la valeur de y ne sera ni un maximum ni un minimum. Si, au contraire, n est un nombre pair, la valeur de y sera un minimum, toutes les fois que la différentielle d^ny sera positive, et un maximum, toutes les fois que la différentielle d^ny sera négative.*

Nota. — Il faut admettre pour le théorème III, comme pour les deux premiers, que la fonction y et ses dérivées successives, jusqu'à celle de l'ordre n, sont continues dans le voisinage de la valeur particulière attribuée à la variable x.

Si, au lieu de prendre pour y une fonction explicite de la variable x, on supposait la valeur de y en x donnée par une équation de la forme $u = 0$, le théorème III serait toujours applicable. Seulement, dans cette hypothèse, les valeurs successives de dy, d^2y, d^3y, ... devraient être déduites des équations différentielles

$$du = 0, \qquad d^2 u = 0, \qquad d^3 u = 0, \qquad \ldots.$$

Exemple. — Soit

$$y = x^a e^{-x},$$

a désignant une quantité positive. On aura

$$\mathrm{l}\, y = a\, \mathrm{l}\, x - x.$$

En différentiant deux fois de suite la dernière équation, on trouvera

$$\frac{dy}{y} = \left(\frac{a}{x} - 1\right) dx, \qquad \frac{d^2 y}{y} - \left(\frac{dy}{y}\right)^2 = -a\left(\frac{dx}{x}\right)^2;$$

puis, en posant $dy = 0$, et faisant abstraction de la valeur zéro que y ne peut recevoir,

$$(9) \qquad 0 = \frac{a}{x} - 1, \qquad \frac{d^2 y}{y} = -a\left(\frac{dx}{x}\right)^2.$$

La valeur de d^2y donnée par la seconde des formules (9) étant négative, il en résulte que la valeur de x donnée par la première fournit un maximum de y.

SEIZIÈME LEÇON.

USAGE DES DIFFÉRENTIELLES DES DIVERS ORDRES DANS LA RECHERCHE DES MAXIMA ET MINIMA DES FONCTIONS DE PLUSIEURS VARIABLES.

Soit $u = f(x, y, z, \ldots)$ une fonction des variables indépendantes x, y, z, ..., et posons, comme dans la dixième Leçon,

$$f(x + \alpha\, dx,\ y + \alpha\, dy,\ z + \alpha\, dz,\ \ldots) = \mathrm{F}(\alpha). \tag{1}$$

Pour que la valeur de u relative à certaines valeurs particulières de x, y, z, ... soit un maximum ou un minimum, il sera nécessaire et il suffira que la valeur correspondante de $\mathrm{F}(\alpha)$ devienne toujours un maximum ou un minimum, en vertu de la supposition $\alpha = 0$. On en conclut (*voir* la dixième Leçon) que les systèmes de valeurs de x, y, z, ... qui, sans rendre discontinue l'une des deux fonctions u et du, fournissent pour la première des maxima ou des minima, vérifient nécessairement, quels que soient dx, dy, dz, ..., l'équation

$$du = 0, \tag{2}$$

et, par conséquent, les suivantes

$$\frac{du}{dx} = 0, \qquad \frac{du}{dy} = 0, \qquad \frac{du}{dz} = 0, \qquad \ldots. \tag{3}$$

Soient x_0, y_0, z_0, ... les valeurs particulières de x, y, z, ... dont se compose un de ces systèmes. La valeur correspondante de $\mathrm{F}(\alpha)$ deviendra un maximum ou un minimum pour $\alpha = 0$, quelles que soient les différentielles dx, dy, dz, ..., si, pour toutes les valeurs possibles de ces différentielles, la première des quantités $\mathrm{F}'(0)$, $\mathrm{F}''(0)$, $\mathrm{F}'''(0)$, ... qui ne sera pas nulle correspond à un indice pair et conserve toujours le même signe (*voir* la quinzième Leçon). Ajoutons que F(o) sera un maximum, si la quantité dont il s'agit est toujours négative, et un minimum, si elle est toujours positive. Lorsque celle des quantités $F'(o)$, $F''(o)$, $F'''(o)$, ..., qui cesse la première de s'évanouir, correspond à un indice impair, pour toutes les valeurs possibles de dx, dy, dz, ..., ou seulement pour des valeurs particulières de ces mêmes différentielles, ou bien encore, lorsque cette quantité est tantôt positive, tantôt négative, alors F(o) ne peut plus être ni un maximum, ni un minimum. Si maintenant on a égard aux équations (5) de la quatorzième Leçon, savoir,

$$F(o) = u, \qquad F'(o) = du, \qquad F''(o) = d^2 u, \qquad \ldots,$$

on déduira des remarques que nous venons de faire la proposition suivante.

Théorème. — *Soit $u = f(x, y, z, \ldots)$ une fonction donnée des variables indépendantes $x, y, z, \ldots$. Pour décider si un système de valeurs de $x, y, z, \ldots$ propre à vérifier les formules (3) produit un maximum ou un minimum de la fonction u, on calculera les valeurs de $d^2 u$, $d^3 u$, $d^4 u$, ... qui correspondent à ce système, et qui seront évidemment des polynômes dans lesquels il n'y aura plus d'arbitraire que les différentielles $dx = h$, $dy = k$, $dz = l$, ... Soit*

$$(4) \qquad d^n u = \frac{d^n u}{dx^n} h^n + \frac{d^n u}{dy^n} k^n + \ldots + \frac{n}{1} \frac{d^n u}{dx^{n-1} dy} h^{n-1} k + \ldots$$

le premier de ces polynômes qui ne s'évanouira pas, n désignant un nombre entier qui pourra dépendre des valeurs attribuées aux différentielles $h, k, l, \ldots$. Si, pour toutes les valeurs possibles de ces différentielles, n est un nombre pair, et $d^n u$ une quantité positive, la valeur proposée de u sera un minimum. Elle sera un maximum, si, n étant toujours pair, $d^n u$ reste toujours négative. Enfin, si le nombre n est quelquefois impair, ou si la différentielle $d^n u$ est tantôt positive, tantôt négative, la valeur calculée de u ne sera ni un maximum, ni un minimum.

Nota. — Le théorème précédent subsiste, en vertu des principes établis dans la quinzième Leçon, toutes les fois que les fonctions $F(\alpha)$ $F'(\alpha)$, ..., $F^{(n)}(\alpha)$ sont continues par rapport à α, dans le voisinage de la valeur particulière $\alpha = 0$, ou, ce qui revient au même, toutes les fois que u, du, d^2u, ..., d^nu sont continues, par rapport aux variables x, y, z, ... dans le voisinage des valeurs particulières attribuées à ces mêmes variables.

Corollaire I. — Concevons que, pour appliquer le théorème, on forme d'abord la valeur de l'expression

$$d^2u = \frac{d^2u}{dx^2}h^2 + \frac{d^2u}{dy^2}k^2 + \ldots + 2\frac{d^2u}{dx\,dy}hk + \ldots, \tag{5}$$

en substituant les valeurs de x, y, z, ... tirées des formules (3) dans les fonctions dérivées $\frac{d^2u}{dx^2}$, $\frac{d^2u}{dy^2}$, ..., $\frac{d^2u}{dx\,dy}$, ... On trouvera zéro pour résultat, si toutes ces dérivées s'évanouissent. Dans l'hypothèse contraire, d^2u sera une fonction homogène des quantités arbitraires h, k, l, ..., et, si l'on fait alors varier ces quantités, il arrivera de trois choses l'une : ou la différentielle d^2u conservera le même signe, sans jamais s'évanouir; ou elle s'évanouira pour certaines valeurs de h, k, l, ..., et reprendra le même signe, toutes les fois qu'elle cessera d'être nulle; ou elle sera tantôt positive et tantôt négative. La valeur proposée de u sera toujours un maximum ou un minimum dans le premier cas, quelquefois dans le second, jamais dans le troisième. Ajoutons que l'on obtiendra, dans le second cas, un maximum ou un minimum, si, pour chacun des systèmes de valeurs de h, k, l, ... propres à vérifier l'équation $d^2u = 0$, la première des différentielles d^3u, d^4u, ... qui ne s'évanouit pas est toujours d'ordre pair et affectée du même signe que celles des valeurs de d^2u qui diffèrent de zéro.

Corollaire II. — Si la substitution des valeurs attribuées à x, y, z, ... réduisait à zéro toutes les dérivées du second ordre, alors, d^2u étant identiquement nulle, il ne pourrait y avoir ni maximum, ni minimum, à moins que la même substitution ne fît encore évanouir d^3u, en réduisant à zéro toutes les dérivées du troisième ordre.

Corollaire III. — Si la substitution des valeurs attribuées à x, y, z, ... faisait évanouir toutes les dérivées du second ordre et du troisième, on aurait identiquement $d^2u = 0$, $d^3u = 0$, et il faudrait recourir à la première des différentielles d^4u, d^5u, ... qui ne serait pas identiquement nulle. Si cette différentielle était d'ordre impair, il n'y aurait ni maximum, ni minimum. Si elle était d'ordre pair ou de la forme

$$(6)\quad d^{2m}u = \frac{d^{2m}u}{dx^{2m}}h^{2m} + \frac{d^{2m}u}{dy^{2m}}k^{2m} + \ldots + \frac{2m}{1}\frac{d^{2m}u}{dx^{2m-1}dy}h^{2m-1}k + \ldots,$$

il pourrait arriver de trois choses l'une : ou la différentielle dont il s'agit conserverait constamment le même signe, pendant que l'on ferait varier h, k, l, ..., sans jamais s'évanouir; ou bien elle s'évanouirait pour certaines valeurs de h, k, l, ..., et reprendrait le même signe, toutes les fois qu'elle cesserait d'être nulle; ou elle serait tantôt positive, tantôt négative. La valeur proposée de u serait toujours un maximum ou un minimum dans le premier cas, quelquefois dans le second, jamais dans le troisième. De plus, afin de décider, dans le second cas, s'il y a maximum ou minimum, il faudrait, pour chaque système de valeurs de h, k, l, ... propres à vérifier l'équation $d^{2m}u = 0$, chercher parmi les différentielles d'un ordre supérieur à $2m$ celle qui la première cesse de s'évanouir, et voir si cette différentielle est toujours d'ordre pair et affectée du même signe que les valeurs de $d^{2m}u$ qui diffèrent de zéro.

Il est essentiel d'observer que la valeur de d^2u donnée par la formule (6), étant une fonction entière, et par conséquent continue des quantités h, k, l, ..., ne saurait passer du positif au négatif, tandis que ces quantités varient, sans devenir nulle dans l'intervalle. Remarquons en outre que, si la quantité u était une fonction implicite des variables x, y, z, ..., ou si quelques-unes de ces variables devenaient fonctions implicites de toutes les autres, chacune des quantités du, d^2u, d^3u, ... se trouverait déterminée par le moyen d'une ou de plusieurs équations différentielles, en fonction des différentielles des variables indépendantes.

Exemple. — Supposons que, $a, b, c, \ldots, k, p, q, r, \ldots$ désignant des constantes positives, et $x, y, z, \ldots$ des variables assujetties à l'équation

$$ax + by + cz + \ldots = k,$$

on cherche le maximum de la fonction $u = x^p y^q z^r \ldots$; on trouvera

$$\frac{du}{u} = p\frac{dx}{x} + q\frac{dy}{y} + r\frac{dz}{z} + \ldots,$$

$$\frac{d^2u}{u} - \left(\frac{du}{u}\right)^2 = -p\left(\frac{dx}{x}\right)^2 - q\left(\frac{dy}{y}\right)^2 - r\left(\frac{dz}{z}\right)^2 - \ldots,$$

et par suite on tirera de la formule (10) (onzième Leçon)

$$\frac{p}{ax} = \frac{q}{by} = \frac{r}{cz} = \ldots = \frac{p+q+r+\ldots}{k},$$

$$x = \frac{p}{a}\frac{k}{p+q+r+\ldots}, \qquad y = \frac{q}{b}\frac{k}{p+q+r+\ldots}, \qquad z = \ldots.$$

Comme les valeurs précédentes de $x, y, z, \ldots$ rendront du constamment nulle et d^2u constamment négative, elles fourniront un maximum de la fonction u.

DIX-SEPTIÈME LEÇON.

DES CONDITIONS QUI DOIVENT ÊTRE REMPLIES POUR QU'UNE DIFFÉRENTIELLE TOTALE NE CHANGE PAS DE SIGNE, TANDIS QUE L'ON CHANGE LES VALEURS ATTRIBUÉES AUX DIFFÉRENTIELLES DES VARIABLES INDÉPENDANTES.

D'après ce qu'on a vu dans les Leçons précédentes, si l'on désigne par u une fonction des variables indépendantes $x, y, z, \ldots$, et si l'on fait abstraction des valeurs de ces variables qui rendent discontinue l'une des fonctions $u, du, d^2u, \ldots$, la fonction u ne pourra devenir un maximum ou un minimum que dans le cas où l'une des différentielles totales $d^2u, d^4u, d^6u, \ldots$, savoir la première de celles qui ne seront pas constamment nulles, conservera le même signe pour toutes les valeurs possibles des quantités arbitraires $dx = h$, $dy = k$, $dz = l, \ldots$, ou du moins pour les valeurs de ces quantités qui ne la réduiront pas à zéro. Ajoutons que, dans la dernière supposition, chacun des systèmes de valeurs de $h, k, l, \ldots$ propres à faire évanouir la différentielle totale dont il s'agit devra changer une autre différentielle totale d'ordre pair en une quantité affectée du signe que conserve la première différentielle, tant qu'elle ne s'évanouit pas. D'ailleurs, les différentielles $d^2u, d^4u, d^6u, \ldots$ se réduisent, pour des valeurs données de $x, y, z, \ldots$, à des fonctions entières et homogènes des quantités arbitraires $h, k, l, \ldots$. De plus, si l'on appelle $r, s, t, \ldots$ les rapports de la première, de la seconde, de la troisième de ces quantités, ... à la dernière d'entre elles, la différentielle

$$(1)\quad \left\{ \begin{aligned} d^{2m}u = \frac{d^{2m}u}{dx^{2m}}h^{2m} + \frac{d^{2m}u}{dy^{2m}}k^{2m} + \frac{d^{2m}u}{dz^{2m}}l^{2m} + \ldots \\ + \frac{2m}{1}\frac{d^{2m}u}{dx^{2m-1}\,dy}h^{2m-1}k + \ldots \end{aligned} \right.$$

sera évidemment affectée du même signe que la fonction entière de r, s, t, ... à laquelle on parvient en divisant $d^{2m}u$ par la puissance $2m$ de la dernière des quantités h, k, l, ..., c'est-à-dire du même signe que le polynôme

$$(2)\quad \frac{d^{2m}u}{dx^{2m}}r^{2m} + \frac{d^{2m}u}{dy^{2m}}s^{2m} + \frac{d^{2m}u}{dz^{2m}}t^{2m} + \ldots + \frac{2m}{1}\frac{d^{2m}u}{dx^{2m-1}dy}r^{2m-1}s + \ldots.$$

En substituant un polynôme de cette espèce à chaque différentielle d'ordre pair, on reconnaîtra que la recherche des maxima et minima exige la solution des questions suivantes :

Problème I. — *Trouver les conditions qui doivent être remplies pour qu'une fonction entière des quantités r, s, t, ... ne change pas de signe, tandis que ces quantités varient.*

Solution. — Soit $F(r, s, t, \ldots)$ la fonction donnée, et supposons d'abord les quantités r, s, t, ... réduites à une seule r. Pour que la fonction $F(r)$ ne change jamais de signe, il sera nécessaire et il suffira que l'équation

$$(3)\qquad F(r) = 0$$

n'ait pas de racines réelles simples, ni de racines réelles égales en nombre impair. En effet, si, r_0 désignant une racine réelle de l'équation (3), m un nombre entier et R un polynôme non divisible par $r - r_0$, on avait

$$F(r) = (r - r_0)R \qquad \text{ou} \qquad F(r) = (r - r_0)^{2m+1}R,$$

il est clair que, pour deux valeurs de r très peu différentes de r_0, mais l'une plus grande et l'autre plus petite, la fonction $F(r)$ obtiendrait deux valeurs de signes contraires. De plus, comme une fonction continue de r ne saurait changer de signe, tandis que r varie entre deux limites données, sans devenir nulle dans l'intervalle, il est permis d'affirmer que, si l'équation (3) n'a pas de racines réelles, son premier membre conservera toujours le même signe, sans jamais s'évanouir, et qu'il s'évanouira quelquefois sans jamais changer de signe, s'il est le produit de plusieurs facteurs de la forme $(r - r_0)^{2m}$ par un polynôme qui ne puisse se réduire à zéro, pour aucune valeur réelle de r.

Revenons maintenant au cas où les quantités $r, s, t, \ldots$ sont en nombre quelconque. Alors, pour que la fonction $F(r, s, t, \ldots)$ ne puisse changer de signe, il sera nécessaire et il suffira que l'équation

$$(4) \qquad F(r, s, t, \ldots) = 0,$$

résolue par rapport à r, ne fournisse jamais de racines réelles simples, ni de racines réelles égales en nombre impair, quelles que soient d'ailleurs $s, t, \ldots$.

Corollaire I. — La fonction $F(r)$ ou $F(r, s, t, \ldots)$ conserve constamment le même signe lorsque l'équation (3) ou (4) n'a pas de racines réelles. (*Voir*, pour la détermination du nombre des racines réelles dans les équations algébriques, le XVIIe Cahier du *Journal de l'École Polytechnique*, p. 457.)

Corollaire II. — Soit $u = f(x, y)$. La différentielle totale

$$(5) \qquad d^2 u = \frac{d^2 u}{dx^2} h^2 + \frac{d^2 u}{dy^2} k^2 + 2 \frac{d^2 u}{dx\, dy} hk$$

conservera constamment le même signe, si l'équation

$$(6) \qquad \frac{d^2 u}{dx^2} r^2 + 2 \frac{d^2 u}{dx\, dy} r + \frac{d^2 u}{dy^2} = 0$$

n'a pas de racines réelles, c'est-à-dire si l'on a

$$(7) \qquad \frac{d^2 u}{dx^2} \frac{d^2 u}{dy^2} - \left(\frac{d^2 u}{dx\, dy}\right)^2 > 0.$$

La même différentielle pourrait s'évanouir sans jamais changer de signe, si le premier membre de la formule (7) se réduisait à zéro, et admettrait des valeurs de signes opposés, si ce premier membre devenait négatif.

Corollaire III. — Soit $u=f(x,y,z)$. La différentielle totale

$$(8)\quad d^2u=\frac{d^2u}{dx^2}h^2+\frac{d^2u}{dy^2}k^2+\frac{d^2u}{dz^2}l^2+2\frac{d^2u}{dx\,dy}hk+2\frac{d^2u}{dx\,dz}hl+2\frac{d^2u}{dy\,dz}kl$$

conservera constamment le même signe, si l'équation

$$(9)\quad \frac{d^2u}{dx^2}r^2+2\left(\frac{d^2u}{dx\,dy}s+\frac{d^2u}{dx\,dz}\right)r+\frac{d^2u}{dy^2}s^2+2\frac{d^2u}{dy\,dz}s+\frac{d^2u}{dz^2}=0,$$

résolue par rapport à r, n'a jamais de racines réelles, c'est-à-dire si l'on a, quelle que soit s,

$$(10)\quad \left\{\begin{aligned}&\left[\frac{d^2u}{dx^2}\frac{d^2u}{d^2y}-\left(\frac{d^2u}{dx\,dy}\right)^2\right]s^2\\&\quad+2\left(\frac{d^2u}{dx^2}\frac{d^2u}{dy\,dz}-\frac{d^2u}{dx\,dy}\frac{d^2u}{dx\,dz}\right)s+\frac{d^2u}{dx^2}\frac{d^2u}{dz^2}-\left(\frac{d^2u}{dx\,dz}\right)^2>0.\end{aligned}\right.$$

Cette dernière condition sera elle-même satisfaite quand on aura

$$(11)\quad \left\{\begin{aligned}&\frac{d^2u}{dx^2}\frac{d^2u}{dy^2}-\left(\frac{d^2u}{dx\,dy}\right)^2>0\\&\text{et}\\&\left[\frac{d^2u}{dx^2}\frac{d^2u}{dy^2}-\left(\frac{d^2u}{dx\,dy}\right)^2\right]\left[\frac{d^2u}{dx^2}\frac{d^2u}{dz^2}-\left(\frac{d^2u}{dx\,dz}\right)^2\right]\\&\qquad-\left(\frac{d^2u}{dx^2}\frac{d^2u}{dy\,dz}-\frac{d^2u}{dx\,dy}\frac{d^2u}{dx\,dz}\right)^2>0.\end{aligned}\right.$$

Scolie. — Soit $u=f(x,y,z,\ldots)$ une fonction de n variables indépendantes $x, y, z, \ldots$, et posons

$$(12)\quad \left\{\begin{aligned}\mathrm{F}(r,s,t,\ldots)=&\frac{d^2u}{dx^2}r^2+\frac{d^2u}{dy^2}s^2+\frac{d^2u}{dz^2}t^2+\ldots\\&+2\frac{d^2u}{dx\,dy}rs+2\frac{d^2u}{dx\,dz}rt+2\frac{d^2u}{dy\,dz}st+\ldots.\end{aligned}\right.$$

La différentielle d^2u et la fonction $\mathrm{F}(r,s,t,\ldots)$ seront toujours affectées du même signe que la quantité $\frac{d^2u}{dx^2}$, si le produit $\frac{d^2u}{dx^2}\mathrm{F}(r,s,t,\ldots)$ est toujours positif. Or c'est évidemment ce qui aura lieu, si chacun des produits

$$\frac{d^2u}{dx^2}F(r),\quad \frac{d^2u}{dx^2}F(r,s),\quad \frac{d^2u}{dx^2}F(r,s,t),\quad \ldots \tag{13}$$

obtient pour valeur minimum une quantité positive. D'ailleurs, si l'on fait

$$D_1 = \frac{d^2u}{dx^2},\qquad D_2 = \frac{d^2u}{dx^2}\frac{d^2u}{dy^2} - \left(\frac{d^2u}{dx\,dy}\right)^2,\qquad \ldots,$$

et si généralement on désigne par D_n le dénominateur commun des valeurs de h, k, l, ... tirées des équations (*voir* l'*Analyse algébrique*, p. 80) (¹)

$$\left\{\begin{aligned} &\frac{d^2u}{dx^2}h + \frac{d^2u}{dx\,dy}k + \frac{d^2u}{dx\,dz}l + \ldots = 1,\\ &\frac{d^2u}{dx\,dy}h + \frac{d^2u}{dy^2}k + \frac{d^2u}{dy\,dz}l + \ldots = 1,\\ &\frac{d^2u}{dx\,dz}h + \frac{d^2u}{dy\,dz}k + \frac{d^2u}{dz^2}l + \ldots = 1,\\ &\ldots\ldots\ldots\ldots\ldots\ldots\ldots\ldots\ldots, \end{aligned}\right. \tag{14}$$

on prouvera sans peine que les valeurs maxima ou minima des fonctions $F(r)$, $F(r,s)$, $F(r,s,t)$, ... sont respectivement

$$\frac{D_2}{D_1},\quad \frac{D_3}{D_2},\quad \frac{D_4}{D_3},\quad \ldots,\quad \frac{D_n}{D_{n-1}}. \tag{15}$$

Donc la différentielle d^2u conservera constamment le même signe, si les fractions (15), multipliées par D_1, donnent des produits positifs ou, ce qui revient au même, si D_2, D_3, D_4, ..., D_n sont affectées des mêmes signes que D_1^2, D_1^3, D_1^4, ..., D_1^n.

Lorsqu'on suppose simplement u fonction de trois variables x, y, z, les conditions qu'on vient d'énoncer se réduisent aux deux suivantes $D_2 > 0$, $D_1 D_3 > 0$, et coïncident avec celles que fournissent les formules (11).

Problème II. — *Étant données deux fonctions entières des variables r, s, t, ..., trouver les conditions qui doivent être remplies pour que la*

(¹) *Œuvres de Cauchy*, S. II, T. III, p. 78.

seconde fonction conserve un signe déterminé, toutes les fois que la première s'évanouit.

Solution. — Soient

$$F(r, s, t, \ldots)$$

la première fonction et

$$R = \mathcal{F}(r, s, t, \ldots)$$

la seconde. On éliminera r entre les deux équations

$$F(r, s, t, \ldots) = 0 \quad \text{et} \quad R = \mathcal{F}(r, s, t, \ldots).$$

L'équation résultante, étant résolue par rapport à R, devra fournir pour cette quantité une valeur affectée du signe convenu, toutes les fois que l'on attribuera aux variables s, t, ... des valeurs réelles auxquelles correspondra une valeur réelle de la variable r.

DIX-HUITIÈME LEÇON.

DIFFÉRENTIELLES D'UNE FONCTION QUELCONQUE DE PLUSIEURS VARIABLES DONT CHACUNE EST A SON TOUR UNE FONCTION LINÉAIRE D'AUTRES VARIABLES SUPPOSÉES INDÉPENDANTES. DÉCOMPOSITION DES FONCTIONS ENTIÈRES EN FACTEURS RÉELS DU PREMIER OU DU SECOND DEGRÉ.

Soient $a, b, c, \ldots, k$ des quantités constantes et

$$u = ax + by + cz + \ldots + k \tag{1}$$

une fonction linéaire des variables indépendantes $x, y, z, \ldots$. La différentielle

$$du = a\,dx + b\,dy + c\,dz + \ldots \tag{2}$$

sera elle-même une quantité constante, et par suite les différentielles d^2u, d^3u, ... se réduiront toutes à zéro. On conclut immédiatement de cette remarque que les différentielles successives des fonctions $f(u)$, $f(u, v)$, $f(u, v, w, \ldots)$, ... conservent la même forme, dans le cas où les variables $u, v, w, \ldots$ sont considérées comme indépendantes, et dans le cas où $u, v, w, \ldots$ sont des fonctions linéaires des variables indépendantes $x, y, z, \ldots$. Ainsi on trouvera, dans les deux cas, pour $s = f(u)$,

$$\left\{\begin{aligned} ds &= f'(u)\,du, \\ d^2s &= f''(u)\,du^2, \\ d^3s &= f'''(u)\,du^3, \\ &\ldots\ldots\ldots\ldots, \\ d^ns &= f^{(n)}(u)\,du^n; \end{aligned}\right. \tag{3}$$

pour $s=f(u,v)$,

$$(4)\quad \left\{\begin{aligned} d^n s = {} & \frac{d^n f(u,v)}{du^n}du^n + \frac{n}{1}\frac{d^n f(u,v)}{du^{n-1}dv}du^{n-1}dv + \ldots \\ & + \frac{n}{1}\frac{d^n f(u,v)}{du\,dv^{n-1}}du\,dv^{n-1} + \frac{d^n f(u,v)}{dv^n}dv^n; \end{aligned}\right.$$

pour $s=f(u)f(v)$,

$$(5)\quad \left\{\begin{aligned} d^n s = {} & f^{(n)}(u)f(v)\,du^n + \frac{n}{1}f^{(n-1)}(u)f'(v)\,du^{n-1}dv + \ldots \\ & + \frac{n}{1}f'(u)f^{(n-1)}(v)\,du\,dv^{n-1} + f(u)f^{(n)}(v)\,dv^n, \end{aligned}\right.$$

etc.

Il est facile de s'assurer que, si l'on représente par $f(u)$, $f(v)$, $f(u,v)$, ... des fonctions entières des variables $u, v, w, \ldots$, les formules (3), (4), (5), ... subsisteront lors même que, $u, v, w, \ldots$ étant fonctions linéaires de $x, y, z, \ldots$, les constantes $a, b, c, \ldots, k, \ldots$ comprises dans $u, v, w, \ldots$ deviendront imaginaires. On aura, par exemple, pour $s=f(x+y\sqrt{-1})$,

$$(6)\quad \left\{\begin{aligned} ds &= f'(x+y\sqrt{-1})(dx+\sqrt{-1}\,dy), \\ & \ldots\ldots\ldots\ldots\ldots\ldots, \\ d^n s &= f^{(n)}(x+y\sqrt{-1})(dx+\sqrt{-1}\,dy)^n; \end{aligned}\right.$$

pour $s=f(x-y\sqrt{-1})$,

$$(7)\quad \left\{\begin{aligned} ds &= f'(x-y\sqrt{-1})(dx-\sqrt{-1}\,dy), \\ & \ldots\ldots\ldots\ldots\ldots\ldots, \\ d^n s &= f^{(n)}(x-y\sqrt{-1})(dx-\sqrt{-1}\,dy)^n; \end{aligned}\right.$$

pour $s=f(x+y\sqrt{-1})f(x-y\sqrt{-1})$,

$$(8)\quad \left\{\begin{aligned} d^n s = {} & f^{(n)}(x+y\sqrt{-1})f(x-y\sqrt{-1})(dx+\sqrt{-1}\,dy)^n \\ & + \frac{n}{1}f^{(n-1)}(x+y\sqrt{-1})f'(x-y\sqrt{-1})(dx+\sqrt{-1}\,dy)^{n-1}(dx-\sqrt{-1}\,dy) + \ldots \\ & + \frac{n}{1}f'(x+y\sqrt{-1})f^{(n-1)}(x-y\sqrt{-1})(dx+\sqrt{-1}\,dy)(dx-\sqrt{-1}\,dy)^{n-1} \\ & + f(x+y\sqrt{-1})f^{(n)}(x-y\sqrt{-1})(dx-\sqrt{-1}\,dy)^n. \end{aligned}\right.$$

De cette dernière formule on déduira sans peine la proposition suivante :

THÉORÈME I. — *Soit $f(x)$ une fonction réelle et entière de x. Si l'on pose*

$$s = f(x + y\sqrt{-1})\, f(x - y\sqrt{-1}), \tag{9}$$

on pourra toujours satisfaire par des valeurs réelles des variables x et y à l'équation

$$s = 0. \tag{10}$$

Démonstration. — Soit n le degré de la fonction $f(x)$, en sorte qu'on ait

$$f(x) = a_0 x^n + a_1 x^{n-1} + \ldots + a_{n-1} x + a_n, \tag{11}$$

$a_0, a_1, \ldots, a_{n-1}, a_n$ désignant des constantes dont la première a_0 ne pourra s'évanouir. Concevons de plus que, les variables x, y étant supposées réelles, on représente par r, ρ, R, R_1, R_2, ... les modules des expressions imaginaires

$$x + y\sqrt{-1}, \quad dx + dy\sqrt{-1},$$

$$f(x + y\sqrt{-1}), \quad f'(x + y\sqrt{-1}), \quad f''(x + y\sqrt{-1}), \quad \ldots,$$

et faisons, en conséquence,

$$\left\{ \begin{aligned} x + y\sqrt{-1} &= r(\cos t + \sqrt{-1}\sin t), \\ dx + dy\sqrt{-1} &= \rho(\cos\tau + \sqrt{-1}\sin\tau); \end{aligned} \right. \tag{12}$$

$$\left\{ \begin{aligned} f(x + y\sqrt{-1}) &= \mathrm{R}\,(\cos \mathrm{T} + \sqrt{-1}\sin \mathrm{T}), \\ f'(x + y\sqrt{-1}) &= \mathrm{R}_1(\cos \mathrm{T}_1 + \sqrt{-1}\sin \mathrm{T}_1), \\ f''(x + y\sqrt{-1}) &= \mathrm{R}_2(\cos \mathrm{T}_2 + \sqrt{-1}\sin \mathrm{T}_2), \\ &\ldots\ldots\ldots\ldots\ldots\ldots, \\ f^{(n)}(x + y\sqrt{-1}) &= \mathrm{R}_n(\cos \mathrm{T}_n + \sqrt{-1}\sin \mathrm{T}_n); \end{aligned} \right. \tag{13}$$

r, ρ, R, R_1, R_2, ..., R_n seront des quantités positives; t, τ, T, T_1,

$T_2, \ldots, T_n$ des arcs réels, et l'on aura

$$(14) \qquad r = \sqrt{x^2 + y^2},$$

$$(15) \quad \begin{cases} s = R^2 = [a_0 r^n \cos nt + a_1 r^{n-1} \cos(n-1)t + \ldots + a_{n-1} r \cos t + a_n]^2 \\ \qquad + [a_0 r^n \sin nt + a_1 r^{n-1} \sin(n-1)t + \ldots + a_{n-1} r \sin t]^2 \\ \quad = r^{2n}\left(a_0^2 + \dfrac{2a_0 a_1 \cos t}{r} + \dfrac{a_1^2 + 2a_0 a_2 \cos 2t}{r^2} + \ldots\right). \end{cases}$$

Il résulte de ces dernières formules que la quantité s, qui représente une fonction entière, et par conséquent une fonction continue des variables x, y, restera toujours positive et croîtra indéfiniment si l'on attribue à ces deux variables ou seulement à l'une d'entre elles, et par suite au module r, des valeurs numériques de plus en plus grandes. On doit en conclure que la fonction s admettra un ou plusieurs minima correspondants à un ou à plusieurs systèmes de valeurs finies des variables x et y. Considérons un de ces systèmes en particulier, et calculons les valeurs correspondantes des expressions

$$(16) \qquad f'(x + y\sqrt{-1}), \quad f''(x + y\sqrt{-1}), \quad \ldots, \quad f^{(n)}(x + y\sqrt{-1}).$$

Quelques-unes de ces valeurs pourront s'évanouir, mais jamais elles ne seront nulles toutes à la fois, puisque l'expression $f^{(n)}(x + y\sqrt{-1})$, se réduisant, avec $f^{(n)}(x)$, au produit $1.2.3\ldots n.a_0$, a une valeur constante et différente de zéro. Cela posé, soit $f^{(m)}(x + y\sqrt{-1})$ la première des expressions (16) dont la valeur ne s'évanouira pas. Si l'expression $f(x + y\sqrt{-1})$ obtient elle-même une valeur différente de zéro, $d^m s$ sera, en vertu de la formule (8), la première des différentielles de s qui cesseront de s'évanouir. Au contraire, si l'on a

$$(17) \qquad f(x + y\sqrt{-1}) = 0,$$

la différentielle $d^m s$ deviendra nulle elle-même. Or je dis que ce dernier cas est seul admissible; car, dans le premier, on tirerait de la formule (8)

$$(18) \quad \begin{cases} d^m s = f^{(m)}(x + y\sqrt{-1})\, f(x - y\sqrt{-1})\,(dx + \sqrt{-1}\, dy)^m \\ \qquad + f(x + y\sqrt{-1})\, f^{(m)}(x - y\sqrt{-1})\,(dx - \sqrt{-1}\, dy)^m \\ \quad = 2RR_m \rho^m \cos(T_m - T + m\tau), \end{cases}$$

et par suite la différentielle $d^m s$, changeant de signe lorsqu'on remplacerait τ par $\tau + \frac{\pi}{m}$, ne resterait pas toujours positive, quelles que fussent les quantités dx et dy, comme cela doit nécessairement arriver chaque fois que la fonction s devient un minimum. Donc tous les systèmes de valeurs de x et de y propres à fournir des minima de la fonction s vérifieront l'équation (17), qu'on peut aussi mettre sous la forme

$$R(\cos T + \sqrt{-1}\sin T) = 0,$$

et de laquelle on tire

$$R = 0, \qquad s = R^2 = 0.$$

Donc la fonction s deviendra nulle pour des valeurs réelles et finies des variables x et y toutes les fois qu'elle atteindra un des minima dont nous avons ci-dessus démontré l'existence.

Corollaire. — La fonction réelle $s = R^2$ ne pouvant s'évanouir qu'avec le module R, les fonctions imaginaires

$$f(x + y\sqrt{-1}) = R(\cos T + \sqrt{-1}\sin T),$$
$$f(x - y\sqrt{-1}) = R(\cos T - \sqrt{-1}\sin T)$$

s'évanouiront toujours en même temps qu'elle. Par conséquent, toutes les valeurs réelles de x et de y propres à vérifier l'équation (10) vérifieront aussi l'équation (17) et la suivante :

$$(19) \qquad f(x - y\sqrt{-1}) = 0.$$

A ces valeurs de x et de y correspondront des valeurs réelles de r et de t propres à vérifier les deux équations

$$(20) \qquad f(r\cos t + r\sin t\sqrt{-1}) = 0, \qquad f(r\cos t - r\sin t\sqrt{-1}) = 0.$$

Dans le cas particulier où la valeur de y s évanouit, les formules (17), (19) et (20) coïncident avec l'équation unique

$$(21) \qquad f(x) = 0,$$

qui se trouve alors satisfaite par une valeur réelle de x. De ces remarques on déduit immédiatement la proposition que je vais énoncer.

THÉORÈME II. — *$f(x)$ désignant une fonction réelle et entière de la variable x, on peut toujours satisfaire à l'équation* (21), *ou par des valeurs réelles de cette variable, ou par des valeurs imaginaires conjuguées deux à deux et de la forme*

$$x = r(\cos t + \sqrt{-1}\sin t), \qquad x = r(\cos t - \sqrt{-1}\sin t), \tag{22}$$

Scolie. — Si l'on appelle x_0 une racine réelle ou imaginaire de l'équation (20), le polynôme $f(x)$ sera divisible par le facteur linéaire $x - x_0$. Donc, à deux racines imaginaires conjuguées et de la forme

$$r(\cos t + \sqrt{-1}\sin t), \quad r(\cos t - \sqrt{-1}\sin t),$$

correspondront les deux facteurs linéaires

$$x - r\cos t - r\sin t\sqrt{-1}, \quad x - r\cos t + r\sin t\sqrt{-1},$$

lesquels seront encore conjugués l'un à l'autre et donneront pour produit un facteur réel du second degré, savoir

$$(x - r\cos t)^2 + r^2\sin^2 t = x^2 - 2rx\cos t + r^2.$$

Cela posé, il résulte du théorème II que toute fonction réelle et entière de la variable x est divisible par un facteur réel du premier ou du second degré. La division étant effectuée, on obtiendra pour quotient une autre fonction réelle et entière qui sera elle-même divisible par un nouveau facteur. En continuant de la sorte, on finira par décomposer la fonction donnée, que j'appellerai $f(x)$, en facteurs réels du premier ou du second degré. En égalant ces facteurs à zéro, on déterminera les racines réelles ou imaginaires de l'équation (21), lesquelles seront en nombre égal au degré de la fonction. [*Voir* l'*Analyse algébrique,* Chap. X [1]].

[1] *OEuvres de Cauchy,* S. II, T. III, p. 274.

DIX-NEUVIÈME LEÇON.

USAGE DES DÉRIVÉES ET DES DIFFÉRENTIELLES DES DIVERS ORDRES DANS LE DÉVELOPPEMENT DES FONCTIONS ENTIÈRES.

Il est facile de développer une fonction entière de x en un polynôme ordonné suivant les puissances ascendantes de cette variable, quand on connaît les valeurs particulières de la fonction et de ses dérivées successives, pour $x = 0$. En effet, désignons par $F(x)$ la fonction donnée, par n le degré de cette fonction, et par $a_0, a_1, a_2, \ldots, a_n$ les coefficients inconnus des diverses puissances de x dans le développement cherché, en sorte qu'on ait

$$F(x) = a_0 + a_1 x + a_2 x^2 + \ldots + a_n x^n. \tag{1}$$

En différentiant n fois de suite l'équation (1), on trouvera

$$\left\{\begin{aligned} F'(x) &= 1.a_1 + 2a_2 x + \ldots + n a_n x^{n-1}, \\ F''(x) &= 1.2.a_2 + \ldots + (n-1) n a_n x^{n-2}, \\ &\ldots\ldots\ldots\ldots\ldots\ldots\ldots\ldots, \\ F^{(n)}(x) &= 1.2.3\ldots n a_n. \end{aligned}\right. \tag{2}$$

Si l'on pose, dans ces diverses formules, $x = 0$, on en tirera

$$\left\{\begin{aligned} a_0 &= F(0), \\ a_1 &= \frac{1}{1} F'(0), \\ a_2 &= \frac{1}{1.2} F''(0), \\ &\ldots\ldots\ldots\ldots, \\ a_n &= \frac{1}{1.2.3\ldots n} F^{(n)}(0), \end{aligned}\right. \tag{3}$$

et l'équation (1) donnera

$$(4)\qquad F(x) = F(0) + \frac{x}{1}F'(0) + \frac{x^2}{1.2}F''(0) + \ldots + \frac{x^n}{1.2.3\ldots n}F^{(n)}(0).$$

Exemple. — Soit $F(x) = (1+x)^n$; on obtiendra la formule connue

$$(5)\qquad (1+x)^n = 1 + \frac{n}{1}x + \frac{n(n-1)}{1.2}x^2 + \frac{n(n-1)(n-2)}{1.2.3}x^3 + \ldots + \frac{n}{1}x^{n-1} + x^n.$$

Soit maintenant $u = f(x, y, z, \ldots)$ une fonction entière des variables $x, y, z, \ldots$, et n le *degré* de cette fonction, c'est-à-dire la plus grande somme qu'on puisse obtenir en ajoutant les exposants des diverses variables pris dans un même terme. Si l'on pose

$$F(\alpha) = f(x + \alpha\,dx,\ y + \alpha\,dy,\ z + \alpha\,dz,\ \ldots),$$

$F(\alpha)$ sera une fonction entière de α, du degré n, et l'on aura en conséquence

$$F(\alpha) = F(0) + \frac{\alpha}{1}F'(0) + \frac{\alpha^2}{1.2}F''(0) + \frac{\alpha^3}{1.2.3}F'''(0) + \ldots + \frac{\alpha^n}{1.2.3\ldots n}F^{(n)}(0).$$

Cette dernière formule, en vertu des principes établis dans la quatorzième Leçon, peut s'écrire comme il suit :

$$(6)\qquad \left\{\begin{aligned} & f(x + \alpha\,dx,\ y + \alpha\,dy,\ z + \alpha\,dz,\ \ldots) \\ & \quad = u + \frac{\alpha}{1}du + \frac{\alpha^2}{1.2}d^2u + \frac{\alpha^3}{1.2.3}d^3u + \ldots + \frac{\alpha^n}{1.2.3\ldots n}d^nu. \end{aligned}\right.$$

Ajoutons qu'elle subsistera pour des valeurs quelconques de α, soit finies, soit infiniment petites. Si, pour plus de simplicité, on prend $\alpha = 1$, on trouvera

$$(7)\qquad \left\{\begin{aligned} & f(x + dx,\ y + dy,\ z + dz,\ \ldots) \\ & \quad = u + \frac{1}{1}du + \frac{1}{1.2}d^2u + \frac{1}{1.2.3}d^3u + \ldots + \frac{1}{1.2.3\ldots n}d^nu. \end{aligned}\right.$$

Dans le cas particulier où les variables $x, y, z, \ldots$ se réduisent à une seule, on a

$$\begin{aligned} u &= f(x), \\ du &= f'(x)\,dx, \\ d^2u &= f''(x)\,dx^2, \\ &\ldots\ldots\ldots\ldots\ldots, \\ d^nu &= f^{(n)}(x)\,dx^n, \end{aligned}$$

et l'on tire de la formule (7), en remplaçant dx par h,

$$(8)\quad \left\{ \begin{aligned} f(x+h) = f(x) + \frac{h}{1}f'(x) + \frac{h^2}{1.2}f''(x) \\ + \frac{h^3}{1.2.3}f'''(x) + \ldots + \frac{h^n}{1.2.3\ldots n}f^{(n)}(x). \end{aligned} \right.$$

Au reste, on aurait pu déduire directement cette dernière équation de la formule (4).

Exemple. — Si l'on suppose $f(x) = x^n$, on trouvera

$$(9)\quad \left\{ \begin{aligned} (x+h)^n = x^n + \frac{n}{1}x^{n-1}h + \frac{n(n-1)}{1.2}x^{n-2}h^2 + \ldots \\ + \frac{n(n-1)}{1.2}x^2h^{n-2} + \frac{n}{1}xh^{n-1} + h^n. \end{aligned} \right.$$

Nota. — Si $f(x)$ est divisible par $(x-a)^m$, ou, en d'autres termes, si l'on a

$$(10)\qquad f(x) = (x-a)^m\,\varphi(x),$$

$\varphi(x)$ désignant une fonction entière de la variable x, le développement de $f(a+h)$, suivant les puissances ascendantes de h, deviendra évidemment divisible par h^m. D'ailleurs ce développement sera, en vertu de ce qui précède,

$$f(a) + \frac{h}{1}f'(a) + \frac{h^2}{1.2}f''(a) + \ldots + \frac{h^m}{1.2.3\ldots m}f^{(m)}(a) + \ldots.$$

Donc l'équation (10) étant posée, on en conclura, non seulement $f(a) = 0$, mais encore $f'(a) = 0$, $f''(a) = 0$, $\ldots$, $f^{(m-1)}(a) = 0$. On arriverait au même résultat en différentiant plusieurs fois de suite l'équation (10), de laquelle on tirerait successivement, à l'aide de la formule (15) (quatorzième Leçon),

$$(11)\quad \begin{cases} f'(x) = (x-a)^m \varphi'(x) + m(x-a)^{m-1}\varphi(x), \\ f''(x) = (x-a)^m \varphi''(x) + 2m(x-a)^{m-1}\varphi'(x) + m(m-1)(x-a)^{m-2}\varphi(x), \\ \dots\dots\dots\dots, \\ f^{(m-1)}(x) = (x-a)^m \varphi^{(m-1)}(x) + \dots + m(m-1)\dots 3.2.(x-a)\varphi(x). \end{cases}$$

Ainsi, $f(x)$ étant une fonction entière de x, on peut affirmer que, si l'équation

$$(12)\qquad f(x) = 0$$

admet m racines égales représentées par a, chacune des équations dérivées

$$(13)\quad f'(x) = 0, \qquad f''(x) = 0, \qquad f'''(x) = 0, \qquad \dots, \qquad f^{(m-1)}(x) = 0$$

se trouvera vérifiée par la supposition $x = a$. On doit même remarquer que, $f(x)$ étant divisible par $(x-a)^m$, $f'(x)$ sera divisible par $(x-a)^{m-1}$, $f''(x)$ par $(x-a)^{m-2}$, ... et $f^{(m-1)}(x)$ par $x-a$ seulement. Quant à la fonction $f^{(m)}(x)$, comme elle sera déterminée par l'équation

$$(14)\quad \begin{cases} f^{(m)}(x) = (x-a)^m \varphi^{(m)}(x) + \frac{m}{1} m(x-a)^{m-1}\varphi^{(m-1)}(x) + \dots \\ \qquad + \frac{m}{1} m(m-1)\dots 3.2.(x-a)\varphi'(x) + m(m-1)\dots 3.2.1.\varphi(x), \end{cases}$$

elle se réduira, pour $x = a$, à

$$(15)\qquad f^{(m)}(a) = 1.2.3\dots(m-1)m.\varphi(a).$$

Toutes ces remarques subsisteraient dans le cas même où, la valeur de $f(x)$ étant donnée par l'équation (10), $\varphi(x)$ cesserait d'être une fonction entière de la variable x. On connaît d'ailleurs le parti qu'on peut tirer de ces remarques pour la détermination des racines égales des équations algébriques.

Concevons à présent que $y = \mathrm{F}(x)$ et $z = \mathrm{f}(x)$ désignent deux fonctions entières de x, divisibles l'une et l'autre par $(x-a)^m$. Si le nombre m surpasse l'unité, les valeurs des fractions $\frac{z}{y}$ et $\frac{dz}{dy}=\frac{z'}{y'}$, pour $x=a$, se présenteront en même temps sous une forme indéterminée, et par conséquent on ne pourra plus se servir de la seconde fraction pour calculer la valeur de la première, comme nous l'avons expliqué dans la sixième Leçon. Toutefois, la véritable valeur de la fraction $\frac{z}{y}$ ne cessera pas d'être la limite vers laquelle converge le rapport $\frac{\Delta z}{\Delta y}$, tandis que les différences Δy, Δz convergent vers zéro. D'ailleurs, en attribuant à x l'accroissement infiniment petit $\Delta x=\alpha\, dx$, on tirera de la formule (6)

$$\Delta y = y + \frac{\alpha}{1}dy + \frac{\alpha^2}{1.2}d^2y + \ldots + \frac{\alpha^{m-1}}{1.2.3\ldots(m-1)}d^{m-1}y + \frac{\alpha^m}{1.2.3\ldots m}d^my + \frac{\alpha^{m+1}}{1.2.3\ldots(m+1)}d^{m+1}y + \ldots,$$

$$\Delta z = z + \frac{\alpha}{1}dz + \frac{\alpha^2}{1.2}d^2z + \ldots + \frac{\alpha^{m-1}}{1.2.3\ldots(m-1)}d^{m-1}z + \frac{\alpha^m}{1.2.3\ldots m}d^mz + \frac{\alpha^{m+1}}{1.2.3\ldots(m+1)}d^{m+1}z + \ldots.$$

Si maintenant on assigne à x la valeur particulière a, comme cette valeur fera évanouir les fonctions dérivées y', y'', ..., $y^{(m-1)}$, z', z'', ..., $z^{(m-1)}$ et, par conséquent, les différentielles dy, d^2y, ..., $d^{(m-1)}y$, dz, d^2z, ..., $d^{(m-1)}z$, on aura simplement

$$\Delta y = \frac{\alpha^m}{1.2.3\ldots m}d^my + \frac{\alpha^{m+1}}{1.2.3\ldots(m+1)}d^{m+1}y + \ldots = \frac{\alpha^m}{1.2.3\ldots m}\left(d^my + \frac{\alpha}{m+1}d^{m+1}y + \ldots\right),$$

$$\Delta z = \frac{\alpha^m}{1.2.3\ldots m}d^mz + \frac{\alpha^{m+1}}{1.2.3\ldots(m+1)}d^{m+1}z + \ldots = \frac{\alpha^m}{1.2.3\ldots m}\left(d^mz + \frac{\alpha}{m+1}d^{m+1}z + \ldots\right).$$

On en conclura

$$\frac{\Delta z}{\Delta y} = \frac{d^mz + \frac{\alpha}{m+1}d^{m+1}z + \ldots}{d^my + \frac{\alpha}{m+1}d^{m+1}y + \ldots};$$

puis, en faisant converger α vers la limite zéro,

$$\lim \frac{\Delta z}{\Delta y} = \frac{d^m z}{d^m y} = \frac{z^{(m)}}{y^{(m)}}.$$

Donc la valeur que recevra la fraction donnée $\frac{z}{y}$ ou $\frac{f(x)}{F(x)}$, pour $x = a$, sera précisément égale à la valeur correspondante de la fraction

$$\frac{d^m z}{d^m y} \quad \text{ou} \quad \frac{f^{(m)}(x)}{F^{(m)}(x)}.$$

Exemple. — $\varphi(x)$ désignant une fonction entière non divisible par $x - a$, et $F(x)$ une autre fonction entière divisible par $(x - a)^m$, on aura, pour $x = a$,

$$(16) \quad \frac{(x-a)^m \varphi(x)}{F(x)} = \frac{1.2.3\ldots m\,\varphi(x) + 2.3\ldots mm(x-a)\,\varphi'(x) + \ldots}{F^{(m)}(x)} = \frac{1.2.3\ldots m\,\varphi(a)}{F^{(m)}(a)}.$$

VINGTIÈME LEÇON.

DÉCOMPOSITION DES FRACTIONS RATIONNELLES.

Représentons par $f(x)$ et $F(x)$ deux fonctions entières de x, la première du degré m, la seconde du degré n. $\frac{f(x)}{F(x)}$ sera ce qu'on appelle une *fraction rationnelle*. De plus, l'équation

$$F(x) = 0 \tag{1}$$

admettra n racines réelles ou imaginaires, égales ou inégales; et si, en les supposant d'abord toutes inégales, on les désigne par x_0, x_1, x_2, ..., x_{n-1}, on aura nécessairement

$$F(x) = k(x - x_0)(x - x_1)(x - x_2)\ldots(x - x_{n-1}), \tag{2}$$

k étant le coefficient de x^n dans $F(x)$. Cela posé, soient

$$\varphi(x) = k(x - x_1)(x - x_2)\ldots(x - x_{n-1}) \quad \text{et} \quad \frac{f(x_0)}{\varphi(x_0)} = A_0. \tag{3}$$

L'équation (2) prendra la forme

$$F(x) = (x - x_0)\varphi(x); \tag{4}$$

et, comme la différence

$$\frac{f(x)}{\varphi(x)} - A_0 = \frac{f(x) - A_0\varphi(x)}{\varphi(x)}$$

s'évanouira pour $x = x_0$, il en sera de même du polynôme

$$f(x) - A_0\varphi(x).$$

Donc ce polynôme sera divisible algébriquement par $x - x_0$; en sorte qu'on aura

$$f(x) - A_0 \varphi(x) = (x - x_0)\chi(x)$$

ou

$$(5) \qquad f(x) = A_0 \varphi(x) + (x - x_0)\chi(x),$$

$\chi(x)$ représentant une nouvelle fonction entière de la variable x. Si maintenant on divise par $F(x)$ les deux membres de l'équation (5), en ayant égard à la formule (4), on trouvera

$$(6) \quad \frac{f(x)}{F(x)} = \frac{A_0}{x - x_0} + \frac{\chi(x)}{\varphi(x)} = \frac{A_0}{x - x_0} + \frac{\chi(x)}{k(x - x_1)(x - x_2)\ldots(x - x_{n-1})}.$$

On peut donc extraire de la fraction rationnelle $\frac{f(x)}{F(x)}$ une fraction simple de la forme $\frac{A_0}{x - x_0}$, A_0 désignant une constante, de manière à obtenir pour reste une autre fraction rationnelle dont le dénominateur soit ce que devient le polynôme $F(x)$ quand on supprime dans ce polynôme le facteur linéaire $x - x_0$. Concevons que, par une suite d'opérations semblables, on extraye successivement de $\frac{f(x)}{F(x)}$, puis de $\frac{\chi(x)}{\varphi(x)}$, ... une suite de fractions simples de la forme

$$\frac{A_0}{x - x_0}, \quad \frac{A_1}{x - x_1}, \quad \frac{A_2}{x - x_2}, \quad \ldots, \quad \frac{A_{n-1}}{x - x_{n-1}},$$

de manière à faire disparaître l'un après l'autre, dans le dénominateur de la fraction restante, tous les facteurs linéaires du polynôme $F(x)$. Le dernier de tous les restes sera une fraction rationnelle dont le dénominateur se trouvera réduit à la constante k, c'est-à-dire une fonction entière de la variable x. En désignant par Q cette fonction entière, on aura

$$(7) \quad \frac{f(x)}{F(x)} = Q + \frac{A_0}{x - x_0} + \frac{A_1}{x - x_1} + \frac{A_2}{x - x_2} + \ldots + \frac{A_{n-1}}{x - x_{n-1}}.$$

Comme cette dernière formule entraîne la suivante

$$(8) \quad \left\{ \begin{aligned} f(x) = Q\,F(x) &+ A_0 \frac{F(x)}{x - x_0} + A_1 \frac{F(x)}{x - x_1} \\ &+ A_2 \frac{F(x)}{x - x_2} + \ldots + A_{n-1} \frac{F(x)}{x - x_{n-1}}, \end{aligned} \right.$$

dans laquelle tous les termes qui suivent le produit $\mathrm{Q\,F}(x)$ sont des fonctions entières de x d'un degré inférieur à n, il est clair que la lettre Q représente le quotient de la division algébrique de $f(x)$ par $F(x)$. De plus, comme tous ces termes, à l'exception du premier, seront, ainsi que le produit $\mathrm{Q\,F}(x)$, divisibles par $x - x_0$, on aura évidemment, pour $x = x_0$,

$$(9) \qquad f(x) = A_0 \frac{F(x)}{x - x_0} = A_0 \frac{dF(x)}{dx} = A_0 F'(x).$$

Donc, pour obtenir la valeur de A_0, il suffira de poser $x = x_0$ dans la fraction $\frac{f(x)}{F'(x)}$. En formant de même les valeurs de A_1, A_2, ..., on trouvera

$$(10) \qquad \left\{ \begin{aligned} A_0 &= \frac{f(x_0)}{F'(x_0)}, \\ A_1 &= \frac{f(x_1)}{F'(x_1)}, \\ A_2 &= \frac{f(x_2)}{F'(x_2)}, \\ &\ldots\ldots\ldots\ldots, \\ A_{n-1} &= \frac{f(x_{n-1})}{F'(x_{n-1})}. \end{aligned} \right.$$

A l'inspection de ces valeurs, on reconnaît qu'elles sont indépendantes du mode de décomposition adopté. Ajoutons que la valeur de A_0, déduite de la formule (9), peut être indifféremment présentée sous l'une ou l'autre des deux formes $\frac{f(x_0)}{F'(x_0)}$ et $\frac{f(x_0)}{\varphi(x_0)}$; d'où il résulte que la première des formules (10) s'accorde avec la seconde des équations (3).

Lorsque les deux racines x_0, x_1 sont imaginaires et conjuguées, ou de la forme $\alpha + \beta\sqrt{-1}$, $\alpha - \beta\sqrt{-1}$, alors, en désignant par A et B deux quantités réelles propres à vérifier l'équation

$$(11) \qquad A - B\sqrt{-1} = \frac{f(\alpha + \beta\sqrt{-1})}{F'(\alpha + \beta\sqrt{-1})},$$

on trouve que les fractions simples correspondantes à ces racines sont respectivement

$$(12)\qquad \frac{A - B\sqrt{-1}}{x - \alpha - \beta\sqrt{-1}}, \qquad \frac{A + B\sqrt{-1}}{x - \alpha + \beta\sqrt{-1}}.$$

En ajoutant ces deux fractions, on obtient la suivante

$$(13)\qquad \frac{2A(x-\alpha) + 2B\beta}{(x-\alpha)^2 + \beta^2},$$

qui a pour numérateur une fonction réelle et linéaire de x, et pour dénominateur un facteur du second degré du polynôme $F(x)$.

Exemples. — Décomposition des fractions $\frac{1}{x^2-1}$, $\frac{x}{x^2-1}$, $\frac{x^m}{x^n \pm 1}$, $\frac{x^{n-1}}{x^n \pm 1}$, ...

Passons au cas où l'équation (1) a des racines égales. Alors, si l'on désigne par $a, b, c, \ldots$ les diverses racines, par $p, q, r, \ldots$ des nombres entiers, et par k un coefficient constant, le polynôme $F(x)$ sera de la forme

$$(14)\qquad F(x) = k(x-a)^p (x-b)^q (x-c)^r \ldots.$$

Si, dans cette nouvelle hypothèse, on fait, pour abréger,

$$(15)\qquad \varphi(x) = k(x-b)^q (x-c)^r \ldots \quad \text{et} \quad \frac{f(a)}{\varphi(a)} = A,$$

l'équation (14) deviendra

$$(16)\qquad F(x) = (x-a)^p \varphi(x);$$

et, comme les deux différences $\frac{f(x)}{\varphi(x)} - A$, $f(x) - A\varphi(x)$ s'évanouiront pour $x = a$, on aura nécessairement

$$(17)\qquad f(x) = A\varphi(x) + (x-a)\chi(x),$$

$\chi(x)$ désignant une nouvelle fonction entière de la variable x. Cela posé, on tirera des équations (14), (16) et (17)

$$(18)\qquad \begin{cases} \dfrac{f(x)}{F(x)} = \dfrac{A}{(x-a)^p} + \dfrac{\chi(x)}{(x-a)^{p-1}\varphi(x)} \\[2ex] \qquad\;\; = \dfrac{A}{(x-a)^p} + \dfrac{\chi(x)}{k(x-a)^{p-1}(x-b)^q(x-c)^r\ldots}. \end{cases}$$

Ainsi, en extrayant de la fraction rationnelle $\frac{f(x)}{F(x)}$ une fraction simple de la forme $\frac{A}{(x-a)^p}$, on obtient pour reste une autre fraction rationnelle dont le dénominateur est ce que devient le polynôme $F(x)$ quand on supprime dans ce polynôme un des facteurs égaux à $x-a$. Concevons qu'à l'aide de plusieurs décompositions semblables on enlève successivement au dénominateur de la fraction restante : 1° tous les facteurs égaux à $x-a$; 2° tous les facteurs égaux à $x-b$; 3° tous les facteurs égaux à $x-c$, etc. Le dernier de tous les restes sera une fraction rationnelle à dénominateur constant, c'est-à-dire une fonction entière de la variable x : de sorte que, en désignant par Q cette fonction entière, et par $A, A_1, A_2, \ldots, A_{p-1}, B, B_1, B_2, \ldots, B_{q-1}, C, C_1, C_2, \ldots, C_{r-1}, \ldots$, les numérateurs constants des diverses fractions simples, on aura

$$(19)\quad \left\{\begin{aligned} \frac{f(x)}{F(x)} &= Q + \frac{A}{(x-a)^p} + \frac{A_1}{(x-a)^{p-1}} + \ldots \\ &\quad + \frac{A_{p-1}}{x-a} + \frac{B}{(x-b)^q} + \ldots + \frac{C}{(x-c)^r} + \ldots . \end{aligned}\right.$$

Pour prouver : 1° que le polynôme Q est le quotient de la division algébrique de $f(x)$ par $F(x)$; 2° que les valeurs des constantes A, $A_1, \ldots, A_{p-1}, B, \ldots$ sont indépendantes du mode de décomposition adopté, il suffira d'observer que la formule (19) entraîne la suivante

$$(20)\quad \left\{\begin{aligned} f(x) &= Q\,F(x) + A\frac{F(x)}{(x-a)^p} + A_1\frac{F(x)}{(x-a)^{p-1}} + \ldots \\ &\quad + A_{p-1}\frac{F(x)}{x-a} + B\frac{F(x)}{(x-b)^q} + \ldots, \end{aligned}\right.$$

dans laquelle tous les termes qui suivent le produit $Q\,F(x)$ sont des fonctions entières de x, d'un degré inférieur à celui de la fonction $F(x)$; et de plus, que, si dans la formule (20) on pose $x = a + z$, la comparaison des termes constants et des coefficients qui affecteront les puissances semblables de z, dans les deux membres développés suivant les puissances ascendantes de cette variable (*voir* la dix-neuvième Leçon), fournira les équations

$$(21)\quad \begin{cases} f(a) = A\dfrac{F^{(p)}(a)}{1.2.3\ldots p}, \\ f'(a) = A\dfrac{F^{(p+1)}(a)}{1.2.3\ldots(p+1)} + A_1\dfrac{F^{(p)}(a)}{1.2.3\ldots p}, \\ f''(a) = \ldots, \end{cases}$$

desquelles on déduira pour les constantes A, A_1, A_2, ... un système unique de valeurs, savoir :

$$(22)\quad \begin{cases} A = \dfrac{1.2.3\ldots p\, f(a)}{F^{(p)}(a)}, \\ A_1 = \dfrac{1.2.3\ldots(p+1)\, f'(a) - A\, F^{(p+1)}(a)}{(p+1)\, F^{(p)}(a)}, \\ \ldots\ldots\ldots\ldots\ldots\ldots\ldots\ldots\ldots \end{cases}$$

On obtiendrait de la même manière les valeurs de B, B_1, B_2, ..., C, C_1, C_2, ... Il est essentiel d'observer que la première des formules (22) donne pour la constante A une valeur égale à celle que reçoit la fraction $\dfrac{(x-a)^p f(x)}{F(x)} = \dfrac{f(x)}{\varphi(x)}$, quand on y suppose $x = a$, et par conséquent égale à $\dfrac{f(a)}{\varphi(a)}$. [*Voir*, pour plus de détails, l'*Analyse algébrique*, Ch. XI [1].]

[1] *OEuvres de Cauchy*, S. II, T. III, p. 302.

CALCUL INTÉGRAL.

VINGT ET UNIÈME LEÇON.

INTÉGRALES DÉFINIES.

Supposons que, la fonction $y = f(x)$ étant continue par rapport à la variable x entre deux limites finies $x = x_0$, $x = X$, on désigne par $x_1, x_2, \ldots, x_{n-1}$ de nouvelles valeurs de x interposées entre ces limites, et qui aillent toujours en croissant ou en décroissant depuis la première limite jusqu'à la seconde. On pourra se servir de ces valeurs pour diviser la différence $X - x_0$ en éléments

$$x_1 - x_0, \quad x_2 - x_1, \quad x_3 - x_2, \quad \ldots, \quad X - x_{n-1} \tag{1}$$

qui seront tous de même signe. Cela posé, concevons que l'on multiplie chaque élément par la valeur de $f(x)$ correspondante à l'*origine* de ce même élément, savoir l'élément $x_1 - x_0$ par $f(x)$, l'élément $x_2 - x_1$ par $f(x_1)$, $\ldots$, enfin l'élément $X - x_{n-1}$ par $f(x_{n-1})$; et soit

$$S = (x_1 - x_0) f(x_0) + (x_2 - x_1) f(x_1) + \ldots + (X - x_{n-1}) f(x_{n-1}) \tag{2}$$

la somme des produits ainsi obtenus. La quantité S dépendra évidemment : 1° du nombre n des éléments dans lesquels on aura divisé la différence $X - x_0$; 2° des valeurs mêmes de ces éléments et, par conséquent, du mode de division adopté. Or il importe de remarquer que, si les valeurs numériques des éléments deviennent très petites et le nombre n très considérable, le mode de division n'aura plus sur la valeur de S qu'une influence insensible. C'est, effectivement, ce que l'on peut démontrer comme il suit.

Si l'on supposait tous les éléments de la différence $X - x_0$ réduits à un seul qui serait cette différence elle-même, on aurait simplement

$$S = (X - x_0) f(x_0). \tag{3}$$

Lorsque, au contraire, on prend les expressions (1) pour éléments de la différence $X - x_0$, la valeur de S, déterminée dans ce cas par l'équation (2), est égale à la somme des éléments multipliée par une moyenne entre les coefficients

$$f(x_0), \quad f(x_1), \quad f(x_2), \quad \ldots, \quad f(x_{n-1})$$

[*voir*, dans les préliminaires du *Cours d'Analyse*, le corollaire du théorème III (1)]. D'ailleurs, ces coefficients étant des valeurs particulières de l'expression

$$f[x_0 + \theta(X - x_0)]$$

qui correspondent à des valeurs de θ comprises entre zéro et l'unité, on prouvera, par des raisonnements semblables à ceux dont nous avons fait usage dans la septième Leçon, que la moyenne dont il s'agit est une autre valeur de la même expression, correspondante à une valeur de θ comprise entre les mêmes limites. On pourra donc à l'équation (2) substituer la suivante

$$S = (X - x_0) f[x_0 + \theta(X - x_0)], \tag{4}$$

dans laquelle θ sera un nombre inférieur à l'unité.

Pour passer du mode de division que nous venons de considérer à un autre dans lequel les valeurs numériques des éléments de $X - x_0$ soient encore plus petites, il suffira de partager chacune des expressions (1) en de nouveaux éléments. Alors on devra remplacer, dans le second membre de l'équation (2), le produit $(x_1 - x_0) f(x_0)$ par

(1) *Œuvres de Cauchy*, S. II, T. III, p. 28.

une somme de produits semblables, à laquelle on pourra substituer une expression de la forme

$$(x_1 - x_0) f[x_0 + \theta_0 (x_1 - x_0)],$$

θ_0 étant un nombre inférieur à l'unité, attendu qu'il y aura entre cette somme et le produit $(x_1 - x_0) f(x_0)$ une relation pareille à celle qui existe entre les valeurs de S fournies par les équations (4) et (3). Par la même raison, on devra substituer au produit $(x_2 - x_1) f(x_1)$ une somme de termes qui pourra être présentée sous la forme

$$(x_2 - x_1) f[x_1 + \theta_1 (x_2 - x_1)],$$

θ_1 désignant encore un nombre inférieur à l'unité. En continuant de la sorte, on finira par conclure que, dans le nouveau mode de division, la valeur de S sera de la forme

$$(5) \quad \begin{cases} S = (x_1 - x_0) f[x_0 + \theta_0 (x_1 - x_0)] \\ \quad + (x_2 - x_1) f[x_1 + \theta_1 (x_2 - x_1)] + \ldots \\ \quad + (X - x_{n-1}) f[x_{n-1} + \theta_{n-1} (X - x_{n-1})]. \end{cases}$$

Si l'on fait dans cette dernière équation

$$f[x_0 + \theta_0 (x_1 - x_0)] = f(x_0) \pm \varepsilon_0,$$
$$f[x_1 + \theta_1 (x_2 - x_1)] = f(x_1) \pm \varepsilon_1,$$
$$\ldots\ldots\ldots\ldots\ldots\ldots\ldots\ldots\ldots,$$
$$f[x_{n-1} + \theta_{n-1} (X - x_{n-1})] = f(x_{n-1}) \pm \varepsilon_{n-1},$$

on en tirera

$$(6) \quad \begin{cases} S = (x_1 - x_0)[f(x_0) \pm \varepsilon_0] + (x_2 - x_1)[f(x_1) \pm \varepsilon_1] + \ldots \\ \qquad + (X - x_{n-1})[f(x_{n-1}) \pm \varepsilon_{n-1}], \end{cases}$$

puis, en développant les produits,

$$(7) \quad \begin{cases} S = (x_1 - x_0) f(x_0) + (x_2 - x_1) f(x_1) + \ldots + (X - x_{n-1}) f(x_{n-1}) \\ \qquad \pm \varepsilon_0 (x_1 - x_0) \pm \varepsilon_1 (x_2 - x_1) \pm \ldots \pm \varepsilon_{n-1} (X - x_{n-1}). \end{cases}$$

Ajoutons que, si les éléments $x_1 - x_0$, $x_2 - x_1$, ..., $X - x_{n-1}$ ont des valeurs numériques très petites, chacune des quantités $\pm\varepsilon_0$, $\pm\varepsilon_1, \ldots, \pm\varepsilon_{n-1}$ différera très peu de zéro, et par suite il en sera de même de la somme

$$\pm\varepsilon_0(x_1 - x_0) \pm \varepsilon_1(x_2 - x_1) \pm \ldots \pm \varepsilon_{n-1}(X - x_{n-1}),$$

qui est équivalente au produit de $X - x_0$ par une moyenne entre ces diverses quantités. Cela posé, il résulte des équations (2) et (7) comparées entre elles qu'on n'altérera pas sensiblement la valeur de S calculée pour un mode de division dans lequel les éléments de la différence $X - x_0$ ont des valeurs numériques très petites, si l'on passe à un second mode dans lequel chacun de ces éléments se trouve subdivisé en plusieurs autres.

Concevons à présent que l'on considère à la fois deux modes de division de la différence $X - x_0$, dans chacun desquels les éléments de cette différence aient de très petites valeurs numériques. On pourra comparer ces deux modes à un troisième tellement choisi que chaque élément, soit du premier, soit du second mode se trouve formé par la réunion de plusieurs éléments du troisième. Pour que cette condition soit remplie, il suffira que toutes les valeurs de x, interposées dans les deux premiers modes entre les limites x_0, X, soient employées dans le troisième, et l'on prouvera que l'on altère très peu la valeur de S en passant du premier ou du second mode au troisième, par conséquent en passant du premier au second. Donc, lorsque les éléments de la différence $X - x_0$ deviennent infiniment petits, le mode de division n'a plus sur la valeur de S qu'une influence insensible; et, si l'on fait décroître indéfiniment les valeurs numériques de ces éléments, en augmentant leur nombre, la valeur de S finira par être sensiblement constante ou, en d'autres termes, elle finira par atteindre une certaine limite qui dépendra uniquement de la forme de la fonction $f(x)$ et des valeurs extrêmes x_0, X attribuées à la variable x. Cette limite est ce qu'on appelle une *intégrale définie*.

Observons maintenant que, si l'on désigne par $\Delta x = h = dx$ un accroissement fini attribué à la variable x, les différents termes dont se compose la valeur S, tels que les produits

$$(x_1 - x_0) f(x_0), \quad (x_2 - x_1) f(x_1), \quad \ldots$$

seront tous compris dans la formule générale

$$h f(x) = f(x)\,dx, \tag{8}$$

de laquelle on les déduira l'un après l'autre, en posant d'abord

$$x = x_0 \quad \text{et} \quad h = x_1 - x_0,$$

puis

$$x = x_1 \quad \text{et} \quad h = x_2 - x_1, \quad \ldots.$$

On peut donc énoncer que la quantité S est une somme de produits semblables à l'expression (8), ce qu'on exprime quelquefois à l'aide de la caractéristique Σ, en écrivant

$$S = \Sigma h f(x) = \Sigma f(x)\,\Delta x. \tag{9}$$

Quant à l'intégrale définie vers laquelle converge la quantité S, tandis que les éléments de la différence $X - x_0$ deviennent infiniment petits, on est convenu de la représenter par la notation $\int h f(x)$ ou $\int f(x)\,dx$, dans laquelle la lettre $\int$, substituée à la lettre Σ, indique, non plus une somme de produits semblables à l'expression (8), mais la limite d'une somme de cette espèce. De plus, comme la valeur de l'intégrale définie que l'on considère dépend des valeurs extrêmes x_0, X attribuées à la variable x, on est convenu de placer ces deux valeurs, la première au-dessous, la seconde au-dessus de la lettre $\int$, ou de les écrire à côté de l'intégrale, que l'on désigne en conséquence par l'une des notations

$$\int_{x_0}^{X} f(x)\,dx, \quad \int f(x)\,dx \begin{bmatrix} x_0 \\ X \end{bmatrix}, \quad \int f(x)\,dx \begin{bmatrix} x = x_0 \\ x = X \end{bmatrix}. \tag{10}$$

La première de ces notations, imaginée par M. Fourier, est la plus simple. Dans le cas particulier où la fonction $f(x)$ est remplacée par une quantité constante a, on trouve, quel que soit le mode de division de la différence $X - x_0$,

$$S = a(X - x_0),$$

et l'on en conclut

$$\int_{x_0}^{X} a\,dx = a(X - x_0). \tag{11}$$

Si, dans cette dernière formule, on pose $a = 1$, on en tirera

$$\int_{x_0}^{X} dx = X - x_0. \tag{12}$$

VINGT-DEUXIÈME LEÇON.

FORMULES POUR LA DÉTERMINATION DES VALEURS EXACTES OU APPROCHÉES DES INTÉGRALES DÉFINIES.

D'après ce qui a été dit dans la dernière Leçon, si l'on divise $X - x_0$ en éléments infiniment petits $x_1 - x_0$, $x_2 - x_1$, ..., $X - x_{n-1}$, la somme

$$S = (x_1 - x_0) f(x_0) + (x_1 - x_2) f(x_1) + \ldots + (X - x_{n-1}) f(x_{n-1}) \tag{1}$$

convergera vers une limite représentée par l'intégrale définie

$$\int_{x_0}^{X} f(x)\, dx. \tag{2}$$

Des principes sur lesquels nous avons fondé cette proposition, il résulte qu'on parviendrait encore à la même limite si la valeur de S, au lieu d'être déterminée par l'équation (1), était déduite de formules semblables aux équations (5) et (6) (vingt et unième Leçon), c'est-à-dire si l'on supposait

$$\left\{\begin{aligned} S = {} & (x_1 - x_0) f[x_0 + \theta_0 (x_1 - x_0)] \\ & + (x_2 - x_1) f[x_1 + \theta_1 (x_2 - x_1)] + \ldots \\ & + (X - x_{n-1}) f[x_{n-1} + \theta_{n-1} (X - x_{n-1})], \end{aligned}\right. \tag{3}$$

θ_0, θ_1, ..., θ_{n-1} désignant des nombres quelconques inférieurs à l'unité, ou bien

$$\left\{\begin{aligned} S = {} & (x_1 - x_0) [f(x_0) \pm \varepsilon_0] + (x_2 - x_1) [f(x_1) \pm \varepsilon_1] + \ldots \\ & + (X - x_{n-1}) [f(x_{n-1}) \pm \varepsilon_{n-1}], \end{aligned}\right. \tag{4}$$

ε_0, ε_1, ..., ε_{n-1} désignant des nombres assujettis à s'évanouir avec les éléments de la différence $X - x_0$. La première des deux formules précédentes se réduit à l'équation (1), lorsqu'on prend

$$\theta_0 = \theta_1 = \ldots = \theta_{n-1} = 0.$$

Si l'on fait, au contraire,

$$\theta_0 = \theta_1 = \ldots = \theta_{n-1} = 1,$$

on trouvera

$$(5) \qquad S = (x_1 - x_0) f(x_1) + (x_2 - x_1) f(x_2) + \ldots + (X - x_{n-1}) f(X).$$

Lorsque, dans cette dernière formule, on échange entre elles les deux quantités x_0, X, ainsi que tous les termes placés à égales distances des deux extrêmes dans la suite $x_0, x_1, \ldots, x_{n-1}$, X, on obtient une nouvelle valeur de S égale, mais opposée de signe, à celle que fournit l'équation (1). La limite vers laquelle convergera cette nouvelle valeur de S devra donc être égale, mais opposée de signe, à l'intégrale (2), de laquelle on la déduira par l'échange mutuel des deux quantités x_0, X. On aura donc généralement

$$(6) \qquad \int_X^{x_0} f(x)\, dx = -\int_{x_0}^{X} f(x)\, dx.$$

On emploie fréquemment les formules (1) et (5) dans la recherche des valeurs approchées des intégrales définies. Pour plus de simplicité, on suppose ordinairement que les quantités $x_0, x_1, \ldots, x_{n-1}$, X comprises dans ces formules sont en progression arithmétique. Alors les éléments de la différence $X - x_0$ deviennent tous égaux à la fraction $\frac{X - x_0}{n}$; et, en désignant cette fraction par i, on trouve que les équations (1) et (5) se réduisent aux deux suivantes :

$$(7) \qquad S = i[f(x_0) + f(x_0 + i) + f(x_0 + 2i) + \ldots + f(X - 2i) + f(X - i)],$$

$$(8) \qquad S = i[f(x_0 + i) + f(x_0 + 2i) + \ldots + f(X - 2i) + f(X - i) + f(X)].$$

On pourrait supposer encore que les quantités $x_0, x_1, \ldots, x_{n-1}$, X forment une progression géométrique dont la raison diffère très peu de l'unité. En adoptant cette hypothèse et faisant $\left(\frac{X}{x_0}\right)^{\frac{1}{n}} = 1 + \alpha$, on tirera des formules (1) et (5) deux nouvelles valeurs de S, dont la première sera

$$(9)\quad S = \alpha\left\{x_0 f(x_0) + x_0(1+\alpha)f[x_0(1+\alpha)] + \ldots + \frac{X}{1+\alpha} f\left(\frac{X}{1+\alpha}\right)\right\}.$$

Il est essentiel d'observer que, dans plusieurs cas, on peut déduire des équations (7) et (9), non seulement des valeurs approchées de l'intégrale (2), mais aussi sa valeur exacte ou $\lim S$. On trouvera, par exemple,

$$(10)\quad \int_{x_0}^{X} x\,dx = \lim\frac{(X-x_0)(X+x_0-i)}{2} = \lim\frac{X^2-x_0^2}{2+\alpha} = \frac{X^2-x_0^2}{2},$$

$$(11)\quad \begin{cases} \displaystyle\int_{x_0}^{X} A^x\,dx = \lim\frac{i(A^X - A^{x_0})}{A^i - 1} = \frac{A^X - A^{x_0}}{1A}, \\ \displaystyle\int_{x_0}^{X} e^x\,dx = e^X - e^{x_0}, \end{cases}$$

$$(12)\quad \begin{cases} \displaystyle\int_{x_0}^{X} x^a\,dx = \lim\frac{\alpha(X^{a+1} - x_0^{a+1})}{(1+\alpha)^{a+1} - 1} = \frac{X^{a+1} - x_0^{a+1}}{a+1}, \\ \displaystyle\int_{x_0}^{X} \frac{dx}{x} = \lim n\alpha = 1\frac{X}{x_0}, \end{cases}$$

la dernière équation devant être restreinte au cas où les quantités x_0, X sont affectées du même signe. Ajoutons qu'il est souvent facile de ramener la détermination d'une intégrale définie à celle d'une autre intégrale de même espèce. Ainsi, par exemple, on tirera de la formule (1)

$$(13)\quad \begin{cases} \displaystyle\int_{x_0}^{X} a\varphi(x)\,dx = \lim a[(x_1 - x_0)\varphi(x_0) + \ldots + (X - x_{n-1})\varphi(x_{n-1})] \\ \displaystyle\qquad = a\int_{x_0}^{X} \varphi(x)\,dx, \end{cases}$$

$$(14)\quad \begin{cases} \displaystyle\int_{x_0}^{X} f(x+a)\,dx = \lim[(x_1 - x_0)f(x_0+a) + \ldots + (X - x_{n-1})f(x_{n-1}+a)] \\ \displaystyle\qquad = \int_{x_0+a}^{X+a} f(x)\,dx, \end{cases}$$

$$(15)\quad \int_{x_0}^{X} f(x-a)\,dx = \int_{x_0-a}^{X-a} f(x)\,dx, \qquad \int_{x_0}^{X}\frac{dx}{x-a} = \int_{x_0-a}^{X-a}\frac{dx}{x} = 1\frac{X-a}{x_0-a},$$

la dernière équation devant être restreinte au cas où $x_0 - a$ et $X - a$ sont des quantités affectées du même signe. De plus, on tirera de la formule (8), en posant $x_0 = 0$ et remplaçant $f(x)$ par $f(X - x)$,

$$(16)\quad \begin{cases} \displaystyle\int_0^X f(X-x)\,dx = \lim i[f(X-i)+f(X-2i)+\ldots+f(2i)+f(i)+f(0)] \\ \displaystyle\qquad = \int_0^X f(x)\,dx; \end{cases}$$

puis on en conclura, en ayant égard à l'équation (14),

$$(17)\quad \int_0^{X-x_0} f(X-x)\,dx = \int_0^{X-x_0} f(x+x_0)\,dx = \int_{x_0}^X f(x)\,dx.$$

Enfin, si dans la formule (9) on pose

$$f(x) = \frac{1}{x\,\mathrm{l}x} \qquad \text{et} \qquad \mathrm{l}(1+\alpha) = \beta,$$

on en tirera

$$(18)\quad \int_{x_0}^X \frac{dx}{x\,\mathrm{l}x} = \lim \beta\left(\frac{1}{\mathrm{l}x_0} + \frac{1}{\mathrm{l}x_0+\beta} + \ldots + \frac{1}{\mathrm{l}X-\beta}\right)\frac{e^\beta - 1}{\beta} = \int_{\mathrm{l}x_0}^{\mathrm{l}X} \frac{dx}{x} = \mathrm{l}\frac{\mathrm{l}X}{\mathrm{l}x_0},$$

les quantités x_0, X devant être positives et toutes deux supérieures ou toutes deux inférieures à l'unité.

Une remarque importante à faire, c'est que les formes sous lesquelles se présente la valeur de S, dans les équations (4) et (5) de la Leçon précédente, conviennent également à l'intégrale (2). En effet, ces équations subsistant l'une et l'autre, tandis que l'on subdivise ou la différence $X - x_0$, ou les quantités $x_1 - x_0$, $x_2 - x_1$, ..., $X - x_{n-1}$ en éléments infiniment petits, seront encore vraies à la limite, en sorte qu'on aura

$$(19)\quad \int_{x_0}^X f(x)\,dx = (X - x_0)f[x_0 + \theta(X - x_0)]$$

et

$$(20)\quad \begin{cases} \displaystyle\int_{x_0}^X f(x)\,dx = (x_1 - x_0)f[x_0 + \theta_0(x_1 - x_0)] \\ \qquad + (x_2 - x_1)f[x_1 + \theta_1(x_2 - x_1)] + \ldots \\ \qquad + (X - x_{n-1})f[x_{n-1} + \theta_{n-1}(X - x_{n-1})], \end{cases}$$

θ, θ_0, θ_1, ..., θ_{n-1} désignant des nombres inconnus, mais tous inférieurs à l'unité. Si, pour plus de simplicité, on suppose les quantités $x_1 - x_0$, $x_2 - x_1$, ..., $X - x_{n-1}$ égales entre elles, alors, en faisant $i = \frac{X - x_0}{n}$, on trouvera

$$(21) \quad \int_{x_0}^{X} f(x)\,dx = i[f(x_0 + \theta_0 i) + f(x_0 + i + \theta_1 i) + \ldots + f(X - i + \theta_{n-1} i)].$$

Lorsque la fonction $f(x)$ est toujours croissante ou toujours décroissante depuis $x = x_0$ jusqu'à $x = X$, le second membre de la formule (21) reste évidemment compris entre les deux valeurs de S fournies par les équations (7) et (8), valeurs dont la différence est $\pm i[f(X) - f(x_0)]$. Par conséquent, dans cette hypothèse, en prenant la demi-somme de ces deux valeurs, ou l'expression

$$(22) \quad \left\{ \begin{array}{l} i[\frac{1}{2}f(x_0) + f(x_0 + i) + f(x_0 + 2i) + \ldots \\ \qquad + f(X - 2i) + f(X - i) + \frac{1}{2}f(X)], \end{array} \right.$$

pour valeur approchée de l'intégrale (21), on commet une erreur plus petite que la demi-différence $\pm i[\frac{1}{2}f(X) - \frac{1}{2}f(x_0)]$.

Exemple. — Si l'on suppose

$$f(x) = \frac{1}{1 + x^2}, \qquad x_0 = 0, \qquad X = 1, \qquad i = \tfrac{1}{4},$$

l'expression (22) deviendra

$$\tfrac{1}{4}(\tfrac{1}{2} + \tfrac{16}{17} + \tfrac{4}{5} + \tfrac{16}{25} + \tfrac{1}{4}) = 0,78\ldots$$

En conséquence, 0,78 est la valeur approchée de l'intégrale $\int_0^1 \frac{dx}{1 + x^2}$. L'erreur commise dans ce cas ne pourra surpasser $\frac{1}{4}(\frac{1}{2} - \frac{1}{4}) = \frac{1}{16}$. Elle sera effectivement au-dessous de $\frac{1}{100}$, comme nous le verrons plus tard.

Lorsque la fonction $f(x)$ est tantôt croissante et tantôt décroissante entre les limites $x = x_0$, $x = X$, l'erreur que l'on commet, en prenant une des valeurs de S fournies par les équations (7) et (8) pour valeur approchée de l'intégrale (2), est évidemment inférieure au produit de

$ni = X - x_0$ par la plus grande valeur numérique que puisse obtenir la différence

$$f(x+\Delta x) - f(x) = \Delta x\, f'(x+\theta\,\Delta x) \tag{23}$$

quand on y suppose x comprise entre les limites x_0, X et Δx entre les limites o, i. Donc, si l'on appelle k la plus grande des valeurs numériques que reçoit $f(x)$, tandis que x varie depuis $x = x_0$ jusqu'à $x = X$, l'erreur commise sera certainement renfermée entre les limites

$$-ki(X - x_0), \quad +ki(X - x_0).$$

VINGT-TROISIÈME LEÇON.

DÉCOMPOSITION D'UNE INTÉGRALE DÉFINIE EN PLUSIEURS AUTRES. INTÉGRALES DÉFINIES IMAGINAIRES. REPRÉSENTATION GÉOMÉTRIQUE DES INTÉGRALES DÉFINIES RÉELLES. DÉCOMPOSITION DE LA FONCTION SOUS LE SIGNE $\int$ EN DEUX FACTEURS DONT L'UN CONSERVE TOUJOURS LE MÊME SIGNE.

Pour diviser l'intégrale définie

$$\int_{x_0}^{X} f(x)\,dx \tag{1}$$

en plusieurs autres de même espèce, il suffit de décomposer en plusieurs parties ou la fonction sous le signe $\int$, ou la différence $X - x_0$. Supposons d'abord

$$f(x) = \varphi(x) + \chi(x) + \psi(x) + \ldots;$$

on en conclura

$$\begin{aligned} &(x_1 - x_0)\,f(x_0) + \ldots + (X - x_{n-1})\,f(x_{n-1}) \\ = {} &(x_1 - x_0)\,\varphi(x_0) + \ldots + (X - x_{n-1})\,\varphi(x_{n-1}) \\ &+ (x_1 - x_0)\,\chi(x_0) + \ldots + (X - x_{n-1})\,\chi(x_{n-1}) \\ &+ (x_1 - x_0)\,\psi(x_0) + \ldots + (X - x_{n-1})\,\psi(x_{n-1}) + \ldots, \end{aligned}$$

puis, en passant aux limites,

$$\int_{x_0}^{X} f(x)\,dx = \int_{x_0}^{X} \varphi(x)\,dx + \int_{x_0}^{X} \chi(x)\,dx + \int_{x_0}^{X} \psi(x)\,dx + \ldots.$$

De cette dernière formule, jointe à l'équation (13) (vingt-deuxième Leçon), on tirera, en désignant par u, v, w, ... diverses fonctions de la variable x, et par $a, b, c, \ldots$ des quantités constantes

$$(2)\qquad \int_{x_0}^{X}(u+v+w+\ldots)\,dx=\int_{x_0}^{X}u\,dx+\int_{x_0}^{X}v\,dx+\int_{x_0}^{X}w\,dx+\ldots,$$

$$(3)\qquad \int_{x_0}^{X}(u+v)\,dx=\int_{x_0}^{X}u\,dx+\int_{x_0}^{X}v\,dx,\qquad \int_{x_0}^{X}(u-v)\,dx=\int_{x_0}^{X}u\,dx-\int_{x_0}^{X}v\,dx,$$

$$(4)\qquad \int_{x_0}^{X}(au+bv+cw+\ldots)\,dx=a\int_{x_0}^{X}u\,dx+b\int_{x_0}^{X}v\,dx+c\int_{x_0}^{X}w\,dx+\ldots.$$

Lorsqu'on étend la définition que nous avons donnée de l'intégrale (1) au cas où la fonction $f(x)$ devient imaginaire, l'équation (4) subsiste pour des valeurs imaginaires des constantes $a, b, c, \ldots$. On a, par suite,

$$(5)\qquad \int_{x_0}^{X}(u+v\sqrt{-1})\,dx=\int_{x_0}^{X}u\,dx+\sqrt{-1}\int_{x_0}^{X}v\,dx.$$

Supposons maintenant que, après avoir divisé la différence $X-x_0$ en un nombre fini d'éléments représentés par $x_1-x_0, x_2-x_1, \ldots, X-x_{n-1}$, on partage chacun de ces éléments en plusieurs autres dont les valeurs numériques soient infiniment petites, et que l'on modifie en conséquence la valeur de S fournie par l'équation (1) (vingt-deuxième Leçon). Le produit $(x_1-x_0)f(x_0)$ se trouvera remplacé par une somme de produits semblables qui aura pour limite l'intégrale $\int_{x_0}^{x_1}f(x)\,dx$. De même, les produits $(x_2-x_1)f(x_1), \ldots, (X-x_{n-1})f(x_{n-1})$ seront remplacés par des sommes qui auront pour limites respectives les intégrales définies $\int_{x_1}^{x_2}f(x)\,dx, \ldots, \int_{x_{n-1}}^{X}f(x)\,dx$. D'ailleurs, en réunissant les différentes sommes dont il s'agit, on obtiendra pour résultat une somme totale dont la limite sera précisément l'intégrale (1). Donc, puisque la limite d'une somme de plusieurs quantités est toujours équivalente à la somme de leurs limites, on aura généralement

$$(6)\qquad \int_{x_0}^{X}f(x)\,dx=\int_{x_0}^{x_1}f(x)\,dx+\int_{x_1}^{x_2}f(x)\,dx+\ldots+\int_{x_{n-1}}^{X}f(x)\,dx.$$

Il est essentiel de se rappeler que l'on doit ici attribuer au nombre entier n une valeur finie. Lorsqu'entre les limites x_0, X on interpose une seule valeur de x représentée par ξ, l'équation (6) se réduit à

$$(7) \qquad \int_{x_0}^{X} f(x)\,dx = \int_{x_0}^{\xi} f(x)\,dx + \int_{\xi}^{X} f(x)\,dx.$$

Il est facile de prouver que les équations (6) et (7) subsisteraient dans le cas même où quelques-unes des quantités $x_1, x_2, \ldots, x_{n-1}, \xi$ cesseraient d'être comprises entre les limites x_0, X, et dans celui où les différences $x_1 - x_0$, $x_2 - x_1$, ..., $X - x_{n-1}$, $\xi - x_0$, $X - \xi$ ne seraient plus des quantités de même signe. Admettons, par exemple, que les différences $\xi - x_0$, $X - \xi$ soient de signes contraires. Alors, suivant qu'on supposera x_0 comprise entre ξ et X, ou bien X comprise entre x_0 et ξ, on trouvera

$$\int_{\xi}^{X} f(x)\,dx = \int_{\xi}^{x_0} f(x)\,dx + \int_{x_0}^{X} f(x)\,dx$$

ou bien

$$\int_{x_0}^{\xi} f(x)\,dx = \int_{x_0}^{X} f(x)\,dx + \int_{X_0}^{\xi} f(x)\,dx.$$

Or, la formule (6) de la vingt-deuxième Leçon suffit pour montrer comment les deux équations que nous venons d'obtenir s'accordent avec l'équation (7). Cette dernière étant établie dans toutes les hypothèses, on pourra en déduire directement l'équation (6), quelles que soient $x_1, x_2, \ldots, x_{n-1}$.

On a vu, dans la Leçon précédente, combien il était aisé de trouver, non seulement des valeurs approchées de l'intégrale (1), mais aussi les limites des erreurs commises, lorsque la fonction $f(x)$ est toujours croissante ou toujours décroissante depuis $x = x_0$ jusqu'à $x = X$. Quand cette condition cesse d'être satisfaite, on peut évidemment, à l'aide de la formule (6), décomposer l'intégrale (1) en plusieurs autres, pour chacune desquelles la même condition soit remplie.

Concevons à présent que, la limite X étant supérieure à x_0, et la fonction $f(x)$ étant positive depuis $x = x_0$ jusqu'à $x = X$, x, y désignent des coordonnées rectangulaires, et A la surface comprise d'une part entre l'axe des x et la courbe $y = f(x)$, d'autre part entre les ordonnées $f(x_0)$, $f(X)$. Cette surface, qui a pour base la longueur $X - x_0$ comptée sur l'axe des x, sera une moyenne entre les aires des deux rectangles construits sur la base $X - x_0$, avec des hauteurs respectivement égales à la plus petite et à la plus grande des ordonnées élevées par les différents points de cette base. Elle sera donc équivalente à un rectangle construit sur une ordonnée moyenne représentée par une expression de la forme $f[x_0 + \theta(X - x_0)]$; en sorte qu'on aura

$$A = (X - x_0) f[x_0 + \theta(X - x_0)], \tag{8}$$

θ désignant un nombre inférieur à l'unité. Si l'on divise la base $X - x_0$ en éléments très petits, $x_1 - x_0$, $x_2 - x_1$, ..., $X - x_{n-1}$, la surface A se trouvera divisée en éléments correspondants dont les valeurs seront données par des équations semblables à la formule (8). On aura donc encore

$$(9) \quad \begin{cases} A = (x_1 - x_0) f[x_0 + \theta_0(x_1 - x_0)] + (x_2 - x_1) f[x_1 + \theta_1(x_2 - x_1)] + \dots \\ \qquad + (X - x_{n-1}) f[x_{n-1} + \theta_{n-1}(X - x_{n-1})], \end{cases}$$

θ_0, θ_1, ..., θ_{n-1} désignant des nombres inférieurs à l'unité. Si dans cette dernière équation on fait décroître indéfiniment les valeurs numériques des éléments de $X - x_0$, on en tirera, en passant aux limites,

$$A = \int_{x_0}^{X} f(x)\,dx. \tag{10}$$

Exemples. — Appliquer la formule (10) aux courbes $y = ax^2$, $xy = 1$, $y = e^x$, ...

En terminant cette Leçon, nous allons faire connaître une propriété remarquable des intégrales définies réelles. Si l'on suppose $f(x) = \varphi(x)\chi(x)$, $\varphi(x)$ et $\chi(x)$ étant deux fonctions nouvelles qui restent l'une et l'autre continues entre les limites $x = x_0$, $x = X$, et dont la seconde conserve toujours le même signe entre ces limites, la valeur de S donnée par l'équation (1) de la vingt-deuxième Leçon deviendra

$$(11)\quad \begin{cases} S=(x_1-x_0)\,\varphi(x_0)\,\chi(x_0) \\ \qquad +(x_2-x_1)\,\varphi(x_1)\,\chi(x_1)+\ldots+(X-x_{n-1})\,\varphi(x_{n-1})\,\chi(x_{n-1}), \end{cases}$$

et sera équivalente à la somme

$$(x_1-x_0)\,\chi(x_0)+(x_2-x_1)\,\chi(x_1)+\ldots+(X-x_{n-1})\,\chi(x_{n-1})$$

multipliée par une moyenne entre les coefficients $\varphi(x_0)$, $\varphi(x_1)$, ..., $\varphi(x_{n-1})$, ou, ce qui revient au même, par une quantité de la forme $\varphi(\xi)$, ξ désignant une valeur de x comprise entre x_0 et X. On aura donc

$$(12)\quad S=[(x_1-x_0)\,\chi(x_0)+(x_2-x_1)\,\chi(x_1)+\ldots+(X-x_{n-1})\,\chi(x_{n-1})]\,\varphi(\xi),$$

et l'on en conclura, en cherchant la limite de S,

$$(13)\quad \int_{x_0}^{X} f(x)\,dx=\int_{x_0}^{X}\varphi(x)\,\chi(x)\,dx=\varphi(\xi)\int_{x_0}^{X}\chi(x)\,dx,$$

ξ désignant toujours une valeur de x comprise entre x_0 et X.

Exemples. — Si l'on prend successivement

$$\chi(x)=1,\qquad \chi(x)=\frac{1}{x},\qquad \chi(x)=\frac{1}{x-a},$$

on obtiendra les formules

$$(14)\quad \int_{x_0}^{X} f(x)\,dx=f(\xi)\int_{x_0}^{X}dx=(X-x_0)\,f(\xi),$$

$$(15)\quad \int_{x_0}^{X} f(x)\,dx=\xi f(\xi)\int_{x_0}^{X}\frac{dx}{x}=\xi f(\xi)\,\mathrm{l}\frac{X}{x_0},$$

$$(16)\quad \int_{x_0}^{X} f(x)\,dx=(\xi-a)\,f(\xi-a)\int_{x_0}^{X}\frac{dx}{x-a}=(\xi-a)\,\mathrm{l}\frac{X-a}{x_0-a},$$

dont la première coïncide avec l'équation (19) de la vingt-deuxième Leçon. Ajoutons que le rapport $\frac{X}{x_0}$ dans la seconde formule, et le rapport $\frac{X-a}{x_0-a}$ dans la troisième, doivent être censés positifs.

VINGT-QUATRIÈME LEÇON.

DES INTÉGRALES DÉFINIES DONT LES VALEURS SONT INFINIES OU INDÉTERMINÉES. VALEURS PRINCIPALES DES INTÉGRALES INDÉTERMINÉES.

Dans les Leçons précédentes, nous avons démontré plusieurs propriétés remarquables de l'intégrale définie

$$(1) \qquad \int_{x_0}^{X} f(x)\,dx,$$

mais en supposant : 1° que les limites x_0, X étaient des quantités finies, 2° que la fonction $f(x)$ demeurait finie et continue entre ces mêmes limites. Lorsque ces deux espèces de conditions se trouvent remplies, alors, en désignant par $x_1, x_2, \ldots, x_{n-1}$ de nouvelles valeurs de x interposées entre les valeurs extrêmes x_0, X, on a

$$(2) \qquad \int_{x_0}^{X} f(x)\,dx = \int_{x_0}^{x_1} f(x)\,dx + \int_{x_1}^{x_2} f(x)\,dx + \ldots + \int_{x_{n-1}}^{X} f(x)\,dx.$$

Quand les valeurs interposées se réduisent à deux, l'une très peu différente de x_0, et représentée par ξ_0, l'autre très peu différente de X, et représentée par ξ, l'équation (2) devient

$$\int_{x_0}^{X} f(x)\,dx = \int_{x_0}^{\xi_0} f(x)\,dx + \int_{\xi_0}^{\xi} f(X)\,dx + \int_{\xi}^{X} f(x)\,dx,$$

et peut s'écrire comme il suit :

$$\int_{x_0}^{X} f(x)\,dx = (\xi_0 - x_0)\,f[x_0 + \theta_0(\xi_0 - x_0)] + \int_{\xi_0}^{\xi} f(x)\,dx + (X - \xi)\,f[\xi + \theta(X - \xi)],$$

θ_0, θ désignant deux nombres inférieurs à l'unité. Si, dans la dernière formule, on fait converger ξ_0 vers la limite x_0, et ξ vers la limite X, on en tirera, en passant aux limites,

$$\int_{x_0}^{X} f(x)\,dx = \lim \int_{\xi_0}^{\xi} f(x)\,dx. \tag{3}$$

Lorsque les valeurs extrêmes x_0, X deviennent infinies, ou lorsque la fonction $f(x)$ ne reste pas finie et continue depuis $x = x_0$ jusqu'à $x = X$, on ne peut plus affirmer que la quantité désignée par S dans les Leçons précédentes ait une limite fixe, et par suite on ne voit plus quel sens on doit attacher à la notation (1) qui servait à représenter généralement la limite de S. Pour lever toute incertitude et rendre à la notation (1), dans tous les cas, une signification claire et précise, il suffit d'étendre par analogie les équations (2) et (3) aux cas même où elles ne peuvent plus être rigoureusement démontrées. C'est ce que nous allons faire voir en quelques exemples.

Considérons, en premier lieu, l'intégrale

$$\int_{-\infty}^{+\infty} e^x\,dx. \tag{4}$$

Si l'on désigne par ξ_0 et ξ deux quantités variables, dont la première converge vers la limite $-\infty$, et la seconde vers la limite ∞, on tirera de la formule (3)

$$\int_{-\infty}^{+\infty} e^x\,dx = \lim \int_{\xi_0}^{\xi} e^x\,dx = \lim(e^{\xi} - e^{\xi_0}) = e^{\infty} - e^{-\infty} = \infty.$$

Ainsi, l'intégrale (4) a une valeur infinie positive.

Considérons en second lieu l'intégrale

$$\int_{0}^{\infty} \frac{dx}{x} \tag{5}$$

prise entre deux limites dont l'une est infinie, tandis que l'autre rend infinie la fonction sous le signe $\int$, savoir $\frac{1}{x}$. En désignant par ξ_0 et ξ deux quantités positives, dont la première converge vers la limite zéro, et la seconde vers la limite ∞, on tirera de la formule (3)

$$\int_0^\infty \frac{dx}{x} = \lim \int_{\xi_0}^{\xi} \frac{dx}{x} = \lim 1\frac{\xi}{\xi_0} = 1\frac{\infty}{0} = \infty.$$

Ainsi l'intégrale (5) a encore une valeur infinie positive.

Il est essentiel d'observer que, si la variable x et la fonction $f(x)$ restent finies l'une et l'autre pour une des limites de l'intégrale (1), on pourra réduire la formule (3) à l'une des deux suivantes :

$$(6) \qquad \int_{x_0}^{X} f(x)\,dx = \lim \int_{x_0}^{\xi} f(x)\,dx, \qquad \int_{x_0}^{X} f(x)\,dx = \lim \int_{\xi_0}^{X} f(x)\,dx.$$

On tirera en particulier de ces dernières

$$(7) \qquad \begin{cases} \displaystyle\int_{-\infty}^{0} e^x\,dx = e^0 - e^{-\infty} = 1, & \displaystyle\int_0^\infty e^x\,dx = e^\infty - e^0 = \infty, \\ \displaystyle\int_{-1}^{0} \frac{dx}{x} = 1\,0 = -\infty, & \displaystyle\int_0^1 \frac{dx}{x} = 1\tfrac{1}{0} = \infty. \end{cases}$$

Considérons maintenant l'intégrale

$$(8) \qquad \int_{-1}^{+1} \frac{dx}{x},$$

dans laquelle la fonction sous le signe $\int$, savoir $\frac{1}{x}$, devient infinie pour la valeur particulière $x = 0$ comprise entre les limites $x = -1$, $x = +1$. On tirera de la formule (2)

$$(9) \qquad \int_{-1}^{+1} \frac{dx}{x} = \int_{-1}^{0} \frac{dx}{x} + \int_0^1 \frac{dx}{x} = -\infty + \infty.$$

La valeur de l'intégrale (8) paraît donc indéterminée. Pour s'assurer qu'elle l'est effectivement, il suffit d'observer que, si l'on désigne par ε un nombre infiniment petit, et par μ, ν deux constantes positives, mais arbitraires, on aura, en vertu des formules (6),

$$(10) \qquad \int_{-1}^{0} \frac{dx}{x} = \lim \int_{-1}^{-\varepsilon\mu} \frac{dx}{x}, \qquad \int_0^1 \frac{dx}{x} = \lim \int_{\varepsilon\nu}^{1} \frac{dx}{x}.$$

Par suite, la formule (9) deviendra

$$(11)\qquad \int_{-1}^{+1}\frac{dx}{x}=\lim\left(\int_{-1}^{-\varepsilon\mu}\frac{dx}{x}+\int_{\varepsilon\nu}^{1}\frac{dx}{x}\right)=\lim\left(\mathrm{l}\,\varepsilon\mu+\mathrm{l}\frac{1}{\varepsilon\nu}\right)=\mathrm{l}\frac{\mu}{\nu},$$

et fournira pour l'intégrale (8) une valeur complètement indéterminée, puisque cette valeur sera le logarithme népérien de la constante arbitraire $\frac{\mu}{\nu}$.

Concevons à présent que la fonction $f(x)$ devienne infinie entre les limites $x=x_0$, $x=X$, pour les valeurs particulières de x représentées par $x_1, x_2, \ldots, x_m$. Si l'on désigne par ε un nombre infiniment petit, et par $\mu_1, \nu_1, \mu_2, \nu_2, \ldots, \mu_m, \nu_m$ des constantes positives, mais arbitraires, on tirera des formules (2) et (3)

$$(12)\qquad \begin{cases} \displaystyle\int_{x_0}^{X}f(x)\,dx=\int_{x_0}^{x_1}f(x)\,dx+\int_{x_1}^{x_2}f(x)\,dx+\ldots+\int_{x_m}^{X}f(x)\,dx \\ \displaystyle\qquad =\lim\left[\int_{x_0}^{x_1-\varepsilon\mu_1}f(x)\,dx+\int_{x_1+\varepsilon\nu_1}^{x_2-\varepsilon\mu_2}f(x)\,dx+\ldots+\int_{x_m+\varepsilon\nu_m}^{X}f(x)\,dx\right]. \end{cases}$$

Si les limites x_0, X se trouvaient elles-mêmes remplacées par $-\infty$ et $+\infty$, on aurait

$$(13)\qquad \int_{-\infty}^{+\infty}f(x)\,dx=\lim\left[\int_{-\frac{1}{\varepsilon\mu}}^{x_1-\varepsilon\mu_1}f(x)\,dx+\int_{x_1+\varepsilon\nu_1}^{x_2-\varepsilon\mu_2}f(x)\,dx+\ldots+\int_{x_m+\varepsilon\nu_m}^{\frac{1}{\varepsilon\nu}}f(x)\,dx\right],$$

μ, ν désignant deux nouvelles constantes positives, mais arbitraires. Ajoutons que, dans le second membre de la formule (13), on devra rétablir X à la place de $\frac{1}{\varepsilon\nu}$ ou x_0 à la place de $-\frac{1}{\varepsilon\mu}$, si des deux quantités x_0, X une seule devient infinie. Dans tous les cas, les valeurs des intégrales

$$(14)\qquad \int_{x_0}^{X}f(x)\,dx,\quad \int_{-\infty}^{+\infty}f(x)\,dx,$$

déduites des équations (12) et (13), pourront être, suivant la nature de la fonction $f(x)$, ou des quantités infinies, ou des quantités finies et déterminées, ou des quantités indéterminées qui dépendront des valeurs attribuées aux constantes arbitraires μ, ν, μ_1, ν_1, ..., μ_m, ν_m.

Si, dans les formules (12) et (13), on réduit à l'unité les constantes arbitraires μ, ν, μ_1, ν_1, ..., μ_m, ν_m, on trouvera

$$\int_{x_0}^{X} f(x)\,dx = \lim\left[\int_{x_0}^{x_1-\varepsilon} f(x)\,dx + \int_{x_1+\varepsilon}^{x_2-\varepsilon} f(x)\,dx + \ldots + \int_{x_m+\varepsilon}^{X} f(x)\,dx\right], \tag{15}$$

$$\int_{-\infty}^{+\infty} f(x)\,dx = \lim\left[\int_{-\frac{1}{\varepsilon}}^{x_1-\varepsilon} f(x)\,dx + \int_{x_1+\varepsilon}^{x_2-\varepsilon} f(x)\,dx + \ldots + \int_{x_m+\varepsilon}^{\frac{1}{\varepsilon}} f(x)\,dx\right]. \tag{16}$$

Toutes les fois que les intégrales (14) deviennent indéterminées, les équations (15) et (16) ne fournissent pour chacune d'elles qu'une valeur particulière à laquelle nous donnerons le nom de *valeur principale*. Si l'on prend pour exemple l'intégrale (8) dont la valeur générale est indéterminée, on reconnaîtra que sa valeur principale se réduit à zéro.

VINGT-CINQUIÈME LEÇON.

INTÉGRALES DÉFINIES SINGULIÈRES.

Concevons qu'une intégrale relative à x, et dans laquelle la fonction sous le signe $\int$ est désignée par $f(x)$, soit prise entre deux limites infiniment rapprochées d'une certaine valeur particulière a attribuée à la valeur x. Si cette valeur a est une quantité finie, et si la fonction $f(x)$ reste finie et continue dans le voisinage de $x = a$, alors, en vertu de la formule (19) (vingt-deuxième Leçon), l'intégrale proposée sera sensiblement nulle; mais elle pourra obtenir une valeur finie différente de zéro, ou même une valeur infinie, si l'on a

$$a = \pm\infty \qquad \text{ou bien} \qquad f(a) = \pm\infty.$$

Dans ce dernier cas, l'intégrale en question deviendra ce que nous appellerons une *intégrale définie singulière*. Il sera ordinairement facile d'en calculer la valeur à l'aide des formules (15) et (16) de la vingt-troisième Leçon, ainsi qu'on va le voir.

Soient ε un nombre infiniment petit et μ, ν deux constantes positives, mais arbitraires. Si a est une quantité finie, mais prise parmi les racines de l'équation $f(x) = \pm\infty$, et si f désigne la limite vers laquelle converge le produit $(x - a)f(x)$, tandis que son premier facteur converge vers zéro, les valeurs des intégrales singulières

$$\int_{a-\varepsilon}^{a-\varepsilon\mu} f(x)\,dx, \quad \int_{a+\varepsilon\nu}^{a+\varepsilon} f(x)\,dx$$

seront à très peu près [en vertu de la formule (16), vingt-troisième Leçon]

$$\int_{a-\varepsilon}^{a-\varepsilon\mu} f(x)\,dx = \mathrm{f}\,\mathrm{l}\mu, \tag{1}$$

$$\int_{a+\varepsilon\nu}^{a+\varepsilon} f(x)\,dx = \mathrm{f}\,\mathrm{l}\frac{1}{\nu}. \tag{2}$$

Si l'on suppose au contraire $a = \pm\infty$, en appelant f la limite vers laquelle converge le produit $xf(x)$, tandis que la variable x converge vers la limite $\pm\infty$, on aura sensiblement [vingt-troisième Leçon, équation (15)]

$$\int_{-\frac{1}{\varepsilon\mu}}^{-\frac{1}{\varepsilon}} f(x)\,dx = \mathrm{f}\,\mathrm{l}\mu, \tag{3}$$

$$\int_{\frac{1}{\varepsilon}}^{\frac{1}{\varepsilon\nu}} f(x)\,dx = \mathrm{f}\,\mathrm{l}\frac{1}{\nu}. \tag{4}$$

Il est essentiel d'observer que la limite du produit $(x-a)f(x)$ ou $xf(x)$ dépend quelquefois du signe de son premier facteur. Ainsi, par exemple, le produit $x(x^2+x^4)^{-\frac{1}{2}}$ converge vers la limite $+1$ ou -1, suivant que son premier facteur, en s'approchant de zéro, reste positif ou négatif. Il suit de cette remarque que la quantité désignée par f change quelquefois de valeur dans le passage de l'équation (1) à l'équation (2), ou de l'équation (3) à l'équation (4).

La considération des intégrales définies singulières fournit le moyen de calculer la valeur générale d'une intégrale indéterminée, lorsqu'on connaît sa valeur principale. En effet, soit

$$\int_{x_0}^{X} f(x)\,dx \tag{5}$$

l'intégrale dont il s'agit, et concevons que, en admettant les notations de la Leçon précédente, on fasse

$$(6)\quad \mathrm{E}=\int_{x_0}^{x_1-\varepsilon\mu_1} f(x)\,dx+\int_{x_1+\varepsilon\nu_1}^{x_2-\varepsilon\mu_2} f(x)\,dx+\ldots+\int_{x_m+\varepsilon\nu_m}^{\mathrm{X}} f(x)\,dx,$$

$$(7)\quad \mathrm{F}=\int_{x_0}^{x_1-\varepsilon} f(x)\,dx+\int_{x_1+\varepsilon}^{x_2-\varepsilon} f(x)\,dx+\ldots+\int_{x_m+\varepsilon}^{\mathrm{X}} f(x)\,dx.$$

Soient, en outre, $\mathrm{A}=\lim \mathrm{E}$ la valeur générale et $\mathrm{B}=\lim \mathrm{F}$ la valeur principale de l'intégrale (5). La différence $\mathrm{A}-\mathrm{B}=\lim(\mathrm{E}-\mathrm{F})$ sera équivalente à la somme des intégrales singulières

$$(8)\quad \left\{\begin{array}{l} \displaystyle\int_{x_1-\varepsilon}^{x_1-\varepsilon\mu_1} f(x)\,dx, \\ \displaystyle\int_{x_1+\varepsilon\nu_1}^{x_1+\varepsilon} f(x)\,dx, \\ \displaystyle\int_{x_2-\varepsilon}^{x_2-\varepsilon\mu_2} f(x)\,dx, \\ \ldots\ldots\ldots\ldots\ldots, \\ \displaystyle\int_{x_m+\varepsilon\nu_m}^{x_m+\varepsilon} f(x)\,dx, \end{array}\right.$$

c'est-à-dire à la limite dont s'approche la somme des intégrales (8), tandis que ε décroît indéfiniment. De plus, si l'on désigne par f_1, f_2, ..., f_m les limites vers lesquelles convergent les produits

$$(x-x_1)f(x),\quad (x-x_2)f(x),\quad \ldots,\quad (x-x_m)f(x),$$

tandis que leurs premiers facteurs convergent vers zéro, et si ces limites sont indépendantes des signes de ces premiers facteurs, on trouvera que la somme des intégrales (8) se réduit sensiblement à

$$(9)\quad \mathrm{f}_1\,\mathrm{l}\frac{\mu_1}{\nu_1}+\mathrm{f}_2\,\mathrm{l}\frac{\mu_2}{\nu_2}+\ldots+\mathrm{f}_m\,\mathrm{l}\frac{\mu_m}{\nu_m}.$$

Lorsqu'on a $x_1=x_0$ ou $x_m=\mathrm{X}$, la différence $\mathrm{A}-\mathrm{B}$ comprend une intégrale singulière de moins, savoir la première ou la dernière des intégrales (8).

Lorsqu'on suppose $x_0 = -\infty$, $X = +\infty$, les équations (6) et (7) doivent être remplacées par celles qui suivent :

$$(10)\quad E = \int_{-\frac{1}{\varepsilon\mu}}^{x_1-\varepsilon\mu_1} f(x)\,dx + \int_{x_1+\varepsilon\nu_1}^{x_2-\varepsilon\mu_2} f(x)\,dx + \ldots + \int_{x_m+\varepsilon\nu_m}^{\frac{1}{\varepsilon\nu}} f(x)\,dx,$$

$$(11)\quad F = \int_{-\frac{1}{\varepsilon}}^{x_1-\varepsilon} f(x)\,dx + \int_{x_1+\varepsilon}^{x_2-\varepsilon} f(x)\,dx + \ldots + \int_{x_m+\varepsilon}^{\frac{1}{\varepsilon}} f(x)\,dx.$$

Dans la même hypothèse, il faut aux intégrales (8) ajouter les deux suivantes

$$(12)\qquad \int_{-\frac{1}{\varepsilon\mu}}^{-\frac{1}{\varepsilon}} f(x)\,dx, \quad \int_{\frac{1}{\varepsilon}}^{\frac{1}{\varepsilon\mu}} f(x)\,dx,$$

dont la somme sera sensiblement équivalente à l'expression

$$(13)\qquad \mathrm{f}\,\mathrm{l}\frac{\mu}{\nu},$$

si le produit $x f(x)$ converge vers la limite f, tandis que la variable x converge vers l'une des deux limites $-\infty$, $+\infty$. Si une seule des deux quantités x_0, X devenait infinie, il ne faudrait conserver dans la différence A — B qu'une seule des intégrales (12).

Lorsque pour des valeurs infiniment petites de ε, et pour des valeurs finies ou infiniment petites des coefficients arbitraires μ, ν, μ_1, ν_1, ..., μ_m, ν_m, les intégrales singulières (8) et (12), ou du moins quelques-unes d'entre elles, obtiennent ou des valeurs infinies, ou des valeurs finies, mais différentes de zéro, les intégrales

$$\int_{x_0}^{X} f(x)\,dx, \quad \int_{-\infty}^{+\infty} f(x)\,dx$$

sont évidemment infinies ou indéterminées. C'est ce qui arrive toutes les fois que les quantités f_1, f_2, ..., f_m ne sont pas simultanément nulles. Mais la réciproque n'est pas vraie, et il pourrait arriver que, ces quantités étant nulles toutes à la fois, les intégrales (8) et (12), ou du moins quelques-unes d'entre elles, obtinssent des valeurs finies différentes de zéro pour des valeurs infiniment petites des coefficients μ, ν, μ_1, ν_1, $\ldots$, μ_m, ν_m. Ainsi, par exemple, si l'on prend $f(x) = \frac{1}{x\,1x}$, le produit $xf(x)$ s'évanouira pour $x = 0$, et cependant l'intégrale singulière

$$\int_{\varepsilon}^{\varepsilon\nu} \frac{dx}{x\,1x} = 1\left(1 + \frac{1\nu}{1\varepsilon}\right)$$

cessera de s'évanouir pour des valeurs infiniment petites de ν.

Lorsque les intégrales singulières comprises dans la différence $A - B$ s'évanouissent toutes pour des valeurs infiniment petites de ε, quelles que soient d'ailleurs les valeurs finies ou infiniment petites attribuées aux coefficients μ, ν, μ_1, ν_1, $\ldots$, μ_m, ν_m, on est assuré que la valeur générale de l'intégrale (5) se réduit à une quantité finie et déterminée. Soit en effet, dans cette hypothèse, δ un nombre très petit, et supposons ε choisi de manière que, pour des valeurs de μ, ν, μ_1, ν_1, $\ldots$, μ_m, ν_m inférieures à l'unité, chacune des intégrales (8) et (12) ait une valeur numérique inférieure à $\frac{1}{2(m+1)}\delta$. La valeur approchée de B, représentée par F, sera une quantité finie qui ne contiendra plus rien d'arbitraire; et, si l'on attribue aux coefficients μ, ν, μ_1, ν, $\ldots$, μ_m, ν_m des valeurs infiniment petites, E s'approchera indéfiniment de A, en demeurant compris entre les limites $F - \delta$, $F + \delta$. A sera donc compris entre les mêmes limites, et par conséquent on pourra trouver une quantité finie F qui diffère de A d'une quantité moindre qu'un nombre donné δ. On doit en conclure que la valeur générale A de l'intégrale (5) sera, dans l'hypothèse admise, une quantité finie et déterminée.

Des principes que nous venons d'établir on déduit immédiatement la proposition suivante :

Théorème. — *Pour que la valeur générale de l'intégrale* (1) *soit finie et déterminée, il est nécessaire et il suffit que celles des intégrales singulières* (8) *et* (12) *qui se trouvent comprises dans la différence* $A - B$ *se réduisent à zéro, pour des valeurs infiniment petites de* ε, *quelles que soient d'ailleurs les valeurs finies ou infiniment petites attribuées aux coefficients* μ, ν, μ_1, ν_1, ..., μ_m, ν_m.

Exemple. — Soit $\frac{f(x)}{F(x)}$ une fonction rationnelle. Pour que l'intégrale $\int_{-\infty}^{+\infty} \frac{f(x)}{F(x)} dx$ conserve une valeur finie et déterminée, il sera nécessaire et il suffira : 1° que l'équation $F(x) = 0$ n'ait pas de racines réelles; 2° que le degré du dénominateur $F(x)$ surpasse, au moins de deux unités, le degré du numérateur $f(x)$.

VINGT-SIXIÈME LEÇON.

INTÉGRALES INDÉFINIES.

Si, dans l'intégrale définie $\int_{x_0}^{X} f(x)\,dx$, on fait varier l'une des deux limites, par exemple la quantité X, l'intégrale variera elle-même avec cette quantité; et, si l'on remplace la limite X devenue variable par x, on obtiendra pour résultat une nouvelle fonction de x, qui sera ce qu'on appelle une intégrale prise à partir de l'*origine* $x = x_0$. Soit

$$\mathcal{F}(x) = \int_{x_0}^{x} f(x)\,dx \tag{1}$$

cette fonction nouvelle. On tirera de la formule (19) (vingt-deuxième Leçon)

$$\mathcal{F}(x) = (x - x_0) f[x_0 + \theta(x - x_0)], \qquad \mathcal{F}(x_0) = 0, \tag{2}$$

θ étant un nombre inférieur à l'unité, et de la formule (7) (vingt-troisième Leçon)

$$\int_{x_0}^{x+\alpha} f(x)\,dx - \int_{x_0}^{x} f(x)\,dx = \int_{x}^{x+\alpha} f(x)\,dx = \alpha f(x + \theta\alpha)$$

ou

$$\mathcal{F}(x + \alpha) - \mathcal{F}(x) = \alpha f(x + \theta\alpha). \tag{3}$$

Il suit des équations (2) et (3) que, si la fonction $f(x)$ est finie et continue dans le voisinage d'une valeur particulière attribuée à la variable x, la nouvelle fonction $\mathcal{F}(x)$ sera non seulement finie, mais encore continue dans le voisinage de cette valeur, puisqu'à un accroissement infiniment petit de x correspondra un accroissement infiniment petit de $\mathcal{F}(x)$. Donc, si la fonction $f(x)$ reste finie et continue depuis $x = x_0$ jusqu'à $x = X$, il en sera de même de la fonction $\mathcal{F}(x)$. Ajoutons que, si l'on divise par α les deux membres de la formule (3), on en conclura, en passant aux limites,

$$\mathcal{F}'(x) = f(x). \tag{4}$$

Donc l'intégrale (1'), considérée comme fonction de x, a pour dérivée la fonction $f(x)$ renfermée sous le signe $\int$ dans cette intégrale. On prouverait de la même manière que l'intégrale

$$\int_x^X f(x)\,dx = -\int_X^x f(x)\,dx,$$

considérée comme fonction de x, a pour dérivée $-f(x)$. On aura donc

$$\frac{d}{dx}\int_{x_0}^x f(x)\,dx = f(x) \qquad \text{et} \qquad \frac{d}{dx}\int_x^X f(x)\,dx = -f(x). \tag{5}$$

Si aux diverses formules qui précèdent on réunit l'équation (6) de la septième Leçon, il deviendra facile de résoudre les questions suivantes.

Problème I. — *On demande une fonction $\varpi(x)$ dont la dérivée $\varpi'(x)$ soit constamment nulle. En d'autres termes, on propose de résoudre l'équation*

$$\varpi'(x) = 0. \tag{6}$$

Solution. — Si l'on veut que la fonction $\varpi(x)$ reste finie et continue depuis $x = -\infty$ jusqu'à $x = +\infty$, alors, en désignant par x_0 une valeur particulière de la variable x, on tirera de la formule (6) (septième Leçon)

$$\varpi(x) - \varpi(x_0) = (x - x_0)\,\varpi'[x_0 + \theta(x - x_0)] = 0$$

et, par suite,

$$\varpi\ x\ = \varpi(x_0), \tag{7}$$

ou, si l'on désigne par c la quantité constante $\varpi(x_0)$,

$$\varpi(x) = c. \tag{8}$$

Donc alors la fonction $\varpi(x)$ devra se réduire à une constante et conserver la même valeur c, depuis $x = -\infty$ jusqu'à $x = \infty$. On peut ajouter que cette unique valeur sera entièrement arbitraire, puisque la formule (8) vérifiera l'équation (6), quel que soit c.

Si l'on permet à la fonction $\varpi(x)$ d'offrir des solutions de continuité correspondantes à diverses valeurs de x, et si l'on suppose que ces valeurs de x, rangées dans leur ordre de grandeur, soient représentées par $x_1, x_2, \ldots, x_m$, alors l'équation (7) devra subsister seulement depuis $x = -\infty$ jusqu'à $x = x_1$, ou depuis $x = x_1$ jusqu'à $x = x_2$, ..., ou enfin depuis $x = x_m$ jusqu'à $x = +\infty$, selon que la valeur particulière de x représentée par x_0 sera comprise entre les limites $-\infty$ et x_1, ou bien entre les limites x_1 et x_2, ..., ou enfin entre les limites x_m et ∞. Par conséquent, il ne sera plus nécessaire que la fonction $\varpi(x)$ conserve la même valeur depuis $x = -\infty$ jusqu'à $x = +\infty$, mais seulement qu'elle demeure constante entre deux termes consécutifs de la suite

$$-\infty, \quad x_1, \quad x_2, \quad \ldots, \quad x_m, \quad +\infty.$$

C'est ce qui arrivera, par exemple, si l'on prend

$$\tag{9} \left\{ \begin{aligned} \varpi(x) = \frac{c_0 + c_m}{2} + \frac{c - c_0}{2} \frac{x - x_1}{\sqrt{(x - x_1)^2}} + \frac{c_2 - c_1}{2} \frac{x - x_2}{\sqrt{(x - x_2)^2}} + \ldots \\ + \frac{c_m - c_{m-1}}{2} \frac{x - x_m}{\sqrt{(x - x_m)^2}}, \end{aligned} \right.$$

$c_0, c_1, c_2, \ldots, c_m$ désignant des quantités constantes, mais arbitraires. En effet, dans ce cas, la fonction $\varpi(x)$ sera constamment égale à c_0 entre les limites $x = -\infty$, $x = x_1$; à c_1 entre les limites $x = x_1$, $x = x_2$, ...; enfin à c_m entre les limites $x = x_m$, $x = \infty$.

Si l'on veut que $\varpi(x)$ se réduise à c_0 pour des valeurs négatives, et à c_1 pour des valeurs positives de x, il suffira de prendre

$$\varpi(x) = \frac{c_0 + c_1}{2} + \frac{c_1 - c_0}{2} \frac{x}{\sqrt{x^2}}. \tag{10}$$

Problème II. — *Trouver la valeur générale de y propre à vérifier l'équation*

$$dy = f(x)\,dx. \tag{11}$$

Solution. — Si l'on désigne par $F(x)$ une valeur particulière de l'inconnue y, et par $F(x) + \varpi(x)$ sa valeur générale, on tirera de la formule (11), à laquelle ces deux valeurs devront satisfaire,

$$F'(x) = f(x), \qquad F'(x) + \varpi'(x) = f(x)$$

et, par suite,

$$\varpi'(x) = 0.$$

D'ailleurs, il résulte de la première des équations (5) qu'on satisfait à la formule (11) en prenant $y = \int_{x_0}^{x} f(x)\,dx$. Donc la valeur générale de y sera

$$y = \int_{x_0}^{x} f(x)\,dx + \varpi(x), \tag{12}$$

$\varpi(x)$ désignant une fonction propre à vérifier l'équation (6). Cette valeur générale de y, qui comprend, comme cas particulier, l'intégrale (1) et qui conserve la même forme, quelle que soit l'origine x_0 de cette intégrale, est représentée dans le calcul par la simple notation $\int f(x)\,dx$, et reçoit le nom d'*intégrale indéfinie*. Cela posé, la formule (11) entraîne toujours la suivante

$$y = \int f(x)\,dx, \tag{13}$$

et réciproquement, en sorte qu'on a identiquement

$$d\int f(x)\,dx = f(x)\,dx. \tag{14}$$

Si la fonction $F(x)$ diffère de l'intégrale (1), la valeur générale de y, ou $\int f(x)\,dx$, pourra toujours être présentée sous la forme

$$\int f(x)\,dx = F(x) + \varpi(x), \tag{15}$$

et devra se réduire à l'intégrale (1), pour une valeur particulière de $\varpi(x)$ qui vérifiera en même temps l'équation (6) et la suivante :

$$\mathcal{F}(x) = \int_{x_0}^{x} f(x)\,dx = F(x) + \varpi(x). \tag{16}$$

Si, de plus, les fonctions $f(x)$ et $F(x)$ sont l'une et l'autre continues entre les limites $x = x_0$, $x = X$, la fonction $\mathcal{F}(x)$ sera elle-même continue, et par suite $\varpi(x) = \mathcal{F}(x) - F(x)$ conservera constamment la même valeur entre ces limites, entre lesquelles on aura

$$\varpi(x) = \varpi(x_0),$$

$$\mathcal{F}(x) - F(x) = \mathcal{F}(x_0) - F(x_0) = -F(x_0), \qquad \mathcal{F}(x) = F(x) - F(x_0),$$

$$\int_{x_0}^{x} f(x)\,dx = F(x) - F(x_0). \tag{17}$$

Enfin, si dans l'équation (17) on pose $x = X$, on trouvera

$$\int_{x_0}^{X} f(x)\,dx = F(X) - F(x_0). \tag{18}$$

Il résulte des équations (15), (17) et (18) que, étant donnée une valeur particulière $F(x)$ de y, propre à vérifier la formule (11), on peut en déduire : 1° la valeur de l'intégrale indéfinie $\int f(x)\,dx$; 2° celles des deux intégrales définies $\int_{x_0}^{x} f(x)\,dx$, $\int_{x_0}^{X} f(x)\,dx$, dans le cas où les fonctions $f(x)$, $F(x)$ restent continues entre les limites de ces deux intégrales.

Exemple. — Comme on vérifie l'équation $dy = \frac{dx}{1+x^2}$ en prenant $y = \operatorname{arc\,tang} x$, et que les deux fonctions $\frac{1}{1+x^2}$, $\operatorname{arc\,tang} x$ restent finies et continues entre les limites $x = -\infty$, $x = \infty$, on tirera des formules (15), (17) et (18)

$$\int \frac{dx}{1+x^2} = \operatorname{arc\,tang} x + \varpi(x), \qquad \int_0^x \frac{dx}{1+x^2} = \operatorname{arc\,tang} x,$$

$$\int_0^1 \frac{dx}{1+x^2} = \frac{\pi}{4} = 0,785\ldots.$$

Nota. — Lorsque dans l'équation (17) on veut étendre la valeur de x au delà d'une limite qui rend la fonction $f(x)$ discontinue, il faut ordinairement ajouter au second membre une ou plusieurs intégrales singulières.

Exemple. — Comme on satisfait à l'équation $dy = \frac{dx}{x}$ en prenant $y = \frac{1}{2}\mathrm{l}x^2$, si l'on désigne par ε un nombre infiniment petit, et par μ, ν deux coefficients positifs, on trouvera, pour $x < 0$,

$$\int_{-1}^{x} \frac{dx}{x} = \tfrac{1}{2}\mathrm{l}x^2 - \tfrac{1}{2}\mathrm{l}1 = \tfrac{1}{2}\mathrm{l}x^2,$$

et, pour $x > 0$,

$$\int_{-1}^{x} \frac{dx}{x} = \int_{-1}^{-\mu\varepsilon} \frac{dx}{x} + \int_{\nu\varepsilon}^{x} \frac{dx}{x} = \tfrac{1}{2}\mathrm{l}x^2 - \tfrac{1}{2}\mathrm{l}1 + \mathrm{l}\frac{\mu}{\nu}$$

$$= \tfrac{1}{2}\mathrm{l}x^2 + \int_{-\varepsilon}^{-\mu\varepsilon} \frac{dx}{x} + \int_{\varepsilon\nu}^{\varepsilon} \frac{dx}{x}.$$

VINGT-SEPTIÈME LEÇON.

PROPRIÉTÉS DIVERSES DES INTÉGRALES INDÉFINIES. MÉTHODES POUR DÉTERMINER LES VALEURS DE CES MÊMES INTÉGRALES.

D'après ce qui a été dit dans la Leçon précédente, l'intégrale indéfinie

$$\int f(x)\,dx \tag{1}$$

n'est autre chose que la valeur générale de l'inconnue y assujettie à vérifier l'équation différentielle

$$dy = f(x)\,dx. \tag{2}$$

De plus, étant donnée une valeur particulière $F(x)$ de la même inconnue, il suffira, pour obtenir la valeur générale, d'ajouter à $F(x)$ une fonction $\varpi(x)$ propre à vérifier l'équation $\varpi'(x) = 0$, ou, ce qui revient au même, une expression algébrique qui ne puisse admettre qu'un nombre fini de valeurs constantes, dont chacune subsiste entre certaines limites assignées à la variable x. Pour abréger, nous désignerons dorénavant par la lettre $\mathcal{C}$ une expression de cette nature, et nous l'appellerons *constante arbitraire*, ce qui ne voudra pas dire qu'elle doive toujours conserver la même valeur, quel que soit x. Cela posé, on aura

$$\int f(x)\,dx = F(x) + \mathcal{C}. \tag{3}$$

Quand on remplace la fonction $F(x)$ par l'intégrale définie $\int_{x_0}^{x} f(x)\,dx$, qui est elle-même une valeur particulière de y, la formule (3) se réduit à

$$\int f(x)\,dx = \int_{x_0}^{x} f(x)\,dx + \mathcal{C}. \tag{4}$$

En étendant la définition que nous avons donnée de l'intégrale (1) au cas où la fonction $f(x)$ est supposée imaginaire, on reconnaîtra facilement que, dans cette hypothèse, les équations (3) et (4) subsistent encore. Seulement, la constante arbitraire $\mathcal{C}$ devient alors imaginaire en même temps que $f(x)$, c'est-à-dire qu'elle prend la forme $\mathcal{C}_1 + \mathcal{C}_2\sqrt{-1}$, $\mathcal{C}_1$ et $\mathcal{C}_2$ désignant deux constantes arbitraires, mais réelles.

Avant d'aller plus loin, il importe d'observer qu'en formant la somme ou la différence, ou même une fonction linéaire quelconque de deux ou de plusieurs constantes arbitraires, on obtient pour résultat une nouvelle constante arbitraire.

Plusieurs propriétés remarquables des intégrales définies se déduisent facilement de l'équation (4) combinée avec les formules (13) (vingt-deuxième Leçon) et (2), (3), (4), (5) (vingt-troisième Leçon). En effet, si, après avoir remplacé X par x dans les deux membres de chacune de ces formules, on ajoute aux intégrales qu'ils renferment des constantes arbitraires, on trouvera, en désignant par a, b, c, ... des constantes supposées connues, et par u, v, w, ... des fonctions de la variable x,

$$\int au\,dx = a\int u\,dx, \tag{5}$$

$$\left\{\begin{aligned} \int (u+v+w+\ldots)\,dx &= \int u\,dx + \int v\,dx + \int w\,dx + \ldots,\\ \int (u-v)\,dx &= \int u\,dx - \int v\,dx,\\ \int (au+bv+cw+\ldots)\,dx &= a\int u\,dx + b\int v\,dx + c\int w\,dx + \ldots,\\ \int (u+v\sqrt{-1})\,dx &= \int u\,dx + \sqrt{-1}\int v\,dx. \end{aligned}\right. \tag{6}$$

Ces équations subsistent dans le cas même où a, b, c, ..., u, v, w, ... deviennent imaginaires.

Intégrer la formule différentielle $f(x)\,dx$, ou, en d'autres termes, *intégrer* l'équation (2), c'est trouver la valeur de l'intégrale indéfinie $\int f(x)\,dx$. L'opération par laquelle on y parvient est une *intégration indéfinie.* L'*intégration définie* consisterait à trouver la valeur d'une intégrale définie, telle que $\int_{x_0}^{X} f(x)\,dx$. Nous allons maintenant faire connaître les quatre principales méthodes à l'aide desquelles on peut effectuer, dans certains cas, la première de ces deux opérations.

Intégration immédiate. — Lorsque dans la formule $f(x)\,dx$ on reconnaît la différentielle exacte d'une fonction déterminée $F(x)$, la valeur de l'intégrale indéfinie $\int f(x)$ se déduit immédiatement de l'équation (3). On étend le nombre des cas auxquels cette espèce d'intégration est applicable, en observant que les facteurs constants renfermés dans $f(x)$ peuvent être placés à volonté en dedans ou en dehors du signe $\int$ [*voir* l'équation (5)].

Exemples :

$$\int a\,dx = ax + \mathfrak{C}, \qquad \int (a+1)x^a\,dx = x^{a+1} + \mathfrak{C}, \qquad \int x^a\,dx = \frac{x^{a+1}}{a+1} + \mathfrak{C},$$

$$\int x\,dx = \frac{1}{2}x^2 + \mathfrak{C}, \qquad \int \frac{dx}{x^2} = -\frac{1}{x} + \mathfrak{C},$$

$$\int \frac{dx}{x^m} = -\frac{1}{(m-1)x^{m-1}} + \mathfrak{C}, \qquad \int \frac{dx}{\sqrt{x}} = 2\sqrt{x} + \mathfrak{C},$$

$$\int \frac{dx}{x} = \frac{1}{2}\,\mathrm{l}\,x^2 + \mathfrak{C}, \qquad \int \frac{dx}{1+x^2} = \operatorname{arc\,tang} x + \mathfrak{C},$$

$$\int \frac{dx}{\sqrt{1-x^2}} = \arcsin x + \mathfrak{C} = \mathfrak{C} + \frac{1}{2}\pi - \arccos x,$$

$$\int e^x\,dx = e^x + \mathfrak{C}, \qquad \int A^x\,\mathrm{l}A\,dx = A^x + \mathfrak{C}, \qquad \int A^x\,dx = \frac{A^x}{\mathrm{l}A} + \mathfrak{C},$$

$$\int \cos x\,dx = \sin x + \mathfrak{C}, \qquad \int \sin x\,dx = -\cos x + \mathfrak{C},$$

$$\int \frac{dx}{\cos^2 x} = \operatorname{tang} x + \mathfrak{C}, \qquad \int \frac{dx}{\sin^2 x} = -\cot x + \mathfrak{C}.$$

Intégration par substitution. — Concevons qu'à la variable x on substitue une autre variable z liée à la première par une équation de laquelle on tire $z = \varphi(x)$ et $x = \chi(z)$. La formule (2) se trouvera remplacée par la suivante :

$$(7) \qquad dy = f[\chi(z)]\,\chi'(z)\,dz.$$

Si l'on fait, pour abréger, $f[\chi(z)]\,\chi'(z) = \mathfrak{f}(z)$, la valeur générale de y tirée de l'équation (7) sera représentée par l'intégrale indéfinie $\int \mathfrak{f}(z)\,dz$. D'ailleurs, cette valeur générale doit coïncider avec l'intégrale (1). Donc, si, en vertu de la relation établie entre x et z, on a identiquement

$$(8) \qquad f(x)\,dx = \mathfrak{f}(z)\,dz,$$

on en conclura

$$(9) \qquad \int f(x)\,dx = \int \mathfrak{f}(z)\,dz.$$

Supposons maintenant que la valeur de $\int \mathfrak{f}(z)\,dz$ soit donnée par une équation de la forme

$$(10) \qquad \int \mathfrak{f}(z)\,dz = \mathfrak{F}(z) + \mathfrak{C};$$

on tirera de cette équation

$$(11) \qquad \int f(x)\,dx = \mathfrak{F}[\varphi(x)] + \mathfrak{C}.$$

Exemples. — En admettant la formule (10) et posant successivement

$$x \pm a = z, \qquad ax = z, \qquad \frac{x}{a} = z, \qquad x^2 + a^2 = z,$$

$$lx = z, \qquad e^x = z, \qquad \sin x = z, \qquad \cos x = z,$$

on tirera de la formule (11) combinée avec l'équation (5)

$$\int \mathfrak{f}(x \pm a)\,dx = \mathfrak{F}(x \pm a) + \mathfrak{C},$$

$$\int \mathfrak{f}(ax)\,dx = \frac{1}{a}\mathfrak{F}(ax) + \mathfrak{C},$$

$$\int \mathfrak{f}\left(\frac{x}{a}\right) dx = a\,\mathfrak{F}\left(\frac{x}{a}\right) + \mathfrak{C},$$

$$\int x\,\mathfrak{f}(x^2 + a^2)\,dx = \frac{1}{2}\mathfrak{F}(x^2 + a^2) + \mathfrak{C},$$

$$\int x^{a-1}\,\mathfrak{f}(x^a)\,dx = \frac{1}{a}\mathfrak{F}(x^a) + \mathfrak{C},$$

$$\int \mathfrak{f}\,\mathrm{l}x\,\frac{dx}{x} = \mathfrak{F}\,\mathrm{l}x + \mathfrak{C},$$

$$\int e^x\,\mathfrak{f}(e^x)\,dx = \mathfrak{F}(e^x) + \mathfrak{C},$$

$$\int \cos x\,\mathfrak{f}(\sin x)\,dx = \mathfrak{F}(\sin x) + \mathfrak{C},$$

$$\int \sin x\,\mathfrak{f}(\cos x)\,dx = -\,\mathfrak{F}(\cos x) + \mathfrak{C}.$$

Ces dernières formules étant combinées à leur tour avec celles qui résultent de l'intégration immédiate, on trouvera

$$\int \frac{dx}{x-a} = \frac{1}{2}\,\mathrm{l}(x-a)^2 + \mathfrak{C},$$

$$\int \frac{dx}{(x-a)^m} = -\,\frac{1}{(m-1)(x-a)^{m-1}} + \mathfrak{C},$$

$$\int \frac{dx}{1+a^2x^2} = \frac{1}{a}\,\mathrm{arc\,tang}(ax) + \mathfrak{C},$$

$$\int \frac{dx}{x^2+a^2} = \frac{1}{a^2}\int \frac{dx}{1+\left(\frac{x}{a}\right)^2} = \frac{1}{a}\,\mathrm{arc\,tang}\,\frac{x}{a} + \mathfrak{C},$$

$$\int \frac{x\,dx}{x^2+a^2} = \frac{1}{2}\,\mathrm{l}(x^2+a^2) + \mathfrak{C},$$

$$\int \frac{x\,dx}{\sqrt{x^2+a^2}} = \sqrt{x^2+a^2} + \mathfrak{C},$$

$$\int e^{ax}\,dx = \frac{1}{a}\,e^{ax} + \mathfrak{C}, \qquad \int e^{-ax}\,dx = -\,\frac{1}{a}\,e^{-ax} + \mathfrak{C},$$

$$\int \cos ax\,dx = \frac{1}{a}\sin ax + \mathfrak{C}, \qquad \int \sin ax\,dx = -\,\frac{1}{a}\cos ax + \mathfrak{C},$$

$$\int \frac{\mathrm{l}x}{x}\,dx = \frac{1}{2}(\mathrm{l}x)^2 + \mathfrak{C}, \qquad \int \frac{dx}{x\,\mathrm{l}x} = \mathrm{l}\mathrm{l}x + \mathfrak{C},$$

$$\int \frac{dx}{x(\mathrm{l}x)^m} = \frac{-1}{(m-1)(\mathrm{l}x)^{m-1}} + \mathfrak{C}, \qquad \int \frac{e^x\,dx}{e^{2x}+1} = \mathrm{arc\,tang}\,e^x + \mathfrak{C},$$

$$\int \frac{\sin x\,dx}{\cos^2 x} = \frac{1}{\cos x} + \mathfrak{C} = \mathrm{s\acute{e}c}\,x + \mathfrak{C}, \qquad \int \frac{\cos x\,dx}{\sin^2 x} = -\,\frac{1}{\sin x} + \mathfrak{C}.$$

Intégration par décomposition. — Cette espèce d'intégration s'effectue à l'aide des formules (6), lorsque la fonction sous le signe $\int$ peut être décomposée en plusieurs parties de telle manière que chaque partie, multipliée par dx, donne pour produit une expression facilement intégrable. Elle s'applique particulièrement au cas où la fonction sous le signe $\int$ se réduit, soit à une fonction entière, soit à une fraction rationnelle.

Exemples :

$$\int \frac{dx}{\sin^2 x \cos^2 x} = \int \frac{\sin^2 x + \cos^2 x}{\sin^2 x \cos^2 x} dx$$

$$= \int \frac{dx}{\cos^2 x} + \int \frac{dx}{\sin^2 x} = \operatorname{tang} x - \cot x + \mathfrak{C},$$

$$\int (a + bx + cx^2 + \ldots) dx = a \int dx + b \int x\,dx + c \int x^2 dx + \ldots$$

$$= ax + b\frac{x^2}{2} + c\frac{x^3}{3} + \ldots + \mathfrak{C}.$$

Intégration par parties. — Soient u et v deux fonctions différentes de x, et u', v' leurs dérivées respectives. uv sera une valeur particulière de y, propre à vérifier l'équation différentielle

$$dy = u\,dv + v\,du = uv'\,dx + vu'\,dx,$$

de laquelle on tirera généralement

$$y = uv + \mathfrak{C} = \int uv'\,dx + \int vu'\,dx = \int u\,dv + \int v\,du,$$

et, par suite,

$$\int u\,dv = uv - \left(\int v\,du - \mathfrak{C}\right),$$

ou, plus simplement,

$$\int u\,dv = uv - \int v\,du, \tag{12}$$

la constante arbitraire $-\mathfrak{C}$ pouvant être censée comprise dans l'intégrale $\int v\,du$.

Exemples :

$$\int \mathrm{l}x\,dx = x\,\mathrm{l}x - \int x\frac{dx}{x} = x(\mathrm{l}x - 1) + \mathfrak{C}, \qquad \int xe^x\,dx = e^x(x-1) + \mathfrak{C},$$

$$\int x \cos x\,dx = \quad x \sin x + \cos x + \mathfrak{C},$$

$$\int x \sin x\,dx = -x \cos x + \sin x + \mathfrak{C},$$

. . . .

Nota. — Il est essentiel d'observer que les constantes arbitraires, qui sont censées comprises dans les intégrales indéfinies que renferment les deux membres de l'équation (12), peuvent avoir des valeurs numériques très différentes. Cette remarque suffit pour rendre raison de la formule

$$\int \frac{dx}{x\,\mathrm{l}x} = 1 + \int \frac{dx}{x\,\mathrm{l}x},$$

à laquelle on parvient, en posant dans l'équation (12)

$$u = \frac{1}{\mathrm{l}x} \quad \text{et} \quad v = \mathrm{l}x.$$

VINGT-HUITIÈME LEÇON.

SUR LES INTÉGRALES INDÉFINIES QUI RENFERMENT DES FONCTIONS ALGÉBRIQUES.

On appelle fonctions *algébriques* celles que l'on forme en n'employant que les premières opérations de l'Algèbre, savoir l'addition, la soustraction, la multiplication, la division, et l'élévation des variables à des puissances fixes. Les fonctions algébriques d'une variable sont *rationnelles* lorsqu'elles contiennent seulement des puissances entières de cette variable, c'est-à-dire lorsqu'elles se réduisent à des fonctions entières ou à des fractions rationnelles. Elles sont *irrationnelles* dans le cas contraire.

Cela posé, concevons que, $f(x)$ désignant une fonction algébrique de x, on cherche la valeur de l'intégrale indéfinie $\int f(x)\,dx$. Si la fonction $f(x)$ est rationnelle, on décomposera le produit $f(x)\,dx$ en plusieurs termes qui se présenteront sous l'une des formes

$$(1)\quad \mathrm{A}x^m\,dx,\quad \frac{\mathrm{A}\,dx}{x-a},\quad \frac{\mathrm{A}\,dx}{(x-a)^m},\quad \frac{(\mathrm{A}\mp\mathrm{B}\sqrt{-1})\,dx}{x-\alpha\mp\beta\sqrt{-1}},\quad \frac{(\mathrm{A}\mp\mathrm{B}\sqrt{-1})\,dx}{(x-\alpha\mp\beta\sqrt{-1})^m},$$

a, α, β, A, B désignant des constantes réelles et m un nombre entier; puis l'on intégrera ces différents termes à l'aide des équations

$$\int \mathrm{A}x^m\,dx = \mathrm{A}\frac{x^{m+1}}{m+1}+\mathfrak{C},\qquad \int\frac{\mathrm{A}\,dx}{x-a}=\tfrac{1}{2}\mathrm{A}\,\mathrm{l}(x-a)^2+\mathfrak{C},$$

$$\int\frac{\mathrm{A}\,dx}{(x-a)^m}=-\frac{\mathrm{A}}{(m-1)(x-a)^{m-1}}+\mathfrak{C},$$

$$\int\frac{(\mathrm{A}\mp\mathrm{B}\sqrt{-1})\,dx}{x-\alpha\mp\beta\sqrt{-1}}=(\mathrm{A}\mp\mathrm{B}\sqrt{-1})\int\frac{(x-\alpha)\,dx}{(x-\alpha)^2+\beta^2}+(\mathrm{B}\pm\mathrm{A}\sqrt{-1})\int\frac{\beta\,dx}{(x-\alpha)^2+\beta^2}$$

$$=\tfrac{1}{2}(\mathrm{A}\mp\mathrm{B}\sqrt{-1})\,\mathrm{l}[(x-\alpha)^2+\beta^2]+(\mathrm{B}\pm\mathrm{A}\sqrt{-1})\operatorname{arc\,tang}\frac{x-\alpha}{\beta}+\mathfrak{C},$$

$$\int\frac{(\mathrm{A}\mp\mathrm{B}\sqrt{-1})\,dx}{(x-\alpha\mp\beta\sqrt{-1})^m}=-\frac{\mathrm{A}\mp\mathrm{B}\sqrt{-1}}{(m-1)(x-\alpha\mp\beta\sqrt{-1})^{m-1}}+\mathfrak{C},$$

dont les premières se déduisent des principes établis dans la Leçon précédente, et dont la dernière, tirée par induction de la troisième, peut être, *a posteriori*, facilement vérifiée.

Exemples :

$$\int\left(\frac{\mathrm{A}-\mathrm{B}\sqrt{-1}}{x-\alpha-\beta\sqrt{-1}}+\frac{\mathrm{A}+\mathrm{B}\sqrt{-1}}{x-\alpha+\beta\sqrt{-1}}\right)dx$$
$$=\mathrm{A}\,\mathrm{l}[(x-a)^2+\beta^2]+2\mathrm{B}\operatorname{arc\,tang}\frac{x-\alpha}{\beta}+\mathfrak{C},$$

$$\int\frac{dx}{x^2-1}=\int\frac{1}{2}\left(\frac{1}{x-1}-\frac{1}{x+1}\right)dx=\frac{1}{4}\,\mathrm{l}\left(\frac{x-1}{x+1}\right)^2+\mathfrak{C},$$

$$\int\frac{x\,dx}{x^2+1}=\frac{1}{2}\,\mathrm{l}(x^2+1)+\mathfrak{C},$$

$$\int\frac{dx}{x^3-1}=\int\frac{1}{3}\left(\frac{1}{x-1}-\frac{x+2}{x^2+x+1}\right)dx$$
$$=\frac{1}{6}\,\mathrm{l}\frac{(x-1)^2}{x^2+x+1}-\frac{1}{\sqrt{3}}\operatorname{arc\,tang}\frac{2x+1}{\sqrt{3}}+\mathfrak{C},$$

. . . .

Lorsque la fonction $f(x)$, sans cesser d'être algébrique, devient irrationnelle, il n'y a plus de règles générales au moyen desquelles on puisse calculer en termes finis la valeur de $\int f(x)\,dx$. A la vérité, il suffirait, pour y parvenir, de substituer à la variable x une seconde variable z tellement choisie que l'expression $f(x)\,dx$ se trouvât transformée en une autre $\varphi(z)\,dz$, dans laquelle la fonction $\varphi(z)$ fût rationnelle. Mais on n'a point de méthode sûre pour opérer une semblable transformation, si ce n'est dans un petit nombre de cas particuliers que nous allons faire connaître.

Soit d'abord $\mathrm{f}(x, z)$ une fonction rationnelle de x et de z, z étant une fonction irrationnelle de x, déterminée par une équation algébrique d'un degré quelconque par rapport à z, mais du premier degré par rapport à x. Pour rendre rationnelle et intégrable la formule différentielle $\mathrm{f}(x, z)\,dx$, il suffira évidemment de substituer la variable z à la variable x. On doit surtout remarquer le cas où la valeur de z est fournie, soit par l'une des équations binômes

$$(2)\qquad z^n - (ax+b) = 0, \qquad (a_0x+b_0)z^n - (a_1x+b_1) = 0,$$

soit par l'équation du second degré

$$(3)\qquad (a_0x+b_0)z^2 - 2(a_1x+b_1)z - (a_2x+b_2) = 0,$$

$a, b, a_0, b_0, a_1, b_1, a_2, b_2$ étant des constantes réelles et n un nombre entier quelconque. Comme on satisfait aux équations (2) en posant

$$z = (ax+b)^{\frac{1}{n}} \qquad \text{ou} \qquad z = \left(\frac{a_1x+b_1}{a_0x+b_0}\right)^{\frac{1}{n}},$$

et à l'équation (3) en posant

$$z = \frac{a_1x+b_1+\sqrt{(a_1x+b_1)^2+(a_0x+b_0)(a_2x+b_2)}}{a_0x+b_0},$$

il en résulte qu'on rend intégrable la formule

$$(4)\qquad \mathrm{f}\left[x, (ax+b)^{\frac{1}{n}}\right]dx \quad \text{ou} \quad \mathrm{f}\left[x, \left(\frac{a_1x+b_1}{a_0x+b_0}\right)^{\frac{1}{n}}\right]dx,$$

en égalant à z le radical qu'elle renferme, et les deux formules

$$(5)\qquad \begin{cases} \mathrm{f}\left[x, \dfrac{a_1x+b_1+\sqrt{(a_1x+b_1)^2+(a_0x+b_0)(a_2x+b_2)}}{a_0x+b_0}\right]dx, \\ \mathrm{f}\left[x, \sqrt{(a_1x+b_1)^2+(a_2x+b_0)(a_0x+b_2)}\right]dx, \end{cases}$$

en y substituant la valeur de x en z tirée de l'équation (3) ou, ce qui revient au même, de la suivante :

$$(6)\qquad \sqrt{(a_1x+b_1)^2+(a_0x+b_0)(a_2x+b_2)} = (a_0x+b_0)z - (a_1x+b_1).$$

Concevons maintenant qu'il s'agisse de rendre intégrable l'expression

$$(7)\qquad \mathrm{f}(x, \sqrt{\mathrm{A}x^2+\mathrm{B}x+\mathrm{C}})\,dx,$$

A, B, C étant des constantes réelles. Il suffira évidemment d'employer l'équation (6), après avoir réduit le trinôme $\mathrm{A}x^2+\mathrm{B}x+\mathrm{C}$ à la forme

$(a_1x+b_1)^2+(a_0x+b_0)(a_2x+b_2)$. Or on peut effectuer cette réduction d'une infinité de manières, en choisissant un binôme a_1x+b_1 tel que la différence $Ax^2+Bx+C-(a_1x+b_1)^2$ soit décomposable en facteurs réels du premier degré, c'est-à-dire tel que l'on ait

$$(8) \qquad Ab_1^2+Ca_1^2-Ba_1b_1+\tfrac{1}{4}B^2-AC>0.$$

En cherchant les valeurs les plus simples de a_1 et de b_1 propres à remplir cette dernière condition, on trouvera : 1° si $\frac{1}{4}B^2-AC$ est positif,

$$a_1=0, \qquad b_1=0;$$

2° si A est positif,

$$a_1=A^{\frac{1}{2}}, \qquad b_1=0;$$

3° si C est positif,

$$b_1=C^{\frac{1}{2}}, \qquad a_1=0.$$

De plus, comme on aura

$$Ax^2+Bx+C-\left(A^{\frac{1}{2}}x\right)^2=1\times(Bx+C)$$

et

$$Ax^2+Bx+C-\left(C^{\frac{1}{2}}\right)^2=x(Ax+B),$$

on pourra prendre dans le second cas $a_0x+b_0=1$, et dans le troisième $a_0x+b_0=x$. En résumé, si Ax^2+Bx+C est le produit de deux facteurs réels a_0x+b_0, a_2x+b_2, on rendra la formule (7) rationnelle en posant

$$(9) \qquad \sqrt{(a_0x+b_0)(a_2x+b_2)}=(a_0x+b_0)z \quad \text{ou} \quad \frac{a_2x+b_2}{a_0x+b_0}=z^2.$$

Dans le cas contraire, le radical $\sqrt{Ax^2+Bx+C}$ ne pourra être une quantité réelle, à moins que les deux coefficients A et C ne soient positifs. Dans tous les cas, on rendra l'expression (17) rationnelle en supposant

$$(10)\quad \begin{cases} \text{si A est positif,} \quad \ldots\ldots\ldots\ldots \quad \sqrt{Ax^2+Bx+C}=z-A^{\frac{1}{2}}x, \\ \text{et} \\ \text{si C est positif,} \quad \sqrt{Ax^2+Bx+C}=xz-C^{\frac{1}{2}} \quad \text{ou} \quad \sqrt{A+B\frac{1}{x}+C\frac{1}{x^2}}=z-C^{\frac{1}{2}}\frac{1}{x}. \end{cases}$$

Il est aisé de vérifier, *a posteriori*, ces diverses conséquences de la formule (16).

Exemples. — On tirera de la première des équations (10)

$$\int \frac{dx}{\sqrt{Ax^2+Bx+C}} = \int \frac{dz}{A^{\frac{1}{2}}z+\frac{1}{2}B} = \frac{l\left(Ax+\frac{1}{2}B+A^{\frac{1}{2}}\sqrt{Ax^2+Bx+C}\right)}{A^{\frac{1}{2}}} + \mathfrak{C},$$

$$\int \frac{dx}{\sqrt{x^2+1}} = l(x+\sqrt{x^2+1}) + \mathfrak{C},$$

$$\int \frac{dx}{\sqrt{x^2-1}} = l(x+\sqrt{x^2-1}) + \mathfrak{C},$$

. . . .

Il importe d'observer que, si l'on désigne par $f(u, v, w, \ldots)$ une fonction entière des variables u, v, w, ..., et par p, q, r, ... des diviseurs du nombre entier n, les expressions différentielles

$$(11)\qquad \left\{\begin{array}{l} f\left[x, (ax+b)^{\frac{1}{p}}, (ax+b)^{\frac{1}{q}}, (ax+b)^{\frac{1}{r}}, \ldots\right] dx, \\ f\left[x, \left(\dfrac{a_1x+b_1}{a_0x+b_0}\right)^{\frac{1}{p}}, \left(\dfrac{a_1x+b_1}{a_0x+b_0}\right)^{\frac{1}{q}}, \ldots\right] dx \end{array}\right.$$

seront de la même forme que les expressions (4) et pourront être intégrées de la même manière. Ainsi l'on trouvera, en posant $x = z^6$,

$$\int \left(x^{\frac{1}{2}}+x^{\frac{2}{3}}\right)^{-1} dx = 6\int \frac{z^2\,dz}{1+z} = 6\left[\tfrac{1}{2}z^2 - z + \tfrac{1}{2}l(1+z)^2\right] + \mathfrak{C}.$$

Ajoutons que l'on réduira immédiatement les expressions différentielles

$$(12)\qquad f\left[x^\mu, (ax^\mu+b)^{\frac{1}{n}}\right] x^{\mu-1}\,dx, \quad f\left[x^\mu, \left(\frac{a_1x^\mu+b_1}{a_0x^\mu+b_0}\right)^{\frac{1}{n}}\right] x^{\mu-1}\,dx$$

(μ désignant une constante quelconque) aux formules (4), et l'expression

$$(13)\qquad f\left[x, (a_0x+b_0)^{\frac{1}{2}}, (a_1x+b_1)^{\frac{1}{2}}\right] dx$$

à la formule (7), en posant, dans les expressions (12) $x^\mu = y$ et dans l'expression (13), $a_0 x + b_0 = y^2$.

Exemples. — On intègre $\frac{x^{2m+1}}{\sqrt{x^2-1}}dx$, en posant $x^2 = y$, $y - 1 = z^2$ ou simplement $x^2 - 1 = z^2$, et $\frac{dx}{(x-1)^{\frac{1}{2}} + (x+1)^{\frac{1}{2}}}$, en posant $x - 1 = y^2$, puis $(y^2+2)^{\frac{1}{2}} = z - y$ ou simplement $(x-1)^{\frac{1}{2}} + (x+1)^{\frac{1}{2}} = z$.

En terminant cette Leçon, nous ferons remarquer que, dans tous les cas où l'on parvient à calculer la valeur d'une intégrale indéfinie qui renferme une fonction algébrique, cette valeur se compose de plusieurs termes dont chacun se présente sous l'une des formes

$$\text{(14)} \qquad \mathrm{f}(x), \quad \mathrm{A\,l\,f}(x), \quad \mathrm{A\,arc\,tang\,f}(x),$$

$\mathrm{f}(x)$ désignant une fonction algébrique de x, et A une quantité constante. Les expressions $\arcsin x = \mathrm{arc\,tang}\frac{x}{\sqrt{1-x^2}}$, $\arccos x$ et autres semblables sont évidemment comprises sous la dernière des trois formes que nous venons d'indiquer.

VINGT-NEUVIÈME LEÇON.

SUR L'INTÉGRATION ET LA RÉDUCTION DES DIFFÉRENTIELLES BINÔMES, ET DE QUELQUES AUTRES FORMULES DIFFÉRENTIELLES DU MÊME GENRE.

Soient a, b, a_1, b_1, λ, μ, ν des constantes réelles; y une quantité variable, et faisons $y^\lambda = x$. L'expression $(ay^\lambda + b)^\mu dy$, dans laquelle dx a pour coefficient une puissance du binôme $ay^\lambda + b$, sera ce qu'on appelle une *différentielle binôme*, et l'intégrale indéfinie

$$\int (ay^\lambda + b)^\mu dy = \frac{1}{\lambda} \int (ax+b)^\mu x^{\frac{1}{\lambda}-1} dx \tag{1}$$

sera le produit de $\frac{1}{\lambda}$ par une autre intégrale comprise dans la formule générale

$$\int (ax+b)^\mu (a_1 x + b_1)^\nu dx, \tag{2}$$

dont nous allons maintenant nous occuper.

On détermine facilement l'intégrale (2), lorsque les valeurs numériques des exposants μ, ν et de leur somme $\mu + \nu$ se réduisent à trois nombres rationnels, dont l'un est un nombre entier. En effet, désignons par l, m, n des nombres entiers quelconques. Pour intégrer les expressions différentielles

$$(ax+b)^{\pm l} (a_1 x + b_1)^{\pm \frac{m}{n}} dx,$$

$$(ax+b)^{\pm \frac{m}{n}} (a_1 x + b_1)^{\pm l} dx,$$

$$(ax+b)^{\pm \frac{m}{n}} (a_1 x + b_1)^{\pm l \pm \frac{m}{n}} dx,$$

il suffira de poser successivement (*voir* la vingt-huitième Leçon)

$$a_1 x + b_1 = z^n, \qquad ax + b = z^n, \qquad \frac{ax+b}{a_1 x + b_1} = z^n.$$

La formule $(ax+b)^\mu (a_1 x + b_1)^\nu \, dx$ n'étant pas toujours intégrable, il est bon de faire voir comment on peut ramener la détermination de l'intégrale (2) à celle de plusieurs autres intégrales de même espèce, mais dans lesquelles les exposants des binômes $ax+b$, $a_1 x + b_1$ ne soient plus les mêmes. Pour y parvenir de la manière la plus directe, on aura recours à l'équation (12) (vingt-septième Leçon), que l'on présentera sous la forme

$$(3) \qquad \int uv \tfrac{1}{2} d\,\mathrm{l}\, v^2 = uv - \int uv \tfrac{1}{2} d\,\mathrm{l}\, u^2;$$

puis l'on supposera les fonctions u et v respectivement proportionnelles à certaines puissances de deux des trois quantités

$$(4) \qquad ax+b, \qquad a_1 x + b_1, \qquad \frac{ax+b}{a_1 x + b_1}.$$

Comme ces trois quantités, combinées deux à deux, offrent six combinaisons différentes, on voit que la formule (3) donnera naissance à six équations distinctes. On simplifiera le calcul, en opérant comme si u et v devaient toujours rester positives, et réduisant en conséquence la formule (3) à cette autre

$$(5) \qquad \int uv\, d\,\mathrm{l}\, v = uv - \int uv\, d\,\mathrm{l}\, u,$$

puis ayant égard aux équations

$$d\,\mathrm{l}(ax+b) = \frac{a\,dx}{ax+b},$$

$$d\,\mathrm{l}(a_1 x + b_1) = \frac{a_1\,dx}{a_1 x + b_1},$$

$$d\,\mathrm{l}\frac{ax+b}{a_1 x + b_1} = \frac{(ab_1 - a_1 b)\,dx}{(ax+b)(a_1 x + b_1)},$$

desquelles on tirera la valeur de dx pour la substituer dans l'intégrale (2). Concevons que, pour abréger, on désigne par A cette même intégrale. On trouvera :

1° En supposant u proportionnel à une puissance de $ax+b$, et v à une puissance de a_1x+b_1,

$$A = \int \frac{(ax+b)^\mu (a_1x+b_1)^{\nu+1}}{a_1} d\,\mathrm{l}(a_1x+b_1)$$
$$= \int \frac{(ax+b)^\mu}{(\nu+1)a_1}(a_1x+b_1)^{\nu+1} d\,\mathrm{l}(a_1x+b_1)^{\nu+1}$$
$$= \frac{(ax+b)^\mu (a_1x+b_1)^{\nu+1}}{(\nu+1)a_1} - \int \frac{(ax+b)^\mu (a_1x+b_1)^{\nu+1}}{(\nu+1)a_1} d\,\mathrm{l}(ax+b)^\mu,$$

$$(6)\quad \left\{ \begin{aligned} &\int (ax+b)^\mu (a_1x+b_1)^\nu dx \\ &= \frac{(ax+b)^\mu (a_1x+b_1)^{\nu+1}}{(\nu+1)a_1} - \frac{\mu a}{(\nu+1)a_1} \int (ax+b)^{\mu-1}(a_1x+b_1)^{\nu+1} dx; \end{aligned} \right.$$

2° En supposant u proportionnel à une puissance de a_1x+b_1, et v à une puissance de $ax+b$,

$$(7)\quad \left\{ \begin{aligned} &\int (ax+b)^\mu (a_1x+b_1)^\nu dx \\ &= \frac{(ax+b)^{\mu+1} (a_1x+b_1)^{\nu}}{(\mu+1)a} - \frac{\nu a_1}{(\mu+1)a} \int (ax+b)^{\mu+1}(a_1x+b_1)^{\nu-1} dx; \end{aligned} \right.$$

3° En supposant u proportionnel à une puissance de $\frac{ax+b}{a_1x+b_1}$, et v à une puissance de a_1x+b_1,

$$A = \int \frac{(ax+b)^\mu (a_1x+b_1)^{\nu+1}}{a_1} d\,\mathrm{l}(a_1x+b_1)$$
$$= \int \left(\frac{ax+b}{a_1x+b_1}\right)^\mu \frac{(a_1x+b_1)^{\mu+\nu+1}}{(\mu+\nu+1)a_1} d\,\mathrm{l}(a_1x+b_1)^{\mu+\nu+1}$$
$$= \frac{(ax+b)^\mu (a_1x+b_1)^{\nu+1}}{(\mu+\nu+1)a_1} - \int \frac{(ax+b)^\mu (a_1x+b_1)^{\nu+1}}{(\mu+\nu+1)a_1} d\,\mathrm{l}\left(\frac{ax+b}{a_1x+b_1}\right)^\mu,$$

$$(8)\quad \left\{ \begin{aligned} &\int (ax+b)^\mu (a_1x+b_1)^\nu dx \\ &= \frac{(ax+b)^\mu (a_1x+b_1)^{\nu+1}}{(\mu+\nu+1)a_1} - \frac{\mu(ab_1-a_1b)}{(\mu+\nu+1)a_1} \int (ax+b)^{\mu-1}(a_1x+b_1)^{\nu} dx; \end{aligned} \right.$$

4° En supposant u proportionnel à une puissance de $\frac{a_1x+b_1}{ax+b}$, et v

à une puissance de $ax+b$,

$$(9)\quad \left\{\begin{aligned} &\int (ax+b)^{\mu}(a_1x+b_1)^{\nu}\,dx \\ &\quad = \frac{(ax+b)^{\mu+1}(a_1x+b_1)^{\nu}}{(\mu+\nu+1)a} - \frac{\nu(a_1b-ab_1)}{(\mu+\nu+1)a}\int (ax+b)^{\mu}(a_1x+b_1)^{\nu-1}\,dx; \end{aligned}\right.$$

5° En supposant u proportionnel à une puissance de a_1x+b_1, et v à une puissance de $\frac{ax+b}{a_1x+b_1}$,

$$\begin{aligned} \mathrm{A} &= \int \frac{(ax+b)^{\mu+1}(a_1x+b_1)^{\nu+1}}{ab_1-a_1b}\,d\,\mathrm{l}\,\frac{ax+b}{a_1x+b_1} \\ &= \int \frac{(a_1x+b_1)^{\mu+\nu+2}}{(\mu+1)(ab_1-a_1b)}\left(\frac{ax+b}{a_1x+b_1}\right)^{\mu+1} d\,\mathrm{l}\left(\frac{ax+b}{a_1x+b_1}\right)^{\mu+1} \\ &= \frac{(ax+b)^{\mu+1}(a_1x+b_1)^{\nu+1}}{(\mu+1)(ab_1-a_1b)} - \int \frac{(ax+b)^{\mu+1}(a_1x+b_1)^{\nu+1}}{(\mu+1)(ab_1-a_1b)}\,d\,\mathrm{l}(a_1x+b_1)^{\mu+\nu+2}, \end{aligned}$$

$$(10)\quad \left\{\begin{aligned} &\int (ax+b)^{\mu}(a_1x+b_1)^{\nu}\,dx \\ &\quad = \frac{(ax+b)^{\mu+1}(a_1x+b_1)^{\nu+1}}{(\mu+1)(ab_1-a_1b)} - \frac{(\mu+\nu+2)a_1}{(\mu+1)(ab_1-a_1b)}\int (ax+b)^{\mu+1}(a_1x+b_1)^{\nu}\,dx; \end{aligned}\right.$$

6° En supposant u proportionnel à une puissance de $ax+b$, et v à une puissance de $\frac{ax+b}{a_1x+b_1}$,

$$(11)\quad \left\{\begin{aligned} &\int (ax+b)^{\mu}(a_1x+b_1)^{\nu}\,dx \\ &\quad = \frac{(ax+b)^{\mu+1}(a_1x+b_1)^{\nu+1}}{(\nu+1)(a_1b-ab_1)} - \frac{(\mu+\nu+2)a}{(\nu+1)(a_1b-ab_1)}\int (ax+b)^{\mu}(a_1x+b_1)^{\nu+1}\,dx. \end{aligned}\right.$$

A l'aide des formules (6), (7), (8), (9), (10), (11), on pourra toujours remplacer l'intégrale (2) par une autre intégrale de même espèce, mais dans laquelle chacun des binômes $ax+b$, a_1x+b_1 porte un exposant compris entre les limites 0 et -1. En effet, il suffira, pour y parvenir, d'employer une ou deux fois de suite les formules (8) et (9), ou du moins l'une d'entre elles, si les exposants μ, ν sont positifs, ou si, l'un d'eux étant positif, l'autre est déjà compris entre les limites 0 et -1. Au contraire, on devra employer les formules (10) et (11), ou du moins l'une d'entre elles, si les exposants μ, ν sont tous deux négatifs. Enfin, si, l'un des deux exposants étant positif, l'autre est inférieur à -1, on fera servir la formule (6) ou la formule (7) à la réduction simultanée des valeurs numériques de ces deux exposants, jusqu'à ce que l'un d'eux se change en une quantité comprise entre les limites o et -1.

Lorsque les exposants μ, ν ont des valeurs numériques entières, alors, en opérant comme on vient de le dire, on finit par les réduire l'un et l'autre à l'une des deux quantités o et -1. Cette réduction étant effectuée, l'intégrale (2) se trouve nécessairement remplacée par l'une des quatre suivantes :

$$(12)\quad \left\{\begin{array}{l} \int dx = x + \mathcal{C}, \quad \int \frac{dx}{ax+b} = \frac{1}{2a}\,\mathrm{l}(ax+b)^2 + \mathcal{C}, \quad \int \frac{dx}{a_1x+b_1} = \frac{1}{2a_1}\,\mathrm{l}(a_1x+b_1)^2 + \mathcal{C}, \\ \int \frac{dx}{(ax+b)(a_1x+b_1)} = \frac{1}{ab_1 - a_1b}\int d\,\mathrm{l}\,\frac{ax+b}{a_1x+b_1} = \frac{1}{2(ab_1-a_1b)}\,\mathrm{l}\left(\frac{ax+b}{a_1x+b_1}\right)^2 + \mathcal{C}. \end{array}\right.$$

En général, toutes les fois que la formule $(ax+b)^\mu(a_1x+b_1)^\nu\,dx$ sera intégrable, les méthodes de réduction ci-dessus indiquées permettront de substituer à l'intégrale (2) d'autres intégrales plus simples dont il sera facile d'obtenir les valeurs.

Si l'on veut appliquer les mêmes méthodes à la réduction de l'intégrale (1), il faudra supposer dans la formule (5) les quantités u et v proportionnelles à certaines puissances, non plus des quantités (4), mais des suivantes :

$$(13)\qquad ax+b = ay^2+b, \qquad x = y^2, \qquad \frac{ax+b}{x} = \frac{ay^2+b}{y^2}.$$

Exemple. — Concevons qu'il s'agisse de réduire l'intégrale

$$\int \frac{dy}{(1+y^2)^n} = \int (1+y^2)^{-n}\,dy,$$

n désignant un nombre entier supérieur à l'unité. On supposera u et v proportionnels à des puissances de y^2 et de $\frac{1+y^2}{y^2}$; et, comme on aura

$$d\,\mathrm{l}\,\frac{1+y^2}{y^2} = 2\left(\frac{y}{1+y^2} - \frac{1}{y}\right)dy = -\frac{2\,dy}{y(1+y^2)},$$

on tirera de la formule (5)

$$(14)\quad \left\{\begin{aligned}\int \frac{dy}{(1+y^2)^n} &= \int \frac{-y(1+y^2)^{-n+1}}{2}\, d\,\mathrm{l}\,\frac{1+y^2}{y^2}\\ &= \int \frac{y^{-2n+3}}{2(n-1)}\left(\frac{1+y^2}{y^2}\right)^{-n+1} d\,\mathrm{l}\left(\frac{1+y^2}{y^2}\right)^{-n+1}\\ &= \frac{y(1+y^2)^{-n+1}}{2(n-1)} - \int \frac{y(1+y^2)^{n-1}}{2(n-1)}\, d\,\mathrm{l}\,y^{-2n+3}\\ &= \frac{y}{2(n-1)(1+y^2)^{n-1}} + \frac{2n-3}{2n-2}\int \frac{dy}{(1+y^2)^{n-1}}.\end{aligned}\right.$$

TRENTIÈME LEÇON.

SUR LES INTÉGRALES INDÉFINIES QUI RENFERMENT DES FONCTIONS EXPONENTIELLES, LOGARITHMIQUES OU CIRCULAIRES.

On nomme *fonctions exponentielles*, *fonctions logarithmiques*, celles qui contiennent des exposants variables ou des logarithmes, et *fonctions trigonométriques* ou *circulaires*, celles qui contiennent des lignes trigonométriques ou des arcs de cercle. Il serait fort utile d'intégrer les formules différentielles qui renferment de semblables fonctions; mais on n'a point de méthodes sûres pour y parvenir, si ce n'est dans un petit nombre de cas particuliers que nous allons passer en revue.

D'abord, si l'on désigne par f une fonction telle, que l'intégrale indéfinie $\int f(z)\,dz$ ait une valeur connue, on en déduira les valeurs de

$$(1)\qquad \int f(1x)\frac{dx}{x},\quad \int e^x f(e^x)\,dx,\quad \int \cos x\, f(\sin x)\,dx,\quad \int \sin x\, f(\cos x)\,dx,$$

en posant successivement, comme dans la vingt-septième Leçon,

$$1x = z,\qquad e^x = z,\qquad \sin x = z,\qquad \cos x = z.$$

On déterminerait de même les trois intégrales

$$(2)\qquad \begin{cases} \displaystyle\int f(\operatorname{arc\,tang} x)\frac{dx}{1+x^2}, \\ \displaystyle\int f(\arcsin x)\frac{dx}{\sqrt{1-x^2}}, \\ \displaystyle\int f(\arccos x)\frac{dx}{\sqrt{1-x^2}}, \end{cases}$$

en posant, dans la première, $\operatorname{arc\,tang} x = z$, et, dans les deux dernières, $\arcsin x = z$ ou $\arccos x = z$.

Observons encore que, si l'on désigne par $f(u)$, $f(u,v)$, $f(u,v,w,\ldots)$ des fonctions algébriques des variables u, v, w, ..., il suffira de faire $e^x = z$ pour rendre algébrique l'expression différentielle renfermée sous le signe $\int$ dans l'intégrale

$$\int f(e^x)\,dx, \tag{3}$$

et $\cos x = z$ ou $\sin x = z$ pour produire le même effet sur les deux intégrales

$$\left\{\begin{array}{c}\int f(\sin x, \cos x)\,dx,\\ \int f(\sin x, \sin 2x, \sin 3x, \ldots, \cos x, \cos 2x, \cos 3x, \ldots)\,dx,\end{array}\right. \tag{4}$$

dont la seconde n'a pas plus de généralité que la première, attendu qu'on peut y remplacer les sinus et cosinus des arcs $2x$, $3x$, $4x$, ... par leurs valeurs en $\sin x$ et $\cos x$, tirées des équations de la forme

$$\cos nx + \sqrt{-1}\sin nx = (\cos x + \sqrt{-1}\sin x)^n,$$
$$\cos nx - \sqrt{-1}\sin nx = (\cos x - \sqrt{-1}\sin x)^n.$$

Ajoutons que, si, dans la première des intégrales (4), on égale $\sin x$, non pas à z, mais à $\pm z^{\frac{1}{2}}$, cette intégrale prendra la forme très simple

$$\int f\left[\pm z^{\frac{1}{2}}, (1-z)^{\frac{1}{2}}\right] \frac{\pm dz}{2z^{\frac{1}{2}}(1-z)^{\frac{1}{2}}}. \tag{5}$$

On aura, par exemple, en désignant par μ, ν deux quantités constantes,

$$\int \sin^\mu x \cos^\nu x\,dx = \pm\tfrac{1}{2}\int z^{\frac{\mu-1}{2}}(1-z)^{\frac{\nu-1}{2}}\,dz. \tag{6}$$

Remarquons enfin que, en supposant connues les valeurs des intégrales (3) et (4), on en déduira facilement celles des suivantes

$$\int f(e^{ax})\,dx, \tag{7}$$

$$\left\{\begin{array}{c}\int f(\sin bx, \cos bx)\,dx,\\ \int f(\sin bx, \sin 2bx, \sin 3bx, \ldots, \cos bx, \cos 2bx, \cos 3bx, \ldots)\,dx,\end{array}\right. \tag{8}$$

puisqu'il suffira de diviser par a ou par b les fonctions obtenues, après y avoir remplacé x par ax ou par bx.

Soient maintenant P, z deux fonctions de x, dont la première reste algébrique, et dont la seconde ait une dérivée algébrique z'. Si, en posant

$$\int \mathrm{P}\,dx = \mathrm{Q}, \qquad \int \mathrm{Q} z'\,dx = \mathrm{R}, \qquad \int \mathrm{R} z'\,dx = \mathrm{S}, \qquad \ldots,$$

on obtient pour Q, R, S, ... des fonctions connues de la variable x, on déterminera sans peine, à l'aide de plusieurs intégrations par parties,

$$\int \mathrm{P} z^n\,dx, \tag{9}$$

n étant un nombre entier. En effet, on trouvera successivement

$$\int \mathrm{P} z^n\,dx = \mathrm{Q} z^n - n \int \mathrm{Q} z' z^{n-1}\,dx,$$

$$\int \mathrm{Q} z' z^{n-1}\,dx = \mathrm{R} z^{n-1} - (n-1) \int \mathrm{R} z' z^{n-2}\,dx,$$

$$\ldots\ldots\ldots\ldots\ldots\ldots\ldots\ldots\ldots\ldots\ldots\ldots$$

et, par suite,

$$\int \mathrm{P} z^n\,dx = \mathrm{Q} z^n - n\mathrm{R} z^{n-1} + n(n-1)\mathrm{S} z^{n-2} - \ldots + \mathfrak{C}. \tag{10}$$

Lorsque la fonction z se réduit à un seul terme, elle se présente nécessairement sous l'une des deux formes (*voir* la vingt-huitième Leçon)

$$\mathrm{A}\,\mathrm{l}[\mathrm{f}(x)], \qquad \mathrm{A} \operatorname{arc tang} \mathrm{f}(x),$$

A désignant une quantité constante et $\mathrm{f}(x)$ une fonction algébrique de x.

Exemples. — Si l'on suppose la fonction P réduite à l'unité, et la fonction z à l'une des suivantes

$$\mathrm{l}x, \quad \arcsin x, \quad \arccos x, \quad \mathrm{l}\left(x + \sqrt{x^2+1}\right), \quad \ldots,$$

on tirera de la formule (10)

$$(11)\qquad \int (\mathrm{l}x)^n\,dx = x(\mathrm{l}x)^n\left[1 - \frac{n}{\mathrm{l}x} + \frac{n(n-1)}{(\mathrm{l}x)^2} - \ldots \pm \frac{n(n-1)\ldots 3.2.1}{(\mathrm{l}x)^n}\right] + \mathcal{C},$$

$$(12)\qquad \begin{cases} \int (\arcsin x)^n\,dx \\ = (\arcsin x)^n\left[x + \dfrac{n\sqrt{1-x^2}}{\arcsin x} - \dfrac{n(n-1)x}{(\arcsin x)^2} - \dfrac{n(n-1)(n-2)\sqrt{1-x^2}}{(\arcsin x)^3} + \ldots\right] + \mathcal{C}, \end{cases}$$

$$(13)\qquad \begin{cases} \int (\arccos x)^n\,dx \\ = (\arccos x)^n\left[x - \dfrac{n\sqrt{1-x^2}}{\arccos x} - \dfrac{n(n-1)x}{(\arccos x)^2} + \dfrac{n(n-1)(n-2)\sqrt{1-x^2}}{(\arccos x)^3} + \ldots\right] + \mathcal{C}, \end{cases}$$

$$(14)\qquad \begin{cases} \int \left[\mathrm{l}(x+\sqrt{x^2+1})\right]^n dx \\ = \left[\mathrm{l}(x+\sqrt{x^2+1})\right]^n \left\{ x - \dfrac{n\sqrt{x^2+1}}{\mathrm{l}(x+\sqrt{x^2+1})} + \dfrac{n(n-1)x}{\left[\mathrm{l}(x+\sqrt{x^2+1})\right]^2} \right. \\ \qquad\qquad \left. - \dfrac{n(n-1)(n-2)\sqrt{x^2+1}}{\left[\mathrm{l}(x+\sqrt{x^2+1})\right]^3} + \ldots \right\} + \mathcal{C}, \end{cases}$$

. . . .

Si l'on supposait $P = x^{a-1}$ et $z = \mathrm{l}x$, on trouverait

$$(15)\qquad \int x^{a-1}(\mathrm{l}x)^n\,dx = \frac{x^a}{a}(\mathrm{l}x)^n\left[1 - \frac{n}{a\,\mathrm{l}x} + \frac{n(n-1)}{a^2(\mathrm{l}x)^2} - \ldots \pm \frac{n(n-1)\ldots 3.2.1}{a^n(\mathrm{l}x)^n}\right] + \mathcal{C}.$$

Lorsqu'on substitue z à x, les formules qui précèdent deviennent

$$(16)\qquad \int z^n e^z\,dz = z^n e^z\left[1 - \frac{n}{z} + \frac{n(n-1)}{z^2} - \ldots \pm \frac{n(n-1)\ldots 3.2.1}{z^n}\right] + \mathcal{C},$$

$$(17)\qquad \begin{cases} \int z^n \cos z\,dz = z^n \left\{ \sin z\left[1 - \dfrac{n(n-1)}{z^2} + \ldots\right] \right. \\ \qquad\qquad \left. + \cos z\left[\dfrac{n}{z} - \dfrac{n(n-1)(n-2)}{z^3} + \ldots\right]\right\} + \mathcal{C}, \end{cases}$$

$$(18)\qquad \begin{cases} -\int z^n \sin z\,dz = z^n \left\{ \cos z\left[1 - \dfrac{n(n-1)}{z^2} + \ldots\right] \right. \\ \qquad\qquad \left. - \sin z\left[\dfrac{n}{z} - \dfrac{n(n-1)(n-2)}{z^3} + \ldots\right]\right\} + \mathcal{C}, \end{cases}$$

$$(19)\quad \left\{\begin{aligned}\int z^n\left(\frac{e^z+e^{-z}}{2}\right)dz = z^n\Bigg\{&\frac{e^z-e^{-z}}{2}\left[1+\frac{n(n-1)}{z^2}+\ldots\right]\\ &-\frac{e^z+e^{-z}}{2}\left[\frac{n}{z}+\frac{n(n-1)(n-2)}{z^3}+\ldots\right]\Bigg\}+\mathfrak{C},\end{aligned}\right.$$

$$(20)\quad \int z^n e^{az}\,dz = \frac{z^n e^{az}}{a}\left[1-\frac{n}{az}+\frac{n(n-1)}{a^2z^2}-\ldots\pm\frac{n(n-1)\ldots3.2.1}{a^nz^n}\right]+\mathfrak{C}.$$

On pourrait établir directement ces dernières formules à l'aide de plusieurs intégrations par parties que l'on effectuerait de manière à diminuer sans cesse l'exposant n, pour le faire enfin disparaître. Ainsi, par exemple, la formule (20) se déduit des équations

$$(21)\quad \left\{\begin{aligned}\int z^n e^{az}\,dz &= \frac{z^n e^{az}}{a} - \frac{n}{a}\int z^{n-1}e^{az}\,dz,\\ \int z^{n-1} e^{az}\,dz &= \frac{z^{n-1} e^{az}}{a} - \frac{n-1}{a}\int z^{n-2}e^{az}\,dz,\\ &\ldots\ldots\ldots\ldots\ldots\ldots\ldots\ldots\end{aligned}\right.$$

Une remarque semblable s'applique à toutes les intégrales que l'on déduirait de l'intégrale (10) supposée connue, en substituant z à x.

L'intégration par parties peut encore servir à fixer les valeurs de

$$(22)\quad \int z^n e^{az}\cos bz\,dz,\quad \int z^n e^{az}\sin bz\,dz,$$

a, b désignant des quantités constantes et n un nombre entier. Ainsi, par exemple, on obtiendra les valeurs générales des deux intégrales $\int e^{az}\cos bz\,dz$, $\int e^{az}\sin bz\,dz$ en ajoutant des constantes arbitraires aux valeurs de ces mêmes intégrales tirées des équations

$$\int e^{az}\cos bz\,dz = \frac{e^{az}\cos bz}{a} + \frac{b}{a}\int e^{az}\sin bz\,dz,$$

$$\int e^{az}\sin bz\,dz = \frac{e^{az}\sin bz}{a} - \frac{b}{a}\int e^{az}\cos bz\,dz.$$

Au reste, la détermination des intégrales (22) peut être simplifiée par le moyen des considérations suivantes.

Comme on a (*voir* la fin de la cinquième Leçon)

$$d(\cos x+\sqrt{-1}\sin x) = (\cos x+\sqrt{-1}\sin x)\,dx\sqrt{-1},$$

on en conclut

$$(23)\quad \begin{cases} d\left[e^{az}(\cos bz+\sqrt{-1}\sin bz)\right] \\ \quad = (a+b\sqrt{-1})\,e^{az}(\cos bz+\sqrt{-1}\sin bz)\,dz, \end{cases}$$

$$(24)\quad \int e^{az}(\cos bz+\sqrt{-1}\sin bz)\,dz = \frac{e^{az}(\cos bz+\sqrt{-1}\sin bz)}{a+b\sqrt{-1}}+\mathfrak{C},$$

$\mathfrak{C}$ admettant des valeurs imaginaires. Cela posé, il est clair que les formules (21), et la formule (20) qui en est une suite nécessaire, subsisteront encore si l'on y remplace l'exponentielle e^{az} par le produit

$$e^{az}(\cos bz+\sqrt{-1}\sin bz),$$

et le diviseur a par

$$a+b\sqrt{-1}.$$

On aura donc

$$(25)\quad \begin{cases} \int z^n e^{az}(\cos bz+\sqrt{-1}\sin bz)\,dz \\ \quad = \dfrac{z^n e^{az}(\cos bz+\sqrt{-1}\sin bz)}{a+b\sqrt{-1}}\left[1-\dfrac{n}{(a+b\sqrt{-1})z}+\ldots\pm\dfrac{n(n-1)\ldots3.2.1}{(a+b\sqrt{-1})^n z^n}\right]+\mathfrak{C}. \end{cases}$$

Si l'on ramène le second membre de cette dernière équation à la forme $u+v\sqrt{-1}$, u et v désignant des quantités réelles, ces quantités seront précisément les valeurs des intégrales (22). Les deux formules qui détermineront ces valeurs comprendront, comme cas particuliers, les équations (16), (17), (18) et (20). De plus, elles entraîneront l'équation (19) et se réduiront, si l'on suppose $n=0$, aux deux suivantes :

$$(26)\quad \begin{cases} \displaystyle\int e^{az}\cos bz\,dz = \frac{a\cos bz+b\sin bz}{a^2+b^2}\,e^{az}+\mathfrak{C}, \\ \displaystyle\int e^{az}\sin bz\,dz = \frac{a\sin bz-b\cos bz}{a^2+b^2}\,e^{az}+\mathfrak{C}. \end{cases}$$

TRENTE ET UNIÈME LEÇON.

SUR LA DÉTERMINATION ET LA RÉDUCTION DES INTÉGRALES INDÉFINIES, DANS LESQUELLES LA FONCTION SOUS LE SIGNE $\int$ EST LE PRODUIT DE DEUX FACTEURS ÉGAUX A CERTAINES PUISSANCES DU SINUS ET DU COSINUS DE LA VARIABLE.

Soient μ, ν deux quantités constantes, et considérons l'intégrale

$$\int \sin^{\mu} x \cos^{\nu} x \, dx. \tag{1}$$

Si l'on pose $\sin^2 x = z$ ou $\sin x = \pm z^{\frac{1}{2}}$, cette intégrale deviendra

$$\pm \tfrac{1}{2} \int z^{\frac{\mu-1}{2}} (1-z)^{\frac{\nu-1}{2}} dz. \tag{2}$$

Donc elle pourra être facilement déterminée (*voir* la vingt-neuvième Leçon), lorsque les valeurs numériques des deux exposants $\frac{\mu-1}{2}$, $\frac{\nu-1}{2}$ et de leur somme $\frac{\mu+\nu-2}{2}$ se réduiront à trois nombres rationnels dont l'un sera un nombre entier. C'est ce qui arrivera nécessairement toutes les fois que les quantités μ, ν auront des valeurs numériques entières.

Dans tous les cas, on pourra du moins ramener la détermination de l'intégrale (1) ou (2) à celle de plusieurs autres intégrales de même espèce, mais dans lesquelles les exposants de $\sin x$ et $\cos x$ ou de z et $1-z$ ne seront plus les mêmes. Pour y parvenir, il suffira d'employer de nouveau la formule (5) de la vingt-neuvième Leçon, savoir

$$\int uv \, d\,\mathrm{l}v = uv - \int uv \, d\,\mathrm{l}u, \tag{3}$$

en supposant les fonctions u, v proportionnelles à certaines puissances de deux des trois quantités z, $1-z$, $\frac{1-z}{z}$ ou, ce qui revient au même, de deux des trois suivantes :

$$(4)\qquad \sin x,\qquad \cos x,\qquad \frac{\sin x}{\cos x}=\operatorname{tang} x=\frac{1}{\cot x}.$$

Concevons, pour fixer les idées, que l'on veuille réduire l'intégrale (1). On commencera par substituer dans cette intégrale la valeur de dx tirée de l'une des équations

$$(5)\qquad \begin{cases} d\,\mathrm{l}\sin x = \dfrac{\cos x\,dx}{\sin x},\\ d\,\mathrm{l}\cos x = -\dfrac{\sin x\,dx}{\cos x},\\ d\,\mathrm{l}\operatorname{tang} x = -d\,\mathrm{l}\cot x = \dfrac{dx}{\sin x\cos x};\end{cases}$$

puis l'on conclura de la formule (3) : 1° en supposant u proportionnel à une puissance de $\sin x$ et v à une puissance de $\cos x$,

$$\begin{aligned}\int \sin^\mu x\cos^\nu x\,dx &= \int -\sin^{\mu-1}x\cos^{\nu+1}x\,d\,\mathrm{l}\cos x\\ &= \int \frac{-\sin^{\mu-1}x}{\nu+1}\cos^{\nu+1}x\,d\,\mathrm{l}\cos^{\nu+1}x\\ &= -\frac{\sin^{\mu-1}x\cos^{\nu+1}x}{\nu+1}+\int\frac{\sin^{\mu-1}x\cos^{\nu+1}x}{\nu+1}\,d\,\mathrm{l}\sin^{\mu-1}x,\end{aligned}$$

$$(6)\qquad \int \sin^\mu x\cos^\nu x\,dx = -\frac{\sin^{\mu-1}x\cos^{\nu+1}x}{\nu+1}+\frac{\mu-1}{\nu+1}\int\sin^{\mu-2}x\cos^{\nu+2}x\,dx;$$

2° en supposant u proportionnel à une puissance de $\cos x$ et v à une puissance de $\sin x$,

$$(7)\qquad \int \sin^\mu x\cos^\nu x\,dx = \frac{\sin^{\mu+1}x\cos^{\nu-1}x}{\mu+1}+\frac{\nu-1}{\mu+1}\int\sin^{\mu+2}x\cos^{\nu-2}x\,dx;$$

3° en supposant u proportionnel à une puissance de $\operatorname{tang} x$ et v à une puissance de $\cos x$,

$$\int \sin^\mu x \cos^\nu x\,dx = \int -\sin^{\mu-1} x \cos^{\nu+1} x\,d\,l\cos x$$
$$= \int \frac{-\tang^{\mu-1} x}{\mu+\nu} \cos^{\mu+\nu} x\,d\,l\cos^{\mu+\nu} x$$
$$= -\frac{\sin^{\mu-1} x \cos^{\nu+1} x}{\mu+\nu} + \int \frac{\sin^{\mu-1} x \cos^{\nu+1} x}{\mu+\nu}\,d\,l\tang^{\mu-1} x,$$

$$(8)\quad \int \sin^\mu x \cos^\nu x\,dx = -\frac{\sin^{\mu-1} x \cos^{\nu+1} x}{\mu+\nu} + \frac{\mu-1}{\mu+\nu}\int \sin^{\mu-2} x \cos^\nu x\,dx;$$

4° en supposant u proportionnel à une puissance de $\cot x$ et v à une puissance de $\sin x$,

$$(9)\quad \int \sin^\mu x \cos^\nu x\,dx = \frac{\sin^{\mu+1} x \cos^{\nu-1} x}{\mu+\nu} + \frac{\nu-1}{\mu+\nu}\int \sin^\mu x \cos^{\nu-2} x\,dx;$$

5° en supposant u proportionnel à une puissance de $\cos x$ et v à une puissance de $\tang x$,

$$\int \sin^\mu x \cos^\nu x\,dx = \int \sin^{\mu+1} x \cos^{\nu+1} x\,d\,l\tang x$$
$$= \int \frac{\cos^{\mu+\nu+2} x}{\mu+1} \tang^{\mu+1} x\,d\,l\tang^{\mu+1} x$$
$$= \frac{\sin^{\mu+1} x \cos^{\nu+1} x}{\mu+1} - \int \frac{\sin^{\mu+1} x \cos^{\nu+1} x}{\mu+1}\,d\,l\cos^{\mu+\nu+2} x,$$

$$(10)\quad \int \sin^\mu x \cos^\nu x\,dx = \frac{\sin^{\mu+1} x \cos^{\nu+1} x}{\mu+1} + \frac{\mu+\nu+2}{\mu+1}\int \sin^{\mu+2} x \cos^\nu x\,dx;$$

6° en supposant u proportionnel à une puissance de $\sin x$ et v à une puissance de $\cot x$,

$$(11)\quad \int \sin^\mu x \cos^\nu x\,dx = -\frac{\sin^{\mu+1} x \cos^{\nu+1} x}{\nu+1} + \frac{\mu+\nu+2}{\nu+1}\int \sin^\mu x \cos^{\nu+2} x\,dx.$$

A l'aide des formules (6), (7), (8), (9), (10), (11), on pourra toujours transformer l'intégrale (1) en une autre intégrale de même espèce, mais dans laquelle chacune des quantités $\sin x$, $\cos x$ porte un exposant compris entre les limites -1, $+1$. En effet, pour atteindre ce but, il suffira d'employer une ou plusieurs fois de suite les formules (8) et (9), ou du moins l'une d'entre elles, si les exposants μ et ν sont positifs, ou si, l'un d'eux étant positif, l'autre est compris entre les limites o, — 1. On devra, au contraire, employer les formules (10) et (11) si les exposants μ et ν sont tous deux négatifs, ou si, l'un d'eux étant négatif, l'autre est compris entre les limites o et 1. Enfin, si, l'un des deux exposants étant positif, mais supérieur à l'unité, l'autre est négatif, mais inférieur à -1, on fera servir la formule (6) ou la formule (7) à la réduction simultanée des valeurs numériques de ces deux exposants, jusqu'à ce que l'un d'eux se trouve remplacé par une quantité comprise entre les limites -1 et $+1$.

Dans le cas particulier où l'on suppose $\mu+\nu=0$, les équations (6) et (7) deviennent

$$(12)\quad \left\{\begin{aligned} \int \operatorname{tang}^{\mu} x\,dx &= \frac{\operatorname{tang}^{\mu-1} x}{\mu-1} - \int \operatorname{tang}^{\mu-2} x\,dx,\\ \int \cot^{\nu} x\,dx &= -\frac{\cot^{\nu-1} x}{\nu-1} - \int \cot^{\nu-2} x\,dx. \end{aligned}\right.$$

Lorsque les exposants μ et ν ont des valeurs numériques entières, alors, en opérant comme il a été dit ci-dessus, on finit par réduire chacun d'eux à l'une des trois quantités $+1$, 0, -1, et l'intégrale (1) se trouve nécessairement remplacée par l'une des neuf suivantes :

$$\int dx = x + \mathfrak{C}, \qquad \int \sin x\,dx = -\cos x + \mathfrak{C},$$

$$\int \cos x\,dx = \sin x + \mathfrak{C}, \qquad \int \sin x \cos x\,dx = \tfrac{1}{2}\sin^2 x + \mathfrak{C},$$

$$\int \frac{\sin x\,dx}{\cos x} = -\tfrac{1}{2}\,\mathrm{l}\cos^2 x + \mathfrak{C},$$

$$\int \frac{\cos x\,dx}{\sin x} = \tfrac{1}{2}\,\mathrm{l}\sin^2 x + \mathfrak{C},$$

$$\int \frac{dx}{\cos x \sin x} = \tfrac{1}{2}\,\mathrm{l}\operatorname{tang}^2 x + \mathfrak{C},$$

$$\int \frac{dx}{\sin x} = \int \frac{\frac{1}{2}dx}{\sin\frac{x}{2}\cos\frac{x}{2}} = \tfrac{1}{2}\,\mathrm{l}\operatorname{tang}^2\frac{x}{2} + \mathfrak{C},$$

$$\int \frac{dx}{\cos x} = \int \frac{d(x+\frac{1}{2}\pi)}{\sin(x+\frac{1}{2}\pi)} = \tfrac{1}{2}\,\mathrm{l}\operatorname{tang}^2\left(\frac{x}{2}+\frac{\pi}{4}\right) + \mathfrak{C}.$$

Si l'on applique ces principes à la détermination des intégrales

$$\int \sin^n x\, dx,\quad \int \cos^n x\, dx,$$

$$\int \frac{\sin^n x}{\cos^n x} dx,\quad \int \frac{\cos^n x}{\sin^n x} dx,\quad \int \frac{dx}{\cos^n x},\quad \int \frac{dx}{\sin^n x},$$

n étant un nombre entier, on trouvera : 1° en supposant n pair,

$$\int \sin^n x\, dx = -\frac{\cos x}{n}\left[\sin^{n-1} x + \frac{n-1}{n-2}\sin^{n-3} x + \ldots + \frac{3.5\ldots(n-3)(n-1)}{2.4\ldots(n-4)(n-2)}\sin x\right] + \frac{1.3\ldots(n-3)(n-1)}{2.4\ldots(n-2)n} x + \mathcal{C},$$

$$\int \cos^n x\, dx = \frac{\sin x}{n}\left[\cos^{n-1} x + \frac{n-1}{n-2}\cos^{n-3} x + \ldots + \frac{3.5\ldots(n-3)(n-1)}{2.4\ldots(n-4)(n-2)}\cos x\right] + \frac{1.3\ldots(n-3)(n-1)}{2.4\ldots(n-2)n} x + \mathcal{C},$$

$$\int \operatorname{tang}^n x\, dx = \frac{\operatorname{tang}^{n-1} x}{n-1} - \frac{\operatorname{tang}^{n-3} x}{n-3} + \frac{\operatorname{tang}^{n-5} x}{n-5} - \ldots \pm \operatorname{tang} x \mp x + \mathcal{C},$$

$$\int \cot^n x\, dx = -\frac{\cot^{n-1} x}{n-1} + \frac{\cot^{n-3} x}{n-3} - \frac{\cot^{n-5} x}{n-5} + \ldots \pm \cot x \mp x + \mathcal{C},$$

$$\int \operatorname{séc}^n x\, dx = \frac{\sin x}{n-1}\left[\operatorname{séc}^{n-1} x + \frac{n-2}{n-3}\operatorname{séc}^{n-3} x + \ldots + \frac{2.4\ldots(n-4)(n-2)}{1.3\ldots(n-5)(n-3)}\operatorname{séc} x\right] + \mathcal{C},$$

$$\int \operatorname{coséc}^n x\, dx = -\frac{\cos x}{n-1}\left[\operatorname{coséc}^{n-1} x + \frac{n-2}{n-3}\operatorname{coséc}^{n-3} x + \ldots + \frac{2.4\ldots(n-4)(n-2)}{1.3\ldots(n-5)(n-3)}\operatorname{coséc} x\right] + \mathcal{C};$$

2° en supposant n impair,

$$\int \sin^n x\, dx = -\frac{\cos x}{n}\left[\sin^{n-1} x + \frac{n-1}{n-2}\sin^{n-3} x + \frac{(n-1)(n-3)}{(n-2)(n-4)}\sin^{n-3} x + \ldots + \frac{2.4\ldots(n-3)(n-1)}{1.3\ldots(n-4)(n-2)}\right] + \mathcal{C},$$

$$\int \cos^n x\, dx = \frac{\sin x}{n}\left[\cos^{n-1} x + \frac{n-1}{n-2}\cos^{n-3} x + \frac{(n-1)(n-3)}{(n-2)(n-4)}\cos^{n-5} x + \ldots + \frac{2.4\ldots(n-3)(n-1)}{1.3\ldots(n-4)(n-2)}\right] + \mathcal{C},$$

$$\int \operatorname{tang}^n x\, dx = \frac{\operatorname{tang}^{n-1} x}{n-1} - \frac{\operatorname{tang}^{n-3} x}{n-3} + \frac{\operatorname{tang}^{n-5} x}{n-5} - \ldots \pm \frac{\operatorname{tang}^2 x}{2} \pm \tfrac{1}{2}\,\mathrm{l}\cos^2 x + \mathcal{C},$$

$$\int \cot^n x\, dx = -\frac{\cot^{n-1} x}{n-1} + \frac{\cot^{n-3} x}{n-3} - \frac{\cot^{n-5} x}{n-5} + \ldots \mp \frac{\cot^2 x}{2} \mp \tfrac{1}{2}\,\mathrm{l}\sin^2 x + \mathcal{C},$$

$$\int \operatorname{séc}^n x\, dx = \frac{\sin x}{n-1}\left[\operatorname{séc}^{n-1} x + \frac{n-2}{n-3}\operatorname{séc}^{n-3} x + \ldots + \frac{3.5\ldots(n-2)}{2.4\ldots(n-3)}\operatorname{séc}^2 x\right] + \frac{1.3\ldots(n-2)}{2.4\ldots(n-1)}\tfrac{1}{2}\,\mathrm{l}\operatorname{tang}^2\left(\frac{x}{2}+\frac{\pi}{4}\right) + \mathcal{C},$$

$$\int \operatorname{coséc}^n x\, dx = -\frac{\cos x}{n-1}\left[\operatorname{coséc}^{n-1} x + \frac{n-2}{n-3}\operatorname{coséc}^{n-3} x + \ldots + \frac{3.5\ldots(n-2)}{2.4\ldots(n-3)}\operatorname{coséc}^2 x\right] + \frac{1.3\ldots(n-2)}{2.4\ldots(n-1)}\tfrac{1}{2}\,\mathrm{l}\operatorname{tang}^2\frac{x}{2} + \mathcal{C}.$$

Nous indiquerons, en finissant, plusieurs méthodes qui peuvent servir, comme les précédentes, à la réduction ou à la détermination de l'intégrale $\int \sin^{\pm m} x \cos^{\pm n} x\, dx$, m, n étant deux nombres entiers.

D'abord, il est clair qu'on réduira l'intégrale $\int \sin^{-m} x \cos^{-n} x\, dx$ à d'autres plus simples en multipliant une ou plusieurs fois la fonction sous le signe $\int$ par $\sin^2 x + \cos^2 x = 1$. De plus, on peut rendre rationnelle l'expression différentielle $\sin^{\pm m} x \cos^{\pm n} x\, dx$: 1° dans le cas où n est un nombre impair, en posant $\sin x = z$; 2° dans le cas où m est un nombre impair, en posant $\cos x = z$. Remarquons enfin que l'on obtiendra très facilement les valeurs des intégrales

$$\int \sin^m x\, dx, \quad \int \cos^n x\, dx, \quad \int \sin^m x \cos^n x\, dx$$

dès qu'on aura développé $\sin^m x$, $\cos^n x$ et $\sin^m x \cos^n x$ en fonctions linéaires de $\sin x$, $\sin 2x$, $\sin 3x$, ..., $\cos x$, $\cos 2x$, $\cos 3x$, ... à l'aide des formules établies dans le Chapitre VII de l'*Analyse algébrique* (1).

(1) *Œuvres de Cauchy*, S. II, T. III, p. 153.

TRENTE-DEUXIÈME LEÇON.

SUR LE PASSAGE DES INTÉGRALES INDÉFINIES AUX INTÉGRALES DÉFINIES.

Intégrer l'équation

$$dy = f(x)\,dx, \tag{1}$$

ou l'expression différentielle $f(x)\,dx$, *à partir* de $x = x_0$, c'est trouver une fonction continue de x qui ait la double propriété de donner pour différentielle $f(x)\,dx$ et de s'évanouir pour $x = x_0$. Cette fonction, devant être comprise dans la formule générale

$$\int f(x)\,dx = \int_{x_0}^{x} f(x)\,dx + \mathcal{C},$$

se réduira nécessairement à l'intégrale $\int_{x_0}^{x} f(x)\,dx$, si la fonction $f(x)$ est elle-même continue par rapport à x, entre les deux limites de cette intégrale. Concevons maintenant que, les deux fonctions $\varphi(x)$ et $\chi(x)$ étant continues entre ces limites, la valeur générale de y, tirée de l'équation (1), soit présentée sous la forme

$$\varphi(x) + \int \chi(x)\,dx.$$

La fonction cherchée sera évidemment égale à

$$\varphi(x) - \varphi(x_0) + \int_{x_0}^{x} \chi(x)\,dx.$$

En partant de cette remarque, on verra sans peine ce que deviennent les formules établies dans les Leçons précédentes, lorsqu'on assujettit les deux membres de chacune d'elles à s'évanouir pour une valeur donnée de x. Ainsi, par exemple, on reconnaîtra facilement que les équations (9) et (12) de la vingt-septième Leçon, savoir

$$\int f(x)\,dx = \int \mathfrak{f}(z)\,dz \quad \text{et} \quad \int u\,dv = uv - \int v\,du$$

ou

$$\int uv'\,dx = uv - \int vu'\,dx$$

entraînent les suivantes

$$\int_{x_0}^{x} f(x)\,dx = \int_{z_0}^{z} \mathfrak{f}(z)\,dz \tag{2}$$

et

$$\int_{x_0}^{x} uv'\,dx = uv - u_0 v_0 - \int_{x_0}^{x} vu'\,dx, \tag{3}$$

z_0, u_0 et v_0 désignant les valeurs de z, u et v correspondantes à $x = x_0$. Si, dans les formules (2) et (3), on pose $x = \mathrm{X}$, on trouvera, en appelant Z, U, V les valeurs correspondantes de z, u, v,

$$\int_{x_0}^{\mathrm{X}} f(x)\,dx = \int_{z_0}^{\mathrm{Z}} \mathfrak{f}(z)\,dz \tag{4}$$

et

$$\int_{x_0}^{\mathrm{X}} uv'\,dx = \mathrm{UV} - u_0 v_0 - \int_{x_0}^{\mathrm{X}} vu'\,dx. \tag{5}$$

Les équations (4) et (5) sont celles que l'on doit substituer aux formules (9) et (12) de la vingt-septième Leçon, lorsqu'il s'agit d'appliquer l'intégration par substitution ou par parties à l'évaluation ou à la réduction des intégrales définies; tandis que les intégrales de cette espèce, déduites de l'intégration immédiate ou par décomposition, sont données par la formule (18) de la vingt-sixième Leçon, ou par la formule (2) de la vingt-troisième. Ces principes étant admis, les méthodes exposées dans les Leçons précédentes pourront servir à déterminer un grand nombre d'intégrales définies, parmi lesquelles je vais citer quelques-unes des plus remarquables.

Si l'on désigne par m un nombre entier, par a, β, μ, ν des quantités positives, par α, A, B, C, ... des quantités quelconques, enfin par ε un nombre infiniment petit, on tirera des formules établies dans les vingt-septième et vingt-huitième Leçons

$$\int_0^1 x^{a-1}\,dx = \frac{1}{a}, \qquad \int_0^1 x^{-a-1}\,dx = \infty,$$

$$\int_0^\infty e^{-x}\,dx = 1, \qquad \int_0^\infty e^{ax}\,dx = \infty, \qquad \int_0^\infty e^{-ax}\,dx = \frac{1}{a},$$

$$\int_0^1 (A + Bx + Cx^2 + \ldots)\,dx = A + \frac{B}{2} + \frac{C}{3} + \ldots,$$

$$\int_0^1 \frac{x^m - 1}{x - 1}\,dx = 1 + \frac{1}{2} + \frac{1}{3} + \ldots + \frac{1}{m}, \qquad \int_0^\infty \frac{dx}{1 + x^2} = \frac{\pi}{2},$$

$$\int_{-\infty}^{\infty} \frac{dx}{x^2 + a^2} = \frac{\pi}{a}, \qquad \int_{-\frac{1}{\varepsilon\mu}}^{\frac{1}{\nu\varepsilon}} \frac{x\,dx}{x^2 + a^2} = l\frac{\mu}{\nu},$$

$$\int_{-\frac{1}{\varepsilon}}^{\frac{1}{\varepsilon}} \frac{x\,dx}{x^2 + a^2} = 0, \qquad \int_0^a \frac{dx}{\sqrt{a^2 - x^2}} = \frac{\pi}{2}.$$

$$\int_{-\infty}^{\infty} \frac{dx}{(x - \alpha)^2 + \beta^2} = \frac{\pi}{\beta}, \qquad \int_{-\frac{1}{\varepsilon\mu}}^{\frac{1}{\varepsilon\nu}} \frac{(x - \alpha)\,dx}{(x - \alpha)^2 + \beta^2} = l\frac{\mu}{\nu}, \qquad \int_{-\frac{1}{\varepsilon}}^{\frac{1}{\varepsilon}} \frac{(x - \alpha)\,dx}{(x - \alpha)^2 + \beta^2} = 0,$$

$$\int_{-\frac{1}{\varepsilon\mu}}^{\frac{1}{\varepsilon\nu}} \left(\frac{A - B\sqrt{-1}}{x - \alpha - \beta\sqrt{-1}} + \frac{A + B\sqrt{-1}}{x - \alpha + \beta\sqrt{-1}}\right) dx = 2A\,l\frac{\mu}{\nu} + 2\pi B,$$

$$\int_{-\frac{1}{\varepsilon}}^{\frac{1}{\varepsilon}} \left(\frac{A - B\sqrt{-1}}{x - \alpha - \beta\sqrt{-1}} + \frac{A + B\sqrt{-1}}{x - \alpha + \beta\sqrt{-1}}\right) dx = 2\pi B.$$

De plus, si l'on représente généralement par $\frac{f(x)}{F(x)}$ une fraction rationnelle dont le dénominateur ne puisse s'évanouir pour aucune valeur réelle de x, par x_1, x_2, ... les racines imaginaires de l'équation $F(x) = 0$, dans lesquelles le coefficient de $\sqrt{-1}$ est positif, et par $A_1 - B_1\sqrt{-1}$, $A_2 - B_2\sqrt{-1}$, ... les valeurs de la fraction $\frac{f(x)}{F(x)}$ correspondantes à ces racines, on obtiendra la formule

$$(6)\qquad \int_{-\frac{1}{\varepsilon\mu}}^{\frac{1}{\varepsilon\nu}} \frac{f(x)}{F(x)}dx = 2(A_1 + A_2 + \ldots)\,l\frac{\mu}{\nu} + 2\pi(B_1 + B_2 + \ldots).$$

Le second membre de cette formule cessera de renfermer le facteur arbitraire $l\frac{\mu}{\nu}$, et l'on aura en conséquence

$$(7)\qquad \int_{-\infty}^{+\infty} \frac{f(x)}{F(x)}dx = 2\pi(B_1 + B_2 + \ldots),$$

toutes les fois que la somme $A_1 + A_2 + \ldots$ s'évanouira. Or, cette condition sera remplie si le degré de $F(x)$ surpasse au moins de deux unités le degré de $f(x)$. On arrive au même résultat en partant de la remarque qui termine la vingt-cinquième Leçon.

Si le degré de la fonction $F(x)$ surpassait d'une unité seulement celui de $f(x)$, l'intégrale $\int_{-\infty}^{\infty} \frac{f(x)}{F(x)}dx$ deviendrait indéterminée, et sa valeur générale, donnée par l'équation (6), renfermerait la constante arbitraire $\frac{\mu}{\nu}$. Mais, en réduisant cette constante arbitraire à l'unité, on retrouverait l'équation (7), qui, dans ce cas, fournirait seulement la valeur principale de l'intégrale en question. Ajoutons que cette valeur principale resterait la même, si, outre les racines imaginaires x, x_2, ..., l'équation $F(x) = 0$ admettait des racines réelles. La raison en est que toutes les intégrales de la forme $\int_{-\infty}^{\infty} \frac{A\,dx}{x \pm a}$ ont des valeurs principales nulles.

Exemples. — Soient m et n deux nombres entiers, m étant $< n$. Si l'on fait $\frac{2m+1}{2n} = a$, on trouvera

$$\int_{-\infty}^{\infty} \frac{x^{2m}\,dx}{1 - x^{2n}} = \frac{2\pi}{2n}[\sin a\pi + \sin 3a\pi + \ldots + \sin(2n-1)a\pi]$$

$$= \frac{\pi}{n \sin a\pi} = \frac{\pi}{n \sin \frac{(2m+1)\pi}{2n}}.$$

On en conclut, en posant $z = x^{2n}$,

$$(8)\qquad \int_0^\infty \frac{z^{a-1}\,dz}{1+z} = 2n\int_0^\infty \frac{x^{2m}\,dx}{1+x^{2n}} = n\int_{-\infty}^\infty \frac{x^{2m}\,dx}{1+x^{2n}} = \frac{\pi}{\sin a\pi}.$$

De même, en réduisant chaque intégrale indéterminée à sa valeur principale, on trouvera

$$\int_{-\infty}^\infty \frac{x^{2m}\,dx}{1-x^{2n}} = \frac{2\pi}{2n}[\sin 2a\pi + \sin 4a\pi + \ldots + \sin(2n-2)a\pi] = \frac{\pi}{n\,\mathrm{tang}\,a\pi} = \frac{\pi}{n\,\mathrm{tang}\,\frac{(2m+1)\pi}{2n}},$$

$$(9)\qquad \int_0^\infty \frac{z^{a-1}\,dz}{1-z} = 2n\int_0^\infty \frac{x^{2m}\,dx}{1-x^{2n}} = n\int_{-\infty}^\infty \frac{x^{2m}\,dx}{1-x^{2n}} = \frac{\pi}{\mathrm{tang}\,a\pi}.$$

On déduira encore des formules établies dans les vingt-neuvième et trentième Leçons

$$\int_0^\infty \frac{x^{m-1}\,dx}{(1+x)^n} = \frac{m-1}{n-m}\int_0^\infty \frac{x^{m-2}\,dx}{(1+x)^n}$$

$$= \frac{(m-1)\ldots 3.2.1}{(n-m)\ldots(n-3)(n-2)}\int_0^\infty \frac{dx}{(1+x)^n} = \frac{1.2.3\ldots(m-1)\times 1.2.3\ldots(n-m-1)}{1.2.3\ldots(n-1)},$$

$$\int_0^\infty \frac{dy}{(1+y^2)^n} = \frac{2n-3}{2n-2}\int_0^\infty \frac{dy}{(1+y^2)^{n-1}} = \frac{1.3.5\ldots(2n-3)}{2.4.6\ldots(2n-2)}\int_0^\infty \frac{dy}{1+y^2} = \frac{1.3.5\ldots(2n-3)}{2.4.6\ldots(2n-2)}\frac{\pi}{2},$$

$$\int_0^\infty z^n e^{-z}\,dz = 1.2.3\ldots n,$$

$$\int_0^\infty z^n e^{-az}\,dz = \frac{1.2.3\ldots n}{a^{n+1}},$$

$$\int_0^\infty z^n e^{-az}(\cos bz + \sqrt{-1}\sin bz)\,dz = \frac{1.2.3\ldots n}{(a+b\sqrt{-1})^{n+1}},$$

$$\int_0^\infty z^n e^{-az}\cos bz\,dz = \frac{1.2.3\ldots n}{(a^2+b^2)^{\frac{n+1}{2}}}\cos\left[(n+1)\,\mathrm{arc\,tang}\,\frac{b}{a}\right],$$

$$\int_0^\infty e^{-az}\cos bz\,dz = \frac{a}{a^2+b^2},$$

$$\int_0^\infty z^n e^{-az}\sin bz\,dz = \frac{1.2.3\ldots n}{(a^2+b^2)^{\frac{n+1}{2}}}\sin\left[(n+1)\,\mathrm{arc\,tang}\,\frac{b}{a}\right],$$

$$\int_0^\infty e^{-az}\sin bz\,dz = \frac{b}{a^2+b^2}.$$

Enfin, on tirera des formules établies dans la trente et unième Leçon, 1° en supposant n pair,

$$\int_0^{\frac{\pi}{2}} \sin^n x\,dx = \frac{1.3.5\ldots(n-1)}{2.4.6\ldots n}\,\frac{\pi}{2} = \int_0^{\frac{\pi}{2}} \cos^n x\,dx,$$

$$\int_0^{\frac{\pi}{4}} \operatorname{tang}^n x\,dx = \frac{1}{n-1} - \frac{1}{n-3} + \ldots \mp \frac{1}{3} \pm 1 \mp \frac{\pi}{4},$$

2° en supposant n impair,

$$\int_0^{\frac{\pi}{2}} \sin^n x\,dx = \frac{2.4.6\ldots(n-1)}{1.3.5\ldots(n-2)n} = \int_0^{\frac{\pi}{2}} \cos^n x\,dx,$$

$$\int_0^{\frac{\pi}{4}} \operatorname{tang}^n x\,dx = \frac{1}{n-1} - \frac{1}{n-3} + \ldots \mp \frac{1}{4} \pm \frac{1}{2} \pm \frac{1}{2}\,\mathrm{l}\frac{1}{2}.$$

Les méthodes d'intégration que nous avons indiquées fournissent souvent les moyens de transformer une intégrale définie donnée en une autre plus simple. Ainsi, par exemple, quelle que soit la fonction $f(x)$, on tirera des formules établies dans la vingt-septième Leçon

$$(10)\quad \begin{cases} \displaystyle\int_{-\infty}^{\infty} f(x \pm a)\,dx = \int_{-\infty}^{\infty} f(z)\,dz = \int_{-\infty}^{\infty} f(x)\,dx, \\ \displaystyle\int_0^{\infty} f(ax)\,dx = \frac{1}{a}\int_0^{\infty} f(x)\,dx, \\ \ldots\ldots\ldots\ldots\ldots\ldots\ldots\ldots, \\ \displaystyle\int_0^{\infty} x^{\mu-1}e^{-ax}\,dx = \frac{1}{a^{\mu}}\int_0^{\infty} x^{\mu-1}e^{-x}\,dx, \\ \displaystyle\int_0^{\infty} \frac{\sin ax}{x}\,dx = \int_0^{\infty} \frac{\sin x}{x}\,dx, \\ \ldots\ldots\ldots\ldots\ldots\ldots\ldots\ldots \end{cases}$$

Lorsque, dans une intégrale relative à la variable x, la fonction sous le signe $\int$ renferme une autre quantité μ dont la valeur est arbitraire, on peut considérer cette quantité μ comme une nouvelle variable, et l'intégrale elle-même comme une fonction de μ. Parmi les fonctions de cette espèce, on doit remarquer celle que M. Legendre a désignée par la lettre Γ, et qui, pour des valeurs positives de μ, se trouve définie par l'équation

$$\Gamma(\mu) = \int_0^1 \left(\mathrm{l}\frac{1}{x}\right)^{\mu-1} dx = \int_0^\infty z^{\mu-1} e^{-z}\, dz. \tag{11}$$

Cette fonction, dont Euler et M. Legendre se sont beaucoup occupés, satisfait, en vertu de ce qui précède, aux équations

$$\left\{\begin{aligned} &\Gamma(1)=1,\quad \Gamma(2)=1,\quad \Gamma(3)=1.2,\quad \ldots,\quad \Gamma(n)=1.2.3\ldots(n-1),\\ &\int_0^\infty z^{n-1} e^{-az}\, dz = \frac{\Gamma(n)}{a^n},\end{aligned}\right. \tag{12}$$

$$\left\{\begin{aligned} &\int_0^\infty z^{n-1} e^{-az} \cos bz\, dz = \frac{\Gamma(n)\cos\left(n \operatorname{arc\,tang}\frac{b}{a}\right)}{(a^2+b^2)^{\frac{n}{2}}},\\ &\int_0^\infty z^{n-1} e^{-az} \sin bz\, dz = \frac{\Gamma(n)\sin\left(n \operatorname{arc\,tang}\frac{b}{a}\right)}{(a^2+b^2)^{\frac{n}{2}}},\end{aligned}\right. \tag{13}$$

$$\int_0^\infty z^{\mu-1} e^{-az}\, dz = \frac{\Gamma(\mu)}{a^\mu},\qquad \int_0^\infty \frac{x^{m-1}\, dx}{(1+x)^n} = \frac{\Gamma(m)\,\Gamma(n-m)}{\Gamma(n)}, \tag{14}$$

dans lesquelles n désigne un nombre entier, m un autre nombre entier inférieur à n, et μ un nombre quelconque.

TRENTE-TROISIÈME LEÇON.

DIFFÉRENTIATION ET INTÉGRATION SOUS LE SIGNE $\int$. INTÉGRATION DES FORMULES DIFFÉRENTIELLES QUI RENFERMENT PLUSIEURS VARIABLES INDÉPENDANTES.

Soient x, y deux variables indépendantes, $f(x,y)$ une fonction de ces deux variables, et x_0, X deux valeurs particulières de x. On trouvera, en posant $\Delta y = \alpha\, dy$ et employant les notations adoptées dans la treizième Leçon,

$$\Delta_y \int_{x_0}^{X} f(x,y)\,dx = \int_{x_0}^{X} f(x, y+\Delta y)\,dx - \int_{x_0}^{X} f(x,y)\,dx = \int_{x_0}^{X} \Delta_y f(x,y)\,dx,$$

puis, en divisant par $\alpha\, dy$ et faisant converger α vers la limite zéro,

$$\frac{d}{dy}\int_{x_0}^{X} f(x,y)\,dx = \int_{x_0}^{X} \frac{d f(x,y)}{dy}\,dx. \tag{1}$$

On aura de même

$$\frac{d}{dy}\int_{x_0}^{x} f(x,y)\,dx = \int_{x_0}^{x} \frac{d f(x,y)}{dy}\,dx. \tag{2}$$

Il suit de ces formules que, pour différentier par rapport à y les intégrales $\int_{x_0}^{X} f(x,y)\,dx$, $\int_{x_0}^{x} f(x,y)\,dx$, il suffit de *différentier sous le signe* $\int$ la fonction $f(x,y)$. Il en résulte encore que les équations

$$(3)\qquad \begin{cases} \displaystyle\int_{x_0}^{X} f(x,y)\,dx = \mathscr{F}(y), \\ \displaystyle\int_{x_0}^{x} f(x,y)\,dx = \mathscr{F}(x,y), \\ \displaystyle\int f(x,y)\,dx = \mathscr{F}(x,y) + \mathfrak{C} \end{cases}$$

entraînent toujours les suivantes :

$$(4)\quad\left\{\begin{aligned}
&\int_{x_0}^{X}\frac{df(x,y)}{dy}dx=\frac{d\mathfrak{F}(y)}{dy},\\
&\int_{x_0}^{x}\frac{df(x,y)}{dy}dx=\frac{d\mathfrak{F}(x,y)}{dy},\\
&\int\frac{df(x,y)}{dy}dx=\frac{d\mathfrak{F}(x,y)}{dy}+\mathfrak{C},
\end{aligned}\right.$$

$$(5)\quad\left\{\begin{aligned}
&\int_{x_0}^{X}\frac{d^n f(x,y)}{dy^n}dx=\frac{d^n\mathfrak{F}(y)}{dy^n},\\
&\int_{x_0}^{x}\frac{d^n f(x,y)}{dy^n}dx=\frac{d^n\mathfrak{F}(x,y)}{dy^n},\\
&\int\frac{d^n f(x,y)}{dy^n}dx=\frac{d^n\mathfrak{F}(x,y)}{dy^n}+\mathfrak{C}.
\end{aligned}\right.$$

Exemples. — En différentiant n fois de suite par rapport à la quantité a chacune des intégrales

$$\int\frac{dx}{x^2+a},\quad\int_0^\infty\frac{dx}{x^2+a},\quad\int e^{\pm ax}\,dx,\quad\int_0^\infty e^{-ax}\,dx,\quad\int_0^\infty x^{\mu-1}e^{-ax}\,dx,$$

on trouvera

$$\int\frac{1.2\ldots n\,dx}{(x^2+a)^{n+1}}=\pm\frac{d^n\left(\dfrac{1}{\sqrt{a}}\operatorname{arc\,tang}\dfrac{x}{\sqrt{a}}\right)}{da^n}+\mathfrak{C},$$

$$\int_0^\infty\frac{1.2\ldots n\,dx}{(x^2+a)^{n+1}}=\pm\frac{\pi}{2}\,\frac{d^n\left(\dfrac{1}{\sqrt{a}}\right)}{da^n}=\frac{1.3.5\ldots(2n-1)\pi}{2^n a^n\sqrt{a}},$$

$$\int_0^\infty\frac{dx}{(1+x^2)^{n+1}}=\frac{1.3.5\ldots(2n-1)}{2.4.6\ldots(2n)}\,\frac{\pi}{2},$$

$$\int x^n e^{\pm ax}\,dx=\pm\frac{d^n(a^{-1}e^{\pm ax})}{da^n}+\mathfrak{C},$$

$$\int_0^\infty x^n e^{-ax}\,dx=\pm\frac{d^n(a^{-1})}{da^n}=\frac{1.2.3\ldots n}{a^{n+1}},$$

$$\int_0^\infty x^{\mu+n-1}e^{-ax}\,dx=\frac{\mu(\mu+1)\ldots(\mu+n-1)}{a^{\mu+n}}\,\Gamma(\mu),$$

$$\Gamma(\mu+n)=\mu(\mu+1)\ldots(\mu+n-1)\,\Gamma(\mu).$$

Concevons maintenant que la fonction $f(x,y)$ soit continue par rapport aux deux variables x et y, toutes les fois que x reste compris entre les limites x_0, X, et y entre les limites y_0, Y. Il est aisé de voir que, pour de semblables valeurs de x et de y, la seconde des équations (3) entraînera la suivante :

$$(6) \qquad \int_{x_0}^{x}\int_{y_0}^{y} f(x,y)\,dy\,dx = \int_{y_0}^{y} \mathfrak{F}(x,y)\,dy = \int_{y_0}^{y}\int_{x_0}^{x} f(x,y)\,dy\,dx.$$

En effet, on tirera de la formule (2)

$$\frac{d}{dy}\int_{x_0}^{x}\int_{y_0}^{y} f(x,y)\,dx\,dy = \int_{x_0}^{x} f(x,y)\,dx,$$

puis, en multipliant les deux membres par dy et les intégrant par rapport à y, à partir de $y = 0$, on retrouvera la formule (6). On aura par suite

$$(7) \qquad \begin{cases} \displaystyle\int_{x_0}^{X}\int_{y_0}^{y} f(x,y)\,dx\,dy = \int_{y_0}^{y}\int_{x_0}^{X} f(x,y)\,dy\,dx, \\ \displaystyle\int_{x_0}^{X}\int_{y_0}^{Y} f(x,y)\,dx\,dy = \int_{y_0}^{Y}\int_{x_0}^{X} f(x,y)\,dy\,dx. \end{cases}$$

Il résulte des formules (6) et (7) que, pour intégrer par rapport à y, et à partir de $y = y_0$, les expressions $\int_{x_0}^{x} f(x,y)\,dx$, $\int_{x_0}^{X} f(x,y)\,dx$, multipliées par la différentielle dy, il suffit d'*intégrer sous le signe* $\int$, et à partir de $y = y_0$, la fonction $f(x,y)$ multipliée par cette même différentielle.

Souvent l'intégration sous le signe $\int$ fait connaître les valeurs de certaines intégrales définies, quoique l'on n'ait aucun moyen d'évaluer les intégrales indéfinies correspondantes. Ainsi, quoique l'on ne sache pas déterminer en fonction de x l'intégrale indéfinie $\int \frac{x^{\mu} - x^{\nu}}{lx}\frac{dx}{x}$ (μ, ν étant deux quantités positives), néanmoins, comme on a généralement, pour des valeurs positives de μ,

$$(8) \qquad \int_0^1 x^{\mu-1}\,dx = \frac{1}{\mu},$$

on en conclut, en multipliant les deux membres par $d\mu$, puis intégrant par rapport à μ, à partir de $\mu = \nu$,

$$\int_0^1 \frac{x^\mu - x^\nu}{1x} \frac{dx}{x} = 1\frac{\mu}{\nu}. \tag{9}$$

Parmi les formules de ce genre, on doit remarquer encore celles que nous allons établir.

Si l'on désigne par a, b, c des quantités positives, une intégration sous le signe $\int$, relative à la quantité a, effectuée à partir de $a = c$ et appliquée aux intégrales définies

$$\left\{\begin{aligned} &\int_0^\infty e^{-ax}\,dx = \frac{1}{a}, \\ &\int_0^\infty e^{-ax}\cos bx\,dx = \frac{a}{a^2+b^2}, \\ &\int_0^\infty e^{-ax}\sin bx\,dx = \frac{b}{a^2+b^2}, \end{aligned}\right. \tag{10}$$

produira les formules

$$\left\{\begin{aligned} &\int_0^\infty \frac{e^{-cx}-e^{-ax}}{x}\,dx = 1\frac{a}{c}, \\ &\int_0^\infty \frac{e^{-cx}-e^{-ax}}{x}\cos bx\,dx = \tfrac{1}{2}1\frac{a^2+b^2}{c^2+b^2}, \\ &\int_0^\infty \frac{e^{-cx}-e^{-ax}}{x}\sin bx\,dx = \operatorname{arc\,tang}\frac{a}{b} - \operatorname{arc\,tang}\frac{c}{b}, \end{aligned}\right. \tag{11}$$

desquelles on tirera, en posant $c = 0$ et $a = \infty$,

$$\int_0^\infty \frac{dx}{x} = \infty, \qquad \int_0^\infty \cos bx \frac{dx}{x} = \infty, \qquad \int_0^\infty \sin bx \frac{dx}{x} = \frac{\pi}{2}. \tag{12}$$

De plus, comme on a, pour des valeurs positives de b (*voir* la trente-deuxième Leçon),

$$\int_0^\infty z^{b-1} e^{-z(1+x)}\,dz = \frac{\Gamma(b)}{(1+x)^b}$$

et, par suite,

$$\frac{x^{a-1}}{(1+x)^b} = \frac{1}{\Gamma(b)} \int_0^\infty x^{a-1} e^{-zx} z^{b-1} e^{-z}\,dz,$$

on en conclura, en supposant a et b positifs, ainsi que $b-a$,

$$(13)\qquad \int_0^\infty \frac{x^{a-1}\,dx}{(1+x)^b} = \frac{\Gamma(a)}{\Gamma(b)}\int_0^\infty z^{b-a-1}e^{-z}\,dz = \frac{\Gamma(a)\,\Gamma(b-a)}{\Gamma(b)};$$

puis en faisant $b=1$, prenant pour a un nombre de la forme $\frac{2m+1}{2n}$, et ayant égard à l'équation $\Gamma(1)=1$, on trouvera [*voir* la formule (8), trente-deuxième Leçon]

$$(14)\qquad \begin{cases} \Gamma(a)\,\Gamma(1-a) = \dfrac{\pi}{\sin a\pi}, \\ [\Gamma(\tfrac{1}{2})]^2 = \pi, \qquad \Gamma(\tfrac{1}{2}) = \pi^{\frac{1}{2}} = \displaystyle\int_0^\infty z^{-\frac{1}{2}}e^{-z}\,dz = \int_{-\infty}^\infty e^{-x^2}\,dx. \end{cases}$$

Soient maintenant $\varphi(x,y)$, $\chi(x,y)$ deux fonctions propres à vérifier l'équation

$$(15)\qquad \frac{d\varphi(x,y)}{dy} = \frac{d\chi(x,y)}{dx}.$$

Si l'on substitue successivement les deux membres de cette équation à la place de $f(x,y)$ dans la formule (6), on obtiendra la suivante :

$$(16)\qquad \int_{x_0}^{x} [\varphi(x,y)-\varphi(x,y_0)]\,dx = \int_{y_0}^{y} [\chi(x,y)-\chi(x_0,y)]\,dy.$$

Celle-ci subsiste toutes les fois que les fonctions $\varphi(x,y)$, $\chi(x,y)$ restent l'une et l'autre finies et continues par rapport aux variables x et y, entre les limites des intégrations.

Concevons à présent que l'on cherche une fonction de u propre à vérifier l'équation

$$(17)\qquad du = \varphi(x,y)\,dx + \chi(x,y)\,dy$$

ou, ce qui revient au même, les deux suivantes :

$$(18)\qquad \frac{du}{dx} = \varphi(x,y),$$

$$(19)\qquad \frac{du}{dy} = \chi(x,y).$$

On ne pourra, évidemment, y parvenir que dans le cas où la formule (15), dont chaque membre sera équivalent à $\frac{d^2 u}{dx\,dy}$, se trouvera satisfaite. J'ajoute que, en supposant cette condition remplie, on résoudra facilement la question proposée. En effet, soient x_0 et y_0 des valeurs particulières de x, y, et $\mathfrak{C}$ une constante arbitraire. Pour vérifier l'équation (18), il suffira de prendre

$$u = \int_{x_0}^{x} \varphi(x, y)\,dx + v, \tag{20}$$

v désignant une fonction arbitraire de la variable y; et, comme on tire de la formule (20)

$$\begin{aligned} \frac{du}{dy} = \int_{x_0}^{x} \frac{d\varphi(x, y)}{dy}\,dx + \frac{dv}{dy} &= \int_{x_0}^{x} \frac{d\chi(x, y)}{dx}\,dx + \frac{dv}{dy} \\ &= \chi(x, y) - \chi(x_0, y) + \frac{dv}{dy}, \end{aligned}$$

il est clair qu'on vérifiera en outre l'équation (19) si l'on pose

$$\frac{dv}{dy} - \chi(x_0, y) = 0, \qquad v = \int \chi(x_0, y)\,dy = \int_{y_0}^{y} \chi(x_0, y)\,dy + \mathfrak{C}. \tag{21}$$

Par conséquent, la valeur générale de u sera

$$\left\{ \begin{aligned} u &= \int_{x_0}^{x} \varphi(x, y)\,dx + \int \chi(x_0, y)\,dy \\ &= \int_{x_0}^{x} \varphi(x, y)\,dx + \int_{y_0}^{y} \chi(x_0, y)\,dy + \mathfrak{C}. \end{aligned} \right. \tag{22}$$

Lorsque, dans les équations précédentes, on échange entre elles les variables x, y, on obtient une seconde valeur de u qui s'accorde évidemment avec la première, en vertu de la formule (16).

On intégrerait avec la même facilité la différentielle d'une fonction de trois, quatre, ... variables indépendantes, et l'on prouverait, par exemple, que, si les conditions

$$(23)\quad \left\{\begin{aligned} \frac{d\chi(x,y,z)}{dz} &= \frac{d\psi(x,y,z)}{dy},\\ \frac{d\psi(x,y,z)}{dx} &= \frac{d\varphi(x,y,z)}{dz},\\ \frac{d\varphi(x,y,z)}{dy} &= \frac{d\chi(x,y,z)}{dx} \end{aligned}\right.$$

se trouvent remplies, la valeur générale de u propre à vérifier l'équation

$$(24)\qquad du = \varphi(x,y,z)\,dx + \chi(x,y,z)\,dy + \psi(x,y,z)\,dz$$

sera

$$(25)\quad u = \int_{x_0}^{x} \varphi(x,y,z)\,dx + \int_{y_0}^{y} \chi(x_0,y,z)\,dy + \int_{z_0}^{z} \psi(x_0,y_0,z)\,dz + \mathfrak{C},$$

x_0, y_0, z_0 désignant des valeurs particulières des variables x, y, z.

TRENTE-QUATRIÈME LEÇON.

COMPARAISON DES DEUX ESPÈCES D'INTÉGRALES SIMPLES QUI RÉSULTENT DANS CERTAINS CAS D'UNE INTÉGRATION DOUBLE.

Concevons que l'équation (15) de la Leçon précédente soit vérifiée. Si l'on intègre deux fois cette équation, savoir une fois par rapport à x entre les limites x_0, X, et une fois par rapport à y entre les limites y_0, Y, on trouvera

$$(1)\qquad \int_{x_0}^{X} [\varphi(x, Y) - \varphi(x, y_0)]\, dx = \int_{y_0}^{Y} [\chi(X, y) - \chi(x_0, y)]\, dy.$$

Cette dernière formule établit une relation digne de remarque entre les intégrales qu'elle renferme. Mais elle cesse d'être exacte, lorsque les fonctions $\varphi(x, y)$, $\chi(x, y)$ deviennent infinies pour un ou plusieurs systèmes de valeurs de x et de y compris entre les limites $x = x_0$, $x = X$, $y = y_0$, $y = Y$. Imaginons d'abord que ces systèmes se réduisent à un seul, savoir $x = a$, $y = b$. Dans ce cas particulier, les expressions déduites par une intégration double des deux membres de la formule (15) (trente-troisième Leçon) pourront différer l'une de l'autre. Mais elles redeviendront toujours égales, si dans le calcul on a eu soin de remplacer chaque intégrale relative à x par sa valeur principale. Cette observation suffit pour montrer de quelle manière l'équation (1) devra être modifiée. En effet, si l'on désigne par ε un nombre infiniment petit, on trouvera, dans l'hypothèse admise,

$$(2)\qquad \left\{\begin{aligned} &\int_{x_0}^{a-\varepsilon} [\varphi(x, Y) - \varphi(x, y_0)]\, dx + \int_{a+\varepsilon}^{X} [\varphi(x, Y) - \varphi(x, y_0)]\, dx \\ &\quad = \int_{y_0}^{Y} [\chi(X, y) - \chi(a+\varepsilon, y) + \chi(a-\varepsilon, y) - \chi(x_0, y)]\, dy; \end{aligned}\right.$$

puis l'on en conclura, en faisant converger ε vers la limite zéro,

$$(3)\qquad \int_{x_0}^{X}[\varphi(x,Y)-\varphi(x,y_0)]\,dx=\int_{x_0}^{X}[\chi(X,y)-\chi(x_0,y)]\,dy-\Delta,$$

la valeur de Δ étant déterminée par la formule

$$(4)\qquad \Delta=\lim\int_{y_0}^{Y}[\chi(a+\varepsilon,y)-\chi(a-\varepsilon,y)]\,dy.$$

Dans le cas général, Δ sera la somme de plusieurs termes semblables au second membre de l'équation (4).

Exemple. — Si l'on pose

$$\varphi(x,y)=\frac{-y}{x^2+y^2},\qquad \chi(x,y)=\frac{x}{x^2+y^2},$$
$$x_0=-1,\qquad X=1,$$
$$y_0=-1,\qquad Y=1,$$

les équations (3) et (4) donneront

$$\int_{-1}^{1}\frac{-2\,dx}{1+x^2}=\int_{-1}^{1}\frac{2\,dy}{1+y^2}-\Delta,\qquad \Delta=\lim\int_{-1}^{1}\frac{2\varepsilon\,dy}{\varepsilon^2+y^2}=2\pi.$$

Il est facile de voir que les fonctions $\varphi(x,y)$, $\chi(x,y)$ vérifieront l'équation (15) de la trente-troisième Leçon, si l'on a

$$\varphi(x,y)\,dx+\chi(x,y)\,dy=f(u)\,du$$

et, par suite,

$$(5)\qquad \varphi(x,y)=f(u)\frac{du}{dx},\qquad \chi(x,y)=f(u)\frac{du}{dy},$$

u désignant une fonction quelconque des variables x, y.

Il est encore facile de s'assurer que les formules (1) et (3) subsistent sous les conditions énoncées, dans le cas même où les fonctions $\varphi(x,y)$, $\chi(x,y)$ deviennent imaginaires. Concevons, par exemple, que, la fonction $f(x)$ étant algébrique, on pose

$$u=x+y\sqrt{-1}.$$

On tirera des équations (5)

$$\varphi(x,y)=f(x+y\sqrt{-1}),\qquad \chi(x,y)=\sqrt{-1}\,f(x+y\sqrt{-1}),$$

et de la formule (3)

$$(6)\qquad \left\{\begin{aligned}&\int_{x_0}^{X}[f(x+Y\sqrt{-1})-f(x+y_0\sqrt{-1})]\,dx\\&\quad=\sqrt{-1}\int_{y_0}^{Y}[f(X+y\sqrt{-1})-f(x_0+y\sqrt{-1})]\,dy-\Delta.\end{aligned}\right.$$

Dans cette dernière, Δ s'évanouira si la fonction $f(x+y\sqrt{-1})$ reste finie et continue pour toutes les valeurs de x et de y comprises entre les limites $x=x_0$, $x=X$, $y=y_0$, $y=Y$. Mais, si, entre ces mêmes limites, la fonction $f(x+y\sqrt{-1})$ devient infinie pour le système de valeurs $x=a$, $y=b$, alors la valeur de Δ sera donnée par l'équation (4); et, si l'on fait, pour abréger,

$$(7)\qquad \left\{\begin{aligned}&(x-a-b\sqrt{-1})\,f(x)=\mathfrak{F}(x),\\&y=b+\varepsilon z,\qquad z_0=-\frac{b-y_0}{\varepsilon},\qquad Z=\frac{Y-b}{\varepsilon},\end{aligned}\right.$$

on trouvera

$$(8)\qquad \left\{\begin{aligned}\Delta&=\sqrt{-1}\lim\int_{y_0}^{Y}[f(a+\varepsilon+y\sqrt{-1})-f(a-\varepsilon+y\sqrt{-1})]\,dy\\&=\sqrt{-1}\lim\int_{z_0}^{Z}\left\{\frac{\mathfrak{F}[a+\varepsilon+(b+\varepsilon z)\sqrt{-1}]}{1+z\sqrt{-1}}\right.\\&\qquad\qquad\left.-\frac{\mathfrak{F}[a-\varepsilon+(b+\varepsilon z)\sqrt{-1}]}{-1+z\sqrt{-1}}\right\}dz.\end{aligned}\right.$$

Soient maintenant

$$(9)\qquad \frac{\mathfrak{F}[a+\varepsilon+(b+\varepsilon z)\sqrt{-1}]}{1+z\sqrt{-1}}-\frac{\mathfrak{F}[a-\varepsilon+(b+\varepsilon z)\sqrt{-1}]}{-1+z\sqrt{-1}}=\varpi(\varepsilon)+\sqrt{-1}\,\psi(\varepsilon),$$

$$(10)\qquad \frac{\varpi(\varepsilon)-\varpi(0)}{\varepsilon}=\alpha,\qquad \frac{\psi(\varepsilon)-\psi(0)}{\varepsilon}=\beta,$$

$\varpi(\varepsilon)$, $\psi(\varepsilon)$ et par suite α, β étant des quantités réelles. Supposons d'ailleurs que Y surpasse y_0 et que les fonctions $\mathcal{F}(x+y\sqrt{-1})$, $\mathcal{F}'(x+y\sqrt{-1})$ restent finies et continues par rapport aux variables x et y entre les limites x_0, X, y_0, Y. Comme on aura, en vertu de la formule (9),

$$\begin{aligned}\varpi'(\varepsilon)+\sqrt{-1}\,\psi'(\varepsilon) &= \mathcal{F}'[a+\varepsilon+(b+\varepsilon z)\sqrt{-1}]-\mathcal{F}'[a-\varepsilon+(b+\varepsilon z)\sqrt{-1}]\\ &= \mathcal{F}'(a+\varepsilon+y\sqrt{-1})-\mathcal{F}'(a-\varepsilon+y\sqrt{-1}),\end{aligned}$$

il est clair que les valeurs numériques des quantités $\varpi'(\varepsilon)$, $\psi'(\varepsilon)$ resteront toujours très petites aussi bien que celles des deux quantités α, β dont chacune peut être présentée sous la forme $\varpi'(\theta\varepsilon)$ ou $\psi'(\theta\varepsilon)$, θ désignant un nombre inférieur à l'unité. Cela posé, on trouvera

$$\lim\int_{z_0}^{Z}\varepsilon(\alpha+\beta\sqrt{-1})\,dz = \lim\int_{y_0}^{Y}(\alpha+\beta\sqrt{-1})\,dy = 0,$$

$$\lim\int_{z_0}^{Z}[\varpi(\varepsilon)+\sqrt{-1}\,\psi(\varepsilon)]\,dz = \int_{z_0}^{Z}[\varpi(0)+\sqrt{-1}\,\psi(0)]\,dz,$$

puis, en faisant $\mathrm{f}=\mathcal{F}(a+b\sqrt{-1})=\lim\varepsilon f(a+b\sqrt{-1}+\varepsilon)$,

$$(11)\qquad \Delta=\sqrt{-1}\int_{-\infty}^{\infty}[\varpi(0)+\sqrt{-1}\,\psi(0)]\,dz = 2\mathrm{f}\sqrt{-1}\int_{-\infty}^{\infty}\frac{dz}{1+z^2} = 2\pi\mathrm{f}\sqrt{-1}.$$

Si l'on avait $y_0=b$ ou $Y=b$, l'intégrale relative à z dans la formule (11) ne devrait plus être prise qu'entre les limites $z=0$, $z=\infty$ ou bien entre les limites $z=-\infty$, $z=0$, et par suite la valeur de Δ se réduirait à $\pi\mathrm{f}\sqrt{-1}$. Dans la même hypothèse, le premier membre de l'équation (6) serait la valeur principale d'une intégrale indéterminée. Il est encore essentiel d'observer que $a+b\sqrt{-1}$ représente une racine de l'équation

$$(12)\qquad f(x)=\pm\infty.$$

Si cette équation admettait plusieurs racines dans lesquelles les parties fussent comprises entre les limites x_0, X, et les coefficients de $\sqrt{-1}$ entre les limites y_0, Y; alors, en désignant par x_1, x_2, ...,

x_m ces mêmes racines et par $\mathfrak{f}_1, \mathfrak{f}_2, \ldots, \mathfrak{f}_m$ les véritables valeurs que reçoivent les produits

$$(x - x_1) f(x), \quad (x - x_2) f(x), \quad \ldots, \quad (x - x_m) f(x),$$

tandis que leurs premiers facteurs s'évanouissent, on trouverait

$$(13) \qquad \Delta = 2\pi(\mathfrak{f}_1 + \mathfrak{f}_2 + \ldots + \mathfrak{f}_m)\sqrt{-1}.$$

Ajoutons que chacun des termes $\mathfrak{f}_1, \mathfrak{f}_2, \ldots, \mathfrak{f}_m$ doit être réduit à moitié toutes les fois que, dans la racine correspondante, le coefficient de $\sqrt{-1}$ coïncide avec l'une des limites y_0, Y.

Lorsque la fonction $f(x + y\sqrt{-1})$ s'évanouit : 1° pour $x = \pm \infty$, quel que soit y; 2° pour $y = \infty$, quel que soit x, alors, en prenant $x_0 = -\infty$, $X = +\infty$, $y_0 = 0$, $Y = \infty$, on tire de la formule (6)

$$(14) \qquad \int_{-\infty}^{\infty} f(x)\, dx = \Delta.$$

Lorsque la fonction $f(x)$ se présente sous la forme $\frac{\mathfrak{f}(x)}{F(x)}$ et que ceux des termes $\mathfrak{f}_1, \mathfrak{f}_2, \ldots, \mathfrak{f}_m$, qui ne s'évanouissent pas correspondent tous à des racines de l'équation

$$(15) \qquad F(x) = 0,$$

l'expression Δ peut évidemment s'écrire comme il suit :

$$(16) \qquad \Delta = 2\pi\left[\frac{\mathfrak{f}(x_1)}{F'(x_1)} + \frac{\mathfrak{f}(x_2)}{F'(x_2)} + \ldots + \frac{\mathfrak{f}(x_m)}{F'(x_m)}\right]\sqrt{-1},$$

et l'équation (14) devient

$$(17) \qquad \int_{-\infty}^{\infty} \frac{\mathfrak{f}(x)}{F(x)}\, dx = 2\pi\left[\frac{\mathfrak{f}(x_1)}{F'(x_1)} + \frac{\mathfrak{f}(x_2)}{F'(x_2)} + \ldots + \frac{\mathfrak{f}(x_m)}{F'(x_m)}\right]\sqrt{-1}.$$

Dans le second membre de celle-ci, on doit seulement admettre les racines réelles de l'équation (15) avec les racines imaginaires dans lesquelles le coefficient de $\sqrt{-1}$ est positif, en ayant soin de réduire à moitié tous les termes qui correspondent à des racines réelles. Cela posé, on trouvera, pour $F(x) = 1 + x^2$, $x_1 = \sqrt{-1}$,

$$(18) \qquad \int_{-\infty}^{\infty} \frac{f(x)}{1+x^2}\,dx = \pi f(\sqrt{-1}),$$

et, pour $F(x) = 1 - x^2$, $x_1 = -1$, $x_2 = +1$,

$$(19) \qquad \int_{-\infty}^{\infty} \frac{f(x)}{1-x^2}\,dx = \frac{\pi}{2}[f(-1) - f(1)]\sqrt{-1}.$$

Cette dernière formule donne simplement la valeur principale de l'intégrale qu'elle renferme.

Exemples. — Soit μ un nombre compris entre 0 et 2. Si l'on pose

$$f(x) = (-x\sqrt{-1})^{\mu-1},$$

l'expression imaginaire

$$f(x + y\sqrt{-1}) = (y - x\sqrt{-1})^{\mu-1}$$

conservera une valeur unique et déterminée tant que y restera positive (*voir* l'*Analyse algébrique*, Chap. VII) [1], et l'on tirera des formules (18) et (19)

$$(20) \qquad \begin{cases} \displaystyle\int_{-\infty}^{\infty} \frac{(-x\sqrt{-1})^{\mu-1}}{1+x^2}\,dx = [(-\sqrt{-1})^{\mu-1} + (\sqrt{-1})^{\mu-1}], \\ \displaystyle\int_0^{\infty} \frac{x^{\mu-1}\,dx}{1+x^2} = \pi, \qquad \int_0^{\infty} \frac{x^{\mu-1}\,dx}{1+x^2} = \frac{\pi}{2\sin(\frac{1}{2}\mu\pi)}, \end{cases}$$

$$(21) \qquad \begin{cases} \displaystyle\int_{-\infty}^{\infty} \frac{(-x\sqrt{-1})^{\mu-1}}{1-x^2}\,dx = \frac{\pi}{2}[(\sqrt{-1})^{\mu} + (-\sqrt{-1})^{\mu}], \\ \displaystyle\int_0^{\infty} \frac{x^{\mu-1}\,dx}{1-x^2} = \frac{\pi\cos(\frac{1}{2}\mu\pi)}{2\sin(\frac{1}{2}\mu\pi)} = \frac{\pi}{2\tang(\frac{1}{2}\mu\pi)}. \end{cases}$$

Si, dans la dernière des équations (20) et la dernière des équations (21), l'on remplace x^2 par z et μ par $2a$, on reproduira les formules (8) et (9) de la trente-deuxième Leçon, qui se trouveront ainsi démontrées, avec la première des équations (14) de la trente-troisième, pour toutes les valeurs de a comprises entre les limites 0 et 1.

[1] *OEuvres de Cauchy*, S. II, T. III, p. 153.

TRENTE-CINQUIÈME LEÇON.

DIFFÉRENTIELLE D'UNE INTÉGRALE DÉFINIE PAR RAPPORT A UNE VARIABLE COMPRISE DANS LA FONCTION SOUS LE SIGNE $\int$, ET DANS LES LIMITES DE L'INTÉGRATION. INTÉGRALES DES DIVERS ORDRES POUR LES FONCTIONS D'UNE SEULE VARIABLE.

Soit

$$(1) \qquad A = \int_{z_0}^{Z} f(x, z)\, dz$$

une intégrale définie relative à z. Si, dans cette intégrale, on fait varier séparément, et indépendamment l'une de l'autre, les trois quantités Z, z_0, x, on trouvera, en vertu des formules (5) (vingt-sixième Leçon), et de la formule (2) (trente-troisième Leçon),

$$(2) \qquad \frac{dA}{dZ} = f(x, Z), \qquad \frac{dA}{dz_0} = -f(x, z_0), \qquad \frac{dA}{dx} = \int_{z_0}^{Z} \frac{df(x, z)}{dx}\, dz.$$

Par suite, si les deux quantités z_0, Z deviennent fonctions de la variable x, on aura, en considérant A comme une fonction de cette seule variable,

$$(3) \qquad \frac{dA}{dx} = \int_{z_0}^{Z} \frac{df(x, z)}{dx}\, dz + f(x, Z)\frac{dZ}{dx} - f(x, z_0)\frac{dz_0}{dx}.$$

Dans le cas particulier où z_0 se réduit à une constante, et $f(x, Z)$ à zéro, on a simplement

$$(4) \qquad \frac{d}{dx}\int_{z_0}^{Z} f(x, z)\, dz = \int_{z_0}^{Z} \frac{df(x, z)}{dx}\, dz.$$

Exemple. — Soient $z_0 = x_0$ (x_0 désignant une valeur particulière et constante de x), $Z = x$, et $f(x, z) = (x - z)^m f(z)$; on obtiendra la formule

$$(5) \qquad \frac{d}{dx}\int_{x_0}^{x}(x-z)^m f(z)\,dz = m\int_{x_0}^{x}(x-z)^{m-1}f(z)\,dz,$$

de laquelle on conclura

$$(6) \qquad \int_{x_0}^{x}\int_{x_0}^{x}(x-z)^{m-1}f(z)\,dz\,dx = \frac{1}{m}\int_{x_0}^{x}(x-z)^m f(z)\,dz$$

et

$$(7) \qquad \int\int_{x_0}^{x}(x-z)^{m-1}f(z)\,dz\,dx = \frac{1}{m}\int_{x_0}^{x}(x-z)^m f(z)\,dz + \mathcal{C},$$

$\mathcal{C}$ étant une constante arbitraire. Si m se réduit à l'unité, la formule (6) donnera

$$(8) \qquad \int_{x_0}^{x}\int_{x_0}^{x} f(z)\,dz\,dx = \int_{x_0}^{x}(x-z)f(z)\,dz.$$

Il est maintenant facile de résoudre la question suivante :

Problème. — *Trouver la valeur générale de y propre à vérifier l'équation*

$$(9) \qquad \frac{d^n y}{dx^n} = f(x).$$

Solution. — Comme on peut mettre l'équation (9) sous la forme

$$d\left(\frac{d^{n-1}y}{dx^{n-1}}\right) = f(x)\,dx,$$

on en conclura, en intégrant les deux membres par rapport à x,

$$\frac{d^{n-1}y}{dx^{n-1}} = \int f(x)\,dx = \int_{x_0}^{x} f(x)\,dx + \mathcal{C}$$

ou, ce qui revient au même,

$$(10) \qquad \frac{d^{n-1}y}{dx^{n-1}} = \int_{x_0}^{x} f(z)\,dz + \mathcal{C}.$$

En intégrant de nouveau, et plusieurs fois de suite, par rapport à la variable x, entre les limites x_0, x, ayant égard aux formules (6) et (8), puis ajoutant au résultat de chaque intégration une nouvelle constante arbitraire, on trouvera successivement

$$(11)\quad \begin{cases} \dfrac{d^{n-2}y}{dx^{n-2}} = \displaystyle\int_{x_0}^{x} (x-z)f(z)\,dz + \mathfrak{C}(x-x_0) + \mathfrak{C}_1, \\ \dfrac{d^{n-3}y}{dx^{n-3}} = \displaystyle\int_{x_0}^{x} \frac{(x-z)^2}{1.2} f(z)\,dz + \mathfrak{C}\frac{(x-x_0)^2}{1.2} + \mathfrak{C}_1(x-x_0) + \mathfrak{C}_2, \\ \dots\dots\dots\dots\dots\dots, \\ \dfrac{dy}{dx} = \displaystyle\int_{x_0}^{x} \frac{(x-z)^{n-2}}{1.2.3\ldots(n-2)} f(z)\,dz + \mathfrak{C}\frac{(x-x_0)^{n-2}}{1.2\ldots(n-2)} \\ \qquad + \mathfrak{C}_1\dfrac{(x-x_0)^{n-3}}{1.2\ldots(n-3)} + \mathfrak{C}_2\dfrac{(x-x_0)^{n-4}}{1.2\ldots(n-4)} + \ldots + \mathfrak{C}_{n-1} \end{cases}$$

et enfin

$$(12)\quad \begin{cases} y = \displaystyle\int_{x_0}^{x} \frac{(x-z)^{n-1}}{1.2.3\ldots(n-1)} f(z)\,dz + \mathfrak{C}\frac{(x-x_0)^{n-1}}{1.2\ldots(n-1)} \\ \qquad + \mathfrak{C}_1\dfrac{(x-x_0)^{n-2}}{1.2\ldots(n-2)} + \mathfrak{C}_2\dfrac{(x-x_0)^{n-3}}{1.2\ldots(n-3)} + \ldots + \mathfrak{C}_{n-2}(x-x_0) + \mathfrak{C}_{n-1}, \end{cases}$$

$\mathfrak{C}$, $\mathfrak{C}_1$, $\mathfrak{C}_2$, ..., $\mathfrak{C}_{n-1}$ étant les diverses constantes arbitraires. Il importe d'observer que l'intégrale définie comprise dans le second membre de l'équation (12) peut être aisément transformée à l'aide de la formule (17) (vingt-deuxième Leçon). En effet, si dans cette formule on remplace x par z, et X par x, on en tirera

$$(13)\quad \int_{x_0}^{x} f(z)\,dz = \int_{0}^{x-x_0} f(x_0+z)\,dz = \int_{0}^{x-x_0} f(x-z)\,dz$$

et, par suite,

$$(14)\quad \begin{cases} \displaystyle\int_{x_0}^{x} \frac{(x-z)^{n-1}}{1.2.3\ldots(n-1)} f(z)\,dz = \int_{0}^{x-x_0} \frac{(x-x_0-z)^{n-1}}{1.2.3\ldots(n-1)} f(x_0+z)\,dz \\ \qquad = \displaystyle\int_{0}^{x-x_0} \frac{z^{n-1}}{1.2.3\ldots(n-1)} f(x-z)\,dz. \end{cases}$$

Si l'on prenait, pour plus de simplicité, $x_0 = 0$, la valeur de y, donnée par l'équation (12), se réduirait à

$$(15)\quad \left\{\begin{aligned} y=&\int_0^x \frac{(x-z)^{n-1}}{1.2.3\ldots(n-1)}f(z)\,dz+\mathcal{C}\frac{x^{n-1}}{1.2\ldots(n-1)}\\ &+\mathcal{C}_1\frac{x^{n-2}}{1.2\ldots(n-2)}+\mathcal{C}_2\frac{x^{n-3}}{1.2\ldots(n-3)}+\ldots+\mathcal{C}_{n-2}x+\mathcal{C}_{n-1},\end{aligned}\right.$$

et la formule (14) deviendrait

$$(16)\quad \int_0^x \frac{(x-z)^{n-1}}{1.2.3\ldots(n-1)}f(z)\,dz=\int_0^x \frac{z^{n-1}}{1.2.3\ldots(n-1)}f(x-z)\,dz.$$

Lorsqu'on se sert d'intégrales indéfinies, et que l'on se contente d'indiquer les intégrations successives, les valeurs des fonctions

$$\frac{d^{n-1}y}{dx^{n-1}},\quad \frac{d^{n-2}y}{dx^{n-2}},\quad \frac{d^{n-3}y}{dx^{n-3}},\quad \ldots,\quad y,$$

tirées de l'équation (9), se présentent sous la forme

$$\int f(x)\,dx,\quad \int.\int f(x)\,dx.dx,\quad \int.\int.\int f(x)\,dx.dx.dx,\quad \ldots,$$
$$\int.\int.\int\ldots\int f(x)\,dx\ldots dx.dx.dx.$$

Ces dernières expressions sont ce que nous appellerons des *intégrales* du premier, du second, du troisième, ... ordre, et enfin de l'*ordre* n, relativement à la variable x. Pour abréger, nous les désignerons dorénavant par les notations

$$(17)\quad \int f(x)\,dx,\quad \int\int f(x)\,dx^2,\quad \int\int\int f(x)\,dx^3,\quad \ldots,\quad \int\int\ldots f(x)\,dx^n,$$

auxquelles nous substituerons les suivantes

$$(18)\quad \left\{\begin{aligned} &\int_{x_0}^x f(x)\,dx,\quad \int_{x_0}^x\int_{x_0}^x f(x)\,dx^2,\quad \int_{x_0}^x\int_{x_0}^x\int_{x_0}^x f(x)\,dx^3,\quad \ldots,\\ &\qquad\qquad \int_{x_0}^x\int_{x_0}^x\ldots f(x)\,dx^n,\end{aligned}\right.$$

quand nous supposerons chaque intégration relative à x effectuée entre les limites x_0, x. Cela posé, on aura évidemment

$$(19)\quad \left\{\begin{aligned} \int_{x_0}^{x}\int_{x_0}^{x}\ldots f(x)\,dx^n &= \int_{x_0}^{x} \frac{(x-z)^{n-1}}{1.2.3\ldots(n-1)} f(z)\,dz \\ &= \frac{1}{1.2\ldots(n-1)}\left[x^{n-1}\int_{x_0}^{x} f(z)\,dz - \frac{n-1}{1}x^{n-2}\int_{x_0}^{x} z\,f(z)\,dz \right.\\ &\qquad \left. + \frac{(n-1)(n-2)}{1.2}\int_{x_0}^{x} z^2 f(z)\,dz - \ldots \pm \int_{x_0}^{x} z^{n-1} f(z)\,dz\right] \end{aligned}\right.$$

ou, ce qui revient au même,

$$(20)\quad \left\{\begin{aligned} &\int_{x_0}^{x}\int_{x_0}^{x}\ldots f(x)\,dx^n \\ &= \frac{1}{1.2\ldots(n-1)}\left[x^{n-1}\int_{x_0}^{x} f(x)\,dx - \frac{n-1}{1}x^{n-2}\int_{x_0}^{x} x^2 f(x)\,dx - \ldots \pm \int_{x_0}^{x} x^{n-1} f(x)\,dx\right] \end{aligned}\right.$$

On peut vérifier directement la formule (20), à l'aide de plusieurs intégrations par parties.

Soit maintenant $F(x)$ une valeur particulière y propre à vérifier l'équation (9), en sorte qu'on ait

$$(21)\qquad F^{(n)}(x) = f(x).$$

Si la fonction $F(x)$ et ses dérivées successives, jusqu'à celle de l'ordre n, restent continues entre les limites x_0, x, alors, en posant $x = x_0$ dans les formules (10), (11) et (12), on trouvera

$$(22)\quad \left\{\begin{aligned} &\mathfrak{C} = F^{(n-1)}(x_0), \qquad \mathfrak{C}_1 = F^{(n-2)}(x_0), \qquad \mathfrak{C}_2 = F^{(n-3)}(x_0), \\ &\ldots, \qquad \mathfrak{C}_{n-2} = F'(x_0), \qquad \mathfrak{C}_{n-1} = F(x_0), \end{aligned}\right.$$

et la formule (12) donnera

$$(23)\quad \left\{\begin{aligned} F(x) &= F(x_0) + \frac{x-x_0}{1}F'(x_0) + \ldots \\ &+ \frac{(x-x_0)^{n-1}}{1.2\ldots(n-1)}F^{(n-1)}(x_0) + \int_{x_0}^{x} \frac{(x-z)^n}{1.2.3\ldots n} f(z)\,dz. \end{aligned}\right.$$

De cette dernière, combinée avec l'équation (19), on déduit la suivante

$$(24)\quad \left\{\begin{aligned}\int_{x_0}^{x}\int_{x_0}^{x}\ldots f(x)\,dx^n = \mathrm{F}(x)-\mathrm{F}(x_0)-\frac{x-x_0}{1.2}\mathrm{F}'(x_0)\\ -\frac{(x-x_0)^2}{1.2}\mathrm{F}''(x_0)-\ldots-\frac{(x-x_0)^{n-1}}{1.2.3\ldots(n-1)}\mathrm{F}^{n-1}(x_0),\end{aligned}\right.$$

qui renferme, comme cas particulier, la formule (17) de la vingt-sixième Leçon. Lorsqu'on suppose $x_0 = 0$, l'équation (24) se réduit à

$$(25)\quad \left\{\begin{aligned}\int_{0}^{x}\int_{0}^{x}\ldots f(x)\,dx^n = \mathrm{F}(x)-\mathrm{F}(0)-\frac{x}{1}\mathrm{F}'(0)\\ -\frac{x^2}{1.2}\mathrm{F}''(0)-\ldots-\frac{x^{n-1}}{1.2.3\ldots(n-1)}\mathrm{F}^{(n-1)}(0).\end{aligned}\right.$$

Exemple. — Soit $\mathrm{F}(x) = e^x$; on aura

$$f(x) = \mathrm{F}^{(n)}(x) = e^x$$

et, par conséquent,

$$(26)\quad \left\{\begin{aligned}\int_{0}^{x}\int_{0}^{x}\ldots e^x\,dx^n = e^x - 1 - \frac{x}{1} - \frac{x^2}{1.2} - \ldots - \frac{x^{n-1}}{1.2.3\ldots(n-1)}\\ = \int_0^x \frac{(x-z)^{n-1}}{1.2.3\ldots(n-1)}e^z\,dz.\end{aligned}\right.$$

TRENTE-SIXIÈME LEÇON.

TRANSFORMATION DE FONCTIONS QUELCONQUES DE x OU DE $x+h$ EN FONCTIONS ENTIÈRES DE x OU DE h AUXQUELLES S'AJOUTENT DES INTÉGRALES DÉFINIES. EXPRESSIONS ÉQUIVALENTES A CES MÊMES INTÉGRALES.

Si, dans l'équation (23) de la Leçon précédente, on remplace $f(z)$ par sa valeur $F^{(n)}(z)$, tirée de la formule (21), on trouvera, sous les mêmes conditions,

$$(1)\quad \left\{\begin{aligned} F(x) = {} & F(x_0) + \frac{x-x_0}{1}F'(x_0) + \frac{(x-x_0)^2}{1.2}F''(x_0) + \ldots \\ & + \frac{(x-x_0)^{n-1}}{1.2\ldots(n-1)}F^{(n-1)}(x_0) + \int_{x_0}^{x}\frac{(x-z)^{n-1}}{1.2.3\ldots(n-1)}F^{(n)}(z)\,dz, \end{aligned}\right.$$

puis, en posant $x_0 = 0$,

$$(2)\quad \left\{\begin{aligned} F(x) = {} & F(0) + \frac{x}{1}F'(0) + \frac{x^2}{1.2}F''(0) + \ldots \\ & + \frac{x^{n-1}}{1.2.3\ldots(n-1)}F^{(n-1)}(0) + \int_{0}^{x}\frac{(x-z)^{n-1}}{1.2.3\ldots(n-1)}F^{(n)}(z)\,dz. \end{aligned}\right.$$

Si l'on fait dans celle-ci $F(x) = f(x+h)$, et qu'ensuite on échange entre elles les deux lettres x et h, on obtiendra l'équation

$$(3)\quad \left\{\begin{aligned} f(x+h) = {} & f(x) + \frac{h}{1}f'(x) + \frac{h^2}{1.2}f''(x) + \ldots \\ & + \frac{h^{n-1}}{1.2.3\ldots(n-1)}f^{(n-1)}(x) \\ & + \int_{0}^{h}\frac{(h-z)^{n-1}}{1.2.3\ldots(n-1)}f^{(n)}(x+z)\,dz, \end{aligned}\right.$$

dans laquelle le dernier terme du second membre peut être présenté sous plusieurs formes différentes, puisqu'on a, en vertu des formules (14) et (19) de la trente-cinquième Leçon,

$$(4)\quad \left\{\begin{aligned} &\int_0^h \frac{(h-z)^{n-1}}{1.2.3\ldots(n-1)} f^{(n)}(x+z)\,dz \\ &= \int_0^h \frac{z^{n-1}}{1.2\ldots(n-1)} f^{(n)}(x+h-z)\,dz \\ &= \int_x^{x+h} \frac{(x+h-z)^{n-1}}{1.2.3\ldots(n-1)} f^{(n)}(z)\,dz \\ &= \int_0^h \int_0^h \ldots f^{(n)}(x+z)\,dz^n. \end{aligned}\right.$$

L'équation (3) suppose que les fonctions $f(x+z)$, $f'(x+z)$, $\ldots$, $f^{(n)}(x+z)$ restent continues entre les limites $z=0$, $z=h$. On pourrait la déduire immédiatement de la formule (1) en prenant $x = x_0 + h$, puis remplaçant x_0 par x et F par f. Seulement le dernier terme du second membre serait alors la troisième des intégrales comprises dans la formule (4).

Au reste, on peut démontrer directement l'équation (3) à l'aide de plusieurs intégrations par parties, en opérant à peu près comme l'a fait M. de Prony dans un Mémoire publié en 1805. En effet, si, dans la formule (13) de la Leçon précédente, on remplace d'abord x par $x_0 + h$ et ensuite x_0 par x, on en tirera

$$(5)\qquad \int_0^h f(x+z)\,dz = \int_0^h f(x+h-z)\,dz.$$

On aura donc, en conséquence,

$$(6)\qquad f(x+h) - f(x) = \int_0^h f'(x+z)\,dz = \int_0^h f'(x+h-z)\,dz.$$

D'ailleurs, en intégrant par parties plusieurs fois de suite, on trouve

$$(7)\quad \left\{\begin{aligned}
&\int f'(x+h-z)\,dz\\
&=\frac{z}{1}f'(x+h-z)+\int\frac{z}{1}f''(x+h-z)\,dz\\
&=\frac{z}{1}f'(x+h-z)+\frac{z^2}{1.2}f''(x+h-z)+\int\frac{z^2}{1.2}f'''(x+h-z)\,dz\\
&=\dots\dots\dots\dots\dots\dots\dots\dots\dots\dots\dots\dots\\
&=\frac{z}{1}f'(x+h-z)+\frac{z^2}{1.2}f''(x+h-z)+\dots\\
&\qquad+\frac{z^{n-1}}{1.2\dots(n-1)}f^{(n-1)}(x+h-z)\\
&\qquad+\int\frac{z^{n-1}}{1.2\dots(n-1)}f^{(n)}(x+h-z)\,dz;
\end{aligned}\right.$$

puis, en supposant que chaque intégration soit effectuée entre les limites $z=0$, $z=h$, et que les fonctions $f(x+z)$, $f'(x+z)$, ..., $f^{(n)}(x+z)$ restent continues entre ces mêmes limites,

$$(8)\quad \left\{\begin{aligned}
\int_0^h f'(x+h-z)\,dz=\frac{h}{1}f'(x)+\frac{h^2}{1.2}f''(x)+\dots\\
+\frac{h^{n-1}}{1.2.3\dots(n-1)}f^{(n-1)}(x)\\
+\int_0^h\frac{z^{n-1}}{1.2.3\dots(n-1)}f^{(n)}(x+h-z)\,dz.
\end{aligned}\right.$$

Cela posé, on déduira évidemment de la formule (6) une équation qui s'accordera, en vertu de la formule (4), avec l'équation (3). La même méthode pourrait encore servir à établir directement l'équation (2).

Non seulement les intégrales renfermées dans les seconds membres des formules (2) et (3) peuvent être remplacées par plusieurs autres semblables à celles que comprend la formule (4), mais on doit encore conclure de l'équation (13) (vingt-troisième Leçon) qu'elles sont équivalentes à deux produits de la forme

$$(9)\qquad F^{(n)}(\theta x)\int_0^x \frac{(x-z)^{n-1}}{1.2.3\ldots(n-1)}\,dz = \frac{x^n}{1.2.3\ldots n}\,F^{(n)}(\theta x),$$

$$(10)\qquad f^{(n)}(x+\theta h)\int_0^h \frac{(h-z)^{n-1}}{1.2.3\ldots(n-1)}\,dz = \frac{h^n}{1.2.3\ldots n}\,f^{(n)}(x+\theta h),$$

θ désignant un nombre inconnu qui peut varier d'un produit à l'autre en restant toujours inférieur à l'unité. On aura par suite

$$(11)\qquad \begin{cases} F(x) = F(0) + \dfrac{x}{1}F'(0) + \dfrac{x^2}{1.2}F''(0) + \ldots \\ \qquad + \dfrac{x^{n-1}}{1.2.3\ldots(n-1)}F^{(n-1)}(0) + \dfrac{x^n}{1.2.3\ldots n}F^{(n)}(\theta x), \end{cases}$$

$$(12)\qquad \begin{cases} f(x+h) = f(x) + \dfrac{h}{1}f'(x) + \dfrac{h^2}{1.2}f''(x) + \ldots \\ \qquad + \dfrac{h^{n-1}}{1.2.3\ldots(n-1)}f^{(n-1)}(x) + \dfrac{h^n}{1.2.3\ldots n}f^{(n)}(x+\theta h). \end{cases}$$

Il est essentiel d'observer que la fonction $F(x)$, avec ses dérivées successives, doit rester continue, dans la formule (11), entre les limites 0, x, et la fonction $f(x+z)$, avec ses dérivées successives, dans la formule (12), entre les limites $z=0$, $z=h$.

Soit maintenant $u=f(x,y,z,\ldots)$ une fonction de plusieurs variables indépendantes x, y, z, ..., et faisons

$$(13)\qquad F(\alpha) = f(x+\alpha\,dx, y+\alpha\,dy, z+\alpha\,dz, \ldots).$$

On tirera de la formule (11), en y remplaçant x par α, puis ayant égard aux principes établis dans la quatorzième Leçon,

$$(14)\qquad \begin{cases} f(x+\alpha\,dx, y+\alpha\,dy, z+\alpha\,dz, \ldots) \\ \quad = u + \dfrac{\alpha}{1}\,du + \dfrac{\alpha^2}{1.2}\,d^2u + \ldots \\ \qquad + \dfrac{\alpha^{n-1}}{1.2\ldots(n-1)}\,d^{n-1}u + \dfrac{\alpha^n}{1.2.3\ldots n}\,F^{(n)}(\theta\alpha). \end{cases}$$

Si la quantité α devient infiniment-petite, il en sera de même de la différence

$$F^{(n)}(\theta\alpha) - F^{(n)}(0) \quad \text{ou} \quad F^{(n)}(\theta\alpha) - d^n u,$$

et, en désignant par β cette différence, on trouvera

$$(15) \quad \begin{cases} f(x + \alpha\,dx, y + \alpha\,dy, z + \alpha\,dz, \ldots) \\ \quad = u + \frac{\alpha}{1} du + \frac{\alpha^2}{1.2} d^2 u + \ldots \\ \quad\quad + \frac{\alpha^{n-1}}{1.2\ldots(n-1)} d^{n-1} u + \frac{\alpha^n}{1.2.3\ldots n}(d^n u + \beta). \end{cases}$$

Quand les variables indépendantes se réduisent à une seule variable x, alors, en posant $y = f(x)$, on obtient la formule

$$(16) \quad \begin{cases} f(x + \alpha\,dx) = y + \frac{\alpha}{1} dy + \frac{\alpha^2}{1.2} d^2 y + \ldots \\ \quad\quad + \frac{\alpha^{n-1}}{1.2.3\ldots(n-1)} d^{n-1} y + \frac{\alpha^n}{1.2.3\ldots n}(d^n y + \beta). \end{cases}$$

Concevons à présent que, pour une valeur particulière x_0 attribuée à la variable x, la fonction $f(x)$ et ses dérivées successives jusqu'à celle de l'ordre $n - 1$ s'évanouissent. Dans ce cas, on tirera de la formule (12)

$$(17) \qquad f(x_0 + h) = \frac{h^n}{1.2.3\ldots n} f^{(n)}(x_0 + \theta h);$$

puis, en substituant à la quantité finie h une quantité infiniment petite désignée par i,

$$(18) \qquad f(x_0 + i) = \frac{i^n}{1.2.3\ldots n} f^{(n)}(x_0 + \theta i).$$

Lorsque, parmi les fonctions $f(x)$, $f'(x)$, ..., $f^{(n-1)}(x)$, la première est la seule qui ne s'évanouisse pas pour $x = x_0$, l'équation (18) doit être évidemment remplacée par la suivante :

$$(19) \qquad f(x_0 + i) - f(x_0) = \frac{i^n}{1.2.3\ldots n} f^{(n)}(x_0 + \theta i).$$

Si, dans la même hypothèse, on écrit x au lieu de x_0, et si l'on pose

$$f(x) = y, \qquad \Delta x = i = \alpha h,$$

l'équation (19) prendra la forme

$$(20) \qquad \Delta y = \frac{\alpha^n}{1.2.3\ldots n}(d^n y + \beta),$$

β désignant aussi bien que α une quantité infiniment petite. On pourrait encore déduire de la formule (20) de l'équation (16), en observant que la valeur attribuée à x fait évanouir les différentielles dy, d^2y, ..., $d^{n-1}y$, en même temps que les fonctions dérivées $f'(x)$, $f''(x)$, ..., $f^{(n-1)}(x)$.

L'équation (20) fournit les moyens de résoudre le quatrième problème de la sixième Leçon, dans plusieurs cas où la méthode que nous avions proposée est insuffisante. En effet, supposons que, y et z désignant deux fonctions de la variable x, la valeur particulière x_0 attribuée à cette variable réduise à la forme $\frac{0}{0}$, non seulement la fraction $s = \frac{z}{y}$, mais encore les suivantes $\frac{z'}{y'}$, $\frac{z''}{y''}$, ..., $\frac{z^{(m-1)}}{y^{(m-1)}}$. Alors, en faisant $\Delta x = \alpha\, dx$, et désignant par β, γ deux quantités infiniment petites, on aura pour $x = x_0$

$$(21) \qquad \begin{cases} \Delta y = \dfrac{\alpha^m}{1.2.3\ldots m}(d^m y + \beta), \\ \Delta z = \dfrac{\alpha^m}{1.2.3\ldots m}(d^m z + \gamma), \end{cases}$$

$$(22) \qquad s = \lim \frac{z + \Delta z}{y + \Delta y} = \lim \frac{\Delta z}{\Delta y} = \lim \frac{d^m z + \gamma}{d^m y + \beta} = \frac{d^m z}{d^m y} = \frac{z^{(m)}}{y^{(m)}}.$$

Exemple. — On aura pour $x = 0$

$$\frac{\sin^2 x}{1 - \cos x} = \frac{d^2(\sin^2 x)}{d^2(1 - \cos x)} = \frac{2(\cos^2 x - \sin^2 x)}{\cos x} = 2.$$

TRENTE-SEPTIÈME LEÇON.

THÉORÈMES DE TAYLOR ET DE MACLAURIN. EXTENSION DE CES THÉORÈMES AUX FONCTIONS DE PLUSIEURS VARIABLES.

On appelle *série* une suite indéfinie de termes

$$(1) \qquad u_0, \quad u_1, \quad u_2, \quad \ldots, \quad u_n, \quad \ldots,$$

qui dérivent les uns des autres suivant une loi connue. Soit

$$s_n = u_0 + u_1 + u_2 + \ldots + u_{n-1}$$

la somme des n premiers termes, n désignant un nombre entier quelconque. Si, pour des valeurs de n toujours croissantes, la somme s_n s'approche indéfiniment d'une certaine limite s, la série sera dite *convergente,* et la limite s représentée par la notation

$$u_0 + u_1 + u_2 + u_3 + \ldots$$

s'appellera la *somme* de la série. Si, au contraire, tandis que n croît indéfiniment, la somme s_n ne s'approche d'aucune limite fixe, la série sera *divergente,* et n'aura plus de somme. Dans l'un et l'autre cas, le terme correspondant à l'indice n, savoir u_n, se nomme le *terme général.* De plus, si dans la première hypothèse on fait $s - s_n = r_n$, r_n sera ce qu'on nomme le *reste* de la série, à partir du $n^{\text{ième}}$ terme.

Ces définitions étant admises, il résulte évidemment des formules (2) et (3) de la trente-sixième Leçon que les séries

$$(2) \qquad F(0), \quad \frac{x}{1}F'(0), \quad \frac{x^2}{1.2}F''(0), \quad \frac{x^3}{1.2.3}F'''(0), \quad \ldots,$$

$$(3) \qquad f(x), \quad \frac{h}{1}f'(x), \quad \frac{h^2}{1.2}f''(x), \quad \frac{h^3}{1.2.3}f'''(x), \quad \ldots$$

seront convergentes, et auront pour sommes respectives les deux fonctions $F(x)$, $f(x+h)$, toutes les fois que les deux intégrales

$$(4)\qquad \int_0^x \frac{(x-z)^{n-1}}{1.2.3\ldots(n-1)} F^{(n)}(z)\,dz = \frac{x^n}{1.2.3\ldots n} F^{(n)}(\theta x),$$

$$(5)\qquad \int_0^h \frac{(h-z)^{n-1}}{1.2.3\ldots(n-1)} f^{(n)}(x+z)\,dz = \frac{h^n}{1.2.3\ldots n} f^{(n)}(x+\theta h)$$

convergeront, pour des valeurs croissantes de n, vers la limite zéro. On trouvera, en conséquence,

$$(6)\qquad F(x) = F(0) + \frac{1}{x} F'(0) + \frac{x^2}{1.2} F''(0) + \frac{x^3}{1.2.3} F'''(0) + \ldots,$$

si l'expression (4) s'évanouit par des valeurs infinies de n, et

$$(7)\qquad f(x+h) = f(x) + \frac{h}{1} f'(x) + \frac{h^2}{1.2} f''(x) + \frac{h^3}{1.2.3} f'''(x) + \ldots,$$

si l'expression (5) satisfait à la même condition. Les formules (6) et (7) renferment les théorèmes de Maclaurin et de Taylor. Elles servent, quand les intégrales (4) et (5) remplissent les conditions prescrites, à *développer* les deux fonctions $F(x)$ et $f(x+h)$ en séries ordonnées suivant les puissances ascendantes et entières des quantités x et h. Les restes de ces séries sont précisément les deux intégrales dont nous venons de parler.

Supposons maintenant que l'on désigne par $u = f(x, y, z, \ldots)$ une fonction de plusieurs variables indépendantes, et qu'aux équations (2) et (3) de la Leçon précédente on substitue l'équation (14). On conclura de cette dernière

$$(8)\qquad \left\{ \begin{aligned} & f(x+\alpha\,dx,\ y+\alpha\,dy,\ z+\alpha\,dz,\ \ldots) \\ & \quad = u + \frac{\alpha}{1} du + \frac{\alpha^2}{1.2} d^2u + \frac{\alpha^3}{1.2.3} d^3u + \ldots, \end{aligned} \right.$$

toutes les fois que le terme $\frac{\alpha^n}{1.2.3\ldots n} F^{(n)}(\theta\alpha)$, ou plutôt l'intégrale que ce terme représente, et que l'on peut écrire sous la forme

$$(9)\qquad \int_0^\alpha \frac{(\alpha - v)^{n-1}}{1.2.3\ldots(n-1)} F^{(n)}(v)\,dv,$$

s'évanouira pour des valeurs infinies de n. On trouvera par suite, en posant $\alpha = 1$,

$$(10)\qquad f(x+dx, y+dy, z+dz, \ldots) = u + \frac{du}{1} + \frac{d^2u}{1.2} + \frac{d^3u}{1.2.3} + \ldots,$$

pourvu que l'intégrale

$$(11)\qquad \int_0^1 \frac{(1-v)^{n-1}}{1.2.3\ldots(n-1)} F^{(n)}(v)\,dv$$

vérifie la condition énoncée. Quand les variables indépendantes x, y, z, ... se réduisent à la seule variable x, l'équation (10) devient

$$(12)\qquad f(x+dx) = u + \frac{du}{1} + \frac{d^2u}{1.2} + \frac{d^3u}{1.2.3} + \ldots.$$

Celle-ci coïncide avec l'équation (7), c'est-à-dire avec la formule de Taylor. En y remplaçant x par zéro et dx par x, on retrouverait le théorème de Maclaurin. Ajoutons que l'équation (10), et celle qu'on en déduit lorsqu'on y remplace x, y, z, ... par zéro, puis dx, dy, dz, ... par x, y, z, ... fournissent le moyen d'étendre les théorèmes de Taylor et de Maclaurin aux fonctions de plusieurs variables. Remarquons enfin que les équations (6), (8), (10), (12) coïncident avec les équations (4), (6), (7), (8) de la dix-neuvième Leçon, dans le cas où $F(x)$ et $f(x)$ représentent des fonctions entières du degré n.

Comme, en vertu de la formule (19) (vingt-deuxième Leçon), l'intégrale (4) est équivalente à un produit de la forme

$$(13)\qquad x\frac{(x-\theta x)^{n-1}}{1.2.3\ldots(n-1)} F^{(n)}(\theta x),$$

θ désignant un nombre inférieur à l'unité, il est clair que des valeurs infinies de n feront évanouir cette intégrale, si elles réduisent à zéro la fonction

$$(14)\qquad \frac{(x-z)^{n-1}}{1.2.3\ldots(n-1)}\mathrm{F}^{(n)}(z)$$

pour toutes les valeurs de z renfermées entre les limites o et x. Cette dernière condition sera évidemment remplie, si la valeur numérique de l'expression $\mathrm{F}^{(n)}(\theta x)$ supposée réelle, ou le module de la même expression supposée imaginaire, ne croît pas indéfiniment, pendant que n augmente. En effet, puisque la quantité

$$m(n-m)=\left(\frac{n}{2}\right)^2-\left(\frac{n}{2}-m\right)^2$$

croît avec le nombre m entre les limites $m=1$, $m=\frac{n}{2}$, et que l'on a par suite

$$1(n-1)<2(n-2)<3(n-3)<\ldots,\qquad 1.2.3\ldots(n-1)>(n-1)^{\frac{n-1}{2}},$$

on peut affirmer que la valeur numérique ou le module de l'expression (14) restera toujours inférieur à la valeur numérique ou au module du produit

$$(15)\qquad \left(\frac{x-z}{\sqrt{n-1}}\right)^{n-1}\mathrm{F}^{(n)}(z).$$

Or ce produit deviendra nul, dans l'hypothèse admise, pour $n=\infty$.

Exemples. — Si l'on prend pour valeurs successives de la fonction $\mathrm{F}(x)$

$$e^x,\quad \sin x,\quad \cos x,$$

on trouvera pour les valeurs correspondantes de $\mathrm{F}^{(n)}(\theta x)$

$$e^{\theta x},\quad \sin\left(\frac{n\pi}{2}+\theta x\right),\quad \cos\left(\frac{n\pi}{2}+\theta x\right).$$

Comme ces dernières quantités restent finies, quel que soit x, tandis que n augmente, on doit en conclure que le théorème de Maclaurin est toujours applicable aux trois fonctions proposées. On aura, en conséquence, pour des valeurs quelconques de x et pour des valeurs positives de A,

$$(16)\quad e^x = 1 + \frac{x}{1} + \frac{x^2}{1.2} + \frac{x^3}{1.2.3} + \ldots,\qquad A^x = e^{x\,\mathrm{l}A} = 1 + \frac{x\,\mathrm{l}A}{1} + \frac{x^2(\mathrm{l}A)^2}{1.2} + \frac{x^3(\mathrm{l}A)^3}{1.2.3} + \ldots,$$

$$(17)\quad \sin x = \sin(0) + \frac{x}{1}\sin\left(\frac{\pi}{2}\right) + \frac{x^2}{1.2}\sin\left(\frac{2\pi}{2}\right) + \frac{x^3}{1.2.3}\sin\left(\frac{3\pi}{2}\right) + \ldots = \frac{x}{1} - \frac{x^3}{1.2.3} + \frac{x^5}{1.2.3.4.5} - \ldots,$$

$$(18)\quad \cos x = \cos(0) + \frac{x}{1}\cos\left(\frac{\pi}{2}\right) + \frac{x^2}{1.2}\cos\left(\frac{2\pi}{2}\right) + \frac{x^3}{1.2.3}\cos\left(\frac{3\pi}{2}\right) + \ldots = 1 - \frac{x^2}{1.2} + \frac{x^4}{1.2.3.4} - \ldots.$$

Lorsque la fonction $F^{(n)}(\theta x)$ devient infinie pour des valeurs infinies de n, l'expression (14) peut encore converger vers la limite zéro. C'est ce qui arrivera, par exemple, si l'on prend $F(x) = \mathrm{l}(1+x)$, et si en même temps on attribue à x une valeur numérique plus petite que l'unité. En effet, on trouvera dans ce cas, en supposant $z = \theta x$, $\theta < 1$, $x^2 < 1$,

$$(19)\quad \frac{(x-z)^{n-1}}{1.2.3\ldots(n-1)}F^{(n)}(z) = \pm\frac{(x-z)^{n-1}}{(1+z)^n} = \pm\frac{x^{n-1}}{1-\theta}\left(\frac{1-\theta}{1+\theta x}\right)^n;$$

et, comme la fraction $\frac{1-\theta}{1+\theta x}$ sera évidemment inférieure à l'unité, il est clair que l'expression (19) s'évanouira pour $n = \infty$. On trouvera, en conséquence, pour toutes les valeurs de x comprises entre les limites -1 et $+1$,

$$(20)\qquad \mathrm{l}(1+x) = \frac{x}{1} - \frac{x^2}{2} + \frac{x^3}{3} - \frac{x^4}{4} + \ldots.$$

TRENTE-HUITIÈME LEÇON.

RÈGLES SUR LA CONVERGENCE DES SÉRIES. APPLICATION DE CES RÈGLES A LA SÉRIE DE MACLAURIN.

Les équations (6) et (7) (trente-septième Leçon) ne pouvant subsister que dans le cas où les séries (2) et (3) sont convergentes, il importe de fixer les conditions de la convergence des séries. Tel est l'objet dont nous allons nous occuper.

L'une des séries les plus simples est la progression géométrique

$$a,\quad ax,\quad ax^2,\quad ax^3,\quad \ldots, \tag{1}$$

qui a pour terme général ax^n. Or la somme de ses n premiers termes, savoir

$$a(1+x+x^2+\ldots+x^{n-1}) = a\frac{1-x^n}{1-x} = \frac{a}{1-x} - \frac{ax^n}{1-x}$$

convergera évidemment, pour des valeurs croissantes de n, vers la limite fixe $\frac{a}{1-x}$, si la valeur numérique de la variable x supposée réelle, ou le module de la même variable supposée imaginaire, est un nombre inférieur à l'unité, tandis que, dans le cas contraire, cette somme cessera de converger vers une semblable limite. La série (1) sera donc toujours convergente dans le premier cas et toujours divergente dans le second. Cette conclusion subsiste lors même que le facteur a devient imaginaire.

Considérons maintenant la série

$$u_0,\quad u_1,\quad u_2,\quad u_3,\quad \ldots,\quad u_n,\quad \ldots \tag{2}$$

composée de termes quelconques réels ou imaginaires. Pour décider si elle est convergente ou divergente, on n'aura nullement besoin d'examiner ses premiers termes, que l'on pourra même supprimer de manière à remplacer cette série par la suivante

$$(3) \qquad u_m, \quad u_{m+1}, \quad u_{m+2}, \quad \ldots,$$

m désignant un nombre aussi grand que l'on voudra. Soit d'ailleurs ρ_n la valeur numérique ou le module du terme général u_n; il est clair que la série (3) sera convergente si les modules de ses différents termes, savoir

$$(4) \qquad \rho_m, \quad \rho_{m+1}, \quad \rho_{m+2}, \quad \ldots,$$

forment à leur tour une série convergente, et qu'elle deviendra divergente si ρ_n ne décroît pas indéfiniment pour des valeurs croissantes de n. Cela posé, on établira facilement les deux théorèmes qui suivent.

Théorème I. — *Cherchez la limite ou les limites vers lesquelles converge, tandis que n croît indéfiniment, l'expression* $(\rho_n)^{\frac{1}{n}}$; *et soit* λ *la plus grande de ces limites. La série* (2) *sera convergente, si l'on a* $\lambda < 1$; *divergente, si l'on a* $\lambda > 1$.

Démonstration. — Supposons d'abord $\lambda < 1$, et choisissons arbitrairement entre les deux nombres 1 et λ un troisième nombre μ, en sorte qu'on ait $\lambda < \mu < 1$; n venant à croître au delà de toute limite assignable, les plus grandes valeurs de $(\rho_n)^{\frac{1}{n}}$ ne pourront s'approcher indéfiniment de la limite λ sans finir par être constamment inférieures à μ. Par suite, il sera possible d'attribuer au nombre entier m une valeur assez considérable pour que, n devenant égal ou supérieur à m, on ait constamment $(\rho_n)^{\frac{1}{n}} < \mu$, $\rho_n < \mu^n$. Alors les termes de la série (4) seront des nombres inférieurs aux termes correspondants de la progression géométrique

$$(5) \qquad \mu^m, \quad \mu^{m+1}, \quad \mu^{m+2}; \quad \ldots;$$

et, comme cette dernière sera convergente (à cause de $\mu < 1$), on devra en dire autant de la série (4) et, par conséquent, de la série (2).

Supposons en second lieu $\lambda > 1$, et plaçons encore entre les deux nombres 1 et λ un troisième nombre μ, en sorte qu'on ait $\lambda > \mu > 1$. Si n vient à croître au delà de toute limite, les plus grandes valeurs de $(\rho_n)^{\frac{1}{n}}$, en s'approchant indéfiniment de λ, finiront par surpasser μ. On pourra donc satisfaire à la condition $(\rho_n)^{\frac{1}{n}} > \mu$ ou $\rho_n > \mu^n > 1$, par des valeurs de n aussi considérables que l'on voudra; et par suite, on trouvera dans la série (4) un nombre indéfini de termes supérieurs à l'unité, ce qui suffira pour constater la divergence des séries (2), (3) et (4).

Théorème II. — *Si, pour des valeurs croissantes de n, le rapport* $\frac{\rho_{n+1}}{\rho_n}$ *converge vers une limite fixe* λ, *la série* (2) *sera convergente toutes les fois que l'on aura* $\lambda < 1$, *et divergente toutes les fois que l'on aura* $\lambda > 1$.

Démonstration. — Choisissez arbitrairement un nombre ε inférieur à la différence qui existe entre 1 et λ. Il sera possible d'attribuer à m une valeur assez considérable pour que, n devenant égal ou supérieur à m, le rapport $\frac{\rho_{n+1}}{\rho_n}$ demeure toujours compris entre les deux limites $\lambda - \varepsilon$, $\lambda + \varepsilon$. Alors les différents termes de la série (4) se trouveront compris entre les termes correspondants des deux progressions géométriques

$$\rho_m, \quad \rho_m(\lambda - \varepsilon), \quad \rho_m(\lambda - \varepsilon)^2, \quad \rho_m(\lambda - \varepsilon)^3, \quad \ldots,$$
$$\rho_m, \quad \rho_m(\lambda + \varepsilon), \quad \rho_m(\lambda + \varepsilon)^2, \quad \rho_m(\lambda + \varepsilon)^3, \quad \ldots,$$

lesquelles seront toutes deux convergentes, si l'on a $\lambda < 1$, et toutes deux divergentes, si l'on a $\lambda > 1$. Donc, etc.

Scolie. — Il serait facile de prouver que la limite du rapport $\frac{\rho_{n+1}}{\rho_n}$, dans le cas où cette limite existe, est en même temps celle de l'expression $(\rho_n)^{\frac{1}{n}}$. [*Voir* l'*Analyse algébrique* (1), Chap. VI.]

(1) *Œuvres de Cauchy*, S. II, T. III.

En appliquant les théorèmes (1) et (2) à la série de Maclaurin, savoir

$$(6)\qquad F(0),\quad \frac{x}{1}F'(0),\quad \frac{x^2}{1.2}F''(0),\quad \frac{x^3}{1.2.3}F'''(0),\quad \ldots,$$

on obtient la proposition suivante :

THÉORÈME III. — *Soient* ρ_n *la valeur numérique ou le module de l'expression* $F^{(n)}(0)$, *et* λ *la limite vers laquelle convergent, tandis que* n *croît indéfiniment, les plus grandes valeurs de* $(\rho_n)^{\frac{1}{n}}$ *ou bien encore la limite unique (si cette limite existe) du rapport* $\frac{\rho_{n+1}}{\rho_n}$. *La série* (6) *sera convergente toutes les fois que la valeur numérique ou le module de la variable* x *sera inférieur à* $\frac{1}{\lambda}$, *et divergente toutes les fois que la valeur numérique ou le module surpassera* $\frac{1}{\lambda}$.

Exemples. — Si l'on prend pour valeurs successives de $F(x)$

$$e^x,\quad \sin x,\quad \cos x,\quad l(1+x),\quad (1+x)^\mu,$$

μ étant une quantité constante, les valeurs correspondantes de $\frac{1}{\lambda}$ seront

$$\infty,\quad \infty,\quad \infty,\quad 1,\quad 1.$$

Par suite, les séries comprises dans les équations (16), (17), (18) de la trente-septième Leçon resteront convergentes entre les limites $x=-\infty$, $x=+\infty$, c'est-à-dire pour des valeurs quelconques de x. Au contraire, la série

$$(7)\qquad \left\{\begin{array}{l} 1,\quad \dfrac{\mu}{1}x,\quad \dfrac{\mu(\mu-1)}{1.2}x^2,\quad \dfrac{\mu(\mu-1)(\mu-2)}{1.2.3}x^3,\quad \ldots, \\ \qquad \dfrac{\mu(\mu-1)\ldots(\mu-n+1)}{1.2.3\ldots n}x^n,\quad \ldots \end{array}\right.$$

et celle que renferme la formule (20) (trente-septième Leçon) ne seront convergentes, si la variable x est réelle, qu'entre les limites $x=-1$, $x=+1$.

Nous avons déjà remarqué que la série (6) est réelle et qu'elle a pour somme $F(x)$ toutes les fois que, la variable x étant réelle et la variable z étant comprise entre les limites 0, x, l'expression (14) (trente-septième Leçon) s'évanouit pour des valeurs infinies de n. Or cette dernière condition sera évidemment satisfaite si l'expression dont il s'agit est le terme général d'une série convergente, ce qui aura lieu, en vertu du théorème III, si, pour des valeurs croissantes de n, le module ou la valeur numérique du produit

$$(8) \qquad \frac{x-z}{n}\frac{F^{(n+1)}(z)}{F^{(n)}(z)}$$

converge vers une limite inférieure à l'unité.

Exemple. — Soit

$$F(x) = (1+x)^{\mu},$$

μ désignant une quantité constante. Si dans l'expression (8) on remplace z par θx, cette expression deviendra

$$x\frac{1-\theta}{1+\theta x}\frac{\mu-n}{n} = -x\frac{1-\theta}{1+\theta x}\left(1-\frac{\mu}{n}\right)$$

et convergera pour des valeurs croissantes de n vers une limite de la forme $-x\frac{1-\theta}{1+\theta x}$, limite dont la valeur numérique sera inférieure à l'unité, si l'on suppose $x^2 < 1$. On aura donc, sous cette condition,

$$(9) \qquad (1+x)^{\mu} = 1 + \frac{\mu}{1}x + \frac{\mu(\mu-1)}{1.2}x^2 + \frac{\mu(\mu-1)(\mu-2)}{1.2.3}x^3 + \dots.$$

On prouverait de même que l'équation

$$(10) \qquad (1+ax)^{\mu} = 1 + \frac{\mu}{1}ax + \frac{\mu(\mu-1)}{1.2}a^2x^2 + \frac{\mu(\mu-1)(\mu-2)}{1.2.3}a^3x^3 + \dots$$

subsiste, pour des valeurs réelles ou imaginaires de la constante a, tant que la valeur numérique de x est inférieure au module de $\frac{1}{a}$.

On pourrait croire que la série (6) a toujours $F(x)$ pour somme, quand elle est convergente, et que, dans le cas où ses différents termes s'évanouissent l'un après l'autre, la fonction $F(x)$ s'évanouit elle-même; mais, pour s'assurer du contraire, il suffit d'observer que la seconde condition sera remplie, si l'on suppose

$$F(x) = e^{-\left(\frac{1}{x}\right)^2},$$

et la première, si l'on suppose

$$F(x) = e^{-x^2} + e^{-\left(\frac{1}{x}\right)^2}$$

Cependant la fonction $e^{-\left(\frac{1}{x}\right)^2}$ n'est pas identiquement nulle, et la série déduite de la dernière supposition a pour somme, non pas le binôme $e^{-x^2} + e^{-\left(\frac{1}{x}\right)^2}$, mais son premier terme e^{-x^2}.

TRENTE-NEUVIÈME LEÇON.

DES EXPONENTIELLES ET DES LOGARITHMES IMAGINAIRES. USAGE DE CES EXPONENTIELLES ET DE CES LOGARITHMES DANS LA DÉTERMINATION DES INTÉGRALES SOIT DÉFINIES, SOIT INDÉFINIES.

Nous avons prouvé dans la trente-septième Leçon que l'exponentielle A^x (A désignant une constante positive, et x une variable réelle) est toujours équivalente à la somme de la série

$$(1) \qquad 1, \quad \frac{x\,lA}{1}, \quad \frac{x^2(lA)^2}{1.2}, \quad \frac{x^3(lA)^3}{1.2.3}, \quad \ldots,$$

en sorte qu'on a, pour toutes les valeurs réelles de x,

$$(2) \qquad A^x = 1 + \frac{x\,lA}{1} + \frac{x^2(lA)^2}{1.2} + \frac{x^3(lA)^3}{1.2.3} + \ldots.$$

D'autre part, comme, en vertu du théorème III de la trente-huitième Leçon, la série (1) reste convergente pour des valeurs imaginaires quelconques de la variable x, on est convenu d'étendre l'équation (2) à tous les cas possibles, et de s'en servir, dans le cas où la variable x devient imaginaire, pour fixer le sens de la notation A^x. Cette convention étant admise, on déduit facilement de l'équation (2) plusieurs formules remarquables que nous allons faire connaître.

D'abord, si l'on prend $A = e$, l'équation (2) deviendra

$$(3) \qquad e^x = 1 + \frac{x}{1} + \frac{x^2}{1.2} + \frac{x^3}{1.2.3} + \ldots.$$

Si l'on pose dans cette dernière $x = z\sqrt{-1}$ (z désignant une variable réelle), on trouvera

$$e^{z\sqrt{-1}} = 1 + \frac{z\sqrt{-1}}{1} - \frac{z^2}{1.2} - \frac{z^3\sqrt{-1}}{1.2.3} + \ldots$$
$$= 1 - \frac{z^2}{1.2} + \frac{z^4}{1.2.3.4} - \ldots + \left(\frac{z}{1} - \frac{z^3}{1.2.3} + \ldots\right)\sqrt{-1}$$

et, par suite,

$$e^{z\sqrt{-1}} = \cos z + \sqrt{-1}\sin z. \tag{4}$$

On trouvera de même

$$e^{-z\sqrt{-1}} = \cos z - \sqrt{-1}\sin z, \tag{5}$$

puis on conclura des équations (4) et (5) combinées entre elles

$$\cos z = \frac{e^{z\sqrt{-1}} + e^{-z\sqrt{-1}}}{2}, \qquad \sin z = \frac{e^{z\sqrt{-1}} - e^{-z\sqrt{-1}}}{2\sqrt{-1}}. \tag{6}$$

Soit, en second lieu, $x = (a + b\sqrt{-1})z$, a, b, désignant deux constantes réelles. Alors la série comprise dans le second membre de la formule (3) sera précisément celle que l'on déduit du théorème de Maclaurin, appliqué à la fonction imaginaire $e^{az}(\cos bz + \sqrt{-1}\sin bz)$. On aura donc

$$e^{(a+b\sqrt{-1})z} = e^{az}(\cos bz + \sqrt{-1}\sin bz) = e^{az}e^{bz\sqrt{-1}}. \tag{7}$$

Cette dernière formule est analogue à l'équation identique

$$e^{(a+b)z} = e^{az}e^{bz},$$

de laquelle on la déduirait, mais par induction seulement, en substituant à la constante réelle b une constante imaginaire $b\sqrt{-1}$. Nous ajouterons qu'en s'appuyant sur la formule (7) on étend sans peine l'équation

$$e^{x+y} = e^x e^y \tag{8}$$

à des valeurs imaginaires quelconques des variables x, y; et qu'en comparant la formule (2) à la formule (3) on en tire, pour une valeur quelconque de x,

$$A^x = e^{x\,\mathrm{l}A}. \tag{9}$$

Concevons maintenant que, u et v désignant deux quantités réelles, on cherche les diverses valeurs de x propres à résoudre les deux équations

$$A^x = u + v\sqrt{-1}, \tag{10}$$

$$e^x = u + v\sqrt{-1}. \tag{11}$$

Ces diverses valeurs seront les divers *logarithmes* de $u + v\sqrt{-1}$, 1° dans le système dont la base est A; 2° dans le système népérien dont la base est e. De plus, comme, en vertu de la formule (9), les logarithmes de l'expression $u + v\sqrt{-1}$ dans le premier système seront égaux aux logarithmes népériens de cette même expression divisés par $\mathrm{l}A$, il suffira de résoudre l'équation (11). Cela posé, faisons $x = \alpha + \beta\sqrt{-1}$, α, β désignant deux quantités réelles. La formule (11) deviendra

$$e^{\alpha+\beta\sqrt{-1}} = u + v\sqrt{-1};$$

puis l'on en tirera $e^\alpha \cos\beta = u$, $e^\alpha \sin\beta = v$ et, par conséquent,

$$e^\alpha = (u^2 + v^2)^{\frac{1}{2}}, \tag{12}$$

$$\cos\beta = \frac{u}{\sqrt{u^2+v^2}}, \qquad \sin\beta = \frac{v}{\sqrt{u^2+v^2}}. \tag{13}$$

Or, on satisfait à l'équation (12) par une seule valeur réelle de α, savoir $\alpha = \frac{1}{2}\mathrm{l}(u^2 + v^2)$. De plus, en désignant par n un nombre entier arbitraire, on satisfera aux équations (13) par toutes les valeurs de β comprises dans la formule

$$\beta = 2n\pi + \operatorname{arc\,tang}\frac{v}{u}, \tag{14}$$

si u est positif, ou dans la suivante

$$\beta = (2n+1)\pi + \operatorname{arc\,tang}\frac{v}{u}, \tag{15}$$

si u devient négatif. Il existe donc une infinité de logarithmes imaginaires de l'expression $u+v\sqrt{-1}$. Le plus simple de tous ces logarithmes, dans le cas où la quantité u reste positive, est celui qu'on obtient en posant $n=0$, savoir $\frac{1}{2}\,\mathrm{l}(u^2+v^2)+\sqrt{-1}\,\mathrm{arc\,tang}\,\frac{v}{u}$. Ce même logarithme, qui, pour une valeur nulle de v, se réduit au logarithme réel de u, sera celui que nous désignerons par la notation $\mathrm{l}(u+v\sqrt{-1})$ (*voir* l'*Analyse algébrique*, Chap. IX), en sorte qu'on aura pour des valeurs positives de u

$$\mathrm{l}(u+v\sqrt{-1})=\frac{1}{2}\,\mathrm{l}(u^2+v^2)+\sqrt{-1}\,\mathrm{arc\,tang}\,\frac{v}{u}. \tag{16}$$

Par suite, si r représente une quantité positive, et t un arc réel compris entre les limites $-\frac{\pi}{2}$, $+\frac{\pi}{2}$, l'équation

$$x=r(\cos t+\sqrt{-1}\sin t)=r\,e^{t\sqrt{-1}} \tag{17}$$

entraînera la suivante

$$\mathrm{l}x=\mathrm{l}r+t\sqrt{-1}. \tag{18}$$

Les formules qui servent à différentier les exponentielles et les logarithmes réels subsistent, lorsque ces exponentielles et ces logarithmes deviennent imaginaires. Ainsi, par exemple, on reconnaîtra sans peine que l'on a : 1° pour des valeurs imaginaires de la variable x,

$$de^x=e^x\,dx, \tag{19}$$

$$d\,\mathrm{l}(\pm x)=\frac{dx}{x}; \tag{20}$$

2° pour des valeurs réelles des variables x, y, z, et des constantes α, β, a, b,

$$de^{x+y\sqrt{-1}}=e^{x+y\sqrt{-1}}(dx+dy\sqrt{-1}), \tag{21}$$

$$d\,\mathrm{l}[\pm(x+y\sqrt{-1})]=\frac{dx+dy\sqrt{-1}}{x+y\sqrt{-1}}, \tag{22}$$

$$(23)\quad \left\{\begin{aligned} d\,\mathrm{l}[\pm(x-\alpha-\beta\sqrt{-1})] &= \frac{dx}{x-\alpha-\beta\sqrt{-1}},\\ d\,\mathrm{l}[\pm(x-\alpha+\beta\sqrt{-1})] &= \frac{dx}{x-\alpha+\beta\sqrt{-1}},\end{aligned}\right.$$

$$(24)\quad de^{(a+b\sqrt{-1})z} = e^{(a+b\sqrt{-1})z}(a+b\sqrt{-1})\,dz.$$

Dans ces diverses formules, on doit adopter, après la lettre l, le signe + ou le signe —, suivant que l'expression imaginaire dont on prend le logarithme népérien a une partie réelle positive ou négative. De ces mêmes formules on déduira immédiatement les suivantes

$$(25)\quad \left\{\begin{aligned} \int\frac{(\mathrm{A}-\mathrm{B}\sqrt{-1})\,dx}{x-\alpha-\beta\sqrt{-1}} &= (\mathrm{A}-\mathrm{B}\sqrt{-1})\,\mathrm{l}[\pm(x-\alpha-\beta\sqrt{-1})]+\mathcal{C},\\ \int\frac{(\mathrm{A}+\mathrm{B}\sqrt{-1})\,dx}{x-\alpha+\beta\sqrt{-1}} &= (\mathrm{A}+\mathrm{B}\sqrt{-1})\,\mathrm{l}[\pm(x-\alpha+\beta\sqrt{-1})]+\mathcal{C},\end{aligned}\right.$$

$$(26)\quad \left\{\begin{aligned} \int e^{(a+b\sqrt{-1})z}\,dz &= \frac{e^{(a+b\sqrt{-1})z}}{a+b\sqrt{-1}}+\mathcal{C},\\ \int z^n e^{(a+b\sqrt{-1})z}\,dz &= \frac{z^n e^{(a+b\sqrt{-1})z}}{a+b\sqrt{-1}}\left[1-\frac{n}{(a+b\sqrt{-1})z}+\frac{n(n-1)}{(a+b\sqrt{-1})^2 z^2}-\ldots\right],\end{aligned}\right.$$

lesquelles s'accordent avec les formules établies dans les vingt-huitième et trentième Leçons.

Les exponentielles et les logarithmes imaginaires peuvent encore être employés avec avantage dans la détermination des intégrales définies. Ainsi, par exemple, il résulte de la seconde des équations (26) que la formule donnée ligne 13 de la page 192 subsiste, quand on y remplace la constante a supposée réelle par la constante imaginaire $a+b\sqrt{-1}$. On obtient alors l'équation

$$(27)\quad \int_0^\infty z^n e^{(a+b\sqrt{-1})z}\,dz = \frac{1.2.3\ldots n}{(a+b\sqrt{-1})^{n+1}},$$

laquelle coïncide avec la formule de la ligne 14 de la page citée. De plus, il est clair que la formule (18) de la trente-quatrième Leçon subsistera encore, si, au lieu de prendre pour $f(x)$ une fonction algébrique, on pose successivement

$$f(x) = e^{ax\sqrt{-1}}, \quad f(x) = (-x\sqrt{-1})^{\mu-1} e^{ax\sqrt{-1}}, \quad f(x) = \frac{(-x\sqrt{-1})\, e^{ax\sqrt{-1}}}{l(1 - rx\sqrt{-1})},$$

μ, a, r désignant trois constantes positives, dont la première reste comprise entre les limites 0 et 2. On trouvera, en conséquence,

$$\int_{-\infty}^{\infty} \frac{e^{ax\sqrt{-1}}}{1+x^2}\,dx = \int_{-\infty}^{\infty} \frac{\cos ax\,dx}{1+x^2} = \pi e^{-a}, \tag{28}$$

$$\int_{-\infty}^{\infty} \frac{(-x\sqrt{-1})^{\mu-1}}{1+x^2} e^{ax\sqrt{-1}}\,dx = 2\int_0^{\infty} x^{\mu-1} \sin\left(\frac{\mu\pi}{2} - ax\right)\frac{dx}{1+x^2} = \pi e^{-a}, \tag{29}$$

$$\left\{\begin{aligned} &\int_{-\infty}^{\infty} \frac{(-x\sqrt{-1})\, e^{ax\sqrt{-1}}}{l(1 - rx\sqrt{-1})}\,\frac{dx}{1+x^2} \\ &= \int_0^{\infty} \frac{\sin ax\, l(1+r^2x^2) + 2\cos ax \operatorname{arc\,tang} rx}{\left[\frac{1}{2} l(1+r^2x^2)\right]^2 + (\operatorname{arc\,tang} rx)^2}\,\frac{x\,dx}{1+x^2} = \frac{\pi e^{-a}}{l(1+r)}. \end{aligned}\right. \tag{30}$$

QUARANTIÈME LEÇON.

INTÉGRATION PAR SÉRIES.

Considérons une série

$$(1)\qquad u_0,\quad u_1,\quad u_2,\quad u_3,\quad \ldots,\quad u_n,\quad \ldots$$

dont les différents termes soient des fonctions de la variable x qui restent continues entre les limites $x = x_0$, $x = X$. Si, après avoir multiplié ces mêmes termes par dx, on les intègre entre les limites dont il s'agit, on obtiendra une série nouvelle composée des intégrales définies

$$(2)\qquad \int_{x_0}^{X} u_0\,dx,\quad \int_{x_0}^{X} u_1\,dx,\quad \int_{x_0}^{X} u_2\,dx,\quad \int_{x_0}^{X} u_3\,dx,\quad \ldots,\quad \int_{x_0}^{X} u_n\,dx,\quad \ldots.$$

En comparant cette nouvelle série à la première, on obtiendra sans peine le théorème que nous allons énoncer.

Théorème I. — *Supposons que, les deux limites x_0, X étant des quantités finies, la série* (1) *soit convergente, non seulement pour $x = x_0$ et pour $x = X$, mais aussi pour toutes les valeurs de x comprises entre x_0 et* X. *La série* (2) *sera elle-même convergente; et si l'on appelle s la somme de la série* (1), *la série* (2) *aura pour somme l'intégrale*

$$\int_{x_0}^{X} s\,dx.$$

En d'autres termes, l'équation

$$(3)\qquad s = u_0 + u_1 + u_2 + u_3 + \ldots$$

entraînera la suivante :

$$(4)\qquad \int_{x_0}^{X} s\,dx = \int_{x_0}^{X} u_0\,dx + \int_{x_0}^{X} u_1\,dx + \int_{x_0}^{X} u_2\,dx + \int_{x_0}^{X} u_3\,dx + \ldots.$$

Démonstration. — Soit

$$(5)\qquad s_n = u_0 + u_1 + u_2 + \ldots + u_{n-1}$$

la somme de n premiers termes de la série (1) et r_n le reste à partir du n^{ieme} terme. On aura

$$(6)\qquad s = s_n + r_n = u_0 + u_1 + u_2 + \ldots + u_{n-1} + r_n,$$

et l'on en conclura

$$(7)\qquad \left\{ \begin{aligned} \int_{x_0}^{X} s\,dx = \int_{x_0}^{X} u_0\,dx + \int_{x_0}^{X} u_1\,dx + \int_{x_0}^{X} u_2\,dx + \ldots \\ + \int_{x_0}^{X} u_{n-1}\,dx + \int_{x_0}^{X} r_n\,dx. \end{aligned} \right.$$

Or, puisque, en vertu de la formule (14) (vingt-troisième Leçon), l'intégrale $\int_{x_0}^{X} r_n\,dx$ sera une valeur particulière du produit $r_n(X - x_0)$ correspondante à une valeur de x comprise entre les limites x_0, X, et que, dans l'hypothèse admise, ce produit deviendra nul pour des valeurs infinies de n, il est clair qu'on obtiendra l'équation (4) en posant, dans la formule (7), $n = \infty$.

Corollaire I. — Si dans la formule (4) on remplace X par x, on obtiendra la suivante

$$(8)\qquad \int_{x_0}^{x} s\,dx = \int_{x_0}^{x} u_0\,dx + \int_{x_0}^{x} u_1\,dx + \int_{x_0}^{x} u_2\,dx + \ldots,$$

qui restera vraie, comme l'équation (3), entre les limites $x = x_0$, $x = X$.

Corollaire II. — Supposons que la série (1), étant convergente pour $x = x_0$ et pour toutes les valeurs de x comprises entre les limites x_0, X, cesse de l'être pour $x = X$. Dans cette hypothèse, les équations (3) et (8) subsisteront encore entre les limites dont il s'agit. J'ajoute que l'équation (4) subsistera elle-même, si les intégrales comprises dans son second membre forment une série convergente. En effet, on reconnaîtra sans peine que, si cette condition est remplie, les deux membres de l'équation (8) seront des fonctions continues de la variable x dans le voisinage de la valeur particulière $x = X$ [*voir* l'*Analyse algébrique*, page 131 ([1])], et qu'il suffira d'y faire converger x vers cette même valeur pour obtenir les deux membres de l'équation (4). Au contraire, l'équation (4) disparaîtra, si les intégrales que renferme son second membre forment une série divergente.

Corollaire III. — Supposons que la série (1), étant convergente entre les limites $x = x_0$, $x = X$, devienne divergente pour la première de ces deux limites ou pour toutes les deux. Alors, en désignant par ξ_0, ξ deux quantités comprises entre x_0 et X, on obtiendra l'équation

$$\int_{\xi_0}^{\xi} s\,dx = \int_{\xi_0}^{\xi} u_0\,dx + \int_{\xi_0}^{\xi} u_1\,dx + \int_{\xi_0}^{\xi} u_2\,dx + \ldots, \tag{9}$$

puis, en faisant converger ξ_0 vers la limite x_0, et ξ vers la limite X, on retrouvera encore l'équation (4), pourvu toutefois que les intégrales renfermées dans son second membre forment une série convergente.

Cette remarque s'étend aux cas mêmes où les quantités x_0, X deviennent séparément ou simultanément infinies, par exemple au cas où l'on aurait $x_0 = -\infty$, $X = \infty$.

Corollaire IV. — Si l'on prend $u_n = a_n x^n$, a_n étant un coefficient réel ou imaginaire; si, de plus, on désigne par ρ_n la valeur numérique ou le module de a_n, et par λ la plus grande valeur que reçoive l'expres-

([1]) *OEuvres de Cauchy*, S. II, T. III, p. 120.

sion $(\rho_n)^{\frac{1}{n}}$ quand le nombre n devient infini, la série (1) sera convergente (*voir* le théorème III de la trente-huitième Leçon) entre les limites $x = -\frac{1}{\lambda}$, $x = +\frac{1}{\lambda}$. Donc, en laissant la variable x comprise entre ces limites et posant

$$s = a_0 + a_1 x + a_2 x^2 + \ldots, \tag{10}$$

on trouvera

$$\int_0^x s\,dx = a_0 x + a_1 \frac{x^2}{2} + a_2 \frac{x^3}{3} + \ldots. \tag{11}$$

Cette dernière équation subsistera encore (*voir* le corollaire II) pour les valeurs particulières $x = -\frac{1}{\lambda}$, $x = +\frac{1}{\lambda}$, si ces valeurs particulières ne cessent pas de rendre convergente la série $a_0 x$, $\frac{1}{2} a_1 x^2$, $\frac{1}{3} a_2 x^3$, ...

A l'aide des principes que nous venons d'établir, on pourra développer un grand nombre d'intégrales en séries convergentes qui fourniront des valeurs de ces intégrales aussi approchées que l'on voudra. C'est en cela que consiste l'*intégration par séries*. On peut même employer avec avantage cette méthode d'intégration pour développer en séries toutes sortes de quantités, et souvent ce qu'il y a de mieux à faire, pour y parvenir, c'est d'exprimer les quantités données par des intégrales définies auxquelles on applique ensuite la méthode dont il s'agit.

Exemples. — Pour développer en séries les fonctions $l(1+x)$, $\arctan x$, $\arcsin x$, on aura recours aux formules

$$l(1+x) = \int_0^x \frac{dx}{1+x},$$

$$\text{arc tang}\, x = \int_0^x \frac{dx}{1+x^2},$$

$$\arcsin x = \int_0^x \frac{dx}{\sqrt{1-x^2}} = \int_0^x (1-x^2)^{-\frac{1}{2}}\,dx;$$

et, comme on trouvera, entre les limites $x=-1$, $x=+1$,

$$\frac{1}{1+x} = 1-x+x^2-\ldots,$$

$$\frac{1}{1+x^2} = 1-x^2+x^4-\ldots,$$

$$(1-x^2)^{-\frac{1}{2}} = 1+\frac{1}{2}x^2+\frac{1.3}{2.4}x^4+\frac{1.3.5}{2.4.6}x^6+\ldots,$$

l'intégration par séries donnera, entre ces mêmes limites,

$$(12)\quad \begin{cases} l(1+x) = x-\dfrac{x^2}{2}+\dfrac{x^3}{3}-\ldots, \\ \text{arc tang}\, x = x-\dfrac{x^3}{3}+\dfrac{x^5}{5}-\ldots, \\ \text{arc sin}\, x = x+\dfrac{1}{2}\dfrac{x^3}{3}+\dfrac{1.3}{2.4}\dfrac{x^5}{5}+\dfrac{1.3.5}{2.4.6}\dfrac{x^7}{7}+\ldots. \end{cases}$$

Si dans les équations (12) on pose $x=1$, les séries comprises dans les seconds membres resteront convergentes, et l'on aura (en vertu du corollaire II)

$$(13)\quad \begin{cases} l2 = 1-\dfrac{1}{2}+\dfrac{1}{3}-\ldots, \\ \dfrac{\pi}{4} = 1-\dfrac{1}{3}+\dfrac{1}{5}-\ldots, \\ \dfrac{\pi}{2} = 1+\dfrac{1}{2}\dfrac{1}{3}+\dfrac{1.3}{2.4}\dfrac{1}{5}+\dfrac{1.3.5}{2.4.6}\dfrac{1}{7}+\ldots. \end{cases}$$

On démontre facilement (*voir* l'*Analyse algebrique*, page 163) ([1]) que deux séries convergentes ordonnées suivant les puissances ascendantes et entières de x ne peuvent donner la même somme, pour de très petites valeurs numeriques de x, qu'autant que les coefficients des puissances semblables de x sont égaux dans les deux séries. De cette remarque et du théorème III (trente-huitième Leçon) il résulte que, si les deux séries demeurent convergentes et fournissent la même somme pour les valeurs réelles de x comprises entre

([1]) *OEuvres de Cauchy*, S. I, T.III, p. 144.

les limites $-r$, $+r$ (r désignant une quantité positive), elles rempliront les mêmes conditions pour les valeurs imaginaires de x dont les modules seront inférieurs à r. Cela posé, on déduira sans peine des principes ci-dessus établis le théorème suivant :

THÉORÈME II. — *Si, pour les valeurs réelles de z comprises entre les limites z_0, Z, et pour les valeurs réelles de x comprises entre les limites $-r$, $+r$, les fonctions*

$$f(x, z)$$

et

$$F(x) = \int_{z_0}^{Z} f(x, z)\, dz \tag{14}$$

sont développables par le théorème de Maclaurin en séries convergentes ordonnées suivant les puissances ascendantes et entières de x; si d'ailleurs les sommes de ces séries, quand x devient imaginaire, continuent d'être représentées par les notations $f(x, z)$, $F(x)$, l'équation (14) subsistera pour les valeurs imaginaires de x dont les modules seront inférieurs à r.

Exemple. — Comme on a, pour des valeurs quelconques de x,

$$\pi^{\frac{1}{2}} = \int_{-\infty}^{\infty} e^{-z^2}\, dz = \int_{-\infty}^{\infty} e^{-(z+x)^2}\, dz = e^{-x^2} \int_{0}^{\infty} e^{-z^2}(e^{-2zx} + e^{2zx})\, dz$$

et, par suite,

$$\int_{0}^{\infty} e^{-z^2} \frac{e^{2zx} + e^{-2zx}}{2}\, dz = \tfrac{1}{2}\pi^{\frac{1}{2}} e^{x^2}, \tag{15}$$

on en conclura, en remplaçant x par $x\sqrt{-1}$,

$$\int_{0}^{\infty} e^{-z^2} \cos 2zx\, dz = \tfrac{1}{2}\pi^{\frac{1}{2}} e^{-x^2}. \tag{16}$$

Cette dernière formule, que l'on doit à M. Laplace, est fort utile dans la solution de plusieurs problèmes.

ADDITION.

Depuis l'impression de cet Ouvrage, j'ai reconnu qu'à l'aide d'une formule très simple on pouvait ramener au Calcul différentiel la solution de plusieurs problèmes que j'avais renvoyés au Calcul intégral. Je vais, en premier lieu, donner cette formule; j'indiquerai ensuite ses principales applications.

D'après ce qui a été dit dans la septième Leçon, si l'on désigne par x_0, X deux valeurs de x entre lesquelles les fonctions $f(x)$ et $f'(x)$ restent continues, et par θ un nombre inférieur à l'unité, on aura

$$\frac{f(\mathrm{X})-f(x_0)}{\mathrm{X}-x_0}=f'[x_0+\theta(\mathrm{X}-x_0)].$$

Or il est aisé de voir que des raisonnements entièrement semblables à ceux dont nous avons fait usage pour démontrer l'équation précédente suffiront pour établir la formule

$$\frac{f(\mathrm{X})-f(x_0)}{\mathrm{F}(\mathrm{X})-\mathrm{F}(x_0)}=\frac{f'[x_0+\theta(\mathrm{X}-x_0)]}{\mathrm{F}'[x_0+\theta(\mathrm{X}-x_0)]}, \tag{1}$$

θ désignant encore un nombre inférieur à l'unité, et $\mathrm{F}(x)$ une fonction nouvelle qui, toujours croissante ou décroissante depuis la limite $x=x_0$ jusqu'à la limite $x=\mathrm{X}$, reste continue, avec sa dérivée $\mathrm{F}'(x)$, entre ces mêmes limites.

On peut aussi démontrer directement la formule (1) à l'aide des principes établis dans la sixième Leçon (page 37). En effet, il résulte de ces principes que, dans l'hypothèse admise, la fonction $\mathrm{F}'(x)$ conservera constamment le même signe depuis $x=x_0$ jusqu'à $x=\mathrm{X}$. Par suite, si A et B représentent la plus petite et la plus grande des valeurs que reçoit le rapport $\frac{f'(x)}{F'(x)}$ dans cet intervalle, les deux produits

$$F'(x)\left[\frac{f'(x)}{F'(x)} - A\right] = f'(x) \quad - A\,F'(x),$$

$$F'(x)\left[B - \frac{f'(x)}{F'(x)}\right] = B\,F'(x) - f'(x)$$

resteront l'un et l'autre constamment positifs ou constamment négatifs entre les limites x_0, X de la variable x. Donc les deux fonctions

$$f(x) - A\,F(x), \quad B\,F(x) - f(x),$$

qui ont ces mêmes produits pour dérivées, croîtront ou décroîtront simultanément depuis la première limite jusqu'à la seconde. Donc la différence entre les valeurs extrêmes de la première fonction, savoir

$$f(X) - f(x_0) - A[F(X) - F(x_0)],$$

et la différence entre les valeurs extrêmes de la dernière, savoir

$$B[F(X) - F(x_0)] - [f(X) - f(x_0)],$$

seront deux quantités de même signe; d'où l'on peut conclure que la différence

$$f(X) - f(x_0)$$

sera comprise entre les deux produits

$$A[F(X) - F(x_0)], \quad B[F(X) - F(x_0)],$$

et la fraction

$$\frac{f(X) - f(x_0)}{F(X) - F(x_0)}$$

entre les limites A et B. D'ailleurs, les deux fonctions $f'(x)$, $F'(x)$ étant continues par hypothèse entre les limites $x = x_0$, $x = X$, toute quantité comprise entre A et B sera équivalente à une expression de la forme

$$\frac{f'[x_0 + \theta(x - x_0)]}{F'[x_0 + \theta(x - x_0)]},$$

θ désignant un nombre inférieur à l'unité. Il existera donc un nombre de cette espèce propre à vérifier l'équation (1), ce qu'il fallait démontrer.

Si l'on fait $X = x_0 + h$, l'équation (1) deviendra

$$(2)\qquad \frac{f(x_0+h)-f(x_0)}{F(x_0+h)-F(x_0)} = \frac{f'(x_0+\theta h)}{F'(x_0+\theta h)}.$$

Cette dernière, qui comprend, comme cas particulier, l'équation (6) de la septième Leçon, est susceptible de plusieurs applications importantes, ainsi qu'on va le prouver en peu de mots.

Concevons d'abord que les fonctions $f(x)$ et $F(x)$ s'évanouissent l'une et l'autre pour $x = x_0$, et faisons, pour abréger, $\theta h = h_1$. Dans ce cas, on tirera de la formule (2)

$$(3)\qquad \frac{f(x_0+h)}{F(x_0+h)} = \frac{f'(x_0+h_1)}{F'(x_0+h_1)},$$

h_1 étant une quantité de même signe que h, mais d'une valeur numérique moindre. Si les fonctions

$$f(x),\quad f'(x),\quad f''(x),\quad \ldots,\quad f^{(n-1)}(x),$$
$$F(x),\quad F'(x),\quad F''(x),\quad \ldots,\quad F^{(n-1)}(x)$$

s'évanouissaient toutes pour $x = x_0$ et demeuraient continues, aussi bien que $f^{(n)}(x)$ et $F^{(n)}(x)$, entre les limites $x = x_0$, $x = x_0 + h$, alors, en supposant chacune des fonctions

$$F(x),\quad F'(x),\quad F''(x),\quad \ldots,\quad F^{(n-1)}(x)$$

toujours croissante ou toujours décroissante depuis la première limite jusqu'à la seconde, et désignant par $h_1, h_2, \ldots, h_n$ des quantités de même signe, mais dont les valeurs numériques seraient de plus en plus petites, on obtiendrait, avec l'équation (3), une suite d'équations semblables dont la réunion composerait la formule

$$(4)\qquad \frac{f(x_0+h)}{F(x_0+h)} = \frac{f'(x_0+h_1)}{F'(x_0+h_1)} = \frac{f''(x_0+h_2)}{F''(x_0+h_2)} = \ldots = \frac{f^{(n)}(x_0+h_n)}{F^{(n)}(x_0+h_n)}.$$

Si, dans la formule (4), on se contente d'égaler la première fraction à la dernière, l'équation à laquelle on parviendra pourra s'écrire comme il suit

$$\frac{f(x_0+h)}{F(x_0+h)} = \frac{f^{(n)}(x_0+\theta h)}{F^{(n)}(x_0+\theta h)}, \tag{5}$$

θ étant toujours un nombre inférieur à l'unité. Enfin, si dans l'équation (5) on substitue à la quantité finie h une quantité infiniment petite désignée par i, on aura

$$\frac{f(x_0+i)}{F(x_0+i)} = \frac{f^{(n)}(x_0+\theta i)}{F^{(n)}(x_0+\theta i)}. \tag{6}$$

Lorsque, dans les formules (5) et (6), on pose

$$F(x) = (x - x_0)^n,$$

on trouve

$$F^{(n)}(x) = 1.2.3\ldots n$$

et, par conséquent,

$$\frac{f(x_0+h)}{h^n} = \frac{f^{(n)}(x_0+\theta h)}{1.2.3\ldots n}, \tag{7}$$

$$\frac{f(x_0+i)}{i^n} = \frac{f^{(n)}(x_0+\theta i)}{1.2.3\ldots n}. \tag{8}$$

Ces dernières équations s'accordent avec les formules (4) et (5) de la quinzième Leçon, et coïncident avec les formules (17), (18) de la trente-sixième. Elles peuvent être employées avec avantage, non seulement dans la recherche des maxima et minima, mais encore dans la détermination des valeurs des fractions qui se présentent sous la forme $\frac{0}{0}$. Au reste, pour résoudre ce dernier problème, il suffira le plus souvent de recourir à la formule (6). Admettons, en effet, que les deux termes de la fraction

$$\frac{f(x)}{F(x)}$$

et leurs dérivées successives, jusqu'à celles de l'ordre $n-1$, s'évanouissent pour $x = x_0$. La formule (6) subsistera généralement pour de très petites valeurs numériques de i, parce qu'en général chacune des fonctions

$$\mathrm{F}(x),\quad \mathrm{F}'(x),\quad \mathrm{F}''(x),\quad \ldots,\quad \mathrm{F}^{(n-1)}(x)$$

croîtra ou décroîtra sans cesse depuis la valeur particulière de x représentée par x_0 jusqu'à une valeur très voisine; et l'on tirera de cette formule, en faisant converger i vers la limite zéro,

$$(9)\qquad \lim \frac{f(x_0+i)}{\mathrm{F}(x_0+i)} = \lim \frac{f^{(n)}(x_0+\theta i)}{\mathrm{F}^{(n)}(x_0+\theta i)} = \frac{f^{(n)}(x_0)}{\mathrm{F}^{(n)}(x_0)}.$$

Si l'on remplace, dans la formule (7), x_0 par zéro, et la lettre f par $\mathcal{F}$, on en conclura

$$(10)\qquad \mathcal{F}(h) = \frac{h^n}{1.2.3\ldots n}\,\mathcal{F}^{(n)}(\theta h).$$

Cette dernière formule suppose que les fonctions

$$\mathcal{F}(h),\quad \mathcal{F}'(h),\quad \mathcal{F}''(h),\quad \ldots,\quad \mathcal{F}^{(n)}(h),$$

étant continues, à partir de la limite $h=0$, s'évanouissent toutes, à l'exception de $\mathcal{F}^{(n)}(h)$, en même temps que la quantité h.

Soit maintenant $f(x)$ une fonction arbitraire de la variable x, mais telle que

$$f(x+h),\quad f'(x+h),\quad f''(x+h),\quad \ldots,\quad f^{(n)}(x+h)$$

restent continues par rapport à h, à partir de $h=0$. On pourra aisément, à l'aide de la formule (10), extraire de $f(x+h)$, ou, ce qui revient au même, de la différence $f(x+h)-f(x)$ une suite de termes proportionnels aux puissances entières de h; et d'abord, puisque la différence $f(x+h)-f(x)$, considérée comme une fonction de h, s'évanouit avec h, et a pour dérivée du premier ordre $f'(x+h)$, il est clair qu'en substituant cette fonction à $\mathcal{F}(h)$, et posant $n=1$, on tirera de la formule (10)

$$(11)\qquad f(x+h)-f(x) = \frac{h}{1}\,f'(x+\theta h).$$

Lorsque, dans le second membre de l'équation précédente, on remplace θ par zéro, on obtient le terme $\frac{h}{1}f'(x)$, et, en retranchant ce terme du premier membre, on trouve pour reste une nouvelle fonction de h, savoir

$$f(x+h)-f(x)-\frac{h}{1}f'(x).$$

Comme cette nouvelle fonction de h s'évanouit avec h, ainsi que sa dérivée du premier ordre, et qu'elle a pour dérivée du second ordre $f''(x+h)$, en la substituant à $\mathcal{F}(h)$, et posant $n=2$, on tirera de la formule (10)

$$f(x+h)-f(x)-\frac{h}{1}f'(x)=\frac{h^2}{1.2}f''(x+\theta h). \tag{12}$$

Si, dans le second membre de l'équation (11), on remplace θ par zéro, on obtiendra le terme $\frac{h^2}{1.2}f''(x)$, et, en retranchant ce terme du premier membre, on trouvera pour reste une troisième fonction de h, savoir

$$f(x+h)-f(x)-\frac{h}{1}f'(x)-\frac{h^2}{1.2}f''(x).$$

Comme cette troisième fonction de h s'évanouit avec h, ainsi que ses dérivées du premier et du second ordre, et qu'elle a pour dérivée du troisième ordre $f'''(x+h)$, en la substituant à $\mathcal{F}(h)$, et posant $n=3$, on tirera de la formule (10)

$$f(x+h)-f(x)-\frac{h}{1}f'(x)-\frac{h^2}{1.2}f''(x)=\frac{h^3}{1.2.3}f'''(x+\theta h). \tag{13}$$

etc. En continuant de la même manière, on établira généralement la formule

$$\left\{\begin{aligned} &f(x+h)-f(x)-\frac{h}{1}f'(x)-\frac{h^2}{1.2}f''(x)-\ldots \\ &\qquad -\frac{h^{n-1}}{1.2.3\ldots(n-1)}f^{(n-1)}(x)=\frac{h^n}{1.2.3\ldots n}f^{(n)}(x+\theta h), \end{aligned}\right. \tag{14}$$

laquelle coïncide avec l'équation (12) de la trente-sixième Leçon. Si, dans cette formule, on remplace x par zéro, h par x, et f par F,

$F(x)$ désignant une fonction arbitraire de x, on trouvera

$$(15)\quad \left\{\begin{aligned} &F(x)-F(0)-\frac{x}{1}F'(0)-\frac{x^2}{1.2}F''(0)-\ldots\\ &\qquad -\frac{x^{n-1}}{1.2.3\ldots(n-1)}F^{(n-1)}(0)=\frac{x^n}{1.2.3\ldots n}F^{(n)}(\theta x).\end{aligned}\right.$$

Cette dernière équation coïncide avec la formule (11) de la trente-sixième Leçon, et l'on peut encore y parvenir directement de la manière suivante.

Soient $F(x)$ une fonction quelconque de x, et $\varpi(x)$ un polynôme entier du degré $n-1$, assujetti à vérifier les équations de condition

$$\varpi(0)=F(0),\quad \varpi'(0)=F'(0),\quad \varpi''(0)=F''(0),\quad \ldots,\quad \varpi^{(n-1)}(0)=F^{(n-1)}(0);$$

$\varpi^{(n)}(x)$ étant alors identiquement nulle, si dans la formule (10) on remplace h par x, et $\mathcal{F}(x)$ par $F(x)-\varpi(x)$, on trouvera

$$(16)\qquad F(x)-\varpi(x)=\frac{x^n}{1.2.3\ldots n}F^{(n)}(\theta x);$$

et, comme on aura d'ailleurs (*voir* la dix-neuvième Leçon)

$$(17)\quad \left\{\begin{aligned} \varpi(x)&=\varpi(0)+\frac{x}{1}\varpi'(0)+\frac{x^2}{1.2}\varpi''(0)+\ldots+\frac{x^{n-1}}{1.2.3\ldots(n-1)}\varpi^{(n-1)}(0),\\ &=F(0)+\frac{x}{1}F'(0)+\frac{x^2}{1.2}F''(0)+\ldots+\frac{x^{n-1}}{1.2.3\ldots(n-1)}F^{(n-1)}(0),\end{aligned}\right.$$

il est clair que la formule (16) entraînera l'équation (15).

Il importe d'observer que, dans tous les cas où les seconds membres des équations (14) et (15) convergent vers zéro pour des valeurs croissantes de n, on déduit immédiatement de ces formules les théorèmes de Taylor et de Maclaurin.

Si, dans la formule (8), on avait $x_0=0$, elle donnerait simplement

$$(18)\qquad \frac{f(i)}{i^n}=\frac{f^{(n)}(\theta i)}{1.2.3\ldots n}.$$

Celle-ci suppose que les fonctions

$$f(i),\quad f'(i),\quad f''(i),\quad \ldots,\quad f^{(n-1)}(i),\quad f^{(n)}(i),$$

étant continues pour de très petites valeurs numériques de i, s'évanouissent toutes, à l'exception de la dernière, pour $i = 0$. Dans cette hypothèse, les rapports

$$\frac{f(i)}{i}, \quad \frac{f(i)}{i^2}, \quad \ldots, \quad \frac{f(i)}{i^{n-1}},$$

étant eux-mêmes équivalents à des expressions de la forme

$$\frac{f'(\theta i)}{1}, \quad \frac{f''(\theta i)}{1.2}, \quad \ldots, \quad \frac{f^{(n-1)}(\theta i)}{1.2.3\ldots(n-1)},$$

s'évanouiront tous avec i. Par conséquent, i et $f(i)$ représentant deux quantités infiniment petites,

$$\frac{f(i)}{i^n}$$

sera le premier terme de la progression géométrique

$$(19) \qquad f(i), \quad \frac{f(i)}{i}, \quad \frac{f(i)}{i^2}, \quad \frac{f(i)}{i^3}, \quad \ldots$$

qui cesse d'être une quantité infiniment petite, si $f^{(n)}(0)$ est la première des quantités

$$(20) \qquad f(0), \quad f'(0), \quad f''(0), \quad f'''(0), \quad \ldots$$

qui cesse d'être nulle. Ajoutons que, dans l'hypothèse admise,

$$\frac{f^{(n)}(0)}{1.2.3\ldots n}$$

sera, en vertu de la formule (18), la véritable valeur du rapport $\frac{f(i)}{i^n}$, correspondante à $i = 0$.

Les considérations précédentes nous conduisent naturellement à partager les quantités infiniment petites en différentes classes. Concevons, en effet, que toutes les quantités de cette espèce qui entrent dans un calcul soient des fonctions de l'une d'entre elles désignée par i, et nommons $f(i)$ l'une de ces fonctions. Plusieurs termes consécutifs de la progression (19), comptés à partir du premier terme, pourront être infiniment petits; et, suivant que le nombre de ces termes sera 1, 2, 3, ..., nous dirons que la quantité $f(i)$ est un infiniment petit de première, de seconde, de troisième classe, etc. Cela posé, $f(i)$ sera un infiniment petit de la $n^{\text{ième}}$ *classe*, si $\frac{f(i)}{i^n}$ est le premier terme de la progression (19) qui cesse de s'évanouir avec i. Dans la même hypothèse, $f(i)$ deviendra ce qu'on appelle un *infiniment petit* de l'*ordre* n, si, pour des valeurs numériques décroissantes de i, le rapport $\frac{f(i)}{i^n}$ converge vers une limite finie différente de zéro.

Ces définitions étant admises, on déduira immédiatement des principes ci-dessus établis les propositions suivantes.

Théorème I. — *Lorsque $f(i)$ est un infiniment petit de $n^{\text{ième}}$ classe, $f^{(n)}(0)$ est le premier terme de la série (20) qui cesse d'être nul. Dans le même cas, $f(i)$ sera un infiniment petit de l'ordre n, si $f^{(n)}(0)$ obtient une valeur finie différente de zéro.*

Théorème II. — *Lorsque, $f(i)$ étant un infiniment petit de $n^{\text{ième}}$ classe, la fonction $f(x)$ et ses dérivées successives, jusqu'à celle de l'ordre n, restent continues entre les limites $x = 0$, $x = h$, on a, en désignant par m un nombre entier inférieur ou égal à n,*

$$f(h) = \frac{h^m}{1.2.3\ldots m} f^{(m)}(\theta h). \tag{21}$$

Si, dans cette dernière formule, on remplace h par i, et m par n, on retrouvera l'équation (18), à l'aide de laquelle on peut établir le théorème que nous allons énoncer.

Théorème III. — *Soit $f(i)$ une quantité infiniment petite de l'ordre n. Cette quantité changera de signe avec i, si n est un nombre impair, et sera constamment affectée du même signe que $f^{(n)}(0)$, si n est un nombre pair.*

Le théorème III suppose, comme la formule (18), que la fonction $f(i)$ et ses dérivées successives, jusqu'à celle de l'ordre n, restent continues par rapport à i dans le voisinage de la valeur particulière $i = 0$. Si cette condition n'était pas satisfaite, la quantité désignée par $f^{(n)}(0)$ pourrait admettre plusieurs valeurs, et, si ces valeurs n'étaient pas toutes de même signe, le théorème dont il s'agit cesserait d'exister. C'est ce qui arriverait, par exemple, si l'on prenait pour $f(i)$ la quantité infiniment petite $\sqrt{i^2}$. Dans cette hypothèse, la fonction dérivée

$$f'(i) = \frac{i}{\sqrt{i^2}}$$

admettrait une solution de continuité correspondante à $i = 0$, et se réduirait tantôt à $+1$, tantôt à -1, suivant que la valeur de i serait positive ou négative. Il est d'ailleurs évident que la quantité $\sqrt{i^2}$, quoique l'on se trouve naturellement porté à la considérer comme un infiniment petit du premier ordre, demeure constamment positive et ne change pas de signe avec i. La même remarque s'applique à la quantité infiniment petite $\sqrt{i^6}$, que l'on est naturellement conduit à regarder comme un infiniment petit du troisième ordre, etc.

Le théorème I fournit un moyen très simple de reconnaître la classe ou l'ordre d'une quantité infiniment petite. Ainsi, par exemple, on conclura de ce théorème que les quantités

$$\frac{1}{\mathrm{l}i}, \quad \sqrt{i}, \quad i^{\frac{2}{3}}, \quad \sin i$$

sont quatre infiniment petits de première classe, le dernier étant seul du premier ordre. On s'assurera de la même manière que les quatre quantités

$$\frac{i}{\mathrm{l}i}, \quad i^{\frac{3}{2}}, \quad \sin^2 i, \quad 1 - \cos i$$

sont des infiniment petits de seconde classe, les deux derniers étant du second ordre; que les trois quantités

$$\frac{i^2}{\mathrm{l}i}, \quad i^3, \quad i - \sin i$$

sont des infiniment petits de troisième classe, les deux derniers étant du troisième ordre, et ainsi de suite.

Lorsqu'on multiplie un infiniment petit de la $n^{\text{ième}}$ classe ou du $n^{\text{ième}}$ ordre par une quantité constante ou par une fonction de i qui a pour limite une quantité finie différente de zéro, on obtient évidemment pour produit un autre infiniment petit de la même classe ou du même ordre que le premier.

Il est encore facile de prouver que, parmi les quantités infiniment petites, celles qui appartiennent aux classes supérieures finissent par obtenir constamment les plus petites valeurs numériques. Soient, en effet, $\varphi(i)$, $\chi(i)$ deux quantités infiniment petites, la première de la $n^{\text{ième}}$ classe, la seconde de la $m^{\text{ième}}$, m étant $< n$. La première des deux fractions $\frac{\varphi(i)}{i^m}$, $\frac{\chi(i)}{i^m}$ sera la seule qui converge avec i vers la limite zéro; et par suite le rapport qu'on obtient en les divisant l'une par l'autre, ou la fraction $\frac{\varphi(i)}{\chi(i)}$, convergera également vers zéro, ce qu'elle ne peut faire, sans que sa valeur numérique s'abaisse au-dessous de l'unité, ou, en d'autres termes, sans que la valeur numérique du numérateur devienne inférieure à celle du dénominateur.

Enfin on établira facilement la proposition suivante :

THÉORÈME IV. — *Désignons par i et par $f(i)$ deux quantités infiniment petites. Zéro sera la valeur unique ou l'une des valeurs que recevra le rapport*

$$\frac{f(i)}{f'(i)}, \tag{22}$$

lorsqu'on y fera évanouir la quantité i.

Démonstration. — Il suffit évidemment de démontrer le théorème IV, dans le cas où la fonction dérivée $f'(i)$ s'évanouit en même temps que $f(i)$ pour $i = 0$, attendu que la limite du rapport $\frac{f(i)}{f'(i)}$, nulle dans toute autre hypothèse, se présente alors seulement sous la forme indéterminée $\frac{0}{0}$. Or on y parviendra sans peine à l'aide de la formule (18), du moins lorsque les deux fonctions $f(i)$, $f'(i)$ seront continues par rapport à i, dans le voisinage de la valeur particulière $i=0$. En effet, si cette condition est remplie, on tirera de la formule (18), en posant $n=1$,

$$f(i)=i\,f'(\theta i), \tag{23}$$

et l'on aura, en conséquence,

$$\frac{f(i)}{f'(i)}=i\frac{f'(\theta i)}{f'(i)}, \tag{24}$$

θ désignant toujours un nombre inférieur à l'unité. Concevons maintenant que, dans la formule (24), on fasse décroître indéfiniment la valeur numérique de i, $f'(0)$ étant nul par hypothèse, et θi désignant une quantité comprise entre zéro et i, $f'(\theta i)$ convergera plus rapidement que $f'(i)$ vers la limite zéro, d'où il résulte que la fraction $\frac{f'(\theta i)}{f'(i)}$ obtiendra une multitude de valeurs numériques inférieures à l'unité, et le produit $i\frac{f'(\theta i)}{f'(i)}$ une multitude de valeurs sensiblement nulles. Donc la limite ou l'une des limites vers lesquelles convergeront ce même produit et le rapport qu'il représente sera égale à zéro.

Scolie I. — Le théorème IV peut être aisément vérifié à l'égard des fonctions

$$\sin i, \quad 1-\cos i, \quad e^{-\left(\frac{1}{i}\right)^2}, \quad i^3\sin\frac{1}{i}, \quad \cdots.$$

Il subsiste dans le cas même où la fonction $f(i)$ ne reste réelle et infiniment petite qu'autant que l'on attribue à la variable i des valeurs affectées d'un certain signe, comme il arrive, par exemple, quand on prend pour $f(i)$ l'une des fonctions

$$\mathrm{l}i, \quad \sqrt{i}, \quad e^{-\frac{1}{i}}, \quad e^{-\left(\frac{1}{i}\right)^2}, \quad \ldots,$$

qui cessent d'être réelles ou infiniment petites, dès que l'on donne à i des valeurs négatives. Enfin cè théorème peut subsister, quoique la fonction $f'(i)$ devienne discontinue pour $i=0$. Ainsi, en supposant

$$f(i)=i\sin\frac{1}{i}, \tag{25}$$

on trouvera que la fonction

$$f'(i)=\sin\frac{1}{i}-\frac{1}{i}\cos\frac{1}{i} \tag{26}$$

devient indéterminée, par conséquent discontinue, pour $i=0$; et, si l'on fait alors converger i vers la limite zéro, la valeur du rapport (22) tirée des équations (25) et (26), savoir

$$\frac{f(i)}{f'(i)}=\frac{i}{1-\frac{1}{i}\cot\frac{1}{i}}, \tag{27}$$

admettra un nombre infini de limites dont l'une sera égale à zéro.

Scolie II. — Supposons que, la fonction $f(i)$ et ses dérivées successives, jusqu'à celle de l'ordre de $n-1$, étant continues par rapport à i, dans le voisinage de la valeur particulière $i=0$, les n quantités

$$f(0),\quad f'(0),\quad f''(0),\quad \ldots,\quad f^{(n-1)}(0) \tag{28}$$

s'évanouissent; et concevons que la valeur numérique de i vienne à décroître indéfiniment. Zéro sera la limite ou l'une des limites vers lesquelles convergeront chacun des rapports

$$\frac{f(i)}{f'(i)},\quad \frac{f'(i)}{f''(i)},\quad \frac{f''(i)}{f'''(i)},\quad \ldots,\quad \frac{f^{(n-1)}(i)}{f^{(n)}(i)} \tag{29}$$

et, par conséquent, leur produit ou le rapport

$$\frac{f(i)}{f^{(n)}(i)}. \tag{30}$$

On peut en dire autant des expressions

$$(31) \qquad \frac{f'(i)}{f^{(n)}(i)}, \quad \frac{f''(i)}{f^{(n)}(i)}, \quad \ldots, \quad \frac{f^{(n-2)}(i)}{f^{(n)}(i)}$$

que l'on obtient en multipliant les uns par les autres quelques-uns des rapports dont il s'agit.

SUR LES

FORMULES DE TAYLOR ET DE MACLAURIN.

On prouve facilement que, dans le cas où la fraction

$$\frac{\mathcal{F}(h)}{h^{n-1}} \tag{1}$$

s'évanouit pour $h = 0$, on a

$$\mathcal{F}(h) = \frac{h^n}{1.2.3\ldots n}\mathcal{F}^{(n)}(\theta h), \tag{2}$$

θ désignant un nombre inconnu, mais inférieur à l'unité. Or l'équation (2), à l'aide de laquelle on peut établir directement la théorie des maxima ou minima et fixer les valeurs des fractions qui se présentent sous la forme $\frac{0}{0}$, conduit aussi très simplement à la série de Taylor et à la détermination du reste qui doit compléter cette série. En effet, on tirera successivement de l'équation (2) :

1° En posant $\mathcal{F}(h) = f(x+h) - f(x)$ et $n = 1$,

$$f(x+h) - f(x) = \frac{h}{1}f'(x+\theta h); \tag{3}$$

puis, en posant $f'(x+h) = f'(x) + H_1$,

$$H_1 = \frac{f(x+h) - f(x) - \frac{h}{1}f'(x)}{h};$$

2° En posant $\mathcal{F}(h) = f(x+h) - f(x) - h f'(x)$ et $n = 2$,

$$f(x+h) - f(x) - h f'(x) = \frac{h^2}{1.2}f''(x+\theta h); \tag{4}$$

puis; en posant $f''(x+\theta h) = f''(x) + H_2$,

$$\frac{1}{1.2} H_2 = \frac{f(x+h) - f(x) - h f'(x) - \frac{h^2}{1.2} f''(x)}{h^2};$$

3° En posant $\mathfrak{F}(h) = f(x+h) - f(x) - h f'(x) - \frac{h^2}{1.2} f''(x)$ et $n=3$,

$$(5) \qquad f(x+h) - f(x) - h f'(x) - \frac{h^2}{1.2} f''(x) = \frac{h^3}{1.2.3} f'''(x+\theta h);$$

puis, en posant $f'''(x+\theta h) = f'''(x) + H_3$,

$$\frac{1}{1.2.3} H_3 = \frac{f(x+h) - f(x) - h f'(x) - \frac{h^2}{1.2} f''(x) - \frac{h^3}{1.2.3} f'''(x)}{h^3}.$$

En continuant de la même manière, et observant que les quantités

$$H_1, \quad \frac{1}{1.2} H_2, \quad \frac{1}{1.2.3} H_3, \quad \ldots$$

s'évanouissent toutes avec h, on établira généralement l'équation

$$(6) \quad \left\{ \begin{aligned} & f(x+h) - f(x) - h f'(x) - \frac{h^2}{1.2} f''(x) - \ldots \\ & \qquad - \frac{h^{n-1}}{1.2.3\ldots(n-1)} f^{(n-1)}(x) = \frac{h^n}{1.2\ldots n} f^{(n)}(x+\theta h) \end{aligned} \right.$$

ou

$$(7) \quad \left\{ \begin{aligned} & f(x+h) = f(x) + \frac{h}{1} f'(x) + \frac{h^2}{1.2} f''(x) + \ldots \\ & \qquad + \frac{h^{n-1}}{1.2.3\ldots(n-1)} f^{(n-1)}(x) + \frac{h^n}{1.2\ldots n} f^{(n)}(x+\theta h). \end{aligned} \right.$$

Si l'on y remplace x par o, et h par x, on trouvera

$$(8) \quad \left\{ \begin{aligned} & f(x) = f(0) + \frac{x}{1} f'(0) + \frac{x^2}{1.2} f''(0) + \ldots \\ & \qquad + \frac{x^{n-1}}{1.2.3\ldots(n-1)} f^{(n-1)}(0) + \frac{x^n}{1.2.3\ldots n} f^{(n)}(\theta x). \end{aligned} \right.$$

Il suit de la formule (7) que la fonction $f(x+h)$ peut être considérée comme composée d'une fonction entière de h, savoir

$$(9)\qquad f(x)+\frac{h}{1}f'(x)+\frac{h^2}{1.2}f''(x)+\ldots+\frac{h^{n-1}}{1.2.3\ldots(n-1)}f^{(n-1)}(x),$$

et d'un reste, savoir

$$(10)\qquad \frac{h^n}{1.2.3\ldots n}f^{(n)}(x+\theta h).$$

Lorsque ce reste devient infiniment petit pour des valeurs infiniment grandes du nombre n, on peut affirmer que la série

$$(11)\qquad f(x),\quad h f'(x),\quad \frac{h^2}{1.2}f''(x),\quad \ldots$$

est convergente, et qu'elle a pour somme $f(x+h)$. Donc alors on peut écrire l'équation

$$(12)\qquad f(x+h)=f(x)+\frac{h}{1}f'(x)+\frac{h^2}{1.2}f''(x)+\ldots,$$

qui est précisément la formule de Taylor. De même, si le reste

$$(13)\qquad \frac{x^n}{1.2.3\ldots n}f^{(n)}(\theta x)$$

devient infiniment petit pour des valeurs infinies de n, l'équation (8) entraînera la suivante

$$(14)\qquad f(x)=f(0)+\frac{x}{1}f'(0)+\frac{x^2}{1.2}f''(0)+\ldots,$$

qui est précisément la formule de Maclaurin.

Il est souvent utile de substituer aux expressions (10) et (13) d'autres expressions équivalentes. On peut y parvenir comme il suit.

Désignons par $\varphi(z)$ ce que devient le premier membre de l'équation (6) quand on y remplace h par $h-z$ et x par $x+z$, ou, en d'autres termes, le reste qu'on obtient quand on développe $f(x+h)$ suivant les puissances ascendantes et entières de $h-z$, et que l'on s'arrête à la puissance du degré $n-1$; en sorte qu'on ait

$$(15)\quad \left\{\begin{aligned} f(x+h) = f(x+z) &+ \frac{h-z}{1} f'(x+z) + \ldots \\ &+ \frac{(h-z)^{n-1}}{1.2.3\ldots(n-1)} f^{(n-1)}(x+z) + \varphi(z). \end{aligned}\right.$$

$\varphi(0)$ représentera la valeur commune de chacun des membres de l'équation (6). De plus, en différentiant par rapport à z la formule (15), on trouvera

$$(16)\quad \varphi'(z) = -\frac{(h-z)^{n-1}}{1.2.3\ldots(n-1)} f^{(n)}(x+z),$$

et l'on en conclura

$$(17)\quad \frac{\varphi(h)-\varphi(0)}{h} = -\frac{(h-\theta h)^{n-1}}{1.2.3\ldots(n-1)} f^{(n-1)}(x+\theta h)$$

ou, parce que $\varphi(h)$ se réduit évidemment à zéro,

$$(18)\quad \varphi(0) = \frac{(h-\theta h)^{n-1}}{1.2.3\ldots(n-1)} h f^{(n)}(x+\theta h).$$

La valeur précédente de $\varphi(0)$ n'est autre chose que le reste de la série de Taylor présenté sous une nouvelle forme. Si, dans ce reste, on remplace x par 0, et h par x, on obtiendra le reste de la série de Maclaurin sous la forme suivante :

$$(19)\quad x\frac{(x-\theta x)^{n-1}}{1.2.3\ldots(n-1)} f^{(n)}(\theta x).$$

Il suffit, dans plusieurs cas, de substituer ce dernier produit à l'expression (13) pour établir la formule (14). Supposons, par exemple,

$$(20)\quad f(x) = (1+x)^{\mu},$$

μ désignant une constante réelle. Les expressions (13) et (19) deviendront respectivement

$$(21)\quad \frac{\mu(\mu-1)\ldots(\mu-n+1)}{1.2.3\ldots n} x^n (1+\theta x)^{\mu-n}$$

et

$$(22)\qquad \frac{\mu(\mu-1)\ldots(\mu-n+1)}{1.2.3\ldots(n-1)}x^n(1-\theta)^{n-1}(1+\theta x)^{\mu-n}.$$

Cela posé, on prouvera facilement, 1° à l'aide de l'expression (21), que l'équation

$$(23)\qquad (1+x)^\mu = 1+\frac{\mu}{1}x+\frac{\mu(\mu-1)}{1.2}x^2+\ldots$$

subsiste quand la valeur numérique du rapport

$$(24)\qquad \frac{x}{1+\theta x}$$

est inférieure à l'unité; 2° à l'aide de l'expression (22), que l'équation (23) subsiste quand le produit

$$(25)\qquad x\frac{1-\theta}{1+\theta x}$$

est compris entre les limites -1 et 1. Par suite, il suffira d'employer l'expression (21) pour établir la formule (23) entre les limites $x=0$, $x=1$. Mais il faudra revenir à l'expression (22), si l'on veut étendre la même formule à toutes les valeurs de x comprises entre les limites $x=-1$, $x=+1$.

LEÇONS

SUR LE

CALCUL DIFFÉRENTIEL.

LEÇONS

SUR LE

CALCUL DIFFÉRENTIEL,

PAR M. AUGUSTIN-LOUIS CAUCHY,

INGÉNIEUR EN CHEF DES PONTS ET CHAUSSÉES, PROFESSEUR A L'ÉCOLE ROYALE POLYTECHNIQUE, PROFESSEUR ADJOINT A LA FACULTÉ DES SCIENCES, MEMBRE DE L'ACADÉMIE DES SCIENCES, CHEVALIER DE LA LÉGION D'HONNEUR.

A PARIS,

CHEZ DE BURE FRÈRES, LIBRAIRES DU ROI ET DE LA BIBLIOTHÈQUE DU ROI,

RUE SERPENTE, N.° 7.

1829.

AVERTISSEMENT.

L'ÉDITION, qui a paru en 1823, du *Résumé des Leçons sur le Calcul infinitésimal*, se trouvant épuisée, je me suis décidé à la remplacer par deux ouvrages séparés, l'un sur le calcul différentiel, l'autre sur le calcul intégral. Je publie aujourd'hui le premier, qui a pour objet le calcul différentiel. Les méthodes que j'ai suivies diffèrent à plusieurs égards de celles qui sont exposées dans les ouvrages du même genre. Mon but principal a été de concilier la rigueur, dont je m'étais fait une loi dans mon *Cours d'analyse*, avec la simplicité que produit la considération directe des quantités infiniment petites. Pour cette raison, j'ai cru devoir rejeter les développements des fonctions en séries infinies, toutes les fois que les séries obtenues ne sont pas convergentes. Il en résulte, par exemple, que la formule de Taylor ne peut plus être admise comme générale, qu'autant qu'elle est réduite à un nombre fini de termes, et complétée par un reste. Je n'ignore pas qu'en faisant d'abord abstraction de ce reste, l'illustre auteur de la *Mécanique analytique* a pris la formule dont il s'agit pour base de sa théorie *des fonctions dérivées*. Mais, malgré tout le respect que commande une si grande autorité, la plupart des géomètres s'accordent maintenant à reconnaître l'incertitude des résultats auxquels on peut être conduit par l'emploi de séries divergentes. Il y a plus : le théorême de Taylor semble, dans certains cas, fournir le développement d'une fonction en série convergente, quoique la somme de la série diffère essentiellement de la fonction proposée (voyez la fin de la dixième Leçon). D'ailleurs ceux qui liront mon ouvrage se convaincront, je l'espère, que les principes du calcul différentiel et ses applications les plus importantes peuvent être facilement exposés sans l'intervention des séries.

AVERTISSEMENT.

On trouvera, dans la quatorzième Leçon et dans la Note qui termine ce volume, des considérations nouvelles sur la possibilité de résoudre des équations algébriques ou transcendantes, et sur la détermination approximative de leurs racines soit réelles, soit imaginaires.

Au reste, en composant cet ouvrage, j'ai mis à prôfit les travaux entrepris sur le même sujet par les géomètres, et publiés dans divers écrits ou mémoires, particulièrement dans la *Théorie des Fonctions* de Lagrange, dans le *Calcul différentiel* d'Euler, dans celui de M. Lacroix, dans un article de M. Poinsot, qui fait partie de la *Correspondance sur l'École Polytechnique* (par M. Hachette), enfin dans les Leçons et dans un Mémoire de M. Ampère (voy. le 13.e cahier du journal de cette école).

LEÇONS

SUR LE

CALCUL DIFFÉRENTIEL.

PRÉLIMINAIRES.

DES VARIABLES, DE LEURS LIMITES ET DES QUANTITÉS INFINIMENT PETITES. DES FONCTIONS CONTINUES ET DISCONTINUES, EXPLICITES OU IMPLICITES, SIMPLES OU COMPOSÉES, ETC. DES SÉRIES CONVERGENTES OU DIVERGENTES.

Avant d'exposer les principes du Calcul différentiel, il est nécessaire d'établir quelques notions préliminaires. Tel est l'objet dont nous allons d'abord nous occuper.

On nomme quantité *variable* celle que l'on considère comme devant recevoir successivement plusieurs valeurs différentes les unes des autres. On appelle au contraire quantité *constante* toute quantité qui reçoit une valeur fixe et déterminée. Lorsque les valeurs successivement attribuées à une même variable s'approchent indéfiniment d'une valeur fixe, de manière à finir par en différer aussi peu que l'on voudra, cette dernière est appelée la *limite* de toutes les autres. Ainsi, par exemple, la surface du cercle est la limite vers laquelle convergent les surfaces des polygones réguliers inscrits, tandis que le nombre de leurs côtés croît de plus en plus; et le rayon vecteur, mené du centre d'une hyperbole à un point de la courbe qui s'éloigne de plus en plus de ce centre, forme avec l'axe des x un angle qui a pour limite l'angle formé par l'asymptote avec le même axe, etc. Nous indiquerons la limite vers laquelle converge une variable donnée par l'abréviation lim placée devant cette variable.

Souvent les limites vers lesquelles convergent des expressions variables se présentent sous une forme indéterminée, et néanmoins on peut encore fixer, à l'aide de méthodes particulières, les véritables valeurs de ces mêmes limites. Ainsi, par exemple, les limites dont s'approchent indéfiniment les deux expressions variables

$$\frac{\sin\alpha}{\alpha}, \quad (1+\alpha)^{\frac{1}{\alpha}},$$

tandis que α converge vers zéro, se présentent sous les formes indéterminées $\frac{0}{0}$, $1^{\pm\infty}$; et pourtant ces deux limites ont des valeurs fixes que l'on peut calculer comme il suit.

On a évidemment, pour de très petites valeurs numériques de α,

$$\frac{\sin\alpha}{\sin\alpha} > \frac{\sin\alpha}{\alpha} > \frac{\sin\alpha}{\operatorname{tang}\alpha}.$$

Par conséquent le rapport $\frac{\sin\alpha}{\alpha}$, toujours compris entre les quantités

$$\frac{\sin\alpha}{\sin\alpha} = 1 \quad \text{et} \quad \frac{\sin\alpha}{\operatorname{tang}\alpha} = \cos\alpha,$$

dont la première sert de limite à la seconde, aura lui-même l'unité pour limite.

Cherchons maintenant la limite vers laquelle converge l'expression $(1+\alpha)^{\frac{1}{\alpha}}$, tandis que α s'approche indéfiniment de zéro. Si l'on suppose d'abord la quantité α positive et de la forme $\frac{1}{m}$, m désignant un nombre entier variable et susceptible d'un accroissement indéfini, on aura

$$\begin{aligned}(1+\alpha)^{\frac{1}{\alpha}} &= \left(1+\frac{1}{m}\right)^m \\ &= 1 + \frac{1}{1} + \frac{1}{1.2}\left(1-\frac{1}{m}\right) + \frac{1}{1.2.3}\left(1-\frac{1}{m}\right)\left(1-\frac{2}{m}\right) + \ldots \\ &\quad + \frac{1}{1.2.3\ldots m}\left(1-\frac{1}{m}\right)\left(1-\frac{2}{m}\right)\cdots\left(1-\frac{m-1}{m}\right).\end{aligned}$$

Comme, dans le second membre de cette dernière formule, les termes qui renferment la quantité m sont tous positifs et croissent en valeurs et en nombre en même temps que cette quantité, il est clair que l'expression $\left(1+\frac{1}{m}\right)^m$ croîtra elle-même avec le nombre entier m, en demeurant toujours comprise entre les deux sommes

$$1+\frac{1}{1}=2$$

et

$$1+\frac{1}{1}+\frac{1}{2}+\frac{1}{2.2}+\frac{1}{2.2.2}+\ldots=1+1+1=3;$$

donc elle s'approchera indéfiniment, pour des valeurs croissantes de m, d'une certaine limite comprise entre 2 et 3. Cette limite est un nombre qui joue un grand rôle dans le Calcul infinitésimal, et qu'on est convenu de désigner par la lettre e. Si l'on prend

$$m=10000,$$

on trouvera pour valeur approchée de e, en faisant usage des Tables de logarithmes décimaux,

$$\left(\frac{10001}{10000}\right)^{10000}=2,7183.$$

Cette valeur approchée est exacte à $\frac{1}{10000}$ près, ainsi que nous le verrons plus tard.

Supposons maintenant que α, toujours positif, ne soit plus de la forme $\frac{1}{m}$. Désignons, dans cette hypothèse, par m et $n=m+1$ les deux nombres entiers immédiatement inférieur et supérieur à $\frac{1}{\alpha}$, en sorte qu'on ait

$$\frac{1}{\alpha}=m+\mu=n-\nu,$$

μ et ν étant des nombres compris entre zéro et l'unité. L'expression $(1+\alpha)^{\frac{1}{\alpha}}$ sera évidemment renfermée entre les deux suivantes

$$\left(1+\frac{1}{m}\right)^{\frac{1}{\alpha}}=\left[\left(1+\frac{1}{m}\right)^m\right]^{1+\frac{\mu}{m}},\qquad \left(1+\frac{1}{n}\right)^{\frac{1}{\alpha}}=\left[\left(1+\frac{1}{n}\right)^n\right]^{1-\frac{\nu}{n}};$$

et, comme, pour des valeurs de α décroissantes à l'infini ou, ce qui revient au même, pour des valeurs croissantes de m et de n, les deux quantités $\left(1+\frac{1}{m}\right)^m$, $\left(1+\frac{1}{n}\right)^n$ convergent l'une et l'autre vers la limite e, tandis que $1+\frac{\mu}{m}$, $1-\frac{\nu}{n}$ s'approchent indéfiniment de la limite 1, il en résulte que chacune des expressions

$$\left(1+\frac{1}{m}\right)^{\frac{1}{\alpha}}, \quad \left(1+\frac{1}{n}\right)^{\frac{1}{\alpha}},$$

et par suite l'expression intermédiaire $(1+\alpha)^{\frac{1}{\alpha}}$, convergeront encore vers la limite e.

Supposons enfin que α devienne une quantité négative. Si l'on fait, dans cette hypothèse,

$$1+\alpha = \frac{1}{1+\beta},$$

β sera une quantité positive, qui convergera elle-même vers zéro, et l'on trouvera

$$(1+\alpha)^{\frac{1}{\alpha}} = (1+\beta)^{\frac{1+\beta}{\beta}} = \left[(1+\beta)^{\frac{1}{\beta}}\right]^{1+\beta},$$

puis, en passant aux limites,

$$\lim(1+\alpha)^{\frac{1}{\alpha}} = e^{\lim(1+\beta)} = e. \tag{1}$$

Les logarithmes, pris dans le système dont la base est e, s'appellent logarithmes *népériens* ou *hyperboliques*. Nous les désignerons par la lettre l, tandis que nous emploierons la lettre L pour indiquer les logarithmes pris dans un autre système dont la base serait un nombre quelconque représenté par A. Cela posé, on aura évidemment

$$\mathrm{l}e = 1,$$

$$\mathrm{L}e = \frac{\mathrm{L}e}{\mathrm{LA}} = \frac{\mathrm{l}e}{\mathrm{lA}} = \frac{1}{\mathrm{lA}}, \tag{2}$$

et, de plus, on tirera de la formule (1)

$$\lim \frac{\mathrm{l}(1+\alpha)}{\alpha} = 1, \tag{3}$$

$$\lim \frac{\mathrm{L}(1+\alpha)}{\alpha} = \mathrm{L}e. \tag{4}$$

Lorsque les valeurs numériques successives d'une même variable, étant supposées très petites, décroissent indéfiniment de manière à s'abaisser au-dessous de tout nombre donné, cette variable devient ce qu'on nomme un *infiniment petit* ou une quantité infiniment petite. Une variable de cette espèce a zéro pour limite. Telle est la variable α dans les calculs qui précèdent.

Lorsque les valeurs numériques successives d'une même variable croissent de plus en plus de manière à s'élever au-dessus de tout nombre donné, on dit que cette variable a pour limite l'infini positif indiqué par le signe ∞, s'il s'agit d'une variable positive; et l'infini négatif indiqué par la notation $-\infty$, s'il s'agit d'une variable négative. Tel est le nombre variable m que nous avons employé ci-dessus.

Si le rapport de deux quantités infiniment petites converge vers une limite donnée, tandis que chacune d'elles s'approche de zéro, la limite en question sera ce qu'on appelle la *dernière raison* de ces quantités infiniment petites. Ainsi, par exemple, α étant infiniment petit, l'unité sera la dernière raison de $\sin\alpha$ et de α; $\mathrm{L}e$ la dernière raison de $\mathrm{L}(1+\alpha)$ et de α, etc.

Lorsque des quantités variables sont tellement liées entre elles, que, la valeur de l'une d'elles étant donnée, on puisse en conclure les valeurs de toutes les autres, on conçoit d'ordinaire ces diverses quantités exprimées au moyen de l'une d'entre elles, qui prend alors le nom de *variable indépendante;* et les autres quantités, exprimées au moyen de la variable indépendante, sont ce qu'on appelle des *fonctions* de cette variable.

Lorsque des quantités variables sont tellement liées entre elles, que, les valeurs de quelques-unes étant données, on puisse en conclure celles de toutes les autres, on conçoit ces diverses quantités exprimées au moyen de plusieurs d'entre elles, qui prennent alors le nom de *variables indépendantes;* et les quantités restantes, exprimées au moyen des variables indépendantes, sont ce qu'on appelle des *fonctions* de ces mêmes variables. Les diverses expressions que fournissent l'Algèbre et la Trigonométrie, lorsqu'elles renferment des variables considérées comme indépendantes, sont autant de fonctions de ces variables. Ainsi, par exemple,

$$\mathrm{L}x, \quad \sin x, \quad \ldots$$

sont des fonctions de la variable x;

$$x+y, \quad x^y, \quad xyz, \quad \ldots$$

des fonctions des variables x et y ou x, y et z, ...

Lorsque des fonctions d'une ou de plusieurs variables se trouvent, comme dans les exemples précédents, immédiatement exprimées au moyen de ces variables, elles sont nommées *fonctions explicites*. Mais lorsqu'on donne seulement les relations entre les fonctions et les variables, c'est-à-dire les équations auxquelles ces quantités doivent satisfaire, tant que ces équations ne sont pas résolues algébriquement, les fonctions n'étant pas exprimées immédiatement au moyen des variables sont appelées *fonctions implicites*. Pour les rendre explicites, il suffit de résoudre, lorsque cela se peut, les équations qui les déterminent. Par exemple, y étant une fonction implicite de x déterminée par l'équation

$$\mathrm{L}y = x,$$

si l'on nomme A la base du système de logarithmes que l'on considère, la même fonction, devenue explicite par la résolution de l'équation donnée, sera

$$y = \mathrm{A}^x.$$

Lorsqu'on veut désigner une fonction explicite d'une variable x ou de plusieurs variables x, y, z, ..., sans déterminer la nature de cette fonction, on emploie l'une des notations

$$f(x), \quad \mathrm{F}(x), \quad \varphi(x), \quad \chi(x), \quad \psi(x), \quad \varpi(x), \quad \ldots;$$
$$f(x, y, z, \ldots), \quad \mathrm{F}(x, y, z, \ldots), \quad \varphi(x, y, z, \ldots), \quad \ldots.$$

Parmi les fonctions d'une seule variable x, il est utile de distinguer les fonctions que l'on nomme *simples*, et que l'on considère comme résultant d'une seule opération effectuée sur cette variable, d'avec les fonctions que l'on regarde comme les résultats de plusieurs opérations et que l'on nomme *composées*. Les fonctions simples que produisent les opérations de l'Algèbre et de la Trigonométrie [*voir* l'*Analyse algébrique*, Chapitre I (¹)] peuvent être réduites aux suivantes

$$a+x,\quad a-x,\quad ax,\quad \frac{a}{x},\quad x^a,\quad A^x,\quad Lx,$$
$$\sin x,\quad \cos x,\quad \arcsin x,\quad \arccos x,$$

A désignant un nombre constant, $a = \pm A$ une quantité constante, et la lettre L indiquant un logarithme pris dans le système dont la base est A.

Il est encore essentiel d'observer que, conformément aux conventions établies dans l'*Analyse algébrique*, nous faisons usage de l'une des notations

$$\text{arc}\sin x,\quad \text{arc}\cos x,\quad \text{arc tang}\, x,\quad \text{arc}\cot x,\quad \text{arc séc}\, x,\quad \text{arc coséc}\, x,$$

pour représenter, non pas un quelconque des arcs dont une certaine ligne trigonométrique est égale à x, mais celui d'entre eux qui a la plus petite valeur numérique ou, si ces arcs sont deux à deux égaux et de signes contraires, celui qui a la plus petite valeur positive; en conséquence, $\text{arc}\sin x$, $\text{arc}\cot x$, $\text{arc coséc}\, x$ seront des arcs compris entre les limites $-\frac{\pi}{2}$, $+\frac{\pi}{2}$, et $\text{arc}\cos x$, $\text{arc séc}\, x$ des arcs compris entre les limites o et π.

Les *fonctions de fonctions* sont des fonctions composées qui résultent de plusieurs opérations successives, la première opération étant effectuée sur la variable, et chacune des autres sur le résultat de l'opération précédente. Ainsi, par exemple,

$$l\sin x,\quad l\cos x$$

sont des fonctions de fonctions dont chacune résulte de deux opérations successives.

Les fonctions composées se distinguent les unes des autres par la

(¹) *Œuvres de Cauchy*, S. II, T. III.

nature des opérations qui les produisent. Il semble que l'on devrait nommer *fonctions algébriques* toutes celles que fournissent les opérations de l'Algèbre; mais on a réservé particulièrement ce nom à celles que l'on forme en n'employant que les premières opérations algébriques, savoir l'addition et la soustraction, la multiplication et la division, enfin l'élévation à des puissances fixes; et, dès qu'une fonction renferme des exposants variables ou des logarithmes, elle prend le nom de *fonction exponentielle* ou *logarithmique.*

Les fonctions que l'on nomme algébriques se divisent en *fonctions rationnelles* et *fonctions irrationnelles*. Les fonctions rationnelles sont celles dans lesquelles la variable ne se trouve élevée qu'à des puissances entières. On appelle en particulier *fonction entière* tout polynôme qui ne renferme que des puissances entières de la variable, par exemple

$$a + bx + cx^2 + \ldots,$$

et *fonction fractionnaire* ou *fraction rationnelle* le quotient de deux semblables polynômes. Le *degré* d'une fonction entière de x est l'exposant de la plus haute puissance de x dans cette même fonction. La fonction entière du premier degré, savoir

$$a + bx,$$

s'appelle aussi *fonction linéaire*, parce que, dans l'application à la Géométrie, on s'en sert pour représenter l'ordonnée d'une ligne droite. Toute fonction entière ou fractionnaire est par cela même rationnelle, et toute autre espèce de fonction algébrique est irrationnelle.

Les fonctions que produisent les opérations de la Trigonométrie sont désignées sous le nom de *fonctions trigonométriques* ou *circulaires*.

Les divers noms que l'on vient d'attribuer aux fonctions composées d'une seule variable s'appliquent également aux fonctions de plusieurs variables, lorsque ces dernières fonctions jouissent, par rapport à chacune des variables qu'elles renferment, des propriétés que supposent les noms dont il s'agit. Ainsi, par exemple, tout polynôme qui ne contiendra que des puissances entières des variables x, y, z, ... sera une fonction entière de ces variables. On appelle *degré* de cette fonction entière la somme des exposants des variables dans le terme où cette somme est la plus grande. Une fonction entière du premier degré, telle que

$$a + bx + cy + \ldots,$$

prend le nom de *fonction linéaire*.

Souvent, dans le calcul, on se sert de la caractéristique Δ pour indiquer les accroissements simultanés de deux variables qui dépendent l'une de l'autre. Cela posé, si la variable y est exprimée en fonction de la variable x par l'équation

$$y = f(x), \tag{5}$$

Δy, ou l'accroissement de y correspondant à l'accroissement Δx de la variable x, sera déterminé par la formule

$$y + \Delta y = f(x + \Delta x). \tag{6}$$

Plus généralement, si l'on suppose

$$F(x, y) = 0, \tag{7}$$

on aura

$$F(x + \Delta x, y + \Delta y) = 0. \tag{8}$$

Il est bon d'observer que des équations (5) et (6) réunies on conclut

$$\Delta y = f(x + \Delta x) - f(x). \tag{9}$$

Soient maintenant h et i deux quantités distinctes, la première finie, la seconde infiniment petite, et $\alpha = \frac{i}{h}$ le rapport infiniment petit de ces deux quantités. Si l'on attribue à Δx la valeur finie h, la valeur de Δy, donnée par l'équation (9), deviendra ce qu'on appelle la *différence finie* de la fonction $f(x)$, et sera ordinairement une quantité finie. Si, au contraire, l'on attribue à Δx une valeur infiniment petite, si l'on fait, par exemple,

$$\Delta x = i = \alpha h,$$

la valeur de Δy, savoir

$$f(x+i)-f(x) \quad \text{ou} \quad f(x+\alpha h)-f(x),$$

sera ordinairement une quantité infiniment petite. C'est ce que l'on vérifiera aisément à l'égard des fonctions

$$A^x, \quad \sin x, \quad \cos x,$$

auxquelles correspondent les différences

$$A^{x+i}-A^x=(A^i-1)A^x,$$

$$\sin(x+i)-\sin x = 2\sin\frac{i}{2}\cos\left(x+\frac{i}{2}\right),$$

$$\cos(x+i)-\cos x = -2\sin\frac{i}{2}\sin\left(x+\frac{i}{2}\right),$$

dont chacune renferme un facteur A^i-1, ou $\sin\frac{i}{2}$, qui converge indéfiniment avec i vers la limite zéro.

Lorsque, la fonction $f(x)$ admettant une valeur unique et finie pour toutes les valeurs de x comprises entre deux limites données, la différence

$$f(x+i)-f(x)$$

est toujours entre ces limites une quantité infiniment petite, on dit que $f(x)$ est *fonction continue* de la variable x entre les limites dont il s'agit.

On dit encore que la fonction $f(x)$ est, dans le voisinage d'une valeur particulière attribuée à la variable x, fonction continue de cette variable, toutes les fois qu'elle est continue entre deux limites, même très rapprochées, qui renferment la valeur en question.

Enfin, lorsqu'une fonction cesse d'être continue dans le voisinage d'une valeur particulière de la variable x, on dit qu'elle devient alors *discontinue*, et qu'il y a pour cette valeur particulière *solution de continuité*. Ainsi, par exemple, il y a solution de continuité dans la fonction $\frac{1}{x}$, pour $x=0$; dans la fonction $\tan x$, pour $x=\pm\frac{(2k+1)\pi}{2}$, k étant un nombre entier quelconque, etc.

D'après ces explications, il sera facile de reconnaître entre quelles limites une fonction donnée de la variable x est continue par rapport à cette variable. (*Voir*, pour de plus amples développements, le Chapitre II de l'*Analyse algébrique*.)

Concevons à présent que l'on construise la courbe qui a pour équation en coordonnées rectangulaires $y = f(x)$. Si la fonction $f(x)$ est continue entre les limites $x = x_0$, $x = X$, à chaque abscisse x comprise entre ces limites correspondra une seule ordonnée; et, de plus, x venant à croître d'une quantité infiniment petite Δx, y croîtra d'une quantité infiniment petite Δy. Par suite, à deux abscisses très rapprochées x, $x + \Delta x$, correspondront deux points très rapprochés l'un de l'autre, puisque leur distance $\sqrt{\Delta x^2 + \Delta y^2}$ sera elle-même une quantité infiniment petite. Ces conditions ne peuvent être satisfaites qu'autant que les différents points forment une ligne continue entre les limites $x = x_0$, $x = X$.

La remarque que nous venons de faire peut être aisément vérifiée sur les courbes représentées par les équations

$$y = x^m, \qquad y = \frac{1}{x^m}, \qquad y = A^x, \qquad y = Lx, \qquad y = \sin x,$$

dans lesquelles A désigne une constante positive, et m un nombre entier.

On appelle *série* une suite indéfinie de quantités

$$(10) \qquad u_0, \quad u_1, \quad u_2, \quad u_3, \quad \ldots,$$

qui dérivent les unes des autres suivant une loi déterminée. Ces quantités elles-mêmes sont les différents *termes* de la série que l'on considère. Soit

$$s_n = u_0 + u_1 + u_2 + \ldots + u_{n-1}$$

la somme des n premiers termes, n désignant un nombre entier quelconque. Si, pour des valeurs de n toujours croissantes, la somme s_n s'approche indéfiniment d'une certaine limite s, la série sera dite *convergente*, et la limite en question s'appellera la *somme* de la série. Au contraire, si, tandis que n croît indéfiniment, la somme s_n ne s'approche d'aucune limite fixe, la série sera *divergente*, et n'aura plus de somme. Dans l'un et l'autre cas, le terme qui correspond à l'indice n, savoir u_n, sera ce qu'on nomme le *terme général*. Il suffit que l'on donne ce terme général en fonction de l'indice n, pour que la série soit complètement déterminée.

Il existe des règles générales à l'aide desquelles on peut reconnaître si une série donnée est convergente ou divergente. Ainsi, par exemple, on parvient sans peine à faire voir que la série (10) est convergente, lorsque, pour des valeurs croissantes du nombre entier n, le rapport

$$\frac{u_{n+1}}{u_n}$$

converge vers une limite inférieure à l'unité. (*Voir* l'*Analyse algébrique*, Chap. VI.)

Une série digne de remarque est celle qu'on obtient, lorsque, dans le développement de l'expression

$$\left(1+\frac{m}{x}\right)^m = 1+\frac{x}{1}+\frac{x^2}{1.2}\left(1-\frac{1}{m}\right)+\frac{x^3}{1.2.3}\left(1-\frac{1}{m}\right)\left(1-\frac{2}{m}\right)+\ldots,$$

on fait converger le nombre entier m vers la limite ∞. Cette série, dont les différents termes sont respectivement

$$(11) \qquad 1,\quad \frac{x}{1},\quad \frac{x^2}{1.2},\quad \frac{x^3}{1.2.3},\quad \ldots,\quad \frac{x^n}{1.2.3\ldots n},\quad \ldots,$$

reste convergente, quelle que soit la valeur de x, attendu que le rapport entre les deux termes

$$\frac{x^{n+1}}{1.2.3\ldots n(n+1)},\quad \frac{x^n}{1.2.3\ldots n},$$

savoir $\frac{x}{n+1}$, décroît sans cesse pour des valeurs croissantes de n. Quant à la somme de la même série, on l'obtiendra facilement en posant $\frac{x}{m} = \alpha$. En effet, on trouvera, dans cette hypothèse,

$$\left(1 + \frac{x}{m}\right)^m = (1 + \alpha)^{\frac{x}{\alpha}};$$

puis on conclura, en faisant converger le nombre m vers la limite ∞ et ayant égard à la formule (1),

$$\lim\left(1 + \frac{x}{m}\right)^m = e^x.$$

On aura donc

$$(12) \qquad e^x = 1 + \frac{x}{1} + \frac{x^2}{1.2} + \frac{x^3}{1.2.3} + \dots.$$

Si, dans cette dernière équation, l'on prend $x = 1$, on en tirera

$$(13) \qquad e = 1 + 1 + \frac{1}{1.2} + \frac{1}{1.2.3} + \frac{1}{1.2.3.4} + \frac{1}{1.2.3.4.5} + \dots$$

ou, ce qui revient au même,

$$e = 2 + 0,5 + 0,166666\dots + 0,041666\dots + 0,00833\dots$$
$$+ 0,00138\dots + 0,00019\dots + 0,00002\dots + \dots = 2,7182\dots.$$

En poussant plus loin l'approximation, on trouverait

$$(14) \qquad e = 2,7182818284\dots.$$

Telle est la valeur du nombre e, calculée avec dix décimales.

Nous terminerons ces Préliminaires en expliquant ce qu'on doit entendre par des quantités infiniment petites de divers ordres.

Désignons par a un nombre constant, rationnel ou irrationnel; par i une quantité infiniment petite, et par r un nombre variable. Dans le système de quantités infiniment petites dont i sera la *base*, une fonction de i représentée par $f(i)$ sera un infiniment petit de l'*ordre* a, si la limite du rapport

$$(15) \qquad \frac{f(i)}{i^r}$$

est nulle pour toutes les valeurs de r plus petites que a, et infinie pour toutes les valeurs de r plus grandes que a.

Cette définition admise, si l'on désigne par n le nombre entier ou immédiatement supérieur à l'ordre a de la quantité infiniment petite $f(i)$, le rapport

$$\frac{f(i)}{i^n} \tag{16}$$

sera le premier terme de la progression géométrique

$$f(i),\quad \frac{f(i)}{i},\quad \frac{f(i)}{i^2},\quad \frac{f(i)}{i^3},\quad \ldots, \tag{17}$$

qui cessera d'être une quantité infiniment petite.

Quant au rapport

$$\frac{f(i)}{i^a} \tag{18}$$

que l'on déduit de l'expression (15) en posant $r = a$, il peut avoir une limite finie, ou nulle, ou infinie. Ainsi, par exemple,

$$i^a e^i,\quad \frac{i^a e^i}{\mathrm{l}\, i},\quad i^a e^i\, \mathrm{l}\, i$$

sont trois quantités infiniment petites de l'ordre a, et les quotients qu'on obtient en les divisant par i^a, savoir

$$e^i,\quad \frac{e^i}{\mathrm{l}\, i},\quad e^i\, \mathrm{l}\, i$$

ont pour limites respectives

$$1,\quad 0 \quad \text{et} \quad \frac{1}{0}.$$

Cela posé, on établira sans peine les propriétés des quantités infiniment petites, et en particulier les différents théorèmes que nous allons énoncer.

Théorème I. — *Si, dans un système quelconque, l'on considère deux quantités infiniment petites d'ordres différents, pendant que ces deux quantités s'approcheront indéfiniment de zéro, celle qui sera d'un ordre plus élevé finira par obtenir constamment la plus petite valeur numérique.*

Démonstration. — Concevons que, dans le système dont la base est i, l'on désigne par $I = f(i)$ et par $J = F(i)$ deux quantités infiniment petites, la première de l'ordre a, la seconde de l'ordre b; et supposons $a < b$. Si l'on attribue au nombre variable r une valeur comprise entre a et b, les deux rapports

$$\frac{I}{i^r}, \quad \frac{J}{i^r}$$

auront pour limites respectives, le premier $\frac{1}{0}$, le second, zéro; et par suite, le quotient de ces rapports, ou la fraction

$$\frac{J}{I},$$

aura une limite nulle. Donc la valeur numérique du numérateur J décroîtra beaucoup plus rapidement que celle du dénominateur I, et cette dernière finira par devenir constamment supérieure à l'autre.

THÉORÈME II. — *Soient $a, b, c, \ldots$ les nombres qui indiquent, dans un système déterminé, les ordres de plusieurs quantités infiniment petites, et a le plus petit de ces nombres. La somme des quantités dont il s'agit sera un infiniment petit de l'ordre a.*

Démonstration. — Soit toujours i la base du système adopté. Soient de plus I, J, ... les quantités données, la première de l'ordre a, la seconde de l'ordre b, ... Le rapport de la somme $I + J + \ldots$ à la quantité I, savoir

$$1 + \frac{J}{I} + \ldots,$$

aura pour limite l'unité, attendu que les termes $\frac{J}{I}$, ... auront des limites nulles. Par suite, le produit

$$\left(1 + \frac{J}{I} + \ldots\right)\frac{I}{i^r} = \frac{I + J + \ldots}{i^r}$$

aura la même limite que le rapport

$$\frac{I}{i^r},$$

et, puisque ce dernier rapport a une limite nulle ou infinie, suivant qu'on suppose $r < a$ ou $r > a$, on pourra en dire autant du rapport

$$\frac{I + J + \ldots}{i^r}.$$

Donc $I + J + \ldots$ sera une quantité infiniment petite de l'ordre a.

Corollaire. — Les raisonnements par lesquels nous venons d'établir le théorème I montrent évidemment que, pour de très petites valeurs numériques de la base i, la somme de plusieurs quantités infiniment petites, rangées de manière que leurs ordres forment une suite croissante, est positive ou négative, suivant que son premier terme est lui-même positif ou négatif.

Théorème III. — *Dans un système quelconque, le produit de deux quantités infiniment petites dont les ordres sont désignés par a et par b est une autre quantité infiniment petite de l'ordre a + b.*

Démonstration. — Soient toujours i la base du système que l'on considère, et I, J les quantités données, la première de l'ordre a, la seconde de l'ordre b. Les rapports

$$\frac{I}{i^r}, \quad \frac{J}{i^s}$$

auront des limites nulles, toutes les fois que l'on supposera $r < a$, $s < b$; des limites infinies, toutes les fois que l'on supposera $r > a$, $s > b$, et l'on pourra en dire autant du produit

$$\frac{I}{i^r}\frac{J}{i^s} = \frac{IJ}{i^{r+s}}.$$

Il en résulte évidemment que le rapport

$$\frac{IJ}{i^{r+s}}$$

aura une limite nulle pour $r+s<a+b$, et une limite infinie pour $r+s>a+b$. Donc le produit IJ sera une quantité infiniment petite de l'ordre $a+b$.

Nota. — Si l'un des facteurs se réduisait à une quantité finie, le produit serait évidemment du même ordre que l'autre facteur.

Corollaire. — Dans un système quelconque, le produit de plusieurs quantités infiniment petites dont les ordres sont désignés par a, b, c, ... est une autre quantité infiniment petite de l'ordre $a+b+c+\ldots$.

THÉORÈME IV. — *Si trois quantités infiniment petites sont telles que, la première étant prise pour base, la seconde soit de l'ordre a, et que, la seconde étant prise pour base, la troisième soit de l'ordre b, celle-ci, dans le système qui a pour base la première, sera d'un ordre équivalent au produit ab.*

Démonstration. — Soient i, I et J les trois quantités données, en sorte que les deux rapports

$$\frac{\mathrm{I}}{i^r}, \quad \frac{\mathrm{J}}{\mathrm{I}^s}$$

aient des limites nulles quand on suppose à la fois $r<a$, $s<b$, et des limites infinies quand on suppose à la fois $r>a$, $s>b$, il est clair que le produit

$$\left(\frac{\mathrm{I}}{i^r}\right)^s \frac{\mathrm{J}}{\mathrm{I}^s} = \frac{\mathrm{J}}{i^{rs}}$$

aura une limite nulle pour $rs<ab$, une limite infinie pour $rs>ab$; et par suite que, si l'on prend i pour base, J sera une quantité infiniment petite de l'ordre ab.

Corollaire I. — Le rapport entre les ordres de deux quantités infiniment petites J et I reste le même, quelle que soit la base du système que l'on adopte, et ce rapport est équivalent au nombre b, qui indique l'ordre de la première quantité, quand on prend pour base la seconde. Donc, si, après avoir déterminé pour une certaine base les ordres de plusieurs quantités infiniment petites, on vient à changer de base, les nombres qui indiquent ces divers ordres croîtront ou décroîtront tous à la fois dans un rapport donné.

Corollaire II. — Si l'on suppose, dans le théorème IV, que la quantité J se réduise à la quantité i, on aura évidemment

$$ab = 1, \qquad b = \frac{1}{a}.$$

Donc, si, dans le système dont la base est i, la quantité I est un infiniment petit de l'ordre a, i sera de l'ordre $\frac{1}{a}$ dans le système qui aura pour base la quantité I. Ainsi, par exemple, lorsque I, considéré comme fonction de i, est un infiniment petit du premier ordre, on peut en dire autant de i considéré comme fonction de I.

Le second corollaire, réuni au premier, entraîne évidemment le suivant :

Corollaire III. — Si deux quantités infiniment petites sont telles que, l'une étant prise pour base, l'autre soit du premier ordre, le nombre qui exprimera l'ordre d'une quantité quelconque restera le même dans les deux systèmes qui auront pour bases les deux quantités données.

PREMIÈRE LEÇON.

OBJET DU CALCUL DIFFÉRENTIEL. DÉRIVÉES ET DIFFÉRENTIELLES DES FONCTIONS D'UNE SEULE VARIABLE.

$x, y, z, \ldots$ étant des variables assujetties à vérifier une ou plusieurs équations données, on nomme *différentielles* de x, de y, de z, ... et l'on désigne, au moyen de la lettre caractéristique d, par les notations

$$dx, \quad dy, \quad dz, \quad \ldots$$

des quantités dont les rapports sont équivalents aux dernières raisons des accroissements infiniment petits que peuvent prendre simultanément ces mêmes variables. L'objet du Calcul différentiel est de déterminer les rapports des différentielles $dx, dy, dz, \ldots$ quand on connaît les relations qui existent entre les variables $x, y, z, \ldots$, ou, ce qui revient au même, d'évaluer les dernières raisons des différences infiniment petites $\Delta x, \Delta y, \Delta z, \ldots$, c'est-à-dire des accroissements infiniment petits et simultanés de $x, y, z, \ldots$.

Concevons, pour fixer les idées, que l'on considère seulement deux variables, savoir une variable indépendante et une fonction de x représentée par

$$y = f(x).$$

Si la fonction $f(x)$ reste continue entre deux limites données de la variable x, et si l'on assigne à cette variable une valeur comprise entre les deux limites dont il s'agit, un accroissement infiniment petit, attribué à la variable, produira un accroissement infiniment petit de la fonction elle-même. Donc, si l'on pose alors $\Delta x = i$, les deux termes du rapport aux différences

$$(1) \qquad \frac{\Delta y}{\Delta x} = \frac{f(x+i) - f(x)}{i}$$

seront des quantités infiniment petites. Mais, tandis que ces deux termes s'approcheront indéfiniment et simultanément de la limite zéro, le rapport lui-même pourra converger vers une autre limite, soit positive, soit négative, qui sera la dernière raison des différences infiniment petites Δy et Δx. Cette limite, ou cette dernière raison, lorsqu'elle existe, a une valeur déterminée pour chaque valeur particulière de x; mais elle varie avec x. Ainsi, par exemple, si l'on prend $f(x) = x^m$, m désignant un nombre entier, le rapport entre les différences infiniment petites sera

$$\frac{(x+i)^m - x^m}{i} = m x^{m-1} + \frac{m(m-1)}{1.2} x^{m-2} i + \ldots + i^{m-1},$$

et il aura pour limite la quantité mx^{m-1}, c'est-à-dire une nouvelle fonction de la variable x. Il en sera de même en général; seulement, la forme de la fonction nouvelle qui servira de limite au rapport

$$\frac{f(x+i) - f(x)}{i}$$

dépendra de la forme de la fonction proposée $y = f(x)$. Pour indiquer cette dépendance, on donne à la nouvelle fonction le nom de *fonction dérivée*, et on la désigne, à l'aide d'un accent, par la notation

$$y' \quad \text{ou} \quad f'(x).$$

Cela posé, les différentielles dx, dy de la variable indépendante x et de la fonction $y = f(x)$ seront des quantités tellement choisies, que leur rapport $\frac{dy}{dx}$ coïncide avec la dernière raison des quantités infiniment petites Δy, Δx, c'est-à-dire avec la limite $y' = f'(x)$ du rapport $\frac{\Delta y}{\Delta x}$. Ces différentielles seront donc liées entre elles par l'équation

$$(2)\qquad \frac{dy}{dx} = y'$$

ou

$$(3)\qquad dy = y'\,dx,$$

que l'on peut aussi présenter sous l'une des formes

$$(4)\qquad \frac{d\,f(x)}{dx} = f'(x),$$

$$(5)\qquad d\,f(x) = f'(x)\,dx.$$

En vertu de l'équation (2) ou (3), la différentielle dy se trouve complètement déterminée, dès qu'on a fixé la forme de la fonction

$$y' = f'(x)$$

et la valeur de la quantité dx. Quant à cette dernière quantité, qui représente la différentielle de la variable indépendante, elle reste entièrement arbitraire, et l'on peut la supposer égale à une constante finie h, ou même la considérer comme une quantité infiniment petite.

Il résulte des formules (3) et (5) que la dérivée $y' = f'(x)$ d'une fonction quelconque $y = f(x)$ est précisément égale à $\frac{dy}{dx}$, c'est-à-dire au rapport entre la différentielle de la fonction et celle de la variable ou, si l'on veut, au coefficient par lequel il faut multiplier la seconde différentielle pour obtenir la première. C'est pour cette raison qu'on donne quelquefois à la fonction dérivée le nom de *coefficient differentiel.*

Différentier une fonction, c'est trouver sa différentielle. L'opération par laquelle on différentie s'appelle *différentiation.*

Il est facile d'obtenir la fonction dérivée $y' = \frac{dy}{dx}$, lorsqu'on prend pour y une des fonctions simples

$$a + x,\quad a - x,\quad ax,\quad \frac{a}{x},\quad x^a,\quad A^x,\quad Lx,$$

$$\sin x,\quad \cos x,\quad \arcsin x,\quad \arccos x,$$

A désignant un nombre constant, $a = \pm A$ une quantité constante, et la lettre L indiquant un logarithme calculé dans le système dont la base est A. On trouvera, par exemple, pour $y = a + x$,

$$\frac{\Delta y}{\Delta x} = \frac{(a+x+i)-(a+x)}{i} = 1, \qquad y' = \frac{dy}{dx} = 1;$$

pour $y = a - x$,

$$\frac{\Delta y}{\Delta x} = \frac{(a-x-i)-(a-x)}{i} = -1, \qquad y' = \frac{dy}{dx} = -1;$$

pour $y = ax$,

$$\frac{\Delta y}{\Delta x} = \frac{a(x+i)-ax}{i} = a, \qquad y' = \frac{dy}{dx} = a;$$

pour $y = \frac{a}{x}$,

$$\frac{\Delta y}{\Delta x} = \frac{\frac{a}{x+i} - \frac{a}{x}}{i} = -\frac{a}{x(x+i)}, \qquad y' = \frac{dy}{dx} = -\frac{a}{x^2};$$

pour $y = \sin x$,

$$\frac{\Delta y}{\Delta x} = \frac{\sin\frac{1}{2}i}{\frac{1}{2}i}\cos\left(x + \frac{1}{2}i\right), \qquad y' = \frac{dy}{dx} = \cos x = \sin\left(x + \frac{\pi}{2}\right);$$

pour $y = \cos x$,

$$\frac{\Delta y}{\Delta x} = -\frac{\sin\frac{1}{2}i}{\frac{1}{2}i}\sin\left(x + \frac{1}{2}i\right), \qquad y' = \frac{dy}{dx} = -\sin x = \cos\left(x + \frac{\pi}{2}\right).$$

De plus, en posant $A^i = 1 + I$ et ayant égard à la formule (4) des Préliminaires, on trouvera, pour $y = A^x$,

$$\frac{\Delta y}{\Delta x} = \frac{A^{x+i} - A^x}{i} = \frac{A^i - 1}{i}A^x = \frac{I}{L(1+I)}A^x, \qquad y' = \frac{dy}{dx} = \frac{A^x}{Le}.$$

Enfin, si l'on pose, pour abréger,

$$\frac{i}{x} = \alpha \quad \text{et} \quad (1+\alpha)^{\alpha} - 1 = \beta,$$

on aura pour $y = Lx$,

$$\frac{\Delta y}{\Delta x} = \frac{L(x+i) - Lx}{i} = \frac{L\left(1 + \frac{i}{x}\right)}{i} = \frac{L(1+\alpha)}{\alpha}\,\frac{1}{x}, \qquad \frac{dy}{dx} = \frac{Le}{x};$$

pour $y = x^a$,

$$\frac{\Delta y}{\Delta x} = \frac{(x+i)^a - x^a}{i} = x^a \frac{\left(1+\frac{i}{x}\right)^a - 1}{i} = \frac{(1+\alpha)^a - 1}{\alpha} x^{a-1} = \frac{\beta}{\alpha} x^{a-1}.$$

Il reste à trouver la limite du rapport entre les deux quantités infiniment petites α et β liées entre elles par l'équation

$$(1+\alpha)^a = 1+\beta.$$

Or on tirera de cette dernière

$$a\,\mathrm{l}(1+\alpha) = \mathrm{l}(1+\beta). \tag{6}$$

D'ailleurs, en vertu de la formule (3) des Préliminaires, on aura

$$\frac{\mathrm{l}(1+\alpha)}{\alpha} = 1+\gamma, \qquad \frac{\mathrm{l}(1+\beta)}{\beta} = 1+\delta,$$

γ, δ désignant des quantités infiniment petites. Par suite, l'équation (6) donnera

$$a\alpha(1+\gamma) = \beta(1+\delta),$$

et l'on en conclura

$$\frac{\beta}{\alpha} = a\frac{1+\gamma}{1+\delta}, \qquad \lim\frac{\beta}{\alpha} = a.$$

En conséquence, on aura définitivement, pour $y = x^a$,

$$y' = \frac{dy}{dx} = a x^{a-1}.$$

Si, dans les fonctions A^x et $\mathrm{L}x$, on réduisait le nombre A au nombre

$$e = 2{,}7182818\ldots,$$

et la lettre caractéristique L à la lettre l qui désigne les logarithmes népériens, on trouverait pour $y = e^x$,

$$y' = \frac{dy}{dx} = e^x;$$

pour $y = \mathrm{l}x$,

$$y' = \frac{dy}{dx} = \frac{1}{x}.$$

Les diverses formules qui précèdent peuvent être renfermées dans le Tableau suivant :

$$(7)\quad \begin{cases} d(a+x)=dx, & d(a-x)=-dx, \\ d(ax)\;\;=a\,dx, & d\left(\dfrac{a}{x}\right)\;\;=-a\dfrac{dx}{x}; \\ \multicolumn{2}{c}{d(x^a)=ax^{a-1}\,dx;} \\ dA^x\;=A^x\,lA, & de^x\;=e^x\,dx; \\ d\,Lx=Le\dfrac{dx}{x}, & d\,lx=\dfrac{dx}{x}; \\ \multicolumn{2}{l}{d\sin x=\quad\cos x\,dx=\sin\left(x+\dfrac{\pi}{2}\right)dx,} \\ \multicolumn{2}{l}{d\cos x=-\sin x\,dx=\cos\left(x+\dfrac{\pi}{2}\right)dx.} \end{cases}$$

Comme elles sont établies seulement pour les valeurs réelles de x auxquelles correspondent des valeurs réelles des fonctions placées à la suite de la lettre d, on doit supposer x positive, dans celles de ces formules qui se rapportent aux fonctions Lx, lx, et même à la fonction x^a, lorsque a désigne une fraction de dénominateur pair ou un nombre irrationnel.

Soit maintenant z une seconde fonction de x, liée à la première $y=f(x)$ par la formule

$$z=F(y).$$

z ou $F[f(x)]$ sera ce qu'on appelle une *fonction de fonction* de la variable x; et, si l'on désigne par Δx, Δy, Δz les accroissements infiniment petits et simultanés des trois variables x, y, z, on trouvera

$$\frac{\Delta y}{\Delta x}=\frac{f(x+\Delta x)-f(x)}{\Delta x}, \qquad \frac{\Delta z}{\Delta y}=\frac{F(y+\Delta y)-F(y)}{\Delta y},$$

puis, en passant aux limites, et substituant aux dernières raisons des accroissements infiniment petits Δx, Δy, Δz les rapports des différentielles dx, dy, dz, on obtiendra d'une part l'équation (4) ou (5), et d'autre part la formule

$$(8)\qquad \frac{dz}{dy}=F'(y)$$

ou

$$(9)\qquad dz = F'(y)\,dy,$$

ou, ce qui revient au même,

$$(10)\qquad d\,F(y) = F'(y)\,dy.$$

L'équation (10) est semblable, pour la forme, à l'équation (5), et fournit le moyen de différentier une fonction de y, lors même que y n'est pas la variable indépendante. Seulement la différentielle dx ou dy, qui, dans le second membre, sert de coefficient à la fonction dérivée $f'(x)$ ou $F'(y)$ est, dans l'équation (5), une quantité constante et, dans l'équation (8), une quantité variable égale au produit de la constante dx par la fonction $f'(x)$.

En attribuant successivement aux fonctions $y = f(x)$ et $F(y)$ différentes formes, on tirera de l'équation (10)

$$d(a+y) = dy,\qquad d(-y) = -dy,\qquad d(ay) = a\,dy,\qquad d\frac{1}{y} = -\frac{dy}{y^2},$$

$$dA^y = A^y\,\mathrm{l}A\,dy,\qquad de^y = e^y\,dy,\qquad d\,\mathrm{L}y = \mathrm{L}e\frac{dy}{y},\qquad d\,\mathrm{l}y = \frac{dy}{y},$$

$$d\,\mathrm{l}y^2 = \frac{dy^2}{y^2} = \frac{2\,dy}{y},\qquad d\frac{1}{2}\,\mathrm{l}y^2 = \frac{dy}{y},\qquad \dots,$$

$$d(ax^m) = a\,dx^m = max^{m-1}\,dx,\qquad dA^{B^x} = A^{B^x}\,\mathrm{l}A\,dB^x = A^{B^x}B^x\,\mathrm{l}A\,\mathrm{l}B\,dx,$$

$$de^{e^x} = e^{e^x}\,de^x = e^{e^x}e^x\,dx,\qquad de^{x^2} = e^{x^2}\,dx^2 = 2\,x\,e^{x^2}\,dx,$$

$$d\,\mathrm{séc}\,x = d\frac{1}{\cos x} = -\frac{d\cos x}{\cos^2 x} = \frac{\sin x\,dx}{\cos^2 x},$$

$$d\,\mathrm{coséc}\,x = d\frac{1}{\sin x} = -\frac{d\sin x}{\sin^2 x} = -\frac{\cos x\,dx}{\sin^2 x},$$

$$d\,\mathrm{l}\sin x = \frac{d\sin x}{\sin x} = \frac{\cos x\,dx}{\sin x} = \frac{dx}{\mathrm{tang}\,x},$$

$$d\,\mathrm{l}\cos x = \frac{d\cos x}{\cos x} = -\frac{\sin x\,dx}{\cos x} = -\frac{dx}{\cot x},$$

....

La première de ces formules prouve que *l'addition d'une constante à une fonction n'en altère pas la différentielle, ni par conséquent la dérivée.*

On peut encore, à l'aide de la formule (10), déterminer facilement les différentielles des fonctions simples x^a, arc sin$x$, arc cos$x$, en supposant connues celles des fonctions lx, sin$x$, cos$x$. On trouvera, en effet, pour $y = x^a$,

$$\mathrm{l}y = a\,\mathrm{l}x, \qquad \frac{dy}{y} = a\frac{dx}{x}, \qquad \frac{dy}{dx} = a\frac{y}{x} = ax^{a-1};$$

pour $y = \arcsin x$,

$$\sin y = x, \qquad \cos y\, dy = dx, \qquad \frac{dy}{dx} = \frac{1}{\cos y} = \frac{1}{\sqrt{1-x^2}};$$

pour $y = \arccos x$,

$$\cos y = x, \qquad -\sin y\, dy = dx, \qquad \frac{dy}{dx} = -\frac{1}{\sin y} = -\frac{1}{\sqrt{1-x^2}}.$$

On aura donc

$$(11) \qquad d\arcsin x = \frac{dx}{\sqrt{1-x^2}}, \qquad d\arccos x = -\frac{dx}{\sqrt{1-x^2}}.$$

On doit, dans les formules (11), supposer la variable x renfermée entre les limites -1, $+1$, afin que les fonctions arc sin$x$, arc cos$x$ conservent des valeurs réelles.

Si l'on divise par dx les deux membres de l'équation (9), on en tirera

$$(12) \qquad z' = y'\,F'(y) = f'(x)\,F'[f(x)].$$

Cette dernière formule sert à déterminer la dérivée d'une fonction de fonction.

Nous remarquerons, en finissant, que les différentielles des fonctions composées se déterminent quelquefois aussi facilement que celles des fonctions simples. Ainsi, par exemple, on trouve pour $y = \tang x = \dfrac{\sin x}{\cos x}$,

$$\frac{\Delta y}{\Delta x} = \frac{1}{i}\left[\frac{\sin(x+i)}{\cos(x+i)} - \frac{\sin x}{\cos x}\right] = \frac{\sin i}{i}\,\frac{1}{\cos x\cos(x+i)}, \qquad \frac{dy}{dx} = \frac{1}{\cos^2 x};$$

pour $y = \cot x = \frac{\cos x}{\sin x}$,

$$\frac{\Delta y}{\Delta x} = \frac{1}{i}\left[\frac{\cos(x+i)}{\sin(x+i)} - \frac{\cos x}{\sin x}\right] = -\frac{\sin i}{i}\,\frac{1}{\sin x \sin(x+i)}, \qquad \frac{dy}{dx} = -\frac{1}{\sin^2 x};$$

et l'on en conclut, pour $y = \operatorname{arc\,tang} x$,

$$\operatorname{tang} y = x, \qquad \frac{dy}{\cos^2 y} = dx, \qquad \frac{dy}{dx} = \cos^2 y = \frac{1}{1+x^2};$$

pour $y = \operatorname{arc\,cot} x$,

$$\cot y = x, \qquad -\frac{dy}{\sin^2 y} = dx, \qquad \frac{dy}{dx} = -\sin^2 y = -\frac{1}{1+x^2}.$$

On aura en conséquence

$$(13) \quad \begin{cases} d \operatorname{tang} x = \dfrac{dx}{\cos^2 x}, & d \cot x = -\dfrac{dx}{\sin^2 x}, \\ d \operatorname{arc\,tang} x = \dfrac{dx}{1+x^2}, & d \operatorname{arc\,cot} x = -\dfrac{dx}{1+x^2}. \end{cases}$$

DEUXIÈME LEÇON.

LA DIFFÉRENTIELLE DE LA SOMME DE PLUSIEURS FONCTIONS EST LA SOMME DE LEURS DIFFÉRENTIELLES. CONSÉQUENCES DE CE PRINCIPE. DIFFÉRENTIELLES DES FONCTIONS IMAGINAIRES.

Dans la Leçon précédente, nous avons montré comment l'on forme les dérivées et les différentielles des fonctions d'une seule variable. Nous allons ajouter aux recherches que nous avons faites à ce sujet de nouveaux développements.

Soient toujours x la variable indépendante, et Δx un accroissement infiniment petit attribué à cette variable. Si l'on désigne par s, u, v, w, ... plusieurs fonctions de x, et par Δs, Δu, Δv, Δw, ... les accroissements simultanés qu'elles reçoivent, tandis que l'on fait croître x de Δx, les différentielles ds, du, dv, dw, ... seront, d'après leur définition même, respectivement égales aux limites des rapports

$$\frac{\Delta s}{\Delta x}dx, \quad \frac{\Delta u}{\Delta x}dx, \quad \frac{\Delta v}{\Delta x}dx, \quad \frac{\Delta w}{\Delta x}dx, \quad \ldots.$$

Donc, si l'on fait, pour abréger, $\frac{\Delta x}{dx} = \alpha$, ces différentielles seront encore équivalentes aux limites des rapports

$$\frac{\Delta s}{\alpha}, \quad \frac{\Delta u}{\alpha}, \quad \frac{\Delta v}{\alpha}, \quad \frac{\Delta w}{\alpha}, \quad \ldots.$$

Cela posé, concevons d'abord que la fonction s soit la somme de toutes les autres, en sorte qu'on ait

$$s = u + v + w + \ldots. \tag{1}$$

On trouvera successivement

$$\Delta s = \Delta u + \Delta v + \Delta w + \ldots,$$

$$\frac{\Delta s}{\alpha} = \frac{\Delta u}{\alpha} + \frac{\Delta v}{\alpha} + \frac{\Delta w}{\alpha} + \ldots,$$

puis, en passant aux limites,

$$ds = du + dv + dw + \ldots. \tag{2}$$

Lorsqu'on divise par dx les deux membres de cette dernière équation, elle devient

$$s' = u' + v' + w' + \ldots. \tag{3}$$

De la formule (2) ou (3), comparée à l'équation (1), il résulte que *la différentielle ou la dérivée de la somme de plusieurs fonctions est la somme de leurs différentielles ou de leurs dérivées.* De ce principe découlent, comme on va le voir, de nombreuses conséquences.

Premièrement, si l'on désigne par m un nombre entier, et par $a, b, c, \ldots, p, q, r$ des quantités constantes, on trouvera

$$d(u + v) = du + dv, \quad d(u - v) = du - dv, \quad d(au + bv) = a\,du + b\,dv, \tag{4}$$

$$d(au + bv + cw + \ldots) = a\,du + b\,dv + c\,dw + \ldots, \tag{5}$$

$$\left\{ \begin{aligned} & d(ax^m + bx^{m-1} + cx^{m-2} + \ldots + px^2 + qx + r) \\ & \quad = [max^{m-1} + (m-1)bx^{m-2} + (m-2)cx^{m-3} + \ldots + 2px + q]\,dx. \end{aligned} \right. \tag{6}$$

Le polynôme $ax^m + bx^{m-1} + cx^{m-2} + \ldots + px^2 + qx + r$, dont tous les termes sont proportionnels à des puissances entières de la variable x, est ce qu'on nomme une *fonction entière* de cette variable. Si on le désigne par s, on aura, en vertu de l'équation (6),

$$s' = max^{m-1} + (m-1)bx^{m-2} + (m-2)cx^{m-3} + \ldots + 2px + q.$$

Donc, *pour obtenir la dérivée d'une fonction entière de x, il suffit de multiplier chaque terme par l'exposant de la variable, et de diminuer chaque exposant d'une unité.* Il est aisé de voir que cette proposition subsiste dans le cas où la variable devient imaginaire.

Soit maintenant

$$(7) \qquad s = uvw\ldots.$$

Comme on aura, en supposant les fonctions u, v, w, ... toutes positives,

$$(8) \qquad \mathrm{l}s = \mathrm{l}u + \mathrm{l}v + \mathrm{l}w + \ldots,$$

et, dans tous les cas possibles, $s^2 = u^2 v^2 w^2 \ldots$,

$$(9) \qquad \frac{1}{2}\mathrm{l}s^2 = \frac{1}{2}\mathrm{l}u^2 + \frac{1}{2}\mathrm{l}v^2 + \frac{1}{2}\mathrm{l}w^2 + \ldots,$$

l'application du principe énoncé à la formule (8) ou à la formule (9) fournira l'équation

$$(10) \qquad \frac{ds}{s} = \frac{du}{u} + \frac{dv}{v} + \frac{dw}{w} + \ldots,$$

de laquelle on conclura

$$(11) \qquad \left\{ \begin{aligned} d(uvw\ldots) &= uvw\ldots\left(\frac{du}{u} + \frac{dv}{v} + \frac{dw}{w} + \ldots\right) \\ &= vw\ldots du + uw\ldots dv + uv\ldots dw + \ldots. \end{aligned} \right.$$

Exemples :

$$d(uv) = u\,dv + v\,du, \qquad d(uvw) = vw\,du + uw\,dv + uv\,dw,$$

$$d(x\,\mathrm{l}x) = (1 + \mathrm{l}x)\,dx, \qquad d(x^a e^{-x}) = x^a e^{-x}\left(\frac{a}{x} - 1\right), \qquad \ldots.$$

Soit encore

$$(12) \qquad s = \frac{u}{v}.$$

En différentiant $\mathrm{l}s$ ou $\frac{1}{2}\mathrm{l}s^2$, on trouvera

$$(13) \qquad \frac{ds}{s} = \frac{du}{u} - \frac{dv}{v}, \qquad ds = \frac{u}{v}\left(\frac{du}{u} - \frac{dv}{v}\right)$$

et, par suite,

$$(14) \qquad d\frac{u}{v} = \frac{v\,du - u\,dv}{v^2}.$$

On arriverait au même résultat, en observant que la différentielle de $\frac{u}{v}$ est équivalente à

$$d\left(u\frac{1}{v}\right) = \frac{1}{v}du + u\,d\frac{1}{v} = \frac{du}{v} - \frac{u\,dv}{v^2}.$$

Exemples :

$$d\,\mathrm{tang}\,x = d\frac{\sin x}{\cos x} = \frac{\cos x\,d\sin x - \sin x\,d\cos x}{\cos^2 x} = \frac{dx}{\cos^2 x},$$

$$d\cot x = -\frac{dx}{\sin^2 x}, \qquad d\frac{a}{x} = -\frac{a\,dx}{x^2}, \qquad d\frac{e^{ax}}{x} = \frac{e^{ax}}{x}\left(a - \frac{1}{x}\right)dx,$$

$$d\frac{lx}{x} = \frac{1 - lx}{x^2}dx, \qquad d\frac{b}{a+x} = \frac{-b\,dx}{(a+x)^2}.$$

Si les fonctions u, v se réduisent à des fonctions entières, le rapport $\frac{u}{v}$ deviendra ce qu'on nomme une *fraction rationnelle.* On déterminera facilement sa différentielle à l'aide des formules (6) et (14).

Après avoir formé les différentielles du produit $uvw\ldots$ et du quotient $\frac{u}{v}$, on obtiendra sans peine celles de plusieurs autres expressions, telles que u^v, $u^{\frac{1}{v}}$, u^{v^w}, ... En effet, on trouvera pour $s = u^v$,

$$ls = v\,lu, \qquad \frac{ds}{s} = v\frac{du}{u} + lu\,dv, \qquad ds = vu^{v-1}\,du + u^v\,lu\,dv;$$

pour $s = u^{\frac{1}{v}}$,

$$ls = \frac{1}{v}lu, \qquad \frac{ds}{s} = \frac{du}{uv} - lu\frac{dv}{v^2}, \qquad ds = u^{\frac{1}{v}-1}\frac{du}{v} - u^{\frac{1}{v}}lu\frac{dv}{v^2};$$

pour $s = u^{v^w}$,

$$ls = v^w\,lu, \qquad ds = u^{v^w}v^w\left(\frac{du}{u} + \frac{w}{v}lu\,dv + lu\,lv\,dw\right);$$

etc.

Exemples :

$$dx^x = x^x(1 + lx)\,dx, \qquad dx^{\frac{1}{x}} = \frac{1 - lx}{x^2}x^{\frac{1}{x}}\,dx, \qquad dx^{x^x} = \ldots.$$

Nous terminerons cette Leçon en recherchant la différentielle d'une *fonction imaginaire*. On nomme ainsi toute expression qui peut être ramenée à la forme $u + v\sqrt{-1}$, u et v désignant deux fonctions réelles. Cela posé, si l'on appelle *limite* d'une expression imaginaire variable ce que devient cette expression quand on y remplace la partie réelle et le coefficient de $\sqrt{-1}$ par leurs limites respectives, et si, de plus, on étend aux fonctions imaginaires les définitions que nous avons données pour les différences, les différentielles et les dérivées des fonctions réelles, on reconnaîtra que l'équation

$$s = u + v\sqrt{-1}$$

entraîne les suivantes :

$$\Delta s = \Delta u + \Delta v\sqrt{-1}, \qquad \frac{\Delta s}{\Delta x} = \frac{\Delta u}{\Delta x} + \frac{\Delta v}{\Delta x}\sqrt{-1}, \qquad \frac{\Delta s}{\alpha} = \frac{\Delta u}{\alpha} + \frac{\Delta v}{\alpha}\sqrt{-1}.$$

On aura en conséquence

$$(15) \qquad d(u + v\sqrt{-1}) = du + dv\sqrt{-1}.$$

La forme de cette dernière équation est semblable à celle des équations (4).

Si l'on suppose en particulier

$$s = \cos x + \sqrt{-1}\sin x,$$

on trouvera

$$ds = \left[\cos\left(x + \frac{\pi}{2}\right) + \sqrt{-1}\sin\left(x + \frac{\pi}{2}\right)\right] dx = s\sqrt{-1}\, dx.$$

Ajoutons que les formules (4), (5), (6), (11) et (14) subsisteront lors même que les constantes $a, b, c, \ldots, p, q, r$, ou les fonctions u, $v, w, \ldots$, comprises dans ces formules, deviendront imaginaires.

TROISIÈME LEÇON.

DIFFÉRENTIELLES ET DÉRIVÉES DES DIVERS ORDRES POUR LES FONCTIONS D'UNE SEULE VARIABLE. CHANGEMENT DE LA VARIABLE INDÉPENDANTE.

Comme les fonctions d'une seule variable x ont ordinairement pour dérivées d'autres fonctions de cette variable, il est clair que d'une fonction donnée $y = f(x)$ on pourra déduire en général une multitude de fonctions nouvelles dont chacune sera la dérivée de la précédente. Ces fonctions nouvelles sont ce qu'on nomme les *dérivées des divers ordres* de y ou $f(x)$, et on les indique à l'aide des notations

$$y', \quad y'', \quad y''', \quad y^{\text{IV}}, \quad y^{\text{V}}, \quad \ldots, \quad y^{(n)},$$

ou

$$f'(x), \quad f''(x), \quad f'''(x), \quad f^{\text{IV}}(x), \quad f^{\text{V}}(x), \quad \ldots, \quad f^{(n)}(x).$$

Cela posé, y' ou $f'(x)$ sera la dérivée du premier ordre de la fonction proposée $y = f(x)$; y'' ou $f''(x)$ sera la dérivée du second ordre de y, et en même temps la dérivée du premier ordre de y'; etc.; enfin $y^{(n)}$ ou $f^{(n)}(x)$ (n désignant un nombre entier quelconque) sera la dérivée de l'ordre n de y, et en même temps la dérivée du premier ordre de $y^{(n-1)}$

Soit maintenant $dx = h$ la différentielle de la variable x supposée indépendante. On aura, d'après ce qu'on vient de dire,

$$(1) \qquad y' = \frac{dy}{dx}, \qquad y'' = \frac{dy'}{dx}, \qquad y''' = \frac{dy''}{dx}, \qquad \ldots, \qquad y^{(n)} = \frac{dy^{(n-1)}}{dx}$$

ou, ce qui revient au même,

$$(2) \qquad dy = y'h, \qquad dy' = y''h, \qquad dy'' = y'''h, \qquad \ldots, \qquad dy^{(n-1)} = y^{(n)}h.$$

De plus, comme la différentielle d'une fonction de la variable x est une autre fonction de cette variable, rien n'empêche de différentier y plusieurs fois de suite. On obtiendra de cette manière les *différentielles des divers ordres* de la fonction y, savoir :

$$\begin{aligned} dy &= y'h = y'\,dx, \\ ddy &= h\,dy' = y''h^2 = y''\,dx^2, \\ dddy &= h^2\,dy'' = y'''h^3 = y'''\,dx^3; \\ &\ldots\ldots\ldots\ldots\ldots\ldots \end{aligned}$$

Pour abréger, on écrit simplement d^2y au lieu de ddy, d^3y au lieu de $dddy$, etc.; en sorte que la différentielle du premier ordre est représentée par dy, la différentielle du second ordre par d^2y, celle du troisième ordre par d^3y, etc., et généralement la différentielle de l'ordre n par d^ny. Ces conventions étant admises, on aura évidemment

$$(3) \quad \left\{ \begin{array}{l} dy = y'\,dx, \quad d^2y = y''\,dx^2, \quad d^3y = y'''\,dx^3, \quad d^4y = y^{\text{IV}}\,dx^4, \quad \ldots, \\ \qquad\qquad d^ny = y^{(n)}\,dx^n, \end{array} \right.$$

et, par suite,

$$(4) \quad y' = \frac{dy}{dx}, \quad y'' = \frac{d^2y}{dx^2}, \quad y''' = \frac{d^3y}{dx^3}, \quad y^{\text{IV}} = \frac{d^4y}{dx^4}, \quad \ldots, \quad y^{(n)} = \frac{d^ny}{dx^n}.$$

Il résulte de la dernière des formules (3) que la dérivée de l'ordre n, savoir $y^{(n)}$, est précisément le coefficient par lequel il faut multiplier la $n^{\text{ième}}$ puissance de la constante $h = dx$ pour obtenir la différentielle de l'ordre n. C'est pour cette raison que $y^{(n)}$ est quelquefois appelée le *coefficient différentiel de l'ordre n*.

Les méthodes par lesquelles on détermine les différentielles et les dérivées du premier ordre pour les fonctions d'une seule variable servent également à calculer leurs différentielles et leurs dérivées des ordres supérieurs. Les calculs de cette espèce s'effectuent très facilement, ainsi qu'on va le montrer par des exemples.

Soit d'abord $y = \sin x$. Comme, en désignant par a une quantité constante, on a généralement

$$d\sin(x+a) = \cos(x+a)\,d(x+a) = \sin(x+a+\tfrac{1}{2}\pi)\,dx,$$

on en conclura

$$d\sin x = \sin(x+\tfrac{1}{2}\pi)\,dx,$$
$$d\sin(x+\tfrac{1}{2}\pi) = \sin(x+\pi)\,dx,$$
$$d\sin(x+\pi) = \sin(x+\tfrac{3}{2}\pi)\,dx,$$
$$\ldots\ldots\ldots\ldots\ldots\ldots\ldots\ldots,$$

et par suite on trouvera pour $y = \sin x$,

$$y' = \sin(x+\tfrac{1}{2}\pi), \quad y'' = \sin(x+\pi), \quad y''' = \sin(x+\tfrac{3}{2}\pi), \quad \ldots,$$
$$y^{(n)} = \sin\left(x+\frac{n}{2}\pi\right).$$

En opérant de même, on trouvera encore, pour $y = \cos x$,

$$y' = \cos(x+\tfrac{1}{2}\pi), \quad y'' = \cos(x+\pi), \quad y''' = \cos(x+\tfrac{3}{2}\pi), \quad \ldots,$$
$$y^{(n)} = \cos\left(x+\frac{n}{2}\pi\right);$$

pour $y = A^x$,

$$y' = A^x(\mathrm{l}A), \quad y'' = A^x(\mathrm{l}A)^2, \quad y''' = A^x(\mathrm{l}A)^3, \quad \ldots, \quad y^{(n)} = A^x(\mathrm{l}A)^n;$$

pour $y = x^a$,

$$y' = ax^{a-1}, \quad y'' = a(a-1)x^{a-2}, \quad \ldots,$$
$$y^{(n)} = a(a-1)(a-2)\ldots(a-n+1)x^{a-n}.$$

Il est essentiel d'observer que chacune des expressions $\sin(x+\frac{1}{2}n\pi)$, $\cos(x+\frac{1}{2}n\pi)$ admet seulement quatre valeurs distinctes qui se reproduisent périodiquement et toujours dans le même ordre. Ces quatre valeurs, dont on obtient la première, la seconde, la troisième ou la quatrième, suivant que le nombre entier n, divisé par 4, donne pour reste 0, 1, 2 ou 3, sont respectivement $\sin x$, $\cos x$, $-\sin x$, $-\cos x$, pour l'expression $\sin(x+\frac{1}{2}n\pi)$, et $\cos x$, $-\sin x$, $-\cos x$, $\sin x$, pour l'expression $\cos(x+\frac{1}{2}n\pi)$. De plus, si, dans les fonctions A^x, x^a, on remplace la lettre A par le nombre e qui sert de base aux logarithmes népériens, et la quantité a par le nombre entier n, on reconnaîtra que les dérivées successives de e^x sont toutes égales à e^x, tandis que, pour la fonction x^n, la dérivée de l'ordre n se réduit à la quantité constante $1.2.3\ldots n$, et les suivantes à zéro.

En substituant les différentielles aux dérivées, on tirera des formules que nous venons d'établir

$$d^n \sin x = \sin(x + \tfrac{1}{2}n\pi)\,dx^n, \qquad d^n \cos x = \cos(x + \tfrac{1}{2}n\pi).dx^n,$$

$$d^n A^x = A^x(1A)^n\,dx^n, \qquad d^n e^x = e^x\,dx^n,$$

$$d^n x^a = a(a-1)\ldots(a-n+1)x^{a-n}\,dx^n, \qquad d^n x^n = 1.2.3\ldots n\,dx^n,$$

$$d^n 1x = dx\,d^{n-1}(x^{-1}) = (-1)^{n-1}\frac{1.2.3\ldots(n-1)}{x^n}\,dx^n, \qquad \ldots.$$

Considérons encore les deux fonctions $f(x+a)$ et $f(ax)$. On trouvera pour $y = f(x+a)$,

$$y' = f'(x+a), \qquad y'' = f''(x+a), \qquad \ldots, \qquad y^{(n)} = f^{(n)}(x+a),$$

$$d^n y = f^{(n)}(x+a)\,dx^n;$$

pour $y = f(ax)$,

$$y' = a\,f'(ax), \qquad y'' = a^2 f''(ax), \qquad \ldots, \qquad y^{(n)} = a^n\,f^{(n)}(ax),$$

$$d^n y = a^n\,f^{(n)}(ax)\,dx^n.$$

Exemples :

$$d^n(x+a)^n = 1.2.3\ldots n\,dx^n, \qquad d^n e^{ax} = a^n e^{ax}\,dx^n, \qquad d^n \sin ax = \ldots.$$

Soient maintenant $y = f(x)$ et z deux fonctions de x liées par l'équation

$$z = F(y). \tag{5}$$

En différentiant cette équation plusieurs fois de suite, on trouvera

$$\left\{\begin{aligned} dz &= F'(y)\,dy, \\ d^2 z &= F''(y)\,dy^2 + F'(y)\,d^2 y, \\ d^3 z &= F'''(y)\,dy^3 + 3\,F''(y)\,dy\,d^2 y + F'(y)\,d^3 y, \\ &\ldots\ldots\ldots\ldots\ldots\ldots\ldots\ldots \end{aligned}\right. \tag{6}$$

Exemples :

$$d^n(a+y)=d^n y,\qquad d^n(-y)=-d^n y,$$
$$d^n(ay)=a\,d^n y,\qquad d^n(ax^n)=1.2.3\ldots n.a\,dx^n,$$
$$de^y=e^y\,dy,\qquad d^2e^y=e^y(dy^2+d^2y),$$
$$d^3e^y=e^y(dy^3+3\,dy\,d^2y+d^3y),\qquad \ldots.$$

Si la variable x cessait d'être indépendante, l'équation

$$(7)\qquad y=f(x),$$

étant différentiée plusieurs fois de suite, donnerait naissance à de nouvelles formules parfaitement semblables aux équations (6), savoir

$$(8)\qquad \left\{\begin{array}{l} dy\;=f'(x)\,dx,\\ d^2y=f''(x)\,dx^2+f'(x)\,d^2x,\\ d^3y=f'''(x)\,dx^3+3\,f''(x)\,dx\,d^2x+f'(x)\,d^3x,\\ \ldots\ldots\ldots\ldots\ldots\ldots\ldots\ldots \end{array}\right.$$

On tire de celles-ci

$$(9)\qquad \left\{\begin{array}{l} f'(x)=\dfrac{dy}{dx},\\ f''(x)=\dfrac{dx\,d^2y-dy\,d^2x}{dx^3}=\dfrac{1}{dx}\,d\,\dfrac{dy}{dx},\\ f'''(x)=\dfrac{dx(dx\,d^3y-dy\,d^3x)-3\,d^2x(dx\,d^2y-dy\,d^2x)}{dx^5}=\dfrac{1}{dx}\,d\,\dfrac{dx\,d^2y-dy\,d^2x}{dx^3},\\ \ldots\ldots\ldots\ldots\ldots\ldots\ldots\ldots \end{array}\right.$$

Pour revenir au cas où x est variable indépendante, il suffirait de supposer la différentielle dx constante, et par suite

$$d^2x=0,\qquad d^3x=0,\qquad \ldots.$$

Alors les formules (9) deviendraient

$$(10)\qquad f'(x)=\frac{dy}{dx},\qquad f''(x)=\frac{d^2y}{dx^2},\qquad f'''(x)=\frac{d^3y}{dx^3},\qquad \ldots,$$

c'est-à-dire qu'elles se réduiraient aux équations (4). De ces dernières, comparées aux équations (9), il résulte que, si l'on exprime les dérivées successives de $f(x)$ à l'aide des différentielles des variables x et $y = f(x)$: 1° dans le cas où la variable x est supposée indépendante; 2° dans le cas où elle cesse de l'être, la dérivée du premier ordre sera la seule dont l'expression reste la même dans les deux hypothèses. Ajoutons que, pour passer du premier cas au second, il faudra remplacer

$$\frac{d^2y}{dx^2} \quad \text{par} \quad \frac{dx\,d^2y - dy\,d^2x}{dx^3},$$

$$\frac{d^3y}{dx^3} \quad \text{par} \quad \frac{dx(dx\,d^3y - dy\,d^3x) - 3\,d^2x(dx\,d^2y - dy\,d^2x)}{dx^5},$$

$$\ldots \quad \ldots \quad \ldots\ldots\ldots\ldots\ldots\ldots\ldots\ldots\ldots\ldots$$

C'est par des substitutions de cette nature qu'on peut opérer un *changement de variable indépendante.*

Parmi les fonctions composées d'une seule variable, il en est dont les différentielles successives se présentent sous une forme très simple. Concevons, par exemple, que l'on désigne par $u, v, w, \ldots$ diverses fonctions de x. En différentiant n fois chacune des fonctions composées

$$u+v, \quad u-v, \quad u+v\sqrt{-1}, \quad au+bv+cw+\ldots,$$

on trouvera

$$(11) \quad \begin{cases} d^n(u+v) = d^n u + d^n v, \\ d^n(u-v) = d^n u - d^n v, \\ d^n(u+v\sqrt{-1}) = d^n u + d^n v\sqrt{-1}, \end{cases}$$

$$(12) \quad d^n(au+bv+cw+\ldots) = a\,d^n u + b\,d^n v + c\,d^n w + \ldots.$$

Il suit de la formule (12) que la différentielle $d^n y$ de la fonction entière

$$y = ax^m + bx^{m-1} + cx^{m-2} + \ldots + px^2 + qx + r$$

se réduit, pour $n = m$, à la quantité constante $1.2.3\ldots m.a.dx^m$, et pour $n > m$, à zéro.

QUATRIÈME LEÇON.

RELATIONS QUI EXISTENT ENTRE LES FONCTIONS RÉELLES D'UNE SEULE VARIABLE ET LEURS DÉRIVÉES, OU DIFFÉRENTIELLES, DES DIVERS ORDRES.

Après avoir appris à former les dérivées et les différentielles des fonctions d'une seule variable, il nous reste à montrer l'usage qu'on peut en faire, et leurs principales propriétés. Dans ce dessein, nous commencerons par faire connaître diverses relations qui existent entre les dérivées des divers ordres et les fonctions elles-mêmes supposées réelles. Ces relations se trouvent exprimées dans les théorèmes que nous allons énoncer.

THÉORÈME I. — *La fonction $y = f(x)$, étant supposée réelle et continue par rapport à la variable x dans le voisinage de la valeur particulière $x = x_0$, croîtra ou décroîtra en même temps que cette variable, à partir de la valeur $x = x_0$, si la valeur correspondante de la fonction dérivée $y' = \frac{dy}{dx}$ est positive et finie. Mais, si cette dernière valeur est finie et négative, la fonction y décroîtra pour des valeurs croissantes de la variable x, et croîtra pour des valeurs décroissantes de la même variable.*

Démonstration. — Soient Δx, Δy les accroissements infiniment petits et simultanés des variables x, y. Le rapport $\frac{\Delta y}{\Delta x}$ aura pour limité $\frac{dy}{dx} = y'$. On doit en conclure que, pour de très petites valeurs numériques de Δx et pour une valeur particulière x_0 de la variable x, le rapport $\frac{\Delta y}{\Delta x}$ sera positif, si la valeur correspondante de y' est une quantité positive et finie; négatif, si cette valeur de y' est une quantité finie, mais négative. Dans le premier cas, les différences infiniment petites Δx, Δy étant de même signe, la fonction y croîtra ou diminuera, à partir de $x = x_0$, en même temps que la variable x. Dans le second cas, les différences infiniment petites étant de signes contraires, la fonction y croîtra, si la variable x diminue, et décroîtra si la variable augmente.

Corollaire I. — Concevons que la fonction $y = f(x)$ demeure continue entre deux limites données $x = x_0$, $x = X$. Si l'on fait croître la variable x par degrés insensibles depuis la première limite jusqu'à la seconde, la fonction y ira en croissant toutes les fois que sa dérivée étant finie aura une valeur positive, et en décroissant toutes les fois que cette même dérivée obtiendra une valeur négative. Donc la fonction y ne pourra cesser de croître pour diminuer, ou de diminuer pour croître, qu'autant que la dérivée y' passera du positif au négatif, ou réciproquement. Il est essentiel d'observer que, dans ce passage, la fonction dérivée deviendra nulle, si elle ne cesse pas d'être continue.

Corollaire II. — Concevons que la fonction $y = f(x)$ s'évanouisse pour la valeur particulière $x = x_0$ et demeure continue dans le voisinage de cette valeur. Si la valeur correspondante de la dérivée $y' = f'(x)$ est finie et positive, alors, en supposant x très peu différent de x_0, on aura

$$f(x) > 0 \quad \text{pour} \quad x > x_0 \qquad \text{et} \qquad f(x) < 0 \quad \text{pour} \quad x < x_0.$$

Au contraire, si la valeur de y' est finie et négative, on aura

$$f(x) < 0 \quad \text{pour} \quad x > x_0 \qquad \text{et} \qquad f(x) > 0 \quad \text{pour} \quad x < x_0.$$

THÉORÈME II. — *Soient* $f(x)$ *et* $F(x)$ *deux fonctions réelles qui s'évanouissent pour* $x = x_0$ *et qui restent continues entre les limites* $x = x_0$, $x = X$. *Supposons d'ailleurs que la fonction dérivée* $F'(x)$ *ne change pas de signe entre les limites dont il s'agit. Si l'on nomme* A *la plus petite et* B *la plus grande des valeurs que reçoit dans cet intervalle le rapport*

$$\frac{f'(x)}{F'(x)},$$

la fraction

$$\frac{f(X)}{F(X)}$$

sera elle-même comprise entre les deux limites A *et* B.

Démonstration. — Puisqu'on aura par hypothèse, pour toutes les valeurs de x renfermées entre les limites x_0, X,

$$\frac{f'(x)}{F'(x)} - A > 0, \qquad \frac{f'(x)}{F'(x)} - B < 0,$$

et que la fonction dérivée $F'(x)$ ne changera pas de signe entre ces limites, on peut affirmer que, dans cet intervalle, l'un des produits

$$F'(x)\left[\frac{f'(x)}{F'(x)} - A\right] = f'(x) - A\,F'(x),$$

$$F'(x)\left[\frac{f'(x)}{F'(x)} - B\right] = f'(x) - B\,F'(x)$$

sera constamment positif, l'autre négatif. D'ailleurs ces produits sont respectivement égaux aux dérivées des fonctions

$$f(x) - A\,F(x), \quad f(x) - B\,F(x).$$

Donc, en vertu de ce qui a été dit ci-dessus (théorème I, corollaire I), l'une de ces fonctions sera toujours croissante, l'autre toujours décroissante depuis $x = x_0$ jusqu'à $x = X$. Donc, puisqu'elles s'évanouissent simultanément pour $x = x_0$, les valeurs qu'elles recevront pour $x = X$, savoir

$$f(X) - A\,F(X), \quad f(X) - B\,F(X),$$

seront des quantités de signes contraires, et l'on pourra en dire autant des quotients que fournissent les mêmes valeurs divisées par F(X), c'est-à-dire des différences

$$\frac{f(X)}{F(X)} - A, \quad \frac{f(X)}{F(X)} - B.$$

Donc la fraction $\frac{f(X)}{F(X)}$ sera comprise entre A et B.

Corollaire I. — Si les fonctions dérivées $f'(x)$, $F'(x)$ sont elles-mêmes continues entre les limites $x = x_0$, $x = X$, tandis qu'on passera d'une limite à l'autre, le rapport $\frac{f'(x)}{F'(x)}$ variera de manière à rester toujours compris entre les deux valeurs A, B, et à prendre successivement toutes les valeurs intermédiaires. Donc alors toute quantité moyenne entre A et B, par exemple, la fraction $\frac{f(X)}{F(X)}$ sera une valeur du rapport $\frac{f'(x)}{F'(x)}$ correspondante à une valeur ξ de x renfermée entre les limites x_0, X; en sorte qu'on aura

$$(1) \qquad \frac{f(X)}{F(X)} = \frac{f'(\xi)}{F'(\xi)}.$$

Si l'on fait, pour plus de commodité, $X = x_0 + h$, la quantité ξ sera de la forme $x_0 + h_1$, h_1 désignant une quantité de même signe que h, mais d'une valeur numérique moindre; et l'équation (1) deviendra

$$(2) \qquad \frac{f(x_0 + h)}{F(x_0 + h)} = \frac{f'(x_0 + h_1)}{F'(x_0 + h_1)}.$$

En d'autres termes, si l'on représente par θ un nombre inférieur à l'unité, on pourra choisir ce nombre de manière à vérifier la formule

$$(3) \qquad \frac{f(x_0 + h)}{F(x_0 + h)} = \frac{f'(x_0 + \theta h)}{F'(x_0 + \theta h)}.$$

Corollaire II. — Si les fonctions

$$(4) \qquad \begin{cases} f(x), & f'(x), & f''(x), & \ldots, & f^{(n-1)}(x), \\ F(x), & F'(x), & F''(x), & \ldots, & F^{(n-1)}(x) \end{cases}$$

s'évanouissaient toutes pour $x = x_0$, et demeuraient continues, aussi bien que $f^{(n)}(x)$ et $F^{(n)}(x)$, entre les limites $x = x_0$, $x = x_0 + h$; alors, en supposant chacune des fonctions dérivées

$$(5) \qquad F'(x), \quad F''(x), \quad F'''(x), \quad \ldots, \quad F^{(n)}(x),$$

toujours positive ou toujours négative depuis la première limite jusqu'à la seconde, et désignant par h_1, h_2, ..., h_n des quantités de même signe, mais dont les valeurs numériques seraient de plus en plus petites, on obtiendrait avec l'équation (2) une suite d'équations semblables dont la réunion composerait la formule

$$(6) \qquad \frac{f(x_0+h)}{F(x_0+h)} = \frac{f'(x_0+h_1)}{F'(x_0+h_1)} = \frac{f''(x_0+h_2)}{F''(x_0+h_2)} = \ldots = \frac{f^{(n)}(x_0+h_n)}{F^{(n)}(x_0+h_n)}.$$

Si, dans la formule (6), on se contente d'égaler la première fraction à la dernière, l'équation à laquelle on parviendra pourra s'écrire comme il suit

$$(7) \qquad \frac{f(x_0+h)}{F(x_0+h)} = \frac{f^{(n)}(x_0+\theta h)}{F^{(n)}(x_0+\theta h)},$$

θ étant toujours un nombre inférieur à l'unité.

Corollaire III. — Lorsqu'on pose, dans la formule (3),

$$x_0 = 0, \qquad F(x) = x,$$

on en tire

$$(8) \qquad f(h) = h\,f'(\theta h).$$

De même, lorsque dans la formule (7) on pose

$$x_0 = 0, \qquad F(x) = x^n,$$

on trouve

$$F^{(n)}(x) = 1.2.3\ldots n, \qquad \frac{f(h)}{h^n} = \frac{f'(\theta h)}{1.2.3\ldots n}$$

et, par suite,

$$(9) \qquad f(h) = \frac{h^n}{1.2.3\ldots n} f^{(n)}(\theta h).$$

En conséquence, on peut énoncer les deux propositions suivantes :

THÉORÈME III. — *Lorsque la fonction* $f(x)$ *s'évanouit avec la variable* x, *et demeure continue, ainsi que la dérivée* $f'(x)$, *depuis* $x = 0$ *jusqu'à* $x = h$, *il existe entre les limites* 0 *et* 1 *une valeur de* θ *propre à vérifier l'équation*

$$f(h) = h f'(\theta h). \tag{10}$$

THÉORÈME IV. — *Lorsque les fonctions*

$$f(x), \quad f'(x), \quad f''(x), \quad \ldots, \quad f^{(n-1)}(x)$$

s'évanouissent avec la variable x *et demeurent continues, ainsi que la fonction dérivée* $f^{(n)}(x)$, *depuis* $x = 0$ *jusqu'à* $x = h$, *il existe entre les limites* 0 *et* 1 *une valeur de* θ *propre à vérifier la formule*

$$f(h) = \frac{h^n}{1.2.3\ldots n} f^{(n)}(\theta h). \tag{11}$$

Soit maintenant $f(x)$ une fonction de x qui obtienne une valeur finie positive ou négative pour $x = x_0$, et qui reste continue, ainsi que la fonction dérivée $f'(x)$, depuis $x = x_0$ jusqu'à $x = X$. Si l'on pose

$$f(x) = f(x) - f(x_0), \qquad F(x) = x - x_0, \tag{12}$$

on trouvera

$$f'(x) = f'(x), \qquad F'(x) = 1. \tag{13}$$

Par suite, les formules (1) et (3) donneront

$$\frac{f(X) - f(x_0)}{X - x_0} = f'(\xi) \tag{14}$$

ou, ce qui revient au même,

$$\frac{f(x_0 + h) - f(x_0)}{h} = f'(x_0 + \theta h). \tag{15}$$

On peut donc énoncer le théorème suivant :

THÉORÈME V. — *Lorsque la fonction* $f(x)$ *conserve une valeur finie pour* $x = x_0$ *et reste continue, ainsi que sa dérivée* $f'(x)$, *depuis* $x = x_0$ *jus-*

qu'à $x = x_0 + h$, il existe entre les limites o *et* 1 *une valeur de* θ *propre à vérifier l'équation*

$$(16)\qquad f(x_0+h)-f(x_0)=hf'(x_0+\theta h).$$

De même, si, dans la formule (7), on suppose $\mathrm{f}(x)$, $\mathrm{F}(x)$ déterminées par les équations

$$(17)\qquad \mathrm{f}(x)=f(x)-f(x_0),\qquad \mathrm{F}(x)=(x-x_0)^n,$$

on obtiendra cet autre théorème :

Théorème VI. — *Lorsque les fonctions*

$$(18)\qquad f(x),\quad f'(x),\quad f''(x),\quad \ldots,\quad f^{(n-1)}(x)$$

se réduisent, pour $x = x_0$, la première à une quantité finie, les suivantes à zéro, et restent continues, ainsi que $f^{(n)}(x)$, depuis $x = x_0$ jusqu'à $x = x_0 + h$, il existe entre les limites o *et* 1 *une valeur de* θ *propre à vérifier l'équation*

$$(19)\qquad f(x_0+h)-f(x_0)=\frac{h^n}{1.2.3\ldots n}f^{(n)}(x_0+\theta h).$$

Au reste, les formules (16) et (19) se trouvent comprises dans celles que l'on déduit des équations (3) et (7), en substituant aux fonctions f et F deux autres fonctions f et F liées aux deux premières par les formules

$$(20)\qquad \mathrm{f}(x)=f(x)-f(x_0),\qquad \mathrm{F}(x)=F(x)-F(x_0).$$

Alors, en effet, on tire de l'équation (3)

$$(21)\qquad \frac{f(x_0+h)-f(x_0)}{F(x_0+h)-F(x_0)}=\frac{f'(x_0+\theta h)}{F'(x_0+\theta h)},$$

et de l'équation (7)

$$(22)\qquad \frac{f(x_0+h)-f(x_0)}{F(x_0+h)-F(x_0)}=\frac{f^{(n)}(x_0+\theta h)}{F^{(n)}(x_0+\theta h)}.$$

La formule (22), qui coïncide avec la formule (21), quand le nombre n est précisément l'unité, suppose : 1° que, pour $x = x_0$, les fonctions

$f(x)$, $F(x)$ se réduisent à des quantités finies, et les fonctions dérivées

$$(23)\qquad \left\{\begin{array}{llll} f'(x), & f''(x), & \ldots, & f^{(n-1)}(x), \\ F'(x), & F''(x), & \ldots, & F^{(n-1)}(x) \end{array}\right.$$

à zéro; 2° que chacune des fonctions dérivées

$$(24)\qquad F'(x),\quad F''(x),\quad \ldots,\quad F^{(n-1)}(x),\quad F^{(n)}(x)$$

ne change pas de signe entre les limites $x = x_0$, $x = X$; 3° que les fonctions (23) restent continues entre ces limites aussi bien que $f(x)$, $F(x)$ et $f^{(n)}(x)$, $F^{(n)}(x)$.

CINQUIÈME LEÇON.

DÉTERMINATION DES VALEURS QUE PRENNENT LES FONCTIONS RÉELLES D'UNE SEULE VARIABLE QUAND ELLES SE PRÉSENTENT SOUS LES FORMES INDÉTERMINÉES $\frac{0}{0}$, $\frac{\pm\infty}{\pm\infty}$, $0\times\pm\infty$, 0^0, ∞^0, $1^{\pm\infty}$, ...

Les principes établis dans la Leçon précédente fournissent le moyen de fixer la véritable valeur d'une fraction dont les deux termes sont des fonctions réelles de la variable x, dans le cas où l'on attribue à cette variable une valeur particulière pour laquelle la fraction se présente sous la forme indéterminée $\frac{0}{0}$. En effet, soit

$$s = \frac{f(x)}{F(x)} \tag{1}$$

la fraction dont il s'agit, et supposons que la valeur particulière $x = x_0$ réduise s à la forme $\frac{0}{0}$, en faisant évanouir $f(x)$ et $F(x)$. La valeur de s correspondante à $x = x_0$ ne sera autre chose que la limite dont s s'approche indéfiniment, tandis que x s'approche de x_0. Cela posé, concevons que l'on désigne par X une quantité très peu différente de x_0, et par ξ une autre quantité comprise entre x_0 et X. Comme, en général, chacune des fonctions $f(x)$, $F(x)$, $f'(x)$, $F'(x)$ restera continue, et conservera le même signe depuis la valeur particulière de x représentée par x_0 jusqu'à une valeur très voisine $x = X$, on pourra, en vertu de la formule (1) de la quatrième Leçon, choisir la quantité ξ de manière à vérifier l'équation

$$\frac{f(X)}{F(X)} = \frac{f'(\xi)}{F'(\xi)}. \tag{2}$$

Si maintenant la quantité X vient à se rapprocher indéfiniment de la limite x_0, il en sera de même, à plus forte raison, de la quantité ξ, et le second membre de l'équation (2) aura évidemment pour limite la valeur de la fraction

$$\frac{f'(x)}{F'(x)} \tag{3}$$

correspondante à $x = x_0$. On peut donc énoncer la proposition suivante :

THÉORÈME I. — *Lorsqu'une valeur particulière du rapport* $\frac{f(x)}{F(x)}$ *se présente sous la forme* $\frac{0}{0}$, *cette valeur coïncide avec la valeur correspondante du rapport* $\frac{f'(x)}{F'(x)}$.

Exemples. — En vertu du théorème qui précède, on aura, pour $x = 0$,

$$\frac{e^x - e^{-x}}{\sin x} = \frac{e^x + e^{-x}}{\cos x} = 2,$$

$$\frac{\sin x^2}{x} = \frac{2x\cos x^2}{1} = 0,$$

$$\frac{\sin x}{x^2} = \frac{\cos x}{2x} = \frac{1}{0},$$

$$\ldots\ldots\ldots\ldots\ldots\ldots\ldots;$$

pour $x = 1$,

$$\frac{1x}{x-1} = \frac{1}{x} = 1, \qquad \frac{x-1}{x^2-1} = \frac{1}{2x} = \frac{1}{2}, \qquad \frac{x-1}{x^n-1} = \frac{1}{nx^{n-1}} = \frac{1}{n}, \qquad \ldots.$$

Il est bon d'observer que l'équation (2) et le théorème I s'étendent au cas même où la constante x_0 devient infinie. Seulement X et ξ représentent alors deux quantités dont les signes sont les mêmes que celui de x_0, et dont les valeurs numériques sont très grandes, la valeur numérique de ξ étant supérieure à celle de X.

Si les fonctions $f'(x)$, $F'(x)$ s'évanouissaient à leur tour pour $x = x_0$, la valeur particulière du rapport $\frac{f'(x)}{F'(x)}$ se présenterait elle-même sous la forme $\frac{0}{0}$, et coïnciderait, en vertu du théorème I, avec la valeur correspondante du rapport

$$\frac{f''(x)}{F''(x)},$$

dont les deux termes sont les dérivées du premier ordre de $f'(x)$ et de $F'(x)$. Si les fonctions $f''(x)$, $F''(x)$ s'évanouissaient encore, il faudrait, pour obtenir la valeur cherchée de s, recourir à la fraction

$$\frac{f'''(x)}{F'''(x)},$$

etc. En continuant ainsi, on déduira sans peine du théorème I celui que nous allons énoncer.

Théorème II. — *Lorsque les fonctions*

$$(4)\qquad \begin{cases} F(x), & F'(x), & F''(x), & \ldots, & F^{(n-1)}(x), \\ f(x), & f'(x), & f''(x), & \ldots, & f^{(n-1)}(x) \end{cases}$$

s'évanouissent toutes pour la valeur particulière $x = x_0$, la valeur correspondante du rapport

$$(1)\qquad s = \frac{f(x)}{F(x)}$$

coïncide avec celle du rapport

$$(5)\qquad \frac{f^{(n)}(x)}{F^{(n)}(x)}.$$

Exemples. — En vertu du théorème II, on aura, pour $x = 0$,

$$\frac{1-\cos x}{x^2} = \frac{\sin x}{2x} = \frac{\cos x}{2} = \frac{1}{2}, \qquad \frac{x-\sin x}{x^3} = \frac{1}{3}\,\frac{1-\cos x}{x^2} = \frac{1}{6},$$

$$\frac{e^x - e^{-x} - 2x}{x - \sin x} = \frac{e^x + e^{-x} - 2}{1-\cos x} = \frac{e^x - e^{-x}}{\sin x} = \frac{e^x + e^{-x}}{\cos x} = 2, \qquad \ldots.$$

Si, dans les théorèmes I et II, on fait, pour abréger,

$$f(x) = y, \qquad F(x) = z,$$

on aura, en vertu de ces mêmes théorèmes, et pour $x = x_0$,

$$(6)\qquad \frac{y}{z} = \frac{y'}{z'} = \frac{dy}{dz},$$

ou bien

$$\frac{y}{z} = \frac{y^{(n)}}{z^{(n)}} = \frac{d^n y}{d^n z}. \tag{7}$$

L'équation (6) suppose que, pour $x = x_0$, la valeur de $\frac{y}{z}$ se présente sous la forme indéterminée $\frac{0}{0}$, et l'équation (7) que les valeurs correspondantes de

$$\frac{y'}{z'},\quad \frac{y''}{z''},\quad \ldots,\quad \frac{y^{(n-1)}}{z^{(n-1)}}$$

se présentent encore sous la même forme.

Si la valeur particulière $x = x_0$ rendait infinies les deux fonctions $y = f(x)$ et $z = F(x)$, elle réduirait à zéro les deux suivantes

$$\frac{1}{y},\quad \frac{1}{z}; \tag{8}$$

et, comme les dérivées de ces dernières sont respectivement

$$-\frac{y'}{y^2},\quad -\frac{z'}{z^2}, \tag{9}$$

on aurait, pour $x = x_0$, en vertu du théorème I,

$$\frac{-\dfrac{y'}{y^2}}{-\dfrac{z'}{z^2}} = \frac{\dfrac{1}{y}}{\dfrac{1}{z}}.$$

ou, ce qui revient au même,

$$\frac{z^2}{y^2} \times \frac{y'}{z'} = \frac{z}{y}.$$

En multipliant par $\frac{y^2}{z^2}$ les deux membres de la formule précédente, on en conclura

$$\frac{y'}{z'} = \frac{y}{z}.$$

Par conséquent, l'équation (6) s'étend au cas même où la fraction

$\frac{y}{z} = \frac{f(x)}{F(x)}$ se présente sous la forme indéterminée $\frac{\pm\infty}{\pm\infty}$; et l'on peut joindre encore au théorème I celui que nous allons énoncer.

THÉORÈME III. — *Lorsqu'une valeur particulière du rapport* $\frac{f(x)}{F(x)}$ *se présente sous la forme indéterminée* $\frac{\pm\infty}{\pm\infty}$, *cette valeur coïncide avec la valeur correspondante du rapport* $\frac{f'(x)}{F'(x)}$.

Exemple. — On a, pour $x = 0$,

$$\frac{l\frac{1}{x}}{\cot x} = \frac{\sin^2 x}{x} = \frac{\sin x}{x}\sin x = \sin x = 0.$$

Corollaire. — Le théorème III s'étend, ainsi que le premier, au cas même où la valeur particulière attribuée à la variable x devient infinie. Par suite, lorsque la valeur numérique de la fonction $f(x)$ croît indéfiniment avec celle de la variable x, on a, pour $x = \pm\infty$,

$$\frac{f(x)}{x} = f'(x). \tag{10}$$

Concevons, par exemple, que l'on égale successivement $f(x)$ aux deux fonctions

$$A^x, \quad Lx,$$

A désignant un nombre supérieur à l'unité, et $L(x)$ un logarithme pris dans le système dont la base est A. Comme les dérivées de ces deux fonctions, savoir

$$A^x\,lA \quad \text{et} \quad \frac{Le}{x},$$

deviendront, la première infinie, et la seconde nulle, pour des valeurs infiniment grandes de la variable x, on tirera de la formule (10), en faisant converger x vers la limite ∞,

$$\lim \frac{A^x}{x} = \infty, \tag{11}$$

$$\lim \frac{lx}{x} = 0. \tag{12}$$

Il résulte des formules (11) et (12) : 1° que, *dans le cas où l'on suppose* $A > 1$, *l'exponentielle* A^x *finit par croître beaucoup plus rapidement que la variable* x; 2° que *les logarithmes des nombres, dans un système dont la base surpasse l'unité, croissent moins rapidement que les nombres eux-mêmes.*

Si les fonctions dérivées $f'(x)$, $F'(x)$ devenaient l'une et l'autre infinies, la valeur particulière du rapport $\frac{f'(x)}{F'(x)}$ se présenterait à son tour sous la forme $\frac{\pm\infty}{\pm\infty}$, et coïnciderait, en vertu du théorème III, avec la valeur correspondante du rapport

$$\frac{f''(x)}{F''(x)}$$

dont les deux termes sont les dérivées du premier ordre de $f'(x)$ et de $F'(x)$. Si les fonctions $f''(x)$, $F''(x)$ devenaient elles-mêmes infinies, on serait obligé de recourir à la fraction

$$\frac{f'''(x)}{F'''(x)},$$

etc. En continuant ainsi, on déduira sans peine du théorème III la proposition suivante :

Théorème IV. — *Lorsque les fonctions* (4) *deviennent toutes infinies pour la valeur particulière* $x = x_0$, *la valeur correspondante du rappoi*

$$s = \frac{f(x)}{F(x)} \tag{1}$$

coïncide avec celle du rapport

$$\frac{f^{(n)}(x)}{F^{(n)}(x)}.$$

Exemple. — Soit a une constante positive, et n le nombre entier immédiatement supérieur à cette constante. En vertu du théorème IV, on aura, pour $x = \infty$,

$$\frac{x^a}{e^x} = \frac{a(a-1)\ldots(a-n+1)x^{a-n}}{e^x} = \frac{a(a-1)\ldots(a-n+1)}{x^{n-a}e^x} = 0$$

ou, ce qui revient au même,

$$x^a e^{-x} = 0. \tag{13}$$

Les théorèmes ci-dessus établis servent à fixer les valeurs des fractions qui se présentent sous l'une des formes $\frac{0}{0}$ ou $\frac{\pm\infty}{\pm\infty}$. Il est essentiel d'ajouter qu'on en déduira sans peine les valeurs des fonctions d'une seule variable qui se présenteraient sous l'une des formes indéterminées

$$0 \times \pm\infty, \quad 0^0, \quad \infty^0, \quad 1^{\pm\infty}, \quad \ldots.$$

Ainsi, en particulier, si l'on désigne par y et z deux fonctions de x qui deviennent, pour $x = x_0$, la première nulle, la seconde infinie, la valeur de la fonction

$$s = yz, \tag{14}$$

correspondante à $x = x_0$, prendra la forme $0 \times \pm\infty$, et coïncidera évidemment avec celles des rapports

$$\frac{y}{\frac{1}{z}} \quad \text{et} \quad \frac{z}{\frac{1}{y}},$$

qui pourront être déterminées à l'aide des théorèmes I, II, III ou IV, attendu qu'elles se présenteront sous les formes $\frac{0}{0}$ et $\frac{\pm\infty}{\pm\infty}$. On aura, par exemple, pour $x = \infty$, en vertu du théorème I,

$$e^{-x}\,lx = \frac{lx}{e^x} = \frac{\frac{1}{x}}{e^x} = 0 \tag{15}$$

et, pour $x = 0$, en vertu du théorème III,

$$x\,\mathrm{l}x = \frac{\mathrm{l}x}{x^{-1}} = \frac{x^{-1}}{-x^{-2}} = -x = 0, \tag{16}$$

$$x^a\,\mathrm{l}x = \frac{\mathrm{l}x}{x^{-a}} = \frac{x^{-1}}{-a x^{-a-1}} = -\frac{x^a}{a} = 0, \tag{17}$$

a étant une constante positive. De même, si les fonctions y et z sont telles, que l'on ait, pour $x = x_0$,

$$y = 0 \quad \text{et} \quad z = 0$$

ou bien

$$y = \infty \quad \text{et} \quad z = 0,$$

ou bien encore

$$y = 1 \quad \text{et} \quad z = \pm\infty,$$

la valeur de

$$s = y^z, \tag{18}$$

correspondante à $x = x_0$, se présentera sous l'une des formes indéterminées

$$0^0, \quad \infty^0, \quad 1^{\pm\infty}$$

Or, pour obtenir cette valeur, il suffira d'observer qu'on a, en vertu de l'équation (18),

$$\mathrm{l}s = z\,\mathrm{l}y = \frac{\mathrm{l}y}{z^{-1}}$$

et, par suite,

$$s = e^{\frac{\mathrm{l}y}{z^{-1}}}, \tag{19}$$

puis de fixer la valeur du rapport

$$\frac{\mathrm{l}y}{z^{-1}} \tag{20}$$

à l'aide des théorèmes I, II, III ou IV. Ainsi, par exemple, on déduira immédiatement des théorèmes I et III, combinés avec la formule (19), la proposition suivante :

Théorème V. — *Lorsqu'une valeur particulière de l'expression y^z se* *présente sous l'une des formes indéterminées* 0^0, ∞^0, $1^{\pm\infty}$, *cette valeur coïncide avec la valeur correspondante de l'exponentielle*

$$(21) \qquad e^{-\frac{y'z^2}{yz'}}.$$

Corollaire I. — Soient $y = f(x)$ et $z = x$, $f(x)$ désignant une fonction qui s'évanouisse avec la variable x. On trouvera, pour une valeur nulle de cette variable,

$$(22) \qquad [f(x)]^x = e^{-\frac{x^2 f'(x)}{f(x)}}.$$

Ainsi, par exemple, on aura, pour $x = 0$,

$$(23) \qquad x^x = e^{-x} = 1.$$

Corollaire II. — Soient $y = f(x)$ et $z = \frac{1}{x}$, $f(x)$ désignant une fonction dont la valeur numérique croisse indéfiniment avec celle de la variable x. On trouvera, pour $x = \infty$,

$$(24) \qquad [f(x)]^{\frac{1}{x}} = e^{\frac{f'(x)}{f(x)}},$$

puis, en posant $f(x) = x$,

$$(25) \qquad x^{\frac{1}{x}} = e^{\frac{1}{x}} = 1.$$

Corollaire III. — Soient $y = x$ et $z = F(x)$, $F(x)$ désignant une fonction qui acquière une valeur infinie quand la variable x se réduit à l'unité. On aura, pour $x = 1$,

$$(26) \qquad x^{F(x)} = e^{-\frac{F(x)}{x F'(x)} F(x)},$$

puis, en posant $F(x) = \frac{1}{1-x}$,

$$(27) \qquad x^{\frac{1}{1-x}} = e^{-\frac{1}{x}} = \frac{1}{e}.$$

Nous ne nous arrêterons point à considérer diverses formes indéterminées que pourraient présenter les valeurs particulières des fonctions d'une seule variable, mais que l'on réduirait facilement à celles que nous avons considérées, par exemple les formes $1^{\frac{1}{0}}$, $\sqrt[\infty]{\infty}$, etc.; et nous terminerons cette Leçon en observant que l'on peut simplifier, dans plusieurs cas, l'application des théorèmes I, II, ..., à l'aide de quelques artifices d'analyse, tels que la décomposition des fonctions en facteurs. Ainsi, l'on aura, en vertu du théorème I, et pour $x = 0$,

$$\frac{1 - \cos x}{\sin x^2} = \frac{\sin x}{2x \cos x^2} = \frac{1}{2 \cos x^2} \frac{\sin x}{x} = \frac{1}{2} \times 1 = \frac{1}{2},$$

$$\frac{e^x - e^{-x} - 2x}{x - \sin x} = \frac{e^x + e^{-x} - 2}{1 - \cos x} = \frac{1}{2}\left(\frac{e^{\frac{1}{2}x} - e^{-\frac{1}{2}x}}{\sin \frac{1}{2}x}\right)^2 = \frac{1}{2}\left(\frac{e^{\frac{1}{2}x} + e^{-\frac{1}{2}x}}{\cos \frac{1}{2}x}\right)^2 = 2,$$

etc.

SIXIÈME LEÇON.

SUR LES DÉRIVÉES DES FONCTIONS QUI REPRÉSENTENT DES QUANTITÉS INFINIMENT PETITES.

Soit $f(i)$ une fonction réelle qui s'évanouisse en même temps que la variable i, et prenons cette variable pour *base* d'un système de quantités infiniment petites. Soit de plus a un nombre constant rationnel ou irrationnel. D'après ce qui a été dit dans les Préliminaires, $f(i)$ sera un infiniment petit de l'*ordre* a, si la limite du rapport

$$\frac{f(i)}{i^r} \tag{1}$$

est nulle pour toutes les valeurs de r plus petites que a, et infinie pour toutes les valeurs de r plus grandes que a. Cela posé, il sera généralement facile de fixer l'ordre d'une quantité infiniment petite. Seulement, pour y parvenir, on devra, dans certains cas, évaluer des expressions qui se présenteront sous une forme indéterminée, à l'aide des principes établis dans la Leçon précédente. Ainsi, par exemple, si l'on considère le produit

$$i^a \,\mathrm{l}\, i, \tag{2}$$

on reconnaîtra sans peine : 1° que ce produit s'évanouit avec la variable i, aussi bien que le produit $x^a \,\mathrm{l}\, x$ avec la variable x [*voir* la formule (17) de la page 322]; 2° que le rapport

$$\frac{i^a \,\mathrm{l}\, i}{i^r} = i^{a-r} \,\mathrm{l}\, i = \frac{\mathrm{l}\, i}{i^{r-a}}$$

s'évanouit pareillement pour des valeurs positives de $a - r$, et acquiert une valeur infinie pour des valeurs positives de $r - a$. Donc l'expression (1) sera une quantité infiniment petite de l'ordre a.

De même, puisque la fonction

$$\frac{i^a}{\mathrm{l}\,i} \tag{3}$$

s'évanouit avec i, tandis que le rapport

$$\frac{i^a}{i^r\,\mathrm{l}\,i} = \frac{i^{a-r}}{\mathrm{l}\,i} = \frac{1}{i^{r-a}\,\mathrm{l}\,i}$$

se réduit à zéro pour des valeurs positives de $a - r$, et à $\frac{1}{0}$ pour des valeurs positives de $r - a$, on peut encore affirmer que l'expression (3) est un infiniment petit de l'ordre a. On doit en dire autant des produits

$$i^a e^i\,\mathrm{l}\,i, \quad \frac{i^a e^i}{\mathrm{l}\,i},$$

que nous avons déjà considérés à la page 282 des Préliminaires, et que l'on forme en multipliant l'expression (2) ou (3) par un nouveau facteur e^i, qui reçoit la valeur finie 1 pour $i = 0$.

Lorsque, dans l'expression (3), on pose $a = 0$, on obtient le rapport

$$\frac{1}{\mathrm{l}\,i}, \tag{4}$$

qui est une quantité infiniment petite de l'ordre $a = 0$. Effectivement ce rapport s'évanouit avec i. Mais, si on le divise par i^r, on aura, pour $i = 0$,

$$\frac{1}{i^r\,\mathrm{l}\,i} = \frac{1}{0},$$

l'exposant r ayant une valeur positive aussi petite que l'on voudra.

On reconnaîtrait encore facilement que l'expression

$$e^{-\frac{1}{i}} \tag{5}$$

est une quantité infiniment petite de l'ordre ∞. En effet, cette expression s'évanouit pour $i = 0$, et si, après l'avoir divisée par i^r, on pose $\frac{1}{i} = x$, on trouvera, pour $i = 0$, ou, ce qui revient au même, pour $x = \infty$ [*voir* la formule (13) de la page 321],

$$\frac{e^{-\frac{1}{i}}}{i^r} = x^r e^{-x} = \frac{x^r}{e^x} = \frac{1}{\infty} = 0,$$

l'exposant r ayant une valeur positive aussi grande que l'on voudra.

Concevons à présent que, la fonction $f(i)$ étant un infiniment petit de l'ordre a, l'on désigne par n le nombre entier égal ou immédiatement supérieur à la constante a, le rapport

$$(6) \qquad \frac{f(i)}{i^n}$$

sera en général le premier terme de la progression géométrique

$$(7) \qquad f(i), \quad \frac{f(i)}{i}, \quad \frac{f(i)}{i^2}, \quad \frac{f(i)}{i^3}, \quad \ldots,$$

qui cessera de s'évanouir pour $i = 0$, ou, ce qui revient au même, d'être une quantité infiniment petite. On doit seulement excepter certains cas particuliers dans lesquels la constante a coïncide avec le nombre entier n. En effet, le rapport

$$(8) \qquad \frac{f(i)}{i^a},$$

que l'on déduit de l'expression (1), en posant $r = a$, peut obtenir, pour $i = 0$, comme on l'a remarqué dans les Préliminaires (page 282), une valeur finie ou nulle ou infinie. Or, quand ce rapport s'évanouit avec i, et que l'on a d'ailleurs $a = n$, il est clair que l'expression

$$(9) \qquad \frac{f(i)}{i^{n+1}}$$

est le premier terme de la progression (7), qui cesse d'être une quantité infiniment petite. C'est ce qui aura lieu, par exemple, si l'on prend pour $f(i)$ la fraction

$$\frac{i^n}{\operatorname{l} i}, \tag{10}$$

dont la valeur devient nulle pour $i = 0$. En résumé, le premier terme de la progression (7), qui cessera de s'évanouir avec i, sera toujours l'une des expressions (6) ou (9). Cela posé, si l'on fait converger i vers la limite zéro, et si l'on a égard aux théorèmes I et II de la Leçon précédente, on trouvera successivement

$$\begin{array}{lll}
\lim f(i) = 0, & \text{ou} & f(0) = 0, \\
\lim \dfrac{f(i)}{i} = \lim f'(i) = 0, & & f'(0) = 0, \\
\lim \dfrac{f(i)}{i^2} = \lim \dfrac{f''(i)}{1.2} = 0, & & f''(0) = 0, \\
\ldots\ldots\ldots\ldots\ldots\ldots, & & \ldots\ldots\ldots\ldots, \\
\lim \dfrac{f(i)}{i^{n-1}} = \lim \dfrac{f^{(n-1)}(i)}{1.2.3\ldots(n-1)} = 0, & & f^{(n-1)}(0) = 0, \\
\lim \dfrac{f(i)}{i^n} = \lim \dfrac{f^{(n)}(i)}{1.2.3\ldots n} = \dfrac{f^{(n)}(0)}{1.2.3\ldots n}, & & f^{(n)}(0) = 1.2.3\ldots n \lim \dfrac{f(i)}{i^n}.
\end{array}$$

Donc, si l'expression (6) ne s'évanouit pas avec i, $f^{(n)}(0)$ sera la première des quantités

$$f(0),\quad f'(0),\quad f''(0),\quad f'''(0),\quad \ldots \tag{11}$$

qui obtiendra une valeur différente de zéro. Au contraire, si l'expression (6) s'évanouit avec i, la quantité

$$f^{(n)}(0) = 1.2.3\ldots n \lim \frac{f(i)}{i^n} \tag{12}$$

sera encore nulle, et l'on aura, par suite,

$$\lim \frac{f(i)}{i^{n+1}} = \lim \frac{f^{(n+1)}(i)}{1.2.3\ldots n(n+1)} = \frac{f^{(n+1)}(0)}{1.2.3\ldots n(n+1)},$$

$$f^{(n+1)}(0) = 1.2.3\ldots n(n+1) \lim \frac{f(i)}{i^{n+1}}.$$

Alors, l'expression (9) ne s'évanouissant pas avec i, $f^{(n)}(0)$ sera le premier terme de la série (11) qui obtiendra une valeur autre que zéro. En conséquence, on peut énoncer la proposition suivante :

THÉORÈME I. — *Désignons par $f(i)$ une quantité infiniment petite, qui soit de l'ordre a dans le système dont la base est i, et par n le nombre entier égal ou immédiatement supérieur à la constante a. Si l'on a $n > a$, ou si, a étant égal à n, le rapport*

$$\frac{f(i)}{i^n}$$

n'acquiert pas une valeur nulle pour $i = 0$,

$$f^{(n)}(i) \tag{13}$$

sera la première des fonctions

$$f(i),\quad f'(i),\quad f''(i),\quad f'''(i),\quad \ldots \tag{14}$$

qui cessera de s'évanouir avec i. Mais si l'on a $n = a$, et de plus

$$\frac{f(i)}{i^n} = 0 \qquad \text{pour} \qquad i = 0, \tag{15}$$

le premier terme de la série (14) qui cessera de s'évanouir avec i sera la fonction

$$f^{(n+1)}(i). \tag{16}$$

Soit maintenant $\mathrm{f}(x)$ une fonction réelle de x, tellement choisie, que le rapport

$$\frac{\mathrm{f}(x)}{x^{n-1}} \tag{17}$$

s'évanouisse pour $x = 0$. Si l'on considère la variable x comme représentant une quantité infiniment petite du premier ordre, $\mathrm{f}(x)$ sera un infiniment petit d'un ordre égal ou supérieur à n; et l'on conclura du théorème I que les fonctions

$$\mathrm{f}(x),\quad \mathrm{f}'(x),\quad \mathrm{f}''(x),\quad \ldots,\quad \mathrm{f}^{(n-1)}(x)$$

s'évanouiront toutes pour $x = 0$. Par suite, le théorème IV de la quatrième Leçon entraînera celui que nous allons énoncer.

THÉORÈME II. — *Supposons que, les fonctions*

$$f(x),\quad f'(x),\quad f''(x),\quad \ldots,\quad f^{(n)}(x)$$

étant continues depuis $x = 0$ jusqu'à $x = h$, le rapport

$$\frac{f(x)}{x^{n-1}} \tag{17}$$

s'évanouisse avec la variable x. Alors, si l'on attribue à x, ou la valeur h, ou une valeur comprise entre les limites 0, h, on pourra trouver un nombre θ inférieur à 1, et propre à vérifier la formule

$$f(x) = \frac{x^n}{1.2.3\ldots n} f^{(n)}(\theta x). \tag{18}$$

Corollaire. — Lorsqu'on prend $n = 1$, l'équation (18) se réduit à

$$f(x) = x f'(\theta x). \tag{19}$$

Cette dernière s'accorde avec l'équation (10) de la quatrième Leçon, et suppose : 1° que la fonction $f(x)$ s'évanouit avec x; 2° que les fonctions $f(x)$, $f'(x)$ restent continues entre les limites $x = 0$, $x = h$, la fonction dérivée pouvant d'ailleurs admettre une valeur infinie ou une solution de continuité pour $x = 0$. Ajoutons que l'on déduit aisément de l'équation (19) les propositions suivantes :

THÉORÈME III. — *Soit $f(x)$ une fonction réelle qui s'évanouisse avec la variable x. Si cette fonction et sa dérivée $f'(x)$ restent continues entre les limites $x = 0$, $x = h$, h désignant une quantité dont la valeur numérique peut être supposée très petite, zéro sera la valeur unique ou l'une des valeurs que prendra le rapport*

$$\frac{f(x)}{f'(x)} \tag{20}$$

pour $x = 0$.

Démonstration. — Il suffit évidemment de démontrer le théorème III dans le cas où la fonction dérivée $f'(x)$ s'évanouit, en même temps que $f(x)$, pour la valeur particulière $x=0$; attendu que la valeur correspondante du rapport $\frac{f(x)}{f'(x)}$, nulle dans toute autre hypothèse, se présente alors seulement sous la forme indéterminée $\frac{0}{0}$. Or, si l'on divise par $f'(x)$ les deux membres de la formule (19), on en tirera

$$\frac{f(x)}{f'(x)}=x\frac{f'(\theta x)}{f'(x)}. \tag{21}$$

Cela posé, concevons que, $f'(0)$ étant nul, on fasse décroître indéfiniment la valeur numérique de x. Comme θx désigne une quantité comprise entre zéro et x, $f'(\theta x)$ convergera plus rapidement que $f'(x)$ vers la limite zéro; d'où il résulte que la fraction $\frac{f'(\theta x)}{f'(x)}$ obtiendra une multitude de valeurs inférieures à l'unité, et le produit $x\frac{f'(\theta x)}{f'(x)}$ une multitude de valeurs sensiblement nulles. Donc la limite ou l'une des limites vers lesquelles convergeront ce même produit et le rapport (20) qu'il représente sera égale à zéro.

Corollaire I. — Le théorème III peut être aisément vérifié à l'égard des fonctions

$$\sin x,\quad 1-\cos x,\quad e^{-\left(\frac{1}{x}\right)^2},\quad x^3\sin\frac{1}{x},\quad \dots. \tag{22}$$

Il subsiste dans le cas même où la fonction $f(x)$ ne reste réelle ou infiniment petite qu'autant que l'on attribue à la variable x des valeurs infiniment petites affectées d'un certain signe, comme il arrive, par exemple, quand on prend pour $f(x)$ l'une des fonctions

$$\frac{1}{lx},\quad \sqrt{x},\quad e^{-\frac{1}{x}},\quad e^{-\left(\frac{1}{x}\right)^3},\quad \dots, \tag{23}$$

qui cessent d'être réelles ou infiniment petites, lorsqu'on donne à x des valeurs infiniment petites, mais négatives. Enfin ce théorème peut subsister, quoique la fonction dérivée $f'(x)$ devienne discontinue pour $x = 0$. Ainsi, en supposant

$$(24) \qquad f(x) = x \sin \frac{1}{x},$$

on trouvera que la fonction dérivée

$$(25) \qquad f'(x) = \sin \frac{1}{x} - \frac{1}{x} \cos \frac{1}{x}$$

devient indéterminée, par conséquent discontinue, pour $x = 0$; et, si l'on fait alors converger x vers la limite zéro, la valeur du rapport (19), tirée des équations (24) et (25), savoir

$$(26) \qquad \frac{f(x)}{f'(x)} = \frac{x}{1 - \frac{1}{x} \cot \frac{1}{x}},$$

admettra un nombre infini de limites, dont l'une sera égale à zéro.

Corollaire II. — Supposons que, la fonction $f(x)$ et ses dérivées successives, jusqu'à celle de l'ordre $n - 1$, étant continues, dans le voisinage de la valeur particulière $x = 0$, les n quantités

$$(27) \qquad f(0), \quad f'(0), \quad f''(0), \quad \ldots, \quad f^{(n-1)}(0)$$

s'évanouissent, et concevons que la valeur numérique de x vienne à décroître indéfiniment. Zéro sera la limite ou l'une des limites vers lesquelles convergera chacun des rapports

$$(28) \qquad \frac{f(x)}{f'(x)}, \quad \frac{f'(x)}{f''(x)}, \quad \frac{f''(x)}{f'''(x)}, \quad \ldots, \quad \frac{f^{(n-1)}(x)}{f^{(n)}(x)},$$

et, par conséquent, leur produit ou le rapport

$$(29) \qquad \frac{f(x)}{f^{(n)}(x)}.$$

On peut en dire autant des expressions

$$(30) \qquad \frac{f'(x)}{f^{(n)}(x)}, \quad \frac{f''(x)}{f^{(n)}(x)}, \quad \ldots, \quad \frac{f^{(n-2)}(x)}{f^{(n)}(x)},$$

que l'on obtient en multipliant les uns par les autres quelques-uns des rapports dont il s'agit.

THÉORÈME IV. — *Les mêmes choses étant posées que dans le théorème III, zéro sera la valeur unique ou l'une des valeurs que prendra le produit*

$$x\,f'(x) \tag{31}$$

pour $x = 0$.

Démonstration. — Le produit (31) s'évanouit évidemment avec la variable x, lorsque la fonction dérivée $f'(x)$ conserve une valeur finie pour $x = 0$. Si cette même fonction devenait infinie pour une valeur nulle de x, alors, en faisant converger x vers la limite zéro, on tirerait de l'équation (19), multipliée par θ,

$$0 = \lim[\theta\, f(x)] = \lim[\theta x\, f'(\theta x)].$$

Donc zéro serait encore la valeur unique ou l'une des valeurs que prendrait le produit $\theta x\, f'(\theta x)$ pour une valeur nulle de θx, et par conséquent la valeur unique ou l'une des valeurs que prendrait le produit $x\, f'(x)$ pour $x = 0$.

Corollaire. — Le théorème IV continue de subsister dans le cas où la fonction $f(x)$ ne reste réelle ou infiniment petite qu'autant que l'on attribue à la variable x des valeurs infiniment petites affectées d'un certain signe, comme il arrive quand on prend pour $f(x)$ l'une des fonctions (23). Il peut même subsister dans le cas où la fonction dérivée $f'(x)$ devient discontinue pour $x = 0$. Ainsi, par exemple, si l'on pose

$$f(x) = x \sin\frac{1}{x},$$

le produit

$$x\, f'(x) = x \sin\frac{1}{x} - \cos\frac{1}{x}$$

admettra, pour une valeur nulle de x, une infinité de valeurs qui seront toutes renfermées entre les limites -1, $+1$ et dont l'une sera égale à zéro.

THÉORÈME V. — *Soit $f(x)$ une fonction réelle qui obtienne, pour $x = 0$, une valeur finie et déterminée $f(0)$. Si cette fonction et sa dérivée $f'(x)$ restent continues entre les limites $x = 0$, $x = h$, h désignant une quantité dont la valeur numérique peut être supposée très petite, zéro sera la valeur unique ou l'une des valeurs que prendra le rapport*

$$x f'(x) \tag{32}$$

pour $x = 0$.

Démonstration. — Pour déduire le théorème V du théorème IV, il suffit évidemment de poser

$$\mathrm{f}(x) = f(x) - f(0).$$

On établira encore sans difficulté le théorème dont voici l'énoncé :

THÉORÈME VI. — *Les mêmes choses étant posées que dans le théorème III, considérons la variable x comme un infiniment petit du premier ordre, et supposons que le rapport*

$$\frac{x\,\mathrm{f}'(x)}{\mathrm{f}(x)} \tag{33}$$

se réduise, pour une valeur nulle de x, à une constante déterminée. La fonction réelle $\mathrm{f}(x)$ sera une quantité infiniment petite dont l'ordre aura généralement pour mesure la constante dont il s'agit.

Démonstration. — Désignons par a l'ordre de la quantité infiniment petite $\mathrm{f}(x)$, et faisons de plus

$$\frac{\mathrm{f}(x)}{x^a} = \varphi(x) \quad \text{ou} \quad \mathrm{f}(x) = x^a\,\varphi(x). \tag{34}$$

Comme on tirera de l'équation (34), en différentiant les logarithmes de ses deux membres,

$$\frac{x\,\mathrm{f}'(x)}{\mathrm{f}(x)} = a + \frac{x\,\varphi'(x)}{\varphi(x)}, \tag{35}$$

il suffira, pour établir le théorème IV, de prouver que la valeur du rapport

$$(36)\qquad \frac{x\,\varphi'(x)}{\varphi(x)},$$

correspondante à $x = 0$, est généralement nulle, quand elle n'est pas indéterminée. On y parviendra effectivement comme il suit.

La fonction $f(x)$ étant un infiniment petit de l'ordre a, la limite du rapport

$$(37)\qquad \frac{f(x)}{x^r} = x^{a-r}\,\varphi(x) = \frac{\varphi(x)}{x^{r-a}}$$

sera nulle, pour des valeurs positives de $a - r$, et infinie pour des valeurs positives de $r - a$. Donc, si l'on désigne par ε un nombre aussi petit que l'on voudra, les deux fonctions

$$(38)\qquad x^\varepsilon\,\varphi(x),\quad \frac{x^\varepsilon}{\varphi(x)}$$

s'évanouiront en même temps que la variable x. Cela posé, concevons que le rapport (36) se réduise, pour $x = 0$, à une constante déterminée c. Si la constante c n'est pas nulle, et si d'ailleurs la fonction $\varphi(x)$ reste affectée du même signe depuis la valeur particulière $x = 0$ jusqu'à une valeur très voisine $x = X$, les dérivées des expressions (38), savoir

$$(39)\qquad x^{\varepsilon-1}\,\varphi(x)\left[\varepsilon + \frac{x\,\varphi'(x)}{\varphi(x)}\right],\quad \frac{x^{\varepsilon-1}}{\varphi(x)}\left[\varepsilon - \frac{x\,\varphi'(x)}{\varphi(x)}\right],$$

se réduiront constamment, pour de très petites valeurs numériques de x et de ε, à des quantités affectées des mêmes signes que les produits

$$c\,x^{\varepsilon-1}\,\varphi(x),\quad \frac{-\,c\,x^{\varepsilon-1}}{\varphi(x)}.$$

Supposons maintenant la quantité X assez rapprochée de zéro pour que les fonctions (38) et (39), dont les deux dernières deviennent infinies quand x s'évanouit, restent finies et continues entre les limites $x = 0$, $x = X$. Il existera entre ces limites (*voir* le corollaire I du théorème II de la quatrième Leçon) une valeur de x pour laquelle le rapport des expressions (39), c'est-à-dire le produit

$$\frac{\varepsilon + \dfrac{x\,\varphi'(x)}{\varphi(x)}}{\varepsilon - \dfrac{x\,\varphi'(x)}{\varphi(x)}}[\varphi(x)]^2,$$

sera équivalent au rapport des quantités

$$X^\varepsilon\,\varphi(X), \quad \frac{X^\varepsilon}{\varphi(X)},$$

c'est-à-dire à l'expression

$$[\varphi(X)]^2.$$

On pourra donc assigner à X et à x des valeurs numériques très petites, et propres à vérifier l'équation

$$(40) \qquad \frac{\varepsilon + \dfrac{x\,\varphi'(x)}{\varphi(x)}}{\varepsilon - \dfrac{x\,\varphi'(x)}{\varphi(x)}} = \left[\frac{\varphi(X)}{\varphi(x)}\right]^2;$$

puis on en conclura, en faisant converger X vers la limite zéro,

$$\frac{\varepsilon + c}{\varepsilon - c} = \lim \left[\frac{\varphi(X)}{\varphi(x)}\right]^2 > 0.$$

Or cette dernière condition ne peut être satisfaite, quelle que soit la petitesse du nombre ε, tant qu'on suppose la constante c différente de zéro. Donc, puisque ε peut décroître indéfiniment, cette constante ou la limite du rapport (36) sera nécessairement nulle. En conséquence, on tirera généralement de l'équation (35)

$$(41) \qquad \lim \frac{x\,f'(x)}{f(x)} = a.$$

Cette dernière formule comprend le théorème qu'il s'agissait de démontrer.

Corollaire I. — Le théorème VI peut être aisément vérifié à l'égard des fonctions

$$x^a, \quad x^a e^x, \quad x^a e^{-x}, \quad \ldots,$$

qui sont toutes de l'ordre a. Ce théorème subsiste, dans le cas même où la fonction $f(x)$ ne reste réelle ou infiniment petite, qu'autant que l'on attribue à la variable x des valeurs affectées d'un certain signe, comme il arrive, par exemple, quand on prend pour $f(x)$ l'une des fonctions

$$\frac{1}{lx}, \quad x^{\frac{1}{2}}, \quad x^a lx, \quad \frac{x^a}{lx}, \quad x^a llx, \quad e^{-\frac{1}{x}}, \quad x e^{-\frac{1}{x}}, \quad \ldots,$$

qui sont la première de l'ordre zéro, la seconde de l'ordre $\frac{1}{2}$, la troisième, la quatrième et la cinquième de l'ordre a, les deux suivantes d'un ordre infini, etc.

Corollaire II. — Si, la fonction réelle $f(x)$ étant infiniment petite et de l'ordre a, la valeur numérique et le signe du rapport

$$\frac{f(x)}{x^a} = \varphi(x) \tag{34}$$

devenaient indéterminés pour $x = 0$, on ne pourrait plus choisir X de manière que ce rapport ne changeât pas de signe entre les limites $x = 0$, $x = X$; et l'expression

$$\frac{x f'(x)}{f(x)} \tag{33}$$

ne se réduirait plus nécessairement au nombre a pour une valeur nulle de la variable x. Ainsi, par exemple, si l'on prend

$$f(x) = x \sin \frac{1}{x}, \tag{42}$$

on trouvera

$$a = 1, \tag{43}$$

$$\frac{x f'(x)}{f(x)} = 1 - \frac{1}{x} \cot \frac{1}{x}. \tag{44}$$

Or, si l'on fait converger x vers la limite zéro, le second membre de l'équation (44) convergera vers une infinité de limites distinctes, et non pas seulement vers la limite 1.

Si la fonction $f(x)$ devenait imaginaire, il pourrait arriver qu'aucune des valeurs de l'expression (33), correspondantes à $x = 0$, ne se réduisît à la constante a. Supposons, pour fixer les idées,

$$(45) \qquad f(x) = x^a\left(\cos\frac{1}{x} + \sqrt{-1}\sin\frac{1}{x}\right) = x^a e^{\frac{1}{x}\sqrt{-1}},$$

$f(x)$ sera un infiniment petit de l'ordre a, et l'on trouvera

$$(46) \qquad \frac{x f'(x)}{f(x)} = a - \frac{1}{x}\sqrt{-1}.$$

Or il est clair que l'expression (46) acquerra nécessairement une valeur infinie pour une valeur nulle de x.

Les quantités infiniment petites, dont les ordres se réduisent à des nombres entiers, offrent quelques propriétés dignes de remarque, qui se déduisent immédiatement de la formule (12), et sont renfermées dans les propositions suivantes :

Théorème VII. — *Soient $f(i)$ une quantité infiniment petite, prise dans le système dont la base est i, et $f^{(n)}(0)$ le premier terme de la série (11) qui ne s'évanouisse pas. Supposons d'ailleurs que ce terme obtienne une valeur déterminée qui diffère de zéro. Le rapport*

$$\frac{f(i)}{i^n}$$

sera, pour de très petites valeurs numériques de i, affecté du même signe que la quantité $f^{(n)}(0)$.

Théorème VIII. — *Les mêmes choses étant posées que dans le théorème VII, si n est un nombre pair, la fonction $f(i)$ sera, pour de très petites valeurs numériques de i, constamment affectée du même signe que la quantité $f^{(n)}(0)$.*

Exemple. — Si l'on prend

$$f(i) = e^i - 2\cos i + e^{-i},$$

on trouvera

$$f(0) = 0, \quad f'(0) = 0, \quad f''(0) = 4.$$

Ainsi l'on aura, dans le cas présent,

$$n = 2, \quad f^{(n)}(0) = f''(0) > 0.$$

Donc, en vertu du théorème VIII, la fonction

$$e^i - 2\cos i + e^{-i}$$

sera constamment positive pour de très petites valeurs numériques de i.

THÉORÈME IX. — *Les mêmes choses étant posées que dans le théorème VII, si le nombre n est impair, la fonction $f(i)$ changera de signe, en passant par zéro, avec la variable i. Alors la variable et la fonction dont il s'agit seront, pour de très petites valeurs de i, affectées du même signe si la quantité $f^{(n)}(0)$ est positive, et affectées de signes contraires si la quantité $f^{(n)}(0)$ devient négative.*

Exemple. — Si l'on prend

$$f(i) = e^i - 2\sin i - e^{-i},$$

on trouvera

$$f(0) = 0, \quad f'(0) = 0, \quad f''(0) = 0, \quad f'''(0) = 4.$$

Ainsi l'on aura, dans le cas présent,

$$n = 3, \quad f^{(n)}(0) = f'''(0) > 0.$$

Donc, en vertu du théorème IX, la fonction

$$e^i - 2\sin i - e^{-i}$$

sera, pour de très petites valeurs numériques de la variable i, affectée du même signe que cette variable.

SEPTIÈME LEÇON.

SUR LES MAXIMA ET MINIMA DES FONCTIONS RÉELLES D'UNE SEULE VARIABLE.

Lorsqu'une valeur particulière de la fonction $f(x)$ est réelle et surpasse toutes les valeurs réelles voisines, c'est-à-dire toutes celles qu'on obtiendrait en faisant varier x en plus ou en moins d'une quantité très petite, cette valeur particulière de la fonction est ce qu'on appelle un *maximum*.

Lorsqu'une valeur particulière de la fonction $f(x)$ est réelle et inférieure à toutes les valeurs réelles voisines, elle prend le nom de *minimum*.

Cela posé, il résulte évidemment de ce qui a été dit dans la quatrième Leçon (*voir* le corollaire I du théorème I) que, si les deux fonctions $f(x), f'(x)$ sont continues dans le voisinage d'une valeur donnée de la variable x, cette valeur ne pourra produire un maximum ou un minimum de $f(x)$ qu'en faisant évanouir $f'(x)$. En partant de cette remarque, on résoudra facilement la question suivante :

Problème. — *Trouver les maxima et les minima d'une fonction réelle de la seule variable x.*

Solution. — Soit $f(x)$ la fonction proposée. On cherchera d'abord les valeurs de x, pour lesquelles la fonction cesse d'être continue. A chacune de ces valeurs, s'il en existe, correspondra une valeur de la fonction elle-même, qui sera ordinairement ou une quantité infinie, ou un maximum, ou un minimum.

On cherchera, en second lieu, les racines de l'équation

$$f'(x) = 0, \tag{1}$$

avec les valeurs de x qui rendent la fonction $f'(x)$ discontinue, et parmi lesquelles on doit placer au premier rang celles que l'on déduit de la formule

$$(2) \qquad f'(x) = \pm\infty \quad \text{ou} \quad \frac{1}{f'(x)} = 0.$$

Soit $x = x_0$ une de ces racines ou une de ces valeurs. La valeur correspondante de $f(x)$, savoir $f(x_0)$, sera un maximum si, dans le voisinage de $x = x_0$, la fonction dérivée $f'(x)$ est positive pour $x < x_0$, et négative pour $x > x_0$. Au contraire, $f(x_0)$ sera un minimum si la fonction dérivée $f'(x)$ est négative pour $x < x_0$ et positive pour $x > x_0$. Enfin, si, dans le voisinage de $x = x_0$, la fonction dérivée $f'(x)$ était constamment positive ou constamment négative, la quantité $f(x_0)$ ne serait plus ni un maximum, ni un minimum.

Exemples. — Les trois fonctions

$$(3) \qquad x^{\frac{1}{2}}, \quad \frac{1}{lx}, \quad x\,lx,$$

qui deviennent discontinues, en passant du réel à l'imaginaire, tandis que la variable x diminue et passe par zéro, obtiennent, pour $x = 0$, une valeur nulle qui représente un minimum de la première, et un maximum de chacune des deux autres.

Les deux fonctions

$$(4) \qquad x^2, \quad x^{\frac{2}{3}},$$

dont les dérivées, savoir

$$(5) \qquad 2x, \quad \frac{2}{3x^{\frac{1}{3}}},$$

passent du négatif au positif, en se réduisant à zéro ou à l'infini, tandis que la variable x s'évanouit en passant du positif au négatif, ont l'une et l'autre zéro pour valeur minimum. Quant aux deux fonctions

$$(6) \qquad x^3, \quad x^{\frac{1}{3}},$$

dont les dérivées

$$3x^2, \quad \frac{1}{3x^{\frac{2}{3}}} \tag{7}$$

deviennent encore nulles ou infinies pour $x = x_0$, mais restent positives pour toute autre valeur de x, elles n'admettent ni maximum, ni minimum.

La fonction

$$x^2 + px + q \tag{8}$$

reste continue, ainsi que sa dérivée, pour toutes les valeurs possibles de x. Mais cette dérivée, savoir

$$2x + p \tag{9}$$

s'évanouit pour $x = -\frac{p}{2}$, et devient négative pour $x < -\frac{p}{2}$, positive pour $x > -\frac{p}{2}$. On doit en conclure que la fonction (8) admet une valeur minimum correspondante à $x = -\frac{p}{2}$. Cette valeur minimum est

$$q - \frac{p^2}{4}; \tag{10}$$

ce qu'on vérifie sans peine en observant que la fonction dont il s'agit peut être présentée sous la forme

$$\left(x + \frac{p}{2}\right)^2 + q - \frac{p^2}{4}, \tag{11}$$

et qu'en conséquence elle surpasse toujours $q - \frac{p^2}{4}$, quand x diffère de $-\frac{p}{2}$.

Désignons maintenant par A un nombre supérieur à l'unité, et par Lx le logarithme de x, pris dans le système dont la base est A. La fonction

$$\frac{A^x}{x} \tag{12}$$

aura pour dérivée

$$\frac{A^x}{x}\left(\frac{1}{Le} - \frac{1}{x}\right); \tag{13}$$

et, comme cette dérivée est négative, nulle ou positive, pour une valeur de x supérieure à zéro, suivant que l'on suppose $x < Le$, $x = Le$, ou $x > Le$, il en résulte que la fonction (12) acquerra, pour $x = Le$, la valeur minimum

$$\frac{e}{Le}. \tag{14}$$

Au contraire, la fonction

$$\frac{Lx}{x}, \tag{15}$$

dont la dérivée, savoir

$$\frac{1}{x^2}(Le - Lx), \tag{16}$$

est positive, nulle ou négative, pour une valeur de x supérieure à zéro, suivant que l'on suppose $x < e$, $x = e$, ou $x > e$, acquerra, pour $x = e$, la valeur maximum

$$\frac{Le}{e}. \tag{17}$$

Considérons enfin la fonction

$$x^a e^{-x}. \tag{18}$$

Comme sa dérivée, savoir

$$x^a e^{-x}\left(\frac{a}{x} - 1\right), \tag{19}$$

sera positive, nulle ou négative, pour une valeur de x plus grande que zéro, suivant que l'on supposera $x < a$, $x = a$, $x > a$, on peut affirmer que la fonction (18) acquerra, pour $x = a$, la valeur maximum

$$a^a e^{-a}. \tag{20}$$

Lorsque, afin d'obtenir les valeurs de x, qui fournissent des maxima ou des minima de la fonction $f(x)$, sans rendre cette fonction ou sa dérivée $f'(x)$ discontinue, on a déterminé les racines réelles de l'équation (1), alors, pour décider si chacune de ces racines produit un maximum ou un minimum de $f(x)$, il suffit ordinairement de considérer la fonction dérivée du second ordre. En effet, soit x_0 l'une des racines dont il s'agit, et supposons que la valeur correspondante de $f''(x)$ se réduise à une quantité finie. A la racine x_0 répondra un minimum de $f(x)$, si la fonction $f'(x)$ passe du négatif au positif, en devenant nulle pour $x = x_0$; c'est-à-dire, en d'autres termes, si la fonction $f'(x)$ croît avec la variable x dans le voisinage de la valeur particulière $x = x_0$. Or cette dernière condition sera remplie (*voir* le théorème I de la quatrième Leçon), si la dérivée de $f'(x)$, savoir $f''(x)$, est toujours positive ou nulle pour des valeurs de x très peu différentes de x_0, par conséquent, si la quantité $f''(x_0)$ offre une valeur finie et positive, ou bien une valeur nulle, mais qui représente un minimum de $f''(x)$. Au contraire, $f(x_0)$ sera un maximum de $f(x)$, si, $f'(x_0)$ étant nulle, la fonction $f'(x)$ diminue pour des valeurs croissantes de x, dans le voisinage de la valeur particulière $x = x_0$, ce qui aura lieu (en vertu du théorème déjà cité), si la quantité $f''(x_0)$ offre une valeur finie et négative, ou bien une valeur nulle, mais qui représente un maximum de $f''(x)$. On peut donc énoncer les propositions suivantes :

Théorème I. — *Pour qu'une valeur de x propre à vérifier l'équation*

$$f'(x) = 0 \tag{1}$$

produise un minimum de la fonction $f(x)$, il sera nécessaire, et il suffira, si la valeur correspondante de $f''(x)$ est une quantité finie et déterminée, que cette quantité soit positive, ou qu'étant nulle elle représente un minimum de $f''(x)$.

Exemple. — Si l'on prend

$$f(x) = \frac{A^x}{x},$$

on trouvera

$$f'(x) = \frac{A^x}{x}\left(\frac{1}{Le} - \frac{1}{x}\right) = \left(\frac{1}{Le} - \frac{1}{x}\right) f(x),$$

$$f''(x) = \left(\frac{1}{Le} - \frac{1}{x}\right) f'(x) + \frac{1}{x^2} f(x)$$

$$= \left(\frac{1}{Le} - \frac{1}{x}\right)^2 f(x) + \frac{1}{x^2} f(x).$$

Donc alors la valeur $x = Le$, qui fera évanouir $f'(x)$, réduira la dérivée $f''(x)$ à la quantité positive

$$\frac{1}{x^2} f(x) = \frac{A^x}{x^3} = \frac{e}{(Le)^3},$$

et produira un minimum de la fonction proposée $\frac{A^x}{x}$.

Soit encore

$$f(x) = e^x - 2\cos x + e^{-x}.$$

On trouvera

$$f'(x) = e^x + 2\sin x - e^{-x},$$

$$f''(x) = e^x + 2\cos x + e^{-x}$$

Donc alors la valeur $x = 0$, qui fera évanouir $f(x)$ et $f'(x)$, réduira la dérivée $f''(x)$ à la quantité positive $1 + 2 + 1 = 4$, et zéro sera la valeur minimum de la fonction proposée.

Théorème II. — *Pour qu'une valeur de x propre à vérifier l'équation* (1) *produise un maximum de la fonction $f(x)$, il sera nécessaire, et il suffira, si la valeur correspondante de $f''(x)$ est une quantité finie et déterminée, que cette quantité soit négative, ou qu'étant nulle elle représente un maximum de $f''(x)$.*

Exemple. — Si l'on prend

$$f(x) = x^a e^{-x},$$

on trouvera

$$f'(x) = x^a e^{-x}\left(\frac{a}{x} - 1\right) = \left(\frac{a}{x} - 1\right) f(x),$$

$$f''(x) = \left(\frac{a}{x} - 1\right) f'(x) - \frac{a}{x^2} f(x)$$

$$= \left(\frac{a}{x} - 1\right)^2 f(x) - \frac{a}{x^2} f(x).$$

Donc alors la valeur $x = a$, qui fera évanouir la dérivée $f'(x)$, réduira la dérivée $f''(x)$ à la quantité négative

$$-\frac{a}{x^2}f(x) = -ax^{a-2}e^{-x} = -a^{a-1}e^{-a},$$

et produira un maximum de la fonction proposée $x^a e^{-x}$.

Concevons maintenant que, pour une valeur x_0 de x, propre à vérifier l'équation (1), sans rendre la fonction $f(x)$ discontinue, plusieurs termes consécutifs pris dans la suite des fonctions dérivées

$$(21) \qquad f'(x), \quad f''(x), \quad f'''(x), \quad \ldots$$

s'évanouissent. Désignons par $f^{(n)}(x)$ le premier de ceux qui ne s'évanouissent pas, et supposons que $f^{(n)}(x_0)$ soit une quantité finie et déterminée. Pour que $f(x_0)$ soit une valeur minimum ou maximum de $f(x)$, il sera nécessaire (en vertu des théorèmes I et II) que $f''(x_0) = 0$ soit une valeur minimum ou maximum de $f''(x)$. Par suite, la première des quantités

$$(22) \qquad f'''(x_0), \quad f^{\text{IV}}(x_0)$$

devra se réduire à zéro, et la seconde à une quantité positive ou négative, ou bien à une quantité nulle, mais qui représente un minimum ou un maximum de $f^{\text{IV}}(x)$. Dans les deux premiers cas, on aura $n = 4$. Dans le troisième, on conclura encore des théorèmes I et II que la première des deux quantités

$$(23) \qquad f^{\text{V}}(x_0), \quad f^{\text{VI}}(x_0)$$

doit se réduire à zéro, et la seconde à une quantité positive, ou bien à une quantité nulle, mais qui représente un minimum ou un maximum de $f^{\text{VI}}(x)$. Si la seconde des quantités (23) diffère de zéro, on aura évidemment $n = 6$. En continuant de la même manière, on finira par reconnaître : 1° que, si la valeur $x = x_0$ produit un minimum de la fonction $f(x)$, n sera un nombre pair, et $f^{(n)}(x_0)$ une quantité positive; 2° que, si la valeur $x = x_0$ produit un maximum de la même fonction, n sera toujours un nombre pair, la quantité $f^{(n)}(x_0)$

étant négative. En conséquence, on peut joindre aux théorèmes I et II celui que nous allons énoncer.

Théorème III. — *Lorsqu'une valeur particulière de x, dans le voisinage de laquelle la fonction $f(x)$ reste continue, fait évanouir les dérivées de $f(x)$ dont l'ordre est inférieur à n, et réduit la dérivée de l'ordre n à une quantité finie et déterminée, la valeur correspondante de $f(x)$ ne peut être un maximum ou un minimum que dans le cas où la lettre n désigne un nombre pair. Dans ce même cas, la fonction $f(x)$ deviendra un minimum, si la valeur de $f^{(n)}(x)$ est positive, et un maximum si la valeur de $f^{(n)}(x)$ est négative.*

Exemple. — Si l'on prend

$$f(x) = e^x + 2\cos x + e^{-x},$$

on trouvera

$$f'(x) = e^x - 2\sin x - e^{-x},$$

$$f''(x) = e^x - 2\cos x + e^{-x},$$

$$f'''(x) = e^x + 2\sin x - e^{-x},$$

$$f^{\text{IV}}(x) = e^x + 2\cos x + e^{-x} = f(x).$$

Donc alors la valeur $x = 0$, qui fera évanouir les fonctions dérivées

$$f'(x),\quad f''(x),\quad f'''(x),$$

réduira la dérivée $f^{\text{IV}}(x)$ à la quantité positive $1 + 2 + 1 = 4$, et par suite la valeur correspondante de la fonction proposée $f(x)$, ou le nombre 4, sera un minimum de cette fonction.

Le théorème III pourrait se déduire directement de la formule (19) (quatrième Leçon). En effet, pour qu'une valeur particulière de $f(x)$, telle que $f(x_0)$, soit un minimum, il est nécessaire, et il suffit, qu'elle soit surpassée par toutes les valeurs réelles voisines ou de la forme $f(x_0 + i)$, i désignant une quantité infiniment petite, c'est-à-dire, en d'autres termes, que la différence

$$f(x_0 + i) - f(x_0) \tag{24}$$

reste positive, quand elle est réelle, pour de très petites valeurs numériques de la quantité i, et quel que soit d'ailleurs le signe de cette quantité. De même, pour que $f(x_0)$ soit un maximum de $f(x)$, il est nécessaire, et il suffit, que les valeurs réelles de la différence (24), qui correspondent à des valeurs de i très rapprochées de zéro, soient constamment négatives. Cela posé, si, la fonction $f(x)$ étant continue dans le voisinage de la valeur particulière $x = x_0$, les dérivées de $f(x)$, d'un ordre inférieur ou égal à n, se réduisent, pour $x = x_0$, les premières à zéro, la dernière à une quantité finie et déterminée, positive ou négative; alors, en attribuant à i une très petite valeur numérique, et désignant par θ un nombre inférieur à l'unité, on aura [en vertu de la formule (19) de la quatrième Leçon]

$$f(x_0 + i) - f(x_0) = \frac{i^n}{1.2.3\ldots n} f^{(n)}(x_0 + \theta i). \tag{25}$$

Or il résulte évidemment de l'équation (25) que, pour de très petites valeurs numériques de i, la différence (24) sera une quantité affectée du même signe que le produit

$$i^n f^{(n)}(x_0). \tag{26}$$

Par conséquent, si n est un nombre pair, cette différence changera de signe avec i, et la quantité $f(x_0)$ ne pourra être ni un maximum ni un minimum de $f(x)$. Au contraire, si n est un nombre pair, la différence (24), en s'approchant de zéro, restera, comme le produit (26), et quel que soit le signe de i, constamment positive ou constamment négative, suivant que le second facteur du produit en question, savoir $f^{(n)}(x_0)$, sera lui-même positif ou négatif. Donc alors $f(x_0)$ sera un maximum ou un minimum de $f(x)$, suivant que la quantité $f^{(n)}(x_0)$ sera positive ou négative. Il est bon d'observer qu'on pourrait encore établir le théorème III en remplaçant, dans les théorèmes VII, VIII, IX de la Leçon précédente, la quantité infiniment petite $f(i)$ par la quantité infiniment petite $f(x_0 + i) - f(x_0)$.

Nous remarquerons, en terminant cette Leçon, que, si l'on désigne par y la fonction $f(x)$, les différents termes de la série (21) se présenteront sous la forme

$$\frac{dy}{dx},\quad \frac{d^2y}{dx^2},\quad \frac{d^3y}{dx^3},\quad \ldots . \tag{27}$$

Alors l'équation (1) deviendra

$$dy = 0. \tag{28}$$

De plus, on peut évidemment affirmer : 1° que, si

$$\frac{d^ny}{dx^n} = f^{(n)}(x)$$

représente le premier terme de la série (25) qui obtienne, pour $x = x_0$, une valeur différente de zéro, d^ny sera le premier terme qui remplira la même condition dans la série des différentielles

$$dy,\quad d^2y,\quad d^3y,\quad \ldots; \tag{29}$$

2° que, si n est un nombre pair, la différentielle

$$d^ny = f^{(n)}(x)\,dx^n$$

sera constamment affectée du même signe que la fonction dérivée $f^{(n)}(x)$. Cela posé, il est clair qu'on pourra substituer au théorème III la proposition suivante :

Théorème IV. — *Soit $y = f(x)$ une fonction donnée de la variable x. Pour décider si une racine de l'équation (28) produit un maximum ou un minimum de la fonction proposée, il suffira ordinairement de calculer les valeurs de d^2y, d^3y, d^4y, ... correspondantes à cette racine. Si la valeur de d^2y est positive ou négative, la valeur de y sera un minimum dans le premier cas, un maximum dans le second. Si la valeur de d^2y se réduit à zéro, on devra chercher, parmi les différentielles d^3y, d^4y, ..., la première qui ne s'évanouira pas. Désignons celle-ci par d^ny. Si n est un nombre impair, la valeur de y ne sera ni un maximum ni un minimum. Si, au contraire, n est un nombre pair, la valeur de y sera un minimum toutes les fois que la différentielle d^ny sera positive, et un maximum toutes les fois que la différentielle d^ny sera négative.*

Nota. — Il faut admettre, pour le théorème IV comme pour le théorème III, que la fonction dérivée

$$\frac{d^n y}{dx^n} = f^{(n)}(x)$$

conserve une valeur non seulement finie, mais encore déterminée, pour $x = x_0$, et par conséquent que cette dérivée reste continue, ainsi que les fonctions

$$y, \quad y', \quad y'', \quad \ldots, \quad y^{(n-1)},$$

dans le voisinage de la valeur particulière x_0 attribuée à la variable x.

HUITIÈME LEÇON.

DÉVELOPPEMENT D'UNE FONCTION RÉELLE DE x SUIVANT LES PUISSANCES ASCENDANTES ET ENTIÈRES DE LA VARIABLE x, OU DE LA DIFFÉRENCE $x-a$, DANS LAQUELLE a DÉSIGNE UNE VALEUR PARTICULIÈRE DE CETTE VARIABLE.

Lorsque, la fonction $\mathrm{f}(x)$ étant réelle et continue, avec ses dérivées d'un ordre inférieur ou égal à n, depuis $x=0$ jusqu'à $x=h$, le rapport

$$\frac{\mathrm{f}(x)}{x^{n-1}} \tag{1}$$

s'évanouit en même temps que la variable x; alors, en supposant cette variable renfermée entre les limites o, h, on peut, comme on l'a fait voir dans la sixième Leçon (page 330), trouver un nombre θ inférieur à 1 et propre à vérifier la formule

$$\mathrm{f}(x)=\frac{x^n}{1.2.3\ldots n}\,\mathrm{f}^{(n)}(\theta x). \tag{2}$$

Or ce principe fournit un moyen très simple de développer les fonctions réelles d'une seule variable x suivant les puissances ascendantes et entières de cette variable, ainsi qu'on va le montrer en peu de mots.

Soit $f(x)$ une fonction réelle de x qui conserve une valeur finie, aussi bien que ses dérivées d'un ordre inférieur ou égal à n, pour une valeur nulle de x, et supposons d'ailleurs que les fonctions

$$f(x),\quad f'(x),\quad f''(x),\quad \ldots,\quad f^{(n)}(x) \tag{3}$$

restent réelles et continues depuis $x=0$ jusqu'à $x=h$. On tirera successivement de l'équation (2) :

1° En posant $\mathrm{f}(x) = f(x) - f(0)$ et $n = 1$,

$$f(x) - f(0) = x f'(\theta x), \tag{4}$$

puis, en posant $f'(x) = f'(0) + \mathrm{P}$,

$$\mathrm{P} = \frac{f(x) - f(0) - x f'(0)}{x};$$

2° En posant $\mathrm{f}(x) = f(x) - f(0) - x f'(0)$ et $n = 2$,

$$f(x) - f(0) - x f'(0) = \frac{x^2}{1.2} f''(\theta x), \tag{5}$$

puis, en posant $f''(\theta x) = f''(0) + \mathrm{Q}$,

$$\frac{1}{1.2}\mathrm{Q} = \frac{f(x) - f(0) - x f'(0) - \frac{x^2}{1.2} f''(0)}{x^2};$$

3° En posant $\mathrm{f}(x) = f(x) - f(0) - x f'(0) - \frac{x^2}{1.2} f''(0)$ et $n = 3$,

$$f(x) - f(0) - x f'(0) - \frac{x^2}{1.2} f''(0) = \frac{x^3}{1.2.3} f'''(\theta x), \tag{6}$$

puis, en posant $f'''(\theta x) = f'''(0) + \mathrm{R}$,

$$\frac{1}{1.2.3}\mathrm{R} = \frac{f(x) - f(0) - x f'(0) - \frac{x^2}{1.2} f''(0) - \frac{x^3}{1.2.3} f'''(0)}{x^3},$$

etc. En continuant de la même manière et observant que les fonctions

$$\mathrm{P}, \quad \frac{1}{1.2}\mathrm{Q}, \quad \frac{1}{1.2.3}\mathrm{R}, \quad \ldots$$

s'évanouissent toutes avec x, on établira définitivement l'équation

$$\left\{\begin{aligned} & f(x) - f(0) - x f'(0) - \frac{x^2}{1.2} f''(0) - \ldots \\ & \qquad - \frac{x^{n-1}}{1.2.3\ldots(n-1)} f^{(n-1)}(0) = \frac{x^n}{1.2.3\ldots n} f^{(n)}(\theta x) \end{aligned}\right. \tag{7}$$

ou

$$(8)\quad \left\{\begin{aligned} f(x) &= f(0) + \frac{x}{1} f'(0) + \frac{x^2}{1.2} f''(0) + \ldots \\ &\quad + \frac{x^{n-1}}{1.2.3\ldots(n-1)} f^{(n-1)}(0) + \frac{x^n}{1.2.3\ldots n} f^{(n)}(\theta x). \end{aligned}\right.$$

Il suit de la formule (8) que la fonction réelle $f(x)$ peut être considérée comme composée d'une fonction entière de x, savoir

$$(9)\qquad f(0) + \frac{x}{1} f'(0) + \frac{x^2}{1.2} f''(0) + \ldots + \frac{x^{n-1}}{1.2.3\ldots(n-1)} f^{(n-1)}(0),$$

et d'un reste, savoir

$$(10)\qquad \frac{x^n}{1.2.3\ldots n} f^{(n)}(\theta x).$$

Si, dans la même formule, on pose successivement $n=1$, $n=2$, $n=3$, ..., on obtiendra les équations

$$(11)\qquad f(x) = f(0) + x f'(\theta x),$$

$$(12)\qquad f(x) = f(0) + x f'(0) + \frac{x^2}{1.2} f''(\theta x),$$

$$(13)\qquad f(x) = f(0) + x f'(0) + \frac{x^2}{1.2} f''(0) + \frac{x^3}{1.2.3} f'''(\theta x),$$

$$\ldots\ldots\ldots\ldots\ldots\ldots\ldots\ldots\ldots\ldots\ldots,$$

qui coïncident avec les formules (4), (5), (6), ...

Exemples. — Concevons que l'on désigne par μ une quantité constante, et que l'on prenne successivement pour $f(x)$ les fonctions réelles

$$e^x,\quad \cos x,\quad \sin x,$$

$$(1+x)^\mu,\quad \mathrm{l}(1+x),$$

qui restent continues, avec leurs dérivées des divers ordres, les trois premières quel que soit x, et les deux dernières quand $1+x$ est positif. On trouvera, pour les valeurs de $f^{(n)}(x)$ relatives à ces mêmes fonctions

$$e^x,\quad \cos\left(x+\frac{n\pi}{2}\right),\quad \sin\left(x+\frac{n\pi}{2}\right),$$

$$\mu(\mu-1)(\mu-2)\ldots(\mu-n+1)(1+x)^{\mu-n},\qquad (-1)^{n-1}\frac{1.2.3\ldots(n-1)}{(1+x)^n},$$

et pour les valeurs correspondantes de $f^{(n)}(0)$

$$1,\quad \cos\frac{n\pi}{2},\quad \sin\frac{n\pi}{2},$$

$$\mu(\mu-1)(\mu-2)\ldots(\mu-n+1),\quad (-1)^{n-1}\,1.2.3\ldots(n-1).$$

En conséquence, la formule (8) donnera, pour des valeurs réelles quelconques de la variable x,

$$(14)\qquad e^x = 1+\frac{x}{1}+\frac{x^2}{1.2}+\ldots+\frac{x^{n-1}}{1.2.3\ldots(n-1)}+\frac{x^n}{1.2.3\ldots n}e^{\theta x},$$

$$(15)\qquad \begin{cases} \cos x = 1-\dfrac{x^2}{1.2}+\dfrac{x^4}{1.2.3.4}-\ldots \\ \qquad +\dfrac{x^{n-1}}{1.2.3\ldots(n-1)}\cos\dfrac{(n-1)\pi}{2}+\dfrac{x^n}{1.2.3\ldots n}\cos\left(\theta x+\dfrac{n\pi}{2}\right), \end{cases}$$

$$(16)\qquad \begin{cases} \sin x = x-\dfrac{x^3}{1.2.3}+\dfrac{x^5}{1.2.3.4.5}-\ldots \\ \qquad +\dfrac{x^{n-1}}{1.2.3\ldots(n-1)}\sin\dfrac{(n-1)\pi}{2}+\dfrac{x^n}{1.2.3\ldots n}\sin\left(\theta x+\dfrac{n\pi}{2}\right), \end{cases}$$

et, pour des valeurs de x supérieures à -1,

$$(17)\qquad \begin{cases} (1+x)^\mu = 1+\mu x+\dfrac{\mu(\mu-1)}{1.2}x^2+\ldots \\ \qquad +\dfrac{\mu(\mu-1)(\mu-2)\ldots(\mu-n+2)}{1.2.3\ldots(n-1)}x^{n-1} \\ \qquad +\dfrac{\mu(\mu-1)(\mu-2)\ldots(\mu-n+1)}{1.2.3\ldots n}x^n(1+\theta x)^{\mu-n}, \end{cases}$$

$$(18)\qquad \mathrm{l}(1+x) = x-\frac{x^2}{2}+\frac{x^3}{3}-\ldots\pm\frac{x^{n-1}}{n-1}\mp\frac{1}{n}\left(\frac{x}{1+\theta x}\right)^n.$$

Si, dans les formules (15) et (16), on prend pour n un nombre pair, elles se réduiront à

$$(19)\quad \begin{cases} \cos x = 1 - \dfrac{x^2}{1.2} + \dfrac{x^4}{1.2.3.4} - \ldots \\ \qquad \pm \dfrac{x^{n-2}}{1.2.3\ldots(n-2)} \mp \dfrac{x^n}{1.2.3\ldots n}\cos\theta x, \end{cases}$$

$$(20)\quad \begin{cases} \sin x = x - \dfrac{x^3}{1.2.3} + \dfrac{x^5}{1.2.3.4.5} - \ldots \\ \qquad \pm \dfrac{x^{n-1}}{1.2.3\ldots(n-1)} \mp \dfrac{x^n}{1.2.3\ldots n}\sin\theta x. \end{cases}$$

On trouverait de même, en prenant pour n un nombre impair,

$$(21)\quad \begin{cases} \cos x = 1 - \dfrac{x^2}{2} + \dfrac{x^4}{1.2.3.4} - \ldots \\ \qquad \pm \dfrac{x^{n-1}}{1.2.3\ldots(n-1)} \mp \dfrac{x^n}{1.2.3\ldots n}\sin\theta x, \end{cases}$$

$$(22)\quad \begin{cases} \sin x = x - \dfrac{x^3}{1.2.3} + \dfrac{x^5}{1.2.3.4.5} - \ldots \\ \qquad \pm \dfrac{x^{n-1}}{1.2.3\ldots(n-2)} \mp \dfrac{x^n}{1.2.3\ldots n}\cos\theta x. \end{cases}$$

Si l'on fait en particulier $n = 1$, on tirera des formules précédentes

$$(23)\quad \frac{e^x - 1}{x} = e^{\theta x},$$

$$(24)\quad \frac{1 - \cos x}{x} = \sin\theta x,$$

$$(25)\quad \frac{\sin x}{x} = \cos\theta x,$$

$$(26)\quad \frac{(1+x)^\mu - 1}{\mu x} = (1+\theta x)^{\mu-1},$$

$$(27)\quad \frac{l(1+x)}{x} = \frac{1}{1+\theta x}.$$

Si l'on fait, au contraire, $n = 2$, on trouvera

$$(28) \qquad e^x = 1 + x + \frac{x^2}{1.2} e^{\theta x},$$

$$(29) \qquad \cos x = 1 - \frac{x^2}{1.2} \cos \theta x,$$

$$(30) \qquad \sin x = x - \frac{x^2}{1.2} \sin \theta x,$$

$$(31) \qquad (1+x)^\mu = 1 + \mu x + \frac{\mu(\mu-1)}{1.2} x^2 (1+\theta x)^{\mu-2},$$

$$(32) \qquad l(1+x) = x - \frac{1}{2}\left(\frac{1+\theta x}{x}\right)^2,$$

....

Supposons encore

$$f(x) = \operatorname{arc\,tang} x.$$

On aura, dans cette hypothèse,

$$f'(x) = \frac{1}{1+x^2} = \frac{1}{2}\left(\frac{1}{1-x\sqrt{-1}} + \frac{1}{1+x\sqrt{-1}}\right),$$

$$f^{(n)}(x) = (\sqrt{-1})^{n-1} \frac{1.2.3\ldots(n-1)}{2}\left[\left(\frac{1}{1-x\sqrt{-1}}\right)^n - \left(\frac{-1}{1+x\sqrt{-1}}\right)^n\right],$$

$$f^{(n)}(0) = \frac{1.2.3\ldots(n-1)}{2}[1-(-1)^n](\sqrt{-1})^{n-1},$$

et, par suite,

$$f^{(n)}(0) = 0 \qquad \text{ou} \qquad f^{(n)}(0) = (-1)^{\frac{n-1}{2}}\, 1.2.3\ldots(n-1),$$

suivant que l'on prendra, pour n, un nombre pair ou un nombre impair. Cela posé, la formule (8) donnera, pour des valeurs réelles quelconques de la variable x, mais pour des valeurs paires du nombre entier n,

$$(33) \quad \begin{cases} \operatorname{arc\,tang} x = x - \dfrac{x^3}{3} + \dfrac{x^5}{5} - \ldots \\ \qquad \pm \dfrac{x^{n-1}}{n-1} \mp \dfrac{x^n}{n} \dfrac{(1-\theta x\sqrt{-1})^{-n} - (1+\theta x\sqrt{-1})^{-n}}{2\sqrt{-1}} \end{cases}$$

et, pour des valeurs impaires de n,

$$(34)\quad \begin{cases} \operatorname{arc\,tang} x = x - \dfrac{x^3}{3} + \dfrac{x^5}{5} - \dots \\ \qquad \pm \dfrac{x^{n-2}}{n-2} \mp \dfrac{x^n}{n} \dfrac{(1-\theta x\sqrt{-1})^{-n} + (1+\theta x\sqrt{-1})^{-n}}{2}. \end{cases}$$

Lorsque la fonction $f(x)$ est entière et du degré n, sa différentielle de l'ordre n, et, par suite, sa dérivée de l'ordre n se réduisent à des quantités constantes (*voir* la troisième Leçon, page 304). On a donc alors

$$(35)\qquad f^{(n)}(\theta x) = f^{(n)}(0),$$

et l'on tire de la formule (8)

$$(36)\quad \begin{cases} f(x) = f(0) + \dfrac{x}{1} f'(0) + \dfrac{x^2}{1.2} f''(0) + \dots \\ \qquad \pm \dfrac{x^{n-1}}{1.2.3\dots(n-1)} f^{(n-1)}(0) + \dfrac{x^n}{1.2.3\dots n} f^{(n)}(0). \end{cases}$$

Il est facile de vérifier cette conclusion, et d'établir directement l'équation (36), dans le cas même où la fonction $f(x)$ cesse d'être réelle ainsi que la variable x. En effet, soit

$$(37)\qquad f(x) = a_0 + a_1 x + a_2 x^2 + \dots + a_n x^n$$

une fonction entière du degré n. En différentiant n fois de suite l'équation (37), on trouvera

$$(38)\quad \begin{cases} f'(x) \;\; = 1.a_1 + 2a_2 x + \dots + n a_n x^{n-1}, \\ f''(x) \;\; = 1.2.a_2 + \dots + (n-1) n a_n x^{n-2}, \\ \dots\dots\dots\dots\dots\dots\dots\dots\dots, \\ f^{(n)}(x) = 1.2.3\dots(n-1) n a_n. \end{cases}$$

Or, si l'on pose, dans ces diverses formules, $x = 0$, on en tirera

$$(39)\quad a_0 = f(0),\quad a_1 = \frac{1}{1} f'(0),\quad a_2 = \frac{1}{1.2} f''(0),\quad \dots,\quad a_n = \frac{1}{1.2.3\dots n} f^{(n)}(0),$$

puis, en substituant les valeurs précédentes de a_0, a_1, ..., a_n dans l'équation (37), on reproduira évidemment la formule (36).

Exemple. — Soit $f(x) = (1+x)^n$. On obtiendra la formule connue

$$(40)\quad \begin{cases} (1+x)^n = 1 + \frac{n}{1}x + \frac{n(n-1)}{1.2}x^2 \\ \quad + \frac{n(n-1)(n-2)}{1.2.3}x^3 + \ldots + \frac{n}{1}x^{n-1} + x^n. \end{cases}$$

Concevons maintenant que, la lettre a désignant une valeur particulière de la variable x, la fonction $f(x)$, entière ou non entière, conserve, pour $x = a$, une valeur finie, aussi bien que ses dérivées d'un ordre inférieur ou égal à n; et supposons d'ailleurs que les fonctions (3) restent réelles et continues depuis $x = a$ jusqu'à $x = a + h$. Alors, si l'on fait

$$(41)\qquad x = a + z$$

et

$$(42)\qquad F(z) = f(a+z),$$

on trouvera

$$F'(z) = f'(a+z), \quad F''(z) = f''(a+z), \quad \ldots, \quad F^{(n)}(z) = f^{(n)}(a+z),$$
$$F'(0) = f'(a), \quad F''(0) = f''(a), \quad \ldots, \quad F^{(n)}(0) = f^{(n)}(a),$$

et l'on conclura de la formule (8), pour des valeurs de z comprises entre les limites 0, h,

$$(43)\quad \begin{cases} F(z) = F(0) + \frac{z}{1}F'(0) + \frac{z^2}{1.2}F''(0) + \ldots \\ \quad + \frac{z^{n-1}}{1.2.3\ldots(n-1)}F^{(n-1)}(0) + \frac{z^n}{1.2.3\ldots n}F^{(n)}(\theta z). \end{cases}$$

ou, ce qui revient au même,

$$(44)\quad \begin{cases} f(x) = f(a) + \frac{x-a}{1}f'(a) + \ldots \\ \quad + \frac{(x-a)^{n-1}}{1.2.3\ldots(n-1)}f^{(n-1)}(a) + \frac{(x-a)^n}{1.2.3\ldots n}f^{(n)}[a+\theta(x-a)]. \end{cases}$$

Par conséquent, dans l'hypothèse admise, on peut trouver un nombre θ inférieur à 1, et propre à vérifier la formule (44), tant que la variable x demeure comprise entre les limites $x = a$, $x = a + h$. En vertu de la même formule, la fonction $f(x)$ peut alors être considérée comme composée de la fonction entière

$$(45)\qquad f(a) + \frac{x-a}{1} f'(a) + \frac{(x-a)^2}{1.2} f''(a) + \ldots + \frac{(x-a)^{n-1}}{1.2.3\ldots(n-1)} f^{(n-1)}(a),$$

qui se trouve ordonnée suivant les puissances ascendantes de $x - a$, et d'un reste représenté par le produit

$$(46)\qquad \frac{(x-a)^n}{1.2.3\ldots n} f^{(n)}[a + \theta(x-a)].$$

Si, dans la formule (44), on pose successivement $n = 1$, $n = 2$, ..., on obtiendra les équations

$$(47)\qquad f(x) = f(a) + (x-a) f'[a + \theta(x-a)],$$

$$(48)\qquad f(x) = f(a) + (x-a) f'(a) + \frac{(x-a)^2}{1.2} f''[a + \theta(x-a)],$$

$$(49)\qquad f(x) = f(a) + (x-a) f'(a) + \frac{(x-a)^2}{1.2} f''(a) + \frac{(x-a)^3}{1.2.3} f'''[a + \theta(x-a)],$$

. . . .

Exemples. — Concevons que l'on désigne par μ une quantité constante, et que l'on prenne successivement pour $f(x)$ les deux fonctions réelles

$$x^\mu, \quad 1x,$$

qui restent continues, avec leurs dérivées des divers ordres, tant que l'on attribue à la variable x une valeur positive et finie. On trouvera, pour les valeurs générales de $f^{(n)}(x)$ relatives à ces deux fonctions,

$$\mu(\mu-1)(\mu-2)\ldots(\mu-n+1)x^{\mu-n}, \qquad (-1)^{n-1}\frac{1.2.3\ldots(n-1)}{x^n}.$$

En conséquence, la formule (44) donnera, pour des valeurs positives de la variable x,

$$(50)\quad \left\{\begin{aligned} x^{\mu} = a^{\mu} + \mu a^{\mu-1}(x-a) + \frac{\mu(\mu-1)}{1.2} a^{\mu-2}(x-a)^2 + \ldots \\ + \frac{\mu(\mu-1)\ldots(\mu-n+2)}{1.2.3\ldots(n-1)} a^{\mu-n+1}(x-a)^{n-1} \\ + \frac{\mu(\mu-1)\ldots(\mu-n+1)}{1.2.3\ldots n}(x-a)^n[a+\theta(x-a)]^{\mu-n} \end{aligned}\right.$$

et

$$(51)\quad \left\{\begin{aligned} \mathrm{l}\frac{x}{a} = \frac{x-a}{a} - \frac{1}{2}\left(\frac{x-a}{a}\right)^2 + \frac{1}{3}\left(\frac{x-a}{a}\right)^3 - \ldots \\ \pm \frac{1}{n-1}\left(\frac{x-a}{a}\right)^{n-1} \mp \frac{1}{n}\left[\frac{x-a}{a+\theta(x-a)}\right]^n. \end{aligned}\right.$$

On arriverait aux mêmes résultats, en remplaçant dans les formules (17) et (18) la variable x par la différence $\frac{x}{a} - 1$.

Si l'on fait en particulier $n = 1$, on tirera des formules (50) et (51)

$$(52)\qquad x^{\mu} = a^{\mu} + \mu(x-a)[a+\theta(x-a)]^{\mu-1},$$

$$(53)\qquad \mathrm{l}\frac{x}{a} = \frac{x-a}{a+\theta(x-a)},$$

. . . .

Il est souvent utile de substituer aux expressions (10) et (46) d'autres expressions équivalentes. On peut y parvenir comme il suit.

Supposons que, dans l'équation (44), on regarde la quantité x comme constante, la quantité a comme variable; et désignons par $\varphi(a)$ ce que devient alors l'expression (46) considérée comme fonction de a, en sorte qu'on ait

$$(54)\quad f(x) = f(a) + \frac{x-a}{1} f'(a) + \ldots + \frac{(x-a)^{n-1}}{1.2.3\ldots(n-1)} f^{(n-1)}(a) + \varphi(a).$$

On conclura de la formule (47), en y remplaçant la lettre f par la lettre φ,

$$\varphi(a) = \varphi(x) - (x-a)\,\varphi'[a+\theta(x-a)]. \tag{55}$$

D'ailleurs on tirera évidemment de l'équation (54) et de cette même équation différentiée par rapport à la quantité a

$$\varphi(x) = 0, \tag{56}$$

$$\varphi'(a) = -\frac{(x-a)^{n-1}}{1.2.3\ldots(n-1)} f^{(n)}(a) \tag{57}$$

et, par suite,

$$\varphi'[a+\theta(x-a)] = -\frac{(1-\theta)^{n-1}(x-a)^{n-1}}{1.2.3\ldots(n-1)} f^{(n)}[a+\theta(x-a)]. \tag{58}$$

Cela posé, la formule (55) donnera

$$\varphi(a) = \frac{(1-\theta)^{n-1}(x-a)^{n}}{1.2.3\ldots(n-1)} f^{(n)}[a+\theta(x-a)]. \tag{59}$$

On peut donc substituer l'expression (59) à l'expression (46). Seulement, dans le passage de l'une à l'autre, le nombre θ pourra changer de valeur, mais en demeurant compris entre les limites 0, 1.

Lorsqu'on a égard à l'équation (59), la formule (44) se réduit à

$$\left\{\begin{aligned} f(x) = f(a) &+ \frac{x-a}{1} f'(a) + \frac{(x-a)^2}{1.2} f''(a) + \ldots \\ &+ \frac{(x-a)^{n-1}}{1.2.3\ldots(n-1)} f^{(n-1)}(a) \\ &+ \frac{(1-\theta)^{n-1}(x-a)^{n}}{1.2.3\ldots(n-1)} f^{(n)}[a+\theta(x-a)]. \end{aligned}\right. \tag{60}$$

Si l'on pose, dans cette dernière, $a = 0$, on aura simplement

$$\left\{\begin{aligned} f(x) &= f(0) + \frac{x}{1} f'(0) + \frac{x^2}{1.2} + \ldots \\ &+ \frac{x^{n-1}}{1.2.3\ldots(n-1)} f^{(n-1)}(0) + \frac{(1-\theta)^{n-1}x^{n}}{1.2.3\ldots(n-1)} f^{(n)}(\theta x). \end{aligned}\right. \tag{61}$$

Il résulte de l'équation (61) que, dans la formule (8), l'expression (10) peut être remplacée par la suivante :

$$(62)\qquad \frac{(1-\theta)^{n-1}x^n}{1.2.3\ldots(n-1)}f^{(n)}(\theta x).$$

Seulement, dans le passage de la première expression à la seconde, le nombre θ pourra changer de valeur, mais en demeurant compris entre les limites 0, 1.

Si, dans les équations (60) et (61), on prend $n=1$, on devra remplacer en même temps le produit $1.2.3\ldots(n-1)$ par l'unité. Donc alors on retrouvera les formules (11) et (47). Mais, en posant $n=2$, $n=3$, ..., on obtiendra les équations

$$(63)\qquad f(x)=f(a)+(x-a)f'(x)+(1-\theta)(x-a)^2 f''[a+\theta(x-a)],$$

$$(64)\qquad \left\{\begin{aligned} f(x)=f(a)+(x-a)f'(a)+\frac{(x-a)^2}{1.2}f''(a)\\ +\frac{(1-\theta)^2(x-a)^3}{1.2}f'''[a+\theta(x-a)],\end{aligned}\right.$$

....,

$$(65)\qquad f(x)=f(0)+xf'(0)+(1-\theta)x^2 f''(\theta x),$$

$$(66)\qquad f(x)=f(0)+xf'(0)+\frac{x^2}{1.2}f''(0)+\frac{(1-\theta)^2x^3}{1.2}f'''(\theta x),$$

....

Exemples. — Si l'on prend pour $f(x)$ les fonctions

$$(1+x)^\mu,\quad 1(1+x),$$

et si l'on attribue à x une valeur qui surpasse la quantité -1, on tirera de la formule (61)

$$(67)\qquad \left\{\begin{aligned} (1+x)^\mu=1+\mu x+\frac{\mu(\mu-1)}{1.2}x^2+\ldots\\ +\frac{\mu(\mu-1)(\mu-2)\ldots(\mu-n+2)}{1.2.3\ldots(n-1)}x^{n-1}\\ +\frac{\mu(\mu-1)(\mu-2)\ldots(\mu-n+1)}{1.2.3\ldots(n-1)}(1-\theta)^{n-1}x^{n-1}(1+\theta x)^{\mu-n}\end{aligned}\right.$$

et

$$(68) \qquad 1(1+x) = x - \frac{x^2}{2} + \frac{x^3}{3} - \ldots \pm \frac{x^{n-1}}{n-1} \mp (1-\theta)^{n-1}\left(\frac{x}{1+\theta x}\right)^n.$$

Si l'on suppose en particulier $n = 2$, on trouvera simplement

$$(69) \qquad (1+x)^\mu = 1 + \mu x + \mu(\mu-1)\,x^2(1-\theta)\,(1+\theta x)^{\mu-2},$$

$$(70) \qquad 1(1+x) = x - (1-\theta)\left(\frac{x}{1+\theta x}\right)^2.$$

NEUVIÈME LEÇON.

THÉORÈMES DE MACLAURIN ET DE TAYLOR.

Lorsque, pour des valeurs de x comprises entre certaines limites, et pour des valeurs du nombre θ inférieures à l'unité, l'une des expressions

$$\frac{x^n}{1.2.3\ldots n} f^{(n)}(\theta x), \tag{1}$$

$$\frac{x^n}{1.2.3\ldots(n-1)} (1-\theta)^{n-1} f^{(n)}(\theta x) \tag{2}$$

décroît indéfiniment tandis que n augmente, alors, en posant $n = \infty$ dans l'équation (8) ou (61) de la huitième Leçon, on trouve

$$f(x) = f(0) + \frac{x}{1} f'(0) + \frac{x^2}{1.2} f''(0) + \frac{x^3}{1.2.3} f'''(0) + \ldots. \tag{3}$$

Donc alors la série

$$f(0), \quad \frac{x}{1} f'(0), \quad \frac{x^2}{1.2} f''(0), \quad \frac{x^3}{1.2.3} f'''(0), \quad \ldots, \tag{4}$$

qui a pour terme général le produit

$$\frac{x^n}{1.2.3\ldots n} f^{(n)}(0), \tag{5}$$

reste convergente, tant que la variable x demeure comprise entre les limites données, et cette série fournit une somme équivalente à la fonction $f(x)$. C'est en cela que consiste le *théorème de Maclaurin*.

Il est important d'observer que la fraction renfermée dans l'expression (2), savoir

$$\frac{x^n}{1.2.3\ldots n}, \tag{6}$$

s'évanouit pour une valeur infinie de n. En effet le produit

$$m(n-m+1)=\left(\frac{n+1}{2}\right)^2-\left(\frac{n+1}{2}-m\right)^2$$

croît évidemment avec le nombre entier m, depuis $m=1$ jusqu'à $m=\frac{n}{2}$; et, comme on a en conséquence

$$1.n<2(n-1)<3(n-2)<\ldots,$$

$$1.2.3\ldots n>n^{\frac{n}{2}}, \tag{7}$$

il est clair que la valeur numérique de la fraction (6) sera toujours inférieure à celle de la quantité

$$\left(\frac{x}{\sqrt{n}}\right)^n, \tag{8}$$

et s'évanouira aussi bien que cette quantité, pour $n=\infty$. On en conclut immédiatement que, dans le cas où la quantité

$$f^{(n)}(\theta x) \tag{9}$$

conserve une valeur finie, tandis que n croît indéfiniment, l'expression (1) converge vers une limite nulle. Donc alors la série de Maclaurin, c'est-à-dire la série (4), est convergente, et elle vérifie la formule (3). C'est ce qui arrivera pour toutes les valeurs réelles et finies de x, si à chacune d'elles correspond une valeur finie de la fonction $f^{(n)}(x)$.

Exemples. — Si l'on prend successivement pour $f(x)$ les trois fonctions

$$e^x,\quad \cos x,\quad \sin x,$$

on trouvera, pour les valeurs correspondantes de $f^{(n)}(x)$,

$$e^x,\quad \cos\left(x+\frac{n\pi}{2}\right),\quad \sin\left(x+\frac{n\pi}{2}\right).$$

Comme ces dernières quantités restent finies, quel que soit x, tandis que n augmente, on peut affirmer que le théorème de Maclaurin est toujours applicable aux fonctions e^x, $\cos x$, $\sin x$. On aura en conséquence, pour des valeurs réelles quelconques de la variable x,

$$e^x = 1 + \frac{x}{1} + \frac{x^2}{1.2} + \frac{x^3}{1.2.3} + \ldots, \tag{10}$$

$$\cos x = 1 - \frac{x^2}{1.2} + \frac{x^4}{1.2.3.4} - \frac{x^6}{1.2.3.4.5.6} + \ldots, \tag{11}$$

$$\sin x = \frac{x}{1} - \frac{x^3}{1.2.3} + \frac{x^5}{1.2.3.4.5} + \ldots. \tag{12}$$

L'équation (10) coïncide avec la formule (12) des Préliminaires. Si l'on y remplace la variable x par le produit $x\,\mathrm{l}A$, A désignant une constante positive, alors, en ayant égard à la formule

$$A^x = e^{x\,\mathrm{l}A},$$

on trouvera

$$A^x = 1 + \frac{x}{1}\,\mathrm{l}A + \frac{x^2}{1.2}(\mathrm{l}A)^2 + \frac{x^3}{1.2.3}(\mathrm{l}A)^3 + \ldots. \tag{13}$$

Au reste, il peut arriver que la fonction $f^{(n)}(\theta x)$ devienne infinie avec le nombre n, et que le théorème de Maclaurin subsiste. Concevons, par exemple, que l'on prenne

$$f(x) = \mathrm{l}(1+x),$$

et qu'en même temps on attribue à la variable x une valeur numérique inférieure à l'unité. On trouvera, dans ce cas,

$$f^{(n)}(x) = \pm \frac{1.2.3\ldots(n-1)}{(1+x)^n};$$

et, comme le rapport

$$\frac{1.2.3\ldots(n-1)}{(1+x)^n},$$

toujours supérieur au produit

$$\frac{(n-1)^{\frac{n-1}{2}}}{(1+x)^n} = \frac{1}{1+x}\left(\frac{\sqrt{n-1}}{1+x}\right)^{n-1},$$

croîtra indéfiniment avec n, on pourra en dire autant des deux fonctions $f^{(n)}(x)$, $f^{(n)}(\theta x)$. D'ailleurs l'expression (2) deviendra

$$(14) \qquad \pm \frac{x^{n-1}(1-\theta)^{n-1}}{(1+\theta x)^n} = \pm \frac{x^{n-1}}{1-\theta}\left(\frac{1-\theta}{1+\theta x}\right)^n;$$

et, comme la fraction

$$\frac{1-\theta}{1+\theta x} = 1 - \frac{\theta(1+x)}{1+\theta x}$$

sera évidemment un nombre inférieur à l'unité, il est clair que l'expression (14) s'évanouira pour $n=\infty$. On aura, en conséquence, pour toutes les valeurs de x comprises entre les limites -1, $+1$,

$$(15) \qquad 1(1+x) = \frac{x}{1} - \frac{x^2}{2} + \frac{x^3}{3} - \frac{x^4}{4} + \ldots.$$

Si la valeur numérique de la variable x devenait supérieure à l'unité, alors le terme général de la série

$$(16) \qquad \frac{x}{1}, \quad -\frac{x^2}{2}, \quad \frac{x^3}{3}, \quad -\frac{x^4}{4}, \quad \ldots,$$

savoir

$$(17) \qquad \pm \frac{x^n}{n},$$

convergerait, pour des valeurs croissantes de n, vers la limite $\pm\infty$ [*voir* la formule (11) de la page 320]. Par suite, la série (16), étant divergente, n'aurait plus de somme, et cesserait de vérifier la formule (15).

Si, dans la formule (15), on fait converger la variable x : 1° vers la limite 1; 2° vers la limite -1, on trouvera, dans le premier cas,

$$(18) \quad 12 = 1 - \frac{1}{2} + \frac{1}{3} - \frac{1}{4} + \ldots = \frac{1}{1.2} + \frac{1}{3.4} + \frac{1}{5.6} + \ldots = 0,6931471 8\ldots.$$

et, dans le second,

$$(19) \qquad 10 = -\left(1 + \frac{1}{2} + \frac{1}{3} + \frac{1}{4} + \ldots\right) = -\infty.$$

Supposons encore

$$f(x) = \text{arc tang}\, x.$$

Alors, si l'on prend pour x un nombre impair, l'expression (1) se trouvera réduite au dernier terme de la formule (34) de la huitième Leçon, c'est-à-dire à

$$(20) \qquad \mp \frac{x^n}{n} \frac{(1 - \theta x\sqrt{-1})^{-n} + (1 + \theta x\sqrt{-1})^{-n}}{2}.$$

Soient d'ailleurs p_n et q_n deux quantités réelles déterminées par l'équation

$$(21) \qquad \frac{x^n}{n}(1 + \theta x\sqrt{-1})^{-n} = p_n + q_n\sqrt{-1}.$$

On aura évidemment

$$(22) \qquad \frac{x^n}{n}(1 - \theta x\sqrt{-1})^{-n} = p_n - q_n\sqrt{-1}$$

et, par suite,

$$(23) \qquad \frac{x^n}{n} \frac{(1 - \theta x\sqrt{-1})^{-n} + (1 + \theta x\sqrt{-1})^{-n}}{2} = p_n.$$

De plus, on tirera des formules (21) et (22) combinées entre elles par voie de multiplication

$$\left(\frac{x^n}{n}\right)^2 (1 + \theta^2 x^2)^{-n} = p_n^2 + q_n^2$$

ou, ce qui revient au même,

$$(24) \qquad p_n^2 + q_n^2 = \frac{1}{n^2}\left(\frac{x^2}{1 + \theta^2 x^2}\right)^n.$$

Si maintenant on attribue à la variable x une valeur numérique inférieure à l'unité, la valeur du binôme $p_n^2 + q_n^2$, fournie par l'équation (24), deviendra évidemment nulle pour $n = \infty$, et par suite la quantité $\mp p_n$, ou l'expression (20), convergera, pour des valeurs croissantes de n, vers la limite zéro. Donc alors, en posant $n = \infty$

dans la formule (34) de la huitième Leçon, on trouvera

$$(25)\qquad \operatorname{arc\,tang} x = x - \frac{x^3}{3} + \frac{x^5}{5} - \frac{x^7}{7} + \ldots.$$

Si la valeur numérique de x devenait supérieure à l'unité, alors, comme l'expression (17) convergerait, pour des valeurs croissantes de n, vers la limite $\pm\infty$, la série

$$(26)\qquad \frac{x}{1},\quad -\frac{x^3}{3},\quad +\frac{x^5}{5},\quad -\frac{x^7}{7},\quad \ldots$$

serait divergente, et cesserait de vérifier la formule (25).

Si, dans la formule (25), on fait converger la variable x vers la limite 1, on trouvera

$$(27)\qquad \frac{\pi}{4} = \operatorname{arc\,tang}(1) = 1 - \frac{1}{3} + \frac{1}{5} - \frac{1}{7} + \ldots = 2\left(\frac{1}{1.3} + \frac{1}{5.7} + \frac{1}{9.11} + \ldots\right)$$

et, par suite,

$$(28)\qquad \pi = 8\left(\frac{1}{1.3} + \frac{1}{5.7} + \frac{1}{9.11} + \ldots\right) = 3,14159265\ldots.$$

Si l'on prenait, au contraire, $x = \frac{1}{\sqrt{3}}$, la formule (25) donnerait

$$(29)\qquad \frac{\pi}{6} = \operatorname{arc\,tang}\frac{1}{\sqrt{3}} = \frac{1}{\sqrt{3}}\left(1 - \frac{1}{3.3} + \frac{1}{5.3^2} - \frac{1}{7.3^3} + \ldots\right).$$

Supposons maintenant

$$f(x) = (1+x)^{\mu},$$

μ désignant une quantité constante. Dans cette hypothèse, la série de Maclaurin deviendra

$$(30)\qquad 1,\quad \mu x,\quad \frac{\mu(\mu-1)}{1.2}x^2,\quad \frac{\mu(\mu-1)(\mu-2)}{1.2.3}x^3,\quad \ldots,$$

tandis que les expressions (1) et (2) se trouveront réduites aux derniers termes des formules (17) et (67) de la huitième Leçon, c'est-à-dire aux produits

$$(31) \qquad \frac{\mu(\mu-1)(\mu-2)\ldots(\mu-n+1)}{1.2.3\ldots n} x^n (1+\theta x)^{\mu-n}$$

et

$$(32) \qquad \frac{\mu(\mu-1)(\mu-2)\ldots(\mu-n+1)}{1.2.3\ldots(n-1)} (1-\theta)^{n-1} x^n (1+\theta x)^{\mu-n}.$$

De plus, si l'on désigne par u_n le terme général de la série (30), et par m un nombre entier inférieur à n, on aura évidemment

$$(33) \qquad u_n = \frac{\mu(\mu-1)(\mu-2)\ldots(\mu-n+1)}{1.2.3\ldots n} x^n,$$

$$(34) \quad u_n = (-1)^{n-m}\left(1-\frac{\mu+1}{m+1}\right)\left(1-\frac{\mu+1}{m+2}\right)\cdots\left(1-\frac{\mu+1}{n}\right) x^{n-m} u_m.$$

Cela posé, représentons par r la valeur numérique de x, et par ρ un nombre choisi arbitrairement entre les limites 1 et r. On pourra évidemment attribuer à m une valeur assez considérable pour que, n étant supérieur à m, la valeur numérique du produit

$$\left(1-\frac{\mu+1}{n}\right)x$$

reste comprise entre 1 et ρ. Alors celle du rapport

$$\frac{u_n}{u_m} = (-1)^{n-m}\left(1-\frac{\mu+1}{m+1}\right)\left(1-\frac{\mu+1}{m+2}\right)\cdots\left(1-\frac{\mu+1}{n}\right) x^{n-m}$$

se trouvera elle-même renfermée entre les limites 1 et ρ^{n-m}. Par suite, si l'on a

$$r > \rho > 1,$$

la fraction $\frac{u_n}{u_m}$ et le produit de cette fraction par u_m, ou la quantité u_n, deviendront infinies, en même temps que ρ^{n-m}, pour $n=\infty$. Au contraire, si l'on a

$$r < \rho < 1,$$

les quantités $\frac{u_n}{u_m}$ et u_n s'évanouiront pour $n=\infty$, en même temps que ρ^{n-m}. Ajoutons qu'on pourra en dire autant : 1° de la quantité

$$(35)\qquad \frac{(\mu-1)(\mu-2)\ldots(\mu-n+1)}{1.2.3\ldots(n-1)}x^{n-1},$$

que l'on déduit de u_n en diminuant chacun des nombres μ et n de l'unité; 2° de l'expression (32) qu'on obtient en multipliant la quantité (35) par le produit

$$\mu x(1+\theta x)^{\mu-1}\left(\frac{1-\theta}{1+\theta x}\right)^{n-1},$$

attendu que ce produit converge, pour des valeurs croissantes de n, vers une limite finie ou nulle. Donc, si la valeur numérique de x surpasse l'unité, la série (30), dont le terme général deviendra infini avec le nombre n, sera divergente et n'aura pas de somme. Mais, si la valeur numérique de x est inférieure à l'unité, alors, en posant $n=\infty$, on tirera de la formule (67) de la huitième Leçon

$$(36)\qquad (1+x)^{\mu}=1+\frac{\mu}{1}x+\frac{\mu(\mu-1)}{1.2}x^2+\frac{\mu(\mu-1)(\mu-2)}{1.2.3}x^3+\ldots.$$

Par des raisonnements semblables à ceux qui précèdent, on prouverait aisément que l'expression (31) s'évanouit pour une valeur infinie de n, quand la variable x est renfermée entre les limites 0, 1. Il en résulte que l'équation (36) peut être déduite de la formule (17) de la huitième Leçon, mais dans le cas seulement où la variable x reste positive et inférieure à l'unité.

Lorsque, dans la formule (36), on remplace la quantité μ par un nombre entier n, on retrouve l'équation (40) de la huitième Leçon. Si, dans la même formule, on écrit $-\mu$ au lieu de μ, on en tirera

$$(37)\qquad (1+x)^{-\mu}=1-\frac{\mu}{1}x+\frac{\mu(\mu+1)}{1.2}x^2-\frac{\mu(\mu+1)(\mu+2)}{1.2.3}x^3+\ldots.$$

On aura, par suite,

$$(38)\qquad (1-x)^{-\mu}=1+\frac{\mu}{1}x+\frac{\mu(\mu+1)}{1.2}x^2+\frac{\mu(\mu+1)(\mu+2)}{1.2.3}x^3+\ldots.$$

Enfin, si l'on pose successivement $\mu = 1$, $\mu = 2$, $\mu = 3$, ..., $\mu = m$, m désignant un nombre entier quelconque, l'équation (38) donnera

$$(39)\qquad \frac{1}{1-x} = 1 + x + x^2 + x^3 + \ldots + x^n + \ldots,$$

$$(40)\qquad \frac{1}{(1-x)^2} = 1 + 2x + 3x^2 + 4x^3 + \ldots + (n+1)x^n + \ldots,$$

$$(41)\qquad \frac{1}{(1-x)^3} = 1 + 3x + 6x^2 + 10x^3 + \ldots + \frac{(n+1)(n+2)}{1.2}x^n + \ldots$$

et

$$(42)\qquad \begin{cases} \dfrac{1}{(1-x)^m} = 1 + mx + \dfrac{m(m+1)}{1.2}x^2 + \ldots \\ \qquad + \dfrac{(n+1)(n+2)\ldots(n+m-1)}{1.2.3\ldots(m-1)}x^n + \ldots. \end{cases}$$

Si l'on prenait, au contraire, $\mu = \frac{1}{2}$, on trouverait

$$(43)\qquad \begin{cases} (1-x)^{-\frac{1}{2}} = 1 + \dfrac{1}{2}x + \dfrac{1.3}{2.4}x^2 + \dfrac{1.3.5}{2.4.6}x^3 + \ldots \\ \qquad + \dfrac{1.3.5\ldots(2n-1)}{2.4.6\ldots 2n}x^n + \ldots. \end{cases}$$

Supposons maintenant que, pour toutes les valeurs de x comprises entre les limites $x = a$, $x = a + h$, et pour des valeurs du nombre θ inférieures à l'unité, l'une des expressions

$$(44)\qquad \frac{(x-a)^n}{1.2.3\ldots n} f^{(n)}[a + \theta(x-a)],$$

$$(45)\qquad \frac{(x-a)^{n-1}}{1.2.3\ldots(n-1)}(1-\theta)^{n-1} f^{(n)}[a + \theta(x-a)]$$

décroisse indéfiniment, tandis que n augmente; alors, en prenant $n = \infty$, dans l'équation (44) ou (60) de la huitième Leçon, on trouvera

$$(46)\qquad f(x) = f(a) + \frac{x-a}{1}f'(a) + \frac{(x-a)^2}{1.2}f''(a) + \frac{(x-a)^3}{1.2.3}f'''(a) + \ldots.$$

Si, pour fixer les idées, on pose $x = a + h$, la formule (46) donnera

$$(47)\qquad f(a+h) = f(a) + \frac{h}{1} f'(a) + \frac{h^2}{1.2} f''(a) + \frac{h^3}{1.2.3} f'''(a) + \ldots.$$

Enfin, si, dans l'équation précédente, on remplace la lettre a qui désigne une valeur particulière de la variable x par cette variable elle-même, on obtiendra la formule

$$(48)\qquad f(x+h) = f(x) + \frac{h}{1} f'(x) + \frac{h^2}{1.2} f''(x) + \frac{h^3}{1.2.3} f'''(x) + \ldots.$$

Cette dernière subsiste toutes les fois que, les fonctions

$$(49)\qquad f(x+z),\quad f'(x+z),\quad f''(x+z),\quad \ldots$$

étant continues entre les limites $z = 0$, $z = h$, l'une des quantités

$$(50)\qquad \frac{h^n}{1.2.3\ldots n} f^{(n)}(x+\theta h),$$

$$(51)\qquad \frac{h^n}{1.2.3\ldots(n-1)} (1-\theta)^{n-1} f^{(n)}(x+\theta h)$$

s'évanouit pour une valeur infinie de n. Alors la série

$$(52)\qquad f(x),\quad \frac{h}{1} f'(x),\quad \frac{h^2}{1.2} f''(x),\quad \frac{h^3}{1.2.3} f'''(x),\quad \ldots,$$

qui a pour terme général

$$(53)\qquad \frac{h^n}{1.2.3\ldots n} f^{(n)}(x),$$

est convergente et fournit une somme équivalente à $f(x+h)$. La proposition que nous venons d'énoncer est précisément le *théorème de Taylor*.

Exemple. — Si l'on prend successivement pour $f(x)$ les deux fonctions

$$1x,\quad x^{\mu},$$

et si l'on suppose la valeur numérique de h inférieure à celle de x, on trouvera

$$(54) \qquad \mathrm{l}(x+h) = \mathrm{l}x + \frac{h}{x} - \frac{1}{2}\frac{h^2}{x^2} + \frac{1}{3}\frac{h^3}{x^3} - \frac{1}{4}\frac{h^4}{x^4} + \ldots,$$

$$(55) \qquad \left\{ \begin{aligned} (x+h)^\mu = x^\mu &+ \frac{\mu}{1} x^{\mu-2} h + \frac{\mu(\mu-1)}{1.2} x^{\mu-2} h^2 \\ &+ \frac{\mu(\mu-1)(\mu-2)}{1.2.3} x^{\mu-3} h^3 + \ldots. \end{aligned} \right.$$

On pourrait déduire immédiatement ces dernières formules des équations (15) et (36) en y remplaçant x par $\frac{h}{x}$.

Il est essentiel d'observer que les formules de Maclaurin et de Taylor subsistent, non seulement pour des valeurs réelles; mais aussi pour des valeurs imaginaires de la fonction $f(x)$. Supposons en effet

$$(56) \qquad f(x) = \varphi(x) + \chi(x)\sqrt{-1},$$

$\varphi(x)$ et $\chi(x)$ désignant deux fonctions réelles de la variable x. Si, le nombre θ étant inférieur à l'unité, l'une des expressions

$$(57) \qquad \frac{x^n}{1.2.3\ldots n} \varphi^{(n)}(\theta x),$$

$$(58) \qquad \frac{x^n}{1.2.3\ldots(n-1)} (1-\theta)^{n-1} \varphi^{(n)}(\theta x)$$

se réduit à zéro pour des valeurs infinies de n, on aura

$$(59) \qquad \varphi(x) = \varphi(0) + \frac{x}{1}\varphi'(0) + \frac{x^2}{1.2}\varphi''(0) + \frac{x^3}{1.2.3}\varphi'''(0) + \ldots.$$

De même, si l'une des expressions

$$(60) \qquad \frac{x^n}{1.2.3\ldots n} \chi^{(n)}(\theta x),$$

$$(61) \qquad \frac{x^n}{1.2.3\ldots(n-1)} (1-\theta)^{n-1} \chi^{(n)}(\theta x)$$

s'évanouit pour $n = \infty$, on trouvera

$$(62) \qquad \chi(x) = \chi(0) + \frac{x}{1}\chi'(0) + \frac{x^2}{1.2}\chi''(0) + \frac{x^3}{1.2.3}\chi'''(0) + \ldots.$$

Or on tirera des formules (59), (62), combinées entre elles,

$$(63)\quad \begin{cases} \varphi(x)+\sqrt{-1}\,\chi(x) \\ \quad =\varphi(0)+\sqrt{-1}\,\chi(0)+\frac{x}{1}[\varphi'(0)+\sqrt{-1}\,\chi'(0)] \\ \qquad +\frac{x^2}{1.2}[\varphi''(0)+\sqrt{-1}\,\chi''(0)]+\ldots; \end{cases}$$

et il est clair que cette dernière équation ne diffère pas de la formule de Maclaurin, de laquelle on la déduit en prenant pour $f(x)$ la fonction imaginaire $\varphi(x)+\sqrt{-1}\,\chi(x)$. On peut raisonner de la même manière par rapport à la formule de Taylor.

Les formules (59) et (62), et par suite la formule (63), subsistent évidemment dans le cas où chacune des fonctions $\varphi^{(n)}(x)$, $\chi^{(n)}(x)$ conserve une valeur finie, quel que soit x, pour $n=\infty$, c'est-à-dire, en d'autres termes, dans le cas où la fonction imaginaire

$$(64)\qquad f^{(n)}(x)=\varphi^{(n)}(x)+\sqrt{-1}\,\chi^{(n)}(x)$$

reste finie tandis que n croît indéfiniment.

Exemples. — Si l'on prend

$$f(x)=\cos x+\sqrt{-1}\sin x,$$

la formule (3) ou (63) donnera

$$(65)\quad \begin{cases} \cos x+\sqrt{-1}\sin x=1+\frac{x}{1}\sqrt{-1}-\frac{x^2}{1.2}-\frac{x^3}{1.2.3}\sqrt{-1} \\ \qquad +\frac{x^4}{1.2.3.4}+\frac{x^5}{1.2.3.4.5}\sqrt{-1}-\ldots. \end{cases}$$

L'équation imaginaire qui précède se décompose d'elle-même en deux équations réelles qui ne sont autres que les formules (11) et (12).

Supposons encore

$$f(x)=e^{ax}(\cos bx+\sqrt{-1}\sin bx),$$

a et b désignant deux constantes réelles. On trouvera, dans ce cas, en ayant égard à la dernière des formules (11) de la page 306,

$$f'(x) = (a+b\sqrt{-1})e^{ax}(\cos bx + \sqrt{-1}\sin bx) = (a+b\sqrt{-1})f(x),$$
$$f''(x) = (a+b\sqrt{-1})f'(x) = (a+b\sqrt{-1})^2 f''(x),$$
$$\dots\dots\dots\dots\dots\dots\dots\dots\dots\dots\dots\dots,$$
$$f^{(n)}(x) = (a+b\sqrt{-1})^n f(x),$$

et, par suite,

$$f(0) = 1,$$
$$f'(0) = a+b\sqrt{-1},$$
$$f''(0) = (a+b\sqrt{-1})^2,$$
$$\dots\dots\dots\dots\dots\dots,$$
$$f^{(n)}(0) = (a+b\sqrt{-1})^n.$$

Cela posé, la formule (63) donnera

$$(66)\quad \begin{cases} e^{ax}(\cos bx + \sqrt{-1}\sin bx) \\ \quad = 1 + \dfrac{(a+b\sqrt{-1})x}{1} + \dfrac{(a+b\sqrt{-1})^2 x^2}{1.2} + \dfrac{(a+b\sqrt{-1})^3 x^3}{1.2.3} + \dots. \end{cases}$$

Si, dans cette dernière, on pose $ax = p$, $bx = q$, on obtiendra l'équation

$$(67)\quad \begin{cases} e^{p}(\cos q + \sqrt{-1}\sin q) \\ \quad = 1 + \dfrac{p+q\sqrt{-1}}{1} + \dfrac{(p+q\sqrt{-1})^2}{1.2} + \dfrac{(p+q\sqrt{-1})^3}{1.2.3} + \dots, \end{cases}$$

qui subsistera pour des valeurs quelconques des variables réelles p et q.

DIXIÈME LEÇON.

RÈGLES SUR LA CONVERGENCE DES SÉRIES. APPLICATION DE CES RÈGLES AUX SÉRIES DE MACLAURIN ET DE TAYLOR.

Les formules (3) et (48) de la Leçon précédente ne pouvant subsister que dans le cas où les séries de Maclaurin et de Taylor sont convergentes, il importe de fixer les conditions de la convergence des séries. Tel est l'objet dont nous allons nous occuper.

L'une des séries les plus simples est la progression géométrique

$$(1)\qquad a,\quad ax,\quad ax^2,\quad ax^3,\quad \ldots,$$

qui a pour terme général ax^n. Or la somme de ses n premiers termes, savoir

$$(2)\qquad a(1+x+x^2+\ldots+x^{n-1})=a\frac{1-x^n}{1-x}=\frac{a}{1-x}-\frac{ax^n}{1-x},$$

convergera évidemment, pour des valeurs croissantes de n, vers la limite fixe

$$(3)\qquad \frac{a}{1-x},$$

ou cessera de converger vers une semblable limite, suivant que la valeur numérique de la variable x supposée réelle sera ou ne sera pas un nombre inférieur à l'unité. Donc, si l'on attribue à la variable x une valeur réelle, la série (1) sera convergente, lorsqu'on aura $x^2<1$, et divergente dans le cas contraire.

Concevons maintenant que l'on attribue à la variable x une valeur imaginaire, c'est-à-dire de la forme $p+q\sqrt{-1}$, p et q désignant des quantités réelles. Le *module* de cette valeur ne sera autre chose que la racine carrée de la somme p^2+q^2 ou, ce qui revient au même, la racine carrée du produit des deux expressions imaginaires

$$(4)\qquad p+q\sqrt{-1},\quad p-q\sqrt{-1}$$

qui ne diffèrent que par le signe de $\sqrt{-1}$, et que l'on appelle expressions imaginaires *conjuguées*. Donc, si l'on nomme r le module dont il s'agit, on aura

$$(5)\qquad r^2=(p+q\sqrt{-1})(p-q\sqrt{-1})=p^2+q^2,$$

$$(6)\qquad r=\sqrt{p^2+q^2}.$$

Soit d'ailleurs

$$(7)\qquad (p+q\sqrt{-1})^n=p_n+q_n\sqrt{-1},$$

p_n, q_n désignant encore des quantités réelles. Comme on trouvera par suite

$$(8)\qquad (p-q\sqrt{-1})^n=p_n-q_n\sqrt{-1},$$

on en conclura

$$(9)\qquad p_n^2+q_n^2=(p+q\sqrt{-1})^n(p-q\sqrt{-1})^n=(p^2+q^2)^n=r^{2n},$$

$$(10)\qquad \sqrt{p_n^2+q_n^2}=r^n.$$

Donc, pour obtenir le module de x^n, il suffira d'élever à la $n^{\text{ième}}$ puissance le module r de la variable x. Cela posé, concevons que l'on attribue au nombre entier n des valeurs de plus en plus grandes. Pour que l'expression

$$x^n=p_n+q_n\sqrt{-1}$$

s'approche alors indéfiniment de la limite zéro, il sera nécessaire et il suffira que les quantités réelles p_n, q_n convergent vers cette même limite. Or il est clair que cette condition sera ou ne sera pas satisfaite, suivant que le module r de la variable x sera ou ne sera pas inférieur à l'unité. En effet, en supposant $r < 1$ et $n = \infty$, on tirera de l'équation (10)

$$p_n^2 + q_n^2 = 0, \qquad p_n = 0, \qquad q_n = 0.$$

Au contraire, si l'on suppose $r = 1$ ou $r > 1$ et $n = \infty$, l'équation (10) donnera

$$p_n^2 + q_n^2 = 1 \qquad \text{ou} \qquad p_n^2 + q_n^2 = \infty,$$

et par suite l'une au moins des deux quantités p_n, q_n cessera de converger, pour des valeurs croissantes de n, vers la limite zéro. Il suit évidemment de ces remarques que le produit

$$\frac{a}{1-x} x^n = \frac{a x^n}{1-x},$$

dans lequel le seul facteur x^n varie avec le nombre n, acquerra une valeur nulle pour $n = \infty$, si l'on a $r < 1$, et une valeur différente de zéro, si l'on a $r = 1$ ou $r > 1$. Donc, la variable x étant imaginaire, la série (1) sera convergente, si le module de x est inférieur à l'unité; mais elle sera divergente dans le cas contraire. Cette conclusion subsiste lors même que la constante a devient imaginaire. Elle subsiste aussi dans le cas où, la quantité q étant nulle, la variable x redevient réelle. Alors le module de cette variable se réduit à sa valeur numérique, et l'on se trouve ramené à la règle que nous avons d'abord indiquée.

Considérons maintenant la série

$$(11) \qquad u_0, \quad u_1, \quad u_2, \quad u_3, \quad \ldots,$$

composée de termes quelconques réels ou imaginaires. Pour que cette série soit convergente, il sera nécessaire et il suffira (*voir* les Préliminaires, page 279) que des valeurs croissantes de n fassent converger indéfiniment la somme

$$(12) \qquad s_n = u_0 + u_1 + u_2 + \ldots + u_{n-1}$$

vers une limite fixe s. En d'autres termes, il sera nécessaire et il suffira que, le nombre n devenant infini, les sommes

$$s_n, \quad s_{n+1}, \quad s_{n+2}, \quad \ldots$$

diffèrent infiniment peu de la limite s, et par conséquent les unes des autres. D'ailleurs, les différences successives entre la première somme s_n et chacune des suivantes sont respectivement déterminées par les équations

$$(13) \qquad \begin{cases} s_{n+1} - s_n = u_n, \\ s_{n+2} - s_n = u_n + u_{n+1}, \\ s_{n+3} - s_n = u_n + u_{n+1} + u_{n+2}, \\ \ldots\ldots\ldots\ldots\ldots\ldots\ldots\ldots \end{cases}$$

Donc, pour que la série (11) soit convergente, il est d'abord nécessaire que le terme général u_n s'approche indéfiniment de zéro, tandis que n augmente. Mais cette condition ne suffit pas, et il faut encore que les différentes sommes

$$u_n + u_{n+1}, \quad u_n + u_{n+1} + u_{n+2}, \quad \ldots,$$

c'est-à-dire les sommes des termes

$$u_n, \quad u_{n+1}, \quad u_{n+2}, \quad \ldots,$$

prises, à partir du premier, en tel nombre que l'on voudra, s'évanouissent elles-mêmes pour $n = \infty$. Réciproquement, lorsque ces diverses conditions sont remplies, la convergence de la série est évidemment assurée.

Il est encore évident que, pour décider si la série (11) est convergente ou divergente, on n'aura nullement besoin d'examiner ses premiers termes, et qu'on pourra même les supprimer de manière à remplacer cette série par la suivante

$$(14) \qquad u_m, \quad u_{m+1}, \quad u_{m+2}, \quad \ldots,$$

m désignant un nombre entier aussi grand que l'on voudra.

Supposons à présent

$$(15) \qquad u_n = v_n + w_n\sqrt{-1},$$

v_n, w_n désignant deux quantités réelles, dont la seconde s'évanouira toutes les fois que la série (11) sera réelle. Comme la somme imaginaire s_n, déterminée par l'équation (12), deviendra

$$(16)\quad \begin{cases} s_n = (v_0 + w_0\sqrt{-1}) + (v_1 + w_1\sqrt{-1}) + \ldots + (v_{n-1} + w_{n-1}\sqrt{-1}) \\ \quad = (v_0 + v_1 + \ldots + v_{n-1}) + (w_0 + w_1 + \ldots + w_{n-1})\sqrt{-1}, \end{cases}$$

elle convergera, pour des valeurs croissantes de n, vers une limite fixe, si les deux sommes réelles

$$v_0 + v_1 + \ldots + v_{n-1},$$
$$w_0 + w_1 + \ldots + w_{n-1}$$

convergent vers de semblables limites. Il en résulte que la série (11) sera toujours convergente, en même temps que les séries réelles

$$(17)\qquad v_0, \quad v_1, \quad v_2, \quad \ldots, \quad v_n, \quad \ldots,$$

$$(18)\qquad w_0, \quad w_1, \quad w_2, \quad \ldots, \quad w_n, \quad \ldots.$$

Si ces dernières ou l'une d'elles seulement deviennent divergentes, la série (11) le sera également.

Pour que les séries (11) et (18) soient convergentes, il est nécessaire et il suffit, en vertu des remarques précédemment faites, que les diverses quantités

$$(19)\qquad u_n, \quad u_n + u_{n+1}, \quad u_n + u_{n+1} + u_{n+2}, \quad \ldots,$$

$$(20)\qquad v_n, \quad v_n + v_{n+1}, \quad v_n + v_{n+1} + v_{n+2}, \quad \ldots$$

s'évanouissent pour $n = \infty$. Or cette condition sera nécessairement remplie, si les modules des différents termes de la série (11) ou (14) forment une série convergente. En effet, soit

$$(21)\qquad \rho_n = \sqrt{v_n^2 + w_n^2}$$

le module de l'expression (15) qui est le terme général de la série (11). Ce module sera une quantité positive, qui surpassera évidemment la valeur numérique de v_n et celle de w_n. Par suite, les valeurs numériques des quantités (19) et (20) seront inférieures à celles des quantités correspondantes

$$(22) \qquad \rho_n, \quad \rho_n+\rho_{n+1}, \quad \rho_n+\rho_{n+1}+\rho_{n+2}, \quad \ldots.$$

D'ailleurs, si les modules des différents termes de la série (11) ou (14), savoir

$$(23) \qquad \rho_0, \quad \rho_1, \quad \rho_2, \quad \ldots, \quad \rho_n, \quad \ldots$$

ou

$$(24) \qquad \rho_m, \quad \rho_{m+1}, \quad \rho_{m+2}, \quad \ldots,$$

forment une série convergente, les quantités (22) s'évanouiront pour $n=\infty$. Donc, à plus forte raison, les quantités (19) et (20) s'évanouiront elles-mêmes. On peut en conclure que la série (11) ou (14) sera toujours convergente, lorsque les modules de ses différents termes formeront une série convergente.

Si la valeur numérique de ρ_n ne décroissait pas indéfiniment pour des valeurs croissantes de n, on pourrait en dire autant de l'une des quantités v_n, w_n. Alors l'une des séries (17), (18), et par suite la série (11), deviendrait nécessairement divergente.

En partant des principes que nous venons d'établir, on démontrera sans peine les deux théorèmes que nous allons énoncer.

Théorème I. — *Cherchez la limite ou les limites vers lesquelles converge, tandis que n croît indéfiniment, l'expression*

$$(25) \qquad (\rho_n)^{\frac{1}{n}};$$

et soit R *la plus grande de ces limites. La série* (11) *sera convergente, si l'on a* $R<1$; *divergente, si l'on a* $R>1$.

Démonstration. — Supposons d'abord $R<1$, et choisissons arbitrairement entre les deux nombres 1 et R un troisième nombre ρ, en sorte qu'on ait

$$(26) \qquad R<\rho<1;$$

n venant à croître au delà de toute limite assignable, les plus grandes valeurs de $(\rho_n)^{\frac{1}{n}}$ ne pourront s'approcher indéfiniment de la limite R, sans finir par être constamment inférieures à ρ. Par suite, il sera possible d'attribuer au nombre entier m une valeur assez considérable pour que, n devenant égal ou supérieur à m, on ait constamment

$$(\rho_n)^{\frac{1}{n}} < \rho, \qquad \rho_n < \rho^n.$$

Alors les termes de la série (24) seront des nombres inférieurs aux termes correspondants de la progression géométrique

$$(27) \qquad \rho^m, \quad \rho^{m+1}, \quad \rho^{m+2}, \quad \ldots;$$

et, comme cette dernière sera convergente (à cause de $\rho < 1$), on devra en dire autant de la série (24), par conséquent des séries (14) et (11).

Supposons en second lieu $R > 1$, et plaçons encore entre les deux nombres 1 et R un troisième nombre ρ, en sorte qu'on ait

$$(28) \qquad R > \rho > 1.$$

Si n vient à croître au delà de toute limite, les plus grandes valeurs de $(\rho_n)^{\frac{1}{n}}$, en s'approchant indéfiniment de R, finiront par surpasser ρ. On pourra donc satisfaire à la condition

$$(\rho_n)^{\frac{1}{n}} > \rho \quad \text{ou} \quad \rho_n > \rho^n > 1,$$

pour des valeurs de n aussi considérables que l'on voudra, et par suite on trouvera dans la série (24) un nombre indéfini de termes supérieurs à l'unité, ce qui suffira pour constater la divergence des séries (24), (14) et (11).

THÉORÈME II. — *Si, pour des valeurs croissantes de n, le rapport*

$$(29) \qquad \frac{\rho_{n+1}}{\rho_n}$$

converge vers une limite fixe R, *la série* (11) *sera convergente toutes les fois que l'on aura* $R < 1$, *et, divergente, toutes les fois que l'on aura* $R > 1$.

Démonstration. — Choisissez arbitrairement un nombre ε inférieur à la différence qui existe entre 1 et R. Il sera possible d'attribuer à m une valeur assez considérable pour que, n devenant égal ou supérieur à m, le rapport

$$\frac{\rho_{n+1}}{\rho_n}$$

demeure toujours compris entre les deux limites

$$R - \varepsilon, \quad R + \varepsilon.$$

Alors les différents termes de la série (24) se trouveront compris entre les termes correspondants des deux progressions géométriques

$$\rho_m, \quad \rho_m(R-\varepsilon), \quad \rho_m(R-\varepsilon)^2, \quad \rho_m(R-\varepsilon)^3, \quad \ldots,$$
$$\rho_m, \quad \rho_m(R+\varepsilon), \quad \rho_m(R+\varepsilon)^2, \quad \rho_m(R+\varepsilon)^3, \quad \ldots,$$

lesquelles seront toutes deux convergentes, si l'on a $R < 1$, et toutes deux divergentes, si l'on a $R > 1$. Donc, etc.

Scolie. — Il serait facile de prouver que la limite du rapport (29), dans le cas où cette limite existe, est en même temps celle de l'expression (25) (*voir* l'*Analyse algébrique*, Chap. VI) [1].

En appliquant les théorèmes I et II aux séries de Maclaurin et de Taylor, on obtient les propositions suivantes :

Théorème III. — *Soient* $f(x)$ *une fonction réelle ou imaginaire de la variable* x, *et* φ_n *la valeur numérique ou le module de l'expression*

$$\frac{1}{1.2.3\ldots n} f^{(n)}(0). \tag{30}$$

Soit de plus Φ *la limite vers laquelle convergent, tandis que* n *croît indéfiniment, les plus grandes valeurs de* $(\varphi_n)^{\frac{1}{n}}$ *ou bien encore la limite unique*

[1] *Œuvres de Cauchy*, S. II, T. III, p. 123 et 63.

(*si cette limite existe*) *du rapport* $\frac{\varphi_{n+1}}{\varphi_n}$. *La série de Maclaurin, savoir*

$$(31) \qquad f(0), \quad \frac{x}{1}f'(0), \quad \frac{x^2}{1.2}f''(0), \quad \frac{x^3}{1.2.3}f'''(0), \quad \ldots,$$

sera convergente toutes les fois que la valeur numérique de la variable x *supposée réelle, ou le module de la même variable supposée imaginaire sera inférieur à* $\frac{1}{\Phi}$, *et divergente toutes les fois que la valeur numérique ou le module de* x *surpassera* $\frac{1}{\Phi}$.

Démonstration. — Soit r la valeur numérique ou le module de la variable x. Le terme général de la série (31), savoir

$$(32) \qquad \frac{x^n}{1.2.3\ldots n}f^{(n)}(0),$$

aura pour valeur numérique ou pour module le produit

$$\varphi_n r^n.$$

Cela posé, si, dans les théorèmes I et II, on remplace la série (11) par la série (31), on trouvera évidemment

$$(33) \qquad \begin{aligned} \rho_n &= \varphi_n r^n, \\ \mathrm{R} &= \Phi r. \end{aligned}$$

Donc la série (31) sera convergente lorsqu'on aura

$$(34) \qquad \Phi r < 1 \quad \text{ou} \quad r < \frac{1}{\Phi},$$

et divergente lorsqu'on aura

$$(35) \qquad \Phi r > 1 \quad \text{ou} \quad r > \frac{1}{\Phi}.$$

Exemples. — Si l'on prend pour $f(x)$ la fonction e^x, on aura

$$f^{(n)}(0) = 1, \qquad \varphi_n = \frac{1}{1.2.3\ldots n}, \qquad \frac{\varphi_{n+1}}{\varphi_n} = \frac{1}{n+1},$$

$$(36) \qquad \Phi = \lim \frac{1}{n+1} = 0,$$

$$(37) \qquad \frac{1}{\Phi} = \infty.$$

Dans le même cas, la série (31) se trouvera réduite à la série (11) des Préliminaires. Donc cette dernière série, savoir

$$(38) \qquad 1, \quad \frac{x}{1}, \quad \frac{x^2}{1.2}, \quad \frac{x^3}{1.2.3}, \quad \ldots, \quad \frac{x^n}{1.2.3\ldots n}, \quad \ldots,$$

est convergente tant que la valeur numérique ou le module de x n'atteint pas la limite ∞, c'est-à-dire que la série (38) est convergente pour une valeur finie quelconque, réelle ou imaginaire, de la variable x. On peut en dire autant des deux séries

$$(39) \qquad 1, \quad -\frac{x^2}{1.2}, \quad \frac{x^4}{1.2.3.4}, \quad -\frac{x^6}{1.2.3.4.5.6}, \quad \ldots,$$

$$(40) \qquad \frac{x}{1}, \quad -\frac{x^3}{1.2.3}, \quad \frac{x^5}{1.2.3.4.5}, \quad \ldots,$$

qu'on obtient en posant successivement $f(x) = \cos x$, $f(x) = \sin x$, et que l'on déduit de la série (38), en annulant les termes de rang pair ou de rang impair, et plaçant le signe $-$ devant le second, le quatrième, le sixième, ... des termes conservés. En effet, on aura, pour les séries (38), (39) et (40),

$$(41) \qquad \Phi = \lim \left(\frac{1}{1.2.3\ldots n}\right)^{\frac{1}{n}};$$

et, comme cette dernière formule devra s'accorder avec l'équation (36), il faudra qu'elle se réduise à $\Phi = 0$.

Si l'on prend pour $f(x)$ la fonction $l(1+x)$, on trouvera

$$f^{(n)}(0) = (-1)^{n-1}\,1.2.3\ldots(n-1), \qquad \varphi_n = \frac{1}{n}, \qquad \frac{\varphi_{n+1}}{\varphi_n} = \frac{n}{n+1} = \frac{1}{1+\frac{1}{n}},$$

$$(42) \qquad \Phi = \lim \frac{1}{1+\frac{1}{n}} = \lim\left(\frac{1}{n}\right)^{\frac{1}{n}} = 1,$$

$$(43) \qquad \frac{1}{\Phi} = 1.$$

Dans le même cas, la série (31) deviendra

$$(44)\qquad \frac{x}{1},\quad -\frac{x^2}{2},\quad \frac{x^3}{3},\quad -\frac{x^4}{4},\quad \frac{x^5}{5},\quad \ldots.$$

Donc cette dernière série est convergente, tant que la valeur numérique ou le module de x reste inférieur à l'unité. On peut en dire autant de la série

$$(45)\qquad \frac{x}{1},\quad -\frac{x^3}{3},\quad \frac{x^5}{5},\quad -\frac{x^7}{7},\quad \ldots,$$

que l'on obtient en posant $f(x) = \operatorname{arc\,tang} x$, et que l'on déduit de la série (44) en annulant les termes de rang pair, et changeant les signes du second, du quatrième, du sixième, ... des termes conservés.

Enfin, si l'on prend pour $f(x)$ la fonction $(1+x)^\mu$, μ désignant une constante réelle, on trouvera, pour de très grandes valeurs de n,

$$f^{(n)}(0) = \mu(\mu-1)\ldots(\mu-n+1), \qquad \frac{\varphi_{n+1}}{\varphi_n} = \frac{n-\mu}{n+1} = \frac{1-\frac{\mu}{n}}{1+\frac{1}{n}},$$

$$(46)\qquad \Phi = \lim \frac{1-\frac{\mu}{n}}{1+\frac{n}{1}} = 1,$$

$$(47)\qquad \frac{1}{\Phi} = 1.$$

Dans le même cas, la série (31) deviendra

$$(48)\qquad 1,\quad \mu x,\quad \frac{\mu(\mu-1)}{1.2}x^2,\quad \frac{\mu(\mu-1)(\mu-2)}{1.2.3}x^3,\quad \ldots.$$

Donc cette dernière série est elle-même convergente, tant que la valeur numérique ou le module de x reste inférieur à l'unité.

Théorème IV. — *Les mêmes choses étant posées que dans le théorème précédent, mais la fonction $f(x)$ étant réelle, ainsi que la variable x,* *désignons par θ un nombre inférieur à l'unité, par ψ_n la valeur numérique de l'une des expressions*

$$(49) \qquad \frac{f^{(n)}(\theta x)}{1.2.3\ldots n},$$

$$(50) \qquad \frac{(1-\theta)^{n-1} f^{(n)}(\theta x)}{1.2.3\ldots(n-1)},$$

et par Ψ la limite vers laquelle convergent, tandis que n croît indéfiniment, les plus grandes valeurs de $(\psi_n)^{\frac{1}{n}}$ ou bien encore la limite unique (si cette limite existe) du rapport $\frac{\psi_{n+1}}{\psi_n}$. La formule de Maclaurin, savoir

$$(51) \qquad f(x) = f(0) + \frac{x}{1} f'(0) + \frac{x^2}{1.2} f''(0) + \frac{x^3}{1.2.3} f'''(0) + \ldots,$$

subsistera pour toute valeur de x, à laquelle correspondra une valeur du produit Ψx renfermée entre les limites -1, $+1$.

Démonstration. — Soit r la valeur numérique de x. Si le produit Ψx est renfermé entre les limites -1, $+1$, on aura

$$(52) \qquad \Psi r < 1.$$

Donc alors la série qui aura pour terme général le produit

$$(53) \qquad \frac{x^n}{1.2.3\ldots n} f^{(n)}(\theta x)$$

ou

$$(54) \qquad \frac{x^n}{1.2.3\ldots(n-1)} (1-\theta)^{n-1} f^{(n)}(\theta x)$$

sera convergente. Donc ce produit s'évanouira pour $n = \infty$, et l'équation (8) ou (61) de la huitième Leçon entraînera la formule (51).

Corollaire I. — La formule (51) subsistera pour toutes les valeurs réelles de x comprises entre les limites

$$(55) \qquad x = -\frac{1}{\Phi}, \qquad x = \frac{1}{\Phi},$$

si, pour chacune de ces valeurs, l'un des rapports

$$\frac{f^{(n)}(\theta x)}{f^{(n)}(0)}, \tag{56}$$

$$\frac{(1-\theta)^{n-1} f^{(n)}(\theta x)}{f^{(n)}(0)} \tag{57}$$

conserve une valeur finie, tandis que le nombre n devient infiniment grand. En effet, soit χ_n la valeur numérique du rapport (56) ou (57), et supposons que cette valeur numérique reste constamment inférieure au nombre k. L'expression

$$(\chi_n)^{\frac{1}{n}},$$

constamment plus petite que $k^{\frac{1}{n}}$, convergera, pour des valeurs croissantes de n, vers une limite égale ou inférieure à $k^0 = 1$; et l'on pourra en dire autant de l'expression

$$(n\chi_n)^{\frac{1}{n}},$$

puisqu'on aura, en vertu de la formule (24) de la page 323, $\lim n^{\frac{1}{n}} = 1$. D'ailleurs, si les quantités ψ_n et χ_n désignent les valeurs numériques des rapports (49) et (56), on aura évidemment

$$\psi_n = \varphi_n \chi_n$$

et, par suite,

$$\Psi = \Phi \lim (\chi_n)^{\frac{1}{n}} \overline{\overline{<}} \Phi.$$

De même, si les quantités ψ_n et χ_n désignent les valeurs numériques des rapports (50) et (57), on aura

$$\psi_n = n\,\varphi_n \chi_n$$

et, par suite,

$$\Psi = \Phi \lim (n\chi_n)^{\frac{1}{n}} \overline{\overline{<}} \Phi.$$

En conséquence on aura nécessairement, dans l'hypothèse admise,

$$\Psi \overline{\overline{<}} \Phi, \qquad \Psi r \overline{\overline{<}} \Phi r.$$

Donc la condition (52) sera satisfaite, et la formule (51) subsistera, pour toutes les valeurs réelles de x propres à vérifier la condition (34), c'est-à-dire pour les valeurs réelles de x, qui rendront convergente la série (31).

Exemples. — Si l'on prend $f(x) = e^x$, le rapport (56) se trouvera réduit à l'exponentielle

$$e^{\theta x}. \tag{58}$$

Or cette exponentielle, dans laquelle la seule quantité θ varie avec n, mais de manière à rester comprise entre les limites 0, 1, conserve évidemment une valeur finie pour chaque valeur finie de x, tandis que le nombre n croît indéfiniment. Donc la formule (10) de la Leçon précédente subsistera, pour toutes les valeurs réelles de x qui rendront convergente la série (38); ce que l'on savait déjà.

Si l'on prend successivement pour $f(x)$ les deux fonctions

$$l(1+x), \quad (1+x)^\mu,$$

on trouvera, pour les valeurs correspondantes du rapport (57),

$$\frac{1}{1+\theta x}\left(\frac{1-\theta}{1+\theta x}\right)^{n-1}, \tag{59}$$

$$(1+\theta x)^{\mu-1}\left(\frac{1-\theta}{1+\theta x}\right)^{n-1}. \tag{60}$$

Or, dans ces dernières expressions, les deux facteurs $\frac{1}{1+\theta x}$, $(1+\theta x)^{\mu-1}$ conservent des valeurs finies, pour chaque valeur finie de x, et le facteur $\left(\frac{1-\theta}{1+\theta x}\right)^{n-1}$ reste inférieur à l'unité, lorsque, le nombre $n-1$ étant positif, la variable x est renfermée entre les limites $x = -1$, $x = 1$. Donc les formules (15) et (36) de la Leçon précédente subsistent pour toutes les valeurs de x renfermées entre ces limites; ce que l'on savait déjà.

Corollaire II. — Le corollaire I s'étend au cas même où les valeurs de $f^{(n)}(0)$, correspondantes à certaines valeurs de n, s'évanouissent, pourvu que, dans ce cas, on ne tienne aucun compte des valeurs correspondantes des rapports (56) et (57).

Exemples. — Si l'on prend successivement pour $f(x)$ les deux fonctions $\cos x$, $\sin x$, l'expression (56) se trouvera réduite à l'un des rapports

$$\frac{\cos\left(x+\frac{n\pi}{2}\right)}{\cos\frac{n\pi}{2}}, \tag{61}$$

$$\frac{\sin\left(x+\frac{n\pi}{2}\right)}{\sin\frac{n\pi}{2}}. \tag{62}$$

Or ces deux rapports acquerront des valeurs infinies, correspondantes à des valeurs nulles de $f^{(n)}(0)$, le premier quand le nombre n sera impair, et le second quand le nombre n sera pair. Mais, si, ne tenant aucun compte de ces valeurs infinies, on attribue toujours au nombre n, dans le rapport (61) une valeur paire, et dans le rapport (62) une valeur impaire, on verra ces rapports se réduire constamment à l'une des quantités finies

$$\sin x, \quad \cos x, \quad -\sin x, \quad -\cos x.$$

Donc les formules (11) et (12) de la Leçon précédente subsistent pour toutes les valeurs réelles possibles de la variable x.

Des raisonnements semblables à ceux que nous venons d'employer pour établir les théorèmes III et IV, étant appliqués, non plus à la série de Maclaurin, mais à celle de Taylor, conduiront immédiatement à deux autres théorèmes que nous allons énoncer.

THÉORÈME V. — *Soient $f(x)$ une fonction réelle ou imaginaire de la variable réelle x; h une constante réelle ou imaginaire, et φ_n la valeur numérique ou le module de l'expression*

$$\frac{1}{1.2.3\ldots n} f^{(n)}(x). \tag{63}$$

Soit de plus Φ la limite vers laquelle convergent, tandis que n croît indéfiniment, les plus grandes valeurs de $(\varphi_n)^{\frac{1}{n}}$, ou bien encore la limite unique (si cette limite existe) du rapport $\frac{\varphi_{n+1}}{\varphi_n}$. La série de Taylor, savoir

$$(64)\qquad f(x),\quad \frac{h}{1}f'(x),\quad \frac{h^2}{1.2}f''(x),\quad \frac{h^3}{1.2.3}f'''(x),\quad \ldots,$$

sera convergente, toutes les fois que la valeur numérique ou le module de h sera inférieur à $\frac{1}{\Phi}$; et divergente, toutes les fois que la valeur numérique ou le module de h surpassera $\frac{1}{\Phi}$.

Exemples. — Si l'on prend pour $f(x)$ l'une des trois fonctions

$$e^x,\quad \cos x,\quad \sin x,$$

on trouvera $\Phi = 0$, $\frac{1}{\Phi} = \infty$. Donc alors la série (64) restera convergente pour toutes les valeurs finies, réelles ou imaginaires, de la constante h, ainsi qu'on l'avait déjà remarqué.

Si l'on prend pour $f(x)$ l'une des fonctions

$$1x,\quad x^\mu,$$

on trouvera, en désignant par r la valeur numérique de la variable réelle x,

$$\Phi = \frac{1}{r},\qquad \frac{1}{\Phi} = r.$$

Donc alors la série (64) sera convergente tant que la valeur numérique ou le module de h restera inférieur à la valeur numérique de x; ce que l'on savait déjà.

Théorème VI. — *Les mêmes choses étant posées que dans le théorème précédent, mais la fonction $f(x)$ étant réelle, ainsi que la constante h, désignons par θ un nombre inférieur à l'unité, par ψ_n la valeur numé-*

rique de l'une des expressions

$$\frac{f^{(n)}(x+\theta h)}{1.2.3\ldots n}, \tag{65}$$

$$\frac{(1-\theta)^{n-1}f^{(n)}(x+\theta h)}{1.2.3\ldots(n-1)}, \tag{66}$$

et par Ψ *la limite vers laquelle convergent, tandis que* n *croît indéfiniment, les plus grandes valeurs de* $(\psi_n)^{\frac{1}{n}}$, *ou bien encore la limite unique (si cette limite existe) du rapport* $\frac{\psi_{n+1}}{\psi_n}$. *La formule de Taylor, savoir*

$$f(x+h) = f(x) + \frac{h}{1}f'(x) + \frac{h^2}{1.2}f''(x) + \frac{h^3}{1.2.3}f'''(x) + \ldots, \tag{67}$$

subsistera pour toute valeur réelle de h, *à laquelle correspondra une valeur du produit* Ψh *comprise entre les limites* -1, $+1$.

Corollaire I. — La formule (67) subsistera pour toutes les valeurs réelles de h comprises entre les limites $-\frac{1}{\Phi}$, $+\frac{1}{\Phi}$, si, pour chacune de ces valeurs, l'un des rapports

$$\frac{f^{(n)}(x+\theta h)}{f^{(n)}(x)}, \tag{68}$$

$$\frac{(1-\theta)^{n-1}f^{(n)}(x+\theta h)}{f^{(n)}(x)} \tag{69}$$

conserve une valeur finie, tandis que n croît indéfiniment. C'est ce que l'on démontrera sans peine par des raisonnements semblables à ceux dont nous avons déjà fait usage pour établir le corollaire I du théorème IV.

Exemples. — Si l'on prend successivement pour $f(x)$ les deux fonctions

$$1x, \quad x^{\mu},$$

on conclura du corollaire précédent que les formules (54) et (55) de la page 377 subsistent dans le cas où la valeur numérique de h est inférieure à celle de x.

On pourrait croire que la série de Maclaurin a toujours $f(x)$ pour somme, quand elle est convergente, et que, dans le cas où ses différents termes s'évanouissent l'un après l'autre, la fonction $f(x)$ s'évanouit elle-même. Mais, pour s'assurer du contraire, il suffit d'observer que la seconde condition sera remplie, si l'on suppose

$$f(x) = e^{-\left(\frac{1}{x}\right)^2}, \tag{70}$$

et la première, si l'on suppose

$$f(x) = e^{-x^2} + e^{-\left(\frac{1}{x}\right)^2}. \tag{71}$$

Cependant la fonction $e^{-\left(\frac{1}{x}\right)^2}$ n'est pas identiquement nulle, et la série déduite de la première supposition a pour somme, non pas le binôme $e^{-x^2} + e^{-\left(\frac{1}{x}\right)^2}$, mais son premier terme e^{-x^2}. Les mêmes remarques sont applicables à la série de Taylor.

Au reste, on reconnaîtra facilement que la fonction $f(x)$, réelle ou imaginaire, ne peut être la somme d'une série convergente ordonnée suivant les puissances ascendantes de x, qu'autant que cette série coïncide avec celle de Maclaurin. En effet, soit

$$f(x) = a_0 + a_1 x + a_2 x^2 + a_3 x^3 + \ldots. \tag{72}$$

En différentiant plusieurs fois cette équation par rapport à x, et observant que l'équation (12) de la troisième Leçon subsiste dans le cas même où le polynôme

$$au + bv + cw + \ldots,$$

se composant d'un nombre infini de termes, devient la somme d'une série convergente, on trouvera

$$\left\{\begin{array}{l} f'(x) = a_1 + 2a_2 x + 3a_3 x^2 + \ldots, \\ f''(x) = 1.2a_2 + 2.3a_3 x + \ldots, \\ f'''(x) = 1.2.3a_3 + \ldots, \\ \ldots\ldots\ldots\ldots\ldots\ldots\ldots; \end{array}\right. \tag{73}$$

puis, en posant $x = 0$, on tirera des équations (72) et (73)

$$(74)\qquad f(0) = a_0,\quad f'(0) = a_1,\quad f''(0) = 1.2\,a_2,\quad f'''(0) = 1.2.3\,a_3,\quad \ldots,$$

et, par suite,

$$(75)\qquad a_0 = f(0),\quad a_1 = \frac{1}{1}f'(0),\quad a_2 = \frac{1}{1.2}f''(0),\quad a_3 = \frac{1}{1.2.3}f'''(0),\quad \ldots.$$

Or, si l'on substitue, dans la formule (72), les valeurs précédentes de a_0, a_1, a_2, ..., on sera évidemment ramené à l'équation (51).

On prouverait de la même manière que la fonction $f(x+h)$ ne peut être la somme d'une série convergente ordonnée suivant les puissances ascendantes de h, qu'autant que cette série coïncide avec celle de Taylor.

ONZIÈME LEÇON.

DES VALEURS QUE PRENNENT LES FONCTIONS D'UNE SEULE VARIABLE x, QUAND CETTE VARIABLE DEVIENT IMAGINAIRE.

Lorsque les constantes ou variables comprises dans une fonction donnée, après avoir été considérées comme réelles, sont ensuite supposées imaginaires, la notation à l'aide de laquelle on exprimait la fonction dont il s'agit ne peut être conservée dans le calcul qu'en vertu d'une convention nouvelle propre à fixer le sens de cette notation dans la nouvelle hypothèse. Si l'on considère en particulier les notations propres à représenter les fonctions simples, savoir

$$a+x,\quad a-x,\quad ax,\quad \frac{a}{x},\quad x^a,\quad \mathrm{A}^x,\quad \mathrm{L}x,$$

$$\sin x,\quad \cos x,\quad \arcsin x,\quad \arccos x,$$

il suffira, pour en fixer le sens, dans le cas où la variable x devient imaginaire, de recourir aux principes que j'ai développés dans l'*Analyse algébrique* (*voir* les Chapitres VII, VIII et IX), et que je vais rappeler en peu de mots.

On appelle expression *imaginaire* toute expression de la forme

$$p+q\sqrt{-1},$$

p et q désignant deux quantités réelles. Une semblable expression ne signifie rien par elle-même, non plus que le signe $\sqrt{-1}$. Mais, lorsque l'on combine des expressions imaginaires entre elles, par voie d'addition, de soustraction, de multiplication, etc., en opérant comme si $\sqrt{-1}$ était une quantité réelle dont le carré fût égal à -1, on obtient pour résultats de nouvelles expressions imaginaires; et il peut être utile de signaler les relations qui existent entre les quantités réelles, comprises dans les expressions imaginaires données et dans celles qui résultent de leur combinaison. Pour retrouver plus facilement les relations dont il s'agit, on est convenu de regarder comme égales deux expressions imaginaires

$$p + q\sqrt{-1}, \quad P + Q\sqrt{-1},$$

lorsqu'il y a égalité de part et d'autre : 1° entre les parties réelles p et P; 2° entre les coefficients de $\sqrt{-1}$, savoir q et Q. Cela posé, toute équation imaginaire n'est que la représentation symbolique de deux équations entre quantités réelles. Par exemple, l'équation symbolique

$$(1) \quad \begin{cases} \cos(\alpha+\beta) + \sqrt{-1}\sin(\alpha+\beta) \\ \quad = \cos\alpha\cos\beta - \sin\alpha\sin\beta + (\sin\alpha\cos\beta + \sin\beta\cos\alpha)\sqrt{-1}, \end{cases}$$

dans laquelle α, β désignent deux arcs réels, équivaut seule aux deux équations réelles

$$(2) \quad \begin{cases} \cos(\alpha+\beta) = \cos\alpha\cos\beta - \sin\alpha\sin\beta, \\ \sin(\alpha+\beta) = \sin\alpha\cos\beta + \sin\beta\cos\alpha. \end{cases}$$

Lorsque, dans l'expression imaginaire

$$p + q\sqrt{-1},$$

le coefficient q de $\sqrt{-1}$ s'évanouit, le terme $q\sqrt{-1}$ est censé réduit à zéro, et l'expression elle-même à la quantité réelle p. En vertu de cette convention, les expressions imaginaires comprennent, comme cas particuliers, les quantités réelles.

Les expressions imaginaires peuvent être soumises, aussi bien que les quantités réelles, aux diverses opérations de l'Algèbre. Si l'on effectue en particulier l'addition, la soustraction ou la multiplication de deux ou de plusieurs expressions imaginaires, en opérant d'après les règles établies pour les quantités réelles, on obtiendra pour résultat une nouvelle expression imaginaire, qui sera ce qu'on appelle la *somme*, la *différence* ou le *produit* des expressions données, et l'on se servira des notations ordinaires pour indiquer cette somme, cette différence ou ce produit. On aura, par exemple,

$$(\cos\alpha + \sqrt{-1}\sin\alpha)(\cos\beta + \sqrt{-1}\sin\beta)$$
$$= \cos\alpha\cos\beta - \sin\alpha\sin\beta + (\sin\alpha\cos\beta + \sin\beta\cos\alpha)\sqrt{-1},$$

d'où il résulte que l'équation (1) pourra s'écrire comme il suit :

$$(3) \quad \left\{ \begin{aligned} &\cos(\alpha+\beta) + \sqrt{-1}\sin(\alpha+\beta) \\ &\quad = (\cos\alpha + \sqrt{-1}\sin\alpha)(\cos\beta + \sqrt{-1}\sin\beta). \end{aligned} \right.$$

En multipliant les deux membres de cette dernière équation par de nouveaux facteurs de la forme

$$\cos\gamma + \sqrt{-1}\sin\gamma,$$

on trouverait généralement

$$(4) \quad \left\{ \begin{aligned} &\cos(\alpha+\beta+\gamma+\ldots) + \sqrt{-1}\sin(\alpha+\beta+\gamma+\ldots) \\ &\quad = (\cos\alpha + \sqrt{-1}\sin\alpha)(\cos\beta + \sqrt{-1}\sin\beta)(\cos\gamma + \sqrt{-1}\sin\gamma)\ldots, \end{aligned} \right.$$

quel que fût le nombre des arcs réels α, β, γ, ...

En vertu de ce qu'on vient de dire, si l'on désigne par a une constante réelle, et par x une variable imaginaire ou de la forme

$$p + q\sqrt{-1},$$

les notations

$$(5) \qquad a + x, \quad a - x, \quad ax$$

devront être employées pour représenter les expressions imaginaires

$$(6) \qquad a + p + q\sqrt{-1}, \quad a - p - q\sqrt{-1}, \quad ap + aq\sqrt{-1}.$$

Si la constante a devenait imaginaire ou de la forme

$$\alpha + \beta\sqrt{-1},$$

les expressions imaginaires, représentées par les notations (5), seraient respectivement

$$(7)\qquad \begin{cases} \alpha + p + (\beta + q)\sqrt{-1}, \\ \alpha - p + (\beta - q)\sqrt{-1}, \\ \alpha p - \beta q + (\alpha q + \beta p)\sqrt{-1}. \end{cases}$$

Le produit de deux expressions imaginaires *conjuguees* ou qui ne diffèrent entre elles que par le signe du coefficient de $\sqrt{-1}$, se réduit, comme on l'a déjà remarqué dans la Leçon précédente, au carré du module de chacune d'elles puisque l'on a

$$(8)\qquad (p + q\sqrt{-1})(p - q\sqrt{-1}) = p^2 + q^2.$$

Si l'on supposait en particulier

$$p = \cos\alpha, \qquad q = \sin\alpha,$$

on trouverait

$$(9)\qquad (\cos\alpha + \sqrt{-1}\sin\alpha)(\cos\alpha - \sqrt{-1}\sin\alpha) = \cos^2\alpha + \sin^2\alpha = 1.$$

Diviser une première expression imaginaire par une seconde, c'est trouver une troisième expression imaginaire qui, multipliée par la seconde, reproduise la première. Le résultat de cette opération est le *quotient* des deux expressions données. On se sert, pour l'indiquer, du signe ordinaire de la division. Cela posé, si l'on désigne par a et par x une constante et une variable imaginaire, c'est-à-dire de la forme

$$\alpha + \beta\sqrt{-1} \quad \text{et} \quad p + q\sqrt{-1},$$

on conclura sans peine de l'équation (8) que les notations

$$(10)\qquad \frac{1}{x} \quad \text{et} \quad \frac{a}{x}$$

doivent être employées pour représenter les deux expressions imaginaires

$$(11)\qquad \frac{p}{p^2+q^2} - \frac{q}{p^2+q^2}\sqrt{-1} \quad \text{et} \quad \frac{\alpha p + \beta q}{p^2+q^2} + \frac{\beta p - \alpha q}{p^2+q^2}\sqrt{-1}.$$

Dans le cas particulier où la valeur de x est de la forme

$$x = \cos\alpha + \sqrt{-1}\sin\alpha,$$

on tire de l'équation (9)

$$(12) \qquad \frac{1}{\cos\alpha + \sqrt{-1}\sin\alpha} = \cos\alpha - \sqrt{-1}\sin\alpha.$$

Une propriété remarquable de toute expression imaginaire

$$p + q\sqrt{-1},$$

c'est de pouvoir se mettre sous la forme

$$r(\cos t + \sqrt{-1}\sin t),$$

r désignant une quantité positive et t un arc réel. En effet, si l'on pose l'équation symbolique

$$(13) \qquad r(\cos t + \sqrt{-1}\sin t) = p + q\sqrt{-1}$$

ou, ce qui revient au même, les deux équations réelles

$$(14) \qquad r\cos t = p, \qquad r\sin t = q,$$

on en tirera

$$p^2 + q^2 = r^2(\cos^2 t + \sin^2 t) = r^2,$$

$$(15) \qquad r = \sqrt{p^2 + q^2},$$

et, après avoir ainsi reconnu que le nombre r doit coïncider avec le module de l'expression imaginaire

$$p + q\sqrt{-1},$$

il ne restera, pour vérifier complètement les équations (14), qu'à trouver un arc t dont le cosinus et le sinus soient respectivement

$$(16) \qquad \cos t = \frac{p}{\sqrt{p^2 + q^2}}, \qquad \sin t = \frac{q}{\sqrt{p^2 + q^2}}.$$

Or les formules (16) entraînent l'équation

$$(17)\qquad \operatorname{tang} t = \frac{\sin t}{\cos t} = \frac{q}{p},$$

dont la racine la plus petite (abstraction faite du signe) est l'arc désigné par la notation $\operatorname{arc\,tang}\frac{q}{p}$. Soit

$$(18)\qquad \tau = \operatorname{arc\,tang}\frac{q}{p}$$

ce même arc, qui est nécessairement compris entre les limites $-\frac{\pi}{2}$, $+\frac{\pi}{2}$. On trouvera

$$\frac{q}{p} = \operatorname{tang}\tau = \frac{\sin\tau}{\cos\tau},$$

$$(19)\qquad \frac{\cos\tau}{p} = \frac{\sin\tau}{q} = \pm\frac{\sqrt{\cos^2\tau + \sin^2\tau}}{\sqrt{p^2+q^2}} = \pm\frac{1}{\sqrt{p^2+q^2}};$$

et, comme le cosinus de l'arc τ ne pourra être qu'une quantité positive, il est clair que la formule (19) devra se réduire, lorsque p sera positif, à

$$(20)\qquad \frac{\cos\tau}{p} = \frac{\sin\tau}{q} = \frac{1}{\sqrt{p^2+q^2}},$$

et, lorsque p sera négatif, à

$$(21)\qquad \frac{\cos\tau}{p} = \frac{\sin\tau}{q} = -\frac{1}{\sqrt{p^2+q^2}}.$$

Donc, si l'on suppose $p > 0$, on aura

$$(22)\qquad \cos\tau = \frac{p}{\sqrt{p^2+q^2}},\qquad \sin\tau = \frac{q}{\sqrt{p^2+q^2}};$$

et, comme alors les formules (16) deviendront respectivement

$$(23)\qquad \cos t = \cos\tau,\qquad \sin t = \sin\tau,$$

la valeur générale de t sera évidemment

$$(24)\qquad t = \tau \pm 2k\pi,$$

k désignant un nombre entier quelconque. Au contraire, si l'on suppose p négatif, on trouvera

$$\cos\tau = -\frac{p}{\sqrt{p^2+q^2}}, \qquad \sin\tau = -\frac{q}{\sqrt{p^2+q^2}}; \tag{25}$$

et, comme dans ce cas les formules (16) deviendront

$$\cos t = -\cos\tau, \qquad \sin t = -\sin\tau, \tag{26}$$

la valeur générale de t sera

$$t = \tau \pm (2k+1)\pi. \tag{27}$$

On peut observer encore que, en vertu de la formule (15), réunie aux formules (22) ou (25), on aura, en supposant $p > 0$,

$$p + q\sqrt{-1} = r(\cos\tau + \sqrt{-1}\sin\tau), \tag{28}$$

et, en supposant $p < 0$,

$$p + q\sqrt{-1} = -r(\cos\tau + \sqrt{-1}\sin\tau). \tag{29}$$

Élever une expression imaginaire à la puissance du degré m (m désignant un nombre entier), c'est former le produit de m facteurs égaux à cette expression. On indique la $m^{\text{ième}}$ *puissance* de $x = p + q\sqrt{-1}$ par la notation x^m. Si, pour plus de commodité, la valeur de x est présentée sous la forme

$$x = r(\cos t + \sqrt{-1}\sin t), \tag{30}$$

la valeur de x^m se déduira aisément des principes ci-dessus établis, et sera donnée par l'équation

$$x^m = r^m(\cos mt + \sqrt{-1}\sin mt). \tag{31}$$

Dans le cas particulier où la constante p est positive, on peut supposer $t = \tau$, et l'on a par suite

$$x^m = r^m(\cos m\tau + \sqrt{-1}\sin m\tau), \tag{32}$$

les valeurs des constantes r et τ étant fournies par les équations (15) et (18).

Extraire la racine $n^{\text{ième}}$ de l'expression imaginaire $x = p + q\sqrt{-1}$ ou, en d'autres termes, élever cette expression à la puissance du degré $\frac{1}{n}$, c'est former une nouvelle expression imaginaire dont la puissance $n^{\text{ième}}$ reproduise $p + q\sqrt{-1}$. Ce problème admettant plusieurs solutions, comme on le verra tout à l'heure, il en résulte que l'expression imaginaire x a plusieurs racines du degré n. Dans le cas où la constante p est positive, l'une des racines dont il s'agit est évidemment l'expression imaginaire à laquelle on parvient, quand on remplace, dans le second membre de l'équation (32), m par $\frac{1}{n}$, puisqu'on a dans ce cas

$$\left[r^{\frac{1}{n}}\left(\cos\frac{\tau}{n} + \sqrt{-1}\sin\frac{\tau}{n}\right)\right]^n = r(\cos\tau + \sqrt{-1}\sin\tau) = x.$$

Cette racine est celle que nous indiquerons par la notation $x^{\frac{1}{n}}$, en sorte qu'on aura, en supposant $p > 0$,

$$x^{\frac{1}{n}} = r^{\frac{1}{n}}\left(\cos\frac{\tau}{n} + \sqrt{-1}\sin\frac{\tau}{n}\right). \tag{33}$$

Ajoutons que, si l'on emploie la notation $((x))^{\frac{1}{n}}$ pour désigner indistinctement l'une quelconque des racines de x du degré n, on trouvera, en supposant $p > 0$,

$$x = r(\cos\tau + \sqrt{-1}\sin\tau), \tag{34}$$

d'où l'on conclura

$$((x))^{\frac{1}{n}} = r^{\frac{1}{n}}\left(\cos\frac{\tau}{n} + \sqrt{-1}\sin\frac{\tau}{n}\right)((1))^{\frac{1}{n}}, \tag{35}$$

et, en supposant $p < 0$,

$$x = -r(\cos\tau + \sqrt{-1}\sin\tau), \tag{36}$$

d'où l'on conclura

$$(37)\qquad ((x))^{\frac{1}{n}} = r^{\frac{1}{n}}\left(\cos\frac{\tau}{n} + \sqrt{-1}\sin\frac{\tau}{n}\right)((-1))^{\frac{1}{n}}.$$

En effet, il est facile de reconnaître qu'en élevant à la $n^{\text{ième}}$ puissance le second membre de la formule (35) ou (37), on reproduit le second membre de la formule (34) ou (36); et d'ailleurs, pour s'assurer que toutes les valeurs de $((x))^{\frac{1}{n}}$ sont fournies par l'équation (35) ou (37), il suffit d'observer que, si l'on fait

$$(38)\qquad \frac{((x))^{\frac{1}{n}}}{r^{\frac{1}{n}}\left(\cos\frac{\tau}{n} + \sqrt{-1}\sin\frac{\tau}{n}\right)} = u,$$

on en tirera, en supposant $p > 0$,

$$(39)\qquad u^n = \frac{x}{x} = 1, \qquad u = ((1))^{\frac{1}{n}},$$

et, en supposant $p < 0$,

$$(40)\qquad u^n = \frac{x}{-x} = -1, \qquad u = ((-1))^{\frac{1}{n}}.$$

Quant aux valeurs générales de $((1))^{\frac{1}{n}}$ et de $((-1))^{\frac{1}{n}}$, on les obtiendra en cherchant les valeurs de $x = r(\cos t + \sqrt{-1}\sin t)$, propres à vérifier 1° l'équation

$$(41)\qquad x^n = r^n(\cos nt + \sqrt{-1}\sin nt) = 1,$$

2° l'équation

$$(42)\qquad x^n = r^n(\cos nt + \sqrt{-1}\sin nt) = -1.$$

Or on satisfera évidemment à l'équation (41), en prenant

$$r^n = 1, \qquad r = 1,$$

$$\cos nt + \sqrt{-1}\sin nt = 1, \qquad \cos nt = 1, \qquad \sin nt = 0,$$

$$nt = \pm 2k\pi, \qquad t = \pm\frac{2k\pi}{n},$$

et désignant par k un nombre entier quelconque; tandis qu'on vérifiera l'équation (42), en prenant toujours $r^n = 1$, $r = 1$, et de plus

$$\cos nt + \sqrt{-1}\sin nt = -1, \qquad \cos nt = -1, \qquad \sin nt = 0,$$

$$nt = \pm(2k+1)\pi, \qquad t = \pm\frac{(2k+1)\pi}{n}.$$

On aura donc généralement

$$((1))^{\frac{1}{n}} = \cos\frac{2k\pi}{n} \pm \sqrt{-1}\sin\frac{2k\pi}{n} \tag{43}$$

et

$$((-1))^{\frac{1}{n}} = \cos\frac{(2k+1)\pi}{n} \pm \sqrt{-1}\sin\frac{(2k+1)\pi}{n}. \tag{44}$$

Une remarque importante à faire, c'est que les équations (43) et (44) fournissent, pour chacune des expressions $((1))^{\frac{1}{n}}$, $((-1))^{\frac{1}{n}}$, n valeurs distinctes que l'on obtient, en prenant successivement pour k les divers nombres entiers compris entre les limites -0, $\frac{n}{2}$ (*voir*, pour de plus amples développements, l'*Analyse algébrique*, Chap. VII) (¹).

Outre les puissances entières et les racines correspondantes des expressions imaginaires, on a souvent à considérer leurs puissances fractionnaires ou négatives. Ces dernières résultent d'opérations semblables à celles qui fournissent les puissances fractionnaires ou négatives des quantités réelles. Ainsi, par exemple, pour élever l'expression imaginaire $x = p + q\sqrt{-1}$ à la puissance fractionnaire du degré $\frac{m}{n}$, il faut, en supposant la fraction $\frac{m}{n}$ réduite à sa plus simple expression : 1° extraire la racine $n^{\text{ième}}$ de l'expression donnée; 2° élever cette racine à la puissance entière du degré m. Le problème pouvant être résolu de plusieurs manières, nous désignerons indistinctement l'une quelconque des puissances x, du degré $\frac{m}{n}$, par la notation $((x))^{\frac{m}{n}}$. Cela posé, si l'on élève à la puissance $m^{\text{ième}}$ les

(¹) *Œuvres de Cauchy*, S. II, T. III.

deux membres de la formule (35) ou (37), on trouvera : 1° en supposant $p > 0$,

$$((x))^{\frac{m}{n}} = r^{\frac{m}{n}}\left(\cos\frac{m}{n}\tau + \sqrt{-1}\sin\frac{m}{n}\pi\right)((1))^{\frac{m}{n}}; \tag{45}$$

2° en supposant $p < 0$,

$$((x))^{\frac{m}{n}} = r^{\frac{m}{n}}\left(\cos\frac{m}{n}\pi + \sqrt{-1}\sin\frac{m}{n}\tau\right)((-1))^{\frac{m}{n}}. \tag{46}$$

Quant aux diverses valeurs de $((1))^{\frac{m}{n}}$ ou de $((-1))^{\frac{m}{n}}$, on les obtiendra sans peine en élevant à la puissance m les deux membres de la formule (43) ou (44), et l'on reconnaîtra qu'elles coïncident avec les diverses valeurs de $((1))^{\frac{1}{n}}$ ou de $((-1))^{\frac{1}{n}}$ (*voir* l'*Analyse algébrique*, Chap. VII). Ajoutons que, si la quantité p est positive, on obtiendra une valeur particulière de $((x))^{\frac{m}{n}}$, en élevant à la puissance m les deux membres de la formule (33). Cette valeur particulière, que l'on déduit de la formule (46) en réduisant $((1))^{\frac{m}{n}}$ à l'unité, sera désignée par la notation $x^{\frac{m}{n}}$, en sorte qu'on aura

$$x^{\frac{m}{n}} = r^{\frac{m}{n}}\left(\cos\frac{m}{n}\tau + \sqrt{-1}\sin\frac{m}{n}\tau\right). \tag{47}$$

Élever l'expression imaginaire x à la puissance négative du degré $-m$, ou $-\frac{1}{n}$, ou $-\frac{m}{n}$, c'est diviser l'unité par la puissance du degré m, ou $\frac{1}{n}$, ou $\frac{m}{n}$. Le problème admettant une solution seulement dans le premier cas, et plusieurs solutions dans chacun des deux autres, on indiquera la puissance du degré $-m$ par la notation simple x^{-m}, tandis que la notation $((x))^{-\frac{1}{n}}$, ou $((x))^{-\frac{m}{n}}$ représentera une quelconque des puissances du degré $-\frac{1}{n}$, ou $-\frac{m}{n}$. Enfin on désignera par $x^{-\frac{1}{n}}$ ou par $x^{-\frac{m}{n}}$ le quotient que fournit la division de l'unité par la puissance $x^{\frac{1}{n}}$, ou $x^{\frac{m}{n}}$. Cela posé, on tirera des équations (31), (45), (46) et (47) : 1° quel que soit le signe de p,

$$(48) \qquad x^{-m} = r^{-m}(\cos mt - \sqrt{-1}\sin mt);$$

2° dans le cas où p sera positif,

$$(49) \qquad ((x))^{-\frac{m}{n}} = r^{-\frac{m}{n}}\left(\cos\frac{m}{n}\tau - \sqrt{-1}\sin\frac{m}{n}\tau\right)((1))^{-\frac{m}{n}},$$

$$(50) \qquad x^{-\frac{m}{n}} = r^{-\frac{m}{n}}\left(\cos\frac{m}{n}\tau - \sqrt{-1}\sin\frac{m}{n}\tau\right);$$

3° dans le cas où p sera négatif,

$$(51) \qquad ((x))^{-\frac{m}{n}} = r^{-\frac{m}{n}}\left(\cos\frac{m}{n}\tau - \sqrt{-1}\sin\frac{m}{n}\tau\right)((-1))^{-\frac{m}{n}}.$$

Quant aux diverses valeurs de l'expression $((1))^{-\frac{m}{n}}$, ou $((-1))^{-\frac{m}{n}}$, on reconnaîtra sans peine qu'elles coïncident avec les diverses valeurs de l'expression $((1))^{\frac{1}{n}}$, ou $((-1))^{\frac{1}{n}}$.

Il suit évidemment des formules (32), (33), (47) et (50) que, si l'on désigne par a une quantité positive ou négative, entière ou fractionnaire, on aura, en supposant $x = p + q\sqrt{-1}$, et $p > 0$,

$$(52) \qquad x^a = r^a(\cos a\tau + \sqrt{-1}\sin a\tau).$$

Cette dernière équation ayant lieu toutes les fois que la valeur numérique de la constante a est entière ou fractionnaire, l'analogie nous conduit à l'étendre au cas même où la valeur numérique de a devient irrationnelle. Alors l'équation dont il s'agit sert à fixer le sens de la notation x^a; mais il n'est plus possible de conserver dans le calcul les notations $((1))^a$, $((x))^a$, à moins de considérer chacune d'elles comme propre à représenter une infinité d'expressions imaginaires.

Lorsque la quantité p devient négative, on ne voit plus, même en supposant fractionnaire la valeur numérique de a, quelle est celle des valeurs de l'expression $((x))^a$ que l'on pourrait distinguer des autres et désigner par la notation x^a (*voir*, à ce sujet, le premier article des *Exercices de Mathématiques* pour l'année 1826) ([1]). Mais alors, $-p$ étant une quantité positive, on trouvera, pour une valeur réelle quelconque de la constante a,

$$(53) \qquad (-x)^a = r^a(\cos a\tau + \sqrt{-1}\sin a\tau).$$

Ajoutez que, si l'on désigne par a une quantité positive ou négative, entière ou fractionnaire, on aura, en supposant $p > 0$,

$$(54) \qquad ((x))^a = x^a((1))^a,$$

$$(55) \qquad ((1))^a = \cos 2ka\pi + \sqrt{-1}\sin 2ka\pi,$$

et, en supposant $v < 0$,

$$(56) \qquad ((x))^a = (-x)^a((-1))^a,$$

$$(57) \qquad ((-1))^a = \cos[(2k+1)a\pi] + \sqrt{-1}\sin[(2k+1)a\pi].$$

Considérons maintenant les six notations

$$(58) \qquad \left\{ \begin{array}{lll} A^x, & \sin x, & \cos x, \\ Lx, & \arcsin x, & \arccos x. \end{array} \right.$$

Si l'on attribue à la variable x une valeur réelle, ces six notations représenteront autant de fonctions réelles de x, qui, prises deux à deux, seront *inverses* l'une de l'autre, c'est-à-dire données par des opérations inverses, pourvu toutefois que, A désignant un nombre, L exprime la caractéristique des logarithmes dans le système dont la base est A. Il reste à fixer le sens de ces mêmes notations dans le cas où la variable x devient imaginaire. C'est ce que je vais faire ici en commençant par les trois premières.

On a prouvé que, dans le cas où la variable x est supposée réelle, les trois fonctions représentées par

$$A^x, \quad \sin x, \quad \cos x$$

([1]) *OEuvres de Cauchy*, S. II, T. VI, p. 11.

sont toujours développables en séries convergentes ordonnées suivant les puissances ascendantes et entières de cette variable. On a en effet, dans cette hypothèse (*voir* la neuvième Leçon),

$$\text{(59)} \qquad A^x = 1 + \frac{x}{1}\,\mathrm{l}A + \frac{x^2}{1.2}(\mathrm{l}A)^2 + \frac{x^2}{1.2.3}(\mathrm{l}A)^3 + \ldots,$$

$$\text{(60)} \qquad \cos x = 1 - \frac{x^2}{1.2} + \frac{x^4}{1.2.3.4} - \ldots,$$

$$\text{(61)} \qquad \sin x = \frac{x}{1} - \frac{x^3}{1.2.3} + \frac{x^5}{1.2.3.4.5} + \ldots,$$

la caractéristique l indiquant un logarithme népérien. De plus, comme, en vertu des remarques faites dans la dixième Leçon (page 386), les séries qu'on vient de rappeler restent convergentes pour toutes les valeurs réelles ou imaginaires de la variable x, on est convenu d'étendre les équations (59), (60), (61) à tous les cas possibles, et de les considérer comme pouvant servir à fixer, lors même que la variable devient imaginaire, le sens des trois notations

$$A^x, \quad \sin x, \quad \cos x.$$

Observons à présent que, si, dans l'équation (59), on fait $A = e$ (e désignant la base des logarithmes népériens), on en tirera

$$\text{(62)} \qquad e^x = 1 + \frac{x}{1} + \frac{x^2}{1.2} + \ldots;$$

puis, en écrivant successivement, au lieu de x,

$$x\,\mathrm{l}A, \quad x\sqrt{-1}, \quad -x\sqrt{-1},$$

$$\text{(63)} \qquad e^{x\,\mathrm{l}A} = 1 + \frac{x}{1}\,\mathrm{l}A + \frac{x^2}{1.2}(\mathrm{l}A)^2 + \frac{x^3}{1.2.3}(\mathrm{l}A)^3 + \ldots,$$

$$\text{(64)} \qquad \left\{\begin{aligned} e^{x\sqrt{-1}} &= 1 + \frac{x}{1}\sqrt{-1} - \frac{x^2}{1.2} - \frac{x^3}{1.2.3}\sqrt{-1} + \ldots, \\ e^{-x\sqrt{-1}} &= 1 - \frac{x}{1}\sqrt{-1} - \frac{x^2}{1.2} + \frac{x^3}{1.2.3}\sqrt{-1} + \ldots. \end{aligned}\right.$$

On aura, par suite,

$$(65)\qquad e^{x\,\mathrm{l}A} = A^x,$$

$$(66)\qquad \begin{cases} e^{x\sqrt{-1}} = \cos x + \sqrt{-1}\sin x, \\ e^{-x\sqrt{-1}} = \cos x - \sqrt{-1}\sin x, \end{cases}$$

et l'on conclura des équations (66)

$$(67)\qquad \cos x = \frac{e^{x\sqrt{-1}} + e^{-x\sqrt{-1}}}{2}, \qquad \sin x = \frac{e^{x\sqrt{-1}} - e^{-x\sqrt{-1}}}{2\sqrt{-1}},$$

la variable x pouvant toujours être réelle ou imaginaire. Cela posé, il sera facile d'obtenir sous forme finie les valeurs de e^x, A^x, $\sin x$ et $\cos x$ correspondantes à une valeur imaginaire $p+q\sqrt{-1}$ de la variable x; et d'abord, en ayant égard à la formule (67) de la neuvième Leçon, on trouvera

$$e^x = e^{p+q\sqrt{-1}} = 1 + p + q\sqrt{-1} + \frac{(p+q\sqrt{-1})^2}{1.2} + \frac{(p+q\sqrt{-1})^3}{1.2.3} + \ldots$$
$$= e^p(\cos q + \sqrt{-1}\sin q).$$

On aura donc

$$(68)\qquad e^x = e^p(\cos q + \sqrt{-1}\sin q).$$

De plus, la valeur de e^x étant déterminée par l'équation (68), les valeurs des notations

$$(69)\qquad A^x,\quad \sin x,\quad \cos x$$

se déduiront immédiatement des formules (65) et (67), et l'on reconnaîtra que ces notations doivent être employées pour représenter les expressions imaginaires

$$(70)\qquad \begin{cases} A^p(\cos q\,\mathrm{l}A + \sqrt{-1}\sin q\,\mathrm{l}A), \\ \dfrac{e^q+e^{-q}}{2}\sin p + \dfrac{e^q-e^{-q}}{2}\cos p\sqrt{-1}, \\ \dfrac{e^q+e^{-q}}{2}\cos p - \dfrac{e^q-e^{-q}}{2}\sin p\sqrt{-1}. \end{cases}$$

Ajoutons que l'équation (68) peut être présentée sous la forme

$$(71) \qquad e^x = e^p e^{q\sqrt{-1}}.$$

Or, à l'aide de cette dernière et des équations (65), (66), on étendra sans peine à des valeurs imaginaires quelconques des variables x, y les formules communes qui expriment les propriétés des fonctions e^x, A^x, $\cos x$, $\sin x$. On trouvera, par exemple,

$$(72) \qquad e^{x+y} = e^x e^y,$$

$$(73) \qquad A^{x+y} = A^x A^y,$$

$$(74) \qquad \begin{cases} \cos(x+y) = \cos x \cos y - \sin x \sin y, \\ \sin(x+y) = \sin x \cos y + \sin y \cos x, \end{cases}$$

$$\sin\left(\frac{\pi}{2} - x\right) = \cos x, \qquad \cos\left(\frac{\pi}{2} - x\right) = \sin x, \qquad \ldots$$

Concevons maintenant que l'on cherche les diverses valeurs réelles ou imaginaires de y et de z propres à résoudre les deux équations

$$(76) \qquad e^y = x,$$

$$(77) \qquad A^z = x.$$

Ces diverses valeurs seront les divers logarithmes de x calculés : 1° dans le système népérien; 2° dans le système dont la base est A, et représentés par l'une des notations

$$\mathrm{l}((x)), \quad \mathrm{L}((x)).$$

De plus, comme on aura, en vertu de la formule (65),

$$A^z = e^{z\,\mathrm{l}A},$$

il est clair que les inconnues y et z seront assujetties à l'équation de condition

$$y = z\,\mathrm{l}A \qquad \text{ou} \qquad z = \frac{y}{\mathrm{l}A};$$

en sorte qu'on trouvera

$$(78) \qquad \mathrm{L}((x)) = \frac{\mathrm{l}((x))}{\mathrm{l}A}.$$

Donc, pour obtenir les logarithmes de x dans le système dont la base est A, il suffira de diviser par lA les logarithmes népériens de la même variable, et par conséquent on pourra se contenter de résoudre l'équation (76). Or, si l'on pose

$$x = p + q\sqrt{-1} \quad \text{et} \quad y = \mathrm{P} + \mathrm{Q}\sqrt{-1},$$

P, Q désignant, ainsi que p et q, des quantités réelles, l'équation (76) donnera

$$e^{\mathrm{P}+\mathrm{Q}\sqrt{-1}} = e^{\mathrm{P}}(\cos\mathrm{Q} + \sqrt{-1}\sin\mathrm{Q}) = p + q\sqrt{-1},$$

puis l'on en tirera : 1° en supposant $p > 0$, désignant par k un nombre entier quelconque, et ayant égard à la formule (28),

$$e^{\mathrm{P}}(\cos\mathrm{Q} + \sqrt{-1}\sin\mathrm{Q}) = r(\cos\tau + \sqrt{-1}\sin\tau),$$
$$e^{\mathrm{P}} = r, \qquad \mathrm{P} = \mathrm{l}r,$$
$$\cos\mathrm{Q} + \sqrt{-1}\sin\mathrm{Q} = \cos\tau + \sqrt{-1}\sin\tau,$$
$$\cos\mathrm{Q} = \cos\tau, \qquad \sin\mathrm{Q} = \sin\tau, \qquad \mathrm{Q} = \tau \pm 2k\pi;$$

2° en supposant $p < 0$, et ayant égard à la formule (29),

$$e^{\mathrm{P}}(\cos\mathrm{Q} + \sqrt{-1}\sin\mathrm{Q}) = -r(\cos\tau + \sqrt{-1}\sin\tau),$$
$$e^{\mathrm{P}} = r, \qquad \mathrm{P} = \mathrm{l}r,$$
$$\cos\mathrm{Q} + \sqrt{-1}\sin\mathrm{Q} = -(\cos\tau + \sqrt{-1}\sin\tau),$$
$$\cos\mathrm{Q} = -\cos\tau, \qquad \sin\mathrm{Q} = -\sin\tau, \qquad \mathrm{Q} = \tau \pm (2k+1)\pi.$$

On aura par suite, pour une valeur positive de p,

$$\mathrm{l}((x)) = \mathrm{l}r + \tau\sqrt{-1} \pm 2k\pi\sqrt{-1}, \tag{79}$$

et, pour une valeur négative de p,

$$\mathrm{l}((x)) = \mathrm{l}r + \tau\sqrt{-1} \pm (2k+1)\pi\sqrt{-1}. \tag{80}$$

Si l'on fait en particulier $x = 1$ ou $x = -1$, on tirera de la formule (79) ou (80)

$$\mathrm{l}((1)) = \pm 2k\pi\sqrt{-1} \tag{81}$$

ou

$$(82) \qquad l((-1)) = \pm(2k+1)\pi\sqrt{-1},$$

puis l'on conclura des quatre dernières équations : 1° en supposant $p > 0$,

$$(83) \qquad l((x)) = lr + \tau\sqrt{-1} + l((1));$$

2° en supposant $p < 0$,

$$(84) \qquad l((x)) = lr + \tau\sqrt{-1} + l((-1)).$$

Dans le cas où la quantité p reste positive, le plus simple de tous les logarithmes de x est celui qu'on obtient en faisant $k = 0$ dans l'équation (79), et $l((1)) = 0$ dans l'équation (83). Ce même logarithme qui, pour une valeur nulle de q, se réduit au logarithme réel de p, sera celui que nous désignerons par la notation lx, en sorte qu'on aura, en supposant $p > 0$,

$$(85) \qquad lx = lr + \tau\sqrt{-1}.$$

Cela posé, on trouvera évidemment, pour des valeurs positives de la quantité p,

$$(86) \qquad l((x)) = lx + l((1)),$$

et, pour des valeurs négatives de p,

$$(87) \qquad l((x)) = l(-x) + l((-1)).$$

De plus, si, p étant positif, on supprime les parenthèses doubles renfermées dans le second membre de l'équation (78), on obtiendra une valeur de $L((x))$, que nous désignerons par la notation Lx, en sorte qu'on aura

$$(88) \qquad Lx = \frac{lx}{lA} = Lr + \frac{\tau}{lA}\sqrt{-1}.$$

Ajoutons que l'on ne fera jamais usage des notations lx ou Lx dans le cas où la quantité p sera négative.

Après avoir calculé les divers logarithmes de l'expression imaginaire

$$x = p + q\sqrt{-1},$$

proposons-nous de trouver les arcs imaginaires dont le sinus est égal à x. Si l'on désigne par

$$(89)\qquad \operatorname{arc}\sin((x)) = P + Q\sqrt{-1}$$

l'un quelconque de ces arcs, on aura, pour déterminer $P + Q\sqrt{-1}$, l'équation

$$(90)\qquad \sin(P + Q\sqrt{-1}) = x = p + q\sqrt{-1}$$

ou, ce qui revient au même, la suivante

$$\frac{e^{Q} + e^{-Q}}{2}\sin P + \sqrt{-1}\,\frac{e^{Q} - e^{-Q}}{2}\cos P = p + q\sqrt{-1},$$

laquelle se divise en deux autres, savoir

$$(91)\qquad \frac{e^{Q} + e^{-Q}}{2}\sin P = p, \qquad \frac{e^{Q} - e^{-Q}}{2}\cos P = +q.$$

A ces dernières on peut substituer le système équivalent des deux formules

$$(92)\qquad e^{Q} = \frac{p}{\sin P} + \frac{q}{\cos P}, \qquad e^{-Q} = \frac{p}{\sin P} - \frac{q}{\cos P}.$$

De plus, si l'on élimine Q entre les formules (92), on en tirera successivement

$$(93)\qquad \frac{p^2}{\sin^2 P} - \frac{q^2}{\cos^2 P} = 1,$$

$$(94)\qquad \cos^4 P - (1 - p^2 - q^2)\cos^2 P - q^2 = 0;$$

puis, en observant que $\cos^2 P$ est nécessairement une quantité positive,

$$(95)\qquad \left\{\begin{aligned} \cos^2 P &= \frac{1 - p^2 - q^2}{2} + \sqrt{\left(\frac{1 - p^2 - q^2}{2}\right)^2 + q^2} \\ &= \frac{q^2}{-\frac{1 - p^2 - q^2}{2} + \sqrt{\left(\frac{1 - p^2 - q^2}{2}\right)^2 + q^2}}. \end{aligned}\right.$$

On aura par suite

$$(96)\qquad \sin^2 P = 1 - \cos^2 P = \frac{1+p^2+q^2}{2} - \sqrt{\left(\frac{1+p^2+q^2}{2}\right)^2 - p^2}$$

ou, ce qui revient au même,

$$(97)\qquad \sin^2 P = \frac{p^2}{\frac{1+p^2+q^2}{2} + \sqrt{\left(\frac{1+p^2+q^2}{2}\right)^2 - p^2}};$$

et, comme, en vertu de la première des équations (91), $\sin P$ et p devront être des quantités du même signe, on trouvera, en extrayant les racines carrées des deux membres de la formule (97),

$$(98)\qquad \sin P = \frac{p}{\left[\frac{1+p^2+q^2}{2} + \sqrt{\left(\frac{1+p^2+q^2}{2}\right)^2 - p^2}\right]^{\frac{1}{2}}}.$$

Cela posé, si l'on fait, pour plus de commodité,

$$(99)\qquad \mathcal{P} = \arcsin \frac{p}{\left[\frac{1+p^2+q^2}{2} + \sqrt{\left(\frac{1+p^2+q^2}{2}\right)^2 - p^2}\right]^{\frac{1}{2}}},$$

on tirera de l'équation (98)

$$(100)\qquad P = \frac{\pi}{2} \pm \left(\mathcal{P} - \frac{\pi}{2}\right) \pm 2k,$$

k désignant un nombre entier quelconque; et de la première des formules (92)

$$(101)\qquad Q = 1\left(\frac{p}{\sin P} + \frac{q}{\cos P}\right) = 1\left(\frac{p}{\sin \mathcal{P}} \pm \frac{q}{\cos \mathcal{P}}\right).$$

D'ailleurs, l'équation (93) devant être vérifiée quand on y pose

$$P = \frac{\pi}{2} \pm \left(\mathcal{P} - \frac{\pi}{2}\right) \pm 2k\pi,$$

on en conclura

$$(102)\qquad \frac{p^2}{\sin^2 \mathcal{P}} - \frac{q^2}{\cos^2 \mathcal{P}} = \left(\frac{p}{\sin \mathcal{P}} + \frac{q}{\cos \mathcal{P}}\right)\left(\frac{p}{\sin \mathcal{P}} - \frac{q}{\cos \mathcal{P}}\right) = 1$$

et, par suite,

$$(103)\qquad \mathrm{l}\left(\frac{p}{\sin\mathfrak{P}} - \frac{q}{\cos\mathfrak{P}}\right) = -\mathrm{l}\left(\frac{p}{\sin\mathfrak{P}} + \frac{q}{\cos\mathfrak{P}}\right).$$

Il en résulte que la valeur de Q pourra être présentée sous la forme

$$(104)\qquad Q = \pm\,\mathrm{l}\left(\frac{p}{\sin\mathfrak{P}} + \frac{q}{\cos\mathfrak{P}}\right).$$

Il importe d'observer : 1° que, dans la formule (104), on devra toujours réduire le double signe $\pm$ à celui qui affectera le binôme $\mathfrak{P} - \frac{\pi}{2}$ dans l'équation (100); 2° que la valeur trouvée de Q pouvait se tirer de la seconde des équations (92) aussi bien que de la première. En substituant cette valeur de Q avec la valeur générale de P dans la formule (89), et faisant, pour abréger,

$$(105)\qquad \mathfrak{Q} = \mathrm{l}\left(\frac{p}{\sin\mathfrak{P}} + \frac{q}{\cos\mathfrak{P}}\right),$$

on aura définitivement

$$(106)\qquad \operatorname{arc}\sin((x)) = \frac{\pi}{2} \pm \left(\mathfrak{P} + \mathfrak{Q}\sqrt{-1} - \frac{\pi}{2}\right) \pm 2k\pi.$$

Parmi les diverses valeurs de $\operatorname{arc}\sin((x))$ que fournit l'équation précédente, la plus simple est celle qu'on obtient en posant $k = 0$ et en réduisant au signe $+$ le double signe qui affecte le trinôme $\mathfrak{P} + \mathfrak{Q}\sqrt{-1} - \frac{\pi}{2}$. Nous la désignerons à l'aide de parenthèses simples, et nous écrirons en conséquence

$$(107)\qquad \operatorname{arc}\sin(x) = \mathfrak{P} + \mathfrak{Q}\sqrt{-1},$$

ou même, en supprimant tout à fait les parenthèses,

$$(108)\qquad \operatorname{arc}\sin x = \mathfrak{P} + \mathfrak{Q}\sqrt{-1}.$$

D'autre part, si l'on observe que $\pm 2k\pi + \frac{\pi}{2}$ représente un quelconque des arcs qui ont l'unité pour sinus, on reconnaîtra que l'équation (106) peut être mise sous la forme

$$(109)\qquad \arcsin((x)) = \pm\left(\arcsin x - \frac{\pi}{2}\right) + \arcsin((1)).$$

Il serait facile d'exprimer la quantité $\mathfrak{Q}$ en fonction de p et de q. En effet, si l'on remplace P par $\mathfrak{P}$ dans les formules (98) et (95), on en tirera, en observant que $\cos\mathfrak{P}$ est essentiellement positif,

$$(110)\qquad \left\{\begin{aligned} \sin\mathfrak{P} &= \frac{p}{\left[\frac{p^2+q^2+1}{2} + \sqrt{\left(\frac{p^2+q^2+1}{2}\right)^2 - p^2}\right]^{\frac{1}{2}}},\\ \cos\mathfrak{P} &= \frac{\sqrt{q^2}}{\left[\frac{p^2+q^2+1}{2} + \sqrt{\left(\frac{p^2+q^2+1}{2}\right)^2 - p^2}\right]^{\frac{1}{2}}}.\end{aligned}\right.$$

Donc l'équation (105) donnera

$$(111)\quad \mathfrak{Q} = 1\left\{\left[\frac{p^2+q^2+1}{2} + \sqrt{\left(\frac{p^2+q^2+1}{2}\right)^2 - p^2}\right]^{\frac{1}{2}} + \frac{q}{\sqrt{q^2}}\left[\frac{p^2+q^2-1}{2} + \sqrt{\left(\frac{p^2+q^2+1}{2}\right)^2 - p^2}\right]^{\frac{1}{2}}\right\}$$

ou, ce qui revient au même,

$$(112)\quad \mathfrak{Q} = \pm 1\left\{\left[\frac{p^2+q^2+1}{2} + \sqrt{\left(\frac{p^2+q^2+1}{2}\right)^2 - p^2}\right]^{\frac{1}{2}} + \left[\frac{p^2+q^2-1}{2} + \sqrt{\left(\frac{p^2+q^2+1}{2}\right)^2 - p^2}\right]^{\frac{1}{2}}\right\},$$

le double signe devant être réduit au signe $+$ ou au signe $-$, suivant que l'on aura $q = \sqrt{q^2}$ ou $q = -\sqrt{q^2}$, c'est-à-dire suivant que la quantité q sera positive ou négative.

Dans le cas particulier où l'on a $q = 0$, les formules (99) et (112) donnent

$$(113)\qquad \left\{\begin{aligned} \mathfrak{P} &= \arcsin\frac{p}{\left[\frac{1+p^2}{2} + \sqrt{\left(\frac{1-p^2}{2}\right)^2}\right]^{\frac{1}{2}}},\\ \mathfrak{Q} &= \pm 1\left\{\left[\frac{p^2+1}{2} + \sqrt{\left(\frac{1-p^2}{2}\right)^2}\right]^{\frac{1}{2}} + \left[\frac{p^2-1}{1} + \sqrt{\left(\frac{1-p^2}{2}\right)^2}\right]^{\frac{1}{2}}\right\}.\end{aligned}\right.$$

On trouve par suite, en supposant $p^2 < 1$,

$$(114) \qquad \mathfrak{P} = \operatorname{arc}\sin p, \qquad \mathfrak{Q} = \pm\, \mathrm{l}(1) = 0,$$

et, en supposant $p^2 > 1$,

$$(115) \qquad \mathfrak{P} = \operatorname{arc}\sin \frac{p}{\sqrt{p^2}} = \operatorname{arc}\sin(\pm 1), \qquad \mathfrak{Q} = \pm\, \mathrm{l}(\sqrt{p^2} + \sqrt{p^2 - 1}).$$

Dans la première hypothèse, la formule (108) se réduit, comme on devait s'y attendre, à l'équation identique

$$\operatorname{arc}\sin p = \operatorname{arc}\sin p,$$

et la formule (106) devient

$$(116) \qquad \operatorname{arc}\sin((p)) = \frac{\pi}{2} \pm \left(\operatorname{arc}\sin p - \frac{\pi}{2}\right) \pm 2k\pi.$$

Dans le second cas, la quantité $\mathfrak{Q}$ admettant, non plus une seule valeur, mais deux valeurs égales et de signes contraires, le second membre de l'équation (108) cesse d'être complètement déterminé. On doit donc alors s'abstenir d'employer la notation arc sin p; mais on tire des équations (106) et (115) : 1° en supposant $p > 0$,

$$(117) \qquad \operatorname{arc}\sin((p)) = \frac{\pi}{2} \pm 2k\pi \pm \sqrt{-1}\, \mathrm{l}(p + \sqrt{p^2 - 1});$$

2° en supposant $p < 0$,

$$(118) \qquad \operatorname{arc}\sin((p)) = \frac{\pi}{2} \pm (2k \pm 1)\pi \pm \sqrt{-1}\, \mathrm{l}(-p + \sqrt{p^2 - 1}).$$

Dans le cas particulier où l'on a $p = 0$, les formules (99) et (112) donnent

$$(119) \qquad \mathfrak{P} = \operatorname{arc}\sin(0) = 0, \qquad \mathfrak{Q} = \mathrm{l}(q + \sqrt{q^2 + 1}).$$

Par suite, les formules (106), (108) se réduisent à

$$(120) \qquad \operatorname{arc}\sin((q\sqrt{-1})) = \frac{\pi}{2} \pm 2k\pi \pm \left[\frac{\pi}{2} - \sqrt{-1}\, \mathrm{l}(q + \sqrt{q^2 + 1})\right],$$

$$(121) \qquad \operatorname{arc}\sin(q\sqrt{-1}) = \sqrt{-1}\, \mathrm{l}(q + \sqrt{q^2 + 1}).$$

Considérons maintenant les arcs imaginaires dont le cosinus est $x = p + q\sqrt{-1}$. Si l'on désigne par

$$z = \operatorname{arc}\cos((x)) \tag{122}$$

l'un quelconque de ces arcs, on aura, pour déterminer z, l'équation

$$\cos z = x. \tag{123}$$

D'ailleurs la première des équations (75) donnera

$$\cos z = \sin\left(\frac{\pi}{2} - z\right). \tag{124}$$

Donc l'équation (123) pourra s'écrire comme il suit :

$$\sin\left(\frac{\pi}{2} - z\right) = x. \tag{125}$$

Or on tirera de cette dernière

$$\frac{\pi}{2} - z = \operatorname{arc}\sin((x)). \tag{126}$$

Donc les diverses valeurs de $z = \operatorname{arc}\cos((x))$ seront déterminées par la formule

$$\operatorname{arc}\cos((x)) = \frac{\pi}{2} - \operatorname{arc}\sin((x)). \tag{127}$$

Parmi ces valeurs, il en existe une qui mérite d'être remarquée, savoir, celle qu'on obtient, en remplaçant, dans le second membre de la formule (127), les doubles parenthèses par des parenthèses simples. Nous désignerons encore, à l'aide de parenthèses simples, la valeur dont il s'agit, et nous écrirons, en conséquence,

$$\operatorname{arc}\cos(x) = \frac{\pi}{2} - \operatorname{arc}\sin(x) \tag{128}$$

ou même, en supprimant tout à fait les parenthèses,

$$\operatorname{arc}\cos x = \frac{\pi}{2} - \operatorname{arc}\sin x. \tag{129}$$

Cela posé, on tirera évidemment de l'équation (108)

$$\text{arc}\cos x = \frac{\pi}{2} - \mathfrak{P} - \mathfrak{Q}\sqrt{-1}, \tag{130}$$

les valeurs des quantités $\mathfrak{P}$, $\mathfrak{Q}$ étant toujours déterminées par les formules (99) et (111). De plus on conclura de la formule (109), combinée avec les équations (127) et (129),

$$\text{arc}\cos((x)) = \pm\, \text{arc}\cos x \pm \text{arc}\cos(1). \tag{131}$$

Considérons, en particulier, le cas où l'on a $q = 0$. Alors, si l'on suppose $p^2 < 1$, l'équation (130) se réduira, comme on devait s'y attendre, à l'équation identique

$$\text{arc}\cos p = \text{arc}\cos p,$$

et la formule (131) deviendra

$$\text{arc}\cos((p)) = \pm\, 2k\pi \pm \text{arc}\cos p. \tag{132}$$

Si l'on suppose, au contraire, $p^2 > 1$, la quantité Q acquerra deux valeurs égales, mais de signes différents, et l'on devra, par suite, s'abstenir d'employer la notation $\text{arc}\cos p$; tandis que l'on tirera des formules (117), (118) et (127) : 1° en supposant $p > 0$,

$$\text{arc}\cos((p)) = \pm\, 2k\pi \mp \sqrt{-1}\,\text{l}(p + \sqrt{p^2 - 1}), \tag{133}$$

2° en supposant $p < 0$,

$$\text{arc}\cos((p)) = \mp\, (2k \pm 1)\pi \mp \sqrt{-1}\,\text{l}(-p + \sqrt{p^2 - 1}). \tag{134}$$

Dans le cas où l'on suppose $p = 0$, on tire des formules (120), (121) et (127)

$$\text{arc}\cos((q\sqrt{-1})) = \mp\, 2k\pi \pm \left[\frac{\pi}{2} - \sqrt{-1}\,\text{l}(q + \sqrt{q^2 + 1})\right], \tag{135}$$

$$\text{arc}\cos(q\sqrt{-1}) = \frac{\pi}{2} - \sqrt{-1}\,\text{l}(q + \sqrt{q^2 + 1}). \tag{136}$$

Nous avons précédemment observé que les formules (72), (73),

(74), (75), etc., qui expriment les propriétés connues des fonctions A^x, $\cos x$, $\sin x$, ..., peuvent être étendues à des valeurs imaginaires quelconques des variables x, y. Si l'on considère, au contraire, des formules dans lesquelles entrent les fonctions inverses

$$lx, \quad Lx, \quad \arcsin x, \quad \arccos x,$$

on trouvera le plus souvent que ces formules, étendues au cas où les variables deviennent imaginaires, ne subsistent qu'avec des restrictions considérables. Par exemple, si l'on fait

$$(137) \quad x = p + q\sqrt{-1}, \qquad y = p_1 + q_1\sqrt{-1}, \qquad z = p_2 + q_2\sqrt{-1}, \qquad \ldots;$$

et, si l'on désigne par a une quantité réelle quelconque, la formule connue

$$(138) \qquad Lx + Ly + Lz + \ldots = L(xyz\ldots)$$

subsistera seulement dans le cas où, p, p_1, p_2, ... étant positifs, la somme

$$(139) \qquad \operatorname{arc\,tang}\frac{q}{p} + \operatorname{arc\,tang}\frac{q_1}{p_1} + \operatorname{arc\,tang}\frac{q_2}{p_2} + \ldots$$

restera comprise entre les limites $-\frac{\pi}{2}$, $+\frac{\pi}{2}$, et la formule

$$(140) \qquad Lx^a = a\,Lx,$$

dans le cas où le produit

$$(141) \qquad a \operatorname{arc\,tang}\frac{q}{p}$$

sera compris entre les mêmes limites. Ajoutons que, si, dans l'équation (138), on remplace les parenthèses simples par des parenthèses doubles, la formule ainsi obtenue, savoir

$$(142) \qquad L((xyz\ldots)) = L((x)) + L((y)) + L((z)) + \ldots,$$

devra être considérée comme exacte, parce qu'à chacune des valeurs du second membre on pourra faire correspondre une valeur égale du premier. Quant à la valeur générale de $L((x^a))$, elle se déduira immédiatement des deux équations

$$(143)\qquad \begin{cases} L((x^a)) = \dfrac{l((x^a))}{lA}, \\ l((x^a)) = l((e^{a\,lx})) = a\,lx \pm 2k\pi\sqrt{-1}, \end{cases}$$

k désignant un nombre entier quelconque, et le produit (141) étant toujours renfermé entre les limites $-\frac{\pi}{2}$, $+\frac{\pi}{2}$.

Pour terminer ce que nous avions à dire sur les valeurs que prennent les fonctions simples de la variable x, quand cette variable est imaginaire, il nous reste à chercher ce que deviennent les expressions

$$x^a,\quad A^x,\quad Lx$$

lorsque les constantes a, A cessent d'être réelles. Or, si l'on étend la formule (52) au cas où, la partie réelle de x étant positive, l'exposant a devient imaginaire, cette formule suffira évidemment pour fixer, dans le cas dont il s'agit, la valeur de la notation x^a. Nous admettrons désormais cette extension de la formule (52); mais nous cesserons d'employer la notation x^a toutes les fois que la partie réelle de la variable x sera négative. Quant à la notation $((x))^a$, on ne peut en faire usage, lorsque l'exposant a n'est pas réel, à moins de la considérer comme propre à représenter une infinité d'expressions imaginaires.

Supposons maintenant que la constante A se présente sous la forme

$$(144)\qquad A = \alpha + \beta\sqrt{-1},$$

α, β désignant des quantités quelconques. Dans ce cas, si la quantité α est positive, il suffira, pour fixer le sens de la notation A^x, de concevoir que la formule (65) continue de subsister. Alors, en faisant, pour abréger,

$$(145)\qquad \rho = \sqrt{\alpha^2 + \beta^2},\qquad \upsilon = \operatorname{arc\,tang}\frac{\beta}{\alpha},$$

on trouvera

$$A = \rho(\cos\upsilon + \sqrt{-1}\sin\upsilon), \qquad lA = l\rho + \upsilon\sqrt{-1},$$

$$A^x = e^{x l\rho + \upsilon x\sqrt{-1}} = e^{x l\rho}\, e^{\upsilon x\sqrt{-1}}$$

et, par suite,

$$(146) \qquad A^x = \rho^x(\cos\upsilon x + \sqrt{-1}\sin\upsilon x).$$

On arriverait au même résultat en remplaçant, dans la formule (52),

$$x = r(\cos\tau + \sqrt{-1}\sin\tau) \quad \text{par} \quad A = \rho(\cos\upsilon + \sqrt{-1}\sin\upsilon)$$

et

$$a \quad \text{par} \quad x.$$

Si, dans le premier membre de la formule (65), on remplaçait lA par $l((A))$, l'expression qui en résulterait, savoir

$$e^{x\, l((A))},$$

offrirait une infinité de valeurs que l'on pourrait toujours calculer, quel que fût d'ailleurs le signe de la partie réelle de la constante A. Donc, si l'on admet dans le calcul la notation $((A))^x$, il faudra la considérer comme propre à représenter chacune des valeurs dont il s'agit, et par conséquent une infinité d'expressions imaginaires.

Quant aux notations

$$Lx, \quad L((x)),$$

L indiquant un logarithme pris dans un système dont la base A est imaginaire, elles désigneront nécessairement des valeurs de z propres à vérifier l'équation (77), et par conséquent elles ne devront être employées que dans le cas où l'on pourra faire usage de la notation A^z, c'est-à-dire lorsque la partie réelle de A sera positive. Il est d'ailleurs aisé de s'assurer que, dans ce même cas, les valeurs des notations $L((x))$, Lx se déduiront à l'ordinaire des formules (78) et (88).

Il est aisé de voir comment les formules connues, qui expriment les propriétés des fonctions x^a, A^x, Lx, doivent être modifiées lorsque les constantes a, A deviennent imaginaires. Par exemple, si l'on fait

$$x = p + q\sqrt{-1}, \qquad y = p_1 + q_1\sqrt{-1}, \qquad z = p_2 + q_2\sqrt{-1}, \qquad \ldots,$$

la formule (138) et la suivante

$$(147) \qquad x^a y^a z^a \ldots = (xyz\ldots)^a$$

subsisteront seulement dans le cas où, $p, p_1, p_2, \ldots$ étant positifs, la somme (139) restera comprise entre les limites $-\frac{\pi}{2}, +\frac{\pi}{2}$. Au contraire, si la partie réelle de A est positive, la formule

$$(148) \qquad A^x A^y A^z \ldots = A^{x+y+z\ldots}$$

subsistera sans aucune modification pour toutes les valeurs possibles réelles ou imaginaires des variables $x, y, z, \ldots$. Il est encore facile de s'assurer : 1° que, si l'on fait

$$a = \alpha + \beta\sqrt{-1}, \qquad x = r(\cos\tau + \sqrt{-1}\sin\tau),$$

α, β, ρ désignant des quantités réelles et τ un angle renfermé entre les limites $-\frac{\pi}{2}, +\frac{\pi}{2}$, la formule (140) subsistera seulement dans le cas où le binôme

$$(149) \qquad \alpha\tau + \beta\,l\,r$$

restera compris entre les mêmes limites; 2° que la formule (142) subsistera pour des valeurs quelconques des variables $x, y, z, \ldots$, et les formules (143) pour toutes les valeurs de x qui offriront une partie réelle positive.

Les valeurs que prennent les fonctions simples d'une variable x, quand cette variable devient imaginaire, étant fixées, comme on vient de le voir, on déterminera facilement les valeurs que peuvent prendre des fonctions composées d'une ou de plusieurs variables réelles ou imaginaires. Parmi les fonctions de cette dernière espèce, il en est quelques-unes que l'on rencontre souvent dans l'Analyse. Telles sont, par exemple, les quatre fonctions

$$(150)\qquad \operatorname{tang} x,\quad \cot x,\quad \operatorname{séc} x,\quad \operatorname{cosé c} x,$$

que l'on peut considérer comme composées et définies par les formules

$$(151)\qquad \begin{cases} \operatorname{tang} x = \dfrac{\sin x}{\cos x}, & \cot x = \dfrac{\cos x}{\sin x}, \\ \operatorname{séc} x = \dfrac{1}{\cos x}, & \operatorname{coséc} x = \dfrac{1}{\sin x}. \end{cases}$$

Tels sont encore les arcs de cercle dont la tangente, la cotangente, la sécante ou la cosécante seraient représentées par x. Pour faire voir comment on peut fixer les valeurs des arcs dont il s'agit, désignons par

$$(152)\qquad z = \operatorname{arc}\operatorname{tang}((x))$$

l'un quelconque de ceux dont la tangente est égale à x. On aura

$$(153)\qquad x = \operatorname{tang} z = \frac{\sin z}{\cos z} = \frac{e^{z\sqrt{-1}} - e^{-z\sqrt{-1}}}{\left(e^{z\sqrt{-1}} + e^{-z\sqrt{-1}}\right)\sqrt{-1}} = \frac{1}{\sqrt{-1}}\,\frac{e^{2z\sqrt{-1}} - 1}{e^{2z\sqrt{-1}} + 1};$$

puis on en conclura

$$(154)\qquad e^{2z\sqrt{-1}} = \frac{1 + x\sqrt{-1}}{1 - x\sqrt{-1}}$$

et, par conséquent,

$$\begin{aligned} 2z\sqrt{-1} &= 2\sqrt{-1}\operatorname{arc}\operatorname{tang} x \\ &= \mathrm{l}\left(\left(\frac{1 + x\sqrt{-1}}{1 - x\sqrt{-1}}\right)\right) = \mathrm{l}((1 + x\sqrt{-1})) - \mathrm{l}((1 - x\sqrt{-1})) \end{aligned}$$

ou, ce qui revient au même,

$$(155)\qquad \operatorname{arc}\operatorname{tang}((x)) = \frac{\mathrm{l}((1 + x\sqrt{-1})) - \mathrm{l}((1 - x\sqrt{-1}))}{2\sqrt{-1}}.$$

Observons d'ailleurs que, dans le cas où la variable x reste réelle, l'équation (155) subsiste lors même qu'on y supprime les doubles parenthèses. Alors, en effet, on tire de l'équation (85)

$$l(1+x\sqrt{-1}) = \frac{1}{2} l(1+x^2) + \sqrt{-1} \operatorname{arc\,tang} x,$$

$$l(1-x\sqrt{-1}) = \frac{1}{2} l(1+x^2) - \sqrt{-1} \operatorname{arc\,tang} x$$

et, par suite,

$$(156) \qquad \operatorname{arc\,tang} x = \frac{l(1+x\sqrt{-1}) - l(1-x\sqrt{-1})}{2\sqrt{-1}}.$$

Or il suffit évidemment d'étendre cette dernière formule au cas où la variable x devient imaginaire, pour fixer, dans ce dernier cas, le sens de la notation

$$(157) \qquad \operatorname{arc\,tang} x.$$

C'est ce que nous ferons désormais. On trouvera donc, en prenant $x = p + q\sqrt{-1}$,

$$(158) \qquad \operatorname{arc\,tang} x = \frac{l(1-q+p\sqrt{-1}) - l(1+q-p\sqrt{-1})}{2\sqrt{-1}};$$

puis on en conclura, en supposant $q^2 < 1$,

$$(159) \qquad \left\{ \begin{aligned} \operatorname{arc\,tang} x = {} & \frac{1}{2}\left(\operatorname{arc\,tang} \frac{p}{1-q} + \operatorname{arc\,tang} \frac{p}{1+q}\right) \\ & + \frac{\sqrt{-1}}{4} l\left[\frac{p^2+(1+q)^2}{p^2+(1-q)^2}\right]. \end{aligned} \right.$$

Si l'on supposait, au contraire, $q^2 > 1$, il faudrait renoncer à se servir de l'une des notations

$$l(1-q+p\sqrt{-1}), \quad l(1+q-p\sqrt{-1}),$$

et par conséquent de la notation

$$\operatorname{arc\,tang} x.$$

Lorsque la condition $q^2 < 1$ se trouve remplie, chacune des différences

$$l((1+x\sqrt{-1})) - l(1+x\sqrt{-1}), \quad l((1-x\sqrt{-1})) - l(1-x\sqrt{-1})$$

est de la forme

$$\pm 2k\pi\sqrt{-1},$$

k désignant un nombre entier, et par suite la différence

$$\operatorname{arc\,tang}((x)) - \operatorname{arc\,tang} x$$
$$= \frac{l((1+x\sqrt{-1})) - l(1+x\sqrt{-1}) + l((1-x\sqrt{-1})) - l(1-x\sqrt{-1})}{2\sqrt{-1}}$$

est de la forme

$$\pm k\pi.$$

On a donc alors

$$(160)\qquad \operatorname{arc\,tang}((x)) = \operatorname{arc\,tang} x \pm k\pi$$

ou, ce qui revient au même,

$$(161)\qquad \operatorname{arc\,tang}((x)) = \operatorname{arc\,tang} x + \operatorname{arc\,tang}((0)).$$

Lorsqu'on suppose en même temps $p = 0$ et $q^2 < 1$, on tire de la formule (158)

$$(162)\qquad \operatorname{arc\,tang}(q\sqrt{-1}) = \frac{l(1-q) - l(1+q)}{2\sqrt{-1}} = \frac{\sqrt{-1}}{2}\, l\left(\frac{1+q}{1-q}\right).$$

Après avoir déterminé, par la formule (155), la valeur de l'un quelconque des arcs qui ont x pour tangente, on en déduira sans peine la valeur de l'un quelconque de ceux qui ont x pour cotangente. En effet, si l'on désigne par

$$(163)\qquad z = \operatorname{arc\,cot}((x))$$

l'un de ces derniers arcs, on aura

$$x = \cot z = \frac{\cos z}{\sin z} = \frac{1}{\operatorname{tang} z}$$

et, par suite,

$$\operatorname{tang} z = \frac{1}{x}, \qquad z = \operatorname{arc\,tang}\left(\left(\frac{1}{x}\right)\right)$$

ou, ce qui revient au même,

$$(164)\qquad \operatorname{arc\,cot}((x)) = \operatorname{arc\,tang}\left(\left(\frac{1}{x}\right)\right).$$

Lorsque, dans le rapport $\frac{1}{x}$, le coefficient de $\sqrt{-1}$ a une valeur numérique plus petite que l'unité, alors, en supprimant les doubles parenthèses dans le second membre de la formule (164), on obtient une valeur particulière de $\operatorname{arc}\cot((x))$ que nous désignerons par

$$\operatorname{arc}\cot x,$$

en sorte qu'on aura

$$\operatorname{arc}\cot x = \operatorname{arc}\operatorname{tang}\frac{1}{x}. \tag{165}$$

Par des raisonnements semblables à ceux qui précèdent, on pourrait encore ramener la détermination des arcs qui ont x pour sécante ou pour cosécante à la détermination des arcs dont on connaît le sinus ou le cosinus, et l'on établirait les formules

$$\operatorname{arc}\operatorname{séc}((x)) = \operatorname{arc}\cos\left(\left(\frac{1}{x}\right)\right), \tag{166}$$

$$\operatorname{arc}\operatorname{coséc}((x)) = \operatorname{arc}\sin\left(\left(\frac{1}{x}\right)\right), \tag{167}$$

$$\operatorname{arc}\operatorname{séc} x = \operatorname{arc}\cos\frac{1}{x}, \tag{168}$$

$$\operatorname{arc}\operatorname{coséc} x = \operatorname{arc}\sin\frac{1}{x}. \tag{169}$$

DOUZIÈME LEÇON.

DIFFÉRENTIELLES ET DÉRIVÉES DES DIVERS ORDRES POUR LES FONCTIONS D'UNE VARIABLE IMAGINAIRE.

Concevons que l'on étende les définitions que nous avons données pour les différentielles et les dérivées des variables et des fonctions réelles, au cas même où ces variables et fonctions deviennent imaginaires. Alors, en partant des principes exposés dans la Leçon précédente, on déterminera sans peine ces différentielles et ces dérivées, ainsi qu'on va le faire voir.

J'observerai d'abord que, si l'on représente par

$$(1) \qquad i = \alpha + \beta\sqrt{-1} = \rho(\cos\upsilon + \sqrt{-1}\sin\upsilon)$$

une expression imaginaire infiniment petite, α, β, ρ, υ désignant quatre quantités réelles dont les trois premières soient infiniment petites et la quatrième positive, on aura, en vertu des formules (62) et (61) de la onzième Leçon,

$$\begin{aligned}\frac{e^i - 1}{i} &= 1 + \frac{i}{1.2} + \frac{i^2}{1.2.3} + \ldots \\ &= 1 + \frac{\rho}{1.2}(\cos\upsilon + \sqrt{-1}\sin\upsilon) + \frac{\rho^2}{1.2.3}(\cos 2\upsilon + \sqrt{-1}\sin 2\upsilon) + \ldots,\end{aligned}$$

$$\frac{\sin i}{i} = 1 - \frac{i^2}{1.2.3} + \ldots = 1 - \frac{\rho^2}{1.2.3}(\cos 2\upsilon + \sqrt{-1}\sin 2\upsilon) + \ldots.$$

Or on tirera de ces dernières, en faisant converger la quantité ρ, et par conséquent l'expression (1), vers la limite zéro,

$$\lim \frac{e^i - 1}{i} = 1, \tag{2}$$

$$\lim \frac{\sin i}{i} = 1, \tag{3}$$

puis, en remplaçant i par $i\,\mathrm{l}A$, on trouvera

$$\lim \frac{e^{i\,\mathrm{l}A} - 1}{i\,\mathrm{l}A} = \lim \frac{A^i - 1}{i\,\mathrm{l}A} = 1$$

et, par suite,

$$\lim \frac{A^i - 1}{i} = \mathrm{l}A, \tag{4}$$

A désignant une constante réelle ou une constante imaginaire dont la partie réelle soit positive. De plus, si l'on fait

$$\mathrm{l}(1 + i) = \mathrm{I},$$

on aura

$$\frac{\mathrm{l}(1 + i)}{i} = \frac{\mathrm{I}}{e^{\mathrm{I}} - 1} = \left(\frac{e^{\mathrm{I}} - 1}{\mathrm{I}}\right)^{-1}$$

et, par suite,

$$\lim \frac{\mathrm{l}(1 + i)}{i} = 1 \qquad \text{ou} \qquad \lim \mathrm{l}(1 + i)^{\frac{1}{i}} = 1; \tag{5}$$

puis on en conclura

$$\lim (1 + i)^{\frac{1}{i}} = e. \tag{6}$$

Enfin, comme, dans le cas où la partie réelle de la constante A est positive, on tire de l'équation (88) de la onzième Leçon

$$\mathrm{L}(1 + i) = \frac{\mathrm{l}(1 + i)}{\mathrm{l}A},$$

la lettre L indiquant un logarithme pris dans le système dont la base est A, on aura, dans ce même cas,

$$\lim \frac{\mathrm{L}(1 + i)}{i} = \frac{1}{\mathrm{l}A} \lim \frac{\mathrm{l}(1 + i)}{i} = \frac{1}{\mathrm{l}A}. \tag{7}$$

Les diverses formules qui précèdent s'accordent avec celles que nous avons données dans les Préliminaires, lorsque l'expression infiniment petite désignée par i se réduit à une quantité réelle. Mais il était important de s'assurer qu'elles subsistent, lors même que i devient imaginaire. Ajoutons que, si l'on représente par $\Delta x = i$ l'accroissement infiniment petit d'une variable imaginaire x, la dérivée de la fonction

$$y = f(x),$$

c'est-à-dire la limite vers laquelle converge le rapport

$$\frac{\Delta y}{\Delta x} = \frac{f(x+i) - f(x)}{i},$$

tandis que i s'approche de zéro, pourra toujours être désignée par la notation

$$y' \quad \text{ou} \quad f'(x).$$

Quant aux différentielles dx, dy, elles ne seront autre chose que des expressions imaginaires dont le rapport sera équivalent à la dernière raison des accroissements infiniment petits Δx, Δy, et par conséquent des expressions imaginaires liées entre elles par l'équation

$$\frac{dy}{dx} = y' \qquad \text{ou} \qquad dy = y'\,dx.$$

Or, en vertu de cette équation, la différentielle dy sera complètement déterminée, quand on aura fixé la forme de la fonction $y = f(x)$ et la différentielle dx de la variable indépendante. Mais cette dernière différentielle restera entièrement arbitraire et pourra être une expression imaginaire quelconque.

Cela posé, en faisant usage de raisonnements semblables à ceux que nous avons employés dans la première Leçon, et ayant égard à la formule

$$\text{(8)} \qquad \mathrm{L}e = \frac{\mathrm{l}e}{\mathrm{lA}} = \frac{1}{\mathrm{lA}},$$

on trouvera : 1° pour des valeurs imaginaires quelconques de la variable x et de la constante a,

$$(9)\quad \begin{cases} d(a+x)=dx, & d(a-x)=-dx, \\ d(ax)\;=a\,dx, & d\dfrac{a}{x}\;=-\dfrac{a\,dx}{x^2}, \\ \quad de^x=e^x\,dx, & \\ d\sin x=\cos x\,dx\;=\sin\left(x+\dfrac{\pi}{2}\right)dx, & \\ d\cos x=-\sin x\,dx=\cos\left(x+\dfrac{\pi}{2}\right)dx; & \end{cases}$$

2° pour des valeurs de la constante A dont la partie réelle sera positive,

$$(10)\qquad d\mathrm{A}^x=\mathrm{A}^x\,\mathrm{l}\mathrm{A}\,dx;$$

3° pour des valeurs de x dont la partie réelle sera positive,

$$(11)\qquad dx^a\;=a\,x^{a-1}\,dx,$$

$$(12)\qquad d\mathrm{L}x=\mathrm{Le}\frac{dx}{x},$$

$$(13)\qquad d\,\mathrm{l}x=\frac{dx}{x},$$

et, pour des valeurs de x dont la partie réelle sera négative,

$$(14)\qquad d(-x)^a\;=-a(-x)^{a-1}\,dx,$$

$$(15)\qquad d\,\mathrm{L}(-x)=\mathrm{Le}\frac{dx}{x},$$

$$(16)\qquad d\,\mathrm{l}(-x)\;=\frac{dx}{x}.$$

De plus on tirera de l'équation (86) ou (87) (page 413) combinée avec la formule (13) ou (16),

$$(17)\qquad d\,\mathrm{l}((x))=\frac{dx}{x},$$

et de la formule (78) (page 411),

$$(18)\qquad d\,\mathrm{L}((x))=\frac{1}{\mathrm{lA}}\frac{dx}{x}=\mathrm{Le}\frac{dx}{x}.$$

On établira encore sans difficulté les deux premières des équations (13) de la page 295, savoir

$$(19)\qquad d\,\mathrm{tang}\,x = \frac{dx}{\cos^2 x},\qquad d\cot x = -\frac{dx}{\sin^2 x},$$

et l'équation (10) de la page 293, savoir

$$(20)\qquad d\,\mathrm{F}(y) = \mathrm{F}'(y)\,dy,$$

y étant une fonction quelconque de x; puis on déduira immédiatement de cette équation la plupart des formules contenues dans les pages 293, 294 et 295 avec quelques-unes de ces mêmes formules légèrement modifiées. On trouvera, en particulier,

$$(21)\qquad \left\{\begin{array}{l} d(a+y) = dy,\qquad d(-y) = -y,\qquad d(ay) = a\,dy,\\ d\dfrac{1}{y} = -\dfrac{dy}{y^2},\qquad d\,\mathrm{l}((y)) = \dfrac{dy}{y},\qquad \ldots,\end{array}\right.$$

$$(22)\qquad d\,\mathrm{séc}\,x = \frac{\sin x\,dx}{\cos^2 x},\qquad d\,\mathrm{coséc}\,x = -\frac{\cos x\,dx}{\sin^2 x}.$$

De plus, si l'on pose

$$y = x^a,$$

on aura

$$\mathrm{l}((y)) = \mathrm{l}((x^a)) = a\,\mathrm{l}((x));$$

puis, en différentiant et ayant égard à l'équation (17), on retrouvera, comme à l'ordinaire (*voir* la page 294), les formules

$$\frac{dy}{y} = a\frac{dx}{x},\qquad \frac{dy}{dx} = a\frac{y}{x} = a x^{a-1},$$

et par conséquent la formule (11).

De même, si l'on prend

$$y = \mathrm{arc\,tang}((x))\qquad \text{ou}\qquad y = \mathrm{arc\,cot}((x)),$$

on en conclura

$$\mathrm{tang}\,y = x\qquad \text{ou}\qquad \cot y = x,$$

puis, en différentiant, et ayant égard aux équations (19), on obtiendra la formule

$$dy = \cos^2 y\, dx \quad \text{ou} \quad dy = -\sin^2 y\, dx,$$

de laquelle on tirera

$$(23) \qquad d \operatorname{arc\,tang}((x)) = \frac{dx}{1+x^2} \quad \text{ou} \quad d \operatorname{arc\,cot}((x)) = -\frac{dx}{1+x^2}.$$

Si l'on posait, au contraire,

$$y = \operatorname{arc\,sin}((x)),$$

on en conclurait

$$\sin y = x, \qquad dy = \frac{dx}{\cos y}.$$

D'ailleurs, si, dans la première des équations (74) de la page 411, on remplace x par $-y$, cette équation donnera, pour une valeur quelconque réelle ou imaginaire de la variable y,

$$\cos^2 y + \sin^2 y = 1.$$

On aura donc, dans le cas présent,

$$\cos^2 y = 1 - \sin^2 y = 1 - x^2, \qquad \cos y = ((1-x^2))^{\frac{1}{2}}$$

et, par suite,

$$(24) \qquad d \operatorname{arc\,sin}((x)) = \frac{dx}{((1-x^2))^{\frac{1}{2}}},$$

On trouvera de même

$$(25) \qquad d \operatorname{arc\,cos}((x)) = -\frac{dx}{((1-x^2))^{\frac{1}{2}}}.$$

En d'autres termes, on aura, si la partie réelle de $1 - x^2$ est positive,

$$(26) \qquad d \operatorname{arc\,sin}((x)) = -d \operatorname{arc\,cos}((x)) = \pm \frac{dx}{\sqrt{1-x^2}},$$

et, si la partie réelle de $1 - x^2$ est négative,

$$(27) \qquad d \operatorname{arc\,sin}((x)) = -d \operatorname{arc\,cos}((x)) = \pm \frac{dx}{\sqrt{x^2-1}} \sqrt{-1}.$$

Il est bon d'observer que les formules (23) comprennent, comme cas particulier, les deux suivantes :

$$(28) \qquad d \operatorname{arc} \operatorname{tang} x = \frac{dx}{1+x^2}, \qquad d \operatorname{arc} \cot x = -\frac{dx}{1+x^2}.$$

Ajoutons que, si, dans la première des formules (28), on remplace x par $x\sqrt{-1}$, on en tirera, en supposant la variable x réelle, et ayant égard à l'équation (162) de la onzième Leçon,

$$(29) \qquad d\frac{1}{2}\,l\,\frac{1+x}{1-x} = \frac{dx}{1-x^2}.$$

Il serait facile de vérifier directement ce dernier résultat.

Si l'on prenait simplement

$$y = \operatorname{arc} \sin x,$$

on trouverait toujours

$$dy = \frac{dx}{\cos y}.$$

D'ailleurs, si l'on suppose

$$x = p + q\sqrt{-1},$$

p, q désignant des quantités réelles, la valeur de $\operatorname{arc} \sin x$ sera donnée par la formule (108) de la Leçon précédente, ou

$$y = \operatorname{arc} \sin x = \mathfrak{P} + \mathfrak{Q}\sqrt{-1},$$

$\mathfrak{P}$, $\mathfrak{Q}$ désignant des quantités réelles dont la première vérifiera les équations (110) de la même Leçon. En conséquence, la partie réelle de

$$\cos y = \cos(\mathfrak{P} + \mathfrak{Q}\sqrt{-1}) = \frac{1}{2}\left(e^{\mathfrak{Q}} + e^{-\mathfrak{Q}}\right)\cos \mathfrak{P} - \frac{\sqrt{-1}}{2}\left(e^{\mathfrak{Q}} - e^{-\mathfrak{Q}}\right)\sin \mathfrak{P},$$

savoir

$$\frac{1}{2}\left(e^{\mathfrak{Q}} + e^{-\mathfrak{Q}}\right)\cos \mathfrak{P},$$

sera une quantité de même signe que

$$\cos \mathfrak{P} = \frac{\sqrt{q^2}}{\left[\frac{p^2+q^2-1}{2} + \sqrt{\left(\frac{p^2+q^2+1}{2}\right)^2 - p^2}\right]^{\frac{1}{2}}},$$

c'est-à-dire une quantité positive. Donc, si, dans le premier membre de la formule (24), on remplace les parenthèses doubles par des parenthèses simples, on devra en même temps réduire l'expression $((1-x^2))^{\frac{1}{2}}$ à celle de ses deux valeurs qui offre une partie réelle positive. Si, pour fixer les idées, on prend $x = q\sqrt{-1}$, on trouvera

$$d \arcsin q\sqrt{-1} = \frac{\sqrt{-1}\,dq}{\sqrt{1+q^2}},$$

ou, ce qui revient au même [*voir* la formule (121) de la Leçon précédente],

$$d\,\mathrm{l}(q+\sqrt{1+q^2}) = \frac{dq}{\sqrt{1+q^2}},$$

puis on en conclura, en substituant la lettre x à la lettre q,

$$(30) \qquad d\,\mathrm{l}(x+\sqrt{1+x^2}) = \frac{dx}{\sqrt{1+x^2}}.$$

Il serait facile de vérifier directement cette dernière équation.

Dans le cas particulier où, la variable x étant réelle, la valeur numérique de cette variable surpasse l'unité, aucune des deux valeurs de l'expression

$$((1-x^2))^{\frac{1}{2}}$$

n'offre une partie réelle positive, puisqu'elles se réduisent respectivement à

$$(x^2-1)^{\frac{1}{2}}\sqrt{-1}, \quad -(x^2-1)^{\frac{1}{2}}\sqrt{-1}.$$

Mais alors aussi l'expression $\arcsin x$ doit être bannie du calcul (*voir* la Leçon précédente, p. 418), et par conséquent il n'y a plus lieu de chercher la différentielle de $\arcsin x$. Ajoutons que, dans le même cas, on tirera de l'équation (22) combinée avec la formule (117) de la précédente Leçon,

$$(31) \qquad d \arcsin((x)) = \pm\sqrt{-1}\,d\,\mathrm{l}(x+\sqrt{x^2-1}) = \pm\frac{dx}{\sqrt{x^2-1}}\sqrt{-1}.$$

On peut d'ailleurs vérifier l'exactitude de l'équation (31) en établissant directement la formule

$$(32)\qquad d\,\mathrm{l}(x+\sqrt{x^2-1}) = \frac{dx}{\sqrt{x^2-1}}.$$

Quant à la différentielle de l'expression $\arccos x$, elle se déduira immédiatement de l'équation (129) de la Leçon précédente. On aura donc, dans tous les cas,

$$(33)\qquad d\arccos x = -\,d\arcsin x.$$

Soient maintenant s, u, v, w, ... diverses fonctions de la variable imaginaire x, et Δs, Δu, Δv, Δw, ... les accroissements simultanés que reçoivent ces mêmes fonctions, quand on attribue à la variable x un accroissement infiniment petit, réel ou imaginaire, savoir $\Delta x = i$. Si la fonction s est la somme de toutes les autres, en sorte qu'on ait

$$(34)\qquad s = u + v + w + \ldots,$$

on trouvera successivement

$$\Delta s = \Delta u + \Delta v + \Delta w + \ldots$$

et

$$\frac{\Delta s}{\Delta x} = \frac{\Delta u}{\Delta x} + \frac{\Delta v}{\Delta x} + \frac{\Delta w}{\Delta x} + \ldots;$$

puis on en conclura, en faisant converger Δx vers la limite zéro,

$$(35)\qquad \frac{ds}{dx} = \frac{du}{dx} + \frac{dv}{dx} + \frac{dw}{dx} + \ldots$$

et, par conséquent,

$$(36)\qquad ds = du + dv + dw + \ldots.$$

Remarquons d'ailleurs que l'équation (35) peut être présentée sous la forme

$$(37)\qquad s' = u' + v' + w' + \ldots.$$

Des équations (36) et (37), comparées à l'équation (34), il résulte que la différentielle ou la dérivée de la somme de plusieurs fonctions est la somme de leurs différentielles ou de leurs dérivées, dans le cas même où la variable x devient imaginaire. En partant de ce principe, on pourra évidemment étendre au cas dont il s'agit la plupart des formules établies dans la seconde Leçon. Ainsi, par exemple, on trouvera, en désignant par m un nombre entier, et par $a, b, c, \ldots, q, r$ des constantes imaginaires,

$$d(au + bv + cw + \ldots) = a\,du + b\,dv + c\,dw + \ldots, \tag{38}$$

$$d(ax^m + bx^{m-1} + \ldots + qx + r) = [max^{m-1} + (m-1)ax^{m-2} + \ldots + q]\,dx. \tag{39}$$

De plus, comme on aura généralement

$$\mathrm{l}((uvw\ldots)) = \mathrm{l}((u)) + \mathrm{l}((v)) + \mathrm{l}((w)) + \ldots,$$

on en conclura, en différentiant,

$$\frac{d(uvw\ldots)}{uvw\ldots} = \frac{du}{u} + \frac{dv}{v} + \frac{dw}{w} + \ldots$$

et, par suite,

$$d(uvw\ldots) = uvw\ldots\left(\frac{du}{u} + \frac{dv}{v} + \frac{dw}{w} + \ldots\right). \tag{40}$$

On trouvera, en particulier,

$$d(uv) = u\,dv + v\,du, \qquad d(uvw) = vw\,du + wu\,dv + uv\,dw \tag{41}$$

et

$$d\left(\frac{u}{v}\right) = d\left(u\frac{1}{v}\right) = \frac{1}{v}du + u\,d\frac{1}{v} = \frac{du}{v} - u\frac{dv}{v^2},$$

ou plus simplement

$$d\left(\frac{u}{v}\right) = \frac{v\,du - u\,dv}{v^2}. \tag{42}$$

De même, comme, en supposant la partie réelle de u positive, et désignant par k un nombre entier quelconque, on aura

$$\mathrm{l}((u^v)) = v\,\mathrm{l}u \pm 2k\pi\sqrt{-1},$$

on en conclura

$$\frac{d(u^v)}{u^v} = v\frac{du}{u} + \mathrm{l}u\,dv$$

et, par suite,

$$du^v = u^v\left(\frac{v}{u}du + \mathrm{l}\,u\,dv\right). \tag{43}$$

Si, dans la formule (43), on remplace v par $\frac{1}{v}$, on trouvera, en supposant toujours la partie réelle de u positive,

$$du^{\frac{1}{v}} = u^{\frac{1}{v}}\left(\frac{du}{uv} - \mathrm{l}\,u\frac{dv}{v^2}\right). \tag{44}$$

Enfin, si, dans les formules (43) et (44), on prend $u = v = x$, et si l'on suppose la partie réelle de x positive, elles donneront

$$dx^x = x^x(1 + \mathrm{l}\,x)\,dx, \qquad dx^{\frac{1}{x}} = \frac{1 - \mathrm{l}\,x}{x^2}\,x^{\frac{1}{x}}\,dx. \tag{45}$$

Nous ne pousserons pas plus loin ces calculs; et, pour terminer la douzième Leçon, nous dirons ici quelques mots sur les différentielles et les dérivées du second ordre ou des ordres supérieurs, relatives aux fonctions d'une variable imaginaire.

Comme une fonction y ou $f(x)$ de la variable imaginaire x a pour dérivée et pour différentielle d'autres fonctions $f'(x)$ et $f'(x)\,dx$ de cette même variable, il est clair qu'on peut déduire de $f(x)$ une multitude de fonctions nouvelles dont chacune soit la différentielle ou la dérivée de la précédente. Ces fonctions nouvelles sont ce qu'on nomme les *dérivées* ou les *différentielles* des divers ordres de y ou $f(x)$. On indique les dérivées des divers ordres à l'aide des notations

$$y',\quad y'',\quad y''',\quad \ldots,\quad y^{(n)}$$

ou

$$f'(x),\quad f''(x),\quad f'''(x),\quad \ldots,\quad f^{(n)}(x),$$

et les différentielles des divers ordres de la fonction y à l'aide des notations

$$dy,\quad d^2y,\quad d^3y,\quad \ldots,\quad d^ny.$$

Cela posé, en raisonnant comme dans la troisième Leçon, on obtiendra immédiatement les formules

$$dy = y'\,dx,\qquad d^2y = y^2\,dx^2,\qquad d^3y = y'''\,dx^3,\qquad \ldots,\qquad d^ny = y^{(n)}\,dx^n,$$

qui subsistent dans le cas même où la variable indépendante x et la différentielle dx deviennent imaginaires. De plus, on étendra sans peine au cas dont il s'agit les diverses formules établies dans la troisième Leçon, par exemple les suivantes

$$d^n e^x = e^x\, dx^n, \quad d^n \sin x = \sin(x + \tfrac{1}{2} n\pi)\, dx^n, \quad d^n \cos x = \cos(x + \tfrac{1}{2} n\pi)\, dx^n,$$

$$d^n x^a = a(a-1)\ldots(a-n+1)\, x^{a-n}\, dx^n,$$

$$d^n \mathrm{l}x = (-1)^{n-1} \frac{1.2.3\ldots(n-1)}{x^n}\, dx^n, \quad \ldots,$$

et l'on trouvera encore, pour $y = f(x+a)$,

$$y^{(n)} = f^{(n)}(x+a), \qquad d^n y = f^{(n)}(x+a)\, dx^n;$$

pour $y = f(ax)$,

$$y^{(n)} = a^n f^{(n)}(ax), \qquad d^n y = a^n f^{(n)}(ax)\, dx^n,$$

etc.

TREIZIÈME LEÇON.

RELATIONS QUI EXISTENT ENTRE LES FONCTIONS D'UNE VARIABLE IMAGINAIRE x ET LEURS DÉRIVÉES OU DIFFÉRENTIELLES DES DIVERS ORDRES. DÉVELOPPEMENTS DE CES FONCTIONS SUIVANT LES PUISSANCES ASCENDANTES DE x, OU DE LA DIFFÉRENCE $x - a$, DANS LAQUELLE a DÉSIGNE UNE VALEUR PARTICULIÈRE DE x.

Soient

$$x = p + q\sqrt{-1} \tag{1}$$

une variable imaginaire et $f(x)$ une fonction de cette variable. Soit, en outre,

$$r = \sqrt{p^2 + q^2} \tag{2}$$

le module de la variable x. La valeur de x pourra s'écrire comme il suit

$$x = r(\cos t + \sqrt{-1}\sin t), \tag{3}$$

t désignant un arc réel; et, si, dans la fonction

$$f(x) = f[r(\cos t + \sqrt{-1}\sin t)], \tag{4}$$

on considère le module r comme seul variable, cette fonction pourra être présentée sous la forme

$$\varphi(r) + \sqrt{-1}\,\chi(r), \tag{5}$$

$\varphi(r)$, $\chi(r)$ désignant deux fonctions réelles de r. Cela posé, si l'on différentie plusieurs fois de suite par rapport à r l'équation

$$f[r(\cos t + \sqrt{-1}\sin t)] = \varphi(r) + \sqrt{-1}\,\chi(r), \tag{6}$$

en ayant égard aux principes établis dans la Leçon précédente, on trouvera

$$(7)\quad \begin{cases} (\cos t+\sqrt{-1}\sin t)\ \mathrm{f}'[r(\cos t+\sqrt{-1}\sin t)]=\varphi'(r)+\sqrt{-1}\,\chi'(r), \\ (\cos t+\sqrt{-1}\sin t)^2\ \mathrm{f}''[r(\cos t+\sqrt{-1}\sin t)]=\varphi''(r)+\sqrt{-1}\,\chi''(r), \\ \dots\dots\dots\dots\dots\dots\dots\dots\dots\dots, \end{cases}$$

et généralement

$$(8)\quad (\cos t+\sqrt{-1}\sin t)^n\ \mathrm{f}^{(n)}[r(\cos t+\sqrt{-1}\sin t)]=\varphi^{(n)}(r)+\sqrt{-1}\,\chi^{(n)}(r),$$

n étant un nombre entier quelconque. Concevons maintenant que les fonctions

$$\mathrm{f}(x),\quad \mathrm{f}'(x),\quad \dots,\quad \mathrm{f}^{(n-1)}(x)$$

s'évanouissent toutes pour une valeur nulle de x, en sorte qu'on ait

$$(9)\qquad \mathrm{f}(0)=0,\qquad \mathrm{f}'(0)=0,\qquad \dots,\qquad \mathrm{f}^{(n-1)}(0)=0.$$

On tirera des formules (7), en y posant $r=0$,

$$(10)\quad \begin{cases} \varphi(0)\quad+\sqrt{-1}\,\chi(0)\quad=0, \\ \varphi'(0)\quad+\sqrt{-1}\,\chi'(0)\quad=0, \\ \dots\dots\dots\dots\dots\dots, \\ \varphi^{(n-1)}(0)+\sqrt{-1}\,\chi^{(n-1)}(0)=0; \end{cases}$$

puis on en conclura

$$(11)\qquad \varphi(0)=0,\qquad \varphi'(0)=0,\qquad \dots,\qquad \varphi^{(n-1)}(0)=0$$

et

$$(12)\qquad \chi(0)=0,\qquad \chi'(0)=0,\qquad \dots,\qquad \chi^{(n-1)}(0)=0.$$

D'ailleurs, si les fonctions

$$(13)\qquad \mathrm{f}(x),\quad \mathrm{f}'(x),\quad \dots,\quad \mathrm{f}^{(n-1)}(x),\quad \mathrm{f}^{(n)}(x)$$

sont continues, par rapport à x, dans le voisinage de la valeur $x=0$, les fonctions

$$(14)\quad \begin{cases} \varphi(r),\quad \varphi'(r),\quad \dots,\quad \varphi^{(n-1)}(r),\quad \varphi^{(n)}(r), \\ \chi(r),\quad \chi'(r),\quad \dots,\quad \chi^{(n-1)}(r),\quad \chi^{(n)}(r) \end{cases}$$

seront elles-mêmes continues, par rapport à r, dans le voisinage de $r = 0$; et la formule (9) de la page 311 donnera, au moins pour des valeurs de r positives, mais inférieures à une certaine limite k,

$$(15)\qquad \varphi(r) = \frac{r^n}{1.2.3\ldots n}\varphi^{(n)}(\theta_1 r), \qquad \chi(r) = \frac{r^n}{1.2.3\ldots n}\chi^{(n)}(\theta_2 r),$$

θ_1, θ_2 étant deux nombres plus petits que l'unité. Par suite, l'équation (6) donnera

$$(16)\qquad \mathrm{f}[r(\cos t + \sqrt{-1}\sin t)] = \frac{r^n}{1.2.3\ldots n}\left[\varphi^{(n)}(\theta_1 r) + \sqrt{-1}\,\chi^{(n)}(\theta_2 r)\right].$$

Pour que cette dernière formule subsiste entre les limites $r = 0$, $r = k$, il suffit évidemment que, les fonctions (13) étant continues, par rapport à x, dans le cas où le module r reste compris entre ces limites, le rapport

$$(17)\qquad \frac{\mathrm{f}(x)}{x^{n-1}} = \frac{\varphi(r) + \sqrt{-1}\,\chi(r)}{r^{n-1}(\cos t + \sqrt{-1}\sin t)^{n-1}}$$

s'évanouisse avec r. En effet, comme ce rapport est équivalent au produit

$$(18)\qquad [\cos(n-1)t + \sqrt{-1}\sin(n-1)t]\left[\frac{\varphi(r)}{r^{n-1}} + \sqrt{-1}\,\frac{\chi(r)}{r^{n-1}}\right],$$

il ne pourra s'évanouir pour une valeur nulle de r, à moins que cette valeur ne vérifie la formule

$$\frac{\varphi(r)}{r^{n-1}} + \sqrt{-1}\,\frac{\chi(r)}{r^{n-1}} = 0$$

et, par conséquent, les deux conditions

$$\frac{\varphi(r)}{r^{n-1}} = 0, \qquad \frac{\chi(r)}{r^{n-1}} = 0.$$

Or, si ces conditions se trouvent vérifiées pour $r = 0$, elles entraîneront les équations (11) et (12) (*voir* la cinquième et la sixième Leçon). Donc alors les formules (15) et, par suite, la formule (16) subsisteront entre les limites $r = 0$, $r = k$.

Pour que la variable x devienne infiniment petite, il est nécessaire et il suffit que le module r soit lui-même infiniment petit. Or on trouvera, dans cette hypothèse, en admettant que $\varphi^{(n)}(0)$, $\chi^{(n)}(0)$ conservent des valeurs finies, et désignant par α, β des quantités infiniment petites,

$$\varphi^{(n)}(r) = \varphi^{(n)}(0) + \alpha, \qquad \chi^{(n)}(r) = \chi^{(n)}(0) + \beta. \tag{19}$$

Par conséquent la formule (16) donnera

$$\left\{\begin{aligned} &f[r(\cos t + \sqrt{-1}\sin t)] \\ &\quad = \frac{r^n}{1.2.3\ldots n}\left[\varphi^{(n)}(0) + \sqrt{-1}\,\chi^{(n)}(0) + \alpha + \beta\sqrt{-1}\right]. \end{aligned}\right. \tag{20}$$

D'ailleurs, on tirera de la formule (8), en y posant $r = 0$,

$$\varphi^{(n)}(0) + \sqrt{-1}\,\chi^{(n)}(0) = (\cos t + \sqrt{-1}\sin t)^n f^{(n)}(0). \tag{21}$$

Donc, si l'on fait, pour plus de commodité,

$$I = \frac{\alpha + \beta\sqrt{-1}}{(\cos t + \sqrt{-1}\sin t)^n} = (\alpha + \beta\sqrt{-1})(\cos nt - \sqrt{-1}\sin nt), \tag{22}$$

on aura encore

$$f[r(\cos t + \sqrt{-1}\sin t)] = \frac{r^n(\cos t + \sqrt{-1}\sin t)^n}{1.2.3\ldots n}[f^{(n)}(0) + I] \tag{23}$$

ou, ce qui revient au même,

$$f(x) = \frac{x^n}{1.2.3\ldots n}[f^{(n)}(0) + I].$$

Dans cette dernière équation, I désigne une nouvelle variable qui s'évanouit avec x. On peut donc énoncer la proposition suivante :

THÉORÈME I. — *Supposons que, les fonctions (13) étant continues, par rapport à x, dans le voisinage de la valeur particulière $x = 0$, s'évanouissent toutes avec x, excepté la dernière $f^{(n)}(x)$, et que $f^{(n)}(0)$ conserve une valeur finie. Alors, si l'on attribue à x une valeur infiniment petite, on aura*

$$f(x) = \frac{x^n}{1.2.3\ldots n}[f^{(n)}(0) + I], \tag{24}$$

I *désignant une expression imaginaire qui deviendra nulle en même temps que la variable* x.

Dans le cas où la variable x reste réelle, l'équation (24) peut être immédiatement déduite de la formule (18) (page 330).

Soit maintenant $f(x)$ une fonction de x, qui conserve une valeur finie, aussi bien que ses dérivées d'un ordre inférieur ou égal à n, pour une valeur nulle de x; et supposons d'ailleurs que, pour des valeurs de x imaginaires ou de la forme

$$r(\cos t + \sqrt{-1}\sin t),$$

les fonctions

$$f(x),\quad f'(x),\quad f''(x),\quad \ldots,\quad f^{(n)}(x) \tag{25}$$

restent continues entre les limites o et k du module r. Si, en considérant ce module comme seul variable, on désigne par $\varphi(r)$, $\chi(r)$ deux fonctions réelles de r, propres à vérifier l'équation

$$f[r(\cos t + \sqrt{-1}\sin t)] = \varphi(r) + \sqrt{-1}\,\chi(r), \tag{26}$$

on aura, pour une valeur entière de m,

$$\left\{\begin{aligned} &(\cos t + \sqrt{-1}\sin t)^m f^{(m)}[r(\cos t + \sqrt{-1}\sin t)] \\ &\qquad\qquad = \varphi^{(m)}(r) + \sqrt{-1}\,\chi^{(m)}(r), \\ &(\cos t + \sqrt{-1}\sin t)^m f^{(m)}(0) = \varphi^{(m)}(0) + \sqrt{-1}\,\chi^{(m)}(0). \end{aligned}\right. \tag{27}$$

D'autre part, la formule (8) de la huitième Leçon donnera, entre les limites $r = 0$, $r = k$,

$$\left\{\begin{aligned} \varphi(r) &= \varphi(0) + \frac{r}{1}\varphi'(0) + \frac{r^2}{1.2}\varphi''(0) + \ldots \\ &\quad + \frac{r^{n-1}}{1.2.3\ldots(n-1)}\varphi^{(n-1)}(0) + \frac{r^n}{1.2.3\ldots n}\varphi^{(n)}(\theta_1 r), \\ \chi(r) &= \chi(0) + \frac{r}{1}\chi'(0) + \frac{r^2}{1.2}\chi''(0) + \ldots \\ &\quad + \frac{r^{n-1}}{1.2.3\ldots(n-1)}\chi^{(n-1)}(0) + \frac{r^n}{1.2.3\ldots n}\chi^{(n)}(\theta_2 r), \end{aligned}\right. \tag{28}$$

θ_1, θ_2 désignant deux nombres inférieurs à l'unité. Par suite, on tirera de l'équation (26) combinée avec la seconde des formules (27),

$$(29)\quad \left\{\begin{aligned} & f[r(\cos t+\sqrt{-1}\sin t)] \\ & \quad = f(0)+\frac{r(\cos t+\sqrt{-1}\sin t)}{1}f'(0)+\ldots \\ & \qquad +\frac{r^{n-1}(\cos t+\sqrt{-1}\sin t)^{n-1}}{1.2.3\ldots(n-1)}f^{(n-1)}(0) \\ & \qquad +\frac{r^n}{1.2.3\ldots n}\left[\varphi^{(n)}(\theta_1 r)+\sqrt{-1}\,\chi^{(n)}(\theta_2 r)\right] \end{aligned}\right.$$

ou, ce qui revient au même,

$$(30)\quad \left\{\begin{aligned} f(x) = {} & f(0)+\frac{x}{1}f'(0)+\frac{x^2}{1.2}f''(0)+\ldots \\ & +\frac{x^{n-1}}{1.2.3\ldots(n-1)}f^{(n-1)}(0) \\ & +\frac{x^n}{1.2.3\ldots n}\,\frac{\varphi^{(n)}(\theta_1 r)+\sqrt{-1}\,\chi^{(n)}(\theta_2 r)}{(\cos t+\sqrt{-1}\sin t)^n}. \end{aligned}\right.$$

Il suit de la formule (30) que la fonction $f(x)$ peut être considérée comme composée d'une fonction entière de x, savoir

$$(31)\quad f(0)+\frac{x}{1}f'(0)+\frac{x^2}{1.2}f''(0)+\ldots+\frac{x^{n-1}}{1.2.3\ldots(n-1)}f^{(n-1)}(0)$$

et d'un reste, savoir

$$(32)\quad \frac{x^n}{1.2.3\ldots n}\,\frac{\varphi^{(n)}(\theta_1 r)+\sqrt{-1}\,\chi^{(n)}(\theta_2 r)}{(\cos t+\sqrt{-1}\sin t)^n}.$$

Lorsque ce reste décroît indéfiniment pour des valeurs croissantes du nombre entier n, la série

$$(33)\quad f(0),\quad \frac{x}{1}f'(0),\quad \frac{x^2}{1.2}f''(0),\quad \ldots$$

est convergente, et la somme de cette série est précisément la fonction $f(x)$, en sorte qu'on a

$$(34)\qquad f(x) = f(0) + \frac{x}{1} f'(0) + \frac{x^2}{1.2} f''(0) + \ldots.$$

L'équation (34) n'est que la formule de Maclaurin étendue au cas où la variable x devient imaginaire.

Concevons encore que, la lettre a désignant une valeur particulière de la variable x, les fonctions (25) conservent, pour $x = a$, une valeur finie et restent continues tant que le module ρ de la différence $x - a$ demeure compris entre les limites 0 et k. Alors, si l'on fait

$$(35)\qquad x - a = z = \rho(\cos\upsilon + \sqrt{-1}\sin\upsilon),$$

υ désignant un arc réel, et

$$(36)\qquad f(a+z) = f[a + \rho(\cos\upsilon + \sqrt{-1}\sin\upsilon)] = \Phi(\rho) + \sqrt{-1}\,\mathrm{X}(\rho),$$

on trouvera

$$(37)\qquad \left\{\begin{aligned} &(\cos\upsilon + \sqrt{-1}\sin\upsilon)^m f^{(m)}[a + \rho(\cos\upsilon + \sqrt{-1}\sin\upsilon)] \\ &\qquad\qquad = \Phi^{(m)}(\rho) + \sqrt{-1}\,\mathrm{X}^{(m)}(\rho), \\ &(\cos\upsilon + \sqrt{-1}\sin\upsilon)^m f^{(m)}(a) = \Phi^{(m)}(0) + \sqrt{-1}\,\mathrm{X}^{(m)}(0). \end{aligned}\right.$$

De plus, comme la formule (8) de la page 353 donnera

$$(38)\qquad \left\{\begin{aligned} \Phi(\rho) &= \Phi(0) + \frac{\rho}{1}\Phi'(0) + \frac{\rho^2}{1.2}\Phi''(0) + \ldots \\ &\quad + \frac{\rho^{n-1}}{1.2.3\ldots(n-1)}\Phi^{(n-1)}(0) + \frac{\rho^n}{1.2.3\ldots n}\Phi^{(n)}(\theta_1\rho), \\ \mathrm{X}(\rho) &= \mathrm{X}(0) + \frac{\rho}{1}\mathrm{X}'(0) + \frac{\rho^2}{1.2}\mathrm{X}''(0) + \ldots \\ &\quad + \frac{\rho^{n-1}}{1.2.3\ldots(n-1)}\mathrm{X}^{(n-1)}(0) + \frac{\rho^n}{1.2.3\ldots n}\mathrm{X}^{(n)}(\theta_2\rho), \end{aligned}\right.$$

θ_1, θ_2 étant deux nombres inférieurs à l'unité, on tirera de l'équation (36), combinée avec la seconde des formules (37),

$$(39)\quad \left\{\begin{aligned} & f[a+\rho(\cos\upsilon+\sqrt{-1}\sin\upsilon)] \\ & \quad = f(a)+\frac{\rho(\cos\upsilon+\sqrt{-1}\sin\upsilon)}{1}f'(a)+\ldots \\ & \qquad +\frac{\rho^{n-1}(\cos\upsilon+\sqrt{-1}\sin\upsilon)^{n-1}}{1.2.3\ldots(n-1)}f^{(n-1)}(a) \\ & \qquad +\frac{\rho^n}{1.2.3\ldots n}[\Phi^{(n)}(\theta_1\rho)+\sqrt{-1}\,X^{(n)}(\theta_2\rho)] \end{aligned}\right.$$

ou, ce qui revient au même,

$$(40)\quad \left\{\begin{aligned} f(x) = {} & f(a)+\frac{x-a}{1}f'(a)+\frac{(x-a)^2}{1.2}f''(a)+\ldots \\ & +\frac{(x-a)^{n-1}}{1.2.3\ldots(n-1)}f^{(n-1)}(a) \\ & +\frac{(x-a)^n}{1.2.3\ldots n}\,\frac{\Phi^{(n)}(\theta_1\rho)+\sqrt{-1}\,X^{(n)}(\theta_2\rho)}{(\cos\upsilon+\sqrt{-1}\sin\upsilon)^n}. \end{aligned}\right.$$

En vertu de la formule (40), la fonction $f(x)$ peut être considérée comme composée de la fonction entière

$$(41)\quad \left\{\begin{aligned} & f(a)+\frac{x-a}{1}f'(a)+\frac{(x-a)^2}{1.2}f''(a)+\ldots \\ & \qquad +\frac{(x-a)^{n-1}}{1.2.3\ldots(n-1)}f^{(n-1)}(a), \end{aligned}\right.$$

qui se trouve ordonnée suivant les puissances ascendantes de $x-a$, et d'un reste représenté par le produit

$$(42)\quad \frac{(x-a)^n}{1.2.3\ldots n}\,\frac{\Phi^{(n)}(\theta_1\rho)+\sqrt{-1}\,X^{(n)}(\theta_2\rho)}{(\cos\upsilon+\sqrt{-1}\sin\upsilon)^n}.$$

Lorsque ce reste décroît indéfiniment pour des valeurs croissantes du nombre entier n, la série

$$(43)\quad f(a),\quad \frac{x-a}{1}f'(a),\quad \frac{(x-a)^2}{1.2}f''(a),\quad \ldots$$

est nécessairement convergente, et l'on tire de l'équation (40)

$$(44)\qquad f(x) = f(a) + \frac{x-a}{1} f'(a) + \frac{(x-a)^2}{1.2} f''(a) + \ldots$$

ou, ce qui revient au même,

$$(45)\qquad f(a+z) = f(a) + \frac{z}{1} f'(a) + \frac{z^2}{1.2} f''(a) + \ldots.$$

Si, dans cette dernière, on remplace a par x et z par h, on obtiendra la suivante

$$(46)\qquad f(x+h) = f(x) + \frac{h}{1} f'(x) + \frac{h^2}{1.2} f''(x) + \ldots,$$

c'est-à-dire la formule de Taylor étendue au cas où la variable x et son accroissement h deviennent imaginaires.

Lorsque, dans l'équation (40), le module ρ devient infiniment petit, le rapport

$$\frac{\Phi^{(n)}(\theta_1 \rho) + \sqrt{-1}\,\mathrm{X}^{(n)}(\theta_2 \rho)}{(\cos\upsilon + \sqrt{-1}\sin\upsilon)^n}$$

diffère très peu du rapport

$$\frac{\Phi^{(n)}(0) + \sqrt{-1}\,\mathrm{X}^{(n)}(0)}{(\cos\upsilon + \sqrt{-1}\sin\upsilon)^n} = f^{(n)}(a).$$

Donc, si l'on pose alors

$$(47)\qquad \frac{\Phi^{(n)}(\theta_1 \rho) + \mathrm{X}^{(n)}(\theta_2 \rho)}{(\cos\upsilon + \sqrt{-1}\sin\upsilon)^n} = f^{(n)}(a) + \mathrm{I},$$

I sera, ainsi que $x - a$, une expression imaginaire infiniment petite, et la formule (40) donnera

$$(48)\qquad \left\{\begin{aligned} f(x) = f(a) + \frac{x-a}{1} f'(a) + \ldots& \\ + \frac{(x-a)^{n-1}}{1.2.3\ldots(n-1)} f^{(n-1)}(a)& \\ + \frac{(x-a)^n}{1.2.3\ldots n}[f^{(n)}(a) + \mathrm{I}],& \end{aligned}\right.$$

puis on en conclura, en faisant $x - a = i$,

$$(49) \quad \left\{ \begin{aligned} f(a+i) = f(a) &+ \frac{i}{1} f'(a) + \ldots \\ &+ \frac{i^{n-1}}{1.2.3\ldots(n-1)} f^{(n-1)}(a) \\ &+ \frac{i^n}{1.2.3\ldots n} [f^{(n)}(a) + \mathrm{I}]. \end{aligned} \right.$$

Si, dans l'équation (49), on remplace a par x, on se trouvera immédiatement conduit à la proposition suivante :

THÉORÈME II. — *Supposons que l'on attribue à la variable x une valeur dans le voisinage de laquelle les fonctions (25) restent continues, et à la variable imaginaire i une valeur infiniment petite. On aura*

$$(50) \quad \left\{ \begin{aligned} f(x+i) = f(x) &+ \frac{i}{1} f'(x) + \ldots \\ &+ \frac{i^{n-1}}{1.2.3\ldots(n-1)} f^{(n-1)}(x) + \frac{i^n}{1.2.3\ldots n} [f^{(n)}(x) + \mathrm{I}], \end{aligned} \right.$$

I *désignant une expression qui deviendra nulle en même temps que i.*

Cette proposition comprend évidemment, comme cas particuliers, le premier théorème et celui que nous allons énoncer.

THÉORÈME III. — *Supposons que l'on attribue à la variable imaginaire x une valeur dans le voisinage de laquelle la fonction $f(x)$ reste continue, ainsi que sa dérivée $f'(x)$, et à la variable imaginaire i une valeur infiniment petite. On aura*

$$(51) \quad f(x+i) = f(x) + i[f'(x) + \mathrm{I}],$$

I *devant s'évanouir avec i.*

Exemples. — Si l'on prend successivement pour $f(x)$ les fonctions

$$e^x, \quad \sin x, \quad \cos x, \quad x^{\frac{1}{2}}, \quad x^{\mu}, \quad \mathrm{l}x, \quad \operatorname{arc\,tang} x, \quad \ldots,$$

on tirera de la formule (51)

$$(52)\qquad e^{x+i} = e^x + i(e^x + \mathrm{I}),$$

$$(53)\qquad \sin(x+i) = \sin x + i(\cos x + \mathrm{I}),$$

$$(54)\qquad \cos(x+i) = \cos x - i(\sin x - \mathrm{I}),$$

$$(55)\qquad (x+i)^{\frac{1}{2}} = x^{\frac{1}{2}} + i\left(\frac{1}{2x^{\frac{1}{2}}} + \mathrm{I}\right),$$

$$(56)\qquad (x+i)^{\mu} = x^{\mu} + i(\mu x^{\mu-1} + \mathrm{I}),$$

$$(57)\qquad l(x+i) = lx + i\left(\frac{1}{x} + \mathrm{I}\right),$$

$$(58)\qquad \operatorname{arc\,tang}(x+i) = \operatorname{arc\,tang} x + i\left(\frac{1}{1+x^2} + \mathrm{I}\right),$$

. . . .

Lorsque plusieurs termes de la suite

$$(59)\qquad f'(a),\quad f''(a),\quad f'''(a),\quad \ldots$$

s'évanouissent, alors, en admettant que $f^{(n)}(a)$ soit le premier de ceux qui diffèrent de zéro, on tire de l'équation (49)

$$(60)\qquad f(a+i) = f(a) + \frac{i^n}{1.2.3\ldots n}[f^{(n)}(a) + \mathrm{I}].$$

On peut donc encore énoncer la proposition suivante.

THÉORÈME IV. — *Supposons que les fonctions (25), étant continues par rapport à x dans le voisinage de la valeur particulière $x = a$, s'évanouissent toutes avec $x - a$, excepté la première $f(x)$ et la dernière $f^{(n)}(x)$. Admettons en outre que $f(x)$ et $f^{(n)}(x)$ conservent, pour $x = 0$, des valeurs finies : alors, si l'on attribue à la variable i une valeur infiniment petite, on aura, pour $x = a$,*

$$(61)\qquad f(x+i) = f(x) + \frac{i^n}{1.2.3\ldots n}[f^{(n)}(x) + \mathrm{I}],$$

I *désignant une expression imaginaire qui deviendra nulle en même temps que la variable i.*

Concevons à présent que, la variable x étant imaginaire, on nomme R le module de la fonction $f(x)$, en sorte qu'on ait

$$f(x) = \mathrm{R}(\cos \mathrm{T} + \sqrt{-1} \sin \mathrm{T}), \tag{62}$$

T désignant un arc réel. Soient d'ailleurs $\Delta\mathrm{R}$, $\Delta\mathrm{T}$ les accroissements que reçoivent les quantités R, T, quand on attribue à la variable x l'accroissement infiniment petit

$$\Delta x = i = \rho(\cos \upsilon + \sqrt{-1} \sin \upsilon). \tag{63}$$

On fixera aisément, à l'aide des formules (51) ou (61), la valeur approchée de $\Delta\mathrm{R}$. En effet, on tirera de l'équation (62)

$$(\mathrm{R} + \Delta\mathrm{R})[\cos(\mathrm{T} + \Delta\mathrm{T}) + \sqrt{-1} \sin(\mathrm{T} + \Delta\mathrm{T})] = f(x + i); \tag{64}$$

puis, en combinant cette dernière avec la formule (51), nommant R_1 le module de $f'(x)$, et représentant par T_1, α, β des quantités réelles propres à vérifier les équations

$$f'(x) = \mathrm{R}_1(\cos \mathrm{T}_1 + \sqrt{-1} \sin \mathrm{T}_1), \tag{65}$$

$$\mathrm{I}(\cos \upsilon + \sqrt{-1} \sin \upsilon) = \alpha + \beta\sqrt{-1}, \tag{66}$$

on trouvera

$$\left\{\begin{aligned} &(\mathrm{R} + \Delta\mathrm{R})[\cos(\mathrm{T} + \Delta\mathrm{T}) + \sqrt{-1} \sin(\mathrm{T} + \Delta\mathrm{T})] \\ &\quad = \mathrm{R}(\cos \mathrm{T} + \sqrt{-1} \sin \mathrm{T}) + \rho\{\mathrm{R}_1[\cos(\upsilon + \mathrm{T}_1) + \sqrt{-1} \sin(\upsilon + \mathrm{T}_1)] + \alpha + \beta\sqrt{-1}\} \end{aligned}\right. \tag{67}$$

ou, ce qui revient au même,

$$\left\{\begin{aligned} &(\mathrm{R} + \Delta\mathrm{R}) \cos(\mathrm{T} + \Delta\mathrm{T}) = \mathrm{R} \cos \mathrm{T} + \rho[\mathrm{R}_1 \cos(\upsilon + \mathrm{T}_1) + \alpha], \\ &(\mathrm{R} + \Delta\mathrm{R}) \sin(\mathrm{T} + \Delta\mathrm{T}) = \mathrm{R} \sin \mathrm{T} + \rho[\mathrm{R}_1 \sin(\upsilon + \mathrm{T}_1) + \beta]. \end{aligned}\right. \tag{68}$$

De plus, si l'on combine entre elles, par voie d'addition, les formules (68), après avoir élevé chaque membre au carré, et en faisant, pour abréger,

$$\gamma = 2\mathrm{R}(\alpha \cos \mathrm{T} + \beta \sin \mathrm{T}) + \rho\{[\mathrm{R}_1 \cos(\upsilon + \mathrm{T}_1) + \alpha]^2 + [\mathrm{R}_1 \sin(\upsilon + \mathrm{T}_1) + \rho]^2\}, \tag{69}$$

on en conclura

$$(70)\qquad (R+\Delta R)^2 = R^2 + \rho[2RR_1\cos(\upsilon+T_1-T)+\gamma].$$

Cela posé, comme les valeurs de α, β, γ, déterminées par les formules (66) et (69), seront infiniment petites, on tirera de l'équation (70), en extrayant les racines carrées positives des deux membres, ayant égard à la formule (55), et désignant par δ une quantité qui s'évanouisse avec le module ρ,

$$(71)\qquad R+\Delta R = R + \rho[2RR_1\cos(\upsilon+T_1-T)+\gamma]\left(\frac{1}{2R}+\delta\right).$$

Dans cette dernière équation, qui suppose $R^2 > 0$, le produit

$$[2RR_1\cos(\upsilon+T_1-T)+\gamma]\left(\frac{1}{2R}+\delta\right)$$

diffère très peu du suivant

$$R_1\cos(\upsilon+T_1-T).$$

Donc cette même équation pourra être présentée sous la forme

$$(72)\qquad \Delta R = \rho[R_1\cos(\upsilon+T_1-T)+\omega],$$

ω désignant encore une quantité infiniment petite; et par conséquent, le produit

$$(73)\qquad \rho R_1\cos(\upsilon+T_1-T)$$

sera la valeur approchée de l'accroissement ΔR, c'est-à-dire que le rapport de cet accroissement au produit (73) différera très peu de l'unité. On doit seulement excepter le cas où l'on attribuerait à la variable x une valeur qui rendrait nulle ou infinie l'un des deux modules R, R_1, ou, ce qui revient au même, l'une des deux fonctions $f(x)$, $f'(x)$.

Supposons maintenant que, pour une valeur donnée de x, les fonctions

$$(74)\qquad f'(x),\quad f''(x),\quad \ldots,\quad f^{(n-1)}(x)$$

s'évanouissent, mais que $f(x)$ et $f^{(n)}(x)$ obtiennent des valeurs finies différentes de zéro. Alors le produit (73) sera nul, ainsi que le module R_1 de $f'(x)$. Mais, si l'on désigne par R_n le module de $f^{(n)}(x)$, et par T_n, α, β des quantités réelles propres à vérifier les équations

$$f^{(n)}(x) = R_n(\cos T_n + \sqrt{-1}\sin T_n), \tag{75}$$

$$I(\cos \upsilon + \sqrt{-1}\sin \upsilon)^n = \alpha + \beta\sqrt{-1}, \tag{76}$$

on tirera des formules (64) et (61), combinées entre elles,

$$\left\{\begin{aligned} &(R + \Delta R)\left[\cos(T + \Delta T) + \sqrt{-1}\sin(T + \Delta T)\right] \\ &= R(\cos T + \sqrt{-1}\sin T) + \frac{\rho^n}{1.2.3\ldots n}\left\{R_n[\cos(n\upsilon + T_n) + \sqrt{-1}\sin(n\upsilon + T_n)] + \alpha + \beta\sqrt{-1}\right\} \end{aligned}\right. \tag{77}$$

ou, ce qui revient au même,

$$\left\{\begin{aligned} (R + \Delta R)\cos(T + \Delta T) &= R\cos T + \frac{\rho^n}{1.2.3\ldots n}[R_n\cos(n\upsilon + T_n) + \alpha], \\ (R + \Delta R)\sin(T + \Delta T) &= R\sin T + \frac{\rho^n}{1.2.3\ldots n}[R_n\sin(n\upsilon + T_n) + \beta]; \end{aligned}\right. \tag{78}$$

puis, en substituant les équations (78) aux équations (68), on obtiendra, au lieu des formules (69), (70), (72), de nouvelles formules, que l'on peut déduire des premières en remplaçant le module ρ par la fraction $\frac{\rho^n}{1.2.3\ldots n}$, R par R_n, et le binôme $\upsilon + T_1$ par le binôme $n\upsilon + T_n$. Donc, en supposant $R^2 > 0$, et désignant toujours par ω une quantité infiniment petite, on aura

$$\Delta R = \frac{\rho^n}{1.2.3\ldots n}[R_n\cos(n\upsilon + T_n - T) + \omega]. \tag{79}$$

Par conséquent, dans l'hypothèse admise, le produit

$$\frac{\rho^n R_n}{1.2.3\ldots n}\cos(n\upsilon + T_n - T) \tag{80}$$

sera la valeur approchée de l'accroissement ΔR, c'est-à-dire que le rapport de cet accroissement au produit (80) différera très peu de l'unité.

Lorsque, pour une valeur donnée de x, la fonction $f(x)$ s'évanouit avec son module R, et qu'en même temps la première des fonctions (25) qui diffère de zéro conserve une valeur finie, on tire des formules (68) ou (78) : 1° en supposant $R_1^2 > 0$,

$$(81)\qquad \left\{\begin{aligned} \Delta R\cos(T+\Delta T) &= \rho[R_1\cos(\upsilon+T_1)+\alpha], \\ \Delta R\sin(T+\Delta T) &= \rho[R_1\sin(\upsilon+T_1)+\beta]; \end{aligned}\right.$$

2° en supposant

$$R_1 = R_2 = \ldots = R_{n-1} = 0 \qquad \text{et} \qquad R_n^2 > 0,$$

$$(82)\qquad \left\{\begin{aligned} \Delta R\cos(T+\Delta T) &= \frac{\rho^n}{1.2.3\ldots n}[R_n\cos(n\upsilon+T_n)+\alpha], \\ \Delta R\sin(T+\Delta T) &= \frac{\rho^n}{1.2.3\ldots n}[R_n\sin(n\upsilon+T_n)+\beta]. \end{aligned}\right.$$

On en conclura, par des raisonnements semblables à ceux dont nous nous sommes servis plus haut, que l'accroissement ΔR du module R peut être, dans le premier cas, présenté sous la forme

$$(83)\qquad \Delta R = \rho(R_1+\omega),$$

et, dans le second cas, sous la forme

$$(84)\qquad \Delta R = \frac{\rho^n}{1.2.3\ldots n}(R_n+\omega),$$

ω désignant, dans l'une et l'autre hypothèse, une quantité infiniment petite.

Pour que l'accroissement de la variable x, savoir

$$\Delta x = i = \rho(\cos\upsilon + \sqrt{-1}\sin\upsilon)$$

soit infiniment petit, il est nécessaire et il suffit que le module ρ de cet accroissement soit lui-même infiniment petit, l'arc υ pouvant d'ailleurs être une question finie quelconque. Or, si l'on détermine cet arc de manière à vérifier l'équation

$$(85)\qquad \cos(\upsilon+T_1-T) = -1,$$

ou bien la suivante

$$(86) \qquad \cos(nv + T_n - T) = -1,$$

ce qui aura lieu, par exemple, si l'on prend

$$(87) \qquad v = \pi + T - T_1,$$

ou bien

$$(88) \qquad v = \frac{(2m+1)\pi + T - T_n}{n},$$

m désignant un nombre entier inférieur à n, on verra la formule (72) se réduire à

$$(89) \qquad \Delta R = -\rho(R_1 - \omega),$$

ou la formule (79) se réduire à

$$(90) \qquad \Delta R = -\frac{\rho^n}{1.2.3\ldots n}(R_n - \omega).$$

De plus, la valeur de Δx donnée par l'équation (63) prendra l'une des formes

$$(91) \qquad \Delta x = -\rho[\cos(T - T_1) + \sqrt{-1}\sin(T - T_1)],$$

$$(92) \qquad \Delta x = \rho\left[\cos\frac{(2m+1)\pi + T - T_n}{n} + \sqrt{-1}\sin\frac{(2m+1)\pi + T - T_n}{n}\right].$$

D'ailleurs, en vertu de la formule (89) ou (90), l'accroissement ΔR du module R aura pour valeur approchée la quantité négative

$$(93) \qquad -\rho R_1$$

ou

$$(94) \qquad -\frac{\rho^n R_n}{1.2.3\ldots n}.$$

Donc cet accroissement sera négatif, et l'on pourra énoncer la proposition suivante :

Théorème V. — *Supposons que les fonctions* (25) *restent finies et con-*

tinues dans le voisinage d'une valeur de x qui ne réduise pas la fonction $f(x)$ à zéro. Faisons d'ailleurs

$$f(x) = \mathrm{R}(\cos \mathrm{T} + \sqrt{-1} \sin \mathrm{T}),$$

et soit

$$f^{(n)}(x) = \mathrm{R}_n(\cos \mathrm{T}_n + \sqrt{-1} \sin \mathrm{T}_n)$$

le premier terme de la suite

$$f'(x), \quad f''(x), \quad f'''(x), \quad \ldots$$

qui ne s'évanouisse pas pour la valeur donnée de x. Enfin, concevons que, ρ désignant une quantité positive très petite, on attribue à x un accroissement Δx déterminé par la formule (91) *ou par la formule* (92), *suivant que l'on aura $n = 1$ ou $n > 1$. La valeur correspondante de $\Delta \mathrm{R}$ sera négative, c'est-à-dire que le module de*

$$f(x + \Delta x)$$

deviendra, pour de très petites valeurs de la quantité ρ, inférieur au module de $f(x)$.

Au reste, pour que le module de $f(x + \Delta x)$ devienne inférieur au module de $f(x)$, il n'est pas nécessaire de supposer la valeur de Δx déterminée par la formule (91) ou (92), et il suffit d'assigner à l'angle υ, dans la formule (63), une valeur propre à rendre négatif le dernier facteur de l'expression (73) ou (80), savoir

$$\cos(\upsilon + \mathrm{T}_1 - \mathrm{T}) \quad \text{ou} \quad \cos(n\upsilon + \mathrm{T}_n - \mathrm{T}).$$

Or c'est une condition qu'il est toujours facile de remplir, attendu que ce facteur change de signe, tandis que l'angle υ reçoit un accroissement égal à π ou à $\frac{\pi}{n}$.

En terminant cette Leçon, nous ferons observer que, dans beaucoup de cas, les relations établies par les formules (6), (26), (36) entre les fonctions désignées par les lettres f, f et les fonctions réelles $\varphi(r)$, $\chi(r)$, $\Phi(\rho)$, $\mathrm{X}(\rho)$ continuent de subsister quand on remplace $\sqrt{-1}$ par $-\sqrt{-1}$. C'est, en effet, ce qui aura généralement lieu si la fonction $\mathrm{f}(x)$ ou $f(x)$ se présente sous forme réelle, c'est-à-dire si elle ne renferme pas dans son expression le signe $\sqrt{-1}$. Ainsi, par exemple, si l'on prend pour $f(x)$ l'une des fonctions simples représentées par les notations

$$a+x, \quad a-x, \quad ax, \quad \frac{a}{x}, \quad x^a, \quad \mathrm{A}^x, \quad \mathrm{L}x,$$

$$\sin x, \quad \cos x, \quad \arcsin x, \quad \arccos x$$

ou l'une des fonctions composées que l'on peut exprimer en combinant ces mêmes notations, l'équation (26), dans laquelle r désigne le module de x, s un arc réel et $\varphi(r)$, $\chi(r)$ deux fonctions réelles de r, entraînera généralement la suivante :

$$f[r(\cos t - \sqrt{-1}\sin t)] = \varphi(r) - \sqrt{-1}\,\chi(r). \tag{95}$$

On aura donc alors

$$\left\{\begin{aligned} &\varphi(r) = \frac{f[r(\cos t + \sqrt{-1}\sin t)] + f[r(\cos t - \sqrt{-1}\sin t)]}{2} \\ &\text{et} \\ &\chi(r) = \frac{f[r(\cos t + \sqrt{-1}\sin t)] - f[r(\cos t - \sqrt{-1}\sin t)]}{2\sqrt{-1}}. \end{aligned}\right. \tag{96}$$

QUATORZIÈME LEÇON.

SUR LA RÉSOLUTION DES ÉQUATIONS ALGÉBRIQUES ET TRANSCENDANTES. DÉCOMPOSITION DES FONCTIONS ENTIÈRES EN FACTEURS RÉELS DU PREMIER OU DU SECOND DEGRÉ.

A l'aide des principes établis dans la treizième Leçon, on peut aisément démontrer la proposition suivante :

THÉORÈME I. — *Soit $f(x)$ une fonction de x qui reste finie et continue, ainsi que ses dérivées des divers ordres, pour toutes les valeurs finies réelles ou imaginaires de x, et qui devienne toujours infiniment grande lorsque le module de la variable x devient infini. Supposons d'ailleurs que les dérivées de $f(x)$ ne puissent s'évanouir toutes à la fois. Il existera une ou plusieurs valeurs de x, réelles ou imaginaires, et propres à vérifier l'équation*

$$f(x) = 0. \tag{1}$$

Démonstration. — Soient r et R les modules de la variable x et de la fonction $f(x)$, en sorte qu'on ait généralement

$$x = r(\cos t + \sqrt{-1} \sin t) \tag{2}$$

et

$$f(x) = f[r(\cos t + \sqrt{-1} \sin t)] = \mathrm{R}(\cos \mathrm{T} + \sqrt{-1} \sin \mathrm{T}), \tag{3}$$

t, T désignant deux arcs réels. Comme, en vertu de l'hypothèse admise, la fonction $f(x)$ devra rester finie pour toutes les valeurs finies du module r et devenir toujours infiniment grande pour $r = \infty$, il est clair que le module R remplira les mêmes conditions. Il est aisé d'en conclure que, parmi les valeurs de R, il en existera une plus petite que toutes les autres, et correspondante à une ou plusieurs valeurs finies de x. J'ajoute que cette plus petite valeur de R sera précisément égale à zéro; et, en effet, toutes les fois qu'une valeur finie de x produira pour la fonction $f(x)$ un module différent de zéro, on pourra, en vertu du théorème V de la Leçon précédente, attribuer à x un accroissement infiniment petit Δx, tel que le module de $f(x + \Delta x)$ devienne inférieur à celui de $f(x)$. Donc alors le module de $f(x)$ n'aura pas la plus petite valeur possible. Par conséquent, lorsque les conditions énoncées dans le théorème I seront remplies, la plus petite valeur de R sera nulle et les valeurs finies de x qui correspondront à une valeur nulle de R vérifieront l'équation (1).

Le théorème I s'applique immédiatement aux fonctions entières de la variable x. En effet, soit $f(x)$ une fonction entière du degré n, c'est-à-dire de la forme

$$f(x) = a_0 x^n + a_1 x^{n-1} + a_2 x^{n-2} + \ldots + a_{n-1} x + a_n, \tag{4}$$

n désignant un nombre entier, et a_0, a_1, a_2, ..., a_{n-1}, a_n des constantes réelles ou imaginaires dont la première ne pourra être nulle. Cette fonction $f(x)$ restera finie et continue, ainsi que ses dérivées des divers ordres, pour toutes les valeurs finies réelles ou imaginaires de x, et sa dérivée de l'ordre n, savoir

$$f^{(n)}(x) = 1.2.3\ldots n.a_0, \tag{5}$$

sera constante, mais différente de zéro. De plus, si l'on représente par ρ_0, ρ_1, ..., ρ_n les modules des coefficients a_0, a_1, ..., a_n, et si l'on pose en conséquence

$$\left\{\begin{array}{l} a_0 = \rho_0(\cos\tau_0 + \sqrt{-1}\sin\tau_0), \\ a_1 = \rho_1(\cos\tau_1 + \sqrt{-1}\sin\tau_1), \\ \ldots\ldots\ldots\ldots\ldots\ldots\ldots\ldots, \\ a_n = \rho_n(\cos\tau_n + \sqrt{-1}\sin\tau_n), \end{array}\right. \tag{6}$$

on conclura de l'équation (4), combinée avec les formules (2), (3), (6),

$$(7)\quad \left\{\begin{aligned} &\mathrm{R}(\cos \mathrm{T} + \sqrt{-1}\sin \mathrm{T}) \\ &\quad = \rho_0 r^n[\cos(nt+\tau_0) + \sqrt{-1}\sin(nt+\tau_0)] \\ &\qquad + \rho_1 r^{n-1}\{\cos[(n-1)t+\tau_1] + \sqrt{-1}\sin[(n-1)t+\tau_1]\} + \ldots \\ &\qquad\qquad + \rho_n(\cos\tau_n + \sqrt{-1}\sin\tau_n) \end{aligned}\right.$$

ou, ce qui revient au même,

$$(8)\quad \left\{\begin{aligned} \mathrm{R}\cos \mathrm{T} &= \rho_0 r^n \cos(nt+\tau_0) + \rho_1 r^{n-1}\cos[(n-1)t+\tau_1] + \ldots + \rho_n \cos\tau_n, \\ \mathrm{R}\sin \mathrm{T} &= \rho_0 r^n \sin(nt+\tau_0) + \rho_1 r^{n-1}\sin[(n-1)t+\tau_1] + \ldots + \rho_n \sin\tau_n. \end{aligned}\right.$$

On trouvera par suite

$$(9)\quad \left\{\begin{aligned} \mathrm{R}^2 = &\ \{\rho_0 r^n \cos(nt+\tau_0) + \rho_1 r^{n-1}\cos[(n-1)t+\tau_1] + \ldots + \rho_n \cos\tau_n\}^2 \\ &+ \{\rho_0 r^n \sin(nt+\tau_0) + \rho_1 r^{n-1}\sin[(n-1)t+\tau_1] + \ldots + \rho_n \sin\tau_n\}^2 \end{aligned}\right.$$

ou plus simplement

$$(10)\quad \mathrm{R}^2 = r^{2n}\left[\rho_0^2 + \frac{2\rho_0\rho_1\cos(t+\tau_0-\tau_1)}{r} + \frac{\rho_1^2 + 2\rho_0\rho_2\cos(2t+\tau_0-\tau_2)}{r^2} + \ldots\right].$$

Or, si l'on attribue au module r de la variable x des valeurs infiniment grandes, le premier des deux facteurs, que renferme la valeur précédente de R^2, croîtra indéfiniment, tandis que le second s'approchera d'une limite finie et différente de zéro, savoir de la quantité ρ_0^2. Donc la valeur de R^2 et sa racine carrée ou le module R de la fonction $f(x)$ deviendront infinis ainsi que la fonction elle-même. Donc, en vertu du théorème I, il existera une ou plusieurs valeurs réelles ou imaginaires de x propres à vérifier l'équation

$$(11)\qquad a_0 x^n + a_1 x^{n-1} + a_2 x^{n-2} + \ldots + a_{n-1} x + a_n = 0.$$

On doit seulement excepter le cas où l'on aurait

$$n = 0, \qquad f(x) = a_0,$$

et dans lequel toutes les dérivées de $f(x)$ deviendraient nulles.

Soit maintenant x_0 l'une des valeurs réelles ou imaginaires de x propres à vérifier l'équation (11). La fonction entière $f(x)$ sera divisible par le facteur linéaire $x - x_0$, et, si l'on effectue la division, on obtiendra pour quotient une autre fonction entière qui sera elle-même divisible par un nouveau facteur. En continuant de la sorte, on finira par décomposer la fonction $f(x)$ du degré n en autant de facteurs du premier degré qu'il y a d'unités dans le nombre n. D'ailleurs, le produit de ces facteurs ne deviendra jamais nul sans que l'un d'eux s'évanouisse, et comme, en égalant chaque facteur à zéro, on déterminera une racine réelle ou imaginaire de l'équation (11), on pourra évidemment énoncer la proposition suivante :

Théorème II. — *Quelles que soient les valeurs réelles ou les valeurs imaginaires des constantes $a_0, a_1, \ldots, a_{n-1}, a_n$, l'équation*

$$a_0 x^n + a_1 x^{n-1} + \ldots + a_{n-1} x + a_n = 0 \tag{11}$$

a toujours n racines réelles ou imaginaires et n'en saurait avoir un plus grand nombre.

Lorsque la fonction $f(x)$ cesse d'être entière, on peut encore, dans un grand nombre de cas, constater la possibilité de résoudre l'équation (1) en s'appuyant sur l'un des théorèmes que nous allons faire connaître.

Théorème III. — *Soit $f(x)$ une fonction de x qui reste finie et continue, ainsi que ses dérivées des divers ordres, pour toutes les valeurs finies réelles ou imaginaires de x, et supposons que les dérivées de $f(x)$ ne puissent s'évanouir toutes à la fois. Soit de plus $\psi(t)$ une fonction déterminée de l'angle t, qui demeure non seulement continue, mais encore réelle et positive entre les limites $t = -\pi$, $t = \pi$, et qui reprenne la même valeur à ces deux limites. Si, tandis que l'angle t varie entre les limites $-\pi$, $+\pi$, le module de l'expression*

$$f\left[\left(\cos t + \sqrt{-1}\sin t\right)\psi(t)\right] \tag{12}$$

reste constamment supérieur au module de $f(0)$, on pourra en conclure *que l'équation* (1) *admet une ou plusieurs racines réelles ou imaginaires et de la forme*

$$x = \theta(\cos t + \sqrt{-1}\sin t)\,\psi(t), \tag{13}$$

θ *désignant un nombre inférieur à l'unité.*

Démonstration. — En effet, si, dans la fonction

$$f(x) = f[r(\cos t + \sqrt{-1}\sin t)],$$

on fait varier r et t par degrés insensibles entre les limites $r = 0$, $r = \psi(t)$, $t = -\pi$, $t = \pi$, on obtiendra pour cette fonction $f(x)$ une infinité de valeurs dont l'une offrira un module plus petit que toutes les autres. Soient r_0, t_0 les valeurs de r et de t correspondantes à ce plus petit module, et x_0 la valeur correspondante de x; r_0 devra être inférieur et non pas égal à $\psi(t_0)$. Car, si l'on avait

$$r_0 = \psi(t_0),$$

le module de l'expression

$$f(x_0) = f[(\cos t_0 + \sqrt{-1}\sin t_0)\,\psi(t_0)] \tag{14}$$

resterait, en vertu de l'hypothèse admise, supérieur au module de $f(0)$, c'est-à-dire au module qu'on obtient pour $f(x)$ en posant $r = 0$, quel que soit t. J'ajoute que l'expression (14) sera précisément nulle; et en effet, si le contraire arrivait, on pourrait, en vertu du théorème V de la Leçon précédente, attribuer à la valeur

$$x_0 = r_0(\cos t_0 + \sqrt{-1}\sin t_0) \tag{15}$$

de la variable x un accroissement infiniment petit i tel que le module de $f(x_0 + i)$ devînt inférieur à celui de $f(x_0)$. D'ailleurs, r_0 étant inférieur à $\psi(t_0)$, et l'accroissement i étant très peu différent de zéro, la valeur $f(x_0 + i)$ de $f(x)$ serait encore l'une de celles qu'on obtient lorsqu'on fait varier r et t entre les limites $r = 0$, $r = \psi(t)$, $t = -\pi$, $t = \pi$. Donc, parmi ces dernières valeurs, $f(x_0)$ ne serait pas celle qui offrirait le plus petit module. Donc, toutes les fois que les conditions énoncées dans le théorème III pourront être remplies, l'expression (14) s'évanouira ainsi que son module, et la valeur de x ci-dessus désignée par x_0 vérifiera l'équation (1). Or cette valeur de x sera du nombre de celles que représente la formule (13), puisque le module r_0 sera compris entre les limites o et $\psi(t_0)$.

Scolie. — Pour que le théorème III subsiste, il n'est pas nécessaire que la fonction désignée par $\psi(t)$ conserve la même forme pour toutes les valeurs de t. Cette remarque fournit le moyen de surmonter les difficultés que pourrait offrir l'application du théorème à des cas particuliers. Supposons, pour fixer les idées,

$$f(x) = e^x - x. \tag{16}$$

On trouvera, dans cette hypothèse,

$$f(0) = 1, \tag{17}$$

$$R(\cos T + \sqrt{-1}\sin T) = e^{r\cos t + r\sin t\sqrt{-1}} - (r\cos t + r\sin t\sqrt{-1}), \tag{18}$$

$$\left\{\begin{array}{l} R\cos T = e^{r\cos t}\cos(r\sin t) - r\cos t, \\ R\sin T = e^{r\cos t}\sin(r\sin t) - r\sin t, \end{array}\right. \tag{19}$$

$$R^2 = e^{2r\cos t} - 2re^{r\cos t}\cos(r\sin t - t) + r^2 \tag{20}$$

et, par conséquent,

$$R^2 > e^{2r\cos t} - 2re^{r\cos t} + r^2; \tag{21}$$

puis on en conclura : 1° en supposant $r > 2$ et $\cos t$ négatif,

$$R > r - e^{r\cos t} > r - 1 > 1; \tag{22}$$

2° en supposant $\cos t$ positif et supérieur à $\frac{l(r+1)}{r}$,

$$R > e^{r\cos t} - r > 1. \tag{23}$$

Soient maintenant N un nombre quelconque supérieur à 2 et

$$\upsilon = \text{arc}\cos\frac{l(N+1)}{N}. \tag{24}$$

Si l'on veut que la valeur de R, déterminée par la formule (20) dans le cas où l'on pose $r = \psi(t)$, devienne supérieure au module de $f(0)$, c'est-à-dire à l'unité, pour toutes les valeurs de t renfermées : 1° entre les limites $t = -\pi$, $t = -\frac{\pi}{2}$ ou bien entre les limites $t = \frac{\pi}{2}$, $t = \pi$; 2° entre les limites $t = -\upsilon$, $t = \upsilon$, il suffira de concevoir que, entre ces mêmes limites, la fonction $\psi(t)$ se réduise à une quantité constante égale ou supérieure au nombre N. D'autre part, si, en désignant par n un nombre entier quelconque, on fixe la valeur de r, lorsque l'angle t reste positif, à l'aide de l'équation

$$(25) \qquad r \sin t - t = n\pi + \frac{\pi}{2} \qquad \text{ou} \qquad r = \frac{n\pi + \frac{\pi}{2} + t}{\sin t},$$

et lorsque l'angle t devient négatif, à l'aide de l'équation

$$(26) \qquad r \sin t - t = -\left(n\pi + \frac{\pi}{2}\right) \qquad \text{ou} \qquad r = \frac{n\pi + \frac{\pi}{2} - t}{\sin(-t)},$$

le module R, déterminé par la formule (20), surpassera évidemment le module r, et à plus forte raison le nombre $\frac{\pi}{2} = 1,5707\ldots$. Donc le module R surpassera l'unité pour toutes les valeurs de t comprises entre les limites $-\pi$, $+\pi$, si l'on détermine la fonction $\psi(t)$ de manière que l'on ait : 1° entre les limites $t = -\upsilon$, $t = \upsilon$,

$$(27) \qquad \psi(t) = \frac{n\pi + \frac{\pi}{2} + \upsilon}{\sin \upsilon};$$

2° entre les limites $t = \upsilon$, $t = \pi - \upsilon$,

$$(28) \qquad \psi(t) = \frac{n\pi + \frac{\pi}{2} + t}{\sin t};$$

3° entre les limites $t = -(\pi - \upsilon)$, $t = -\upsilon$,

$$(29) \qquad \psi(t) = \frac{n\pi + \frac{\pi}{2} - t}{\sin(-t)};$$

4° entre les limites $t = -\pi$, $t = -(\pi - \upsilon)$ ou bien entre les limites $t = \pi - \upsilon$, $t = \pi$,

$$(30) \qquad \psi(t) = \frac{n\pi + \frac{\pi}{2} + \pi - \upsilon}{\sin(\pi - \upsilon)} = \frac{n\pi + \frac{3\pi}{2} - \upsilon}{\sin\upsilon},$$

et si de plus on choisit le nombre n de telle sorte que la plus petite des valeurs de $\psi(t)$ fournies par les équations (27), (30), savoir

$$\frac{n\pi + \frac{\pi}{2} + \upsilon}{\sin\upsilon},$$

vérifie la condition

$$(31) \qquad \frac{n\pi + \frac{\pi}{2} + \upsilon}{\sin\upsilon} > \mathrm{N}.$$

D'ailleurs, quoique la fonction $\psi(t)$ déterminée par le système des équations (27), (28), (29), (30), change de forme avec la valeur de t, elle reste non seulement finie et positive, mais encore continue entre ces limites, c'est-à-dire qu'elle varie par degrés insensibles, tandis que l'on fait croître ou décroître l'angle t. Ajoutons qu'elle reprend la même valeur pour $t = -\pi$ et pour $t = \pi$, et que les dérivées de $e^x - x$, savoir $e^x - 1$, e^x, ne sauraient s'évanouir en même temps. Donc, en vertu du théorème III, l'équation

$$(32) \qquad e^x - x = 0$$

admet des racines réelles ou imaginaires, parmi lesquelles il en existe au moins une dont le module ne surpasse pas la plus grande des valeurs de $\psi(t)$ fournies par les équations (27), (28), (29), (30).

Si l'on prend $\mathrm{N} = 2$, l'équation (24) donnera

$$\upsilon = \arccos\frac{13}{2} = \arccos(0,549306\ldots) = 0,98926\ldots,$$

et la condition (31) sera vérifiée, même lorsqu'on supposera $n = 0$. Alors la plus grande des valeurs de $\psi(t)$ déterminées par les formules (27), (28), (29), (30) sera

$$\frac{\frac{3\pi}{2} - \upsilon}{\sin \upsilon} = 4,455\ldots.$$

Donc, parmi les racines de l'équation (1), il en existe au moins une qui offre un module inférieur au nombre 4,455....

Ce qu'on vient de dire indique suffisamment le parti qu'on peut tirer du théorème III pour s'assurer qu'une équation transcendante admet des racines réelles ou imaginaires, et pour découvrir une limite supérieure au plus petit de leurs modules. Parmi les équations, pour lesquelles l'existence d'une ou de plusieurs racines peut être ainsi constatée, nous citerons encore les suivantes :

$$(33) \qquad e^x = x\sqrt{-1}, \qquad e^{-x} + x^2 = 0, \qquad \sin x = 2, \qquad \ldots$$

et

$$(34) \qquad e^{-x} = x, \qquad e^{-x} = x^2, \qquad e^x - e^{-x} = \sin x, \qquad \ldots.$$

Il serait d'ailleurs facile de reconnaître que les équations (32) et (33) admettent seulement des racines imaginaires.

Au reste, par des raisonnements semblables à ceux que nous avons employés pour établir le théorème III, on peut encore démontrer la proposition suivante.

Théorème IV. — *Soient*

$$(2) \qquad x = r(\cos t + \sqrt{-1}\sin t)$$

une variable imaginaire, r le module de cette variable, et $\varphi(t)$, $\psi(t)$ *deux fonctions de t qui restent, non seulement continues, mais encore réelles et positives, pour toutes les valeurs de t comprises entre* $t = t_1$, $t = t_2$. *Soit de plus*

$$(3) \qquad f(x) = f[r(\cos t + \sqrt{-1}\sin t)]$$

une fonction de x qui reste finie et continue, ainsi que ses dérivées des divers ordres, entre les limites

$$(35) \qquad t = t_1, \quad t = t_2, \quad r = \varphi(t), \quad r = \psi(t);$$

et supposons que jamais les dérivées de $f(x)$ ne s'évanouissent toutes à la fois. Si l'on peut choisir l'angle τ entre les limites t_1, t_2 et le module ι entre les limites $\varphi(t)$, $\psi(t)$, de telle sorte que l'expression (3) *conserve toujours un module supérieur à celui de*

$$(36) \qquad f[\iota(\cos\tau + \sqrt{-1}\sin\tau)],$$

tandis que l'on fait varier r entre les limites $\varphi(t)$, $\psi(t)$, en attribuant à t l'une des valeurs t_1, t_2, ou t entre les limites t_1, t_2, en attribuant à r l'une des valeurs $\varphi(t)$, $\psi(t)$, l'équation (1) *admettra une ou plusieurs racines réelles ou imaginaires, correspondantes à des valeurs de r et de t comprises entre les limites* (35).

Scolie I. — Si, dans le théorème qui précède, on réduit les angles t_1, t_2 aux deux quantités $-\pi$, $+\pi$, il deviendra nécessaire de supposer que chacune des fonctions $\varphi(t)$, $\psi(t)$ reprend la même valeur pour $t = -\pi$ et pour $t = \pi$. Si, dans cette hypothèse, on avait $\varphi(t) = 0$, on se trouverait évidemment ramené au théorème III.

Scolie II. — Si, dans le théorème IV, on réduit les fonctions $\varphi(t)$, $\psi(t)$ à deux quantités constantes r_1, r_2, on obtiendra la nouvelle proposition que je vais énoncer.

Théorème V. — *Soit*

$$(2) \qquad x = r(\cos t + \sqrt{-1}\sin t)$$

une variable imaginaire dont r désigne le module. Soit de plus $f(x)$ une fonction de x qui reste finie et continue, ainsi que ses dérivées des divers ordres, entre les limites

$$(37) \qquad r = r_1, \quad r = r_2; \quad t = t_1, \quad t = t_2,$$

et supposons que jamais les dérivées de $f(x)$ ne s'évanouissent toutes à la fois. Si l'on peut choisir le module ι entre les limites r_1, r_2 et l'angle τ

entre les limites t_1, t_2, *de telle sorte que la fonction*

$$(3) \qquad f(x) = f[r(\cos t + \sqrt{-1}\sin t)]$$

conserve toujours un module supérieur à celui de l'expression (36), *tandis que l'on fait varier r entre les limites* r_1, r_2, *en attribuant à t l'une des valeurs* t_1, t_2, *ou t entre les limites* t_1, t_2, *en attribuant à r l'une des valeurs* r_1, r_2, *l'équation* (1) *admettra une ou plusieurs racines réelles ou imaginaires, correspondantes à des valeurs de t comprises entre les limites* (37).

On pourrait encore au théorème V joindre la proposition suivante, qui se démontre aussi facilement et de la même manière que les théorèmes III et IV.

Théorème VI. — *Soient x une variable imaginaire, et p, q deux variables réelles liées à la première par l'équation*

$$(38) \qquad x = p + q\sqrt{-1}.$$

Soit de plus

$$(39) \qquad f(x) = f(p + q\sqrt{-1})$$

une fonction de x qui reste finie et continue, ainsi que ses dérivées des divers ordres, entre les limites

$$(40) \qquad p = p_1, \quad p = p_2; \quad q = q_1, \quad q = q_2,$$

et supposons que jamais les dérivées de $f(x)$ *ne s'évanouissent toutes à la fois. Si l'on peut choisir la quantité* λ *entre les limites* p_1, p_2 *et la quantité* μ *entre les limites* q_1, q_2, *de telle sorte que la fonction* (39) *conserve toujours un module supérieur à celui de l'expression*

$$(41) \qquad f(\lambda + \mu\sqrt{-1}),$$

tandis que l'on fait varier p entre les limites p_1, p_2 *en attribuant à q l'une des valeurs* q_1, q_2, *ou q entre les limites* q_1, q_2, *en attribuant à p l'une des valeurs* p_1, p_2, *l'équation* (1) *admettra une ou plusieurs racines imaginaires correspondantes à des valeurs de p et de q comprises entre les limites* (40).

Lorsque l'équation (1) admet des racines réelles ou imaginaires dont les modules sont très considérables, les théorèmes IV et V peuvent servir à constater l'existence de ces racines et à fournir des valeurs approchées. Pour donner la preuve de cette assertion, posons de nouveau

$$f(x) = e^x - x.$$

Alors à chaque racine de l'équation (1) correspondront des valeurs de r et de t propres à faire évanouir le module R déterminé par la formule (20), ou, ce qui revient au même, par la suivante

$$(42)\qquad R^2 = [e^{r\cos t} - r\cos(r\sin t - t)]^2 + [r\sin(r\sin t - t)]^2.$$

De plus, la somme de deux carrés ne pouvant être nulle qu'autant que chacun d'eux se réduit séparément à zéro, l'équation $R = 0$ entraînera les deux formules

$$(43)\qquad r\sin(r\sin t - t) = 0, \qquad e^{r\cos t} = r\cos(r\sin t - t),$$

que l'on pourra réduire à

$$(44)\qquad r\sin t - t = \pm 2n\pi, \qquad e^{r\cos t} = r,$$

en désignant par n un nombre entier, et en observant que, pour satisfaire à la seconde des formules (43), il est nécessaire de supposer le module r différent de zéro, et la quantité $\cos(r\sin t - t)$ positive.

Concevons maintenant que l'on attribue au nombre entier n et par suite au module r une très grande valeur. Comme l'expression réelle

$$\frac{1r}{r},$$

qui admet un seul maximum correspondant à $r = e$, décroît indéfiniment à partir de ce maximum, pour des valeurs croissantes de r, cette expression, ou la valeur de $\cos t$ tirée de la seconde des formules (44), deviendra sensiblement nulle. Donc l'angle t, compris entre les limites $-\pi$, $+\pi$, différera peu de $\pm\frac{\pi}{2}$, et les formules (44) donneront à très peu près

$$(45)\qquad r = 2n\pi + \frac{\pi}{2}, \qquad \cos t = \frac{\mathrm{l}\left(2n\pi + \frac{n}{2}\right)}{2n\pi + \frac{\pi}{2}}.$$

Nous sommes donc conduits à penser que, si l'équation (1) admet des racines dont les modules soient très considérables, ces racines correspondront à des valeurs de r et de t peu différentes de celles que fournissent les équations (45). Or on constatera sans peine l'existence des racines dont il s'agit à l'aide du théorème V, en opérant comme il suit.

Supposons, pour fixer les idées, l'angle t positif. Alors, si l'on désigne par ι et par τ les valeurs de r et de t que fournissent les équations (45), on aura

$$(46)\qquad \iota = 2n\pi + \frac{\pi}{2}, \qquad \tau = \arccos\frac{\mathrm{l}\left(2n\pi + \frac{\pi}{2}\right)}{2n\pi + \frac{\pi}{2}}.$$

On trouvera par suite

$$(47)\qquad e^{\iota\cos\tau} = \iota,$$

et l'on tirera de l'équation (20), en prenant $r = \iota$, $t = \tau$,

$$(48)\qquad \mathrm{R}^2 = \iota^2[2 - 2\cos(\iota\sin\tau - \tau)] = 4\iota^2\sin^2\frac{\iota\sin\tau - \tau}{2}$$

ou, ce qui revient au même,

$$(49)\qquad \left(\frac{\mathrm{R}}{\iota}\right)^2 = \left[2\sin\left(\frac{\iota\sin\tau - \tau}{2}\right)\right]^2.$$

D'ailleurs, pour de très grandes valeurs du nombre entier n, $\cos\tau$ acquerra une valeur numérique très petite, ainsi que la différence $\frac{\pi}{2} - \tau$, et l'on pourra en dire autant, non seulement du produit

$$(50)\qquad \iota\cos^2\tau = \frac{\left[\mathrm{l}\left(2n\pi + \frac{\pi}{2}\right)\right]^2}{2n\pi + \frac{\pi}{2}} = 4\left(\frac{\mathrm{l}\sqrt{2n\pi + \frac{\pi}{2}}}{\sqrt{2n\pi + \frac{\pi}{2}}}\right)^2,$$

mais encore des deux expressions

$$(51)\qquad \iota \sin\tau - 2n\pi = \frac{\pi}{2} - \tau - \frac{\iota\cos^2\tau}{1+\sin\tau},$$

$$(52)\qquad \sin\frac{\iota\sin\tau - \tau}{2} = \pm\sin\left[\frac{1}{2}\left(\frac{\pi}{2} - \tau - \frac{\iota\cos^2\tau}{1+\sin\tau}\right)\right].$$

Donc la valeur de $\frac{R}{\iota}$, tirée de l'équation (49), sera sensiblement nulle. Faisons maintenant

$$(53)\qquad r = \iota + u, \qquad \cos t = (1 - v)\cos\tau.$$

Soient de plus r_1, r_2, t_1, t_2 les valeurs que prennent les variables r et t quand on pose successivement

$$u = -\pi, \qquad u = \pi, \qquad v = -1, \qquad v = 1;$$

en sorte qu'on ait

$$(54)\qquad r_1 = \iota - \pi, \qquad r_2 = \iota + \pi$$

et

$$(55)\qquad \cos t_1 = 2\cos\tau, \qquad \cos t_2 = 0,$$

ou, ce qui revient au même,

$$(56)\qquad t_1 = \arc\cos\frac{2\,l\left(2n\pi + \frac{\pi}{2}\right)}{2n\pi + \frac{\pi}{2}}, \qquad t_2 = \frac{\pi}{2}.$$

Le module ι sera évidemment compris entre les modules r_1, r_2, et l'angle τ entre les limites t_1, t_2. Or, si l'on renferme la valeur de u entre les limites $-\pi$, $+\pi$, on tirera de la formule (21) : 1° en supposant $t = t_1$,

$$(57)\qquad \left(\frac{R}{\iota}\right)^2 > \left[\left(2n\pi + \frac{\pi}{2}\right)^{1+\frac{2u}{\iota}} - \left(1 + \frac{u}{\iota}\right)\right]^2,$$

2° en supposant $t = t_2 = \frac{\pi}{2}$,

$$(58)\qquad \left(\frac{R}{\iota}\right)^2 > \left(1 + \frac{u-1}{\iota}\right)^2.$$

D'autre part, si l'on renferme la valeur de v entre les limites -1, $+1$, en attribuant à u l'une des valeurs $-\pi$, $+\pi$, la quantité

$$(59)\quad \left\{\begin{aligned} r\sin t - t &= r - t - \frac{r\cos^2 t}{1+\sin t}\\ &= (2n\mp 1)\pi + \frac{\pi}{2} - t - \left(1\mp\frac{\pi}{\iota}\right)(1-v)^2\frac{\iota\cos^2\tau}{1+\sin t}\end{aligned}\right.$$

différera très peu de $(2n\mp 1)\pi$; par suite, $\cos(r\sin t - t)$ différera très peu de -1, et l'on tirera de la formule (20)

$$(60)\qquad R^2 > r^2;$$

$$(61)\qquad \left(\frac{R}{\iota}\right)^2 > \left(1\mp\frac{\pi}{\iota}\right)^2.$$

Enfin il est clair que, les nombres n et ι étant très considérables, toute valeur de $\frac{R}{\iota}$, propre à vérifier l'une des conditions (57), (58), (61), sera ou très grande ou peu différente de l'unité, et par conséquent supérieure à la valeur de $\frac{R}{\iota}$ tirée de l'équation (49). Donc l'équation (48) fournira une valeur de R inférieure à toutes celles qui vérifient les formules (57), (58), (61), et l'on pourra conclure du théorème V que l'équation (32) admet des racines qui correspondent à des valeurs de r comprises entre les limites (54) et à des valeurs de t comprises entre les limites (56).

Au reste, pour arriver à la conclusion qui précède, il n'est pas nécessaire d'attribuer au nombre n des valeurs très considérables, et il suffit même de prendre pour n un nombre entier quelconque différent de zéro. Effectivement, si l'on suppose $n=1$, on tirera des équations (46) et (49)

$$(62)\qquad \iota = \frac{5\pi}{2} = 7,85398\ldots,\qquad \tau = (0,83095\ldots)\frac{\pi}{2} = 1,30526\ldots,$$

$$(63)\qquad \frac{R}{\iota} = 2\sin\frac{\iota\sin\tau - \tau}{2} = 2\sin\frac{6,27346\ldots}{2} = 0,00972\ldots;$$

tandis que les formules (57), (58) donneront, pour des valeurs de u

renfermées entre les limites $-\pi$, $+\pi$,

$$(64)\qquad \frac{R}{\tau} > \left(\frac{5\pi}{2}\right)^{1+\frac{4u}{5\pi}} - \left(1+\frac{2u}{5\pi}\right) > \left(\frac{5\pi}{2}\right)^{\frac{1}{5}} - \left(1+\frac{2}{5}\right) > 0,110\ldots,$$

$$(65)\qquad \frac{R}{\tau} > 1 + \frac{2(u-1)}{5\pi} > 1 - \frac{2}{5}\,\frac{\pi+1}{\pi} > 0,47\ldots.$$

D'ailleurs, si, en attribuant à r la valeur $\frac{5\pi}{2} - \pi = \frac{3\pi}{2}$, on fait varier l'angle t entre les limites

$$(66)\qquad t_1 = \arccos(2\cos\tau) = (0,6482\ldots)\frac{\pi}{2}, \qquad t_2 = \frac{\pi}{2},$$

la différence

$$r\sin t - t,$$

dont les maxima et minima correspondent à des valeurs nulles de $r\cos t - 1$, croîtra depuis $t = t_1$ jusqu'à $t = \arccos\frac{1}{r} = \arccos\frac{2}{3\pi}$, et décroîtra ensuite depuis cette dernière valeur de t jusqu'à $t = t_2$. Donc elle restera comprise entre la plus petite des quantités

$$(67)\qquad r\sin t_1 - t_1 = (0,9526\ldots)\pi, \qquad r\sin t_2 - t_2 = \pi,$$

qui surpassent l'une et l'autre $\frac{\pi}{2}$, et la quantité

$$(68)\qquad \sqrt{r^2-1} - \arccos\frac{1}{r} = (1,0339\ldots)\pi,$$

qui est inférieure à $\frac{3\pi}{2}$. Donc $\cos(r\sin t - t)$ sera négatif, et la formule (20) entraînera encore la condition (61), de laquelle on tirera

$$\frac{R}{\tau} > 1 - \frac{\pi}{\tau} = 1 - \frac{2}{5},$$

c'est-à-dire

$$(69)\qquad \frac{R}{\tau} > 0,6.$$

De même, si, en attribuant à r la valeur $\frac{5\pi}{2} + \pi = \frac{7\pi}{2}$, on fait varier l'angle t entre les limites (66), la différence $r\sin t - t$ restera comprise entre la plus petite des quantités

$$(70)\qquad r\sin t_1 - t_1 = (2,6549\ldots)\pi, \qquad r\sin t_2 - t_2 = 3\pi,$$

qui surpassent l'une et l'autre $\frac{5\pi}{2}$, et la quantité

$$(71)\qquad \sqrt{r^2-1} - \operatorname{arc}\cos\frac{1}{r} = (3,0146\ldots)\pi,$$

qui est inférieure à $\frac{7\pi}{2}$. Donc $\cos(r\sin t - t)$ sera toujours négatif, et la formule (20) entraînera la condition (61), de laquelle on tirera

$$\frac{R}{\iota} > 1 + \frac{\pi}{\iota} = 1 + \frac{2}{5}$$

ou

$$(72)\qquad R > 1,4.$$

Cela posé, puisque la valeur de R, donnée par la formule (63), reste inférieure à toutes celles qui vérifient les conditions (64), (65), (69), (72), il est clair que l'équation (32) admettra au moins une racine dont le module sera compris entre les limites

$$(73)\qquad \frac{5\pi}{2} - \pi = \frac{3\pi}{2} = 4,71238\ldots \quad \text{et} \quad \frac{5\pi}{2} + \pi = \frac{7\pi}{2} = 10,99557\ldots.$$

D'autre part, si l'on suppose $n = 2$ ou $n > 2$, on tirera des formules (46) et (50)

$$(74)\qquad \cos\tau \leqq 0,18736\ldots, \qquad \iota\cos^2\tau \leqq 0,4962\ldots, \qquad 1 + \sin\tau \geqq 1,9822\ldots$$

et, par suite,

$$(75)\qquad \frac{1}{2}\left(\frac{\pi}{2} - \tau\right) \leqq 0,094\ldots, \qquad \frac{1}{2}\,\frac{\iota\cos^2\tau}{1+\sin\tau} \leqq 0,125\ldots;$$

puis on conclura des formules (49) et (52)

$$(76)\qquad \frac{R}{\iota} < 2\sin(0,125\ldots) < 2(0,125\ldots) < 0,250\ldots.$$

Or, dans la même hypothèse, les formules (57), (58) donneront, pour des valeurs de u renfermées entre les limites $-\pi$, $+\pi$,

$$(77)\qquad \frac{\mathrm{R}}{\iota} > \left(\frac{9\pi}{2}\right)^{1-\frac{4}{9}} - \left(1+\frac{2}{9}\right) > 3,133\ldots,$$

$$(78)\qquad \frac{\mathrm{R}}{\iota} > 1 - \frac{2}{9}\,\frac{\pi+1}{\pi} > 0,707\ldots.$$

De plus, tandis que, dans la formule (59), on fera varier v entre les limites -1, $+1$, la somme des quantités

$$t,\quad \left(1 \mp \frac{\pi}{2}\right)(1-v)^2\,\frac{\iota\cos^2\tau}{1+\sin t}$$

demeurera inférieure à celle des quantités

$$(79)\qquad \frac{\pi}{2},\quad \left(1+\frac{2}{9}\right)4\,\frac{\iota\cos^2\tau}{1+\sqrt{1-4\cos^2\tau}} < (0,8015\ldots)\frac{\pi}{2},$$

et par conséquent au nombre π. Donc, la différence entre l'expression $r\sin t - t$ et le produit $(2\pi \mp 1)\pi$ sera comprise entre les limites $\frac{\pi}{2}$, $\frac{\pi}{2} - \pi = -\frac{\pi}{2}$; et, comme on aura par suite

$$\cos(r\sin t - t) < 0,$$

la formule (20) entraînera encore la condition (61), de laquelle on tirera

$$(80)\qquad \frac{\mathrm{R}}{\iota} > 1 - \frac{2}{9} > 0,777\ldots.$$

Enfin, puisque la valeur de ι, tirée de la formule (76), reste inférieure à toutes celles qui vérifient les conditions (77), (78), (80), nous pourrons affirmer que l'équation (32) admet au moins une racine de la forme

$$x = r(\cos t + \sqrt{-1}\sin t),$$

le module r étant compris entre les limites

$$(81)\qquad (2n-1)\pi + \frac{\pi}{2},\quad (2n+1)\pi + \frac{\pi}{2},$$

et l'angle t entre les limites

$$(82) \qquad \arccos \frac{2\,\mathrm{l}\left(2n\pi + \frac{\pi}{2}\right)}{2n\pi + \frac{\pi}{2}}, \quad \frac{\pi}{2}.$$

Lorsque la fonction $f(x)$ se présente sous forme réelle, l'équation (26) de la Leçon précédente entraîne généralement la formule (94) de la même Leçon. Donc alors, si l'on pose

$$(83) \qquad f[r(\cos t + \sqrt{-1}\sin t)] = \mathrm{R}(\cos \mathrm{T} + \sqrt{-1}\sin \mathrm{T}),$$

R désignant une quantité positive et T un arc réel, on en conclura

$$(84) \qquad f[r(\cos t - \sqrt{-1}\sin t)] = \mathrm{R}(\cos \mathrm{T} - \sqrt{-1}\sin \mathrm{T}).$$

Cela posé, comme les deux expressions (83), (84) s'évanouissent toujours simultanément quand le module R devient nul, et ne peuvent s'évanouir dans le cas contraire, il est clair que, dans l'hypothèse dont il s'agit, l'équation (1) ne pourra offrir une racine imaginaire de la forme

$$x = r(\cos t + \sqrt{-1}\sin t),$$

sans offrir en même temps une racine imaginaire, conjuguée à la première, et de la forme

$$x = r(\cos t - \sqrt{-1}\sin t).$$

Il est bon toutefois d'observer que ces deux racines imaginaires de l'équation (1) se réduiraient à une seule racine réelle, positive ou négative, si l'on avait $t = 0$ ou $t = \pm\pi$.

De ce qu'on vient de dire, il résulte que, si la fonction $f(x)$ se présente sous forme réelle, les racines imaginaires de l'équation (1), combinées deux à deux, seront conjuguées entre elles, c'est-à-dire de la forme

$$(85) \qquad x = r(\cos t + \sqrt{-1}\sin t), \qquad x = r(\cos t - \sqrt{-1}\sin t),$$

et offriront le même module r. C'est ce qui arrive en particulier lorsqu'on prend pour $f(x)$ une fonction entière ou l'une des fonctions transcendantes

$$(86) \qquad e^x - x, \quad x - e^{-x}, \quad e^{-x} + x^2, \quad x^2 - e^{-x}, \quad \dots.$$

Si, pour fixer les idées, on pose

$$f(x) = e^x - x,$$

l'équation (1), réduite à la formule (32), n'admettra évidemment que des racines imaginaires. En effet, x étant réel, la différence

$$e^x - x$$

ne pourrait s'évanouir que pour des valeurs positives de x, et pour de semblables valeurs on a évidemment

$$x < e^x < 1 + x + \frac{x^2}{1.2} + \dots.$$

D'ailleurs on a prouvé ci-dessus que, la lettre n désignant un nombre entier quelconque, l'équation (32) admet toujours une racine imaginaire de la forme

$$x = r(\cos t + \sqrt{-1}\sin t),$$

le module r étant compris entre les limites (81), et l'angle t entre les limites (82). Donc cette équation admettra encore une autre racine de la même forme, et dans laquelle le module r restera compris entre les limites (81), l'angle t étant renfermé entre les suivantes :

$$(87) \qquad -\operatorname{arc}\cos\frac{2\,\mathrm{l}\left(2n\pi + \frac{\pi}{2}\right)}{2n\pi + \frac{\pi}{2}}, \quad -\frac{\pi}{2}.$$

Lorsque les conditions énoncées dans l'un des théorèmes I, III ou IV et V se trouvent remplies, il devient facile de résoudre par approximation l'équation (1). Pour y parvenir, on considérera zéro ou l'expression imaginaire

$$\mathfrak{r}(\cos\tau + \sqrt{-1}\sin\tau)$$

comme une première valeur approchée de l'une des racines de l'équation (1); puis on supposera, dans la formule (91) ou (92) de la treizième Leçon, x égal à zéro ou au produit

$$\iota(\cos\tau + \sqrt{-1}\sin\tau),$$

et le nombre ρ assez petit pour que le module de $f(x+\Delta x)$ devienne inférieur au module R de $f(x)$. Cela posé, l'expression imaginaire

$$x + \Delta x$$

pourra être regardée comme une seconde valeur approchée de la racine que l'on cherche. Or l'opération par laquelle on aura déduit cette seconde valeur de la première, étant plusieurs fois répétée, fournira une troisième, une quatrième, ... valeur approchée. Soient maintenant

$$(88) \qquad x_1, \quad x_2, \quad x_3, \quad \ldots$$

les première, seconde, troisième, ... valeurs approchées de la racine dont il s'agit. Tandis que les modules des expressions

$$(89) \qquad f(x_1), \quad f(x_2), \quad f(x_3), \quad \ldots$$

deviendront de plus en plus petits, les termes de la série (88) convergeront vers une certaine limite qui sera nécessairement une valeur finie de x propre à vérifier l'équation (1).

Il est bon de rappeler que, dans les formules (91) et (92) de la Leçon précédente, $T, T_1, \ldots, T_n$ désignent des angles réels qui sont déterminés, avec les modules $R, R_1, \ldots, R_n$, par les équations

$$(90) \qquad \begin{cases} f(x) = R(\cos T + \sqrt{-1}\sin T), \\ f'(x) = R_1(\cos T_1 + \sqrt{-1}\sin T_1), \\ \ldots\ldots\ldots\ldots\ldots\ldots\ldots\ldots, \\ f^{(n)}(x) = R_n(\cos T_n + \sqrt{-1}\sin T_n). \end{cases}$$

Si la première valeur approchée de x est telle, que la quantité R soit très petite et la quantité R_1 sensiblement différente de zéro, alors, pour rendre le module de $f(x+\Delta x)$ inférieur au module de $f(x)$, il suffira ordinairement de poser $\rho = \frac{R_1}{R}$ dans la formule (91) de la treizième Leçon ou, en d'autres termes, il suffira de prendre

$$\Delta x = -\frac{R(\cos T + \sqrt{-1}\sin T)}{R_1(\cos T + \sqrt{-1}\sin T_1)} = -\frac{f(x)}{f'(x)}. \tag{91}$$

Effectivement, soient

$$x = r(\cos t + \sqrt{-1}\sin t) \tag{2}$$

la première valeur approchée de x;

$$\Delta x = \rho(\cos \upsilon + \sqrt{-1}\sin \upsilon) \tag{92}$$

un accroissement arbitraire attribué à cette première valeur, et $\Phi(\rho)$, $X(\rho)$ les fonctions réelles du module ρ qui vérifient l'équation

$$f[r(\cos t + \sqrt{-1}\sin t) + \rho(\cos \upsilon + \sqrt{-1}\sin \upsilon)] = \Phi(\rho) + \sqrt{-1}\, X(\rho), \tag{93}$$

dans le cas où l'on considère ce module comme seul variable. On tirera de la formule (39) de la treizième Leçon, en faisant $n=1$, et désignant par θ_1, θ_2 des nombres inférieurs à l'unité,

$$\left\{\begin{aligned} & f[r(\cos t + \sqrt{-1}\sin t) + \rho(\cos \upsilon + \sqrt{-1}\sin \upsilon)] \\ & \quad = f[r(\cos t + \sqrt{-1}\sin t)] \\ & \qquad + \rho(\cos \upsilon + \sqrt{-1}\sin \upsilon) f'[r(\cos t + \sqrt{-1}\sin t)] \\ & \qquad + \frac{1}{2}\rho^2[\Phi''(\theta_1\rho) + \sqrt{-1}\, X''(\theta_2\rho)], \end{aligned}\right. \tag{94}$$

ou, ce qui revient au même,

$$\left\{\begin{aligned} & f(x+\Delta x) \\ & \quad = R(\cos T + \sqrt{-1}\sin T) + \rho R_1[\cos(\upsilon + T_1) + \sqrt{-1}\sin(\upsilon + T_1)] \\ & \qquad\qquad + \frac{1}{2}\rho^2[\Phi''(\theta_1\rho) + \sqrt{-1}\, X''(\theta_2\rho)]; \end{aligned}\right. \tag{95}$$

puis, en supposant

$$\rho = \frac{R}{R_1}, \qquad \upsilon = \pi + T - T_1 \tag{96}$$

et, par conséquent,

$$\Delta x = \rho(\cos\upsilon + \sqrt{-1}\sin\upsilon) = -\frac{R(\cos T + \sqrt{-1}\sin T)}{R_1(\cos T_1 + \sqrt{-1}\sin T_1)} = -\frac{f(x)}{f'(x)},$$

on trouvera

$$(97)\quad \begin{cases} f(x+\Delta x) = \frac{1}{2}\rho^2[\Phi''(\theta_1\rho) + \sqrt{-1}\,X''(\theta_2\rho)] \\ \quad = \frac{1}{2}\frac{R^2}{R_1^2}\left[\Phi''\left(\theta_1\frac{R}{R_1}\right) + \sqrt{-1}\,X''\left(\theta_2\frac{R}{R_1}\right)\right]. \end{cases}$$

De plus, en différentiant deux fois par rapport à ρ la formule (93), et posant ensuite $\rho = 0$, on en conclura

$$(98)\quad \begin{cases} \Phi''(\rho) + \sqrt{-1}\,X''(\rho) \\ \quad = (\cos\upsilon + \sqrt{-1}\sin\upsilon)^2 f''[r(\cos t + \sqrt{-1}\sin t) + \rho(\cos\upsilon + \sqrt{-1}\sin\upsilon)] \end{cases}$$

et

$$(99)\quad \begin{cases} \Phi''(0) + \sqrt{-1}\,X''(0) = (\cos\upsilon + \sqrt{-1}\sin\upsilon)^2 f''[r(\cos t + \sqrt{-1}\sin t)] \\ \quad = R_2[\cos(2\upsilon + T_2) + \sqrt{-1}\sin(2\upsilon + T_2)]. \end{cases}$$

D'ailleurs, le rapport $\frac{R}{R_1}$ étant très petit en vertu de l'hypothèse admise, le dernier membre de la formule (97) différera généralement très peu du produit

$$\frac{1}{2}\frac{R^2}{R_1^2}[\Phi''(0) + \sqrt{-1}\,X''(0)] = \frac{1}{2}\frac{R^2 R_2}{R_1^2}[\cos(2\upsilon + T_2) + \sqrt{-1}\sin(2\upsilon + T_2)].$$

Donc le module de $f(x + \Delta x)$ différera généralement très peu de la quantité

$$(100)\quad \frac{1}{2}\frac{R^2 R_2}{R_1^2} = \frac{R_2 R}{2R_1^2}R,$$

qui sera elle-même très petite par rapport à R, du moins lorsque le module R_2 conservera une valeur finie.

Pour montrer une application des principes ci-dessus établis, concevons que, l'équation (1) étant réduite à la formule (32), on veuille déterminer, parmi les racines de cette équation l'une de celles qui offrent un module inférieur au nombre 4,455... (*voir* les pages 467 et 478). Alors on aura

$$(101)\quad f(x)=e^x-x,\qquad f'(x)=e^x-1,\qquad f''(x)=f'''(x)=\ldots=e^x,$$

et, en prenant zéro pour la première valeur approchée de la racine cherchée, on trouvera

$$(102)\qquad f(0)=1,\qquad f'(0)=0,\qquad f''(0)=1.$$

Par suite les formules (90) donneront, pour une valeur nulle de x,

$$(103)\qquad R=1,\qquad R_1=0,\qquad R_2=1,\qquad T=T_2=1;$$

puis, en réduisant, dans la formule (92) de la Leçon précédente, n à 2, et $2m+1$ à 1 ou à 3, on en tirera successivement

$$(104)\qquad \Delta x=\rho\sqrt{-1},\qquad \Delta x=-\rho\sqrt{-1}.$$

En conséquence, la seconde valeur approchée de la racine cherchée sera

$$(105)\qquad x+\Delta x=\rho\sqrt{-1}\quad\text{ou}\quad x+\Delta x=-\rho\sqrt{-1},$$

ρ étant assez petit pour que le module de l'expression

$$(106)\qquad \left\{\begin{array}{l} f(x+\Delta x)=\cos\rho-(\rho-\sin\rho)\sqrt{-1} \\ \text{ou} \\ f(x+\Delta x)=\cos\rho+(\rho-\sin\rho)\sqrt{-1}, \end{array}\right.$$

savoir

$$(107)\qquad (1-2\rho\sin\rho+\rho^2)^{\frac{1}{2}},$$

devienne inférieur au module de $f(x)$, c'est-à-dire à l'unité. Or cette condition sera évidemment remplie, si l'on prend $\rho \overline{\overline{<}} \frac{\pi}{2}$, attendu que, dans ce cas, on aura toujours $\sin\rho>\frac{\rho}{2}$. Supposons, pour fixer les idées, $\rho=\frac{\pi}{2}$. Alors le module (107) se trouvera réduit à

$$(108)\qquad \left(1-\pi+\frac{\pi^2}{4}\right)^{\frac{1}{2}}=\frac{\pi}{2}-1=0,5707\ldots,$$

et la première des formules (105) à

$$(109)\qquad x+\Delta x=\frac{\pi}{2}\sqrt{-1}=(1,5707\ldots)\sqrt{-1}.$$

Si maintenant on prend

$$(110)\qquad x=r(\cos t+\sqrt{-1}\sin t)=\frac{\pi}{2}\sqrt{-1},$$

on trouvera

$$(111)\qquad \begin{cases} f(x)=e^{\frac{\pi}{2}\sqrt{-1}}-\frac{\pi}{2}\sqrt{-1}=\left(1-\frac{\pi}{2}\right)\sqrt{-1}, \\ f'(x)=e^{\frac{\pi}{2}\sqrt{-1}}-1 \qquad =-1+\sqrt{-1}, \end{cases}$$

$$(112)\qquad r=\frac{\pi}{2},\qquad t=\frac{\pi}{2},$$

$$(113)\qquad \mathrm{R}=\frac{\pi}{2}-1,\qquad \mathrm{R}_1=\sqrt{2},\qquad \mathrm{T}=-\frac{\pi}{2},\qquad \mathrm{T}_1=\frac{3\pi}{4},$$

et les formules (91), (96) donneront

$$(114)\qquad \Delta x=\rho(\cos\upsilon+\sqrt{-1}\sin\upsilon)=\frac{\pi-2}{4}(1-\sqrt{-1}),$$

$$(115)\qquad \rho=\frac{\pi-2}{2\sqrt{2}}=0,4036\ldots,\qquad \upsilon=-\frac{\pi}{4}=-0,7583\ldots,$$

de sorte qu'on aura

$$(116)\qquad x+\Delta x=\frac{\pi-2}{4}+\frac{\pi+2}{4}\sqrt{-1}=0,28539\ldots+(1,28539\ldots)\sqrt{-1}.$$

D'ailleurs, en posant $f''(x)=e^x$, on tirera de l'équation (98)

$$(117)\qquad \begin{cases} \Phi''(\rho)+\sqrt{-1}\,\mathrm{X}''(\rho) \\ \quad =e^{r\cos t+\rho\cos\upsilon}\left[\cos(r\sin t+\rho\sin\upsilon+2\upsilon)+\sqrt{-1}\sin(r\sin t+\rho\sin\upsilon+2\upsilon)\right]. \end{cases}$$

Par suite, la formule (97) donnera

$$(118)\qquad \begin{cases} f(x+\Delta x) \\ \quad =\frac{1}{2}\rho^2 e^{r\cos t}\left[e^{\theta_1\rho\cos\upsilon}\cos(r\sin t+\theta_1\rho\sin\upsilon+2\upsilon)+e^{\theta_2\rho\cos\upsilon}\sin(r\sin t+\theta_2\rho\sin\upsilon+2\upsilon)\sqrt{-1}\right]; \end{cases}$$

et, comme, en vertu de cette dernière, le module de $f(x+\Delta x)$ sera évidemment, pour des valeurs positives de $\cos\upsilon$, inférieur au produit

$$\rho^2 e^{r\cos t+\rho\cos\upsilon}, \tag{119}$$

on peut affirmer qu'à la valeur de $x+\Delta x$ fournie par l'équation (116) correspondra un module de $f(x+\Delta x)$ inférieur à la quantité

$$\rho^2 e^{\frac{\pi}{2}\cos\frac{\pi}{2}+\rho\cos\frac{\pi}{4}} = \rho^2 e^{\frac{\rho}{\sqrt{2}}} = 0,2167\ldots \tag{120}$$

et, par conséquent, au module

$$R = \frac{\pi}{2} - 1 = 0,5707\ldots.$$

C'est, au reste, ce dont il est facile de s'assurer directement. Car, en posant

$$x+\Delta x = 0,28539\ldots + (1,28539\ldots)\sqrt{-1},$$

on trouvera

$$f(x+\Delta x) = e^{x+\Delta x} - (x+\Delta x) = 0,0890\ldots - (0,0089\ldots)\sqrt{-1} \tag{121}$$

et, par suite,

$$R+\Delta R = [(0,0890\ldots)^2 + (0,0089\ldots)^2]^{\frac{1}{2}} = 0,0891\ldots. \tag{122}$$

Donc on pourra prendre l'expression imaginaire

$$0,28539\ldots + 1,28539\ldots\sqrt{-1}$$

pour la troisième valeur approchée de la racine qu'il s'agissait d'obtenir. Enfin, si l'on se sert de l'équation (91) pour déduire une quatrième valeur approchée de la troisième, puis une cinquième de la quatrième, etc., et si l'on désigne par x_1, x_2, x_3, x_4, x_5, ... ces diverses valeurs approchées, en y comprenant celles que nous avons déjà calculées, on aura

$$(123)\quad \begin{cases} x_1 = 0, \\ x_2 = (1,5707\ldots)\sqrt{-1}, \\ x_3 = x_2 - \dfrac{f(x_2)}{f'(x_2)} = 0,2853\ldots + (1,2853\ldots)\sqrt{-1}, \\ x_4 = x_3 - \dfrac{f(x_3)}{f'(x_3)} = 0,3185\ldots + (1,3388\ldots)\sqrt{-1}, \\ x_5 = x_4 - \dfrac{f(x_4)}{f'(x_4)} = 0,3181\ldots + (1,3372\ldots)\sqrt{-1}, \\ \ldots\ldots\ldots\ldots\ldots\ldots\ldots\ldots\ldots\ldots, \end{cases}$$

tandis que les modules des expressions imaginaires

$$f(x_1),\quad f(x_2),\quad f(x_3),\quad f(x_4),\quad f(x_5),\quad \ldots$$

formeront la série décroissante

$$(124)\quad 1,\quad 0,5707\ldots,\quad 0,0891\ldots,\quad 0,0023\ldots,\quad 0,0000\ldots,\quad \ldots;$$

et, comme les valeurs de x_5, x_6 ne différeront pas l'une de l'autre quand on se contentera de pousser l'approximation jusqu'aux décimales du quatrième ordre, nous sommes conduits à penser que la formule

$$(125)\qquad x = 0,3181 + (1,3372)\sqrt{-1}$$

offrira la racine cherchée de l'équation (32) avec une exactitude qui s'étendra dans chaque terme jusqu'à la quatrième décimale. Au reste, pour lever toute incertitude à cet égard, il suffira de recourir au théorème VI et de suivre la méthode que nous allons indiquer.

Si, dans la fonction $f(x) = e^x - x$, on pose

$$(38)\qquad x = p + q\sqrt{-1}$$

et

$$(126)\qquad p = 0,3181 + \alpha,\qquad q = 1,3372 + \beta,$$

on trouvera

$$(127)\quad \left\{\begin{aligned} f(x) &= f(p+q\sqrt{-1})\\ &= (0{,}3181695\ldots+1{,}3371818\ldots\sqrt{-1})e^{\alpha}(\cos\beta+\sqrt{-1}\sin\beta)\\ &\quad -[0{,}3181+\alpha+(1{,}3372+\beta)\sqrt{-1}]. \end{aligned}\right.$$

Faisons d'ailleurs

$$(128)\qquad \alpha+\beta\sqrt{-1}=\rho(\cos\upsilon+\sqrt{-1}\sin\upsilon),$$

ρ désignant le module de $f(x)$, et soient θ_1, θ_2 deux nombres inférieurs à l'unité. En remplaçant, dans l'équation (12) de la huitième Leçon, x par ρ, $f(x)$ par $e^{\rho\cos\upsilon}\cos(\rho\sin\upsilon)$ ou par $e^{\rho\cos\upsilon}\sin(\rho\sin\upsilon)$, et θ par θ_1 ou par θ_2, on en tirera

$$(129)\quad \left\{\begin{aligned} e^{\alpha}\cos\beta &= e^{\rho\cos\upsilon}\cos(\rho\sin\upsilon)\\ &= \frac{1}{2}\left[e^{\rho(\cos\upsilon+\sqrt{-1}\sin\upsilon)}+e^{\rho(\cos\upsilon-\sqrt{-1}\sin\upsilon)}\right]\\ &= 1+\rho\cos\upsilon+\frac{\rho^2}{2}e^{\theta_1\rho\cos\upsilon}\cos(2\upsilon+\theta_1\rho\sin\upsilon),\\ e^{\alpha}\sin\beta &= e^{\rho\cos\upsilon}\sin(\rho\sin\upsilon)\\ &= \frac{1}{2\sqrt{-1}}\left[e^{\rho(\cos\upsilon+\sqrt{-1}\sin\upsilon)}-e^{\rho(\cos\upsilon-\sqrt{-1}\sin\upsilon)}\right]\\ &= \rho\sin\upsilon+\frac{\rho^2}{2}e^{\theta_2\rho\cos\upsilon}\sin(2\upsilon+\theta_2\rho\sin\upsilon) \end{aligned}\right.$$

ou, ce qui revient au même,

$$(130)\quad \left\{\begin{aligned} e^{\alpha}\cos\beta &= 1+\alpha+\frac{1}{2}(\alpha^2+\beta^2)e^{\theta_1\alpha}\cos(2\upsilon+\theta_1\beta),\\ e^{\alpha}\sin\beta &= \beta+\frac{1}{2}(\alpha^2+\beta^2)e^{\theta_2\alpha}\sin(2\upsilon+\theta_2\beta). \end{aligned}\right.$$

Donc, en posant, pour abréger,

$$(131)\quad \left\{\begin{aligned} &0{,}0000695\ldots-0{,}6818304\ldots\alpha-1{,}3371818\ldots\beta=\mathcal{A},\\ &-0{,}0000181\ldots+1{,}3371818\ldots\alpha-0{,}6818304\ldots\beta=\mathcal{B}, \end{aligned}\right.$$

$$(132)\quad \left\{\begin{aligned} &\frac{\alpha^2+\beta^2}{2}[0{,}3181695\ldots e^{\theta_1\alpha}\cos(2\upsilon+\theta_1\beta)-1{,}3371818\ldots e^{\theta_2\alpha}\sin(2\upsilon+\theta_2\beta)]=\gamma,\\ &\frac{\alpha^2+\beta^2}{2}[1{,}3371818\ldots e^{\theta_1\alpha}\cos(2\upsilon+\theta_1\beta)+0{,}3181695\ldots e^{\theta_2\alpha}\sin(2\upsilon+\theta_2\beta)]=\delta, \end{aligned}\right.$$

on pourra réduire la formule (127) à

$$(133)\qquad f(p+q\sqrt{-1}) = \mathcal{A} + \gamma + (\mathcal{B} + \delta)\sqrt{-1}.$$

Soient maintenant

$$\mathrm{R},\quad \mathcal{R},\quad \varsigma$$

les modules des expressions imaginaires

$$f(p+q\sqrt{-1}),\quad \mathcal{A} + \mathcal{B}\sqrt{-1},\quad \gamma + \delta\sqrt{-1};$$

en sorte qu'on ait, non seulement

$$(134)\qquad f(x) = f(p+q\sqrt{-1}) = \mathrm{R}(\cos\mathrm{T} + \sqrt{-1}\sin\mathrm{T}),$$

mais encore

$$(135)\qquad \begin{cases} \mathcal{A} + \mathcal{B}\sqrt{-1} = \mathcal{R}(\cos\varpi + \sqrt{-1}\sin\varpi), \\ \gamma + \delta\sqrt{-1} = \varsigma(\cos\omega + \sqrt{-1}\sin\omega), \end{cases}$$

ϖ et ω désignant des arcs réels. L'équation (133) donnera

$$(136)\qquad \mathrm{R}\cos\mathrm{T} = \mathcal{R}\cos\varpi + \varsigma\cos\omega,\qquad \mathrm{R}\sin\mathrm{T} = \mathcal{R}\sin\varpi + \varsigma\sin\omega;$$

et le carré du module R, déterminé par la formule

$$(137)\qquad \mathrm{R}^2 = \mathcal{R}^2 + 2\mathcal{R}\varsigma\cos(\varpi - \omega) + \varsigma^2,$$

restera évidemment compris entre les limites

$$(138)\qquad (\mathcal{R} - \varsigma)^2,\quad (\mathcal{R} + \varsigma)^2.$$

Donc le module R sera lui-même compris entre les limites

$$(139)\qquad \mathcal{R} - \varsigma,\quad \mathcal{R} + \varsigma,$$

si l'on a $\varsigma < \mathcal{R}$, et entre les limites

$$(140)\qquad \varsigma - \mathcal{R},\quad \varsigma + \mathcal{R},$$

si l'on a $\varsigma > \mathcal{R}$; d'où il est aisé de conclure que la différence

$$(141)\qquad \mathrm{R} - \mathcal{R}$$

offrira, dans tous les cas, une valeur numérique inférieure à ς. D'autre part, si l'on attribue aux quantités α, β des valeurs positives qui ne surpassent pas 0,0001, les valeurs correspondantes de γ, δ, tirées des formules (132), resteront comprises entre les limites

$$-0,00000002, \quad +0,00000002,$$

et par conséquent le module

$$(142) \qquad \varsigma = (\gamma^2 + \delta^2)^{\frac{1}{2}}$$

restera inférieur à

$$(0,00000002)\sqrt{2} < 0,00000003.$$

Donc alors le module R ne pourra différer du module $\mathcal{R}$ que par le huitième chiffre décimal. Or le module

$$(143) \qquad \mathcal{R} = (\mathcal{A}^2 + \mathcal{B}^2)^{\frac{1}{2}}$$

s'évanouira si l'on prend

$$(144) \quad \left\{ \begin{array}{l} 0,0000695\ldots - 0,6818304\ldots\alpha - 1,3371818\ldots\beta = \mathcal{A} = 0, \\ -0,0000181\ldots + 1,3371818\ldots\alpha - 0,6818304\ldots\beta = \mathcal{B} = 0 \end{array} \right.$$

ou, ce qui revient au même,

$$(145) \qquad \alpha = 0,0000317\ldots, \qquad \beta = 0,0000357\ldots.$$

Mais, si l'on attribue à la variable α l'une des valeurs

$$(146) \qquad \alpha = 0,$$

$$(147) \qquad \alpha = 0,0001,$$

en supposant β compris entre les limites

$$(148) \qquad \beta = 0,$$

$$(149) \qquad \beta = 0,0001,$$

ou à la variable β une des valeurs (148), (149), en supposant α compris entre les limites (146), (147), le module $\mathcal{R}$, réduit à l'une des formes

$$(150)\quad \mathcal{R}=[(0,0000695\ldots-1,3371818\ldots\beta)^2+(0,0000181\ldots+0,6818304\ldots\beta)^2]^{\frac{1}{2}},$$

$$(151)\quad \mathcal{R}=[(0,0000014\ldots-1,3371818\ldots\beta)^2+(0,0001156\ldots-0,6818304\ldots\beta)^2]^{\frac{1}{2}},$$

$$(152)\quad \mathcal{R}=[(0,0000695\ldots-0,6818304\ldots\alpha)^2+(0,0000181\ldots-1,3371818\ldots\alpha)^2]^{\frac{1}{2}},$$

$$(153)\quad \mathcal{R}=[(0,0000642\ldots+0,6818304\ldots\alpha)^2+(0,0000862\ldots-1,3371818\ldots\alpha)^2]^{\frac{1}{2}},$$

surpassera évidemment l'une des quantités

$$(154)\quad 0,0000181,$$

$$(155)\quad 0,0001156-(0,6818304)(0,0001)=0,0000475\ldots,$$

$$(156)\quad 0,0000695-(0,6818304)(0,0001)=0,0000014\ldots,$$

$$(157)\quad 0,0000641\ldots.$$

Donc, par suite, le module R restera inférieur au nombre 0,0000003, si l'on prend

$$(158)\quad \begin{cases} p=0,3181+0,0000321=0,3181321\ldots,\\ q=1,3372+0,0000356=1,3372356\ldots;\end{cases}$$

mais il deviendra supérieur au nombre 0,0000014..., si l'on fait varier la quantité p entre les limites

$$(159)\quad p_1=0,3181,\qquad p_2=0,3181+0,0001=0,3182,$$

en attribuant à q l'une des valeurs

$$(160)\quad q_1=1,3372,\qquad q_2=1,3372+0,0001=1,3373,$$

ou la quantité q entre les limites q_1, q_2, en attribuant à p l'une des valeurs p_1, p_2. Donc, en vertu du théorème VI, et attendu que le nombre 0,0000014... surpasse le nombre 0,0000003..., l'équation (32) admettra une racine imaginaire

$$x=p+q\sqrt{-1},$$

dans laquelle la valeur de p sera renfermée entre les limites 0,3181, 0,3182, et la valeur de q entre les limites 1,3372, 1,3373. Cette racine sera donc fournie par l'équation (125) avec une exactitude qui s'étendra, dans chaque terme du second membre, jusqu'à la cinquième décimale. Il y a plus : les valeurs de α, β, correspondantes à la racine dont il s'agit, seront inférieures au nombre 0,0001 et propres à vérifier l'équation $R = 0$ ou, ce qui revient au même, les deux formules

$$\mathcal{A} + \gamma = 0, \quad \mathcal{B} + \delta = 0. \tag{161}$$

Or, si l'on substitue, dans ces dernières, les valeurs de $\mathcal{A}$, $\mathcal{B}$ tirées des équations (131), on en conclura

$$\left\{ \begin{aligned} \alpha &= 0,0000317\ldots + (0,302\ldots)\gamma - (0,593\ldots)\delta, \\ \beta &= 0,0000357\ldots + (0,593\ldots)\delta + (0,302\ldots)\gamma. \end{aligned} \right. \tag{162}$$

Donc, puisque γ et δ resteront compris entre les limites

$$-0,00000002, \quad +0,00000002,$$

les valeurs de α, β, fournies par les équations (145), seront exactes jusqu'à la septième décimale, et l'on pourra en dire autant de la racine x déterminée par l'équation

$$x = 0,3181317\ldots + (1,3372357\ldots)\sqrt{-1}. \tag{163}$$

Si, dans les calculs ci-dessus développés, on substituait la seconde des équations (105) à la première, alors à la place de la formule (163) on obtiendrait la suivante

$$x = 0,3181317\ldots - (1,3372357\ldots)\sqrt{-1}, \tag{164}$$

qui offre une seconde racine imaginaire de l'équation (32). Cette seconde racine et celle que détermine la formule (163), étant conjuguées l'une à l'autre, correspondent à un seul module renfermé entre les limites 0 et 4,455....

Ce qui précède suffit pour montrer comment, à l'aide d'approximations successives, on peut déterminer aussi exactement qu'on le voudra les racines réelles ou imaginaires d'une équation algébrique ou transcendante, et même comment on peut calculer les limites des erreurs commises. La méthode de résolution que nous avons présentée est celle qui a été donnée par M. Legendre dans la seconde édition de la *Théorie des nombres,* et qui lui a paru devoir s'appliquer à toutes sortes d'équations algébriques ou transcendantes; mais il est clair qu'elle cesserait d'être applicable si la fonction $f(x)$ ne remplissait pas les conditions énoncées dans l'un des théorèmes I, III, IV, V, VI. On n'en sera pas surpris si l'on observe qu'on peut attribuer à $f(x)$ une forme telle, que l'équation (1) n'admette point de racines finies soit réelles, soit imaginaires. C'est ce qui arrivera en particulier si l'on suppose

$$f(x)=e^x, \qquad f(x)=e^{x\sqrt{-1}}, \qquad f(x)=e^{x^2}, \qquad \dots.$$

Dans des cas semblables, on peut bien encore assigner à la variable x une suite de valeurs

$$x_1, \quad x_2, \quad x_3, \quad \dots \tag{88}$$

tellement choisies que les valeurs correspondantes du module de $f(x)$ soient de plus en plus petites; mais les modules des différents termes de la série (88), au lieu de converger vers une limite finie, croissent au delà de toute limite. (*Voir,* au reste, sur la résolution des équations numériques, l'Ouvrage cité de M. Legendre et un Mémoire de M. Fourier, imprimé dans le Tome VII des *Mémoires de l'Académie des Sciences.*)

Nous avons déjà remarqué que, dans le cas où $f(x)$ désigne une fonction entière du degré n, semblable à celle que détermine la formule (4), cette fonction est décomposable en autant de facteurs du premier degré qu'il y a d'unités dans le nombre n. Si, de plus, la fonction $f(x)$ se présente sous forme réelle ou, en d'autres termes, si les constantes $a_0, a_1, \dots, a_n$ comprises dans le second membre de la formule (4) sont toutes réelles, l'équation (1) n'admettra que des racines réelles ou des racines imaginaires conjuguées deux à deux. Alors à chaque racine réelle correspondra un facteur réel du premier degré, tandis que, à deux racines imaginaires conjuguées et de la forme

$$r(\cos t + \sqrt{-1}\sin t), \quad r(\cos t - \sqrt{-1}\sin t),$$

correspondront deux facteurs imaginaires

$$x - r\cos t - r\sin t\sqrt{-1}, \quad x - r\cos t + r\sin t\sqrt{-1},$$

qui seront encore conjugués l'un à l'autre et donneront pour produit un facteur réel du second degré, savoir

$$(x - r\cos t)^2 + r^2\sin^2 t = x^2 - 2r\cos t + r^2.$$

On peut donc énoncer la proposition suivante :

Toute fonction réelle et entière de la variable x est décomposable en facteurs réels du premier ou du second degré. [*Voir*, pour de plus amples développements, le Chapitre X de l'*Analyse algébrique* [1].]

[1] *OEuvres de Cauchy*, S. II, T. III.

QUINZIÈME LEÇON.

DÉVELOPPEMENT D'UNE FONCTION DE x, QUI DEVIENT INFINIE POUR $x=a$, SUIVANT LES PUISSANCES ASCENDANTES DE $x-a$. DÉCOMPOSITION DES FRACTIONS RATIONNELLES.

Soient

$$x = r(\cos t + \sqrt{-1}\sin t) \tag{1}$$

une variable réelle ou imaginaire dont r désigne le module ou la valeur numérique, a une valeur particulière de cette variable et $f(x)$ une fonction qui devienne infinie pour $x=a$. La valeur a de x sera une racine de l'équation

$$\frac{1}{f(x)} = 0; \tag{2}$$

et l'on dira que cette équation admet h racines égales à a, h étant un nombre entier quelconque, si le produit

$$(x-a)^h f(x) \tag{3}$$

acquiert, pour $x=a$, une valeur finie différente de zéro. Alors, pour développer immédiatement la fonction $f(x)$ suivant les puissances ascendantes de $x-a$, on ne pourra plus se servir de l'équation (40) (page 448), dont le second membre, comprenant des termes infinis, se présentera généralement sous une forme indéterminée; mais cette équation pourra encore être appliquée au développement de l'expression (3) considérée comme fonction de la variable x. D'ailleurs, si, en nommant ρ le module de $x-a$, et $\varphi(\rho)$, $\chi(\rho)$ deux fonctions réelles de ce module, on pose

$$x - a = \rho(\cos\upsilon + \sqrt{-1}\sin\upsilon), \tag{4}$$

$$(x-a)^h f(x) = \mathfrak{F}(x), \tag{5}$$

$$\mathfrak{F}[a + \rho(\cos\upsilon + \sqrt{-1}\sin\upsilon)] = \varphi(\rho) + \sqrt{-1}\,\chi(\rho), \tag{6}$$

on tirera de l'équation citée

$$(7)\quad \left\{\begin{aligned} \mathfrak{F}(x) = \mathfrak{F}(a) &+ \frac{x-a}{1}\mathfrak{F}'(a) + \frac{(x-a)^2}{1.2}\mathfrak{F}''(a) + \ldots \\ &+ \frac{(x-a)^{n-1}}{1.2.3\ldots(n-1)}\mathfrak{F}^{(n-1)}(a) \\ &+ \frac{(x-a)^n}{1.2.3\ldots n}\,\frac{\varphi^{(n)}(\theta_1\rho) + \sqrt{-1}\,\chi^{(n)}(\theta_2\rho)}{(\cos\upsilon + \sqrt{-1}\sin\upsilon)^n}, \end{aligned}\right.$$

θ_1, θ_2 désignant deux nombres inférieurs à l'unité. Si maintenant on divise par $(x-a)^h$ les deux membres de la formule (7), on en conclura

$$(8)\quad \left\{\begin{aligned} f(x) = \frac{\mathfrak{F}(a)}{(x-a)^h} &+ \frac{1}{2}\,\frac{\mathfrak{F}'(a)}{(x-a)^{h-1}} + \frac{1}{1.2}\,\frac{\mathfrak{F}''(a)}{(x-a)^{h-2}} + \ldots \\ &+ \frac{1}{1.2.3\ldots(h-1)}\,\frac{\mathfrak{F}^{(h-1)}(a)}{x-a} \\ &+ \frac{\mathfrak{F}^{(h)}(a)}{1.2.3\ldots h} + \frac{\mathfrak{F}^{(h+1)}(a)}{1.2.3\ldots h(h+1)}(x-a) + \ldots \\ &+ \frac{\mathfrak{F}^{(n-1)}(a)}{1.2.3\ldots(n-1)}(x-a)^{n-h-1} \\ &+ \frac{\varphi^{(n)}(\theta_1\rho) + \sqrt{-1}\,\chi^{(n)}(\theta_2\rho)}{(\cos\upsilon + \sqrt{-1}\sin\upsilon)^n}\,\frac{(x-a)^{n-h}}{1.2.3\ldots n}. \end{aligned}\right.$$

A l'aide de cette dernière formule, on pourra développer encore $f(x)$ suivant les puissances entières et ascendantes de $x-a$. Seulement, les h premiers termes du développement, dont la somme, que j'appellerai $\psi(x)$, sera

$$(9)\quad \left\{\begin{aligned} \psi(x) = \frac{\mathfrak{F}(a)}{(x-a)^h} &+ \frac{1}{2}\,\frac{\mathfrak{F}'(a)}{(x-a)^{h-1}} + \frac{1}{1.2}\,\frac{\mathfrak{F}''(a)}{(x-a)^{h-2}} + \ldots \\ &+ \frac{1}{1.2.3\ldots(h-1)}\,\frac{\mathfrak{F}^{(h-1)}(a)}{x-a} \\ = (x-a)^{-h}\mathfrak{F}(a) &+ \frac{(x-a)^{-h+1}}{1}\mathfrak{F}'(a) + \frac{(x-a)^{-h+2}}{1.2}\mathfrak{F}''(a) + \ldots \\ &+ \frac{(x-a)^{-1}}{1.2.3\ldots(h-1)}\mathfrak{F}^{(h-1)}(a), \end{aligned}\right.$$

renfermeront des puissances négatives de $x-a$. D'autre part, si, dans l'équation (8), on prend $n = h$, elle donnera simplement

$$(10)\quad \begin{cases} f(x) = \dfrac{\mathcal{F}(x)}{(x-a)^h} + \dfrac{1}{2}\dfrac{\mathcal{F}'(a)}{(x-a)^{h-1}} + \dfrac{1}{1.2}\dfrac{\mathcal{F}''(a)}{(x-a)^{h-2}} + \ldots \\ \qquad + \dfrac{1}{1.2.3\ldots(h-1)}\dfrac{\mathcal{F}^{(h-1)}(a)}{x-a} \\ \qquad + \dfrac{1}{1.2.3\ldots h}\dfrac{\varphi^{(h)}(\theta_1\rho) + \sqrt{-1}\,\chi^{(h)}(\theta_2\rho)}{(\cos\upsilon + \sqrt{-1}\sin\upsilon)^h} \end{cases}$$

ou

$$(11)\quad f(x) = \psi(x) + \frac{\varphi^{(h)}(\theta_1\rho) + \sqrt{-1}\,\chi^{(h)}(\theta_2\rho)}{1.2.3\ldots h}(\cos h\upsilon - \sqrt{-1}\sin h\upsilon);$$

et par conséquent, si l'on pose

$$(12)\quad f(x) - \psi(x) = \varpi(x)$$

ou, ce qui revient au même,

$$(13)\quad f(x) = \psi(x) + \varpi(x),$$

on aura

$$(14)\quad \varpi(x) = \frac{\varphi^{(h)}(\theta_1\rho) + \sqrt{-1}\,\chi^{(h)}(\theta_2\rho)}{1.2.3\ldots h}(\cos h\upsilon - \sqrt{-1}\sin\upsilon).$$

Il est important d'observer que la fonction $\varpi(x)$, déterminée par l'équation (14), acquerra, pour $x = a$, la valeur suivante

$$(15)\quad \varpi(x) = \frac{\varphi^{(h)}(0) + \sqrt{-1}\,\chi^{(h)}(0)}{1.2.3\ldots h} = \frac{\mathcal{F}^{(h)}(a)}{1.2.3\ldots h},$$

qui sera, en général, une valeur finie. C'est ce qui arrivera, en particulier, si l'on suppose

$$(16)\quad f(x) = \frac{\mathrm{f}(x)}{\mathrm{F}(x)},$$

$\mathrm{f}(x)$ et $\mathrm{F}(x)$ désignant deux fonctions entières de la variable x, c'est-à-dire si la fonction $f(x)$ devient une fraction rationnelle. Alors, en représentant par $a, b, c, \ldots$ les racines distinctes de l'équation

$$(17)\quad \mathrm{F}(x) = 0,$$

par h le nombre des racines égales à a, par k le nombre des racines égales à b, par l le nombre des racines égales à c, ..., et par $\mathfrak{M}$ un coefficient constant, on trouvera

$$F(x) = \mathfrak{M}(x-a)^h(x-b)^k(x-c)^l\ldots \tag{18}$$

et, par suite,

$$\left\{\begin{aligned} \mathfrak{F}(x) = (x-a)^h f(x) &= \frac{\mathrm{f}(x)}{\mathfrak{M}(x-b)^k(x-c)^l\ldots} \\ &= \frac{1}{\mathfrak{M}}(x-b)^{-k}(x-c)^{-l}\ldots\mathrm{f}(x). \end{aligned}\right. \tag{19}$$

Or, en différentiant h fois par rapport à x le dernier membre de la formule (19), on en déduira évidemment une valeur de $\mathfrak{F}^{(h)}(x)$ qui ne deviendra pas infinie pour $x = a$. D'autre part, si l'on fait, pour abréger,

$$\left\{\begin{aligned} &\mathfrak{F}(a) = A, \qquad \frac{\mathfrak{F}'(a)}{1} = A_1, \qquad \frac{\mathfrak{F}''(a)}{1.2} = A_2, \qquad \ldots, \\ &\frac{\mathfrak{F}^{(h-1)}(a)}{1.2.3\ldots(h-1)} = A_{h-1}, \qquad \psi(x) = U, \end{aligned}\right. \tag{20}$$

les formules (9) et (13) donneront

$$U = \frac{A}{(x-a)^h} + \frac{A_1}{(x-a)^{h-1}} + \frac{A_2}{(x-a)^{h-2}} + \ldots + \frac{A_{h-1}}{x-a}, \tag{21}$$

$$\frac{\mathrm{f}(x)}{F(x)} = U + \varpi(x). \tag{22}$$

Donc, a désignant une des racines de l'équation (17), et h le nombre des racines égales à a, la fraction rationnelle $\frac{\mathrm{f}(x)}{F(x)}$ pourra être décomposée en deux parties, dont l'une U, déterminée par la formule (21), sera la somme de plusieurs fractions qui offriront des numérateurs constants, et qui auront pour dénominateurs les puissances de $x - a$ d'un degré inférieur à h, tandis que l'autre partie

$$\varpi(x) = \frac{\mathrm{f}(x)}{F(x)} - U \tag{23}$$

conservera une valeur finie pour toutes les valeurs finies de la variable x.

Soient maintenant, dans la fraction (16), m le degré du numérateur $f(x)$, et n le degré du dénominateur $F(x)$. Soient de plus V, W, ... des fonctions rationnelles de x, semblables à U, savoir celles dans lesquelles se transforme la fonction $\psi(x)$ déterminée par les équations (5) et (9), quand on substitue à la racine a l'une des racines $b, c, \ldots$, et au nombre entier h l'un des nombres $l, k, \ldots$. Les fonctions U, V, W, ..., déterminées par des équations de la forme

$$(24)\quad \begin{cases} U = \dfrac{A}{(x-a)^h} + \dfrac{A_1}{(x-a)^{h-1}} + \ldots + \dfrac{A_{h-1}}{x-a}, \\ V = \dfrac{B}{(x-b)^k} + \dfrac{B_1}{(x-b)^{k-1}} + \ldots + \dfrac{B_{k-1}}{x-b}, \\ W = \dfrac{C}{(x-c)^l} + \dfrac{C_1}{(x-c)^{l-1}} + \ldots + \dfrac{C_{l-1}}{x-c}, \\ \ldots\ldots\ldots\ldots\ldots\ldots\ldots\ldots\ldots\ldots, \end{cases}$$

ne pourront devenir infinies pour des valeurs finies de x qu'autant que l'on supposera, dans la fonction U, $x = a$; dans la fonction V, $x = b$; dans la fonction W, $x = c, \ldots$; et, comme les différences

$$(25)\quad \frac{f(x)}{F(x)} - U, \quad \frac{f(x)}{F(x)} - V, \quad \frac{f(x)}{F(x)} - W, \quad \ldots$$

acquerront, au contraire, des valeurs finies, la première pour $x = a$, la seconde pour $x = b$, la troisième pour $x = c, \ldots$, il est clair que, si l'on fait

$$(26)\quad \frac{f(x)}{F(x)} - U - V - W - \ldots = Q,$$

la fonction Q ne deviendra jamais infinie pour aucune valeur finie de x. D'ailleurs, en réduisant au même dénominateur les fractions comprises dans les seconds membres des équations (24), on parviendra sans peine à transformer la somme $U + V + W + \ldots$ en une nouvelle fraction qui aura pour dénominateur le produit

$$(27)\quad (x-a)^h (x-b)^k (x-c)^l \ldots;$$

et, en multipliant par la constante $\mathfrak{M}$ les deux termes de cette nouvelle fraction, on trouvera

$$U+V+W+\ldots=\frac{R}{F(x)}, \tag{28}$$

R désignant une fonction entière de x d'un degré inférieur à n. Cela posé, la fonction Q, déterminée par la formule (26), se présentera sous la forme rationnelle

$$Q=\frac{f(x)-R}{F(x)}; \tag{29}$$

et, puisqu'elle devra rester finie pour toutes les valeurs finies de la variable x, il faudra nécessairement qu'elle se réduise à une fonction entière de cette variable. Enfin, comme on tire de l'équation (29)

$$f(x)=Q\,F(x)+R, \tag{30}$$

les deux fonctions entières Q et R, dont la seconde est d'un degré inférieur à celui de $F(x)$, représenteront évidemment le quotient et le reste de la division de $f(x)$ par $F(x)$. Donc la fraction rationnelle qui aura ce reste pour numérateur et pour dénominateur $F(x)$ sera, en vertu de la formule (28), équivalente à la somme des fractions comprises dans les seconds membres des équations (24).

Dans le cas où le degré m de $f(x)$ est inférieur au degré n de $F(x)$, le quotient Q s'évanouit, et l'on a par suite

$$f(x)=R.$$

Alors on conclut des équations (24) et (28)

$$\left\{\begin{aligned}\frac{f(x)}{F(x)}=&\ \frac{A}{(x-a)^h}+\frac{A_1}{(x-a)^{h-1}}+\ldots+\frac{A_{h-1}}{x-a}\\&+\frac{B}{(x-b)^k}+\frac{B_1}{(x-b)^{k-1}}+\ldots+\frac{B_{k-1}}{x-b}\\&+\frac{C}{(x-c)^l}+\frac{C_1}{(x-c)^{l-1}}+\ldots+\frac{C_{l-1}}{x-c}\\&+\ldots\ldots\ldots\ldots\ldots\ldots\ldots\ldots\end{aligned}\right. \tag{31}$$

La formule (31) offre évidemment le moyen de décomposer la fraction rationnelle $\frac{\mathrm{f}(x)}{\mathrm{F}(x)}$ en *fractions simples*, c'est-à-dire en fractions qui ont pour numérateurs des constantes et pour dénominateurs des puissances entières des facteurs simples $x-a$, $x-b$, $x-c$, ... La même formule fournit, à ce sujet, le théorème que nous allons énoncer.

THÉORÈME I. — *Soient*

$$\frac{\mathrm{f}(x)}{\mathrm{F}(x)} \tag{16}$$

une fraction rationnelle dans laquelle le degré du dénominateur surpasse le degré du numérateur, et a, b, c, ... les racines réelles ou imaginaires de l'équation

$$\mathrm{F}(x)=0. \tag{17}$$

Pour décomposer la fraction (16) *en fractions simples, il suffira de la développer : 1° suivant les puissances ascendantes de $x-a$; 2° suivant les puissances ascendantes de $x-b$; 3° suivant les puissances ascendantes de $x-c$, ..., puis de faire la somme des termes qui, dans les divers développements, deviendront infinis quand on supposera $x=a$, $x=b$, $x=c$, ...*

Si le quotient Q cesse de s'évanouir, alors des équations (24) et (26) on déduira la formule

$$\left\{\begin{aligned}\frac{\mathrm{f}(x)}{\mathrm{F}(x)}=\mathrm{Q}&+\frac{\mathrm{A}}{(x-a)^h}+\frac{\mathrm{A}_1}{(x-a)^{h-1}}+\ldots+\frac{\mathrm{A}_{h-1}}{x-a}\\&+\frac{\mathrm{B}}{(x-b)^k}+\frac{\mathrm{B}_1}{(x-b)^{k-1}}+\ldots+\frac{\mathrm{B}_{k-1}}{x-b}\\&+\frac{\mathrm{C}}{(x-c)^l}+\frac{\mathrm{C}_1}{(x-c)^{l-1}}+\ldots+\frac{\mathrm{C}_{l-1}}{x-a}\\&+\ldots\ldots\ldots\ldots\ldots\ldots\ldots\ldots,\end{aligned}\right. \tag{32}$$

qui servira encore à décomposer la fraction (16) en fractions simples, et l'on devra substituer au théorème I la proposition suivante.

THÉORÈME II. — *Soient*

$$\frac{\mathrm{f}(x)}{\mathrm{F}(x)} \tag{16}$$

une fraction rationnelle, dans laquelle le degré du numérateur devienne égal ou supérieur au degré du dénominateur, et a, b, c, ... *les racines de l'équation* (17). *Pour décomposer la fraction* (16) *en fractions simples, il suffira de la développer :* 1° *suivant les puissances ascendantes de* $x - a$; 2° *suivant les puissances ascendantes de* $x - b$; 3° *suivant les puissances ascendantes de* $x - c$, ..., *puis d'ajouter au quotient de la division de* $\mathrm{f}(x)$ *par* $\mathrm{F}(x)$ *la somme des termes qui, dans les divers développements, deviendront infinis pour* $x = a$, *ou pour* $x = b$, *ou pour* $x = c$, ...

Dans le cas particulier où l'équation (17) a toutes ses racines inégales entre elles, on trouve

$$h = k = l = \ldots = 1, \tag{33}$$

$$\mathrm{F}(x) = \mathfrak{K}(x - a)(x - b)(x - c)\ldots; \tag{34}$$

et les formules (31), (32) se réduisent aux deux suivantes :

$$\frac{\mathrm{f}(x)}{\mathrm{F}(x)} = \frac{\mathrm{A}}{x - a} + \frac{\mathrm{B}}{x - b} + \frac{\mathrm{C}}{x - c} + \ldots, \tag{35}$$

$$\frac{\mathrm{f}(x)}{\mathrm{F}(x)} = \mathrm{Q} + \frac{\mathrm{A}}{x - a} + \frac{\mathrm{B}}{x - b} + \frac{\mathrm{C}}{x - c} + \ldots \tag{36}$$

Dans le même cas, on tirera de l'équation (5)

$$\mathcal{F}(x) = (x - a)f(x) = \frac{(x - a)\mathrm{f}(x)}{\mathrm{F}(x)}, \tag{37}$$

et par conséquent, pour déterminer le coefficient A ou $\mathcal{F}(a)$, il suffira de faire évanouir $x - a$ dans la fraction

$$\frac{(x - a)\mathrm{f}(x)}{\mathrm{F}(x)}.$$

Mais alors cette fraction, se présentant sous la forme $\frac{0}{0}$, devra être [en vertu de la formule (6) de la page 317] remplacée par le rapport

$$\frac{(x-a)\,\mathrm{f}'(x)+\mathrm{f}(x)}{\mathrm{F}'(x)},$$

que l'on pourra même réduire à

$$\frac{\mathrm{f}(x)}{\mathrm{F}'(x)}. \tag{38}$$

On aura donc

$$\mathrm{A}=\frac{\mathrm{f}(a)}{\mathrm{F}'(a)}. \tag{39}$$

On trouvera pareillement

$$\mathrm{B}=\frac{\mathrm{f}(b)}{\mathrm{F}'(b)},\qquad \mathrm{C}=\frac{\mathrm{f}(c)}{\mathrm{F}'(c)},\qquad \cdots. \tag{40}$$

Enfin, si l'on a égard à l'équation (34), les formules (39) et (40) donneront

$$\left\{\begin{array}{l}
\mathrm{A}=\dfrac{1}{\mathfrak{K}}\,\dfrac{\mathrm{f}(a)}{(a-b)(a-c)\ldots},\\[2mm]
\mathrm{B}=\dfrac{1}{\mathfrak{K}}\,\dfrac{\mathrm{f}(b)}{(b-a)(b-c)\ldots},\\[2mm]
\mathrm{C}=\dfrac{1}{\mathfrak{K}}\,\dfrac{\mathrm{f}(c)}{(c-a)(c-b)\ldots},\\[2mm]
\ldots\ldots\ldots\ldots\ldots\ldots\ldots\ldots
\end{array}\right. \tag{41}$$

Ajoutons que la première des équations (41) peut être déduite directement des formules (34) et (37) combinées entre elles, ou, ce qui revient au même, de la formule

$$\mathfrak{F}(x)=\frac{\mathrm{f}(x)}{\mathfrak{K}(x-a)(x-c)\ldots}.$$

Lorsque le degré m de $\mathrm{f}(x)$ est inférieur au nombre n des quantités $a, b, c, \ldots$, on tire des formules (35) et (41)

$$\left\{\begin{array}{l}
\dfrac{\mathrm{f}(x)}{\mathrm{F}(x)}=\dfrac{1}{\mathfrak{K}}\left[\dfrac{\mathrm{f}(a)}{(a-b)(a-c)\ldots}\,\dfrac{1}{x-a}+\dfrac{\mathrm{f}(b)}{(b-a)(b-c)\ldots}\,\dfrac{1}{x-b}\right.\\[2mm]
\qquad\qquad\qquad\left.+\dfrac{\mathrm{f}(c)}{(c-a)(c-b)\ldots}\,\dfrac{1}{x-c}+\ldots\right],
\end{array}\right. \tag{42}$$

puis on en conclut, en ayant égard à l'équation (34),

$$(43)\quad \left\{ \begin{aligned} f(x) = \frac{(x-b)(x-c)\ldots}{(a-b)(a-c)\ldots} f(a) &+ \frac{(x-a)(x-c)\ldots}{(b-a)(b-c)\ldots} f(b) \\ &+ \frac{(x-a)(x-b)\ldots}{(c-a)(c-b)\ldots} f(c) + \ldots . \end{aligned} \right.$$

L'équation (43) n'est autre chose que la formule d'interpolation de Lagrange, à l'aide de laquelle on détermine une fonction entière de x, lorsqu'on connaît autant de valeurs particulières de cette fonction qu'il y a d'unités dans le nombre entier n immédiatement supérieur à son degré.

Lorsque les fonctions $f(x)$, $F(x)$ se présentent sous forme réelle, et que les deux racines a, b sont imaginaires et conjuguées ou de la forme $\alpha + \beta\sqrt{-1}$, $\alpha - \beta\sqrt{-1}$, alors, en désignant par $\mathcal{A}$, $\mathcal{B}$ deux quantités réelles propres à vérifier l'équation

$$(44)\qquad \mathcal{A} - \mathcal{B}\sqrt{-1} = \frac{f(\alpha+\beta\sqrt{-1})}{F'(\alpha+\beta\sqrt{-1})},$$

on trouve que les fractions simples correspondantes à ces racines dans le second membre de la formule (35) ou (36) sont respectivement

$$(45)\qquad \frac{\mathcal{A} - \mathcal{B}\sqrt{-1}}{x-\alpha-\beta\sqrt{-1}}, \quad \frac{\mathcal{A} + \mathcal{B}\sqrt{-1}}{x-\alpha+\beta\sqrt{-1}}.$$

En ajoutant ces deux fractions, on obtient la suivante

$$(46)\qquad \frac{2\mathcal{A}(x-\alpha) + 2\mathcal{B}\beta}{(x-\alpha)^2+\beta^2},$$

qui a pour numérateur une fonction réelle et linéaire de x, et pour dénominateur un facteur réel et du second degré du polynôme $F(x)$.

Au reste, on pourrait imaginer diverses méthodes propres à décomposer la fraction rationnelle $\frac{f(x)}{F(x)}$ en fractions simples, c'est-à-dire en fractions semblables à celles que renferme le second membre de l'équation (32). Mais ces diverses méthodes fourniraient nécessairement les mêmes valeurs des coefficients $A, A_1, \ldots, A_{h-1}$; $B, B_1, \ldots, B_{k-1}$; $C, C_1, \ldots, C_{l-1}, \ldots$. Pour le démontrer, multiplions par $F(x)$ les deux membres de l'équation (32). Alors, si l'on fait pour abréger

$$(47)\quad \begin{cases} Q\,F(x) + B\dfrac{F(x)}{(x-b)^k} + \ldots + B_{k-1}\dfrac{F(x)}{x-b} \\ \quad + C\dfrac{F(x)}{(x-c)^l} + \ldots + C_{l-1}\dfrac{F(x)}{x-c} + \ldots = (x-a)^h\,\Pi(x), \end{cases}$$

on aura

$$(48)\quad \begin{cases} f(x) = A\dfrac{F(x)}{(x-a)^h} + A_1\dfrac{F(x)}{(x-a)^{h-1}} + \ldots \\ \qquad + A_{h-1}\dfrac{F(x)}{x-a} + (x-a)^h\,\Pi(x). \end{cases}$$

D'ailleurs, comme le premier membre de l'équation (47) sera une fonction entière de x divisible, ainsi que $F(x)$, par $(x-a)^h$, $\Pi(x)$ représentera encore une fonction entière. Par suite, si l'on pose dans la formule (48)

$$x = a + z,$$

et si l'on compare ensuite les termes constants et les coefficients des puissances semblables de la variable z dans les deux membres développés suivant les puissances ascendantes de cette variable, on trouvera successivement

$$(49)\quad f(a+z) = \left(\frac{A}{z^h} + \frac{A_1}{z^{h-1}} + \ldots + \frac{A_{h-1}}{z}\right)F(a+z) + z^h\,\Pi(a+z)$$

ou, ce qui revient au même,

$$(50)\quad \begin{cases} f(a) + \dfrac{f'(a)}{1}z + \dfrac{f''(a)}{1.2}z^2 + \ldots + \dfrac{f^{(m)}(a)}{1.2.3\ldots m}z^m \\ \quad = z^h\,\Pi(a+z) + (A + A_1 z + A_2 z^2 + \ldots + A_{h-1}z^{h-1}) \\ \quad \times \left[\dfrac{F^{(h)}(a)}{1.2.3\ldots h} + \dfrac{F^{(h+1)}(a)}{1.2.3\ldots h(h+1)}z + \ldots + \dfrac{F^{(n)}(a)}{1.2.3\ldots n}z^{n-h}\right] \end{cases}$$

et

$$(51)\quad f(a) = A\frac{F^{(h)}(a)}{1.2.3\ldots h},\quad f'(a) = A_1\frac{F^{(h)}(a)}{2.3\ldots h} + A\frac{F^{(h+1)}(a)}{2.3\ldots h(h+1)},\quad f''(a) = \ldots.$$

Or des équations (51) on déduira évidemment, pour les constantes A, $A_1, \ldots, A_{h-1}$, un système unique de valeurs, savoir

$$(52)\quad A = \frac{1.2.3\ldots h\,\mathrm{f}(a)}{F^{(h)}(a)}, \quad A_1 = \frac{2.3\ldots(h+1)\,\mathrm{f}'(a) - A\,F^{(h+1)}(a)}{(h+1)\,F^{(h)}(a)}, \quad \ldots.$$

On obtiendrait de la même manière les valeurs de B, $B_1, \ldots, B_{k-1}$; C, $C_1, \ldots, C_{l-1}$. Il est bon d'observer que la première des formules (52) donne, pour la constante A, une valeur égale à celle que reçoit la fraction $\frac{(x-a)^h\,\mathrm{f}(x)}{F(x)}$, quand on prend $x = 0$. Cette même valeur, dans le cas où l'on suppose $h = 1$, se réduit à celle que détermine la formule (39).

Pour montrer une application des principes ci-dessus établis, concevons que l'on veuille décomposer en fractions simples la fraction rationnelle

$$(53)\qquad f(x) = \frac{1}{(x-1)^2(x+1)}.$$

Il suffira, d'après le théorème I, de développer cette fraction : 1° suivant les puissances ascendantes de $x-1$; 2° suivant les puissances ascendantes de $x+1$, puis de faire la somme des termes qui, dans les deux développements, deviendront infinis pour $x = 1$ ou pour $x = -1$. Or on trouvera : 1° en désignant par $\varpi(x)$ une fonction qui conservera une valeur finie pour $x = 1$,

$$(x-1)^2 f(x) = \frac{1}{x+1} = \frac{1}{2+(x-1)} = \frac{1}{2} - \frac{1}{4}(x-1) + (x-1)^2\varpi(x)$$

et, par suite,

$$(54)\qquad f(x) = \frac{1}{2}\,\frac{1}{(x-1)^2} - \frac{1}{4}\,\frac{1}{x-1} + \varpi(x);$$

2° en désignant par $\varpi_1(x)$ une fonction qui conservera une valeur finie pour $x = -1$,

$$(x+1)\,f(x) = \frac{1}{(x-1)^2} = \frac{1}{[2-(x+1)]^2} = \frac{1}{4} + (x+1)\varpi_1(x),$$

et, par suite,

$$f(x) = \frac{1}{4}\frac{1}{x+1} + \varpi_1(x). \tag{55}$$

Les trois fractions simples

$$\frac{1}{2}\frac{1}{(x-1)^2}, \quad -\frac{1}{4}\frac{1}{x-1}, \quad \frac{1}{4}\frac{1}{x+1}$$

seront donc les seuls termes qui, dans les deux développements de l'expression (53), deviendront infinis pour $x = 1$ ou pour $x = -1$, et l'on aura, en vertu du théorème I,

$$\frac{1}{(x-1)^2(x+1)} = \frac{1}{2}\frac{1}{(x-1)^2} - \frac{1}{4}\frac{1}{x-1} + \frac{1}{4}\frac{1}{x+1}. \tag{56}$$

On trouverait de la même manière

$$\frac{1}{x^2-1} = \frac{1}{2}\frac{1}{x-1} - \frac{1}{2}\frac{1}{x+1} \quad \text{et} \quad \frac{x}{x^2-1} = \frac{1}{2}\frac{1}{x-1} + \frac{1}{2}\frac{1}{x+1}. \tag{57}$$

Concevons encore qu'il s'agisse de décomposer en fractions simples la fraction rationnelle

$$\frac{x^m}{x^n - 1}, \tag{58}$$

m, n désignant deux nombres entiers, et m étant $< n$. En d'autres termes, supposons

$$\mathrm{f}(x) = x^m, \qquad \mathrm{F}(x) = x^n - 1.$$

L'équation (17) se réduira simplement à l'équation binôme

$$x^n = 1, \tag{59}$$

dont les racines inégales entre elles seront de la forme

$$x = \cos\frac{2k\pi}{n} \pm \sqrt{-1}\sin\frac{2k\pi}{n}, \tag{60}$$

k représentant un nombre entier égal ou inférieur à $\frac{1}{2}n$. D'ailleurs, en prenant pour x une quelconque de ces racines, on trouvera

$$\frac{\mathrm{f}(x)}{\mathrm{F}'(x)} = \frac{x^m}{nx^{n-1}} = \frac{1}{n}x^{m+1} = \frac{1}{n}\left[\cos\frac{2k(m+1)\pi}{n} \pm \sqrt{-1}\sin\frac{2k(m+1)\pi}{n}\right]. \tag{61}$$

Donc les formules (35) et (41) donneront, pour des valeurs impaires de n,

$$(62)\quad \frac{x^m}{x^n-1}=\frac{1}{n}\left\{\begin{aligned}&\frac{1}{x-1}+\frac{\cos\frac{2(m+1)\pi}{n}+\sqrt{-1}\sin\frac{2(m+1)\pi}{n}}{x-\cos\frac{2\pi}{n}-\sqrt{-1}\sin\frac{2\pi}{n}}\\&+\frac{\cos\frac{2(m+1)\pi}{n}-\sqrt{-1}\sin\frac{2(m+1)\pi}{n}}{x-\cos\frac{2\pi}{n}+\sqrt{-1}\sin\frac{2\pi}{n}}\\&+\ldots\ldots\ldots\ldots\ldots\\&+\frac{\cos\frac{(n-1)(m+1)\pi}{n}+\sqrt{-1}\sin\frac{(n-1)(m+1)\pi}{n}}{x-\cos\frac{(n-1)\pi}{n}-\sqrt{-1}\sin\frac{(n-1)\pi}{n}}\\&+\frac{\cos\frac{(n-1)(m+1)\pi}{n}-\sqrt{-1}\sin\frac{(n-1)(m+1)\pi}{n}}{x-\cos\frac{(n-1)\pi}{n}+\sqrt{-1}\sin\frac{(n-1)\pi}{n}},\end{aligned}\right.$$

puis on en conclura, en réduisant les fractions imaginaires conjuguées au même dénominateur,

$$(63)\quad \frac{x^m}{x^n-1}=\frac{1}{n}\left[\frac{1}{x-1}+2\,\frac{x\cos\frac{2(m+1)\pi}{n}-\cos\frac{2m\pi}{n}}{x^2-2x\cos\frac{2\pi}{n}+1}+\ldots+2\,\frac{x\cos\frac{(n-1)(m+1)\pi}{n}-\cos\frac{(n-1)m\pi}{n}}{x^2-2x\cos\frac{(n-1)\pi}{n}+1}\right].$$

On trouvera, au contraire, pour des valeurs paires de n,

$$(64)\quad \frac{x^m}{x^n-1}=\frac{1}{n}\left[\frac{1}{x-1}+2\,\frac{x\cos\frac{2(m+1)\pi}{n}-\cos\frac{2m\pi}{n}}{x^2-2x\cos\frac{2\pi}{n}+1}+\ldots+2\,\frac{x\cos\frac{(n-2)(m+1)\pi}{n}-\cos\frac{(n-2)m\pi}{n}}{x^2-2x\cos\frac{(n-2)\pi}{n}+1}+\frac{(-1)^{m+1}}{x+1}\right]$$

On trouverait de la même manière, pour des valeurs impaires de n,

$$(65)\quad \frac{x^m}{x^n+1}=-\frac{1}{n}\left[2\,\frac{x\cos\frac{(m+1)\pi}{n}-\cos\frac{m\pi}{n}}{x^2-2x\cos\frac{\pi}{n}+1}+\ldots+2\,\frac{x\cos\frac{(n-2)(m+1)\pi}{n}-\cos\frac{(n-2)m\pi}{n}}{x^2-2x\cos\frac{(n-2)\pi}{n}+1}+\frac{(-1)^{m+1}}{x+1}\right],$$

et, pour des valeurs paires de n,

$$(66)\quad \frac{x^m}{x^n+1} = -\frac{1}{n}\left[2\frac{x\cos\frac{(m+1)\pi}{n} - \cos\frac{m\pi}{n}}{x^2 - 2x\cos\frac{\pi}{n}+1} + \ldots + 2\frac{x\cos\frac{(n-1)(m+1)\pi}{n} - \cos\frac{(n-1)\pi}{n}}{x^2-2x\cos\frac{(n-1)\pi}{n}+1}\right].$$

Enfin si, dans les formules (63), (64), (65), (66), on pose $m = n - 1$, elles donneront, pour des valeurs impaires de n,

$$(67)\quad \frac{x^{n-1}}{x^n-1} = \frac{1}{n}\left[\frac{1}{x-1} + 2\frac{x - \cos\frac{2\pi}{n}}{x^2-2x\cos\frac{2\pi}{n}+1} + \ldots + 2\frac{x-\cos\frac{(n-1)\pi}{n}}{x^2-2x\cos\frac{(n-1)\pi}{n}+1}\right],$$

$$(68)\quad \frac{x^{n-1}}{x^n+1} = \frac{1}{n}\left[2\frac{x-\cos\frac{\pi}{n}}{x^2-2x\cos\frac{\pi}{n}+1} + \ldots + 2\frac{x-\cos\frac{(n-2)\pi}{n}}{x^2-2x\cos\frac{(n-2)\pi}{n}+1} + \frac{1}{x+1}\right],$$

et, pour des valeurs paires de n,

$$(69)\quad \frac{x^{n-1}}{x^n-1} = \frac{1}{n}\left[\frac{1}{x-1} + 2\frac{x-\cos\frac{2\pi}{n}}{x^2-2x\cos\frac{2\pi}{n}+1} + \ldots + 2\frac{x-\cos\frac{(n-2)\pi}{n}}{x^2-2x\cos\frac{(n-2)\pi}{n}+1} + \frac{1}{x+1}\right],$$

$$(70)\quad \frac{x^{n-1}}{x^n+1} = \frac{1}{n}\left[2\frac{x-\cos\frac{\pi}{n}}{x^2-2x\cos\frac{\pi}{n}+1} + \ldots + 2\frac{x-\cos\frac{(n-1)\pi}{n}}{x^2-2x\cos\frac{(n-1)\pi}{n}+1}\right].$$

SEIZIÈME LEÇON.

DIFFÉRENTIELLES DES FONCTIONS DE PLUSIEURS VARIABLES. DÉRIVÉES PARTIELLES ET DIFFÉRENTIELLES PARTIELLES.

Soit

$$u = f(x, y, z, \ldots)$$

une fonction de plusieurs variables indépendantes $x, y, z, \ldots$. Désignons par i un accroissement infiniment petit, attribué à l'une quelconque de ces variables, et par

$$\varphi(x, y, z, \ldots), \quad \chi(x, y, z, \ldots), \quad \psi(x, y, z, \ldots), \quad \ldots$$

les limites vers lesquelles convergent les rapports

$$\frac{f(x+i, y, z, \ldots) - f(x, y, z, \ldots)}{i},$$

$$\frac{f(x, y+i, z, \ldots) - f(x, y, z, \ldots)}{i},$$

$$\frac{f(x, y, z+i, \ldots) - f(x, y, z, \ldots)}{i},$$

$$\ldots\ldots\ldots\ldots\ldots\ldots\ldots\ldots\ldots\ldots,$$

tandis que i s'approche indéfiniment de zéro; $\varphi(x, y, z, \ldots)$ sera la dérivée que l'on déduit de la fonction $u = f(x, y, z, \ldots)$, en y considérant x comme seule variable, ou, ce qu'on nomme la *dérivée partielle* de u par rapport à x. De même $\chi(x, y, z, \ldots)$, $\psi(x, y, z, \ldots)$, ... seront les dérivées partielles de u par rapport aux variables $y, z, \ldots$.

Concevons maintenant que l'on attribue aux variables $x, y, z, \ldots$ des accroissements simultanés $\Delta x, \Delta y, \Delta z, \ldots$ et soit Δu l'accroissement correspondant de la fonction u, en sorte qu'on ait

$$\Delta u = f(x + \Delta x, y + \Delta y, z + \Delta z, \ldots) - f(x, y, z, \ldots). \tag{1}$$

Si l'on assigne à Δx, Δy, Δz, ... des valeurs finies, la valeur de Δu, donnée par l'équation (1), deviendra ce qu'on appelle la *différence finie* de la fonction u, et sera ordinairement une quantité finie. Si, au contraire, on assigne à Δx, Δy, Δz, ... des valeurs infiniment petites, la valeur de Δu sera, pour l'ordinaire, infiniment petite. Mais, tandis que les accroissements

$$\Delta x, \quad \Delta y, \quad \Delta z, \quad \ldots, \quad \Delta u$$

s'approcheront indéfiniment et simultanément de la limite zéro, leurs rapports pourront converger vers des limites finies qui seront les *dernières raisons* de ces mêmes accroissements. Cela posé, pour obtenir des quantités ou des expressions algébriques qui puissent être considérées comme différentielles des variables $x, y, z, \ldots$, ou de la fonction u, et désignées en conséquence par les notations dx, dy, dz, ..., du, il suffira, d'après ce qui a été dit dans la première Leçon, page 289, de choisir ces quantités ou ces expressions, de manière que leurs rapports soient rigoureusement égaux aux dernières raisons ci-dessus mentionnées. D'ailleurs, les variables x, y, z, ..., étant supposées indépendantes, leurs accroissements Δx, Δy, Δz, ... sont entièrement arbitraires. Il en sera donc de même des différentielles dx, dy, dz, ... Quant à la différentielle du, on la déterminera sans peine à l'aide des raisonnements que nous allons indiquer.

Comme, en s'approchant de zéro, les accroissements

$$\Delta x, \quad \Delta y, \quad \Delta z, \quad \ldots, \quad \Delta u$$

deviendront sensiblement proportionnels à

$$dx, \quad dy, \quad dz, \quad \ldots, \quad du,$$

si l'on désigne par α la valeur infiniment petite de l'un des rapports

$$\frac{\Delta x}{dx}, \quad \frac{\Delta y}{dy}, \quad \frac{\Delta z}{dz}, \quad \ldots, \quad \frac{\Delta u}{du},$$

si l'on pose, par exemple,

$$(2) \qquad \frac{\Delta x}{dx} = \alpha,$$

chacun des autres rapports différera très peu de α. Donc l'équation

$$\frac{\Delta u}{du} = \alpha \quad \text{ou} \quad \frac{\Delta u}{\alpha} = du$$

sera sensiblement exacte, et l'on aura en toute rigueur

$$(3) \qquad \frac{\Delta u}{\alpha} = du + \beta,$$

β devant s'évanouir avec α. Effectivement, lorsque la proportion

$$\Delta x : dx :: \Delta u : du$$

se trouve à très peu près vérifiée, il suffit, pour la rendre rigoureuse, d'ajouter à son dernier terme du une quantité β peu différente de zéro; et alors cette proportion, ou plutôt la suivante

$$\Delta x : dx :: \Delta u : du + \beta,$$

donne évidemment

$$du + \beta = \frac{\Delta u}{\Delta x} dx = \frac{\Delta u}{\alpha}.$$

Si maintenant on fait converger α vers la limite zéro, on tirera de l'équation (2)

$$(4) \qquad du = \lim \frac{\Delta u}{\alpha}.$$

On trouvera de la même manière

$$(5) \qquad dy = \lim \frac{\Delta y}{\alpha}, \qquad dz = \lim \frac{\Delta z}{\alpha}, \qquad \dots;$$

et, comme on aura d'ailleurs, en vertu de l'équation (2),

$$dx = \frac{\Delta x}{\alpha},$$

on trouvera encore

$$(6) \qquad dx = \lim \frac{\Delta x}{\alpha}.$$

Ajoutons que, si, dans la formule (4), on substitue la valeur de Δu

donnée par la formule (1), on en conclura

$$(7)\qquad du = \lim \frac{f(x+\Delta x, y+\Delta y, z+\Delta z, \ldots) - f(x, y, z, \ldots)}{\alpha}.$$

Il ne reste plus qu'à chercher la limite vers laquelle converge le second membre de l'équation (7), quand, après avoir posé

$$\Delta x = \alpha\, dx,$$

on fait converger α vers la limite zéro. On y parviendra de la manière suivante.

Si, dans la fonction

$$u = f(x, y, z, \ldots),$$

on fait croître l'une après l'autre les variables x, y, z, ... des quantités Δx, Δy, Δz, ..., on déduira de l'équation (16) de la page 313 une suite d'équations de la forme

$$\begin{aligned}
&f(x+\Delta x, y, z, \ldots\ldots) - f(x, y, z, \ldots\ldots) = \Delta x\, \varphi(x+\theta_1 \Delta x, y, z, \ldots\ldots),\\
&f(x+\Delta x, y+\Delta y, z, \ldots) - f(x+\Delta x, y, z, \ldots) = \Delta y\, \chi(x+\Delta x, y+\theta_2 \Delta y, z, \ldots),\\
&f(x+\Delta x, y+\Delta y, z+\Delta z, \ldots) - f(x+\Delta x, y+\Delta y, z, \ldots) = \Delta z\, \psi(x+\Delta x, y+\Delta y, z+\theta_3 \Delta z, \ldots),\\
&\ldots\ldots\ldots\ldots\ldots\ldots\ldots\ldots\ldots\ldots\ldots\ldots,
\end{aligned}$$

θ_1, θ_2, θ_3 désignant des nombres inconnus, mais tous compris entre zéro et l'unité. Or, en ajoutant ces équations membre à membre, on en tirera

$$(8)\qquad \left\{\begin{aligned}
&f(x+\Delta x, y+\Delta y, z+\Delta z, \ldots) - f(x, y, z, \ldots)\\
&\quad = \Delta x\, \varphi(x+\theta_1 \Delta x, y, z, \ldots)\\
&\qquad + \Delta y\, \chi(x+\Delta x, y+\theta_2 \Delta y, z, \ldots)\\
&\qquad + \Delta z\, \psi(x+\Delta x, y+\Delta y, z+\theta_3 \Delta z, \ldots)\\
&\qquad + \ldots\ldots\ldots\ldots\ldots\ldots;
\end{aligned}\right.$$

puis, en divisant par α les deux membres de la formule (8), faisant converger α vers la limite zéro, et ayant égard aux équations (5), (6), (7), on trouvera

$$(9)\qquad du = \varphi(x, y, z, \ldots)\, dx + \chi(x, y, z, \ldots)\, dy + \psi(x, y, z, \ldots)\, dz + \ldots.$$

En vertu de l'équation (9), la différentielle de la fonction u se trouve complètement déterminée dès que l'on fixe les valeurs des quantités dx, dy, dz, ... Mais ces dernières quantités, qui représentent les différentielles des variables indépendantes, restent entièrement arbitraires, et on peut les supposer égales à des constantes finies quelconques h, k, l, ...

La démonstration précédente de la formule (9) suppose implicitement que les variables x, y, z, ... et la fonction u sont réelles, ainsi que leurs accroissements et leurs différentielles. Mais il est facile de modifier cette démonstration de manière à la rendre applicable au cas même où la fonction u, les variables x, y, z, ..., les accroissements Δx, Δy, Δz, ... et les différentielles dx, dy, dz, ... deviennent imaginaires. En effet, lorsque Δx, Δy, Δz, ... sont infiniment petits, on tire de la formule (51) de la treizième Leçon

$$f(x+\Delta x, y, z, \ldots\ldots) - f(x, y, z, \ldots\ldots) = \Delta x\,[\varphi(x, y, z, \ldots\ldots) + \mathrm{I}],$$

$$f(x+\Delta x, y+\Delta y, z, \ldots) - f(x+\Delta x, y, z, \ldots) = \Delta y\,[\chi(x+\Delta x, y, z, \ldots) + \mathrm{J}],$$

$$f(x+\Delta x, y+\Delta y, z+\Delta z, \ldots) - f(x+\Delta x, y+\Delta y, z, \ldots) = \Delta z\,[\psi(x+\Delta x, y+\Delta y, z, \ldots) + \mathrm{K}],$$

$$\ldots\ldots\ldots\ldots\ldots\ldots\ldots\ldots\ldots\ldots\ldots\ldots,$$

I, J, K, ... devant s'évanouir avec Δx, Δy, Δz, ... On a donc, par suite,

$$(10)\qquad \left\{\begin{aligned} & f(x+\Delta x, y+\Delta y, z+\Delta z, \ldots) - f(x, y, z, \ldots) \\ & \quad = [\varphi(x, y, z, \ldots) + \mathrm{I}]\,\Delta x \\ & \qquad + [\chi(x+\Delta x, y, z, \ldots) + \mathrm{J}]\,\Delta y \\ & \qquad + [\psi(x+\Delta x, y+\Delta y, z, \ldots) + \mathrm{K}]\,\Delta z \\ & \qquad + \ldots\ldots\ldots\ldots\ldots\ldots \end{aligned}\right.$$

Or il suffit de diviser par α les deux membres de l'équation (10) et de faire ensuite converger α vers la limite zéro pour retrouver la formule (9).

En appliquant la formule (9) à des cas particuliers, on en tirera

$$d(x+y+z+\ldots) = dx + dy + dz + \ldots, \qquad d(x-y) = dx - dy,$$

$$d(ax+by+cz+\ldots) = a\,dx + b\,dy + c\,dz + \ldots,$$

$$d(x^a y^b z^c \ldots) = x^a y^b z^c \ldots \left(a\frac{dx}{x} + b\frac{dy}{y} + c\frac{dz}{z} + \ldots\right),$$

$$d\left(\frac{x}{y}\right) = \frac{y\,dx - x\,dy}{y^2},$$

$$d.x^y = yx^{y-1}\,dx + x^y\,\mathrm{l}x\,dy, \qquad \ldots,$$

$$d(x + y\sqrt{-1}) = dx + \sqrt{-1}\,dy,$$

$$d.e^{x+y\sqrt{-1}} = e^{x+y\sqrt{-1}}(dx + dy\sqrt{-1}),$$

....

Il est important d'observer que, dans la valeur de du donnée par l'équation (9), le terme

$$\varphi(x, y, z, \ldots)\,dx$$

est précisément la différentielle qu'on obtiendrait pour la fonction

$$u = f(x, y, z, \ldots),$$

en considérant dans cette fonction x seule comme variable et y, z, ... comme constantes. C'est pour cette raison que le terme dont il s'agit se nomme la *différentielle partielle* de la fonction u par rapport à x. De même

$$\chi(x, y, z, \ldots)\,dy, \quad \psi(x, y, z, \ldots)\,dz, \quad \ldots$$

sont les différentielles partielles de u par rapport à y par rapport à z, ... Si l'on indique ces différentielles partielles en plaçant, au bas de la lettre d, les variables auxquelles elles se rapportent, comme on le voit ici,

$$d_x u, \quad d_y u, \quad d_z u, \quad \ldots,$$

on aura

$$(11) \qquad \begin{cases} \varphi(x, y, z, \ldots) = \dfrac{d_x u}{dx}, \\ \chi(x, y, z, \ldots) = \dfrac{d_y u}{dy}, \\ \psi(x, y, z, \ldots) = \dfrac{d_z u}{dz}, \\ \ldots\ldots\ldots\ldots\ldots\ldots, \end{cases}$$

et l'équation (9) pourra être présentée sous l'une ou l'autre des deux formes

$$du = d_x u + d_y u + d_z u + \dots, \tag{12}$$

$$du = \frac{d_x u}{dx} dx + \frac{d_y u}{dy} dy + \frac{d_z u}{dz} dz + \dots. \tag{13}$$

Il résulte de la formule (12) que les différentielles partielles $d_x u$, $d_y u$, $d_z u$, ... sont les diverses parties de la *différentielle totale* du, que l'on peut aussi nommer simplement la *différentielle* de la fonction u.

Pour abréger, on supprime ordinairement, dans les formules (11), les lettres que nous avons placées au bas de la caractéristique d, et l'on représente simplement les dérivées partielles de u prises relativement à x, y, z, ... par les notations

$$\frac{du}{dx}, \quad \frac{du}{dy}, \quad \frac{du}{dz}, \quad \dots. \tag{14}$$

Alors $\frac{du}{dx}$ n'est pas le quotient de du par dx; et pour exprimer la différentielle partielle de u, prise relativement à x, il faut employer la notation

$$\frac{du}{dx} dx,$$

qui n'est point susceptible de réduction, à moins qu'on ne rétablisse la lettre x au bas de la caractéristique d. Lorsqu'on admet ces conventions, la formule (13) se réduit à

$$du = \frac{du}{dx} dx + \frac{du}{dy} dy + \frac{du}{dz} dz + \dots. \tag{15}$$

Mais, comme il n'est plus permis d'effacer dans cette dernière les différentielles dx, dy, dz, ..., rien ne remplace la formule (12).

En terminant cette Leçon, nous indiquerons un moyen fort simple de ramener le calcul des différentielles totales à celui des fonctions dérivées. Si l'on prend

$$\Delta x = \alpha\, dx,$$

α désignant une quantité infiniment petite, la différentielle totale du

sera déterminée par la formule (7), pourvu que, en s'approchant de zéro, les accroissements Δx, Δy, Δz, ... deviennent sensiblement ou même rigoureusement proportionnels aux différentielles dx, dy, dz, ... Donc, la formule (7) subsistera si l'on pose

$$\Delta x = \alpha\, dx, \qquad \Delta y = \alpha\, dy, \qquad \Delta z = \alpha\, dz, \qquad \ldots, \tag{16}$$

en sorte qu'on aura

$$du = \lim \frac{f(x+\alpha\, dx, y+\alpha\, dy, z+\alpha\, dz, \ldots) - f(x, y, z, \ldots)}{\alpha}. \tag{17}$$

D'autre part, si, dans l'expression

$$f(x+\alpha\, dx, y+\alpha\, dy, z+\alpha\, dz, \ldots),$$

on considère α comme seule variable, et si l'on fait, en conséquence,

$$f(x+\alpha\, dx, y+\alpha\, dy, z+\alpha\, dz, \ldots) = \mathrm{F}(\alpha), \tag{18}$$

on aura, non seulement

$$u = \mathrm{F}(0), \tag{19}$$

mais encore

$$\Delta u = \mathrm{F}(\alpha) - \mathrm{F}(0)$$

et, par suite,

$$du = \lim \frac{\mathrm{F}(\alpha) - \mathrm{F}(0)}{\alpha} = \mathrm{F}'(0). \tag{20}$$

Ainsi, pour former la différentielle totale du, il suffira de calculer la valeur particulière que reçoit la fonction dérivée $\mathrm{F}'(\alpha)$ dans le cas où l'on prend $\alpha = 0$.

DIX-SEPTIÈME LEÇON.

USAGE DES DÉRIVÉES PARTIELLES DANS LA DIFFÉRENTIATION DES FONCTIONS COMPOSÉES. DIFFÉRENTIELLES DES FONCTIONS IMPLICITES. THÉORÈME DES FONCTIONS HOMOGÈNES.

Soit

$$s = F(u, v, w, \ldots)$$

une fonction quelconque des variables u, v, w, ... que nous supposerons être elles-mêmes des fonctions des variables indépendantes x, y, z, ...; s sera une *fonction composée* de ces dernières variables; et, si l'on désigne par Δx, Δy, Δz, ... des accroissements arbitraires simultanément attribués à x, y, z, ..., les accroissements correspondants Δu, Δv, Δw, ..., Δs des fonctions u, v, w, ..., s seront liés entre eux par la formule

$$\Delta s = F(u + \Delta u, v + \Delta v, w + \Delta w, \ldots) - F(u, v, w, \ldots). \tag{1}$$

Soient d'ailleurs

$$\Phi(u, v, w, \ldots), \quad X(u, v, w, \ldots), \quad \Psi(u, v, w, \ldots), \quad \ldots$$

les dérivées partielles de la fonction $F(u, v, w, \ldots)$ prises successivement par rapport à u, v, w, ... Comme l'équation (8) de la Leçon précédente a lieu pour des valeurs quelconques des variables x, y, z, ... et de leurs accroissements Δx, Δy, Δz, ..., on en conclura, en remplaçant x, y, z, ... par u, v, w, ..., et la fonction f par la fonction F,

$$\left\{\begin{aligned} &F(u + \Delta u, v + \Delta v, w + \Delta w, \ldots) - F(u, v, w, \ldots) \\ &\quad = \Delta u\, \Phi(u + \theta_1 \Delta u, v, w, \ldots) \\ &\quad\quad + \Delta v\, X(u + \Delta u, v + \theta_2 \Delta v, w, \ldots) \\ &\quad\quad + \Delta w\, \Psi(u + \Delta u, v + \Delta v, w + \theta_3 \Delta w, \ldots) \\ &\quad\quad + \ldots\ldots\ldots\ldots\ldots\ldots\ldots\ldots \end{aligned}\right. \tag{2}$$

Dans cette dernière équation, θ_1, θ_2, θ_3, ... désignent toujours des nombres inconnus, mais inférieurs à l'unité. Si maintenant on pose

$$\Delta x = \alpha\, dx, \quad \Delta y = \alpha\, dy, \quad \Delta z = \alpha\, dz, \quad \ldots, \tag{3}$$

α désignant une quantité infiniment petite, on aura, en vertu de la formule (17) de la Leçon précédente,

$$du = \lim \frac{\Delta u}{\alpha}, \quad dv = \lim \frac{\Delta v}{\alpha}, \quad dw = \lim \frac{\Delta w}{\alpha}, \quad \ldots, \quad ds = \lim \frac{\Delta s}{\alpha}; \tag{4}$$

puis, en divisant par α les deux membres de l'équation (2) et passant aux limites, on trouvera

$$ds = \Phi(u, v, w, \ldots)\, du + \mathrm{X}(u, v, w, \ldots)\, dv + \Psi(u, v, w, \ldots)\, dw + \ldots. \tag{5}$$

La valeur de ds fournie par l'équation (5) est semblable à la valeur de du fournie par l'équation (9) de la Leçon précédente. La principale différence consiste en ce que les différentielles dx, dy, dz, ..., comprises dans la valeur de du, sont des constantes arbitraires, tandis que les différentielles du, dv, dw, ... sont de nouvelles fonctions des variables indépendantes $x, y, z, \ldots$ combinées d'une certaine manière avec les constantes arbitraires dx, dy, dz, ...

La démonstration qu'on vient de donner de la formule (5) suppose implicitement que les fonctions u, v, w, ..., s sont réelles, ainsi que leurs accroissements et leurs différentielles. Si ces fonctions, ces accroissements et ces différentielles devenaient imaginaires, il suffirait, pour établir la formule (5), de recourir à l'équation (10) de la Leçon précédente. En effet, comme cette dernière équation subsiste, quelles que soient les valeurs finies, réelles ou imaginaires, attribuées aux variables x, y, z, ..., et les valeurs infiniment petites attribuées à leurs accroissements Δx, Δy, Δz, ..., on en conclura, en remplaçant x, y, z, ... par u, v, w, ..., et la fonction f par la fonction F,

$$\left\{\begin{aligned} & \mathrm{F}(u + \Delta u, u + \Delta v, w + \Delta w, \ldots) - \mathrm{F}(u, v, w, \ldots) \\ & \quad = [\Phi(u, v, w, \ldots) + \mathrm{I}]\, \Delta u \\ & \qquad + [\mathrm{X}(u + \Delta u, v, w, \ldots) + \mathrm{J}]\, \Delta v \\ & \qquad + [\Psi(u + \Delta u, v + \Delta v, w, \ldots) + \mathrm{K}]\, \Delta w \\ & \qquad + \ldots\ldots\ldots\ldots\ldots\ldots \end{aligned}\right. \tag{6}$$

Dans la formule (6), I, J, K, ... désignent toujours des quantités qui s'approchent indéfiniment de zéro, en même temps que Δx, Δy, Δz, ... Si d'ailleurs on assigne à Δx, Δy, Δz, ... les valeurs que déterminent les équations (3), il suffira évidemment de diviser par α les deux membres de la formule (6), et de passer aux limites pour retrouver la formule (5).

En appliquant la formule (5) à des cas particuliers, on en tirera

$$d(u+v)=du+dv, \qquad d(u-v)=du-dv, \qquad d(au+bv)=a\,du+b\,dv,$$

$$d(au+bv+cw+\ldots)=a\,du+b\,dv+c\,dw+\ldots,$$

$$d(uv)=u\,dv+v\,du, \qquad d(uvw\ldots)=vw\ldots du+uw\ldots dv+uv\ldots dw+\ldots,$$

$$d\left(\frac{u}{v}\right)=\frac{du}{v}-\frac{u\,dv}{v^2}=\frac{v\,du-u\,dv}{v^2}, \qquad d.u^v=vu^{v-1}\,du+u^v\,\mathrm{l}u\,du, \qquad \ldots.$$

Nous avions déjà obtenu ces équations (*voir* la seconde Leçon), en supposant u, v, w, ... fonctions d'une seule variable indépendante x; mais on voit qu'elles subsistent, quel que soit le nombre des variables indépendantes.

Dans le cas particulier où l'on suppose u fonction de la seule variable x, v fonction de la seule variable y, w fonction de la seule variable z, ..., on peut arriver directement à l'équation (5), en partant de la formule (9) de la Leçon précédente. En effet, en vertu de cette formule, on aura généralement

$$ds=d_x s+d_y s+d_z s+\ldots. \tag{7}$$

De plus, comme, parmi les quantités u, v, w, ..., la première est, par hypothèse, la seule qui renferme la variable x, en considérant s comme une fonction de fonction de cette variable, et ayant égard à la formule (10) de la première Leçon, on trouvera

$$d_x s=d_x\,\mathrm{F}(u,v,w,\ldots)=\Phi(u,v,w,\ldots)\,d_x u=\Phi(u,v,w,\ldots)\,du.$$

On trouvera de même

$$d_y s=\mathrm{X}(u,v,w,\ldots)\,dv, \qquad d_z s=\Psi(u,v,w,\ldots)\,dw, \qquad \ldots.$$

Si l'on substitue ces valeurs de $d_x s$, $d_y s$, $d_z s$, ... dans la formule (7), elle coïncidera évidemment avec l'équation (15).

Soit maintenant r une seconde fonction des variables indépendantes $x, y, z, \ldots$. Si l'on a identiquement, c'est-à-dire pour des valeurs quelconques de ces variables,

$$s = r, \tag{8}$$

on en conclura

$$ds = dr. \tag{9}$$

Dans le cas particulier où la fonction r se réduit, soit à zéro, soit à une constante c, on trouve

$$dr = 0;$$

et par suite l'équation

$$s = 0 \quad \text{ou} \quad s = c \tag{10}$$

entraîne la suivante :

$$ds = 0. \tag{11}$$

Les équations (9) et (11) sont du nombre de celles que l'on nomme *équations différentielles*. La seconde peut être présentée sous la forme

$$\Phi(u, v, w, \ldots)\,du + \mathrm{X}(u, v, w, \ldots)\,dv + \Psi(u, v, w, \ldots)\,dw + \ldots = 0, \tag{12}$$

et subsiste dans le cas même où quelques-unes des quantités u, v, w, ... se réduiraient à quelques-unes des variables indépendantes x, y, z, ... Ainsi, par exemple, on trouvera : en supposant $\mathrm{F}(x, v) = 0$,

$$\Phi(x, v)\,dx + \mathrm{X}(x, v)\,dv = 0;$$

en supposant $\mathrm{F}(x, y, w) = 0$,

$$\Phi(x, y, w)\,dx + \mathrm{X}(x, y, w)\,dy + \Psi(x, y, w)\,dw = 0;$$

etc.

Dans ces dernières équations, v est évidemment une fonction implicite de la variable x, w une fonction implicite des variables x, y; ....

De même, si l'on admet que les variables $x, y, z, \ldots$, cessant d'être indépendantes, soient liées entre elles par une équation de la forme

$$f(x, y, z, \ldots) = 0, \tag{13}$$

alors, en faisant usage des notations adoptées dans la Leçon précédente, on obtiendra l'équation différentielle

$$\varphi(x, y, z, \ldots)\,dx + \chi(x, y, z, \ldots)\,dy + \psi(x, y, z, \ldots)\,dz + \ldots = 0, \tag{14}$$

au moyen de laquelle on pourra déterminer la différentielle de l'une des variables considérée comme fonction implicite de toutes les autres. Ainsi, par exemple, on trouvera : en supposant $x^2 + y^2 = a^2$,

$$x\,dx + y\,dy = 0, \qquad dy = -\frac{x}{y}\,dx;$$

en supposant $y^2 - x^2 = a^2$,

$$y\,dy - x\,dx = 0, \qquad dy = \frac{x}{y}\,dx;$$

en supposant $x^2 + y^2 + z^2 = a^2$,

$$x\,dx + y\,dy + z\,dz = 0, \qquad dz = -\frac{x}{z}\,dx - \frac{y}{z}\,dy.$$

Comme on aura d'ailleurs, dans le premier cas,

$$y = \pm\sqrt{a^2 - x^2},$$

et, dans le second,

$$y = \pm\sqrt{a^2 + x^2},$$

on conclura des formules précédentes

$$d(\sqrt{a^2 - x^2}) = -\frac{x\,dx}{\sqrt{a^2 - x^2}}, \qquad d(\sqrt{a^2 + x^2}) = \frac{x\,dx}{\sqrt{a^2 + x^2}}; \tag{15}$$

ce qu'il est aisé de vérifier directement.

Lorsqu'on désigne par u la fonction $f(x, y, z, \ldots)$, les équations (13) et (14) peuvent s'écrire comme il suit :

$$u = 0, \tag{16}$$

$$du = 0. \tag{17}$$

Si les variables $x, y, z, \ldots$, au lieu d'être assujetties à une seule équation de la forme $u = 0$, étaient liées entre elles par deux équations de cette espèce, telles que

$$u = 0, \qquad v = 0, \tag{18}$$

alors on aurait en même temps les deux équations différentielles

$$du = 0, \qquad dv = 0, \tag{19}$$

à l'aide desquelles on pourrait déterminer les différentielles de deux variables considérées comme fonctions implicites de toutes les autres.

En général, si n variables $x, y, z, \ldots$ sont liées entre elles par m équations, telles que

$$u = 0, \qquad v = 0, \qquad w = 0, \qquad \ldots, \tag{20}$$

alors on aura en même temps les m équations différentielles

$$du = 0, \qquad dv = 0, \qquad dw = 0, \qquad \ldots, \tag{21}$$

à l'aide desquelles on pourra déterminer les différentielles de m variables considérées comme fonctions implicites de toutes les autres.

Les principes ci-dessus établis relativement à la différentiation des fonctions composées fournissent encore le moyen de démontrer une proposition digne de remarque, et que l'on nomme *théorème des fonctions homogènes*.

On dit qu'une fonction de plusieurs variables est *homogène* lorsque, en faisant croître ou décroître toutes les variables dans un rapport donné, on obtient pour résultat la valeur primitive de la fonction multipliée par une puissance de ce rapport. L'exposant de cette puissance est le *degré* de la fonction homogène. En conséquence, $f(x, y, z, \ldots)$ sera une fonction de $x, y, z, \ldots$ homogène et du degré a, si, t désignant une nouvelle variable, on a, quel que soit t,

$$f(tx, ty, tz, \ldots) = t^a f(x, y, z, \ldots). \tag{22}$$

Cela posé, le théorème des fonctions homogènes peut s'énoncer comme il suit.

THÉORÈME. — *Si l'on multiplie les dérivées partielles d'une fonction homogène du degré a par les variables auxquelles elles se rapportent, la somme des produits ainsi formés sera équivalente au produit qu'on obtiendrait en multipliant par a la fonction elle-même.*

Démonstration. — Soient

$$u = f(x, y, z, \ldots)$$

la fonction donnée et

$$\varphi(x, y, z, \ldots), \quad \chi(x, y, z, \ldots), \quad \psi(x, y, z, \ldots), \quad \ldots$$

ses dérivées partielles par rapport à x, à y, à z, etc. Si l'on différentie les deux membres de l'équation (22), en y considérant t comme seule variable, on aura, en vertu de la formule (5),

$$\begin{aligned}\varphi(tx, ty, tz, \ldots)x\,dt + \chi(tx, ty, tz, \ldots)y\,dt \\ + \psi(tx, ty, tz, \ldots)z\,dt + \ldots = at^{a-1}f(x, y, z, \ldots)\,dt;\end{aligned}$$

puis, en divisant par dt et posant $t = 1$, on trouvera

$$\text{(23)} \quad \left\{\begin{aligned} & x\varphi(x, y, z, \ldots) + y\chi(x, y, z, \ldots) + z\psi(x, y, z, \ldots) + \ldots \\ & \quad = a f(x, y, z, \ldots)\end{aligned}\right.$$

ou, ce qui revient au même,

$$\text{(24)} \qquad x\frac{du}{dx} + y\frac{du}{dy} + z\frac{du}{dz} + \ldots = au.$$

Corollaire. — Pour une fonction homogène d'un degré nul, on aura

$$\text{(25)} \qquad x\frac{du}{dx} + y\frac{du}{dy} + z\frac{du}{dz} + \ldots = 0.$$

Exemples. — Si l'on pose

$$u = \frac{1}{2}(\mathrm{A}x^2 + \mathrm{B}y^2 + \mathrm{C}z^2 + 2\mathrm{D}yz + 2\mathrm{E}zx + 2\mathrm{F}xy),$$

l'équation (24) donnera

$$(Ax + Fy + Ez)x + (Fx + By + Dz)y + (Ex + Dy + Cz)z$$
$$= Ax^2 + By^2 + Cz^2 + 2Dyz + 2Ezx + 2Fxy.$$

Si l'on pose au contraire

$$u = L\frac{x}{y},$$

l'équation (25) sera réduite à

$$\frac{1}{y}x - \frac{x}{y^2}y = 0.$$

DIX-HUITIÈME LEÇON.

DIFFÉRENTIELLES DES DIVERS ORDRES POUR LES FONCTIONS DE PLUSIEURS VARIABLES.

Soit

$$u = f(x, y, z, \ldots)$$

une fonction de plusieurs variables indépendantes x, y, z, ... Si l'on différentie cette fonction plusieurs fois de suite, soit par rapport à toutes les variables, soit par rapport à l'une d'elles seulement, on obtiendra plusieurs fonctions nouvelles dont chacune sera la dérivée totale ou partielle de la précédente. On pourrait même concevoir que les différentiations successives se rapportent tantôt à une variable, tantôt à une autre. Dans tous les cas, le résultat d'une, de deux, de trois, ... différentiations, successivement effectuées, est ce que l'on appelle une *différentielle totale* ou *partielle* du premier, du deuxième, du troisième, ... *ordre*. Ainsi, par exemple, en différentiant plusieurs fois de suite par rapport à toutes les variables, on formera les différentielles totales du, ddu, $dddu$, ... que l'on désigne, pour abréger, par les notations du, d^2u, d^3u, ... Au contraire, en différentiant plusieurs fois de suite par rapport à la variable x, on formera les différentielles partielles d_xu, d_xd_xu, $d_xd_xd_xu$, ... que l'on désigne par les notations d_xu, d_x^2u, d_x^3u, ... En général, si n est un nombre entier quelconque, la différentielle totale de l'ordre n sera représentée par d^nu, et la différentielle du même ordre relative à une seule des variables x, y, z, ... par d_x^nu, d_y^nu, d_z^nu, ... Si l'on différentiait deux ou plusieurs fois de suite par rapport à deux ou à plusieurs variables, on obtiendrait les différentielles partielles du second ordre, ou des ordres supérieurs, désignées par les notations d_xd_yu,

$d_y d_x u$, $d_x d_z u$, ..., $d_x d_y d_z u$, ... Or il est facile de voir que les différentielles de cette espèce conservent les mêmes valeurs quand on intervertit l'ordre suivant lequel les différentiations relatives aux diverses variables doivent être effectuées. On aura, par exemple,

$$d_x d_y u = d_y d_x u. \tag{1}$$

C'est effectivement ce que l'on peut démontrer comme il suit.

Concevons que l'on indique par la lettre x, placée au bas de la caractéristique Δ, l'accroissement que reçoit une fonction de x, y, z, ... lorsqu'on fait croître x seule d'une quantité infiniment petite $\alpha\, dx$. On trouvera

$$\Delta_x u = f(x + \alpha\, dx, y, z, \ldots) - f(x, y, z, \ldots), \qquad d_x u = \lim \frac{\Delta_x u}{\alpha}, \tag{2}$$

$$\Delta_x\, d_y u = d_y(u + \Delta_x u) - d_y u = d_y\, \Delta_x u \tag{3}$$

et, par suite,

$$\frac{\Delta_x\, d_y u}{\alpha} = \frac{d_y\, \Delta_x u}{\alpha} = d_y \frac{\Delta_x u}{\alpha};$$

puis, en faisant converger α vers zéro, et ayant égard à la seconde des formules (2), on obtiendra l'équation (1). On établirait de la même manière les équations identiques $d_x d_z u = d_z d_x u$, $d_y d_z u = d_z d_y u$, ...

Exemple. — Si l'on pose $u = \text{arc tang}\, \dfrac{x}{y}$, on trouvera

$$d_x u = \frac{y}{x^2 + y^2} dx, \quad d_y u = \frac{-x}{x^2 + y^2} dy, \quad d_y d_x u = d_x d_y u = \frac{x^2 - y^2}{(x^2 + y^2)^2} dx\, dy.$$

L'équation (1) étant une fois démontrée, il en résulte que, dans une expression de la forme $d_x d_y d_z \ldots u$, il est toujours permis d'échanger entre elles les variables auxquelles se rapportent deux différentiations consécutives. Or il est clair que, à l'aide d'un ou de plusieurs échanges de cette espèce, on pourra intervertir de toutes les manières possibles l'ordre des différentiations. Ainsi, par exemple, pour déduire la différentielle $d_z d_y d_x u$ de la différentielle $d_x d_y d_z u$, il suffira d'amener d'abord par deux échanges consécutifs la lettre x à la place de la lettre z, puis d'échanger les lettres y et z, afin de ramener la lettre y

à la seconde place. On peut donc affirmer qu'une différentielle de la forme $d_x d_y d_z \ldots u$ a une valeur indépendante de l'ordre suivant lequel sont effectuées les différentiations relatives aux diverses variables. Cette proposition subsiste dans le cas même où plusieurs différentiations se rapportent à l'une des variables, comme il arrive pour les différentielles $d_x d_y d_x u$, $d_x d_y d_x d_x u$, ... Lorsque cette circonstance se présente, et que deux ou plusieurs différentiations consécutives sont relatives à la variable x, on écrit, pour abréger, d_x^2 au lieu de $d_x d_x$, d_x^3 au lieu de $d_x d_x d_x$, ... Cela posé, on aura

$$d_x^2 d_y u = d_x d_y d_x u, \qquad d_x^3 d_y d_z u = d_x d_y d_x d_z d_x u = d_y d_x^3 d_z u = \ldots,$$
$$d_x^2 d_y^3 u = d_y^3 d_x^2 u, \qquad d_x d_y^2 d_z^3 u = d_x d_z^3 d_y^2 u = d_y^2 d_x d_z^3 u = \ldots$$

et généralement, l, m, n, ... étant des nombres entiers quelconques,

$$(4) \qquad d_x^l d_y^m d_z^n \ldots u = d_x^l d_z^n d_y^m \ldots u = d_y^m d_x^l d_z^n \ldots u = \ldots.$$

Comme, en différentiant une fonction des variables indépendantes x, y, z, ... par rapport à l'une d'elles, on obtient pour résultat une nouvelle fonction de ces variables multipliée par la constante finie dx, ou dy, ou dz, ..., et que, dans la différentiation d'un produit, les facteurs constants passent toujours en dehors de la caractéristique d; il est clair que, si l'on effectue l'une après l'autre, sur la fonction $u = f(x, y, z, \ldots)$, l différentiations relatives à x, m différentiations relatives à y, n différentiations relatives à z, etc., la différentielle qui résultera de ces diverses opérations, savoir $d_x^l d_y^m d_z^n \ldots u$, sera le produit d'une nouvelle fonction de x, y, z, ... par les facteurs dx, dy, dz, ... élevés, le premier à la puissance $l^{\text{ième}}$, le second à la puissance $m^{\text{ième}}$, le troisième à la puissance $n^{\text{ième}}$, etc. La nouvelle fonction dont il s'agit ici est ce qu'on nomme une *dérivée partielle* de u, de l'*ordre* $l + m + n + \ldots$. Si on la désigne par $\varpi(x, y, z, \ldots)$, on aura

$$(5) \qquad d_x^l d_y^m d_z^n \ldots u = \varpi(x, y, z, \ldots)\, d_x^l\, d_y^m\, dz^n \ldots$$

et, par suite,

$$(6) \qquad \varpi(x, y, z, \ldots) = \frac{d_x^l d_y^m d_z^n \ldots u}{dx^l dy^m dz^n \ldots}.$$

Il est facile d'exprimer les différentielles totales $d^2 u$, $d^3 u$, ... à l'aide des différences partielles de la fonction u ou de ses dérivées partielles. En effet, on tire de la formule (12) (seizième Leçon)

$$\begin{aligned} d^2 u = ddu &= d_x du + d_y du + d_z du + \ldots \\ &= \quad d_x(d_x u + d_y u + d_z u + \ldots) \\ &\quad + d_y(d_x u + d_y u + d_z u + \ldots) \\ &\quad + d_z(d_x u + d_y u + d_z u + \ldots) \end{aligned}$$

et, par suite,

$$(7) \quad d^2 u = d_x^2 u + d_y^2 u + d_z^2 u + \ldots + 2\, d_x d_y u + 2\, d_x d_z u + \ldots + 2\, d_y d_z u + \ldots$$

ou, ce qui revient au même,

$$(8) \quad \left\{ \begin{aligned} d^2 u = \frac{d_x^2 u}{dx^2} dx^2 + \frac{d_y^2 u}{dy^2} dy^2 + \frac{d_z^2 u}{dz^2} dz^2 + \ldots \\ + 2 \frac{d_x d_y u}{dx\, dy} dx\, dy + 2 \frac{d_x d_z u}{dx\, dz} dx\, dz + \ldots + 2 \frac{d_y d_z u}{dy\, dz} dy\, dz + \ldots . \end{aligned} \right.$$

On obtiendrait avec la même facilité les valeurs de $d^3 u$, $d^4 u$, ...

Exemples :

$$d^2(xyz) = 2(x\, dy\, dz + y\, dz\, dx + z\, dx\, dy), \qquad d^3(xyz) = 6\, dx\, dy\, dz,$$

$$d^2(x^2 + y^2 + z^2 + \ldots) = 2(dx^2 + dy^2 + dz^2 + \ldots),$$

$$d^3(x^3 + y^3 + z^3 + \ldots) = 6(dx^3 + dy^3 + dz^3 + \ldots),$$

....

Pour abréger, on supprime ordinairement, dans les équations (6), (8), etc., les lettres que nous avons écrites au bas de la caractéristique d, et l'on remplace le second membre de la formule (6) par la notation

$$(9) \qquad \frac{d^{l+m+n\ldots} u}{dx^l\, dy^m\, dz^n \ldots}.$$

Alors les dérivées partielles du second ordre se trouvent représentées par

$$\frac{d^2 u}{dx^2}, \quad \frac{d^2 u}{dy^2}, \quad \frac{d^2 u}{dz^2}, \quad \ldots, \quad \frac{d^2 u}{dx\, dy}, \quad \frac{d^2 u}{dx\, dz}, \quad \ldots, \quad \frac{d^2 u}{dy\, dz}, \quad \ldots,$$

les dérivées partielles du troisième ordre par

$$\frac{d^3 u}{dx^3}, \quad \frac{d^3 u}{dx^2\, dy}, \quad \frac{d^3 u}{dx\, dy^2}, \quad \ldots,$$

et la valeur de $d^2 u$ se réduit à

$$(10)\quad \left\{\begin{aligned} d^2 u = {} & \frac{d^2 u}{dx^2} dx^2 + \frac{d^2 u}{dy^2} dy^2 + \frac{d^2 u}{dz^2} dz^2 + \ldots \\ & + 2 \frac{d^2 u}{dx\, dy} dx\, dy + 2 \frac{d^2 u}{dx\, dz} dx\, dz + \ldots + 2 \frac{d^2 u}{dy\, dz} dy\, dz + \ldots . \end{aligned}\right.$$

Mais il n'est plus permis d'effacer, dans cette valeur, les différentielles dx, dy, dz, ..., attendu que $\frac{d^2 u}{dx^2}$, $\frac{d^2 u}{dx\, dy}$, ... ne désignent pas les quotients qu'on obtiendrait en divisant $d^2 u$ par dx^2 ou par $dx\, dy$, ...

Si, au lieu de la fonction $u = f(x, y, z, \ldots)$, on considérait la suivante

$$(11)\qquad s = \mathrm{F}(u, v, w, \ldots),$$

les quantités u, v, w, ... étant elles-mêmes des fonctions quelconques des variables indépendantes x, y, z, ..., les valeurs de $d^2 s$, $d^3 s$, ... se déduiraient sans peine des principes établis dans la dix-septième Leçon. Effectivement, en différentiant plusieurs fois la formule (11), on trouverait

$$(12)\quad \left\{\begin{aligned} ds &= \frac{d\mathrm{F}(u, v, w, \ldots)}{du} du + \frac{d\mathrm{F}(u, v, w, \ldots)}{dv} dv \\ &\qquad + \frac{d\mathrm{F}(u, v, w, \ldots)}{dw} dw + \ldots, \\ d^2 s &= \frac{d^2\mathrm{F}(u, v, w, \ldots)}{du^2} du^2 + \ldots \\ &\quad + 2 \frac{d^2\mathrm{F}(u, v, w, \ldots)}{du\, dv} du\, dv + \ldots + \frac{d\mathrm{F}(u, v, w, \ldots)}{du} d^2 u + \ldots \\ & \ldots\ldots\ldots\ldots\ldots\ldots\ldots\ldots\ldots\ldots \end{aligned}\right.$$

Exemples :

$$d^n(u+v)=d^n u+d^n v, \qquad d^n(u-v)=d^n u-d^n v,$$

$$d^n\left(u+v\sqrt{-1}\right)=d^n u+\sqrt{-1}\,d^n v,$$

$$d^n(au+bv+cw+\ldots)=a\,d^n u+b\,d^n v+c\,d^n w+\ldots.$$

Parmi les équations que l'on peut déduire des formules (12), on doit distinguer celles qui déterminent les différentielles d'une fonction s de plusieurs variables $u, v, w, \ldots$ dont chacune est à son tour une fonction linéaire d'autres variables supposées indépendantes. Soient, en effet, $a, b, c, \ldots, k$ des quantités constantes, et

$$u=ax+by+cz+\ldots+k \tag{13}$$

une fonction linéaire des variables indépendantes $x, y, z, \ldots$. La différentielle

$$du=a\,dx+b\,dy+c\,dz+\ldots \tag{14}$$

sera elle-même une quantité constante, et par suite les différentielles d^2u, d^3u, ... se réduiront toutes à zéro. On conclut immédiatement de cette remarque que les différentielles successives des fonctions

$$F(u), \quad F(u,v), \quad F(u,v,w,\ldots)$$

conservent la même forme dans le cas où $u, v, w, \ldots$ sont considérées comme variables indépendantes, et dans le cas où $u, v, w, \ldots$ sont des fonctions linéaires des variables indépendantes $x, y, z, \ldots$. Ainsi on trouvera dans les deux cas, pour $s=F(u)$,

$$\left\{\begin{array}{l} ds=F'(u)\,du, \qquad d^2s=F''(u)\,du^2, \qquad d^3s=F'''(u)\,du^3, \qquad \ldots, \\ \qquad\qquad d^ns=F^{(n)}(u)\,du^n; \end{array}\right. \tag{15}$$

pour $s=F(u,v)$,

$$\left\{\begin{array}{l} d^ns=\dfrac{d^nF(u,v)}{du^n}du^n+\dfrac{n}{1}\dfrac{d^nF(u,v)}{du^{n-1}\,dv}du^{n-1}\,dv+\ldots \\ \qquad\qquad +\dfrac{n}{1}\dfrac{d^nF(u,v)}{du\,dv^{n-1}}du\,dv^{n-1}+\dfrac{d^nF(u,v)}{dv^n}dv^n; \end{array}\right. \tag{16}$$

pour $s = F(u)F(v)$,

$$(17)\quad \begin{cases} d^n s = F^{(n)}(u)\,F(v)\,du^n + \dfrac{n}{1}F^{(n-1)}(u)\,F'(v)\,du^{n-1}\,dv + \ldots \\ \qquad + \dfrac{n}{1}F'(u)\,F^{(n-1)}(v)\,du\,dv^{n-1} + F(u)\,F^{(n)}(v)\,dv^n; \end{cases}$$

etc.

Ces diverses équations subsistent, lors même que, $u, v, w, \ldots$ étant fonctions linéaires de $x, y, z, \ldots,$ les constantes $a, b, c, \ldots, k$, comprises dans $u, v, w, \ldots$ deviennent imaginaires. On a, par exemple, pour $s = F(x + y\sqrt{-1})$,

$$(18)\quad \begin{cases} ds = F'(x+y\sqrt{-1})(dx+\sqrt{-1}\,dy), \\ \ldots\ldots\ldots\ldots\ldots\ldots\ldots\ldots, \\ d^n s = F^{(n)}(x+y\sqrt{-1})(dx+\sqrt{-1}\,dy)^n; \end{cases}$$

pour $s = F(x - y\sqrt{-1})$,

$$(19)\quad \begin{cases} ds = F'(x-y\sqrt{-1})(dx-\sqrt{-1}\,dy), \\ \ldots\ldots\ldots\ldots\ldots\ldots\ldots\ldots, \\ d^n s = F^{(n)}(x-y\sqrt{-1})(dx-\sqrt{-1}\,dy)^n; \end{cases}$$

pour $s = F(x + y\sqrt{-1})F(x - y\sqrt{-1})$,

$$(20)\quad \begin{cases} d^n s = F^{(n)}(x+y\sqrt{-1})\,F(x-y\sqrt{-1})(dx+\sqrt{-1}\,dy)^n \\ \quad + \dfrac{n}{1}F^{(n-1)}(x+y\sqrt{-1})\,F'(x-y\sqrt{-1})(dx+\sqrt{-1}\,dy)^{n-1}(dx-\sqrt{-1}\,dy) \\ \quad + \ldots\ldots\ldots\ldots\ldots\ldots\ldots\ldots\ldots\ldots\ldots\ldots \\ \quad + \dfrac{n}{1}F'(x+y\sqrt{-1})\,F^{(n-1)}(x-y\sqrt{-1})(dx+\sqrt{-1}\,dy)(dx-\sqrt{-1}\,dy)^{n-1} \\ \quad + F(x+y\sqrt{-1})\,F^{(n)}(x-y\sqrt{-1})(dx-\sqrt{-1}\,dy)^n. \end{cases}$$

On obtiendrait encore avec la plus grande facilité les différentielles des fonctions implicites de plusieurs variables indépendantes. Il suffirait de différentier une ou plusieurs fois les équations qui détermineraient ces mêmes fonctions, en considérant comme constantes les différentielles des variables indépendantes, et les autres différentielles comme de nouvelles fonctions de ces variables.

DIX-NEUVIÈME LEÇON.

MÉTHODES PROPRES A SIMPLIFIER LA RECHERCHE DES DIFFÉRENTIELLES TOTALES POUR LES FONCTIONS DE PLUSIEURS VARIABLES INDÉPENDANTES. VALEURS SYMBOLIQUES DE CES DIFFÉRENTIELLES.

Soit toujours

$$u = f(x, y, z, \ldots)$$

une fonction de plusieurs variables indépendantes x, y, z, ...; et désignons par

$$\varphi(x, y, z, \ldots), \quad \chi(x, y, z, \ldots), \quad \psi(x, y, z, \ldots), \quad \ldots$$

ses dérivées partielles du premier ordre relatives à x, à y, à z, ... Si l'on fait, comme dans la seizième Leçon,

$$\text{(1)} \qquad F(\alpha) = f(x + \alpha\, dx, y + \alpha\, dy, z + \alpha\, dz, \ldots),$$

puis, que l'on différentie les deux membres de l'équation (1) par rapport à la variable α, on trouvera

$$\text{(2)} \qquad \left\{ \begin{aligned} F'(\alpha) = {} & \varphi(x + \alpha\, dx, y + \alpha\, dy, z + \alpha\, dz, \ldots)\, dx \\ & + \chi(x + \alpha\, dx, y + \alpha\, dy, z + \alpha\, dz, \ldots)\, dy \\ & + \psi(x + \alpha\, dx, y + \alpha\, dy, z + \alpha\, dz, \ldots)\, dz \\ & + \ldots\ldots\ldots\ldots\ldots\ldots \end{aligned} \right.$$

Si, dans cette formule, on pose $\alpha = 0$, on obtiendra la suivante

$$\text{(3)} \qquad \left\{ \begin{aligned} F'(0) = {} & \varphi(x, y, z, \ldots)\, dx + \chi(x, y, z, \ldots)\, dy \\ & + \psi(x, y, z, \ldots)\, dz + \ldots = du, \end{aligned} \right.$$

laquelle s'accorde avec l'équation (20) de la seizième Leçon. De plus, il résulte évidemment de la comparaison des équations (1) et (2) que, en différentiant, par rapport à α, une fonction des quantités variables

$$(4)\qquad x+\alpha\,dx,\quad y+\alpha\,dy,\quad z+\alpha\,dz,\quad \ldots,$$

on obtient pour dérivée une autre fonction de ces quantités combinées d'une certaine manière avec les constantes dx, dy, dz, ... De nouvelles différentiations, relatives à la variable α, devant produire de nouvelles fonctions du même genre, nous sommes en droit de conclure que les expressions (4) seront les seules quantités variables renfermées, non seulement dans $F(\alpha)$ et $F'(\alpha)$, mais aussi dans $F''(\alpha)$, $F'''(\alpha)$, ..., et généralement dans $F^{(n)}(\alpha)$, n désignant un nombre entier quelconque. Par suite, les différences

$$F(\alpha)-F(0),\quad F'(\alpha)-F'(0),\quad F''(\alpha)-F''(0),\quad \ldots,\quad F^{(n)}(\alpha)-F^{(n)}(0)$$

seront précisément égales aux accroissements que reçoivent les fonctions de $x, y, z, \ldots$ représentées par

$$F(0),\quad F'(0),\quad F''(0),\quad \ldots,\quad F^{(n)}(0),$$

lorsqu'on attribue aux variables indépendantes les accroissements infiniment petits $\alpha\,dx$, $\alpha\,dy$, $\alpha\,dz$, ... Cela posé, comme on a

$$F(0)=u,$$

on trouvera successivement, en faisant converger α vers la limite zéro,

$$\begin{aligned}
F'(0) &= \lim\frac{F(\alpha)-F(0)}{\alpha} &&= \lim\frac{\Delta u}{\alpha} &&= du,\\
F''(0) &= \lim\frac{F'(\alpha)-F'(0)}{\alpha} &&= \lim\frac{\Delta du}{\alpha} &&= ddu = d^2u,\\
F'''(0) &= \lim\frac{F''(\alpha)-F''(0)}{\alpha} &&= \lim\frac{\Delta d^2u}{\alpha} &&= dd^2u = d^3u,\\
&\ldots\ldots\ldots\ldots\ldots\ldots\ldots\ldots\ldots\ldots && && \ldots\ldots,\\
F^{(n)}(0) &= \lim\frac{F^{(n-1)}(\alpha)-F^{(n-1)}(0)}{\alpha} &&= \lim\frac{\Delta d^{n-1}u}{\alpha} &&= dd^{n-1}u = d^nu.
\end{aligned}$$

En résumé, on aura

$$(5)\qquad \left\{\begin{aligned}
&u=F(0), && du=F'(0), && d^2u=F''(0),\\
&d^3u=F'''(0), && \ldots\ldots\ldots\ldots, && d^nu=F^{(n)}(0).
\end{aligned}\right.$$

Ainsi, pour former les différentielles totales du, d^2u, ..., d^nu, il suffira de calculer les valeurs particulières que reçoivent les fonctions dérivées $F'(\alpha)$, $F''(\alpha)$, ..., $F^{(n)}(\alpha)$, dans le cas où la variable α s'évanouit.

Parmi les méthodes propres à simplifier la recherche des différentielles totales, on doit encore distinguer celles qui s'appuient sur la considération des valeurs symboliques de ces différentielles.

En Analyse, on appelle *expression symbolique* ou *symbole* toute combinaison de signes algébriques qui ne signifie rien par elle-même, ou à laquelle on attribue une valeur différente de celle qu'elle doit naturellement avoir. On nomme de même *équations symboliques* toutes celles qui, prises à la lettre, et interprétées d'après les conventions généralement établies, sont inexactes ou n'ont pas de sens, mais desquelles on peut déduire des résultats exacts, en modifiant ou altérant, selon des règles fixes, ou ces équations elles-mêmes, ou les symboles qu'elles renferment. Dans le nombre des équations symboliques qu'il est utile de connaître, on doit comprendre les équations imaginaires (*voir* l'*Analyse algébrique*, Chapitre VII) et celles que nous allons établir.

Si l'on désigne par a, b, c, ... des quantités constantes, et par l, m, n, ..., p, q, r, ... des nombres entiers, la différentielle totale de l'expression

$$a\,d_x^l\,d_y^m\,d_z^n\ldots u + b\,d_x^p\,d_y^q\,d_z^r\ldots u + \ldots \tag{6}$$

sera donnée par la formule

$$\left\{\begin{aligned}
&d(a\,d_x^l\,d_y^m\,d_z^n\ldots u + b\,d_x^p\,d_y^q\,d_z^r\ldots u + \ldots)\\
&\quad = d_x(a\,d_x^l\,d_y^m\,d_z^n\ldots u + b\,d_x^p\,d_y^r\,d_z^r\ldots u + \ldots)\\
&\qquad + d_y(a\,d_x^l\,d_y^m\,d_z^n\ldots u + b\,d_x^p\,d_y^q\,d_z^r\ldots u + \ldots)\\
&\qquad + d_z(a\,d_x^l\,d_y^m\,d_z^n\ldots u + b\,d_x^p\,d_y^q\,d_z^r\ldots u + \ldots) + \ldots\\
&\quad = a\,d_x^{l+1}\,d_y^m\,d_z^n\ldots u + a\,d_x^l\,d_y^{m+1}\,d_z^n\ldots u + a\,d_x^l\,d_y^m\,d_z^{n+1}\ldots u + \ldots\\
&\qquad + b\,d_x^{p+1}\,d_y^q\,d_z^r\ldots u + \ldots.
\end{aligned}\right. \tag{7}$$

De cette formule, réunie à l'équation (4) de la dix-huitième Leçon, on déduit immédiatement la proposition suivante :

THÉORÈME. — *Pour obtenir la différentielle totale de l'expression* (6), *il suffit de multiplier par* d *le produit des deux facteurs*

$$a\, d_x^l\, d_y^m\, d_z^n \ldots + b\, d_x^p\, d_y^q\, d_z^r \ldots + \ldots \quad \text{et} \quad u,$$

en supposant

$$d = d_x + d_y + d_z + \ldots,$$

et opérant comme si les notations d, d_x, d_y, d_z, ... *représentaient de véritables quantités distinctes les unes des autres, de développer le nouveau produit, en écrivant, dans les différents termes, les facteurs* a, b, c, ... *à la première place, et la lettre* u *à la dernière; puis de concevoir que, dans chaque terme, les notations* d_x, d_y, d_z, ... *cessent de représenter des quantités, et reprennent leur signification primitive.*

Exemples. — En déterminant, à l'aide de ce théorème, la différentielle totale de l'expression

$$d_x u + d_y u + d_z u + \ldots, \tag{8}$$

on obtiendra précisément la valeur de ddu ou de d^2u que fournit l'équation (7) de la Leçon précédente. En appliquant de nouveau le théorème à cette valeur de d^2u, on obtiendra celle de d^3u, et ainsi de suite.

Nota. — Lorsqu'on ne fait qu'indiquer les multiplications à l'aide desquelles on peut, d'après le théorème, calculer la différentielle totale de l'expression (6), on obtient, au lieu de l'équation (7), la formule symbolique

$$\left\{\begin{aligned} & d(a\, d_x^l\, d_y^m\, d_z^n \ldots u + b\, d_x^p\, d_y^q\, d_z^r \ldots u + \ldots) \\ & \quad = (a\, d_x^l\, d_y^m\, d_z^n \ldots + b\, d_x^p\, d_y^q\, d_z^r \ldots + \ldots)(d_x + d_y + d_z + \ldots)\, u. \end{aligned}\right. \tag{9}$$

Comme, dans la formule (9), les notations d_x, d_y, d_z, ... sont employées pour représenter des différentielles, cette formule, prise à la lettre, n'a aucun sens; mais elle redevient exacte dès qu'on a développé son second membre à l'aide des règles ordinaires de la multiplication algébrique, et en opérant comme si d_x, d_y, d_z, ... étaient de véritables quantités.

Lorsqu'à l'expression (6) on substitue l'expression (8), et que l'on différentie cette dernière plusieurs fois de suite, on obtient par les mêmes procédés les valeurs symboliques des différentielles totales $d^2 u$, $d^3 u$, ..., savoir

$$(d_x + d_y + d_z + \ldots)(d_x + d_y + d_z + \ldots) u,$$
$$(d_x + d_y + d_z + \ldots)(d_x + d_y + d_z + \ldots)(d_x + d_y + d_z + \ldots) u,$$
$$\ldots\ldots\ldots\ldots\ldots\ldots\ldots\ldots\ldots\ldots\ldots\ldots$$

En joignant à ces valeurs symboliques celle de du, puis écrivant, pour abréger,

$(d_x + d_y + d_z + \ldots)^2$ au lieu de $(d_x + d_y + d_z + \ldots)(d_x + d_y + d_z + \ldots)$,
$(d_x + d_y + d_z + \ldots)^3$ au lieu de $(d_x + d_y + d_z + \ldots)(d_x + d_y + d_z + \ldots)(d_x + d_y + d_z + \ldots)$,
$\ldots\ldots\ldots\ldots\ldots\ldots\ldots\ldots\ldots\ldots\ldots\ldots$,

on formera les équations symboliques

$$(10) \qquad \begin{cases} du = (d_x + d_y + d_z + \ldots) u, \\ d^2 u = (d_x + d_y + d_z + \ldots)^2 u, \\ d^3 u = (d_x + d_y + d_z + \ldots)^3 u, \\ \ldots\ldots\ldots\ldots\ldots\ldots\ldots, \end{cases}$$

et l'on aura généralement, n désignant un nombre entier quelconque,

$$(11) \qquad d^n u = (d_x + d_y + d_z + \ldots)^n u.$$

Soit maintenant

$$(12) \qquad s = \mathrm{F}(u, v, w, \ldots),$$

u, v, w, ... étant des fonctions des variables indépendantes x, y, z, ... On trouvera encore

$$(13) \qquad d^n s = (d_x + d_y + d_z + \ldots)^n s.$$

Il est très facile de développer le second membre de cette dernière équation, dans le cas particulier où l'on suppose u fonction de x seule, v fonction de y seule, w fonction de z seule, etc. D'ailleurs, pour passer de ce cas particulier au cas général, il suffira évidemment de remplacer

$$\begin{array}{llllllll} d_x u, & d_x^2 u, & d_x^3 u, & \ldots & \text{par} & du, & d^2 u, & d^3 u, \;\ldots, \\ d_y v, & d_y^2 v, & \ldots, & \ldots & \text{par} & dv, & d^2 v, & \ldots, \;\ldots, \\ \ldots & & & & & & & \ldots, \end{array}$$

c'est-à-dire d'effacer les lettres $x, y, z, \ldots$ placées au bas de la caractéristique d. Donc il sera facile, dans tous les cas, de tirer de la formule (13) la valeur de $d^n s$. Prenons, pour fixer les idées, $s = uv$. En opérant comme on vient de le dire, on trouvera successivement

$$(14) \quad d^n(uv) = u\, d_y^n v + \frac{n}{1} d_x u\, d_y^{n-1} v + \frac{n(n-1)}{1.2} d_x^2 u\, d_y^{n-2} v + \ldots + \frac{n}{1} d_y v\, d_x^{n-1} u + v\, d_x^n u,$$

$$(15) \quad d^n(uv) = u\, d^n v + \frac{n}{1} du\, d^{n-1} v + \frac{n(n-1)}{1.2} d^2 u\, d^{n-2} v + \ldots + \frac{1}{n} dv\, d^{n-1} u + v\, d^n u.$$

La dernière formule subsiste, quelles que soient les valeurs de u, v et x, y, et dans le cas même où u, v se réduisent à deux fonctions de x.

Exemple :

$$d^n\left(\frac{e^{ax}}{x}\right) = \frac{a^n e^{ax}}{x}\left[1 - \frac{n}{ax} + \frac{n(n-1)}{a^2x^2} + \frac{n(n-1)(n-2)}{a^3x^3} + \ldots \pm \frac{n(n-1)\ldots3.2.1}{a^n x^n}\right] dx^n.$$

VINGTIÈME LEÇON.

MAXIMA ET MINIMA DES FONCTIONS DE PLUSIEURS VARIABLES.

Lorsqu'une fonction de plusieurs variables indépendantes x, y, z, ... atteint une valeur particulière, mais réelle, qui surpasse toutes les valeurs réelles voisines, c'est-à-dire toutes celles qu'on obtiendrait en faisant varier x, y, z, ... en plus ou en moins de quantités très petites, cette valeur particulière de la fonction est ce qu'on appelle un *maximum*.

Lorsqu'une valeur particulière d'une fonction de x, y, z, ... est réelle et inférieure à toutes les valeurs réelles voisines, elle prend le nom de *minimum*.

La recherche des maxima et minima des fonctions de plusieurs variables se ramène facilement à la recherche des maxima et minima des fonctions d'une seule variable. En effet, supposons que

$$u = f(x, y, z, \ldots)$$

devienne un maximum pour certaines valeurs particulières des variables x, y, z, ... En attribuant à ces valeurs particulières des accroissements infiniment petits Δx, Δy, Δz, ... choisis de manière que l'expression

$$f(x + \Delta x, y + \Delta y, z + \Delta z, \ldots)$$

reste réelle, on devra trouver constamment

$$f(x + \Delta x, y + \Delta y, z + \Delta z, \ldots) < f(x, y, z, \ldots). \tag{1}$$

D'ailleurs, pour que les accroissements Δx, Δy, Δz, ... deviennent infiniment petits, il suffit de prendre

$$\Delta x = \alpha\, dx, \qquad \Delta y = \alpha\, dy, \qquad \Delta z = \alpha\, dz, \qquad \ldots,$$

dx, dy, dz pouvant être des quantités finies quelconques, et α désignant une quantité positive ou négative, mais infiniment petite. Par conséquent, dans l'hypothèse admise, on aura

$$f(x+\alpha\, dx, y+\alpha\, dy, z+\alpha\, dz, \ldots) < f(x, y, z, \ldots), \tag{2}$$

quelles que soient les valeurs attribuées à dx, dy, dz, ..., pourvu qu'on les choisisse de manière à rendre réel le premier membre de la formule (2). Or, si l'on fait, pour abréger,

$$f(x+\alpha\, dx, y+\alpha\, dy, z+\alpha\, dz, \ldots) = F(\alpha), \tag{3}$$

la formule (2) se trouvera réduite à la suivante :

$$F(\alpha) < F(0). \tag{4}$$

Celle-ci devant subsister, quel que soit le signe de α, il en résulte que, si α seule varie, $F(\alpha)$, considérée comme fonction de cette unique variable, deviendra toujours un maximum pour $\alpha = 0$.

On reconnaîtra de même que, si $f(x, y, z, \ldots)$ devient un minimum pour certaines valeurs particulières attribuées à x, y, z, ..., la valeur de $F(\alpha)$ sera toujours un minimum pour $\alpha = 0$.

Réciproquement, si l'on attribue à x, y, z, ... des valeurs telles que $F(\alpha)$ devienne un maximum ou un minimum pour $\alpha = 0$, quelles que soient dx, dy, dz, ..., ces valeurs produiront évidemment un maximum ou un minimum de la fonction $f(x, y, z, \ldots)$.

Observons maintenant que, si les deux fonctions $F(\alpha)$, $F'(\alpha)$ sont l'une et l'autre continues par rapport à α, dans le voisinage de la valeur particulière $\alpha = 0$, cette valeur ne pourra fournir un maximum ou un minimum de la première fonction qu'autant qu'elle fera évanouir la seconde (*voir* la septième Leçon), c'est-à-dire qu'autant que l'on aura

$$F'(0) = 0. \tag{5}$$

Comme on aura d'ailleurs [*voir* la formule (20) de la seizième Leçon]

$$F'(o) = du, \tag{6}$$

l'équation (5) pourra être présentée sous la forme

$$du = o. \tag{7}$$

Enfin, comme les fonctions $F(\alpha)$ et $F'(\alpha)$ sont ce que deviennent u et du, quand on y remplace x par $x + \alpha\, dx$, y par $y + \alpha\, dy$, z par $z + \alpha\, dz$, ..., il est clair que, si ces deux fonctions sont discontinues par rapport à α, dans le voisinage de la valeur particulière $\alpha = o$, les deux expressions u et du, considérées comme fonctions des variables x, y, z, ..., seront discontinues par rapport à ces variables dans le voisinage des valeurs particulières qui leur sont attribuées. En rapprochant ces remarques de ce qui a été dit plus haut, nous devons conclure que les seules valeurs de x, y, z, ..., propres à fournir des maxima ou des minima de la fonction u, sont celles qui rendent les fonctions u et du discontinues, ou bien encore celles qui vérifient l'équation (7), quelles que soient les constantes finies dx, dy, dz, ... Ces principes étant admis, il sera facile de résoudre la question suivante :

Problème. — *Trouver les maxima et les minima d'une fonction de plusieurs variables.*

Solution. — Soit $u = f(x, y, z, \ldots)$ la fonction proposée. On cherchera d'abord les valeurs de x, y, z, ... qui rendent la fonction u ou du discontinue, et parmi lesquelles on doit compter celles que l'on déduit de la formule

$$du = \pm \infty. \tag{8}$$

On cherchera, en second lieu, les valeurs de x, y, z, ... qui vérifient l'équation (7), quelles que soient les constantes finies dx, dy, dz, ... Cette équation, pouvant être mise sous la forme

$$\frac{du}{dx}dx + \frac{du}{dy}dy + \frac{du}{dz}dz + \ldots = o, \tag{9}$$

entraîne évidemment les suivantes

$$(10)\qquad \frac{du}{dx}=0,\qquad \frac{du}{dy}=0,\qquad \frac{du}{dz}=0,\qquad \ldots,$$

dont on obtient la première en posant $dx=1$, $dy=0$, $dz=0$, ...; la seconde en posant $dx=0$, $dy=1$, $dz=0$, ... Remarquons, en passant, que, le nombre des équations (10) étant égal à celui des inconnues $x, y, z, \ldots$, on n'en déduira ordinairement pour ces inconnues qu'un nombre limité de valeurs.

Concevons à présent que l'on considère en particulier un des systèmes de valeurs que les précédentes recherches fournissent pour les variables $x, y, z, \ldots$. La valeur correspondante de la fonction

$$f(x, y, z, \ldots)$$

sera un maximum, si, pour de très petites valeurs numériques de α et pour des valeurs quelconques de dx, dy, dz, ..., la différence

$$(11)\qquad f(x+\alpha\,dx, y+\alpha\,dy, z+\alpha\,dz, \ldots)-f(x, y, z, \ldots)$$

est constamment négative. Au contraire,

$$f(x, y, z, \ldots)$$

deviendra un minimum, si cette différence est constamment positive. Enfin, si cette différence passe du positif au négatif, tandis que l'on change ou le signe de α, ou les valeurs de dx, dy, dz, ..., la valeur trouvée de

$$f(x, y, z, \ldots)$$

ne sera plus ni un maximum ni un minimum.

Nota. — La nature de la fonction u peut être telle que, à une infinité de systèmes différents de valeurs attribuées à $x, y, z, \ldots$ correspondent des valeurs de u égales entre elles, mais supérieures ou inférieures à toutes les valeurs voisines, et dont chacune soit en conséquence une sorte de maximum ou de minimum. Lorsque cette circonstance a lieu pour des systèmes dans le voisinage desquels les fonctions u et du restent continues, ces systèmes vérifient certainement les équations (10). Ces équations peuvent donc quelquefois admettre une infinité de solutions. C'est ce qui arrive toujours quand elles se déduisent en partie les unes des autres.

Il est facile de reconnaître les avantages que peut offrir la considération des différentielles totales des divers ordres, dans la recherche des maxima et minima des fonctions de plusieurs variables. En effet, d'après ce qui a été dit ci-dessus, pour que certaines valeurs attribuées aux variables indépendantes $x, y, z, \ldots$ produisent un maximum ou minimum de la fonction

$$u = f(x, y, z, \ldots),$$

il est nécessaire et il suffit que la valeur correspondante de

$$F(\alpha) = f(x + \alpha\, dx, y + \alpha\, dy, z + \alpha\, dz, \ldots)$$

devienne toujours un maximum ou un minimum, en vertu de la supposition $\alpha = 0$. Or $F(\alpha)$ deviendra effectivement un maximum ou un minimum pour $\alpha = 0$, quelles que soient d'ailleurs les différentielles $dx, dy, dz, \ldots$, si, pour toutes les valeurs possibles de ces différentielles, la première des quantités $F'(0)$, $F''(0)$, $F'''(0)$, ... qui ne sera pas nulle correspond à un indice pair, et conserve toujours le même signe (*voir* la septième Leçon). Ajoutons que $F(0)$ sera un maximum, si la quantité dont il s'agit est toujours négative, et un minimum, si elle est toujours positive. Lorsque celle des quantités $F'(0)$, $F''(0)$, $F'''(0)$ qui cesse la première de s'évanouir correspond à un indice impair, pour toutes les valeurs possibles de $dx, dy, dz, \ldots$, ou seulement pour des valeurs particulières de ces mêmes différentielles; ou bien encore, lorsque cette quantité est tantôt positive, tantôt négative; alors $F(0)$ ne peut plus être ni un maximum, ni un minimum. Si maintenant on a égard aux équations (5) de la dix-neuvième Leçon, savoir

$$F(0) = u, \quad F'(0) = du, \quad F''(0) = d^2u, \quad \ldots,$$

on déduira des remarques que nous venons de faire la proposition suivante :

THÉORÈME I. — *Soit $u = f(x, y, z, \ldots)$ une fonction donnée des variables indépendantes x, y, z, ... Pour décider si un système de valeurs de x, y, z, ..., propre à vérifier les formules* (10), *produit un maximum ou un minimum de la fonction u, on calculera les valeurs de d^2u, d^3u, d^4u, ... qui correspondent à ce système, et qui seront évidemment des polynômes dans lesquels il n'y aura plus d'arbitraire que les différentielles dx, dy, dz, ... Soit*

$$(12) \qquad d^n u = \frac{d^n u}{dx^n} dx^n + \frac{d^n u}{dy^n} dy^n + \ldots + \frac{n}{1} \frac{d^n u}{dx^{n-1} dy} dx^{n-1} dy + \ldots,$$

le premier de ces polynômes qui ne s'évanouira pas, n désignant un nombre entier qui pourra dépendre des valeurs attribuées aux différentielles dx, dy, dz, ... Si, pour toutes les valeurs possibles de ces différentielles, n est un nombre pair et $d^n u$ une quantité positive, la valeur proposée de u sera un minimum. Elle sera un maximum, si, n étant toujours pair, $d^n u$ reste toujours négative. Enfin, si le nombre n est quelquefois impair, ou si la différentielle $d^n u$ est tantôt positive, tantôt négative, la valeur calculée de u ne sera ni un maximum, ni un minimum.

Nota. — Le théorème précédent subsiste, en vertu des principes ci-dessus établis, toutes les fois que les fonctions $F(\alpha)$, $F'(\alpha)$, ..., $F^{(n)}(\alpha)$ sont continues par rapport à α, dans le voisinage de la valeur particulière $\alpha = 0$, ou, ce qui revient au même, toutes les fois que u, du, d^2u, ..., $d^n u$ sont continues, par rapport aux variables x, y, z, ..., dans le voisinage des valeurs particulières attribuées à ces mêmes variables.

Corollaire I. — Concevons que, pour appliquer le théorème, on forme d'abord la valeur de l'expression

$$(13) \qquad d^2 u = \frac{d^2 u}{dx^2} dx^2 + \frac{d^2 u}{dy^2} dy^2 + \ldots + 2 \frac{d^2 u}{dx\, dy} dx\, dy + \ldots,$$

en substituant les valeurs de x, y, z, ... tirées des formules (10) dans les fonctions dérivées $\frac{d^2 u}{dx^2}$, $\frac{d^2 u}{dy^2}$, ..., $\frac{d^2 u}{dx\,dy}$, ... On trouvera zéro pour résultat, si toutes ces dérivées s'évanouissent. Dans l'hypothèse contraire, $d^2 u$ sera une fonction homogène des quantités arbitraires dx, dy, dz, ...; et, si l'on fait alors varier ces quantités, il arrivera de trois choses l'une : ou la différentielle $d^2 u$ conservera constamment le même signe, sans jamais s'évanouir, ou elle s'évanouira pour certaines valeurs de dx, dy, dz, ..., et reprendra le même signe toutes les fois qu'elle cessera d'être nulle, ou elle sera tantôt positive et tantôt négative. La valeur proposée de u sera toujours un maximum ou un minimum dans le premier cas, quelquefois dans le second, jamais dans le troisième. Ajoutons que l'on obtiendra, dans le second cas, un maximum ou un minimum, si, pour chacun des systèmes de valeurs de dx, dy, dz, ... propres à vérifier l'équation

$$d^2 u = 0,$$

la première des différentielles $d^3 u$, $d^4 u$, ... qui ne s'évanouit pas est toujours d'ordre pair et affectée du même signe que celles des valeurs de $d^2 u$ qui diffèrent de zéro.

Corollaire II. — Si la substitution des valeurs attribuées à x, y, z, ... réduisait à zéro toutes les dérivées du second ordre, alors, $d^2 u$ étant identiquement nulle, il ne pourrait y avoir ni maximum, ni minimum, à moins que la même substitution ne fît encore évanouir $d^3 u$, en réduisant à zéro toutes les dérivées du troisième ordre.

Corollaire III. — Si la substitution des valeurs attribuées à x, y, z, ... faisait évanouir toutes les dérivées du second ordre et du troisième, on aurait identiquement

$$d^2 u = 0, \qquad d^3 u = 0,$$

et il faudrait recourir à la première des différentielles $d^4 u$, $d^5 u$, ... qui ne serait pas identiquement nulle. Si cette différentielle était d'ordre impair, il n'y aurait ni maximum, ni minimum. Si elle était d'ordre pair ou de la forme

$$(14)\quad d^{2m}u = \frac{d^{2m}u}{dx^{2m}}dx^{2m} + \frac{d^{2m}u}{dy^{2m}}dy^{2m} + \ldots + \frac{2m}{1}\frac{d^{2m}u}{dx^{2m-1}dy}dx^{2m-1}dy + \ldots,$$

il pourrait arriver de trois choses l'une : ou la différentielle dont il s'agit conserverait constamment le même signe, pendant que l'on ferait varier dx, dy, dz, ... sans jamais s'évanouir; ou bien elle s'évanouirait pour certaines valeurs de dx, dy, dz, ..., et reprendrait le même signe toutes les fois qu'elle cesserait d'être nulle; ou elle serait tantôt positive, tantôt négative. La valeur proposée de u serait toujours un maximum ou un minimum dans le premier cas, quelquefois dans le second, jamais dans le troisième. De plus, afin de décider, dans le second cas, s'il y a maximum ou minimum, il faudrait, pour chaque système de valeurs de dx, dy, dz, ... propres à vérifier l'équation

$$d^{2m}u = 0,$$

chercher parmi les différentielles d'un ordre supérieur à $2m$, celle qui la première cesse de s'évanouir, et voir si cette différentielle est toujours d'ordre pair et affectée du même signe que les valeurs de $d^{2m}u$ qui diffèrent de zéro.

Il est essentiel d'observer que la valeur de $d^{2m}u$, donnée par la formule (14), étant une fonction entière, et par conséquent continue, des quantités dx, dy, dz, ..., ne saurait passer du positif au négatif, tandis que ces quantités varient, sans devenir nulles dans l'intervalle. Remarquons en outre que, si la quantité u était une fonction implicite des variables x, y, z, ..., ou si quelques-unes de ces variables devenaient fonctions implicites de toutes les autres, chacune des quantités du, d^2u, d^3u, ... se trouverait déterminée par le moyen d'une ou de plusieurs équations différentielles, en fonction des différentielles des variables indépendantes.

Exemples. — Pour montrer une application des principes ci-dessus établis, supposons

$$u = Ax^2 + 2Bxy + Cy^2 + 2Dx + 2Ey + F. \tag{15}$$

La fonction u et ses différentielles du premier et du second ordre, savoir

$$du = 2(Ax + By + D)\,dx + 2(Bx + Cy + E)\,dy \tag{16}$$

et

$$d^2u = 2(A\,dx^2 + 2B\,dx\,dy + C\,dy^2), \tag{17}$$

resteront continues pour des valeurs finies quelconques des variables x, y. De plus, comme d^2u sera une quantité constante, d^3u, d^4u, ... s'évanouiront. Par suite, les seules valeurs de x et y qui pourront produire un maximum ou un minimum de la fonction u seront celles que déterminent les équations

$$Ax + By + D = 0, \qquad Bx + Cy + E = 0, \tag{18}$$

savoir

$$x = \frac{BE - CD}{AC - B^2}, \qquad y = \frac{BD - AE}{AC - B^2}. \tag{19}$$

D'autre part, la valeur de d^2u, fournie par l'équation (17), pourra être présentée sous la forme

$$d^2u = 2A\left[\left(dx + \frac{B}{A}dy\right)^2 + (AC - B^2)\left(\frac{1}{A}dy\right)^2\right], \tag{20}$$

à moins que la constante A ne s'évanouisse. Cela posé, il est clair que la fonction (15) admettra un maximum ou un minimum, si la condition

$$AC - B^2 > 0 \tag{21}$$

est remplie, savoir un minimum, dans le cas où l'on aura

$$A > 0, \qquad AC - B^2 > 0, \tag{22}$$

et un maximum dans le cas où l'on aura

$$A < 0, \qquad AC - B^2 > 0. \tag{23}$$

En effet, les équations (19) fourniront, dans l'un et l'autre cas, des valeurs finies et déterminées de x, y; et, de plus, l'expression (20) restera positive dans le premier cas, négative dans le second, quelles que soient les valeurs attribuées aux différentielles dx, dy. Ajoutons que la condition (21) ne peut subsister qu'autant que la constante A diffère de zéro.

Concevons maintenant que les constantes A, B, C vérifient la condition

$$AC - B^2 < 0, \tag{24}$$

qui se réduit, quand A s'évanouit, à

$$B^2 > 0. \tag{25}$$

Les équations (19) fourniront encore des valeurs finies et déterminées de x, y. Mais l'expression (17) ou (20) changera de signe, tandis qu'on changera les valeurs des différentielles dx, dy. En effet, si l'on a

$$A = 0, \qquad B^2 > 0, \tag{26}$$

l'expression (17), réduite au produit

$$2(2B\,dx + C\,dy)\,dy, \tag{27}$$

changera de signe avec dx, lorsque dy différera très peu de zéro; et, si l'on a

$$A^2 > 0, \qquad AC - B^2 < 0, \tag{28}$$

l'expression (20) acquerra deux valeurs de signes contraires quand on prendra successivement

$$dx + \frac{B}{A}dy = 0, \qquad dy^2 > 0 \tag{29}$$

et

$$\left(dx + \frac{B}{A}dy\right)^2 > 0, \qquad dy = 0. \tag{30}$$

Il suit de ces remarques que, si la condition (24) est satisfaite, la fonction (15) n'admettra plus ni maximum, ni minimum.

Concevons enfin que les constantes A, B, C vérifient la condition

$$AC - B^2 = 0. \tag{31}$$

Si l'on n'a pas en même temps

$$BE - CD = 0 \quad \text{et} \quad AE - BD = 0, \tag{32}$$

l'une des équations (19) fournira une valeur infinie de x ou de y, et la fonction (15) n'admettra point encore de maximum ou de minimum. Si, au contraire, les conditions (31) et (32) sont satisfaites, on devra distinguer le cas où l'on aura

$$B^2 > 0 \tag{33}$$

et celui où l'on aura

$$B^2 = 0. \tag{34}$$

Dans le premier cas, les formules (31) et (33) donneront

$$AC > 0, \qquad A^2C^2 > 0, \tag{35}$$

par conséquent

$$A^2 > 0 \quad \text{et} \quad C^2 > 0; \tag{36}$$

et l'on tirera des formules (31), (32)

$$C = \frac{B^2}{A}, \qquad E = \frac{B}{A}D, \tag{37}$$

puis de l'équation (15)

$$u = A\left(x + \frac{B}{A}y\right)^2 + 2D\left(x + \frac{B}{A}y\right) + F \tag{38}$$

ou, ce qui revient au même,

$$u = A\left(x + \frac{B}{A}y + \frac{D}{A}\right)^2 + \frac{AF - D^2}{A}. \tag{39}$$

Cela posé, toutes les valeurs de x et y propres à vérifier la formule

$$x + \frac{B}{A} y + \frac{D}{A} = 0 \tag{40}$$

produiront évidemment des valeurs de la fonction u égales entre elles, ainsi qu'au rapport

$$\frac{AF - D^2}{A},$$

et dont chacune pourra être considérée comme un minimum si l'on a $A > 0$, ou comme un maximum si l'on a $A < 0$.

Lorsque la condition (34) sera vérifiée en même temps que les conditions (31) et (32), les trois produits

$$AC, \quad AE, \quad CD$$

s'évanouiront, et par suite on aura nécessairement ou

$$A = 0, \quad B = 0, \quad C = 0, \tag{41}$$

$$u = 2Dx + 2Ey + F, \tag{42}$$

ou

$$A = 0, \quad B = 0, \quad D = 0, \tag{43}$$

$$u = Cy^2 + 2Ey + F, \tag{44}$$

ou bien

$$B = 0, \quad C = 0, \quad E = 0, \tag{45}$$

$$u = Ax^2 + 2Dx + F. \tag{46}$$

Or il est clair que la fonction u, déterminée par l'équation (42), n'admet ni maximum ni minimum, tandis que les fonctions (44) et (46) admettent, la première une infinité de maxima ou de minima égaux à $\frac{CF - E^2}{C}$ et correspondants à une valeur finie de y, mais à des valeurs quelconques de x, la seconde une infinité de maxima ou de minima égaux à $\frac{AF - D^2}{A}$ et correspondants à une valeur finie de x, mais à des valeurs quelconques de y.

Pour montrer une seconde application des formules précédemment obtenues, prenons

$$(47)\qquad u=(cy-bz+l)^2+(az-cx+m)^2+(bx-ay+n)^2,$$

a, b, c, l, m, n désignant des constantes dont les trois premières diffèrent de zéro. Les équations (10) donneront seulement

$$(48)\qquad \frac{cy-bz+l}{a}=\frac{az-cx+m}{b}=\frac{bx-ay+n}{c}.$$

D'ailleurs à chacun des systèmes de valeurs de x, y, z qui vérifieront les équations (48), correspondront des valeurs positives de d^2u, égales à celles que détermine la formule

$$(49)\qquad d^2u=(c\,dy-b\,dz)^2+(a\,dz-c\,dx)^2+(b\,dx-a\,dy)^2.$$

Donc les valeurs correspondantes de u, qui seront toutes égales entre elles et au rapport

$$(50)\qquad \frac{(al+bm+cn)^2}{a^2+b^2+c^2},$$

pourront être considérées comme représentant chacune un minimum de la fonction proposée.

Nous terminerons cette Leçon en établissant une proposition digne de remarque et dont voici l'énoncé :

Théorème II. — *Soit $f(z)$ une fonction de z qui se présente sous forme réelle, de telle sorte que, x, y, R, T désignant des quantités réelles, l'équation*

$$(51)\qquad f(x+y\sqrt{-1})=\mathrm{R}(\cos\mathrm{T}+\sqrt{-1}\sin\mathrm{T})$$

entraîne toujours la suivante :

$$(52)\qquad f(x-y\sqrt{-1})=\mathrm{R}(\cos\mathrm{T}-\sqrt{-1}\sin\mathrm{T}).$$

Si la fonction $f(z)$ et ses dérivées des divers ordres restent finies et con-

tinues, pour des valeurs finies quelconques réelles ou imaginaires de z, *si d'ailleurs ces dérivées, savoir*

$$f'(z),\quad f''(z),\quad f'''(z),\quad \ldots, \tag{53}$$

ne peuvent s'évanouir toutes à la fois, le module R *n'admettra pas de valeur minimum qui ne se réduise à zéro.*

Démonstration. — Les valeurs minima du module R, s'il en existe, seront évidemment les racines carrées du produit

$$s = f(x+y\sqrt{-1})\,f(x-y\sqrt{-1}) = R^2. \tag{54}$$

Cela posé, concevons que le module R admette un minimum correspondant à une certaine valeur réelle ou imaginaire de

$$z = x+y\sqrt{-1}, \tag{55}$$

et soit, pour cette même valeur, $f^{(n)}(z)$ la première des dérivées de $f(z)$ qui ne s'évanouira pas. Comme on aura nécessairement

$$\left\{\begin{array}{l} f'(x+y\sqrt{-1}) = 0, \qquad f''(x+y\sqrt{-1}) = 0, \qquad \ldots, \\ \qquad\qquad f^{(n-1)}(x+y\sqrt{-1}) = 0, \end{array}\right. \tag{56}$$

et, par suite,

$$\left\{\begin{array}{l} f'(x-y\sqrt{-1}) = 0, \qquad f''(x-y\sqrt{-1}) = 0, \qquad \ldots, \\ \qquad\qquad f^{(n-1)}(x-y\sqrt{-1}) = 0, \end{array}\right. \tag{57}$$

si, dans la formule (20) de la dix-huitième Leçon, on remplace F par f, cette formule donnera, pour la valeur de z en question,

$$ds = 0,\qquad d^2s = 0,\qquad d^3s = 0,\qquad \ldots,\qquad d^{n-1}s = 0, \tag{58}$$

$$\left\{\begin{array}{l} d^n s = f^{(n)}(x+y\sqrt{-1})\,f(x-y\sqrt{-1})(dx+dy\sqrt{-1})^n \\ \qquad + f(x+y\sqrt{-1})\,f^{(n)}(x-y\sqrt{-1})(dx-dy\sqrt{-1})^n; \end{array}\right. \tag{59}$$

puis, en représentant par r, ρ, R_n les modules des expressions imaginaires

$$x+y\sqrt{-1},\quad dx+dy\sqrt{-1},\quad f^{(n)}(x+y\sqrt{-1}),$$

et posant en conséquence

$$(60)\quad \begin{cases} x + y\sqrt{-1} = r(\cos t + \sqrt{-1}\sin t), \\ dx + dy\sqrt{-1} = \rho(\cos\tau + \sqrt{-1}\sin\tau), \end{cases}$$

$$(61)\quad f^{(n)}(x + y\sqrt{-1}) = R_n(\cos T_n + \sqrt{-1}\sin T_n),$$

on tirera de l'équation (59)

$$(62)\quad d^n s = 2RR_n\cos(T_n - T + n\tau).$$

Or, si la valeur minimum de R n'était pas nulle, l'expression (62) serait évidemment la première des différentielles ds, d^2s, d^3s, ... qui ne s'évanouirait pas, et cette expression devrait rester toujours négative, quelles que fussent les valeurs attribuées aux différentielles dx, dy, et par conséquent à l'angle τ. Mais il arrive, au contraire, que, dans le cas où R diffère de zéro, ainsi que R_n, le second membre de la formule (62) change de signe, tandis que l'on remplace τ par $\tau + \frac{(2m+1)\pi}{n}$, m étant un nombre entier quelconque. Donc chaque valeur minimum de s ou de R ne saurait différer de zéro.

Nota. — Lorsque le module R de la fonction

$$(63)\quad f(z) = R(\cos T + \sqrt{-1}\sin T)$$

devient infini pour des valeurs infiniment grandes du module R de la variable z, on peut affirmer que R admet une valeur minimum ou des valeurs minima correspondantes à des valeurs finies de r, et il résulte du théorème II que l'équation

$$(64)\quad f(z) = 0$$

admet une ou plusieurs racines réelles ou imaginaires. On se trouve ainsi ramené au théorème I de la quatorzième Leçon.

VINGT ET UNIÈME LEÇON.

DES CONDITIONS QUI DOIVENT ÊTRE REMPLIES POUR QU'UNE DIFFÉRENTIELLE TOTALE NE CHANGE PAS DE SIGNE, TANDIS QUE L'ON CHANGE LES VALEURS ATTRIBUÉES AUX DIFFÉRENTIELLES DES VARIABLES INDÉPENDANTES.

D'après ce qu'on a vu dans la Leçon précédente, si l'on désigne par u une fonction des variables indépendantes $x, y, z, \ldots$, et si l'on fait abstraction des valeurs de ces variables qui rendent discontinue l'une des fonctions u, du, d^2u, ..., la fonction u ne pourra devenir un maximum ou un minimum que dans le cas où l'une des différentielles totales d^2u, d^4u, d^6u, ..., savoir : la première de celles qui ne seront pas constamment nulles conservera le même signe pour toutes les valeurs possibles des quantités arbitraires $dx, dy, dz, \ldots$, ou du moins pour les valeurs de ces quantités qui ne la réduiront pas à zéro. Ajoutons que, si quelques systèmes de valeurs de $dx, dy, dz, \ldots$ sont propres à faire évanouir la différentielle totale dont il s'agit, chacun de ces systèmes devra changer une autre différentielle totale d'ordre pair en une quantité affectée du signe que conserve la première différentielle, tant qu'elle ne s'évanouit pas. D'ailleurs les différentielles d^2u, d^4u, d^6u, ... se réduisent, pour des valeurs données de $x, y, z, \ldots$, à des fonctions entières et homogènes des quantités arbitraires $dx, dy, dz, \ldots$. De plus, si l'on appelle $r, s, t, \ldots$ les rapports de la première, de la seconde, de la troisième, ... de ces quantités, à la dernière d'entre elles, la différentielle

$$(1)\quad \left\{ \begin{aligned} d^{2m}u = {} & \frac{d^{2m}u}{dx^{2m}}dx^{2m} + \frac{d^{2m}u}{dy^{2m}}dy^{2m} + \frac{d^{2m}u}{dz^{2m}}dz^{2m} + \ldots \\ & + \frac{2m}{1}\frac{d^{2m}u}{dx^{2m-1}\,dy}dx^{2m-1}\,dy + \ldots \end{aligned} \right.$$

sera évidemment affectée du même signe que la fonction entière de r, s, t, ... à laquelle on parvient en divisant $d^{2m}u$ par la puissance $2m$ de la dernière des quantités dx, dy, dz, ..., c'est-à-dire du même signe que le polynôme

$$(2)\qquad \frac{d^{2m}u}{dx^{2m}}r^{2m} + \frac{d^{2m}u}{dy^{2m}}s^{2m} + \frac{d^{2m}u}{dz^{2m}}t^{2m} + \ldots + \frac{2m}{1}\frac{d^{2m}u}{d^{2m-1}\,dy}r^{2m-1}s + \ldots.$$

En substituant un polynôme de cette espèce à chaque différentielle d'ordre pair, on reconnaîtra que la recherche des maxima et minima exige la solution des questions suivantes.

Problème I. — *Trouver les conditions qui doivent être remplies, pour qu'une fonction entière des quantités r, s, t, ... ne change pas de signe, tandis que ces quantités varient.*

Solution. — Soit $F(r, s, t, \ldots)$ la fonction donnée, et supposons d'abord les quantités r, s, t, ... réduites à une seule r. Pour que la fonction $F(r)$ ne change jamais de signe, il sera nécessaire et il suffira que l'équation

$$(3)\qquad F(r) = 0$$

n'ait pas de racines réelles simples, ni de racines réelles égales en nombre impair. En effet, si, r_0 désignant une racine réelle de l'équation (3), m un nombre entier, et R un polynôme non divisible par $r - r_0$, on avait

$$F(r) = (r - r_0)R \qquad \text{ou} \qquad F(r) = (r - r_0)^{2m+1}R,$$

il est clair que, pour deux valeurs de r très peu différentes de r_0, mais l'une plus grande et l'autre plus petite, la fonction $F(r)$ obtiendrait deux valeurs de signes contraires. De plus, comme une fonction continue de r ne saurait changer de signe, tandis que r varie entre deux limites données, sans devenir nulle dans l'intervalle, il est permis d'affirmer que, si l'équation (3) n'a pas de racines réelles, son premier membre conservera toujours le même signe, sans jamais s'évanouir, et qu'il s'évanouira quelquefois sans jamais changer de signe, s'il est le produit de plusieurs facteurs de la forme $(r - r_0)^{2m}$

par un polynôme qui ne puisse se réduire à zéro, pour aucune valeur réelle de r.

Revenons maintenant au cas où les quantités $r, s, t, \ldots$ sont en nombre quelconque. Alors, pour que la fonction $F(r, s, t, \ldots)$ ne puisse changer de signe, il sera nécessaire et il suffira que l'équation

$$F(r, s, t, \ldots) = 0, \tag{4}$$

résolue par rapport à r, ne fournisse jamais de racines réelles simples, ni de racines réelles égales en nombre impair, quelles que soient d'ailleurs $s, t, \ldots$.

Corollaire I. — La fonction $F(r)$ ou $F(r, s, t, \ldots)$ conserve constamment le même signe, lorsque l'équation (3) ou (4) n'a pas de racines réelles. D'ailleurs, les conditions qui expriment qu'une équation algébrique n'a point de racines réelles peuvent être aisément déduites de la méthode que j'ai développée dans le dix-septième Cahier du *Journal de l'École Polytechnique*, p. 457 [1].

Corollaire II. — Soit $u = f(x, y)$. La différentielle totale

$$d^2 u = \frac{d^2 u}{dx^2} dx^2 + \frac{d^2 u}{dy^2} dy^2 + 2 \frac{d^2 u}{dx\, dy} dx\, dy \tag{5}$$

conservera constamment le même signe, si l'équation

$$\frac{d^2 u}{dx^2} r^2 + 2 \frac{d^2 u}{dx\, dy} r + \frac{d^2 u}{dy^2} = 0 \tag{6}$$

n'a pas de racines réelles, c'est-à-dire si l'on a

$$\frac{d^2 u}{dx^2} \frac{d^2 u}{dy^2} - \left(\frac{d^2 u}{dx\, dy}\right)^2 > 0. \tag{7}$$

La même différentielle pourrait s'évanouir sans jamais changer de signe, si le premier membre de la formule (7) se réduisait à zéro,

(1) *Œuvres de Cauchy*, S. II, T. I.

et admettrait des valeurs de signes opposés si ce premier membre devenait négatif.

Corollaire III. — Soit $u = f(x, y, z)$. La différentielle totale

$$(8)\quad \begin{cases} d^2 u = \dfrac{d^2 u}{dx^2} dx^2 + \dfrac{d^2 u}{dy^2} dy^2 + \dfrac{d^2 u}{dz^2} dz^2 \\ \qquad + 2 \dfrac{d^2 u}{dx\, dy} dx\, dy + 2 \dfrac{d^2 u}{dx\, dz} dx\, dz + 2 \dfrac{d^2 u}{dy\, dz} dy\, dz \end{cases}$$

conservera constamment le même signe, si l'équation

$$(9)\quad \frac{d^2 u}{dx^2} r^2 + 2\left(\frac{d^2 u}{dx\, dy} s + \frac{d^2 u}{dx\, dz}\right) r + \frac{d^2 u}{dy^2} s^2 + 2 \frac{d^2 u}{dy\, dz} s + \frac{d^2 u}{dz^2} = 0,$$

résolue, par rapport à r, n'a jamais de racines réelles, c'est-à-dire si l'on a, quelle que soit s,

$$(10)\quad \begin{cases} \left[\dfrac{d^2 u}{dx^2} \dfrac{d^2 u}{dy^2} - \left(\dfrac{d^2 u}{dx\, dy}\right)^2\right] s^2 \\ \quad + 2\left(\dfrac{d^2 u}{dx^2} \dfrac{d^2 u}{dy\, dz} - \dfrac{d^2 u}{dx\, dy} \dfrac{d^2 u}{dx\, dz}\right) s + \dfrac{d^2 u}{dx^2} \dfrac{d^2 u}{dz^2} - \left(\dfrac{d^2 u}{dx\, dz}\right)^2 > 0. \end{cases}$$

Cette dernière condition sera elle-même satisfaite quand on aura

$$(11)\quad \begin{cases} \dfrac{d^2 u}{dx^2} \dfrac{d^2 u}{dy^2} - \left(\dfrac{d^2 u}{dx\, dy}\right)^2 > 0 \\ \text{et} \\ \left[\dfrac{d^2 u}{dx^2} \dfrac{d^2 u}{dy^2} - \left(\dfrac{d^2 u}{dx\, dy}\right)^2\right] \left[\dfrac{d^2 u}{dx^2} \dfrac{d^2 u}{dz^2} - \left(\dfrac{d^2 u}{dx\, dz}\right)^2\right] \\ \qquad - \left(\dfrac{d^2 u}{dx^2} \dfrac{d^2 u}{dy\, dz} - \dfrac{d^2 u}{dx\, dy} \dfrac{d^2 u}{dx\, dz}\right)^2 > 0. \end{cases}$$

Scolie. — Soit $u = f(x, y, z, \ldots)$ une fonction de n variables indépendantes $x, y, z, \ldots$ et posons

$$(12)\quad \begin{cases} \mathrm{F}(r, s, t, \ldots) = \dfrac{d^2 u}{dx^2} r^2 + \dfrac{d^2 u}{dy^2} s^2 + \dfrac{d^2 u}{dz^2} t^2 + \ldots \\ \qquad + 2 \dfrac{d^2 u}{dx\, dy} rs + 2 \dfrac{d^2 u}{dx\, dz} rt + 2 \dfrac{d^2 u}{dy\, dz} st + \ldots, \end{cases}$$

en sorte qu'on ait

$$(13)\quad \begin{cases} F(r) = \dfrac{d^2u}{dx^2}r^2 + 2\dfrac{d^2u}{dx\,dy}r + \dfrac{d^2u}{dy^2}, \\ F(r, s) = \dfrac{d^2u}{dx^2}r^2 + 2\dfrac{d^2u}{dx\,dy}rs + \dfrac{d^2u}{dy^2}s^2 + 2\left(\dfrac{d^2u}{dx\,dz}r + \dfrac{d^2u}{dy\,dz}s\right) + \dfrac{d^2u}{dz^2}, \\ \dots\dots\dots\dots\dots\dots\dots\dots \end{cases}$$

Soit de plus D_n le polynôme qui a pour premier terme le produit

$$(14)\qquad \frac{d^2u}{dx^2}\frac{d^2u}{dy^2}\frac{d^2u}{dz^2}\cdots,$$

et qui représente le dénominateur commun des valeurs de dx, dy, dz, ... tirées des n équations

$$(15)\quad \begin{cases} \dfrac{d^2u}{dx^2}dx + \dfrac{d^2u}{dx\,dy}dy + \dfrac{d^2u}{dx\,dz}dz + \ldots = d\left(\dfrac{du}{dx}\right), \\ \dfrac{d^2u}{dx\,dy}dx + \dfrac{d^2u}{dy^2}dy + \dfrac{d^2u}{dy\,dz}dz + \ldots = d\left(\dfrac{du}{dy}\right), \\ \dfrac{d^2u}{dx\,dz}dx + \dfrac{d^2u}{dy\,dz}dy + \dfrac{d^2u}{dz^2}dz + \ldots = d\left(\dfrac{du}{dz}\right), \\ \dots\dots\dots\dots\dots\dots\dots\dots, \end{cases}$$

en sorte qu'on ait

$$(16)\quad \begin{cases} D_1 = \dfrac{d^2u}{dx^2}, \\ D_2 = \dfrac{d^2u}{dx^2}\dfrac{d^2u}{dy^2} - \left(\dfrac{d^2u}{dx\,dy}\right)^2, \\ D_3 = \dfrac{d^2u}{dx^2}\dfrac{d^2u}{dy^2}\dfrac{d^2u}{dz^2} - \dfrac{d^2u}{dx^2}\left(\dfrac{d^2u}{dy\,dz}\right)^2 - \dfrac{d^2u}{dy^2}\left(\dfrac{d^2u}{dz\,dx}\right)^2 \\ \qquad - \dfrac{d^2u}{dz^2}\left(\dfrac{d^2u}{dx\,dy}\right)^2 + 2\dfrac{d^2u}{dy\,dz}\dfrac{d^2u}{dz\,dx}\dfrac{d^2u}{dx\,dy}, \\ \dots\dots\dots\dots\dots\dots\dots\dots \end{cases}$$

Pour que le signe de la différentielle totale d^2u ou de la fonction $F(r, s, t, \ldots)$ reste indépendant des valeurs attribuées à dx, dy, dz, ..., il suffira que les rapports

$$(17)\qquad \frac{D_2}{D_1^2},\quad \frac{D_3}{D_1^3},\quad \frac{D_4}{D_1^4},\quad \ldots,\quad \frac{D_n}{D_1^n}$$

soient tous positifs, c'est-à-dire que, parmi les expressions

$$D_1,\ D_2,\ D_3,\ \ldots,\ D_n, \tag{18}$$

celles qui correspondent à des indices pairs, soient positives, les autres étant affectées du même signe que D_1. C'est ce que l'on démontrera sans peine à l'aide des considérations suivantes.

Supposons d'abord que les variables $x, y, z, \ldots$ se réduisent à deux, x et y. Alors, si la quantité

$$D_1 = \frac{d^2 u}{dx^2} \tag{19}$$

ne s'évanouit pas, il suffira d'attribuer à la variable r de très grandes valeurs numériques, pour que cette quantité D_1 et la fonction

$$F(r) = \frac{d^2 u}{dx^2} r^2 + 2\frac{d^2 u}{dx\,dy} r + \frac{d^2 u}{dy^2} = r^2\left(\frac{d^2 u}{dx^2} + \frac{2}{r}\frac{d^2 u}{dx\,dy} + \frac{1}{r^2}\frac{d^2 u}{dy^2}\right) \tag{20}$$

soient affectées du même signe ou, en d'autres termes, pour que le rapport

$$\frac{F(r)}{D_1} \tag{21}$$

soit positif. Ajoutons que ce rapport, qui varie avec r par degrés insensibles, croîtra indéfiniment avec r^2. Donc il admettra une valeur minimum correspondante à une valeur finie de r et sera toujours positif si cette valeur minimum est positive. Or la valeur minimum dont il est ici question sera nécessairement déterminée par la formule

$$\frac{dF(r)}{dr} = 0, \tag{22}$$

de laquelle on tirera, en la combinant avec l'équation (20),

$$\left\{\begin{aligned} \frac{d^2 u}{dx^2} r + \frac{d^2 u}{dx\,dy} &= 0, \\ \frac{d^2 u}{dx\,dy} r + \frac{d^2 u}{dy^2} &= F(r) \end{aligned}\right. \tag{23}$$

et, par conséquent,

$$F(r) = \frac{D_2}{D_1}, \tag{24}$$

$$\frac{F(r)}{D_1} = \frac{D_2}{D_1^2}. \tag{25}$$

Donc le rapport (21) restera positif, quel que soit r, et la fonction $F(r)$ sera constamment affectée du même signe que D_1, si la première des fractions (17) est positive ou, ce qui revient au même, si l'on a

$$D_2 > 0. \tag{26}$$

Cette dernière condition coïncide avec la formule (7).

Considérons en second lieu le cas où la fonction u renferme trois variables indépendantes x, y, z. Alors, si l'on suppose D_1 différent de zéro et D_2 positif, la fonction $F(r)$, d'après ce qu'on vient de dire, restera toujours affectée du même signe que D_1, et l'on pourra en dire autant de la fonction

$$s^2 F\left(\frac{r}{s}\right) = \frac{d^2 u}{dx^2} r^2 + 2\frac{d^2 u}{dx\,dy} rs + \frac{d^2 u}{dy^2} s^2. \tag{27}$$

Cela posé, il suffira évidemment d'attribuer aux deux quantités r, s, ou seulement à l'une des deux, des valeurs numériques très considérables, pour que la quantité D_1 et la fonction

$$\left\{\begin{aligned} F(r, s) &= \frac{d^2 u}{dx^2} r^2 + 2\frac{d^2 u}{dx\,dy} rs + \frac{d^2 u}{dy^2} s^2 + 2\left(\frac{d^2 u}{dx\,dz} r + \frac{d^2 u}{dy\,dz} s\right) + \frac{d^2 u}{dz^2} \\ &= r^2\left[\frac{d^2 u}{dx^2} + \frac{2}{r}\left(s\frac{d^2 u}{dx\,dy} + \frac{d^2 u}{dx\,dz}\right) + \frac{1}{r^2}\left(s^2\frac{d^2 u}{dy^2} + 2s\frac{d^2 u}{dy\,dz} + \frac{d^2 u}{dz^2}\right)\right] \\ &= s^2\left[\frac{d^2 u}{dy^2} + \frac{2}{s}\left(r\frac{d^2 u}{dx\,dy} + \frac{d^2 u}{dy\,dz}\right) + \frac{1}{s^2}\left(r^2\frac{d^2 u}{dx^2} + 2r\frac{d^2 u}{dx\,dz} + \frac{d^2 u}{dz^2}\right)\right] \end{aligned}\right. \tag{28}$$

soient affectées du même signe ou, en d'autres termes, pour que le rapport

$$\frac{F(r, s)}{D_1} \tag{29}$$

soit positif. Ajoutons que ce rapport, qui varie avec r et s par degrés insensibles, croîtra indéfiniment avec r^2 et avec s^2. Donc il admettra une valeur minimum correspondante à des valeurs finies de r et de s, et sera toujours positif si cette valeur minimum est positive. Or la valeur minimum dont il est ici question sera nécessairement déterminée par les formules

$$\frac{d\,F(r,s)}{dr} = 0, \qquad \frac{d\,F(r,s)}{ds} = 0, \tag{30}$$

desquelles on tirera, en les combinant avec l'équation (28),

$$\left\{\begin{aligned} &\frac{d^2 u}{dx^2} r + \frac{d^2 u}{dx\,dy} s + \frac{d^2 u}{dx\,dz} = 0, \\ &\frac{d^2 u}{dx\,dy} r + \frac{d^2 u}{dy^2} s + \frac{d^2 u}{dy\,dz} = 0, \\ &\frac{d^2 u}{dx\,dz} r + \frac{d^2 u}{dy\,dz} s + \frac{d^2 u}{dz^2} = F(r) \end{aligned}\right. \tag{31}$$

et, par conséquent,

$$F(r) = \frac{D_3}{D_2}, \tag{32}$$

$$\frac{F(r)}{D_1} = \frac{D_3}{D_1 D_2} = \frac{\dfrac{D_3}{D_1^3}}{\dfrac{D_2}{D_1^2}}. \tag{33}$$

Donc le rapport (29) restera positif, quelles que soient les valeurs de r, s, et la fonction $F(r,s)$ sera constamment affectée du même signe que D_1 si les deux premières des fractions (17), savoir

$$\frac{D_2}{D_1^2}, \quad \frac{D_3}{D_1^3},$$

sont positives ou, ce qui revient au même, si l'on a

$$D_2 > 0, \qquad D_1 D_3 > 0. \tag{34}$$

Il est d'ailleurs facile de s'assurer que les conditions (34) coïncident avec les formules (11).

En étendant les mêmes raisonnements et les mêmes calculs au cas où la fonction u renfermerait quatre, cinq, six, ... variables indépendantes, on prouvera généralement : 1° que les maxima ou minima des fonctions

$$(35) \qquad F(r), \quad F(r, s), \quad F(r, s, t), \quad \ldots, \quad F(r, s, t, \ldots)$$

sont égaux aux différents termes de la suite

$$(36) \qquad \frac{D_2}{D_1}, \quad \frac{D_3}{D_2}, \quad \frac{D_4}{D_3}, \quad \ldots, \quad \frac{D_n}{D_{n-1}};$$

2° que, si ces différents termes sont des quantités affectées du même signe que D_1, on pourra en dire autant de chacune des expressions (35). D'ailleurs, pour que D_1 et les expressions (36) soient des quantités de même signe, il suffit évidemment que les rapports (17) soient tous positifs.

Problème II. — *Étant données deux fonctions entières des variables r, s, t, ..., trouver les conditions qui doivent être remplies, pour que la seconde fonction conserve un signe déterminé, toutes les fois que la première s'évanouit.*

Solution. — Soient $F(r, s, t, \ldots)$ la première fonction, et $R = \mathfrak{F}(r, s, t, \ldots)$ la seconde. On éliminera r entre les deux équations $F(r, s, t, \ldots) = 0$, et $R = \mathfrak{F}(r, s, t, \ldots)$. L'équation résultante, étant résolue par rapport à R, devra fournir pour cette quantité une valeur affectée du signe convenu, toutes les fois que l'on attribuera aux variables s, t, ... des valeurs réelles auxquelles correspondra une valeur réelle de la variable r.

VINGT-DEUXIÈME LEÇON.

USAGE DES FACTEURS INDÉTERMINÉS DANS LA RECHERCHE DES MAXIMA ET MINIMA.

Soit

$$u = f(x, y, z, \ldots) \tag{1}$$

une fonction de n variables x, y, z, ... Mais concevons que ces variables, au lieu d'être indépendantes les unes des autres, comme on l'a supposé dans la vingtième Leçon, soient liées entre elles par m équations de la forme

$$v = 0, \qquad w = 0, \qquad \ldots. \tag{2}$$

Pour déduire de la méthode que nous avons indiquée les maxima et les minima de la fonction u, il faudrait commencer par éliminer de cette fonction m variables différentes à l'aide des formules (2). Après cette élimination, les variables qui resteraient, au nombre de $n - m$, devraient être considérées comme indépendantes, et il faudrait chercher les systèmes de valeurs de ces variables qui rendraient la fonction u ou la fonction du discontinue, ou bien encore ceux qui vérifieraient, quelles que fussent les différentielles de ces mêmes variables, l'équation

$$du = 0. \tag{3}$$

Or la recherche des maxima et minima qui correspondent à l'équation (3) peut être simplifiée par les considérations suivantes.

Si l'on différentie la fonction u, en y conservant toutes les variables données $x, y, z, \ldots$, l'équation (3) se présentera sous la forme

$$\frac{du}{dx}dx + \frac{du}{dy}dy + \frac{du}{dz}dz + \ldots = 0, \tag{4}$$

et renfermera les n différentielles dx, dy, dz, ... Mais il importe d'observer que, parmi ces différentielles, les seules dont on pourra disposer arbitrairement seront celles des $n-m$ variables regardées comme indépendantes. Les autres différentielles se trouveront déterminées en fonction des premières et des variables elles-mêmes par les formules $dv=0$, $dw=0$, ... qui, lorsqu'on les développe, deviennent respectivement

$$(5)\qquad \begin{cases} \dfrac{dv}{dx}dx+\dfrac{dv}{dy}dy+\dfrac{dv}{dz}dz+\ldots=0, \\ \dfrac{dw}{dx}dx+\dfrac{dw}{dy}dy+\dfrac{dw}{dz}dz+\ldots=0, \\ \ldots\ldots\ldots\ldots\ldots\ldots\ldots\ldots \end{cases}$$

Cela posé, puisque l'équation (4) doit être vérifiée, quelles que soient les différentielles des variables indépendantes, il est clair que, si l'on élimine de cette équation un nombre m de différentielles à l'aide des formules (5), les coefficients des $n-m$ différentielles restantes devront être séparément égalés à zéro. Or, pour effectuer l'élimination, il suffit d'ajouter à l'équation (4) les formules (5) multipliées par des *facteurs indéterminés*, $-\lambda$, $-\mu$, ..., et de choisir ces facteurs de manière à faire disparaître dans l'équation résultante les coefficients de m différentielles successives. Comme d'ailleurs l'équation résultante sera de la forme

$$(6)\qquad \left(\frac{du}{dx}-\lambda\frac{dv}{dx}-\mu\frac{dw}{dx}-\ldots\right)dx+\left(\frac{du}{dy}-\lambda\frac{dv}{dy}-\mu\frac{dw}{dy}-\ldots\right)dy+\ldots=0,$$

et que, après y avoir fait disparaître les coefficients de m différentielles, il faudra encore égaler à zéro ceux des différentielles restantes, il est permis de conclure que les valeurs de λ, μ, ν, ... tirées de quelques-unes des formules

$$(7)\qquad \frac{du}{dx}-\lambda\frac{dv}{dx}-\mu\frac{dw}{dx}-\ldots=0,\qquad \frac{du}{dy}-\lambda\frac{dv}{dy}-\mu\frac{dw}{dy}-\ldots=0,\qquad \ldots,$$

devront satisfaire à toutes les autres. Par conséquent, les valeurs de

$x, y, z, \ldots$, propres à vérifier les formules (4) et (5), devront satisfaire aux équations de condition que fournit l'élimination des indéterminées $\lambda, \mu, \nu, \ldots$ entre les formules (7). Le nombre de ces équations de condition sera $n - m$. En les réunissant aux formules (2), on obtiendra en tout n équations, desquelles on déduira pour les variables données $x, y, z, \ldots$ plusieurs systèmes de valeurs, parmi lesquels se trouveront nécessairement ceux qui, sans rendre discontinue l'une des fonctions u et du, fourniront pour la première des maxima ou des minima.

Il est bon de remarquer que les équations de condition produites par l'élimination de $\lambda, \mu, \nu, \ldots$ entre les formules (7) ne seraient altérées en aucune manière si l'on échangeait dans ces formules la fonction u contre une des fonctions $v, w, \ldots$. Par suite, on arriverait toujours aux mêmes équations de condition si, au lieu de chercher les maxima et minima de la fonction u, en supposant $v = 0$, $w = 0, \ldots$, on cherchait les maxima et minima de la fonction v, en supposant $u = 0$, $w = 0, \ldots$, ou bien ceux de la fonction w, en supposant $u = 0$, $v = 0, \ldots$; etc. On pourrait même, sans altérer les équations de condition, remplacer les fonctions $u, v, w, \ldots$ par les suivantes, $u - a$, $v - b$, $w - c, \ldots$; $a, b, c, \ldots$ désignant des constantes arbitraires.

Dans le cas particulier où l'on veut obtenir les maxima ou les minima de la fonction u, en supposant $x, y, z, \ldots$ assujetties à une seule équation

$$v = 0, \tag{8}$$

les formules (7) deviennent

$$\frac{du}{dx} - \lambda \frac{dv}{dx} = 0, \quad \frac{du}{dy} - \lambda \frac{dv}{dy} = 0, \quad \frac{du}{dz} - \lambda \frac{dv}{dz} = 0, \quad \ldots, \tag{9}$$

et l'on en conclut, par l'élimination de λ,

$$\frac{\frac{du}{dx}}{\frac{dv}{dx}} = \frac{\frac{du}{dy}}{\frac{dv}{dy}} = \frac{\frac{du}{dz}}{\frac{dv}{dz}} = \ldots. \tag{10}$$

Cette dernière formule équivaut à $n-1$ équations distinctes, lesquelles, réunies à l'équation (8), détermineront les valeurs cherchées de $x, y, z, \ldots$.

Exemple I. — Supposons que, $a, b, c, \ldots, r$ désignant des quantités constantes, et $x, y, z, \ldots$ des variables assujetties à l'équation

$$x^2+y^2+z^2+\ldots=r^2 \quad \text{ou} \quad x^2+y^2+z^2+\ldots-r^2=0,$$

on demande le maximum et le minimum de la fonction

$$u=ax+by+cz+\ldots.$$

Dans cette hypothèse, la formule (10) se trouvant réduite à

$$\frac{a}{x}=\frac{b}{y}=\frac{c}{z}=\ldots, \tag{11}$$

on en conclura (*voir* l'*Analyse algébrique*, Note II) (¹)

$$\frac{ax+by+cz+\ldots}{x^2+y^2+z^2+\ldots}=\pm\frac{\sqrt{a^2+b^2+c^2+\ldots}}{\sqrt{x^2+y^2+z^2+\ldots}} \quad \text{ou} \quad \frac{u}{r^2}=\pm\frac{\sqrt{a^2+b^2+c^2+\ldots}}{r}$$

et, par conséquent,

$$u=\pm r\sqrt{a^2+b^2+c^2+\ldots}. \tag{12}$$

Pour s'assurer que les deux valeurs de u données par l'équation (12) sont un maximum et un minimum, il suffit d'observer qu'on aura toujours

$$\left\{\begin{aligned}&(ax+by+cz+\ldots)^2+(bx-ay)^2+(cx-az)^2+\ldots+(cy-bz)^2+\ldots\\&=(a^2+b^2+c^2+\ldots)(x^2+y^2+z^2+\ldots),\end{aligned}\right. \tag{13}$$

et, par suite,

$$u^2<(a^2+b^2+c^2+\ldots)r^2,$$

à moins que les valeurs de $x, y, z, \ldots$ ne vérifient la formule (11).

Exemple II. — Supposons que, $a, b, c, \ldots, k$ désignant des quan-

(¹) *Œuvres de Cauchy*, S. II, T. III, p. 360.

tités constantes, et x, y, z, ... des variables assujetties à l'équation

$$ax + by + cz + \ldots = k,$$

on cherche le minimum de la fonction $u = x^2 + y^2 + z^2 + \ldots$. Dans cette hypothèse, on obtiendra encore la formule (11), de laquelle on conclura

$$\frac{k}{u} = \pm \frac{\sqrt{a^2 + b^2 + c^2 + \ldots}}{\sqrt{u}}$$

et, par suite,

$$(14) \qquad u = \frac{k^2}{a^2 + b^2 + c^2 + \ldots}.$$

Si les variables x, y, z, ... se réduisent à trois et désignent des coordonnées rectangulaires, la valeur de $\sqrt{u}$, donnée par l'équation (14), représentera évidemment la plus courte distance de l'origine à un plan fixe.

Exemple III. — Supposons que, a, b, c, ..., k, p, q, r, ... désignant des constantes positives, et x, y, z, ... des variables assujetties à l'équation

$$ax + by + cz + \ldots = k,$$

on cherche le maximum de la fonction

$$u = x^p y^q z^r \ldots.$$

On trouvera

$$\frac{du}{u} = p\frac{dx}{x} + q\frac{dy}{y} + r\frac{dz}{z} + \ldots,$$

$$\frac{d^2 u}{u} - \left(\frac{du}{u}\right)^2 = -p\left(\frac{dx}{x}\right)^2 - q\left(\frac{dy}{y}\right)^2 - r\left(\frac{dz}{z}\right)^2 - \ldots,$$

et par suite on tirera de la formule (10)

$$\frac{p}{ax} = \frac{q}{by} = \frac{r}{cz} = \ldots = \frac{p + q + r + \ldots}{k},$$

$$x = \frac{p}{a}\frac{k}{p + q + r + \ldots}, \quad y = \frac{q}{b}\frac{k}{p + q + r + \ldots}, \quad z = \frac{r}{c}\frac{k}{p + q + r + \ldots}.$$

Comme les valeurs précédentes de x, y, z, ... rendront du constamment nulle, et $d^2 u$ constamment négative, elles fourniront un maximum de la fonction u.

Exemple IV. — Concevons que l'on cherche les demi-axes d'une ellipse ou d'une hyperbole rapportée à son centre et représentée par l'équation

$$Ax^2 + 2Bxy + Cy^2 = K.$$

Chacun de ces demi-axes sera un maximum ou un minimum du rayon vecteur r, mené de l'origine à la courbe, et déterminé par la formule $r^2 = x^2 + y^2$. Cela posé, comme on aura

$$dr = \frac{1}{r}(x\,dx + y\,dy),$$

on ne pourra faire évanouir dr qu'en supposant

$$r = \infty \qquad \text{ou} \qquad x\,dx + y\,dy = 0.$$

La première hypothèse ne peut être admise que pour une hyperbole. En admettant la seconde, on tirera de la formule (10)

$$\frac{x}{Ax + By} = \frac{y}{Cy + Bx} = \frac{x^2 + y^2}{x(Ax + By) + y(Cy + Bx)} = \frac{r^2}{K},$$

$$\frac{K}{r^2} - A = B\frac{y}{x}, \qquad \frac{K}{r^2} - C = B\frac{x}{y},$$

$$\left(\frac{K}{r^2} - A\right)\left(\frac{K}{r^2} - C\right) = B^2. \tag{15}$$

Observons maintenant qu'à des valeurs réelles de r correspondront toujours des valeurs positives de r^2, et que l'équation (15) fournira, pour r^2, deux valeurs positives, si l'on a $AK > 0$, $AC - B^2 > 0$; une seule, si l'on a $AC - B^2 < 0$. Effectivement, la courbe, étant une ellipse dans le premier cas, aura deux axes réels; tandis que, dans le second cas, elle se changera en hyperbole, et n'aura plus qu'un seul axe réel.

VINGT-TROISIÈME LEÇON.

DÉVELOPPEMENT DES FONCTIONS DE PLUSIEURS VARIABLES. EXTENSION DU THÉORÈME DE TAYLOR A CES MÊMES FONCTIONS.

Soit

$$u = f(x, y, z, \ldots) \tag{1}$$

une fonction de plusieurs variables indépendantes x, y, z, ..., et posons, comme dans la dix-neuvième Leçon,

$$F(\alpha) = f(x + \alpha\, dx, y + \alpha\, dy, z + \alpha\, dz, \ldots). \tag{2}$$

La formule (8) de la page 353 donnera

$$\left\{\begin{aligned} F(\alpha) = F(0) + \frac{\alpha}{1} F'(0) + \frac{\alpha^2}{1.2} F''(0) + \ldots \\ + \frac{\alpha^{n-1}}{1.2.3\ldots(n-1)} F^{(n-1)}(0) + \frac{\alpha^n}{1.2.3\ldots n} F^{(n)}(\theta\alpha), \end{aligned}\right. \tag{3}$$

θ désignant un nombre inférieur à l'unité. D'ailleurs, comme on l'a remarqué dans la dix-neuvième Leçon,

$$F(\alpha), \quad F'(\alpha), \quad F''(\alpha), \quad \ldots, \quad F^{(n)}(\alpha) \tag{4}$$

seront des fonctions de x, y, z, ... et α, qui renfermeront les seules quantités variables

$$x + \alpha\, dx, \quad y + \alpha\, dy, \quad z + \alpha\, dz, \quad \ldots, \tag{5}$$

et qui, pour $\alpha = 0$, se réduiront à

$$F(0) = u, \qquad F'(0) = du, \qquad F''(0) = d^2 u, \qquad \ldots, \qquad F^{(n)}(0) = d^n u. \tag{6}$$

Donc, pour déduire de la différentielle totale $d^n u$ les valeurs de

$F^{(n)}(\alpha)$ et de $F^{(n)}(\theta\alpha)$, il suffira de remplacer dans cette différentielle les variables $x, y, z, \ldots$ par les expressions (5) ou par les suivantes :

$$x+\theta\alpha\,dx,\quad y+\theta\alpha\,dy,\quad z+\theta\alpha\,dz,\quad \ldots. \tag{7}$$

Si, pour abréger, on désigne par $\mathfrak{D}_n$ la valeur de $F^{(n)}(\theta\alpha)$ ainsi obtenue, l'équation (3), combinée avec les formules (2) et (6), donnera

$$\left\{\begin{aligned} &f(x+\alpha\,dx, y+\alpha\,dy, z+\alpha\,dz, \ldots)\\ &\quad = u+\frac{\alpha}{1}du+\frac{\alpha^2}{1.2}d^2u+\ldots+\frac{\alpha^{n-1}}{1.2.3\ldots(n-1)}d^{n-1}u+\frac{\alpha^n}{1.2.3\ldots n}\mathfrak{D}_n. \end{aligned}\right. \tag{8}$$

Donc, si l'on attribue aux variables $x, y, z, \ldots$ les accroissements

$$\Delta x=\alpha\,dx,\qquad \Delta y=\alpha\,dy,\qquad \Delta z=\alpha\,dz,\qquad \ldots, \tag{9}$$

l'accroissement correspondant de la fonction $u=f(x, y, z, \ldots)$, savoir

$$\left\{\begin{aligned} \Delta u &= f(x+\Delta x, y+\Delta y, z+\Delta z, \ldots)-f(x, y, z, \ldots)\\ &= f(x+\alpha\,dx, y+\alpha\,dy, z+\alpha\,dz, \ldots)-u, \end{aligned}\right. \tag{10}$$

pourra être développé suivant les puissances ascendantes de α à l'aide de la formule

$$\Delta u=\frac{\alpha}{1}du+\frac{\alpha^2}{1.2}d^2u+\ldots+\frac{\alpha^{n-1}}{1.2.3\ldots(n-1)}d^{n-1}u+\frac{\alpha^n}{1.2.3\ldots n}\mathfrak{D}_n. \tag{11}$$

Si l'on suppose en particulier $n=1$, alors, en faisant

$$\frac{du}{dx}=\varphi(x, y, z, \ldots),\qquad \frac{du}{dy}=\chi(x, y, z, \ldots),\qquad \frac{du}{dz}=\psi(x, y, z, \ldots),\qquad \ldots, \tag{12}$$

on trouvera

$$du=\varphi(x, y, z, \ldots)\,dx+\chi(x, y, z, \ldots)\,dy+\psi(x, y, z, \ldots)\,dz+\ldots; \tag{13}$$

et les deux formules (8), (11) donneront respectivement

$$f(x+\alpha\,dx, y+\alpha\,dy, z+\alpha\,dz, \ldots)=u+\alpha\mathfrak{D}_1, \tag{14}$$

$$\Delta u=\alpha\mathfrak{D}_1, \tag{15}$$

$\mathbb{O}_1$ représentant le polynôme dans lequel se transforme le second membre de l'équation (13), quand on y remplace x par $x + \theta\alpha\,dx$, y par $y + \theta\alpha\,dy$, z par $z + \theta\alpha\,dz$, etc.

Lorsque, dans la formule (8), le produit

$$\frac{\alpha^n}{1.2.3\ldots n}\mathbb{O}_n \tag{16}$$

décroît indéfiniment pour des valeurs croissantes de n, alors, en posant $n = \infty$, on tire de cette formule

$$f(x + \alpha\,dx, y + \alpha\,dy, z + \alpha\,dz, \ldots) = u + \frac{\alpha}{1}du + \frac{\alpha^2}{1.2}d^2u + \ldots. \tag{17}$$

Concevons maintenant que l'on prenne $\alpha = 1$. Les accroissements $\Delta x, \Delta y, \Delta z, \ldots$ des variables indépendantes se réduiront à leurs différentielles $dx, dy, dz, \ldots$, que l'on pourra d'ailleurs considérer comme représentant des quantités finies quelconques $h, k, l, \ldots$. Alors aussi on tirera des formules (8) et (11)

$$\left\{\begin{aligned} & f(x + dx, y + dy, z + dz, \ldots) \\ & \quad = u + \frac{du}{1} + \frac{d^2u}{1.2} + \ldots + \frac{d^{n-1}u}{1.2.3\ldots(n-1)} + \frac{\mathbb{O}_n}{1.2.3\ldots n}, \end{aligned}\right. \tag{18}$$

$$\Delta u = \frac{du}{1} + \frac{d^2u}{1.2} + \ldots + \frac{d^{n-1}u}{1.2.3\ldots(n-1)} + \frac{\mathbb{O}_n}{1.2.3\ldots n}, \tag{19}$$

$\mathbb{O}_n$ étant ce que devient la différentielle totale d^nu quand on y remplace x par $x + \theta\,dx$, y par $y + \theta\,dy$, z par $z + \theta\,dz$, ... Si l'on suppose en particulier $n = 1$, on trouvera

$$\left\{\begin{aligned} & f(x + dx, y + dy, z + dz, \ldots) \\ & \quad = f(x, y, z, \ldots) + \varphi(x + \theta\,dx, y + \theta\,dy, z + \theta\,dz, \ldots)\,dx \\ & \qquad\qquad + \chi(x + \theta\,dx, y + \theta\,dy, z + \theta\,dz, \ldots)\,dy \\ & \qquad\qquad + \psi(x + \theta\,dx, y + \theta\,dy, z + \theta\,dz, \ldots)\,dz \\ & \qquad\qquad + \ldots\ldots\ldots\ldots\ldots\ldots \end{aligned}\right. \tag{20}$$

Ajoutons que, si $\mathbb{O}_n$ s'approche indéfiniment de zéro pour des valeurs croissantes de n, les formules (18) et (19) entraîneront les suivantes :

$$(21)\qquad f(x+dx,\ y+dy,\ z+dz,\ \ldots)=u+\frac{du}{1}+\frac{d^2u}{1.2}+\frac{d^3u}{1.2.3}+\ldots,$$

$$(22)\qquad \Delta u=\frac{du}{1}+\frac{d^2u}{1.2}+\frac{d^3u}{1.2.3}+\ldots.$$

L'équation (21) et celle qu'on en déduit lorsqu'on y remplace x, y, z, ... par zéro, puis dx, dy, dz, ... par x, y, z, ..., fournissent le moyen d'étendre les théorèmes de Taylor et de Maclaurin, ou plutôt de Stirling [1], aux fonctions de plusieurs variables.

Concevons à présent que, dans la formule (3) ou (8), la quantité α devienne infiniment petite ; il en sera de même de la différence

$$(23)\qquad F^{(n)}(\theta\alpha)-F^{(n)}(0)=\mathcal{D}_n-d^n u;$$

et, en désignant par β cette différence, c'est-à-dire en posant

$$(24)\qquad \mathcal{D}_n=d^n u+\beta,$$

on conclura des formules (8), (11)

$$(25)\qquad \left\{\begin{aligned}&f(x+\alpha\,dx,\ y+\alpha\,dy,\ z+\alpha\,dz,\ \ldots)\\&=u+\frac{\alpha}{1}du+\frac{\alpha^2}{1.2}d^2u+\ldots+\frac{\alpha^{n-1}}{1.2.3\ldots(n-1)}d^{n-1}u+\frac{\alpha^n}{1.2.3\ldots n}(d^n u+\beta),\end{aligned}\right.$$

$$(26)\qquad \Delta u=\frac{\alpha}{1}du+\frac{\alpha^2}{1.2}d^2u+\ldots+\frac{\alpha^{n-1}}{1.2.3\ldots(n-1)}d^{n-1}u+\frac{\alpha^n}{1.2.3\ldots n}(d^n u+\beta).$$

S'il arrive que, pour certaines valeurs de x, y, z, ..., les différentielles

$$(27)\qquad du,\quad d^2u,\quad \ldots,\quad d^{n-1}u$$

s'évanouissent toutes, la formule (26) donnera simplement

$$(28)\qquad \Delta u=\frac{\alpha^n}{1.2.3\ldots n}(d^n u+\beta).$$

[1] M. Peacock a remarqué que le théorème, généralement attribué au géomètre anglais Maclaurin, avait été donné, dès 1717, par son compatriote Stirling, dans l'Ouvrage intitulé : *Lineæ tertii ordinis Newtonianæ*.

Si l'on suppose en particulier $n = 1$, les équations (26) et (28) coïncideront avec la suivante

$$\Delta u = \alpha(du + \beta), \tag{29}$$

et, par conséquent, avec la formule (3) de la seizième Leçon. Ajoutons que les formules (28), (29) comprennent la théorie des maxima et minima des fonctions de plusieurs variables, et que le théorème I de la vingtième Leçon pourrait être immédiatement déduit de la formule (28).

FIN DU CALCUL DIFFÉRENTIEL.

NOTE

SUR LA DÉTERMINATION APPROXIMATIVE DES RACINES D'UNE ÉQUATION ALGÉBRIQUE OU TRANSCENDANTE.

Soit

$$f(x) = 0 \tag{1}$$

une équation dans laquelle $f(x)$ représente une fonction quelconque algébrique ou transcendante de la variable x. Désignons d'ailleurs par a la valeur approchée réelle ou imaginaire d'une racine de cette équation, et par i une expression réelle ou imaginaire, mais dont le module soit très petit. La formule (49) de la page 450 donnera

$$(2)\quad \left\{ \begin{aligned} f(a+i) = f(a) + \frac{i}{1} f'(a) + \ldots \\ + \frac{i^{n-1}}{1.2.3\ldots(n-1)} f^{(n-1)}(a) + \frac{i^n}{1.2.3\ldots n}[f^{(n)}(a) + \mathrm{I}], \end{aligned} \right.$$

le module de I devant lui-même très peu différer de zéro. Donc, pour que le binôme $a + i$ se réduise à la racine en question, il suffira que l'on ait

$$(3)\quad \left\{ \begin{aligned} f(a) + \frac{i}{1} f'(a) + \frac{i^2}{1.2} f''(a) + \ldots \\ + \frac{i^{n-1}}{1.2.3\ldots(n-1)} f^{(n-1)}(a) + \frac{i^n}{1.2.3\ldots n}[f^{(n)}(a) + \mathrm{I}] = 0. \end{aligned} \right.$$

Si, dans la dernière formule, on néglige I vis-à-vis de $f^{(n)}(a)$, on obtiendra la suivante

$$(4)\quad \left\{ \begin{aligned} f(a) + \frac{i}{1} f'(a) + \frac{i^2}{1.2} f''(a) + \ldots \\ + \frac{i^{n-1}}{1.2.3\ldots(n-1)} f^{(n-1)}(a) + \frac{i^n}{1.2.3\ldots n} f^{(n)}(a) = 0, \end{aligned} \right.$$

qui se réduira, pour $n = 1$, à

$$f(a) + i f'(a) = 0, \tag{5}$$

pour $n = 2$, à

$$f(a) + i f'(a) + \frac{i^2}{2} f''(a) = 0, \tag{6}$$

pour $n = 3$, à

$$f(a) + i f'(a) + \frac{i^2}{2} f''(a) + \frac{i^3}{6} f'''(a) = 0, \tag{7}$$

etc.

Si maintenant on substitue, dans le binôme $a + i$, la valeur unique de i propre à vérifier l'équation (5), savoir

$$i = -\frac{f(a)}{f'(a)}, \tag{8}$$

ou si, parmi les valeurs de i propres à vérifier l'une des équations (6), (7), ..., on choisit celle qui a le plus petit module, le binôme $a + i$ représentera en général non la valeur exacte, mais une seconde valeur approchée de la racine que l'on considère; et l'on pourra même, dans un grand nombre de cas, apprécier le degré d'approximation de cette seconde valeur à l'aide des principes que je vais établir.

Supposons d'abord que la fonction $f(x)$ et la quantité a soient réelles. On démontrera sans peine les propositions suivantes :

Théorème I. — *Si la fonction $f(x)$, étant continue entre les limites*

$$x = a, \qquad x = a + 2i, \tag{9}$$

acquiert à ces deux limites des valeurs de signes contraires, si d'ailleurs la fonction dérivée $f'(x)$ ne change pas de signe entre les limites dont il s'agit, l'équation (1) *admettra une racine réelle, mais une seule, comprise entre ces mêmes limites.*

Démonstration. — En effet, la fonction $f'(x)$ ne changeant pas de signe entre les limites $x = a$, $x = a + 2i$, la fonction $f(x)$, supposée continue, croîtra ou décroîtra constamment depuis la première limite jusqu'à la seconde, en variant avec x par degrés insensibles, et acquerra ainsi toutes les valeurs intermédiaires entre les valeurs extrêmes. Donc, puisque ces valeurs sont de signes contraires, la fonction $f(x)$ s'évanouira, mais une fois seulement, entre les limites $x = a$, $x = a + 2i$.

Théorème II. — *Concevons que, la quantité i étant déterminée par l'équation* (5) *ou* (8), *on nomme* B *un nombre égal ou supérieur à la plus grande valeur numérique que peut acquérir la fonction $f''(x)$ entre les limites $x = a$, $x = a + 2i$. Si la valeur numérique de la quantité $f'(a)$ est supérieure à celle du produit*

$$2Bi, \tag{10}$$

l'équation (1) *admettra une seule racine réelle, renfermée entre les limites a, $a + 2i$.*

Démonstration. — En effet, si l'on pose

$$x = a + i + z, \tag{11}$$

on aura, en vertu de l'équation (5) et des formules (47), (48) de la huitième Leçon,

$$\left\{\begin{aligned} f(x) &= f(a) + (i+z)f'(a) + \frac{(i+z)^2}{2} f''[a + \theta(i+z)] \\ &= z f'(a) + \frac{(i+z)^2}{2} f''[a + \theta(i+z)], \end{aligned}\right. \tag{12}$$

$$f'(x) = f'(a) + (i+z) f''[a + \Theta(i+z)], \tag{13}$$

θ, Θ désignant des nombres inférieurs à l'unité. Or, si la condition énoncée dans le théorème II est remplie, la fonction $f'(x)$ conservera évidemment le même signe que $f'(a)$ pour toutes les valeurs de z comprises entre les limites $z = -i$, $z = +i$, par conséquent, pour toutes les valeurs de x comprises entre les limites a, $a + 2i$, tandis que les valeurs extrêmes de la fonction $f(x)$, savoir

$$-if'(a) \quad \text{et} \quad i[f'(a) + 2if''(a + 2\theta i)], \tag{14}$$

seront affectées de signes contraires. Donc, en vertu du théorème I, l'équation (1) aura une seule racine réelle comprise entre les limites a, $a+2i$.

Théorème III. — *Concevons que, la quantité i étant déterminée par la formule* (8), *on pose*

$$b=a+i \tag{15}$$

et

$$j=-\frac{f(b)}{f'(b)}. \tag{16}$$

Soient d'ailleurs A *la plus petite valeur numérique que puisse acquérir la fonction $f'(x)$ entre les limites $x=a$, $x=a+2i$, et* B *la plus grande valeur numérique que puisse acquérir entre les mêmes limites la fonction $f''(x)$. Si la valeur numérique du rapport*

$$\frac{2Bi}{A} \tag{17}$$

est inférieure à l'unité, celle de j ne surpassera pas le produit

$$\frac{B}{2A}i^2, \tag{18}$$

et l'équation (1) *admettra une racine réelle comprise non seulement entre les limites a, $a+2i$, mais encore entre les limites b, $b+2j$.*

Démonstration. — Si, comme on le suppose, la valeur numérique du rapport (17) reste inférieure à l'unité, la valeur numérique de $2Bi$ ne surpassera pas celle de $f'(a)$. Donc, en vertu du théorème II, l'équation (1) offrira une racine réelle, mais une seule, renfermée entre les limites a, $a+2i$. De plus, en désignant par θ un nombre compris entre les limites 0, 1, et ayant égard à la formule (5), on trouvera

$$f(b)=f(a+i)=f(a)+if'(a)+\frac{i^2}{1.2}f''(a+\theta i)=\frac{i^2}{2}f''(a+\theta i); \tag{19}$$

puis on tirera de l'équation (19), combinée avec les formules (15) et (16),

$$(20)\qquad j = -\frac{f(a+i)}{f'(a+i)} = -\frac{\frac{i^2}{2}f''(a+\theta i)}{f'(a+i)};$$

et comme, par hypothèse, les valeurs numériques des quantités

$$f''(a+\theta i),\quad f'(a+i)$$

seront, la première inférieure à B, la seconde supérieure à A, il est clair que la valeur numérique de j ne surpassera pas celle du produit

$$\frac{B}{2A}i^2.$$

Donc la quantité j sera renfermée entre les limites

$$-\frac{B}{2A}i^2,\quad +\frac{B}{2A}i^2,$$

et la quantité $2j$ entre les suivantes

$$-\frac{Bi}{A}i,\quad +\frac{Bi}{A}i,$$

par conséquent entre les limites $-\frac{i}{2}$, $+\frac{i}{2}$. Donc

$$b+2j = a+i+2j$$

sera renfermé, ainsi que b, entre les limites a, $a+2i$; et, si l'on fait varier x depuis $x=b$ jusqu'à $x=b+2j$, les valeurs numériques des fonctions $f'(x)$, $f''(x)$ demeureront, la première supérieure à A, la seconde inférieure à B. Enfin, comme, j étant inférieur à i, et A supérieur à $f'(b)$ (abstraction faite des signes), la valeur numérique du produit $2Bj$ ne surpassera pas celle du produit $2Bi$ qui est inférieure à A, ni, à plus forte raison, celle de $f'(b)$, on prouvera par des raisonnements semblables à ceux à l'aide desquels on a établi le théorème II, que la racine réelle déjà mentionnée est renfermée entre les limites b, $b+2j$.

Corollaire I. — On voit par ce qui précède comment, étant donnée la valeur approchée a d'une racine réelle de l'équation (1), on peut, à l'aide de la formule (5) ou (8), obtenir de nouvelles valeurs approchées et resserrer de plus en plus les limites entre lesquelles la racine se trouve comprise. C'est dans l'emploi de cette même formule que consiste la méthode de Newton pour la résolution approximative des équations numériques. Il est bon d'observer que les différences entre la racine cherchée et ses deux premières valeurs approchées a, b seront respectivement inférieures, l'une à la valeur numérique de $2i$, l'autre à la valeur numérique de $2j$, et, à plus forte raison, au produit

$$\frac{B}{A}i^2 = \frac{Bi}{2A}(2i).$$

Donc, si l'on désigne par ρ la valeur numérique de i, et celle de la quantité $\frac{Bi}{2A}$ par

$$\varepsilon = \frac{B\rho}{2A}, \tag{21}$$

les différences dont il s'agit ne surpasseront pas les nombres

$$2\rho, \qquad \frac{B}{A}\rho^2 = 2\rho\varepsilon.$$

De même, si l'on nomme c, d, ... les troisième, quatrième, ... valeurs approchées de la racine en question, elles n'en différeront que de quantités qui ne surpasseront pas les nombres

$$\frac{B}{A}(\rho\varepsilon)^2 = 2\rho\varepsilon^3, \qquad \frac{B}{A}(\rho\varepsilon^3)^2 = 2\rho\varepsilon^7, \qquad \ldots.$$

Donc les erreurs que l'on pourra commettre en substituant à la racine cherchée ses valeurs approchées successives

$$a, \quad b, \quad c, \quad d, \quad \ldots \tag{22}$$

seront respectivement inférieures aux divers termes de la suite

$$2\rho, \quad 2\rho\varepsilon, \quad 2\rho\varepsilon^3, \quad 2\rho\varepsilon^7, \quad \ldots. \tag{23}$$

Ajoutons que ces termes se réduisent à

$$(24)\qquad k\varepsilon,\quad k\varepsilon^2,\quad k\varepsilon^4,\quad k\varepsilon^8,\quad \ldots,$$

lorsqu'on y transporte la valeur de ρ tirée de l'équation (21), en faisant pour abréger

$$(25)\qquad k=\frac{4A}{B}.$$

Supposons maintenant que le nombre ε ne surpasse pas une unité décimale de l'ordre n, en sorte qu'on ait

$$(26)\qquad \varepsilon<\left(\frac{1}{10}\right)^{\frac{1}{n}}.$$

Si l'on suppose en même temps

$$(27)\qquad k<\left(\frac{1}{10}\right)^{\pm m},$$

m désignant un nombre entier quelconque, les termes de la série (24) seront respectivement inférieurs aux nombres

$$(28)\qquad \left(\frac{1}{10}\right)^{n\pm m},\quad \left(\frac{1}{10}\right)^{2n\pm m},\quad \left(\frac{1}{10}\right)^{4n\pm m},\quad \left(\frac{1}{10}\right)^{8n\pm m},\quad \ldots.$$

Donc, parmi les chiffres qui suivront les unités de l'ordre m, si l'on a

$$(29)\qquad k<\left(\frac{1}{10}\right)^{m},$$

ou les unités décimales de l'ordre m, si l'on a

$$(30)\qquad k<(10)^{m},$$

le nombre de ceux sur lesquels on pourra compter sera égal à n dans la première valeur approchée de la racine réelle de l'équation (1), à $2n$ dans la seconde valeur approchée, à $4n$ dans la troisième, ... Donc ce nombre sera doublé à chaque opération nouvelle. La proposition que nous venons d'énoncer s'accorde avec celles auxquelles M. Fourier est parvenu dans le *Bulletin de la Société philomathique* de mai 1818, en cherchant le nombre de décimales exactes que fournit à chaque opération nouvelle la méthode de Newton.

Si l'on a

$$(31) \qquad k < 1,$$

les termes de la série (28) deviendront respectivement

$$(32) \qquad \left(\frac{1}{10}\right)^n, \quad \left(\frac{1}{10}\right)^{2n}, \quad \left(\frac{1}{10}\right)^{4n}, \quad \left(\frac{1}{10}\right)^{8n}, \quad \ldots,$$

et par conséquent le nombre des décimales sur l'exactitude desquelles on pourra compter sera doublé pour le moins à chaque opération nouvelle.

Corollaire II. — Comme, en vertu de la formule (21), la valeur numérique de l'expression (17), savoir

$$\frac{2B\rho}{A},$$

se réduit à 4ε, il est clair que cette valeur numérique sera inférieure à l'unité, si l'on a

$$(33) \qquad \varepsilon < \frac{1}{4}.$$

Corollaire III. — Il est bon d'observer encore que, si la condition énoncée dans le théorème III se trouve remplie, si d'ailleurs la fonction $f''(x)$ ne change pas de signe entre les limites $x = a$, $x = a + 2i$, la valeur de

$$j = c - b,$$

déterminée par l'équation (20), sera une quantité affectée du même signe que le rapport

$$\frac{f''(a)}{f'(a)}.$$

Comme on pourra en dire autant de chacune des différences

$$c - b, \quad d - c, \quad \ldots,$$

il est clair que toutes ces différences seront des quantités de même signe et que les valeurs approchées

$$b, \quad c, \quad d, \quad \ldots$$

formeront une série croissante ou une série décroissante. Cette remarque s'accorde encore avec l'une de celles que M. Fourier a énoncées dans le Bulletin déjà cité.

Supposons à présent que l'on prenne pour i, non plus la racine unique de l'équation (5), mais celle des racines de l'équation (6) qui s'approche indéfiniment de zéro en même temps que la quantité $f(a)$, savoir

$$i = -\frac{2f(a)}{f'(a)} \frac{1}{1+\sqrt{1-2\frac{f(a)}{f'(a)}\frac{f''(a)}{f'(a)}}}. \tag{34}$$

Alors les théorèmes II et III devront être remplacés par ceux que je vais énoncer.

Théorème IV. — *Concevons que, la quantité i étant déterminée par la formule* (34), *on nomme* C *un nombre égal ou supérieur à la plus grande valeur numérique que peut acquérir la fonction $f'''(x)$ entre les limites $x = a$, $x = a + 2i$. Si les deux expressions*

$$f'(a), \quad f'(a) + 2if''(a) \tag{35}$$

sont des quantités de même signe, et offrent des valeurs numériques qui surpassent celle du produit

$$2Ci^2, \tag{36}$$

l'équation (1) *admettra une seule racine réelle renfermée entre les limites a, $a + 2i$.*

Démonstration. — En effet, si l'on pose

$$x = a + i + z,$$

on aura, en vertu de l'équation (6) et des formules (48), (49) de la huitième Leçon,

$$(37)\quad \begin{cases} f(x) = f(a) + (i+z)f'(a) + \dfrac{(i+z)^2}{2} f''(a) \\ \qquad + \dfrac{(i+z)^3}{6} f'''[a+\theta(i+z)] \\ \quad = z f'(a) + z\left(i + \dfrac{z}{2}\right) f''(a) + \dfrac{(i+z)^3}{6} f'''[a+\theta(i+z)], \end{cases}$$

$$(38)\quad f'(x) = f'(a) + (i+z)f''(a) + \frac{(i+z)^2}{2} f'''[a+\Theta(i+z)],$$

θ, Θ désignant des nombres inférieurs à l'unité. Or, si les conditions énoncées dans le théorème IV sont remplies, la fonction $f'(x)$ conservera évidemment le même signe que $f'(a)$ pour toutes les valeurs de z comprises entre les limites $z = -i$, $z = i$, par conséquent pour toutes les valeurs de x comprises entre les limites $x = a$, $x = a + 2i$, tandis que les valeurs extrêmes de la fonction $f(x)$, savoir

$$(39)\quad -i\left[f'(a) + \frac{i}{2} f''(a)\right], \qquad i\left[f'(a) + \frac{3i}{2} f''(a) + \frac{4i^2}{3} f'''(a+2\theta i)\right],$$

seront affectées de signes contraires. Donc, en vertu du théorème I, l'équation (1) aura une seule racine réelle comprise entre les limites a, $a + 2i$.

Théorème V. — *Concevons que, la quantité i étant déterminée par la formule* (34), *on pose*

$$(40)\qquad b = a + i$$

et

$$(41)\qquad j = -\frac{2f(b)}{f'(b)} \frac{1}{1 + \sqrt{1 - 2\dfrac{f(b)}{f'(b)}\dfrac{f''(b)}{f'(b)}}}.$$

Soient d'ailleurs A *la plus petite valeur numérique que puisse acquérir la fonction $f'(x)$ entre les limites $x = a$, $x = a + 2i$, et* B, C *les plus grandes valeurs numériques que puissent acquérir, entre les mêmes* *limites, les fonctions $f''(x)$, $f'''(x)$. Si les rapports*

$$(42)\qquad \frac{2Bi}{A},\quad \frac{2Ci^2}{A},\quad \frac{2Ci^2}{A \pm 2Bi}$$

restent, abstraction faite des signes, inférieurs à l'unité, la valeur numérique de j ne surpassera pas celle du produit

$$(43)\qquad \frac{2}{11}\frac{C}{A}i^2,$$

et l'équation (1) *admettra une racine réelle comprise, non seulement entre les limites a, $a+2i$, mais encore entre les limites b, $b+2j$.*

Démonstration. — Si, comme on le suppose, les valeurs numériques des rapports (42) restent inférieures à l'unité, les expressions (35) seront des quantités de même signe, et leurs valeurs numériques surpasseront le produit $2Ci^2$. Donc, en vertu du théorème IV, l'équation (1) offrira une racine réelle, mais une seule, renfermée entre les limites a, $a+2i$. De plus, en désignant par θ un nombre inférieur à 1, et ayant égard à la formule (6), on trouvera

$$(44)\qquad \left\{\begin{aligned} f(b) &= f(a+i)\\ &= f(a) + i f'(a) + \frac{i^2}{1.2}f''(a) + \frac{i^3}{1.2.3}f'''(a+\theta i) = \frac{i^3}{6}f'''(a+\theta i), \end{aligned}\right.$$

puis on tirera de cette dernière, combinée avec les formules (40) et (41),

$$(45)\qquad j = -\frac{i^3}{3}\frac{f'''(a+\theta i)}{f'(a+i)}\,\frac{1}{1+\sqrt{1-\dfrac{i^3}{3}\dfrac{f''(a+i)}{f'(a+i)}\dfrac{f'''(a+\theta i)}{f'(a+i)}}}.$$

D'autre part, comme les valeurs numériques des quantités $f''(a+i)$, $f'''(a+\theta i)$ ne surpasseront pas les nombres B, C, la valeur numérique de l'expression

$$\frac{i^3}{3}\frac{f''(a+i)}{f'(a+i)}\frac{f'''(a+\theta i)}{f'(a+i)}$$

ne surpassera pas celle du produit

$$\frac{1}{12}\frac{2Bi}{A}\frac{2Ci^2}{A},$$

inférieure elle-même, en vertu de l'hypothèse admise, à la fraction

$$\frac{1}{12}.$$

Par suite, la valeur numérique de j ne surpassera pas celle du produit

$$\frac{i^3}{3}\frac{C}{A}\frac{1}{1+\sqrt{1-\frac{1}{12}}} = \frac{2}{6+\sqrt{33}}\frac{C}{A}i^3,$$

ni, à plus forte raison, celle du produit

$$\frac{2}{11}\frac{C}{A}i^3.$$

Donc la quantité $2j$ sera renfermée entre les limites

$$-\frac{2}{11}\frac{2Ci^2}{A}i, \quad \frac{2}{11}\frac{2Ci^2}{A}i,$$

auxquelles on pourra substituer les deux suivantes

$$-\frac{2}{11}i, \quad \frac{2}{11}i,$$

et la somme $b+2j=a+i+2j$ entre les limites

$$a+\left(1-\frac{2}{11}\right)i, \quad a+\left(1+\frac{2}{11}\right)i,$$

par conséquent, entre les quantités a, $a+2i$. Donc, si l'on fait varier x entre les limites b, $b+2j$, les fonctions $f'(x)$, $f''(x)$, $f'''(x)$ resteront (abstraction faite des signes) la première supérieure à A, la seconde inférieure à B, la troisième inférieure à C, et les deux expressions

$$(46) \qquad f'(b), \quad f'(b)+2jf''(b)$$

seront des quantités de même signe, dont les valeurs numériques, supérieures au plus petit des deux nombres

$$A, \quad A \pm 2Bj > \left(1 - \frac{2}{11}\right) A,$$

surpasseront, à plus forte raison, le produit

$$(47) \qquad 2Cj^2 < \frac{8}{121} Ci^2 < \frac{4}{121} A.$$

Cela posé, on prouvera, par des raisonnements semblables à ceux à l'aide desquels on a établi le théorème IV, que la racine réelle déjà mentionnée est comprise entre les limites b, $b + 2j$.

Corollaire I. — On voit, par ce qui précède, comment, étant donnée la valeur approchée a d'une racine de l'équation (1), on peut, à l'aide de la formule (6) ou (34), obtenir de nouvelles valeurs approchées, et resserrer de plus en plus les limites entre lesquelles la racine se trouve comprise. C'est dans l'emploi de cette formule que consiste la méthode de Halley pour la résolution approximative des équations numériques. Il est bon d'observer que les différences entre la racine cherchée et ses deux premières valeurs approchées a, b seront respectivement inférieures l'une à la valeur numérique de $2i$, l'autre à la valeur numérique de $2j$, et à plus forte raison à celle du produit

$$\frac{4}{11} \frac{C}{A} i^3 = \frac{2Ci^2}{11A}(2i).$$

Donc, si l'on désigne par ρ la valeur numérique de i, et celle de la quantité $\frac{2Ci^2}{11A}$ par

$$(48) \qquad s^2 = \frac{2C\rho^2}{11A},$$

les différences dont il s'agit ne surpasseront pas les nombres

$$2\rho, \quad \frac{4C}{11A}\rho^3 = 2\rho\varepsilon^2.$$

De même, si l'on nomme c, d, ... les troisième, quatrième, ... valeurs approchées de la racine en question, elles n'en différeront que de quantités qui ne surpassent pas les nombres

$$\frac{4C}{11A}(\rho\varepsilon^2)^3 = 2\rho\varepsilon^8, \qquad \frac{4C}{11A}(\rho\varepsilon^8)^3 = 2\rho\varepsilon^{26}, \qquad \ldots.$$

Donc les erreurs que l'on pourra commettre en substituant à la racine cherchée ses valeurs approchées successives

$$a, \quad b, \quad c, \quad d, \quad \ldots$$

seront respectivement inférieures aux divers termes de la suite

$$(49) \qquad 2\rho, \quad 2\rho\varepsilon^2, \quad 2\rho\varepsilon^8, \quad 2\rho\varepsilon^{26}, \quad \ldots.$$

Ajoutons que ces termes se réduisent à

$$(50) \qquad k\varepsilon, \quad k\varepsilon^3, \quad k\varepsilon^9, \quad k\varepsilon^{27}, \quad \ldots,$$

lorsqu'on y transporte la valeur de ρ tirée de l'équation (48), en supposant ε positif, et faisant pour abréger

$$(51) \qquad k = 2\sqrt{\frac{11A}{2C}}.$$

Concevons maintenant que le nombre ε ne surpasse pas une unité décimale de l'ordre n, en sorte qu'on ait

$$(52) \qquad \varepsilon < \left(\frac{1}{10}\right)^n.$$

Si l'on suppose d'ailleurs

$$(53) \qquad k < \left(\frac{1}{10}\right)^{\pm m},$$

m désignant un nombre entier quelconque, les termes de la série (50) seront respectivement inférieurs aux nombres

$$(54) \qquad \left(\frac{1}{10}\right)^{n\pm m}, \quad \left(\frac{1}{10}\right)^{3n\pm m}, \quad \left(\frac{1}{10}\right)^{9n\pm m}, \quad \left(\frac{1}{10}\right)^{27n\pm m}, \quad \ldots.$$

Donc, parmi les chiffres qui suivront les unités de l'ordre m, si l'on a

$$k < \left(\frac{1}{10}\right)^m, \tag{55}$$

ou les unités décimales de l'ordre m, si l'on a

$$k < (10)^m, \tag{56}$$

le nombre de ceux sur lesquels on pourra compter sera égal à n dans la première valeur approchée de la racine réelle de l'équation (1), à $3n$ dans la seconde valeur approchée, à $9n$ dans la troisième, etc. Donc ce nombre sera triplé à chaque opération nouvelle.

Si l'on a

$$k < 1, \tag{57}$$

les termes de la série (54) deviendront respectivement

$$\left(\frac{1}{10}\right)^n, \quad \left(\frac{1}{10}\right)^{3n}, \quad \left(\frac{1}{10}\right)^{9n}, \quad \left(\frac{1}{10}\right)^{27n}, \quad \ldots, \tag{58}$$

et par conséquent le nombre des décimales sur lesquelles on pourra compter sera triplé pour le moins à chaque opération nouvelle.

Corollaire II. — Il est bon d'observer encore que, si les conditions énoncées dans le théorème V sont remplies; si d'ailleurs la fonction $f'''(x)$ ne change pas de signe entre les limites $x = a$, $x = a + 2i$, la valeur de

$$j = c - b,$$

déterminée par l'équation (45), sera une quantité affectée du même signe que le produit

$$\frac{f'''(a)}{f'(a)} i.$$

Donc, si le rapport

$$\frac{f'''(a)}{f'(a)} \tag{59}$$

est positif, les différences

$$i = b - a, \quad j = c - b, \quad \ldots$$

seront des quantités de même signe, et les valeurs approchées a, b, c, d, ... formeront une série croissante ou décroissante. Le contraire arriverait si le rapport (59) devenait négatif.

Des raisonnements semblables à ceux que nous avons développés ci-dessus suffiraient pour faire voir que les formules (7) et suivantes, appliquées à la détermination approximative des racines de l'équation (1), fournissent pour ces racines, et sous certaines conditions, des valeurs approchées successives dans lesquelles le nombre des chiffres exacts est quadruplé, quintuplé, etc., à chaque opération nouvelle.

Il nous reste à montrer de quelle manière on doit modifier les principes que nous venons d'exposer, pour les rendre applicables à la recherche des racines imaginaires des fonctions algébriques ou transcendantes. Nous établirons, à ce sujet, les propositions suivantes :

Lemme I. — *Si l'on désigne par α, β, γ, δ quatre quantités réelles, la somme*

$$\alpha\gamma + \beta\delta \tag{60}$$

sera toujours comprise entre les limites

$$-(\alpha^2+\beta^2)^{\frac{1}{2}}(\gamma^2+\delta^2)^{\frac{1}{2}}, \quad (\alpha^2+\beta^2)^{\frac{1}{2}}(\gamma^2+\delta^2)^{\frac{1}{2}}. \tag{61}$$

Démonstration. — On aura identiquement

$$(\alpha\gamma+\beta\delta)^2+(\alpha\delta-\beta\gamma)^2=(\alpha^2+\beta^2)(\gamma^2+\delta^2) \tag{62}$$

et, par suite,

$$(\alpha\gamma+\beta\delta)^2 \overline{\overline{<}} (\alpha^2+\beta^2)(\gamma^2+\delta^2). \tag{63}$$

Donc la valeur numérique de la somme

$$\alpha\gamma + \beta\delta$$

sera inférieure ou tout au plus égale au produit

$$(\alpha^2+\beta^2)^{\frac{1}{2}}(\gamma^2+\delta^2)^{\frac{1}{2}},$$

et par conséquent cette somme sera renfermée entre les limites (61).

Scolie. — On prouverait de même que la somme

$$\alpha\alpha_1 + \beta\beta_1 + \gamma\gamma_1 + \ldots \tag{64}$$

offre une valeur numérique inférieure ou tout au plus égale à celle du produit

$$(\alpha^2 + \beta^2 + \gamma^2 + \ldots)^{\frac{1}{2}}(\alpha_1^2 + \beta_1^2 + \gamma_1^2 + \ldots)^{\frac{1}{2}}, \tag{65}$$

quelles que soient les valeurs réelles de α, β, γ, $\ldots$, α_1, β_1, γ_1, $\ldots$.

Lemme II. — *La somme de deux expressions imaginaires offre, ainsi que leur différence, un module compris entre la somme et la différence de leurs modules.*

Démonstration. — En effet, soient

$$\alpha + \beta\sqrt{-1}, \quad \gamma + \delta\sqrt{-1} \tag{66}$$

les expressions imaginaires proposées. Leur somme et leur différence

$$\alpha + \gamma + (\beta + \delta)\sqrt{-1}, \quad \alpha - \gamma + (\beta - \delta)\sqrt{-1} \tag{67}$$

offriront pour modules les deux quantités

$$\left\{\begin{array}{l} [\alpha^2 + \beta^2 + 2(\alpha\gamma + \beta\delta) + \gamma^2 + \delta^2]^{\frac{1}{2}}, \\ [\alpha^2 + \beta^2 - 2(\alpha\gamma + \beta\delta) + \gamma^2 + \delta^2]^{\frac{1}{2}}, \end{array}\right. \tag{68}$$

qui, d'après le lemme I, seront l'une et l'autre renfermées entre les deux limites

$$\left\{\begin{array}{l} (\alpha^2 + \beta^2 - 2\sqrt{\alpha^2 + \beta^2}\sqrt{\gamma^2 + \delta^2} + \gamma^2 + \delta^2)^{\frac{1}{2}} = \pm(\sqrt{\alpha^2 + \beta^2} - \sqrt{\gamma^2 + \delta^2}), \\ (\alpha^2 + \beta^2 + 2\sqrt{\alpha^2 + \beta^2}\sqrt{\gamma^2 + \delta^2} + \gamma^2 + \delta^2)^{\frac{1}{2}} = \quad \sqrt{\alpha^2 + \beta^2} + \sqrt{\gamma^2 + \delta^2}, \end{array}\right. \tag{69}$$

c'est-à-dire entre la somme et la différence des modules des expressions (66).

Lemme III. — *Si l'on désigne par α, β, u, v des quantités réelles, et par θ un nombre inférieur à l'unité, le module de l'expression imaginaire*

$$\alpha + \theta u + (\beta + \theta v)\sqrt{-1} \tag{70}$$

sera compris entre les modules des deux suivantes :

$$\alpha+\beta\sqrt{-1}, \quad \alpha+u+(\beta+v)\sqrt{-1}. \tag{71}$$

Démonstration. — Comme le module de l'expression (70), savoir

$$\alpha^2+\beta^2+2\theta(\alpha u+\beta v)+\theta^2(u^2+v^2), \tag{72}$$

peut être présenté sous la forme

$$\frac{[(u^2+v^2)\theta+\alpha u+\beta v]^2+(\alpha v-\beta u)^2}{u^2+v^2}, \tag{73}$$

il est clair qu'il croît ou décroît constamment, tandis que l'on fait croître θ entre les limites $\theta=0$, $\theta=1$. Donc la plus grande et la plus petite des valeurs qu'il reçoit alors sont celles qui correspondent à ces limites, c'est-à-dire les modules des expressions (71).

Théorème VI. — *Soient*

$$x=p+q\sqrt{-1}$$

une variable imaginaire,

$$a=\lambda+\mu\sqrt{-1}$$

une valeur particulière de cette variable, et

$$i=\alpha+\beta\sqrt{-1}$$

un accroissement attribué à la valeur a. Concevons d'ailleurs que, p, q, λ, μ, α, β étant des quantités réelles, on désigne par

$$\rho=(\alpha^2+\beta^2)^{\frac{1}{2}} \tag{74}$$

le module de $\alpha+\beta\sqrt{-1}$, par $f(x)$ une fonction dont les dérivées ne puissent s'évanouir toutes à la fois, et par $\varphi(p,q)$, $\chi(p,q)$ deux fonctions réelles de p et de q propres à vérifier la formule

$$f(p+q\sqrt{-1})=\varphi(p,q)+\sqrt{-1}\,\chi(p,q). \tag{75}$$

Enfin, posons

$$x=a+i+z \tag{76}$$

et

$$\frac{d\varphi(p,q)}{dp} = \varphi'(p,q), \qquad \frac{d\chi(p,q)}{dp} = \chi'(p,q). \tag{77}$$

Si la fonction $f(x)$ reste continue, ainsi que sa dérivée $f'(x)$, et conserve un module supérieur à celui de l'expression

$$f(a+i), \tag{78}$$

pour toutes les valeurs réelles ou imaginaires de z qui offrent un module égal à ρ, si de plus les valeurs correspondantes du rapport

$$\frac{\varphi'(p,q)}{\chi'(p,q)} \tag{79}$$

sont telles qu'on ne puisse trouver parmi ces dernières deux quantités dont le produit se réduise à -1, l'équation (1) admettra une seule racine imaginaire de la forme $a+i+z$, le module de z étant inférieur à ρ.

Démonstration. — En effet, si, dans la fonction

$$f(x) = f(a+i+z),$$

on fait varier z par degrés insensibles, mais de manière que le module de z ne dépasse pas la limite ρ, on obtiendra pour cette fonction une infinité de valeurs dont l'une offrira un module plus petit que toutes les autres. Soient z_0, p_0, q_0 les valeurs de z, p, q correspondantes à ce plus petit module, en sorte qu'on ait

$$a+i+z_0 = p_0 + q_0\sqrt{-1}. \tag{80}$$

Le module de z_0 sera plus petit que ρ, et l'expression

$$f(a+i+z_0) = f(p_0 + q_0\sqrt{-1}) \tag{81}$$

s'évanouira nécessairement; car, si le contraire arrivait, alors, en attribuant à la variable z une valeur infiniment peu différente de z_0, et par conséquent au module de z une valeur comprise entre les limites 0, ρ, on pourrait choisir ces valeurs de manière que le module de $f(a+i+z)$ devînt inférieur au module de $f(a+i+z_0)$ (*voir* le théorème V de la treizième Leçon). Donc, si les conditions énoncées dans le théorème VI sont remplies, l'expression $f(a+i+z_0)$ sera nulle, et l'équation (1) admettra une racine $x=a+i+z$, dans laquelle le module de z restera inférieur à ρ. J'ajoute qu'une seule racine $a+i+z_0=p_0+q_0\sqrt{-1}$ jouira de cette propriété; car, si l'on avait en même temps

$$(82)\qquad f(p_0+q_0\sqrt{-1})=0,\qquad f[p_0+u+(q_0+v)\sqrt{-1}]=0,$$

p_0+u, q_0+v désignant des valeurs réelles de p et de q, distinctes de p_0, q_0 et correspondantes à un module de z plus petit que ρ, on en conclurait

$$(83)\qquad \varphi(p_0,q_0)=0,\qquad \varphi(p_0+u,q_0+v)=0,$$

$$(84)\qquad \chi(p_0,q_0)=0,\qquad \chi(p_0+u,q_0+v)=0.$$

D'ailleurs, en ayant égard non seulement à la formule (75) de laquelle on tire

$$(85)\qquad \left\{\begin{aligned} \frac{d\varphi(p,q)}{dq}+\sqrt{-1}\,\frac{d\chi(p,q)}{dq} &= \sqrt{-1}\,f'(p+q\sqrt{-1})\\ &= \sqrt{-1}\left[\frac{d\varphi(p,q)}{dp}+\sqrt{-1}\,\frac{d\chi(p,q)}{dp}\right], \end{aligned}\right.$$

$$(86)\qquad \left\{\begin{aligned} \frac{d\varphi(p,q)}{dq} &= -\frac{d\chi(p,q)}{dp} = -\chi'(p,q),\\ \frac{d\chi(p,q)}{dq} &= \frac{d\varphi(p,q)}{dp} = \varphi'(p,q), \end{aligned}\right.$$

mais encore à la formule (20) de la vingt-troisième Leçon, et représentant par θ, Θ deux nombres inférieurs à l'unité, on trouverait

$$(87)\qquad \left\{\begin{aligned} \varphi(p_0+u,q_0+v) &= \varphi(p_0,q_0)+u\,\varphi'(p_0+\theta u,q_0+\theta v)-v\,\chi'(p_0+\theta u,q_0+\theta v);\\ \chi(p_0+u,q_0+v) &= \chi(p_0,q_0)+u\,\chi'(p_0+\Theta u,q_0+\Theta v)+v\,\varphi'(p_0+\Theta u,q_0+\Theta v); \end{aligned}\right.$$

puis on déduirait de ces dernières équations combinées avec les formules (83) et (84)

$$(88)\qquad \frac{\varphi'(p_0+\theta u,q_0+\theta v)}{\chi'(p_0+\theta u,q_0+\theta v)}\,\frac{\varphi'(p_0+\Theta u,q_0+\Theta v)}{\chi'(p_0+\Theta u,q_0+\Theta v)}=-1.$$

Or l'équation (88) ne pourrait subsister qu'autant que les deux valeurs du rapport (79) qui correspondent : 1° à $p = p_0 + \theta u$, $q = q_0 + \theta v$; 2° à $p = p_0 + \Theta u$, $q = q_0 + \Theta v$ fourniraient un produit égal -1, ce qui n'aura pas lieu dans l'hypothèse admise, attendu que les modules des différences

$$p_0 + \theta u + (q_0 + \theta v)\sqrt{-1} - (a+i), \quad p_0 + \Theta u + (q_0 + \Theta v)\sqrt{-1} - (a+i)$$

seront, en vertu du lemme III, compris entre les modules des suivantes

$$p_0 + q_0\sqrt{-1} - (a+i), \quad p_0 + u + (q_0 + v)\sqrt{-1} - (a+i),$$

et par conséquent inférieurs à ρ. Donc alors l'équation (1) n'offrira qu'une racine imaginaire correspondante à un module de z plus petit que la quantité ρ.

Corollaire. — Lorsque le rapport (79) conserve constamment le même signe pour toutes les valeurs de z qui offrent un module inférieur à ρ, alors parmi ces valeurs de z on n'en peut trouver qu'une seule à laquelle corresponde une racine de l'équation (1).

THÉORÈME VII. — *Soient*

$$x = p + q\sqrt{-1}$$

une variable imaginaire,

$$a = \lambda + \mu\sqrt{-1}$$

une valeur particulière de cette variable,

$$i = \alpha + \beta\sqrt{-1}$$

une expression imaginaire propre à vérifier la formule (5); *et posons*

$$x = a + i + z.$$

Concevons de plus que, p, q, λ, μ, α, β étant des quantités reelles, on désigne par $f(x)$ une fonction réelle ou imaginaire de x dont les dérivées ne puissent s'évanouir toutes à la fois. Enfin, soient ρ le module de i, et B *un nombre égal ou supérieur au plus grand des modules* *qu'acquiert la fonction $f''(x)$, tandis que le module de z reste compris entre les limites 0, ρ. Si le module de l'expression*

$$f'(a) = f'(\lambda + \mu\sqrt{-1}) \tag{89}$$

surpasse le produit

$$4B\rho, \tag{90}$$

l'équation (1) *admettra une seule racine imaginaire de la forme*

$$a + i + z,$$

le module de z étant inférieur à ρ.

Démonstration. — Adoptons les notations employées dans les formules (75), (77), et faisons en outre

$$z = u + v\sqrt{-1}, \tag{91}$$

u, v désignant deux quantités réelles

$$R_1 = \{[\varphi'(\lambda, \mu)]^2 + [\chi'(\lambda, \mu)]^2\}^{\frac{1}{2}}, \tag{92}$$

$$\left\{\begin{aligned} \frac{d^2\varphi(p, q)}{dp^2} &= \frac{d\varphi'(p, q)}{dp} = \varphi''(p, q), \\ \frac{d^2\chi(p, q)}{dp^2} &= \frac{d\chi'(p, q)}{dp} = \chi''(p, q). \end{aligned}\right. \tag{93}$$

L'équation (75) entraînera évidemment les suivantes :

$$\left\{\begin{aligned} f'(p + q\sqrt{-1}) &= \varphi'(p, q) + \sqrt{-1}\,\chi'(p, q), \\ f''(p + q\sqrt{-1}) &= \varphi''(p, q) + \sqrt{-1}\,\chi''(p, q). \end{aligned}\right. \tag{94}$$

De plus, on tirera des formules (86) : 1° en les différentiant par rapport à p,

$$\left\{\begin{aligned} \frac{d\varphi'(p, q)}{dq} &= -\frac{d\chi'(p, q)}{dp} = -\chi''(p, q), \\ \frac{d\chi'(p, q)}{dq} &= \frac{d\varphi'(p, q)}{dp} = \varphi''(p, q) \end{aligned}\right. \tag{95}$$

ou, ce qui revient au même,

$$(96)\quad \begin{cases} \dfrac{d^2\varphi(p,q)}{dp\,dq} = -\dfrac{d^2\chi(p,q)}{dp^2} = -\chi''(p,q), \\ \dfrac{d^2\chi(p,q)}{dp\,dq} = -\dfrac{d^2\varphi(p,q)}{dp^2} = \varphi''(p,q); \end{cases}$$

2° en les différentiant par rapport à q,

$$(97)\quad \begin{cases} \dfrac{d^2\varphi(p,q)}{dq^2} = -\dfrac{d^2\chi(p,q)}{dp\,dq} = -\varphi''(p,q), \\ \dfrac{d^2\chi(p,q)}{dq^2} = \dfrac{d^2\varphi(p,q)}{dp\,dq} = -\chi''(p,q). \end{cases}$$

On trouvera par suite, en considérant p et q comme variables indépendantes,

$$(98)\quad \begin{cases} d\,\varphi(p,q) = \varphi'(p,q)\,dp - \chi'(p,q)\,dq, \\ d\,\chi(p,q) = \chi'(p,q)\,dp + \varphi'(p,q)\,dq, \end{cases}$$

$$(99)\quad \begin{cases} d^2\varphi(p,q) = \varphi''(p,q)(dp^2 - dq^2) - 2\chi''(p,q)\,dp\,dq, \\ d^2\chi(p,q) = \chi''(p,q)(dp^2 - dq^2) + 2\varphi''(p,q)\,dp\,dq, \end{cases}$$

$$(100)\quad \begin{cases} d\,\varphi'(p,q) = \varphi''(p,q)\,dp - \chi''(p,q)\,dq, \\ d\,\chi'(p,q) = \chi''(p,q)\,dp + \varphi''(p,q)\,dq. \end{cases}$$

D'autre part, comme on aura

$$(101)\quad x = a + i + z = \lambda + \alpha + u + (\mu + \beta + v)\sqrt{-1},$$

on conclura des équations (75) et (94)

$$(102)\quad \begin{cases} f(x) = \varphi(\lambda+\alpha+u, \mu+\beta+v) + \sqrt{-1}\,\chi(\lambda+\alpha+u, \mu+\beta+v), \\ f'(x) = \varphi'(\lambda+\alpha+u, \mu+\beta+v) + \sqrt{-1}\,\chi'(\lambda+\alpha+u, \mu+\beta+v), \\ f''(x) = \varphi''(\lambda+\alpha+u, \mu+\beta+v) + \sqrt{-1}\,\chi''(\lambda+\alpha+u, \mu+\beta+v). \end{cases}$$

Enfin, comme l'équation (5) pourra être présentée sous la forme

$$(103)\quad f(\lambda + \mu\sqrt{-1}) + (\alpha + \beta\sqrt{-1})\,f'[\lambda + \alpha + (\mu + \beta)\sqrt{-1}] = 0,$$

on tirera de cette équation, réunie aux formules (75) et (94),

$$(104)\qquad \begin{cases} \varphi(\lambda,\mu)+\alpha\,\varphi'(\lambda,\mu)-\beta\,\chi'(\lambda,\mu)=0,\\ \chi(\lambda,\mu)+\alpha\,\chi'(\lambda,\mu)+\beta\,\varphi'(\lambda,\mu)=0.\end{cases}$$

Soient maintenant θ_1, Θ_1, θ_2, Θ_2 des nombres inférieurs à l'unité. Les équations (18) et (20) de la vingt-troisième Leçon, combinées avec les formules (98), (99), donneront

$$(105)\qquad \begin{cases} \varphi(\lambda+\alpha+u,\mu+\beta+v)=\varphi(\lambda,\mu)+(\alpha+u)\,\varphi'(\lambda,\mu)-(\beta+v)\,\chi'(\lambda,\mu)\\ \qquad+\dfrac{(\alpha+u)^2-(\beta+v)^2}{2}\varphi''[\lambda+\theta_1(\alpha+u),\mu+\theta_1(\beta+v)]\\ \qquad-(\alpha+u)(\beta+v)\,\chi''[\lambda+\theta_1(\alpha+u)\mu+\theta_1(\beta+v)],\\ \chi(\lambda+\alpha+u,\mu+\beta+v)=\chi(\lambda,\mu)+(\alpha+u)\,\chi'(\lambda,\mu)+(\beta+v)\,\varphi'(\lambda,\mu)\\ \qquad+\dfrac{(\alpha+u)^2-(\beta+v)^2}{2}\chi''[\lambda+\Theta_1(\alpha+u),\mu+\Theta_1(\beta+v)]\\ \qquad+(\alpha+u)(\beta+v)\,\varphi''[\lambda+\Theta_1(\alpha+u),\mu+\Theta_1(\beta+v)]\end{cases}$$

ou, ce qui revient au même,

$$(106)\qquad \begin{cases} \varphi(\lambda+\alpha+u,\mu+\beta+v)=u\,\varphi'(\lambda,\mu)-v\,\chi'(\lambda,\mu)\\ \qquad+\dfrac{(\alpha+u)^2-(\beta+v)^2}{2}\varphi''[\lambda+\theta_1(\alpha+u),\mu+\theta_1(\beta+v)]\\ \qquad-(\alpha+u)(\beta+v)\,\chi''[\lambda+\theta_1(\alpha+u),\mu+\theta_1(\beta+v)],\\ \chi(\lambda+\alpha+u,\mu+\beta+v)=u\,\chi'(\lambda,\mu)+v\,\varphi'(\lambda,\mu)\\ \qquad+\dfrac{(\alpha+u)^2-(\beta+v)^2}{2}\chi''[\lambda+\Theta_1(\alpha+u),\mu+\Theta_1(\beta+v)]\\ \qquad+(\alpha+u)(\beta+v)\,\varphi''[\lambda+\Theta_1(\alpha+u),\mu+\Theta_1(\beta+v)],\end{cases}$$

et

$$(107)\qquad \begin{cases} \varphi'(\lambda+\alpha+u,\mu+\beta+v)=\varphi'(\lambda,\mu)+(\alpha+u)\,\varphi''[\lambda+\theta_2(\alpha+u),\mu+\theta_2(\beta+v)]\\ \qquad-(\beta+v)\,\chi''[\lambda+\theta_2(\alpha+u),\mu+\theta_2(\beta+v)],\\ \chi'(\lambda+\alpha+u,\mu+\beta+v)=\chi'(\lambda,\mu)+(\alpha+u)\,\chi''[\lambda+\Theta_2(\alpha+u),\mu+\Theta_2(\beta+v)]\\ \qquad+(\beta+v)\,\varphi''[\lambda+\Theta_2(\alpha+u),\mu+\Theta_2(\beta+v)].\end{cases}$$

D'ailleurs, en vertu du lemme I et des suppositions admises, les valeurs numériques des expressions

$$\frac{(\alpha+u)^2-(\beta+v)^2}{2}\varphi''(p,q)-(\alpha+u)(\beta+v)\chi''(p,q),$$

$$\frac{(\alpha+u)^2-(\beta+v)^2}{2}\chi''(p,q)+(\alpha+u)(\beta+v)\varphi''(p,q)$$

resteront inférieures au produit

$$\left\{\left[\frac{(\alpha+u)^2-(\beta+v)^2}{2}\right]^2+[(\alpha+u)(\beta+v)]^2\right\}^{\frac{1}{2}}\left\{[\varphi''(p,q)]^2+[\chi''(p,q)]^2\right\}^{\frac{1}{2}}<\mathrm{B}\frac{(\alpha+u)^2+(\beta+v)^2}{2},$$

et les valeurs numériques des expressions

$$(\alpha+u)\varphi''(p,q)-(\beta+v)\chi''(p,q),\quad (\alpha+u)\chi''(p,q)+(\beta+v)\varphi''(p,q)$$

au produit

$$[(\alpha+u)^2+(\beta+v)^2]^{\frac{1}{2}}\left\{[\varphi''(p,q)]^2+[\chi''(p,q)]^2\right\}^{\frac{1}{2}}<\mathrm{B}[(\alpha+u)^2+(\beta+v)^2]^{\frac{1}{2}},$$

toutes les fois que le module de z, savoir $(u^2+v^2)^{\frac{1}{2}}$, vérifiera la condition

$$(u^2+v^2)^{\frac{1}{2}}\overline{\overline{<}}\rho. \tag{108}$$

Donc alors, en désignant par θ', Θ', θ'', Θ'' des nombres inférieurs à l'unité, on tirera des formules (106), (107)

$$\left\{\begin{aligned}\varphi(\lambda+\alpha+u,\mu+\beta+v)&=u\varphi'(\lambda,\mu)+v\chi'(\lambda,\mu)\pm\theta'\mathrm{B}\frac{(\alpha+u)^2+(\beta+v)^2}{2},\\ \chi(\lambda+\alpha+u,\mu+\beta+v)&=u\chi'(\lambda,\mu)+v\varphi'(\lambda,\mu)\pm\Theta'\mathrm{B}\frac{(\alpha+u)^2+(\beta+v)^2}{2},\end{aligned}\right. \tag{109}$$

$$\left\{\begin{aligned}\varphi'(\lambda+\alpha+u,\mu+\beta+v)&=\varphi'(\lambda,\mu)\pm\theta''\,\mathrm{B}[(\alpha+u)^2+(\beta+v)^2]^{\frac{1}{2}},\\ \chi'(\lambda+\alpha+u,\mu+\beta+v)&=\chi'(\lambda,\mu)\pm\Theta''\mathrm{B}[(\alpha+u)^2+(\beta+v)^2]^{\frac{1}{2}}.\end{aligned}\right. \tag{110}$$

Cela posé, la première des formules (102) donnera

$$f(x)=(u+v\sqrt{-1})f'(\lambda+\mu\sqrt{-1})\pm(\theta'\pm\Theta'\sqrt{-1})\mathrm{B}\frac{(\alpha+u)^2+(\beta+v)^2}{2}; \tag{111}$$

puis on en conclura, en prenant $u = 0$, $v = 0$,

$$(112)\qquad f[\lambda + \alpha + (\mu + \beta)\sqrt{-1}] = \pm(\theta' \pm \Theta'\sqrt{-1})\,\mathrm{B}\,\frac{\alpha^2 + \beta^2}{2}.$$

Donc l'expression imaginaire

$$(78)\qquad f(a + i) = f[\lambda + \alpha + (\mu + \beta)\sqrt{-1}]$$

aura pour module la quantité

$$(113)\qquad (\theta'^2 + \Theta'^2)^{\frac{1}{2}}\,\mathrm{B}\,\frac{\alpha^2 + \beta^2}{2} < \frac{1}{2}\,\mathrm{B}\rho^2\sqrt{2}.$$

D'autre part, comme, en vertu du lemme II, le module de l'expression imaginaire

$$i + z = \alpha + u + (\beta + v)\sqrt{-1},$$

savoir

$$[(\alpha + u)^2 + (\beta + v)^2]^{\frac{1}{2}},$$

sera inférieur au double du module de i, et vérifiera, par conséquent, la condition

$$(114)\qquad [(\alpha + u)^2 + (\beta + v)^2]^{\frac{1}{2}} < 2\rho,$$

tant que le module de z ne surpassera pas le module ρ; il suffira de prendre

$$(115)\qquad (u^2 + v^2)^{\frac{1}{2}} = \rho = (\alpha^2 + \beta^2)^{\frac{1}{2}},$$

et de supposer

$$(116)\qquad \mathrm{R}_1 > 2\,\mathrm{B}\rho\sqrt{2},$$

pour que la fonction $f(x)$, déterminée par la formule (111), offre un module supérieur à la différence

$$(117)\qquad \rho\mathrm{R}_1 - (\theta'^2 + \Theta'^2)^{\frac{1}{2}}\,2\,\mathrm{B}\rho^2 > \rho(\mathrm{R}_1 - 2\,\mathrm{B}\rho\sqrt{2}).$$

Donc ce dernier module surpassera celui de l'expression (78), si l'on a

$$(118)\qquad \mathrm{R}_1 > \frac{5}{2}\,\mathrm{B}\rho\sqrt{2},$$

et, à plus forte raison, si l'on a

$$R_1 > 4B\rho. \tag{119}$$

Alors aussi les diverses valeurs du rapport (79), correspondantes à des modules de z plus petits que ρ, seront telles que, parmi ces valeurs, on ne pourra en trouver deux qui fournissent un produit égal à -1. En effet, si l'on choisit u et v de manière à vérifier la condition

$$(u^2 + v^2)^{\frac{1}{2}} \overline{\overline{<}} \rho, \tag{120}$$

on aura, en vertu des formules (110) et (114),

$$\varphi'(p, q) = \varphi'(\lambda, \mu) \pm 2\theta B\rho, \qquad \chi'(p, q) = \chi'(\lambda, \mu) \pm 2\Theta B\rho, \tag{121}$$

θ, Θ désignant deux nouveaux nombres inférieurs à l'unité. En d'autres termes, la fonction $\varphi'(p, q)$ restera comprise entre les limites

$$\varphi'(\lambda, \mu) - 2B\rho, \quad \varphi'(\lambda, \mu) + 2B\rho,$$

et la fonction $\chi'(p, q)$ entre les limites

$$\chi'(\lambda, \mu) - 2B\rho, \quad \chi'(\lambda, \mu) + 2B\rho.$$

Il est aisé d'en conclure que, si l'on désigne par p_0, q_0, p_1, q_1 deux systèmes de valeurs de p et q correspondants à des modules de z plus petits que ρ, la somme

$$\varphi'(p_0, q_0)\,\varphi'(p_1, q_1) + \chi'(p_0, q_0)\,\chi'(p_1, q_1) \tag{122}$$

restera comprise entre la plus petite et la plus grande des seize valeurs que peut acquérir l'expression

$$[\varphi'(\lambda, \mu) \pm 2B\rho][\varphi'(\lambda, \mu) \pm 2B\rho] + [\chi'(\lambda, \mu) \pm 2B\rho][\chi'(\lambda, \mu) \pm 2B\rho], \tag{123}$$

eu égard aux doubles signes qu'elle renferme. Donc, si l'on nomme φ_1, χ_1 les valeurs numériques de $\varphi'(\lambda, \mu)$ et de $\chi'(\lambda, \mu)$, liées entre elles par la formule

$$\varphi_1^2 + \chi_1^2 = R_1^2, \tag{124}$$

la somme (122) ne pourra devenir inférieure à la plus petite des seize valeurs de l'expression

$$(125)\qquad (\varphi_1 \pm 2B\rho)(\varphi_1 \pm 2B\rho) + (\chi_1 \pm 2B\rho)(\chi_1 \pm 2B\rho).$$

Or cette plus petite valeur sera évidemment positive, si la condition (119) est remplie, et se réduira, dans ce cas, à l'une des trois quantités

$$(126)\qquad (\varphi_1 - 2B\rho)^2 + (\chi_1 - 2B\rho)^2,$$

$$(127)\qquad (\varphi_1 - 2B\rho)^2 - (2B\rho - \chi_1)(2B\rho + \chi_1) = R_1^2 - 4B\rho\varphi_1 > R_1(R_1 - 4B\rho),$$

$$(128)\qquad (\chi_1 - 2B\rho)^2 - (2B\rho - \varphi_1)(2B\rho + \varphi_1) = R_1^2 - 4B\rho\chi_1 > R_1(R_1 - 4B\rho),$$

savoir à la quantité (126), si l'on a en même temps

$$(129)\qquad \varphi_1 > 2B\rho, \qquad \chi_1 > 2B\rho,$$

à la quantité (127), si l'on a

$$(130)\qquad \chi_1 < 2B\rho \quad \text{et, par suite,} \quad \varphi_1 > \sqrt{R_1^2 - 4B^2\rho^2} > 2B\rho\sqrt{3},$$

enfin à la quantité (128), si l'on a

$$(131)\qquad \varphi_1 < 2B\rho \quad \text{et, par suite,} \quad \chi_1 > \sqrt{R_1^2 - 4B^2\rho^2} > 2B\rho\sqrt{3}.$$

Donc alors l'expression (122) restera toujours positive, et la formule

$$(132)\qquad \frac{\varphi'(p_0, q_0)}{\chi'(p_0, q_0)} \frac{\varphi'(p_1, q_1)}{\chi'(p_1, q_1)} = -1$$

ne sera jamais vérifiée. D'autre part, nous avons déjà prouvé que, dans le même cas, le module de l'expression (78) est inférieur à tous ceux que peut acquérir la fonction $f(x)$, tandis que le module de z reste égal à ρ. Donc alors, en vertu du théorème VI, l'équation (1) admettra une seule racine correspondante à un module de z plus petit que ρ.

THÉORÈME VIII. — *Les mêmes choses étant posées que dans le théorème VII, désignons par* A *le plus petit module que puisse acquérir la fonction* $f(x) = f(a + i + z)$, *tandis que le module de* z *varie entre les limites* o *et* ρ. *Soient d'ailleurs*

$$b = a + i \tag{133}$$

et

$$j = -\frac{f(b)}{f'(b)}. \tag{134}$$

Si le produit

$$4B\rho \tag{90}$$

est inférieur au nombre A, *l'équation* (1) *admettra une racine imaginaire qui sera non seulement de la forme* $a + i + z = b + z$, *le module de* z *étant inférieur à* ρ, *mais encore de la forme* $b + j + s$, *le module de* s *étant plus petit que celui de* j.

Démonstration. — Lorsque le produit (90) est plus petit que A, il est, à plus forte raison, inférieur au module de $f'(a)$. Donc alors, en vertu du théorème VII, l'équation (1) offre une racine, mais une seule, de la forme $a + i + z$, le module de z étant inférieur à ρ. D'ailleurs, si les conditions énoncées dans les théorèmes VII et VIII sont remplies, le module de $f(b) = f(a + i)$ ne surpassera pas le second membre de la formule (113), et par suite la valeur de j, déterminée par l'équation (134) ou

$$j = -\frac{f(a+i)}{f'(a+i)}, \tag{135}$$

offrira un module ρ_1 qui vérifiera la condition

$$\rho_1 < \frac{1}{2}\frac{B}{A}\rho^2\sqrt{2} < \frac{\sqrt{2}}{8}\rho < \frac{1}{4}\rho. \tag{136}$$

Donc, tant que le module de s restera inférieur à celui de j, le module de $j + s$ restera inférieur à ρ, ou même à $\frac{1}{2}\rho$, et les modules des deux expressions

$$f'(b + j + s), \quad f''(b + j + s) \tag{137}$$

demeureront le premier supérieur à A, le second inférieur à B. Cela posé, comme, ρ_1 étant plus petit que ρ, le produit $4B\rho_1$ restera inférieur à A, et, à plus forte raison, au module de $f'(b)$, on prouvera, par des raisonnements semblables à ceux à l'aide desquels on a établi le théorème VII, que la racine ci-dessus mentionnée est de la forme $b+j+s$, le module de s étant inférieur à ρ_1.

Corollaire I. — On voit, par ce qui précède, comment, étant donnée la valeur approchée d'une racine imaginaire de l'équation (1), on peut, à l'aide de la formule (5) ou (8), obtenir de nouvelles valeurs approchées, et resserrer de plus en plus les limites entre lesquelles le module de la racine se trouve compris. Il est bon d'observer que les différences $i+z$, $j+s$ entre la racine cherchée et ses deux premières valeurs approchées a, b, offriront, en vertu du lemme II et de la formule (136), des modules inférieurs aux nombres

$$2\rho, \qquad 2\rho_1 < \frac{B}{A}\rho^2\sqrt{2}. \tag{138}$$

Donc, à plus forte raison, dans les différences dont il s'agit, les parties réelles et les coefficients de $\sqrt{-1}$ ne surpasseront pas les quantités (138), que l'on peut remplacer par les suivantes

$$2\rho, \quad 2\rho\varepsilon,$$

en faisant, pour abréger,

$$\varepsilon = \frac{B\rho\sqrt{2}}{2A}. \tag{139}$$

On prouvera de même que, si l'on nomme c, d, ... les troisième, quatrième, ... valeurs approchées de la racine en question, les différences entre c, d, ... et cette racine offriront des modules qui ne surpasseront pas les nombres

$$\frac{B}{A}(\rho\varepsilon)^2\sqrt{2} = 2\rho\varepsilon^3, \qquad \frac{B}{A}(\rho\varepsilon^3)^2\sqrt{2} = 2\rho\varepsilon^7, \qquad \ldots.$$

Donc, en substituant à la racine cherchée les expressions imaginaires

$$a, \quad b, \quad c, \quad d, \quad \ldots,$$

on ne pourra commettre sur la partie réelle et sur le coefficient de $\sqrt{-1}$ que des erreurs qui ne surpasseront pas les différents termes de la série

$$2\rho, \quad 2\rho\varepsilon, \quad 2\rho\varepsilon^3, \quad 2\rho\varepsilon^7, \quad \ldots. \tag{140}$$

Remarquons d'ailleurs que, si l'on pose

$$k = \frac{4A}{B\sqrt{2}} = \frac{2A\sqrt{2}}{B}, \tag{141}$$

ces différents termes deviendront respectivement

$$k\varepsilon, \quad k\varepsilon^2, \quad k\varepsilon^4, \quad k\varepsilon^8, \quad \ldots. \tag{142}$$

Concevons maintenant que le nombre ε ne surpasse pas une unité décimale de l'ordre n, en sorte qu'on ait

$$\varepsilon < \left(\frac{1}{10}\right)^n. \tag{143}$$

Si l'on suppose, d'ailleurs,

$$k < \left(\frac{1}{10}\right)^{\pm m}, \tag{144}$$

m désignant un nombre entier quelconque, les termes de la série (142) ne surpasseront pas ceux de la série (28). Donc, parmi les chiffres qui, dans la partie réelle d'une valeur approchée ou dans le coefficient de $\sqrt{-1}$, suivront les unités de l'ordre m, si l'on a

$$k < \left(\frac{1}{10}\right)^m, \tag{145}$$

ou les unités décimales de l'ordre m, si l'on a

$$k < (10)^m, \tag{146}$$

le nombre de ceux sur lesquels on pourra compter sera égal à n pour la première valeur approchée, à $2n$ pour la seconde, à $4n$ pour la troisième, etc. Donc ce nombre sera doublé à chaque opération nouvelle.

Corollaire II. — Comme on tire de la formule (139)

$$4B\rho = \frac{8A\varepsilon}{\sqrt{2}},$$

il est clair que le produit $4B\rho$ sera inférieur à A, si l'on a

$$(147) \qquad \varepsilon < \frac{1}{8}\sqrt{2}.$$

Pour montrer une application des méthodes que nous venons d'exposer, prenons d'abord

$$(148) \qquad f(x) = x^5 + 10x - 1,$$

en sorte que l'équation (1) se réduise à

$$(149) \qquad x^5 + 10x - 1 = 0.$$

D'après ce qui a été démontré dans l'*Analyse algébrique* (page 519) [1], l'équation (149) n'aura point de racines négatives, mais une seule racine positive et quatre racines imaginaires, attendu que le premier membre pourra être à volonté considéré comme offrant ou cinq variations de signe, ou une seule variation et quatre permanences de signe. De plus, si l'on désigne par r le module de l'inconnue x, celui de

$$x^5 = 1 - 10x \qquad \text{ou} \qquad r^5$$

devra être, d'après le lemme II, inférieur à la somme $1 + 10r$; et par conséquent on aura, pour chacune des racines,

$$(150) \qquad r^5 < 1 + 10r, \qquad r^4 < \frac{1}{r} + 10.$$

Donc le module de chaque racine sera inférieur au nombre 2, puisqu'on ne peut supposer $r > 2$, sans avoir en même temps

$$r^4 > 16 > 10 + \frac{1}{2} > 10 + \frac{1}{r}.$$

D'ailleurs, si, dans l'équation (149), on remplace le dernier terme

(1) *OEuvres de Cauchy*, S. II, T. III, p. 424.

par zéro, et la lettre x par la lettre a, la nouvelle équation que l'on obtiendra, savoir

$$a^5 + 10a = 0, \tag{151}$$

se décomposera en deux autres

$$a = 0, \tag{152}$$

$$a^4 + 10 = 0 \quad \text{ou} \quad a^4 = -10, \tag{153}$$

dont la seconde sera vérifiée par les quatre valeurs de a comprises dans la formule

$$a = \pm \left(\frac{5}{2}\right)^{\frac{1}{4}} \pm \left(\frac{5}{2}\right)^{\frac{1}{4}} \sqrt{-1}. \tag{154}$$

Cela posé, faisons

$$x = a + i + z, \tag{11}$$

la valeur de i étant déterminée par l'équation

$$i = -\frac{f(a)}{f'(a)} = -\frac{a^5 + 10a - 1}{5a^4 + 10} = \frac{1}{5a^4 + 10}. \tag{8}$$

Comme, en prenant : 1° $a = 0$; 2° $a^4 = -10$, on tirera successivement de cette même équation

$$i = \frac{1}{10} = 0,1, \tag{155}$$

$$i = -\frac{1}{40} = -0,025, \tag{156}$$

on conclura du lemme II que, pour un module de z inférieur à celui de i, le module de x restera compris entre les limites

$$0 \quad \text{et} \quad 0,2, \tag{157}$$

si l'on a $a = 0$, et entre les limites

$$(10)^{\frac{1}{4}} - 0,05 = 1,72827\ldots, \qquad (10)^{\frac{1}{4}} + 0,05 = 1,82827\ldots, \tag{158}$$

si l'on a $a^4 = -10$. Donc alors, pour que le module de

$$f'(x) = 5x^4 + 10$$

reste supérieur au nombre A, et le module de

$$f''(x) = 20x^3$$

inférieur au nombre B, il suffira de prendre, dans le premier cas,

$$A = 10 - 5(0,2)^4 = 9,992, \tag{159}$$

$$B = 20(0,2)^3 \quad = 0,16, \tag{160}$$

et, dans le second cas,

$$A = 5(1,72827\ldots)^4 - 10 = 34,609\ldots, \tag{161}$$

$$B = 20(1,82827\ldots)^3 \quad = 122,22\ldots. \tag{162}$$

Or, si l'on adopte les valeurs précédentes de A et B, on tirera : 1° de la formule (21), en supposant $a = 0$, $\rho = i = 0,1$,

$$\varepsilon = \frac{(0,16)(0,1)}{2(9,992)} = 0,0008 < 0,001; \tag{163}$$

2° de la formule (139), en supposant $a^4 = -10$, $\rho = -i = 0,025$,

$$\varepsilon = \frac{(0,025)(122,22\ldots)\sqrt{2}}{2(34,609\ldots)} = 0,0624\ldots < 0,1. \tag{164}$$

D'ailleurs les valeurs de ε fournies par les équations (163), (164) vérifient évidemment les conditions (33) et (147). Donc, en vertu des théorèmes III et VIII, l'équation (149) admettra une racine réelle, positive, mais inférieure à 0,2, et quatre racines imaginaires comprises dans la formule

$$x = -0,025 \pm \left(\frac{5}{2}\right)^{\frac{1}{4}} \pm \left(\frac{5}{2}\right)^{\frac{1}{4}} \sqrt{-1} + z, \tag{165}$$

le module de z devant être, pour chacune de ces racines, inférieur à 0,025. De plus, si l'on désigne par a, b, c, d, ... les valeurs approchées successives d'une racine de l'équation (149), déduites : 1° de la formule (152) ou (154); 2° de la formule (8), les erreurs que l'on pourra commettre en remplaçant cette racine par a, b, c, d, ... ne surpasseront pas les différents termes de la série (23) ou (140), inférieurs eux-mêmes aux nombres

$$(166)\qquad 0{,}2,\quad 0{,}0002,\quad 0{,}0000000002,\quad 0{,}00000000000000000000002,\quad \ldots,$$

s'il s'agit de la racine réelle, et aux nombres

$$(167)\qquad 0{,}05,\quad 0{,}005,\quad 0{,}00005,\quad 0{,}000000005,\quad \ldots,$$

s'il s'agit des racines imaginaires. Par conséquent une opération nouvelle, ou deux au plus, fourniront pour chaque racine une valeur approchée qui renfermera huit ou neuf décimales exactes. Ainsi, par exemple, les deux premières valeurs approchées de la racine réelle, savoir $x = 0$, $x = 0{,}1$, seront suivies d'une troisième

$$(168)\qquad x = 0{,}1 - \frac{(0{,}1)^5}{5(0{,}1)^4 + 10} = 0{,}09999900005\ldots$$

qui renfermera neuf et même dix décimales exactes. De plus, aux valeurs approchées des racines imaginaires, données par l'équation

$$(169)\qquad \left\{\begin{aligned} x &= -0{,}025 \pm \left(\frac{5}{2}\right)^{\frac{1}{4}} \pm \left(\frac{5}{2}\right)^{\frac{1}{4}}\sqrt{-1} \\ &= -0{,}025 \pm 1{,}257433\ldots(1 \pm \sqrt{-1}), \end{aligned}\right.$$

ou, ce qui revient au même, par les deux formules

$$(170)\qquad \left\{\begin{aligned} x &= 1{,}232433\ldots \pm (1{,}257433\ldots)\sqrt{-1}, \\ x &= -1{,}282433\ldots \pm (1{,}257433\ldots)\sqrt{-1}, \end{aligned}\right.$$

succéderont, après une ou deux opérations nouvelles, des valeurs plus approchées, savoir

$$(171)\qquad \left\{\begin{aligned} x &= 1{,}231813\ldots \pm (1{,}258105\ldots)\sqrt{-1}, \\ x &= -1{,}281813\ldots \pm (1{,}258007\ldots)\sqrt{-1} \end{aligned}\right.$$

ou

$$(172)\qquad \left\{\begin{aligned} x &= 1{,}23181475\ldots \pm (1{,}25810649\ldots)\sqrt{-1}, \\ x &= -1{,}28181425\ldots \pm (1{,}25800767\ldots)\sqrt{-1}, \end{aligned}\right.$$

et les deux dernières offriront huit décimales exactes.

Soit maintenant

$$f(x) = e^x - x, \tag{173}$$

en sorte que l'équation (1) se réduise à

$$e^x - x = 0. \tag{174}$$

Alors, en prenant pour a la valeur de x fournie par l'équation (125) de la page 485, c'est-à-dire en posant

$$a = 0,3181 + (1,3372)\sqrt{-1}, \tag{175}$$

on tirera de la formule (8)

$$i = 0,0000317\ldots + (0,0000357\ldots)\sqrt{-1}. \tag{176}$$

On aura donc, en désignant par ρ le module de ι,

$$\rho = [(0,0000317\ldots)^2 + (0,0000357\ldots)^2]^{\frac{1}{2}} = 0,0000477\ldots. \tag{177}$$

D'ailleurs, si l'on fait

$$x = a + i + z = 0,3181317\ldots + (1,3372357\ldots)\sqrt{-1} + z, \tag{11}$$

il est clair que, pour un module de z, inférieur à celui de i, la partie réelle de la variable x restera comprise entre les limites

$$0,3181317\ldots - 0,0000477 = 0,3180840\ldots,$$
$$0,3181317\ldots + 0,0000477 = 0,3181794\ldots.$$

Donc alors, pour que le module de $f'(x) = e^x - 1$ reste supérieur au nombre A, et le module de $f''(x) = e^x$ inférieur au nombre B, il suffira de prendre

$$A = e^{0,3180840\ldots} - 1 = 0,37449\ldots, \qquad B = e^{0,3181794\ldots} = 1,37462\ldots. \tag{178}$$

D'autre part, si l'on adopte les valeurs précédentes de ρ, A et B, on tirera de la formule (139)

$$\varepsilon = \frac{(1,37462\ldots)(0,0000477\ldots)\sqrt{2}}{2(0,37449\ldots)} = 0,00001239\ldots, \tag{179}$$

Or la valeur précédente de ε vérifie évidemment la condition (147). Donc, en vertu du théorème VIII, l'équation (174) admettra une racine imaginaire de la forme

$$x = 0,3181317\ldots + 1,3372357\ldots\sqrt{-1} + z, \tag{180}$$

le module de z étant inférieur à $0,0000477\ldots$. Ajoutons que, si l'on nomme $a, b, c, d, \ldots$ les diverses valeurs approchées de cette racine déduites les unes des autres à l'aide de la formule (8), les différences entre la racine cherchée et ses valeurs approchées ne surpasseront pas les différents termes de la série (140) ou

$$0,00095\ldots,\quad 0,000000011\ldots,\quad 0,0000000000018,\quad \ldots. \tag{181}$$

FIN DU TOME IV DE LA SECONDE SÉRIE.

TABLE DES MATIÈRES

DU TOME QUATRIÈME.

SECONDE SÉRIE.

MÉMOIRES DIVERS ET OUVRAGES.

II. — OUVRAGES CLASSIQUES.

RÉSUMÉ DES LEÇONS DONNÉES A L'ÉCOLE POLYTECHNIQUE SUR LE CALCUL INFINITÉSIMAL.

CALCUL INTÉGRAL.

LEÇONS SUR LE CALCUL DIFFÉRENTIEL.

FIN DE LA TABLE DES MATIÈRES DU TOME IV DE LA SECONDE SÉRIE.

25374 Paris. — Imprimerie GAUTHIER-VILLARS, quai des Grands-Augustins, 55.